Werde aktiv, indem du die Experimente auf den **Praxis**-Seiten durchführst.

Achte bei diesen Symbolen auf die nötigen Vorsichtsmaßnahmen.

Arbeite mit **Methode**, indem du eine typische Arbeitsweise der Chemie schrittweise nachvollziehst und übst.

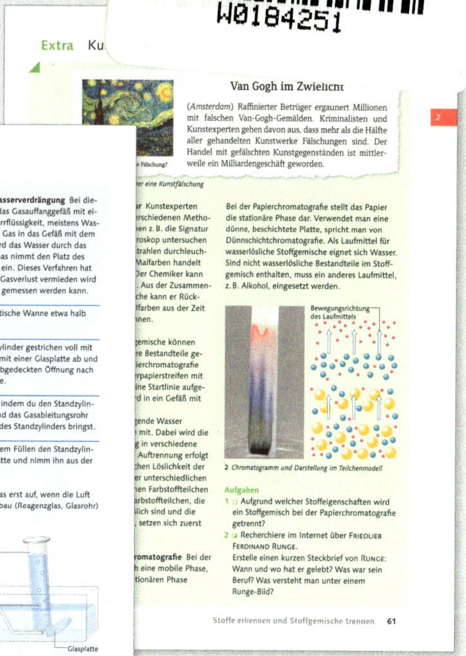

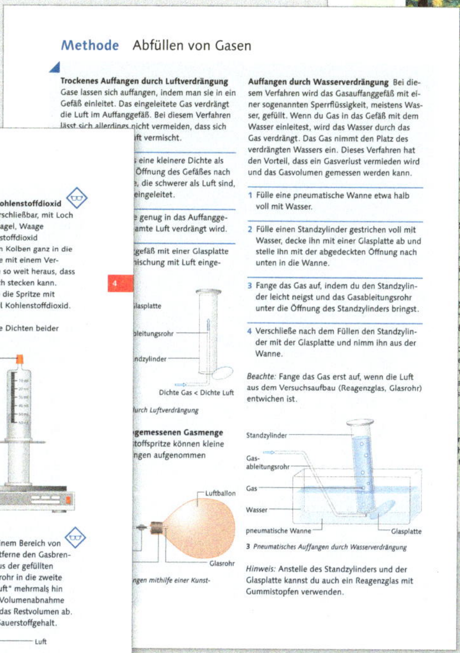

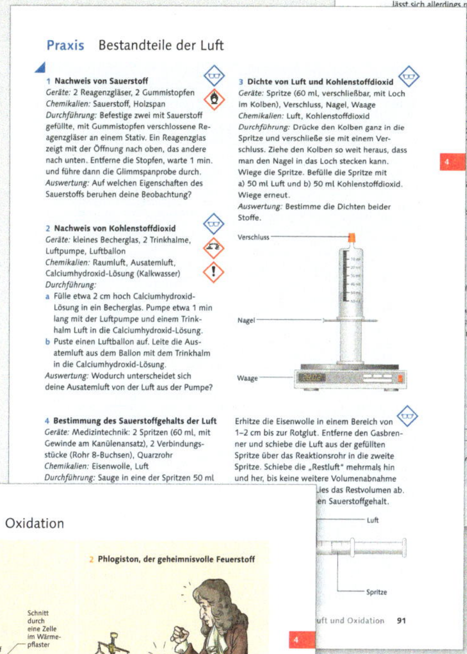

Auf den **Extra**-Seiten erfährst du mehr über spannende Themen aus der Welt der Chemie.

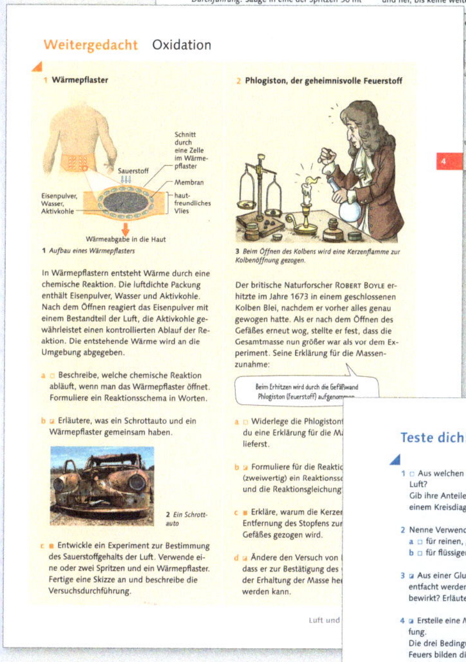

Teste dich, indem du Aufgaben aus dem Kapitel beantwortest und die Lösungen im Buch (Anhang) nachschlägst.

Wenn du zentrale Begriffe **im Überblick** nachlesen möchtest, so blättere ans Ende des Kapitels.

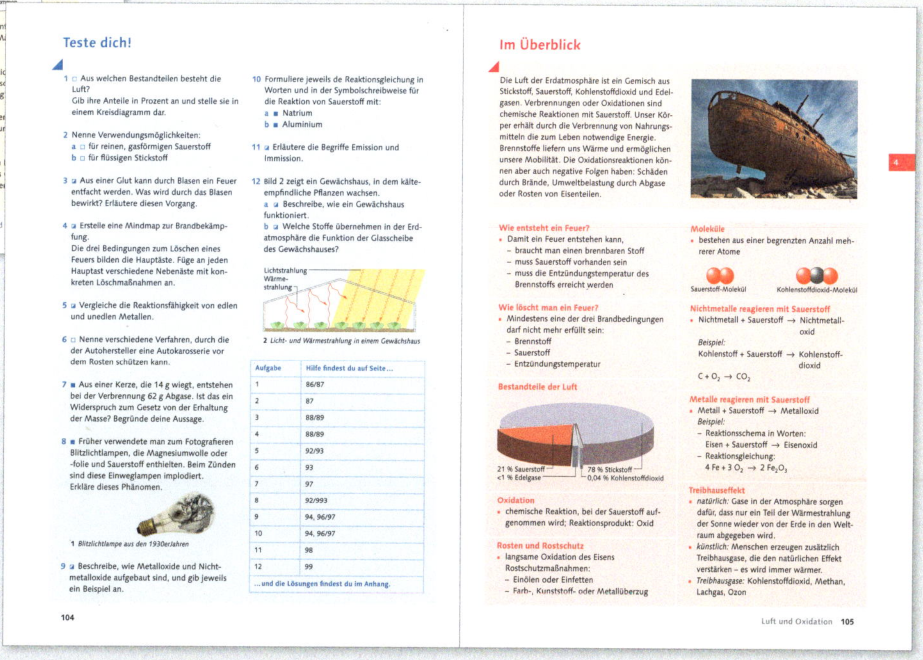

Löse knifflige und spannende Aufgaben mit zusätzlichem Material auf den **Weitergedacht**-Seiten.

FACHWERK CHEMIE

Baden-Württemberg Gesamtband

Cornelsen

FACHWERK CHEMIE

Autorinnen und Autoren: Catrin Beil, Elke Freiling-Fischer, Andreas Harm, Manfred Lang, Anni Moll, Alexandra Ranieri, Melanie Rau, Carolin Reuschel, Dr. Juliane Schink, Wilfried Wagner, Philipp Weber

Mit Beiträgen von: Dr. Christian Böker, Tanja Tajmel (Methoden zur Sprachbildung)

Berater: Jochen Haar, Bönnigheim; Klaus Mayer, Neckarteilfingen

Redaktion: Astrid Koch

unter Mitarbeit von: Stefanie Brück, Sarah Höxter, Dr. Claudia Seidel

Bildrecherche: Katrin Bahro, Susanne Finke, Angelika Piller, Dieter Ruhmke, Moritz Vennemann

Illustration und Grafik: Eric Gira, Peter Hesse, Jörg Mair, Matthias Pflügner

Umschlaggestaltung: Corngreen GmbH, Zweimanns Grafik

Layout und technische Umsetzung: Studio SYBERG

Begleitmaterialien zum Lehrwerk für Lehrerinnen und Lehrer	
Handreichungen für den Unterricht	ISBN 978-3-06-014720-5
Lösungen zum Schülerbuch	ISBN 978-3-06-014700-7
Gefährdungsbeurteilungen	ISBN 978-3-06-014733-5
Begleitmaterial auf USB-Stick	ISBN 978-3-06-015871-3

www.cornelsen.de

Dieses Werk enthält Vorschläge und Anleitungen für Experimente. Vor jedem Experiment sind mögliche Gefahrenquellen zu beurteilen und ggfs. die für die verwendeten Materialien geltenden Sicherheitsanforderungen zu beachten.

1. Auflage, 2. Druck 2017

Alle Drucke dieser Auflage sind inhaltlich unverändert und können im Unterricht nebeneinander verwendet werden.

Druck und Bindung: Firmengruppe APPL, aprinta Druck, Wemding

ISBN: 978-3-06-014689-7 (Schülerbuch)
ISBN: 978-3-06-010404-8 (E-Book)

Inhalt

1 Mein neues Fach – Chemie! 10

Ohne Chemie geht nichts 12
Extra Chemie gestern und heute 13
Extra Berufe, in denen Chemie eine Rolle spielt 14
Extra Gefahrstoffe um uns herum 15
Kennzeichnung und Entsorgung von Chemikalien 16
Der Chemieraum – ein besonderer Raum in deiner Schule 18
Methode Wie man Versuchsapparaturen darstellen kann 20
Methode Versuchsprotokoll 21
Methode Beantworten von Aufgaben 22
Methode Sicher arbeiten mit dem Gasbrenner 24
Praxis Arbeiten mit dem Gasbrenner 25
Teste dich! 26
Im Überblick 27

2 Stoffe erkennen und Stoffgemische trennen 28

Körper und Stoffe im Alltag 30
Stoffeigenschaften – mit einfachen Experimenten bestimmt 32
Messbare Stoffeigenschaften 34
Praxis Untersuchen von Stoffeigenschaften 38
Methode Wie man über Versuche spricht 40
Steckbriefe 42
Stoffgruppen 43
Weitergedacht Stoffeigenschaften 44
Extra Die Dosis macht's 45
Stoffteilchen – die kleinsten Teilchen der Stoffe 46
Extra Entwickeln eines Teilchenmodells 48
Aggregatzustände im Teilchenmodell 49
Reinstoffe und Stoffgemische 50
Reinstoffe und Stoffgemische im Teilchenmodell 54
Trennen von Stoffgemischen 56
Praxis Vom Steinsalz zum Kochsalz 58
Extra Vom Meerwasser zum Trinkwasser 59
Praxis Trennen durch Destillation 60
Extra Kunst oder Fälschung? 61
Extra Trennverfahren in Technik und Medizin 62
Weitergedacht Stoffe erkennen und Stoffgemische trennen 63
Teste dich! 64
Im Überblick 66

3 Chemische Reaktionen 68

Stoffumwandlungen durch chemische Reaktionen 70
Energie und chemische Reaktionen 72
Weitergedacht Chemische Reaktionen 74
Extra Katalysatoren in Natur und Technik 75
Praxis Untersuchen chemischer Reaktionen 76
Extra Licht als Produkt einer chemischen Reaktion 78
Atommodell von DALTON 79
Chemische Zeichensprache 80
Weitergedacht Elementsymbole 81
Teste dich! 82
Im Überblick 83

4 Luft und Oxidation 84

Luft – ein Stoffgemisch 86
Brennen und Löschen 88
Methode Abfüllen von Gasen 90
Praxis Bestandteile der Luft 91
Metalle reagieren mit Sauerstoff 92
Atome können Atomverbände bilden 94
Praxis Oxidation von Metallen 95
Nichtmetalle reagieren mit Sauerstoff 96
Luftverschmutzung und Treibhauseffekt 98
Methode Aufstellen von Formeln mithife der Wertigkeit 100
Methode Eine Reaktionsgleichung aufstellen 101
Praxis Nichtmetalloxide 102
Weitergedacht Oxidation 103
Teste dich! 104
Im Überblick 105

5 Metalle und Metallgewinnung — 106

Geschichte der Metalle — 108
Extra „Hightechmetalle" im Handy — 109
Redoxreaktionen — 110
Praxis Oxidation und Reduktion — 112
Extra Thermitverfahren — 113
Eisengewinnung im Hochofen — 114
Vom Roheisen zum Stahl — 116
Spezialstähle — 118
Extra Mythos Eisen — 119
Methode Internetrecherche — 120
Weitergedacht Metallgewinnung — 121
Teste dich! — 122
Im Überblick — 123

6 Wasser und Wasserstoff — 124

Bedeutung des Wassers — 126
Wasser – Element oder Verbindung? — 128
Methode Diagramme auswerten — 130
Methode Diagramme erstellen — 131
Wasserstoff – Energieträger der Zukunft? — 132
Praxis Wasser und Wasserstoff — 134
Weitergedacht Wasser und Wasserstoff — 135
Teste dich! — 136
Im Überblick — 137

7 Elementfamilien und Periodensystem — 138

Alkalimetalle — 140
Erdalkalimetalle — 142
Praxis Alkali- und Erdalkalimetalle — 144
Extra Ordnen — 145
Methode Operatoren und Fachsprache — 146
Extra Geschichte des Feuerwerks — 148
Extra Feuerwerk heute — 149
Halogene — 150
Edelgase — 152
Extra Entstehung von Elementen im Weltraum — 153
Extra Geschichte des Periodensystems — 154
Aufbau des Periodensystems der Elemente — 155
Weitergedacht Alkali- und Erdalkalimetalle — 156
Weitergedacht Edelgase und Halogene — 157
Teste dich! — 158
Im Überblick — 159

8 Der Bau der Atome 160

Atome – unvorstellbar klein 162
Extra Zählen mit der Waage 164
Extra Rastertunnelmikroskop – Bilder von Atomen 165
Kern-Hülle-Modell 166
Elementarteilchen in Atomen 168
Schalenmodell 170
Extra Geschichte der Atomvorstellungen 172
Methode Sicher präsentieren 173
Atombau und Periodensystem 174
Weitergedacht Atommodelle 176
Weitergedacht Radioaktivität 177
Teste dich! 178
Im Überblick 179

9 Chemische Bindungen 180

Kostbarkeit Salz 182
Extra Vom Steinsalz zum Kochsalz 184
Extra Geschichte des Kochsalzes 185
Praxis Kochsalz 186
Salze – Verbindungen aus geladenen Teilchen 187
Vom Atom zum Ion 188
Salze sind Ionenverbindungen 190
Praxis Kristallzüchtung 192
Methode Wie gut kannst du experimentieren? 193
Elektronenübergang bei chemischen Reaktionen 194
Chemische Reaktionen mithilfe von elektrischer Energie 195
Elektronenpaarbindungen bei Molekülen 196
Methode Strukturformeln nach LEWIS 198
Extra Modelle veranschaulichen chemische Bindungen 199
Polare Elektronenpaarbindung 200
Wasser – ein Stoff mit besonderen Eigenschaften 202
Extra Wenn Salze auf Wasser treffen ... 204
Praxis Typische Reaktionen von Salzen 206
Weitergedacht Wasser – ein besonderes Molekül 207
Extra Wie funktioniert ein Mikrowellenherd? 208
Metallbindung – Bau der Metalle 209
Teste dich! 210
Im Überblick 212

10 Säuren und Laugen 214

Säuren und Laugen im Alltag 216
Säuren und Laugen lassen sich nachweisen 218
Extra Natürliche Indikatoren 219
Praxis Indikatoren selbst hergestellt 220
Salzsäure – eine saure Lösung 222
Kohlensäure 224
Praxis Kohlensäure 225
Schwefelsäure 226
Extra Saurer Regen 227
Säuren und ihre Salze 228
Praxis Reaktionen von sauren Lösungen 230
Weitergedacht Säuren und Salze 231
Ammoniak 232
Natronlauge – eine alkalische Lösung 234
Neutralisation 236
Praxis Laugen und Neutralisation 238
Weitergedacht Neutralisation und Laugen 239
Extra Massenanteil und Stoffmengenkonzentration 240
Methode Titration 241
Teste dich! 242
Im Überblick 243

11 Chemische Energiespeicher 244

Aus chemischer Energie entsteht elektrische Energie 246
Energiespeicherung in Batterien 248
Laden und Entladen einer galvanischen Zelle 250
Extra Die Autobatterie – ein Bleiakku 251
Extra Entdeckungen von GALVANI und VOLTA 252
Einsatz und Entsorgung von Batterien und Akkus 253
Praxis Chemische Energiespeicher 254
Wasserstoff – Energiespeicher der Zukunft? 256
Extra Mobilität der Zukunft 258
Weitergedacht Mobil durch elektrische Energie 259
Teste dich! 260
Im Überblick 261

12 Kohlenwasserstoffe – Energieträger und Rohstoffe 262

Entstehung von Erdöl, Ergas und Kohle 264
Extra Förderung von Erdöl und Erdgas 266
Praxis Einstieg in die organische Chemie 267
Erneuerbare Energie 268
Kohlenstoff – Baustein organischer Stoffe 270
Methan 272
Die homologe Reihe der Alkane 274
Methode Regeln zur Benennung organischer Stoffe 278
Praxis Eigenschaften und Verwendung von Alkanen 279
Erdölverarbeitung in der Raffinerie 280
Alkene – ungesättigte Kohlenwasserstoffe 282
Extra Alkine 284
Weitergedacht Kohlenstoffdioxid schafft Probleme 285
Teste dich! 286
Im Überblick 287

13 Von den Alkoholen zu den Carbonsäuren 288

Von der Traube zu Wein und Branntwein 290
Extra Bierherstellung 292
Alkoholkonsum: Mit starkem Willen – ohne Promille 293
Praxis Gewinnung und Eigenschaften von Ethanol 294
Ethanol 296
Extra Bioethanol – Kraftstoff mit Zukunft? 298
Einige Alkohole im Vergleich 299
Stofffamilie der Alkohole 300
Mehrwertige Alkohole 302
Extra Alkanale und Alkanone 303
Extra Geschichte des Essigs 304
Extra Vom Alkohol zum Essig 305
Essigsäure, die wichtigste organische Säure 306
Stofffamilie der Carbonsäuren 308
Weitergedacht Alkohole und Carbonsäuren 310
Praxis Eigenschaften der Carbonsäuren 311
Teste dich! 312
Im Überblick 313

14 Vielfalt der Chemie 314

Ester – Multitalente im vielseitigen Einsatz 316
Fette – verführerische, aber auch lebensnotwendige Ester 318
Extra Ester als Kraft- und Sprengstoffe 320
Praxis Ester 321
Kohlenhydrate 322
Eiweiße 324
Weitergedacht Bedeutung von Nährstoffen 326
Praxis Kohlenhydrate und Eiweiße 327
Herstellung und Waschwirkung der Seife 328
Extra Waschmittel 330
Praxis Seifen und Waschmittel 331
Herstellung von Kunststoffen 332
Auf die Vernetzung kommt es an 334
Extra Kunststoffmüll 336
Praxis Kunststoffe 337
Nanotechnologie 338
Praxis Nanotechnologie 340
Teste dich! 341
Im Überblick 342

Anhang

Glossar wichtiger Fachbegriffe 344
Wichtige Größen in der Chemie 352
Laborgeräte 353
Musterlösungen der Teste-dich-Aufgaben 354
Gefahrstoffe und Entsorgung im Chemieunterricht 366
Register 375
Bildquellen 383

1 Mein neues Fach – Chemie!

Ist Chemie nicht zauberhaft? Chemikerinnen und Chemiker können nämlich schönste Farben in Flüssigkeiten und bunte Lichterscheinungen hervorrufen. Aber Chemie ist noch viel mehr. Um uns herum gibt es eine Vielfalt an Stoffen und chemischen Prozessen, die du durch den Chemieunterricht entdecken und verstehen wirst.

Ohne Chemie geht nichts

Chemie am Morgen Die Chemie bestimmt deinen Alltag viel mehr, als du ahnst. Schon morgens nach dem Aufstehen kommst du mit der Chemie in Kontakt. Du duschst dich mit einem Duschgel, putzt dir die Zähne mit Zahnpasta, verwendest ein Deodorant und vielleicht schminkst du dich. Du wählst deine Kleidung für den Tag aus: Jeans, Sweatshirt und Turnschuhe.

Chemie und Essen Was frühstückst du morgens? Ein Brötchen mit Schokoladenaufstrich, ein Wurstbrot oder Müsli? Bei der Herstellung und Verarbeitung dieser Lebensmittel spielt die Chemie eine wichtige Rolle. Auch wenn du dein Essen verdaust, spielen sich in deinem Körper chemische Vorgänge ab.

Chemie macht mobil Wie kommst du zur Schule: zu Fuß, mit dem Fahrrad oder mit dem Bus? Die Chemie trägt wesentlich dazu bei, dass wir uns bequem von Ort zu Ort bewegen können.

Chemie in der Schule Viele Gegenstände, mit denen du in der Schule arbeitest, haben ebenfalls mit Chemie zu tun. Wenn du in deine Schultasche schaust, wirst du sicher Dinge aus Kunststoff finden: das Federmäppchen, Filzstifte, Füller, Tintenkiller, Radiergummi und das Geodreieck. Auch Schultaschen werden häufig aus Kunstoff hergestellt. Bleistiftanspitzer bestehen meistens aus dem Metall Aluminium. Die Mine eines Bleistifts ist aus Graphit.

1 *Auch Zähneputzen hat mit Chemie zu tun.*

Chemie und Sport Am Nachmittag probierst du deine neuen Joggingschuhe aus, die jeden Schritt noch besser abdämpfen. Dein neuer Tennisschläger ist jetzt noch leichter. Vor Jahrzehnten waren Tennisschläger aus Holz, jetzt gibt es Schläger aus Kunststoff, die mit Carbonfasern verstärkt sind.

Chemie und Technik Computer bestehen aus Kunststoffteilen, Silicium, Kupfer, Gold und anderen chemischen Stoffen. Auch deine DVDs sind aus Kunststoff.

Die Chemie spielt in vielen Bereichen unseres Lebens eine wichtige Rolle.

Aufgaben

1 □ Gib drei Beispiele an, wo dir Chemie im Alltag begegnet.

2 ◪ Erläutere, wie ein Tag ohne „Chemie" ablaufen würde.

2 *Chemie …*

… macht uns mobil.

… hilft beim Kochen und Backen.

… verbessert Materialien.

Extra Chemie gestern und heute

Chemie im alten Ägypten Bereits vor etwa 4000 Jahren verfügten die Ägypter über chemisches Wissen. Sie konnten ihre Toten einbalsamieren, um sie vor der Verwesung zu schützen, und waren zur damaligen Zeit in der Lage, Traubensaft zu Alkohol zu vergären. Die Ägypter stellten auch Make-ups, Parfüms und Öle her. Zudem nutzten sie viele chemisch-technische Prozesse zur Metallgewinnung und zur Herstellung von Farbstoffen, um damit Kleidung zu färben oder um Grabstellen in Pyramiden zu bemalen.

Chemie im Mittelalter Im Mittelalter beschäftigten sich sogenannte Alchemisten damit, im Auftrag geldgieriger Fürsten Metalle wie Quecksilber oder Silber in Gold zu verwandeln. Die Alchemisten zeigten in den Herrscherhäusern oftmals Experimente, bei denen nur scheinbar Gold entstand. Viele mussten ihren Forscherdrang und ihre Neugier mit dem Leben bezahlen, weil sie mit giftigen oder explosiven Stoffen arbeiteten. Einigen Alchemisten verdanken wir aber die Entdeckung neuer Stoffe wie Phosphor, Salzsäure und Ammoniak.

Chemie heute Chemie ist eine Wissenschaft, die sich mit den Eigenschaften von Materialien sowie mit möglichen Veränderungen von Materialien beschäftigt. Viele Chemiker sind an der Entwicklung neuer Produkte beteiligt, die für unseren Alltag von Nutzen sind. Beispiele hierfür sind Computer, Handys, Solarzellen und schadstoffärmere Treibstoffe. Arzneimittel werden entwickelt, um Krankheiten zu bekämpfen, immer bessere Düngemittel werden eingesetzt, um Ernteerträge zu vergrößern.

Naturwissenschaften Die Wissenschaften Biologie, Chemie und Physik gehören zu den Naturwissenschaften. Alle drei Wissenschaften versuchen, Vorgänge und Phänomene in der Natur zu erklären. Jede Wissenschaft hat aber einen anderen Blickwinkel. Nehmen wir als Beispiel die Fliegerei. Biologen beschäftigen sich mit der Lebensweise und dem Körperbau der Vögel. Physiker erklären, warum Vögel fliegen können, und übertragen ihre Kenntnisse auf den Flugzeugbau. Der Rumpf eines Flugzeugs muss aus einem stabilen und leichten Material konstruiert sein. Chemiker entwickeln deshalb immer bessere Werkstoffe.

1 *Chemie im alten Ägypten*

2 *Ein Labor im Mittelalter*

Aufgaben

1 □ Beschreibe das „chemische Know-how" vor 4000 Jahren.

2 Informiere dich:

a ◪ Wie balsamierten die Ägypter ihre Toten ein?

b ◪ Was verstanden die Alchemisten unter dem „Stein der Weisen"?

Nutze Quellen deiner Wahl.

3 ■ Bewerte, welche Folgen es für dich hätte, wenn es keine Kunststoffe mehr geben würde.

Extra Berufe, in denen Chemie eine Rolle spielt

1 *Eine chemisch-technische Assistentin bei der Arbeit*

Chemisch-technische Assistentin Eine chemisch-technische Assistentin (CTA) arbeitet in der Industrie, in Lebensmittellabors oder in Kliniken. Dort führt sie selbstständig Versuche durch, um beispielsweise die Reinheit eines Lebensmittels zu untersuchen. Oder sie untersucht die Qualität von Erdöl, das als Ausgangsstoff zur Herstellung von Kunststoffen benötigt wird.

Friseur In diesem Berufsfeld spielt die Chemie eine wichtige Rolle. Schon beim Waschen der Haare muss der Friseur die Zusammensetzung des Haarshampoos kennen, um das passende Produkt für die Haare des Kunden auszuwählen. Für ein optimales Farbergebnis müssen beim Tönen und Färben von Haaren Chemikalien in der richtigen Dosierung eingesetzt werden. So wird zum Beispiel beim Blondieren Wasserstoffperoxid verwendet. Auch für die Standfestigkeit einer Dauerwelle sorgen chemische Stoffe.

2 *Blondieren der Haare beim Friseur*

Stoffprüferin Stoffprüferinnen untersuchen Rohstoffe und Fertigerzeugnisse in verschiedenen Industriezweigen, zum Beispiel in der Kunststoff-, der Glas- und der Baustoffindustrie. Sie entnehmen Proben und messen bestimmte Eigenschaften wie die Stabilität von Autoteilen.

3 *Ein Wassermeister prüft die Trinkwasserqualität.*

Weitere Berufe Fachkräfte für Abwassertechnik und Wassermeister sorgen für den reibungslosen Ablauf in einer Kläranlage und überprüfen die Wasserqualität. Auch die Fachangestellte für Bäderbetriebe überwacht die Wasserqualität und die technischen Anlagen in Hallen- und Freibädern. Eine Köchin und eine Fachkraft für Lebensmitteltechnik müssen sich mit den Inhaltsstoffen von Lebensmitteln auskennen. Auch Fahrzeuglackierer haben beim Behandeln von Oberflächen und dem Lackieren der Fahrzeuge täglich mit Chemikalien zu tun.

Aufgaben

1 ◪ Recherchiere, in welchen anderen Industriezweigen Stoffprüferinnen beschäftigt sind.

2 Erkunde im Internet weitere Berufe, bei denen Chemie eine Rolle spielt.
   a ◪ Gib an, welchen Schulabschluss man für die Berufe benötigt.
   b ◪ Beschreibe, welche Tätigkeiten man in den Berufen jeweils ausübt.

Extra Gefahrstoffe um uns herum

Viele Haushaltsprodukte enthalten Gefahrstoffe In vielen Haushalten findet man Putz- und Desinfektionsmittel, Sprays, Farben und viele andere chemische Produkte, von denen Gefahren für die Menschen und die Umwelt ausgehen können. Diese Produkte müssen, genauso wie die Gefahrstoffe im Chemieunterricht, mit Gefahrenpiktogrammen, Gefahrenhinweisen und Sicherheitshinweisen gekennzeichnet sein.

Gefahren bei Kontakt oder beim Einatmen Bei der Verwendung von Sprays sollte man beachten, dass man die Inhaltsstoffe zum Teil einatmen kann. Auch die Inhaltsstoffe von Wasch- und Putzmitteln gelangen in unsere Atemluft. Viele Duft-, Farb- und Konservierungsmittel stehen im Verdacht, Allergien und Hautreizungen auszulösen. Deshalb ist es wichtig, bei der Reinigung mit Putzmitteln immer Gummihandschuhe anzuziehen. Sprays sollten möglichst im Freien oder in gut gelüfteten Räumen verwendet werden.

Chlorhaltige Reiniger Bei Chlorreinigern musst du sehr vorsichtig sein. Kommt ein solcher Reiniger mit einem sauren Allzweckreiniger zusammen, entsteht lebensgefährliches gasförmiges Chlor.

1 *Auch im Haushalt gibt es Gefahrstoffe.*

Achtung: Verwechslungsgefahr! Eine wichtige Regel für den Umgang mit Gefahrstoffen im Haushalt lautet: Gefährliche Stoffe dürfen nie in ein Gefäß gefüllt werden, in dem sonst Lebensmittel aufbewahrt werden. Kinder und auch Erwachsene könnten die gefährlichen Stoffe mit Lebensmitteln verwechseln. Außerdem fehlen dann die auf der Originalverpackung angegebenen Sicherheits- und Gefahrenhinweise sowie die Gefahrenpiktogramme.

Entsorgung gefährlicher Stoffe Werden gefährliche Stoffe wie Putzmittel oder Farben im Haushalt nicht mehr verwendet, dürfen sie auf keinen Fall in den Abfalleimer oder Ausguss gegeben werden. Das gilt auch für Medikamentenreste, alte Batterien oder Energiesparlampen. Diese Stoffe müssen sachgerecht entsorgt werden. In jeder Gemeinde gibt es ein Schadstoffmobil oder eine Sammelstelle, wo du die Schadstoffe hinbringen kannst. Die Standorte und die Termine der Sammlung erfährst du bei deiner Gemeinde.

Aufgaben

1 □ Suche zu Hause Alltagsprodukte mit Gefahrenpiktogrammen und trage sie in eine Tabelle mit den Spalten Produkt, Gefahrenpiktogramm und Bedeutung ein.

2 □ Wie kann man vermeiden, dass kleine Kinder in Kontakt mit Gefahrstoffen kommen?

3 □ Erkläre, warum man Gefahrstoffe nie in Lebensmittelbehälter einfüllen und sie dort aufbewahren sollte.

4 ◪ Der Kontakt und das Einatmen von Reinigungsmitteln kann gefährlich werden. Welche Auswirkungen können diese Substanzen auf Menschen und Tiere haben?

5 ◪ Viele Reinigungsarbeiten im Haushalt lassen sich mit umweltverträglichen Mitteln erledigen. Informiere dich über diese Reinigungsmöglichkeiten.

6 ◪ Informiere dich, was zu tun ist, wenn kleine Kinder in einem unbeobachteten Moment einen Schluck von einem Reinigungsmittel getrunken haben.

Kennzeichnung und Entsorgung von Chemikalien

Ein globales Kennzeichnungssystem für Chemikalien Überall auf der Welt kommen Menschen, die unterschiedliche Sprachen und Symbole nutzen, in Alltag und Beruf in Kontakt mit Chemikalien. Deshalb ist ein einheitliches System wichtig, das auch Analphabeten nutzen können. Die GHS-Verordnung ist ein weltweites System zur Einstufung und Kennzeichnung von Chemikalien.

Gefahrenpiktogramme Um zu verdeutlichen, dass eine Gefahr von einer Substanz ausgeht, wird der entsprechende Behälter mit einem oder mehreren Symbolen versehen. Diese Symbole werden als Gefahrenpiktogramme bezeichnet. Ein Totenkopf mit gekreuzten Knochen weist beispielsweise auf eine giftige Substanz hin. Im Alltag begegnen dir viele dieser Gefahrenpiktogramme auf Verpackungen von Haushaltsreinigern oder Produkten aus dem Baumarkt.

 **GHS01** Explodierende Bombe	 **GHS02** Flamme	 **GHS03** Flamme über einem Kreis
 **GHS04** Gasflasche	 **GHS05** Ätzwirkung	 **GHS06** Totenkopf mit gekreuzten Knochen
 **GHS07** Ausrufezeichen	 **GHS08** Gesundheitsgefahr	 **GHS09** Umwelt

Tab. 1 *Gefahrenpiktogramme und Signalwörter nach GHS*

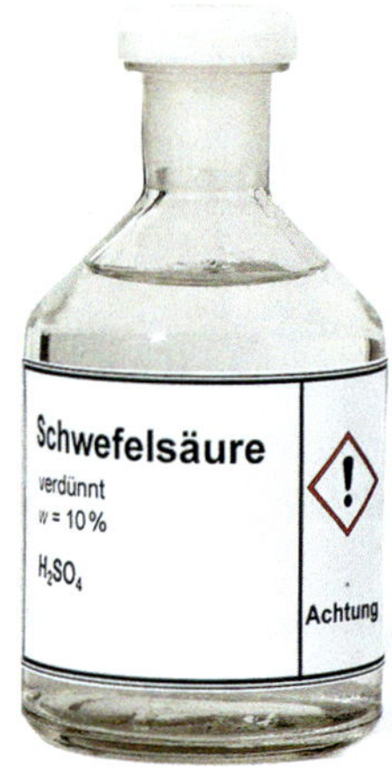

1 *Gefahrenpiktogramme im Alltag und im Labor*

Signalwörter Die Kennzeichnung der Gefahrstoffe wird zusätzlich durch ein Signalwort – „Achtung" oder „Gefahr" – unterstützt. Dieses Signalwort findet man direkt neben dem Piktogramm. Das Wort „Gefahr" ist das Signalwort für einen Stoff, von dem eine große Gefahr ausgeht, der also z. B. explosionsgefährlich, hochentzündlich oder brandfördernd ist. Das Wort „Achtung" auf dem Etikett warnt z. B vor schwach ätzenden oder umweltgefährdenden Stoffen (Bild 1).

Gefahren- und Sicherheitshinweise Die Gefahrenhinweise (H-Sätze) beschreiben, welche Gefahr von Stoffen ausgeht. So weist z. B. der H-Satz 221 darauf hin, dass es sich bei dem Stoff um ein entzündbares Gas handelt.
Die Sicherheitshinweise (P-Sätze) beschreiben Maßnahmen, um schädliche Wirkungen beim Umgang mit dem Gefahrstoff zu begrenzen oder zu vermeiden. Der in P-Satz 271 beschriebene Hinweis lautet z. B.: Nur im Freien oder in gut belüfteten Räumen verwenden. Die H-Sätze und die P-Sätze einiger Stoffe findest du im Anhang des Buches.

Auf einem Gefahrstoffetikett befinden sich die Gefahrenpiktogramme, die Gefahrenhinweise (H-Sätze), die Sicherheitshinweise (P-Sätze) und das Signalwort.

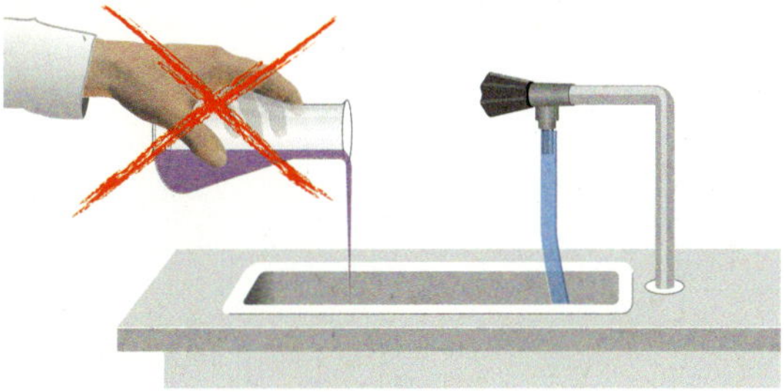

2 *Chemikalienreste dürfen nicht ohne Rücksprache in den Ausguss gegeben werden.*

Sachgerechtes Entsorgen im Chemieraum

Nach der Durchführung eines Experiments dürfen manche Chemikalienreste nicht in den Ausguss oder in den Hausmüll gegeben werden. Auch gibt man Chemikalienreste, beispielsweise zu viel entnommene Flüssigkeiten, nicht zurück in die Vorratsgefäße. Einmal entnommene Chemikalien könnten verunreinigt sein und müssen deshalb entsorgt werden. Gefährliche Stoffe müssen grundsätzlich sachgerecht entsorgt werden. Dazu werden die Chemikalien in getrennten Behältern aus Kunststoff oder Glas gesammelt (Bild 3). Die Lehrerin oder der Lehrer ist für die weitere Entsorgung verantwortlich. Bestimmte Chemikalienbehälter müssen von einem Entsorgungsunternehmen abgeholt werden (Bild 4). Ein vollständiger Entsorgungsplan befindet sich im Anhang deines Schulbuchs.

Gefährliche Chemikalienreste gehören in geeignete Sammelgefäße. Die weitere Entsorgung erfolgt durch den Lehrer bzw. die Lehrerin oder durch ein Entsorgungsunternehmen.

Extra Gefahrstoffe in unserem Alltag

Auch in unserem Alltag begegnen uns viele Produkte, die Gefahrstoffe enthalten, z. B. Korrekturflüssigkeit, Grillanzünder oder Nagellackentferner. Diese Produkte müssen genauso wie die Gefahrstoffe im Chemieunterricht besonders gekennzeichnet werden. Grundsätzlich sollte man darauf achten, bei der Verwendung von Sprays die Dämpfe nicht einzuatmen und giftige Substanzen nicht in haushaltsübliche Gefäße abzufüllen, da eine Verwechslungsgefahr besteht.

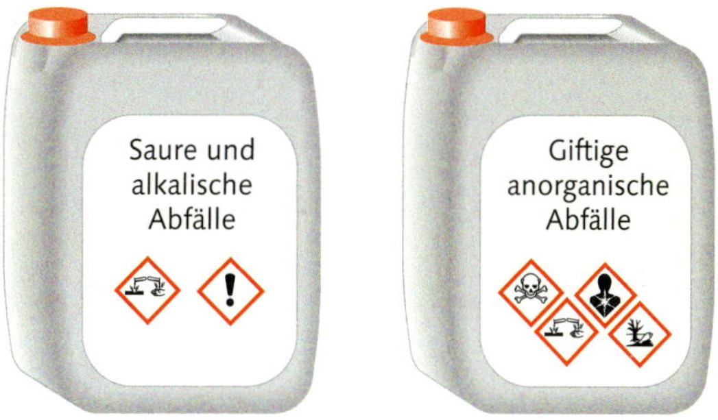

3 *Sammelgefäße für Gefahrstoffe im Labor*

4 *Bürgerinnen und Bürger können ihre Schadstoffe zu Recyclinghöfen und Schadstoffmobilen bringen.*

Aufgaben

1 □ Nenne die Vorteile des global einheitlichen Kennzeichnungssystems GHS.

2 □ Begründe, warum Chemikalien nach der Entnahme aus dem Originalbehälter nicht wieder in diesen zurückgefüllt werden dürfen.

3 □ Informiere dich bei deinem Lehrer oder deiner Lehrerin darüber, welche Sammelgefäße es in eurem Chemieraum gibt. Erkundige dich auch nach ihrem Standort.

4 □ Eine Chemikalie ist mit GHS05 gekennzeichnet. Beschreibe die sachgerechte Entsorgung der Chemikalie.

5 ◪ Du hast versehentlich 2,0 g Eisenpulver statt 1,5 g Eisenpulver abgewogen. Was machst du mit dem überschüssigen Pulver?

Der Chemieraum – ein besonderer Raum in deiner Schule

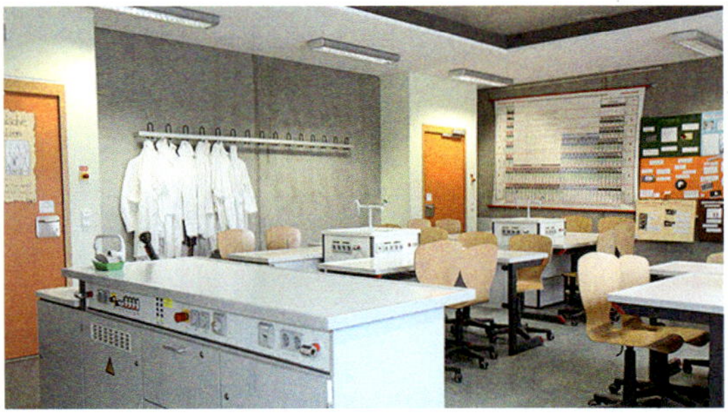

1 *Ein typischer Chemieraum*

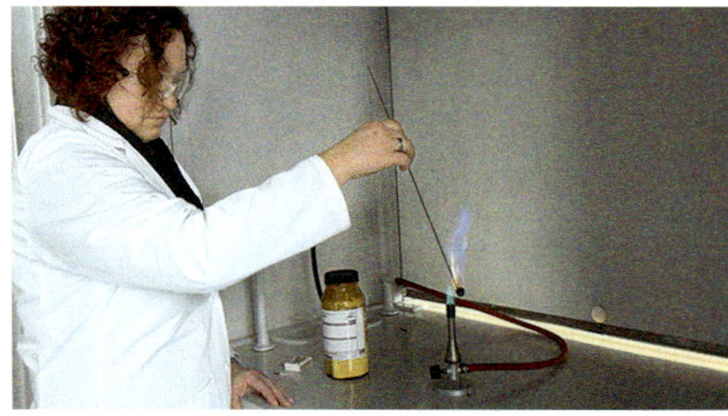

3 *Durchführung eines gefährlichen Experiments im Abzug*

Erster Eindruck Der Chemieraum unterscheidet sich von anderen Schulräumen. Es gibt Anschlüsse für Wasser, Strom und Gas sowie viele Einrichtungen, die der Sicherheit dienen.

Sicherheitseinrichtungen im Chemieraum Den Not-Aus-Schalter findest du im Chemieraum neben der Tür und am Lehrerpult. Mit einem Druck auf den Schalter werden alle Strom- und Gaszuleitungen direkt unterbrochen. Sollte es im Chemieraum brennen, sind ein Feuerlöscher, Löschsand und eine Löschdecke vorhanden. Die Augendusche wird verwendet, falls dir etwas ins Auge gelangt ist. Solltest du dich beim Experimentieren verletzen, gibt es im Chemieraum einen Erste-Hilfe-Kasten. In dringenden Fällen wählst du oder deine Lehrerin bzw. dein Lehrer die allgemeine Notrufnummer 112.

Im Chemieraum gibt es Sicherheitseinrichtungen und Verhaltensregeln, die der Sicherheit beim Experimentieren dienen.

2 *Sicherheitseinrichtungen im Chemieraum*

Abzug Bei manchen Experimenten entstehen giftige Gase oder es finden kleine Explosionen statt. Diese Experimente dürfen nur von der Lehrerin oder dem Lehrer in einem Abzug durchgeführt werden.

Verhaltensregeln für den Chemieraum
- Betritt den Chemieraum nur gemeinsam mit einer Chemielehrerin oder einem Chemielehrer.
- Das Essen und Trinken ist im Chemieraum verboten.
- Ohne Aufforderung der Chemielehrerin oder des Chemielehrers dürfen Geräte, Schalter und Chemikalien nicht berührt werden.
- Gehe mit den Geräten und Chemikalien verantwortungsvoll um.

Regeln beim Experimentieren

Vor dem Experimentieren
1 Lies die Versuchsanleitung genau durch und befolge die Anweisungen der Lehrerin bzw. des Lehrers.
2 Setze die Schutzbrille auf, binde lange Haare zusammen. Falls erforderlich, verwende Schutzhandschuhe.
3 Stelle die nötigen Geräte und Chemikalien ordentlich in der Mitte des Tischs auf.
4 Öffne einen Chemikalienbehälter nur zur Entnahme von Material. Benutze dabei einen sauberen Spatel oder eine Pipette. Verschließe den Behälter direkt nach der Entnahme.

4 *Ein Kittel schützt die Kleidung.*

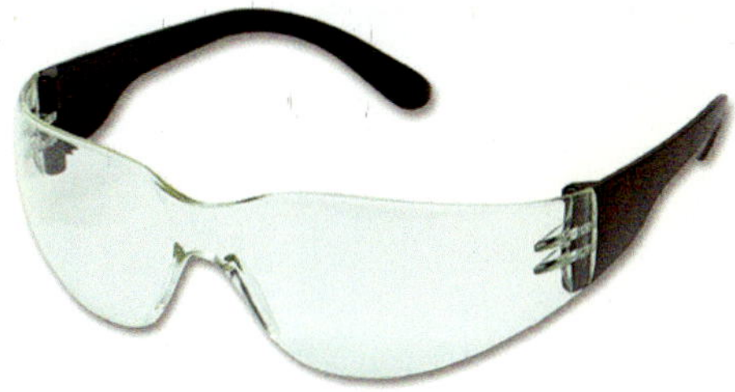

5 *Schutzbrille*

6 *So nicht!*

Während des Experimentierens

1 Experimentiere konzentriert und verantwortungsvoll, damit du und deine Mitschüler nicht gefährdet werden.
2 Stelle den Geruch eines Stoffes durch Zufächeln mit der Hand fest.
3 Richte die Öffnung des Reagenzglases beim Erhitzen niemals auf eine Person, da der Inhalt herausspritzen kann! Schaue nie von oben in das Reagenzglas.
4 Halte den Gasbrenner nur so lange in Betrieb, wie er benötigt wird.

Nach dem Experimentieren

1 Die Entsorgung der Chemikalien erfolgt nach Anweisung der Chemielehrerin bzw. des Chemielehrers.
2 Entferne verstreute Chemikalien oder kaputte Glasgeräte niemals selbst, informiere deine Lehrerin oder deinen Lehrer und warte die Anweisungen ab.
3 Spüle die Geräte und räume sie an ihren Platz zurück. Reinige den Arbeitstisch und wasche dir die Hände.
4 Kontrolliere, ob alle Gashähne geschlossen sind.

Beim Experimentieren musst du immer konzentriert bleiben und verantwortungsvoll handeln.

Aufgaben

1 Schaue dich im Chemieraum um.

a □ Zeichne einen Grundriss von deinem Chemieraum. Trage in die Skizze ein, wo sich im Raum die folgenden Sicherheitseinrichtungen befinden: Erste-Hilfe-Kasten, Feuerlöscher, Löschdecke, Löschsand, Augendusche, Not-Aus-Schalter, Fluchttür.

b ◪ Erkläre, wozu man diese Sicherheitseinrichtungen benötigt.

2 ◪ Beschreibe, was du tun musst, wenn sich jemand beim Experimentieren verletzt.

3 ◪ Formuliere einen Text über das Verhalten im Chemieraum. Verwende dazu die folgenden Satzteile:
- nie ohne Lehrerin oder Lehrer aufhalten
- Geräte, Schalter und Chemikalien niemals ohne Aufforderung berühren
- nicht essen und trinken
- diszipliniert verhalten

Methode Wie man Versuchsapparaturen darstellen kann

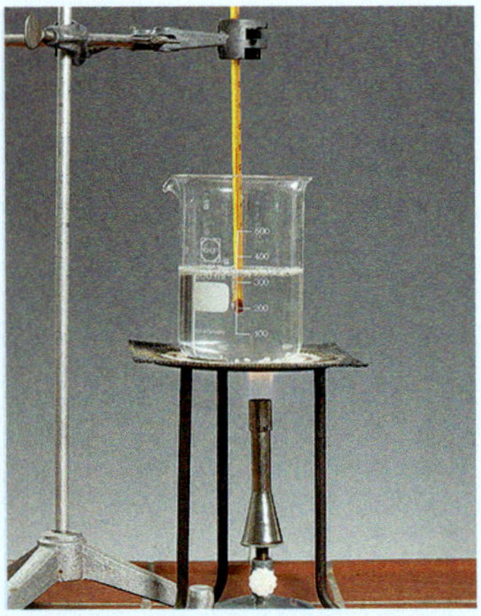

1 *Foto einer Versuchsapparatur zur Bestimmung der Siedetemperatur von Wasser*

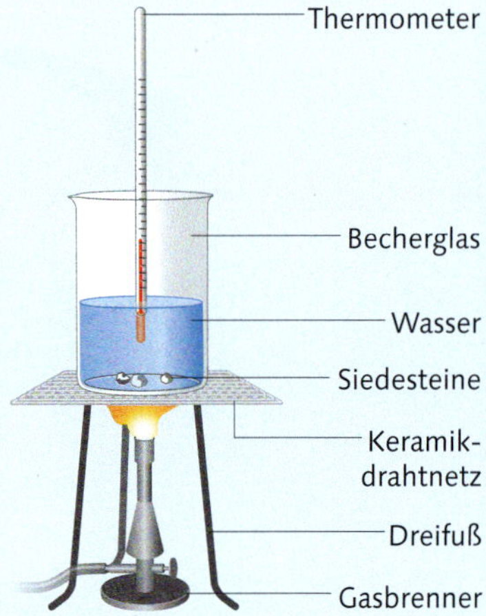

2 *Illustration einer Versuchsapparatur zur Bestimmung der Siedetemperatur von Wasser*

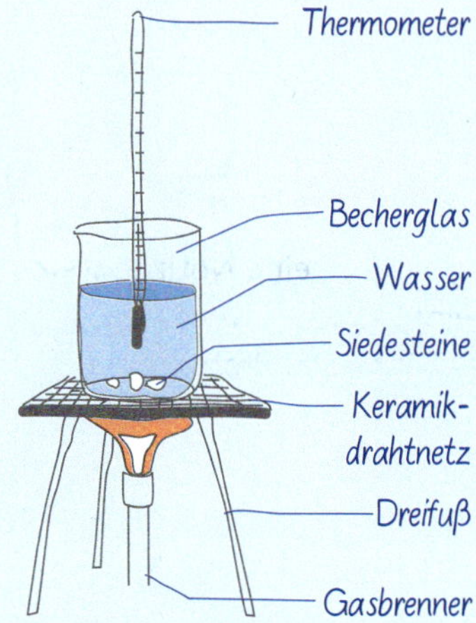

3 *Versuchsskizze zur Bestimmung der Siedetemperatur von Wasser*

Foto einer Versuchsapparatur im Labor
Zum Bestimmen der Siedetemperatur von Wasser benötigt man neben dem Stoff Wasser:

- ein Becherglas
- ein Thermometer
- einen Brenner
- einen Dreifuß mit Keramikdrahtnetz
- Stativmaterial

Das mit Wasser und einigen Siedesteinen gefüllte Becherglas wird auf einen Dreifuß gestellt, auf dem ein Keramikdrahtnetz liegt. So steht es sicher und es hat den richtigen Abstand zur Brennerflamme. Das Thermometer wird mithilfe von Stativmaterial so befestigt, dass es in die Flüssigkeit hineinreicht und die Temperatur problemlos während des Versuchs abgelesen werden kann.
Ein Foto dieses Versuchsaufbaus (Bild 1) zeigt alle Details.

Illustration im Chemiebuch Vergleichst du das tatsächliche Aussehen des Versuchsaufbaus, wie es auf dem Foto (Bild 1) zu sehen ist, mit der Illustration (Bild 2), so stellst du fest, dass viele wichtige Dinge aus der Wirklichkeit auch in der Illustration aufgegriffen werden. Es gibt aber auch Unterschiede: Das Stativmaterial wird nicht oder nur in Teilen gezeigt. Das Becherglas wird nur im Querschnitt gezeichnet. Nur das, was für den Chemiker interessant ist, wird dargestellt. Die Vereinfachungen und die Darstellung im Querschnitt dienen dabei der übersichtlichen Gestaltung.

Eigene Versuchsskizzen zeichnen Beim Anfertigen eigener Versuchsskizzen ist es wichtig, dass die Skizze alle für den Versuch wichtigen Geräte und Chemikalien sowie wichtige Versuchsschritte aufzeigt.
Auch wenn Skizzen wie im Kunstunterricht dazu dienen, Ideen oder Pläne schnell zu notieren, solltest du so sauber zeichnen, dass du den Versuch anhand deiner Skizze wiederholen könntest. Gehe beim Erstellen einer Versuchsskizze folgendermaßen vor:

1 Zeichne groß genug.

2 Zeichne die für den Ablauf des Versuchs wesentlichen Bestandteile.

3 Fertige die Zeichnung im Querschnitt an.

4 Beschrifte Geräte und Chemikalien, indem du deutlich die Bezeichnung neben dem Bild angibst und sie mit einem Strich zuordnest.

Methode Versuchsprotokoll

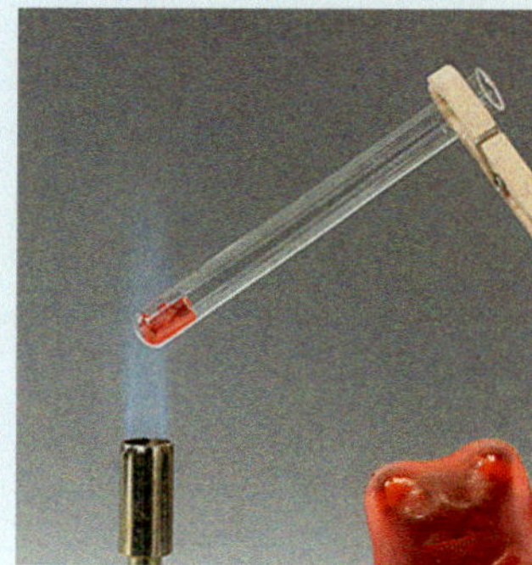

Ein Protokoll erstellen Zu jedem Versuch gehört ein Versuchsprotokoll. In einem Versuchsprotokoll werden alle Versuchsschritte genau und übersichtlich aufgeschrieben. Mache dir vor allem während des Versuchs genaue Notizen darüber, was du beobachtest. Wenn du alles gut notiert hast, kannst du dich später an Details besser erinnern. Deine Notizen werden dir bei der Versuchsauswertung hilfreich sein. Außerdem können auch andere den Versuch mit deinem ausführlichen Protokoll wiederholen.
Hier siehst du das Muster eines Versuchsprotokolls:

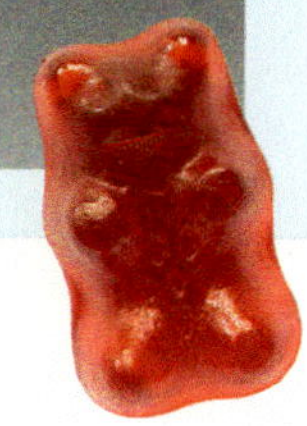

1 Das Problem, das du untersuchen möchtest, wird als Frage oder als Thema formuliert.	*Problemfrage:*	*Was passiert, wenn man ein Gummibärchen verbrennt?*
2 Eine Vermutung kannst du äußern, wenn du schon etwas Vorwissen hast oder dir spontan eine gute Idee einfällt.	*Vermutung:*	*Das Gummibärchen verkohlt.*
3 Schreibe alle benötigten Geräte auf.	*Geräte:*	*Gasbrenner, Reagenzglas, Reagenzglashalter*
4 Schreibe alle benötigten Chemikalien auf.	*Chemikalien:*	*Gummibärchen*
5 Fertige eine Skizze an.	*Skizze:*	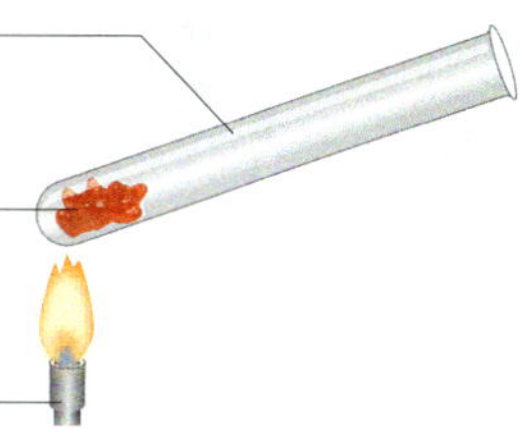
6 Formuliere die Durchführung kurz und verständlich.	*Durchführung:*	*Man gibt ein Gummibärchen in ein Reagenzglas. Dann erhitzt man das Reagenzglas vorsichtig in der nicht leuchtenden Flamme.*
7 Schreibe alle Beobachtungen auf, die du während des Versuchs machst.	*Beobachtung:*	*Das Gummibärchen wird nach einiger Zeit schwarz.*
8 Erkläre deine Beobachtungen. Schreibe dazu die Antwort der Problemfrage auf. Du kannst auch aufschreiben, was du aus dem Versuch gelernt hast.	*Auswertung:*	*Wenn man ein Gummibärchen verbrennt, findet eine Stoffveränderung statt. Es entsteht ein neuer Stoff.*

Methode Beantworten von Aufgaben

Kennst du das? Du sollst eine Aufgabe bearbeiten und weißt nicht genau, was du tun sollst: Manchmal reicht als Antwort eine Aufzählung, manchmal musst du mehrere Sätze schreiben. Die Tabellen auf dieser und auf der nächsten Seite sollen dir helfen, die passenden Antworten zu den verschiedenen Aufgaben zu finden.

Operatoren sind Verben, die bei Aufgabenstellungen verwendet werden. Diese Verben sagen dir, was du tun sollst.

Ein **Sachverhalt** kann sein: das Ergebnis eines Experiments oder das Merkmal eines Gegenstands o. Ä.

Operator	**Was du tun sollst**	**Merkmal**
nennen, benennen	Zähle Fakten, Daten, Begriffe oder Sachverhalte auf. Sage dabei nicht, ob es gut oder schlecht ist oder warum es so ist.	aufzählen
beschreiben	Gib Merkmale von Vorgängen oder Dingen zusammenhängend und geordnet wieder.	im Präsens; ganze Sätze
erklären	Mache einen Vorgang oder einen Sachverhalt verständlich. Sage auch etwas über Zusammenhänge.	„Wenn …, dann …" „Um … zu …"
erläutern	Veranschauliche einen Sachverhalt. Verwende dabei Informationen und Beispiele.	Präsens; ganze Sätze; mit Beispiel
begründen	Mache verständlich, warum ein Sachverhalt so ist. Führe dies auf Regeln und Gesetzmäßigkeiten zurück.	„Weil …" „Wegen …"
formulieren	Drücke einen Sachverhalt oder einen Zusammenhang in der Fachsprache aus.	Fachsprache
recherchieren, sich erkundigen, sich informieren	Suche im Lexikon, im Schulbuch und im Internet nach Informationen zu einem bestimmten Thema oder frage bei Personen nach.	lesen, hören, ansehen, nachfragen
bewerten, Stellung nehmen	Sage oder schreibe deine Meinung, ob ein Sachverhalt gut oder schlecht (richtig oder falsch) ist. Begründe deine Entscheidung.	eigene Ansicht; mit Begründung *(begründen)*

Typische Aufgabenstellungen Aufgaben sind häufig mit einer Frage verknüpft. Diese Tabelle zeigt dir verschiedene Antwortmöglichkeiten.

Tipp: Verwende in deiner Antwort immer das Verb und das Substantiv, das auch schon in der Frage oder Aufgabenstellung vorkommt.

1

Aufgabe	Frage	Antwort
Nenne die Eigenschaften eines Gummibärchens.	Welche Eigenschaften besitzt ein Gummibärchen? *Oder:* Welche Eigenschaften hat ein Gummibärchen?	Eigenschaften eines Gummibärchens: weich, süß, durchsichtig … *Wenn du in ganzen Sätzen antworten sollst:* Ein Gummibärchen ist weich. *Oder:* Ein Gummibärchen besitzt die Eigenschaft, dass es weich ist.
Beschreibe die Gemeinsamkeiten von zwei Gummibärchen.	Welche Gemeinsamkeiten haben zwei Gummibärchen?	Beide Gummibärchen sind süß.
Beschreibe die Unterschiede von zwei Gummibärchen.	Welche Unterschiede haben zwei Gummibärchen?	Das eine Gummibärchen ist rot, das andere ist gelb. *Oder:* Im Gegensatz zum roten Gummibärchen ist das andere gelb.
Erkläre, wo*zu* man einen Gasbrenner benötigt.	Wo*zu* benötigt man einen Gasbrenner?	Einen Gasbrenner benötigt man, um das Gummibärchen *zu* verbrennen. *Oder:* Einen Gasbrenner benötigt man *zur* Verbrennung des Gummibärchens.
Erkläre, wor*auf* man zu achten hat. *Oder:* **Erkläre,** wor*auf* man achten muss.	Wor*auf* hat man zu achten? *Oder:* Wor*auf* muss man achten?	Man muss *auf* die Temperatur achten.
Erläutere den Unterschied **zwischen** zwei Gummibärchen.	Wor*in* unterscheiden sich zwei Gummibärchen?	Zwei Gummibärchen unterscheiden sich *in* ihrer Farbe. Das eine Gummibärchen ist rot und das andere ist gelb.
Begründe, warum ein Gummibärchen verkohlt.	Warum verkohlt ein Gummibärchen?	Wenn man ein Gummibärchen verbrennt, (dann) findet eine Stoffveränderung statt. Weil eine Stoffveränderung stattgefunden hat, ist das Gummibärchen verkohlt.

Methode Sicher arbeiten mit dem Gasbrenner

1 *Leuchtende, nicht leuchtende und rauschende Flamme im Vergleich*

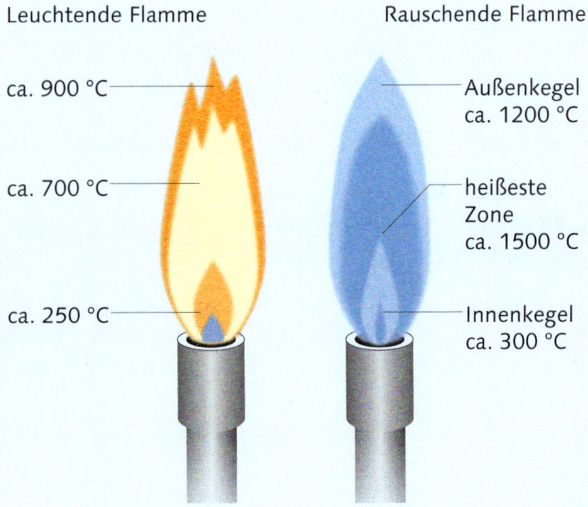

2 *Leuchtende Flamme und rauschende Flamme mit Temperaturzonen*

Sicherer Umgang mit dem Gasbrenner Bei vielen Versuchen benötigst du einen Gasbrenner. Beachte dabei die folgenden Schritte:

1 Vor dem Versuch
- Setze die Schutzbrille auf und binde lange Haare zusammen.
- Entferne alle brennbaren Gegenstände auf dem Experimentiertisch.
- Prüfe am Gasbrenner, ob die Luftzufuhr und die Gaszufuhr geschlossen sind.
- Stelle den Gasbrenner in die Mitte des Tisches auf eine feuerfeste Unterlage.
- Schließe den Gasschlauch an die Gasleitung am Experimentiertisch an.

2 Entzünden der Brennerflamme
- Halte die Zündquelle bereit.
- Öffne den Gashahn am Tisch.
- Öffne den Gasregler am Brenner, entzünde sofort das austretende Gas und reguliere die Flammenhöhe.
- Öffne je nach Flammentyp die Luftzufuhr.

3 Löschen der Brennerflamme
- Drehe zuerst die Luftzufuhr zu.
- Schließe die Gaszufuhr am Gasbrenner.
- Schließe den Gashahn am Experimentiertisch.

Sicheres Erhitzen im Reagenzglas Achte beim Erhitzen von Stoffen im Reagenzglas auf diese Punkte:
- Fülle nur kleine Stoffmengen (etwa 1–2 cm) in das Reagenzglas.
- Wenn Flüssigkeiten erhitzt werden, füge 1–2 Siedesteinchen hinzu.
- Halte das Reagenzglas mit dem Reagenzglashalter fest.
- Bewege das Reagenzglas beim Erhitzen gleichmäßig in der Flamme hin und her.
- Achte immer darauf, dass du die Reagenzglasöffnung nicht auf Personen richtest.

3 *Eine Flüssigkeit wird im Reagenzglas erhitzt.*

Praxis Arbeiten mit dem Gasbrenner

1 Temperaturzonen der Brennerflamme

Geräte: Gasbrenner
Chemikalien: Magnesiastäbchen
Durchführung: Halte ein Magnesiastäbchen waagerecht in die verschiedenen Zonen der Brennerflamme. Führe den Versuch zuerst mit der leuchtenden und dann mit der nicht leuchtenden Flamme durch.
Auswertung: Notiere deine Beobachtungen. Ist die leuchtende oder die nicht leuchtende Flamme heißer? Wo befindet sich die heißeste Zone der jeweiligen Flamme?

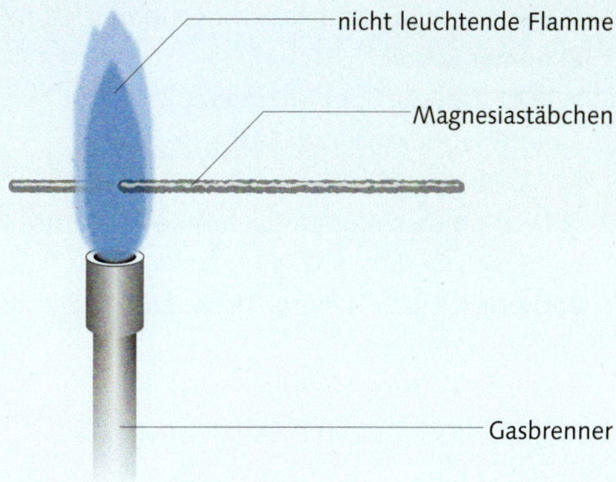

2 Erhitzen von Wasser

Geräte: Gasbrenner, Reagenzglas, Reagenzglashalter, 2 Siedesteinchen
Chemikalien: Wasser
Durchführung: Fülle ein Reagenzglas etwa 2 cm hoch mit Wasser und füge zwei Siedesteinchen hinzu.
Halte das Reagenzglas mithilfe des Reagenzglashalters schräg in die nicht leuchtende Flamme und bewege es vorsichtig hin und her. Beende den Versuch, sobald die Hälfte der Flüssigkeit verdampft ist.
Auswertung: Notiere deine Beobachtungen. Überlege, wieso es wichtig ist, das Reagenzglas während des Erhitzens hin- und herzubewegen. Nenne die Funktion der Siedesteinchen.

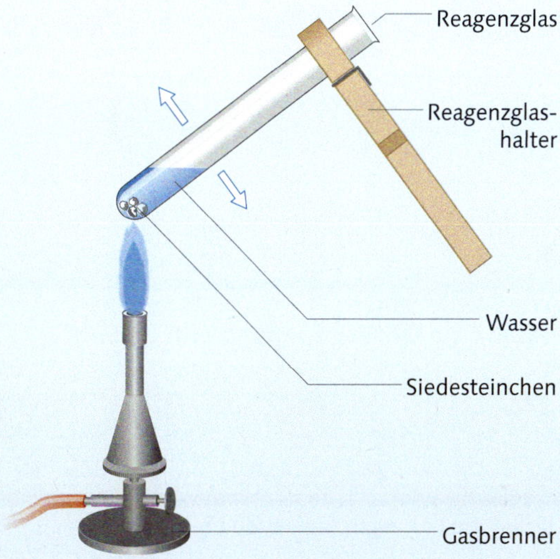

3 Schmelzen von Glas

Geräte: Gasbrenner, Glasrohr, schwer schmelzbares Reagenzglas (Duran), Reagenzglashalter, Tiegelzange
Durchführung:
a Halte das Glasrohr in die heißeste Zone der rauschenden Brennerflamme. Drehe dabei das Glasrohr gleichmäßig, bis du Veränderungen feststellst.
b Erhitze ein schwer schmelzbares Reagenzglas in der heißesten Zone der Brennerflamme. Sobald du das Reagenzglas aus der Flamme genommen hast, versuche mit der Tiegelzange das Glas an der heißen Stelle zu verformen.
Auswertung: Notiere für beide Experimente deine Beobachtungen.

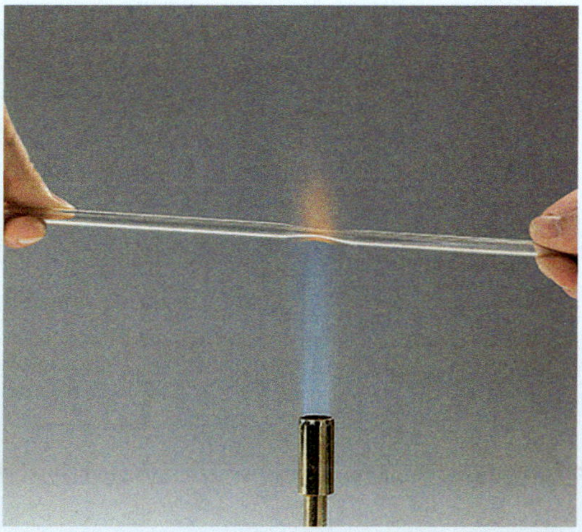

Teste dich!

1 □ Der Chemieraum ist ein besonderer Raum in deiner Schule.
Wie hast du dich im Chemieraum zu verhalten? Notiere vier wichtige Regeln.

2 □ Nico holt sich für ein Experiment alle notwendigen Geräte und Chemikalien vom Pult und bringt sie zu seinem Tisch. Dann setzt er die Schutzbrille auf.
Hat Nico richtig gehandelt? Welchen Ratschlag würdest du ihm geben und warum?

3 □ Worauf hast du beim Umgang mit Laborgeräten und Chemikalien zu achten? Gib zwei Regeln an.

4 Ein Gasbrenner wird häufig im Chemieunterricht verwendet, um hohe Temperaturen zu erzeugen.
a □ Zeichne einen Gasbrenner und benenne seine Bestandteile.
b □ Wie gehst du vor, um einen Gasbrenner in Betrieb zu setzen?

5 In Bild 1 sind zwei Flammentypen abgebildet.
a □ Wie heißen die beiden Flammentypen?
b ◪ Wovon hängt die Temperatur der unterschiedlichen Flammen ab? Erkläre.
c ◪ Mit welchem Flammentyp wird nur selten im Chemieraum gearbeitet? Begründe deine Antwort.

1 *Verschiedene Flammentypen*

6 □ Nenne die Geräte, die beim Experimentieren in Bild 2 verwendet werden.

2 *Laborgeräte*

7 Wenn du eine Flüssigkeit in einem Reagenzglas erhitzt, musst du wichtige Regeln beachten.
a □ Schreibe diese Regeln auf.
b ◪ Fertige eine Zeichnung an, die die Regeln verdeutlicht.

8 □ Gib die Bedeutung der beiden Gefahrenpiktogramme an.

9 □ Beim Aufräumen der Wohnung findest du mehrere halb volle Schachteln mit Medikamenten. Du stellst fest, dass die Haltbarkeit dieser Medikamente abgelaufen ist. Was rätst du deinen Eltern?

10 □ Welche Angaben sollte ein Versuchsprotokoll enthalten?

Aufgabe	Hilfe findest du auf Seite ...
1	18
2	18/19
3	16/17, 18/19
4	24
5	24
6	353
7	24
8	16
9	15
10	21

... und die Lösungen findest du im Anhang.

Im Überblick

Die Chemie spielt in vielen Bereichen des Lebens eine Rolle. Im Labor verwenden Chemikerinnen und Chemiker bei ihren Untersuchungen und Experimenten spezielle Geräte. Einige Geräte lernst du im Chemieunterricht kennen. Genaues Beobachten und Protokollieren ist in der Chemie besonders wichtig. Chemikalien begegnen uns nicht nur im Labor. Auch im Alltag ist es sinnvoll, die Kennzeichnung von Chemikalien mithilfe der GHS-Verordnung zu kennen, damit man sich und die Umwelt schützen kann.

Sicherheit im Chemieraum

- Chemieraum nur mit Lehrerin/Lehrer betreten
- Sicherheitseinrichtungen im Chemieraum kennen
- Versuchsanleitung lesen
- Notwendige Geräte und Chemikalien bereitstellen
- Schutzbrille tragen
- Lange Haare nach hinten binden
- Chemikalienbehälter immer verschließen
- Reagenzglasöffnung nicht auf Personen richten
- Keine Geruchs- und Geschmacksproben
- Im Chemieraum nicht essen und trinken
- Chemikalien richtig entsorgen

Gasbrenner (Teclubrenner)

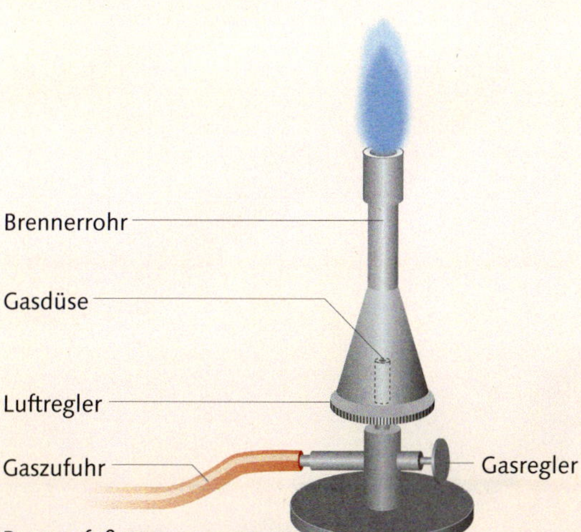

Gefahrenpiktogramme

 **GHS01** Explodierende Bombe	 **GHS02** Flamme	 **GHS03** Flamme über einem Kreis
 **GHS04** Gasflasche	 **GHS05** Ätzwirkung	 **GHS06** Totenkopf mit gekreuzten Knochen
 **GHS07** Ausrufezeichen	 **GHS08** Gesundheitsgefahr	 **GHS09** Umwelt

Entsorgung von Chemikalienabfällen

- Nicht alle Chemikalienreste dürfen in den Ausguss oder in den Hausmüll gegeben werden. Gefährliche Stoffe werden in geeigneten Gefäßen gesammelt und anschließend sachgerecht entsorgt.

2

Stoffe erkennen und Stoffgemische trennen

Viele Stoffeigenschaften können wir mit unseren Sinnen erfahren, andere sind messbar. Mit der Chromatografie kann ein Filzstiftpunkt in mehrere reine Farbstoffe getrennt werden. Dabei entstehen kleine Kunstwerke. Ob Stoffe rein oder mit anderen Stoffen gemischt vorliegen, macht oft einen großen Unterschied in unserem Alltag.

Körper und Stoffe im Alltag

1 *Kugelförmige Körper aus unterschiedlichen Stoffen – unterschiedliche Körper aus dem Stoff Schokolade*

2 *Gase lassen sich abfüllen.*

Verschiedene Stoffe – ein Körper Aus deinem Alltag kennst du kugelförmige Gegenstände wie Tennisbälle oder Billardkugeln. Sie ähneln sich zwar in ihrer Form, unterscheiden sich aber durch das Material, aus dem sie bestehen. Das Material, aus dem die Gegenstände beschaffen sind, wird in der Chemie als Stoff bezeichnet. Meint man die Form spricht man auch von dem Körper, den ein Stoff angenommen hat.
Die Körper verschiedener Gegenstände können alle kugelförmig sein (Bild 1), aber aus völlig unterschiedlichen Stoffen bestehen.

Unter einem Stoff versteht man das Material, aus dem Körper beschaffen sind. Gleich geformte Körper können aus verschiedenen Stoffen bestehen.

Ein Stoff – verschiedene Körper Im Alltag gibt es häufig auch verschiedene Körper, die aus dem gleichen Stoff bestehen. Sowohl eine Tafel Schokolade, ein Schokoladenherz als auch Schokoladenraspeln (Bild 1) bestehen aus dem Stoff Schokolade. Sie haben aber eine unterschiedliche Form. Obwohl die Körper verschieden sind, bestehen alle aus dem gleichen Stoff.

Verschiedene Körper können aus dem gleichen Stoff bestehen.

Sichtbare und unsichtbare Stoffe Viele Stoffe können wir sehen und anfassen. Sand, Holz, Papier und Silber sind feste Stoffe. Wasser und Öl sind flüssige Stoffe. Daneben gibt es auch gasförmige Stoffe, die wir nicht sehen können. Wird ein Ballon mit Helium gefüllt, können wir wahrnehmen, dass sich der Ballon ausdehnt. Öffnet man ihn wieder, so kann man das ausströmende Gas spüren. Licht, Wärme und Gedanken lassen sich nicht in Gefäße füllen oder anfassen, sie sind also keine Stoffe.

Alles, was wir anfassen oder in einem Gefäß aufbewahren können, ist ein Stoff.

Eigenschaften kennzeichnen Stoffe Was unterscheidet die beiden Stoffe Schokolade und Glas? Schokolade ist essbar und schmilzt, wenn man sie länger in der Hand hält. Glas ist nicht essbar und schmilzt erst bei sehr hohen Temperaturen. Diese und andere Eigenschaften kennzeichnen die Stoffe Glas und Schokolade. Dabei ist es egal, ob die Stoffe zu einer Kugel oder zu einem anderen Körper geformt sind. Ein Stoff ist also nicht durch seine Form, sondern durch seine Eigenschaften gekennzeichnet.

Stoffe lassen sich aufgrund ihrer typischen Eigenschaften voneinander unterscheiden.

3 *Kakao und Salz – diese Stoffe können leicht unterschieden werden.*

Unsere Sinne können uns helfen Jeder Stoff hat bestimmte Eigenschaften. Unsere Sinne helfen uns, einen ersten Eindruck von einem Stoff zu erhalten. Sogar vor Gefahren können uns unsere Sinneseindrücke warnen, z. B. wenn Lebensmittel verdorben riechen, wir Brandgeruch feststellen oder wenn wir einen unangenehmen Geschmack wahrnehmen.

Sehen Schon über ihr Aussehen können wir viele Stoffe voneinander unterscheiden. Kakao ist braun, Kochsalz sieht weiß aus. Wasser ist eine farblose Flüssigkeit, Speiseöl dagegen eine gelbliche. Mit unseren Augen sehen wir, welche Farbe ein Stoff besitzt, ob seine Oberfläche glänzt oder matt erscheint und ob es sich um einen Feststoff oder eine Flüssigkeit handelt. Je ähnlicher das Erscheinungsbild ist, umso schwerer lassen sich Stoffe voneinander unterscheiden.

Riechen Äußerlich unterscheiden sich Essig und Apfelsaft kaum voneinander. Der süße Geruch von Äpfeln und der säuerliche Geruch von Essig aber verraten dir, in welchem Glas sich der Saft befindet.
Da in der Chemie oft mit Stoffen gearbeitet wird, die giftig oder ätzend sind, riecht man niemals direkt an der Geruchsquelle, sondern fächelt sich den Geruch mit der Hand zu.

Schmecken Zucker und Kochsalz sehen ähnlich aus, lassen sich aber leicht durch eine typische Eigenschaft unterscheiden: Zucker schmeckt süß, Kochsalz hingegen salzig. Unser Geschmackssinn ermöglicht hier eine eindeutige Unterscheidung, da wir mit unserer Zunge verschiedene Geschmacksrichtungen bestimmen können.
Im Chemieunterricht sind Geschmacksproben jedoch grundsätzlich nicht erlaubt!

Tasten Bei gleicher Raumtemperatur fühlt sich Holz in der Hand warm an, Eisen hingegen eher kalt. Das liegt daran, dass Eisen ein guter Wärmeleiter ist und die Körperwärme schnell ableitet. Holz hingegen leitet die Wärme schlecht. Auch Oberflächenbeschaffenheit, Härte und Verformbarkeit nimmst du beim Anfassen wahr.

Hören Fällt ein Blatt Papier zu Boden, hörst du es kaum. Ein herunterfallendes Metallblech oder das Klirren eines zerspringenden Glases hörst du dagegen sofort.

5 *Dass dieser Apfel verdorben ist, können wir sehen, riechen, tasten und schmecken.*

Aufgaben

1 □ Unterscheide zwischen Körpern und Stoff. Fertige eine Tabelle an und ordne diesen Begriffen je fünf Beispiele zu.

2 ◪ Erkläre, was man unter einem Stoff versteht.

3 ◪ Nenne die Stoffe, aus denen ein schreibbereiter Füller besteht.

4 ◪ Erkläre, warum die Geschmacksprobe im Labor nicht durchgeführt werden darf.

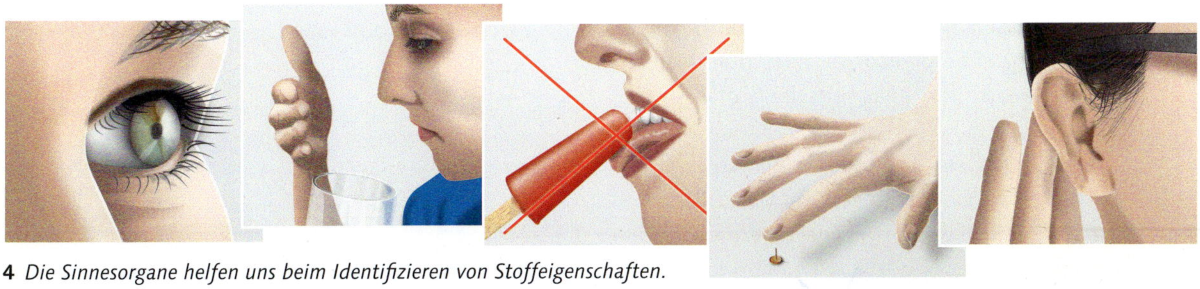

4 *Die Sinnesorgane helfen uns beim Identifizieren von Stoffeigenschaften.*

Stoffeigenschaften – mit einfachen Experimenten bestimmt

1 *Nicht alle Münzen lassen sich magnetisieren.*

2 *In der Dorotheenhütte wird Glas verarbeitet.*

Stoffeigenschaften bestimmen Jeder Mensch hat eine individuelle Wahrnehmung. Daher kann es bei der Bestimmung von Stoffeigenschaften zu Meinungsverschiedenheiten kommen, wenn man nur die Sinnesorgane einsetzt. Zur eindeutigen Bestimmung eines Stoffes sollten daher weitere Stoffeigenschaften ermittelt werden.

Überprüfen der Magnetisierbarkeit Eine Eigenschaft von Metallen ist die Magnetisierbarkeit. Doch werden alle Metalle von einem Magneten angezogen?
Beim Versuch, heruntergefallene Münzen mit einem Magneten aufzuheben, stellst du fest, dass nicht alle Münzen magnetisierbar sind. 1-, 2- und 5-Cent-Münzen kann man mit einem Magneten anziehen, 10-, 20- und 50-Cent-Münzen lassen sich dagegen nicht magnetisieren.
1-, 2- und 5-Cent-Münzen bestehen aus einem Eisenkern, der mit Kupfer überzogen wurde. 10-, 20- und 50-Cent-Stücke enthalten ebenfalls Kupfer, jedoch kein Eisen. Das Eisen macht also bei der Magnetisierbarkeit den Unterschied. Neben Eisen werden noch Nickel und Cobalt von Magneten angezogen. Man nennt diese drei Metalle auch ferromagnetische Stoffe.

Die Magnetisierbarkeit ist eine Stoffeigenschaft. Nur Eisen, Nickel und Cobalt sind magnetisierbar. Sie werden von Magneten angezogen.

Überprüfen des Verhaltens beim Erhitzen Erhitzt man manche Stoffe wie bestimmte Kunststoffe vorsichtig, so werden sie weich und verformbar. Andere Kunststoffe dagegen zersetzen sich und werden zerstört. Das Verhalten von Stoffen beim Erhitzen ist eine Stoffeigenschaft. Das bei Zimmertemperatur harte und spröde Glas lässt sich erst ab einer Temperatur von etwa 600 °C verformen. Diese Eigenschaft nutzen Glasbläser aus (Bild 2).

Überprüfen der Brennbarkeit Bei Flüssigkeiten kann man die Brennbarkeit überprüfen, indem man versucht, den Stoff in einer feuerfesten Schale zu entzünden. Bei Feststoffen hängt die Brennbarkeit davon ab, wie fein verteilt ein Stoff ist. Ein Stück Eisenblech ist nicht brennbar, Eisenpulver hingegen verbrennt und bildet sprühende Funken.

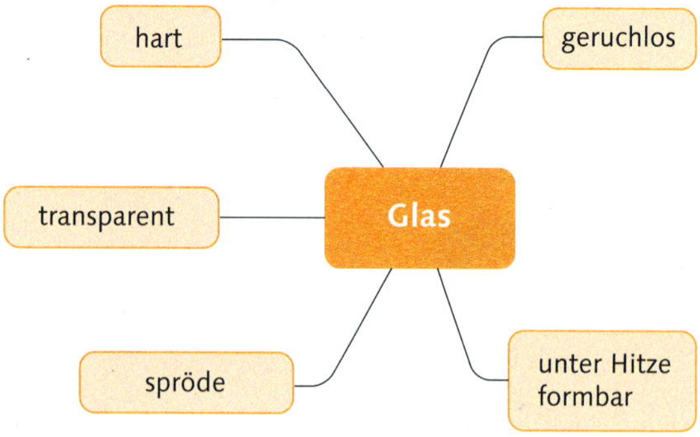

3 *Mindmap: Eigenschaften des Stoffes Glas*

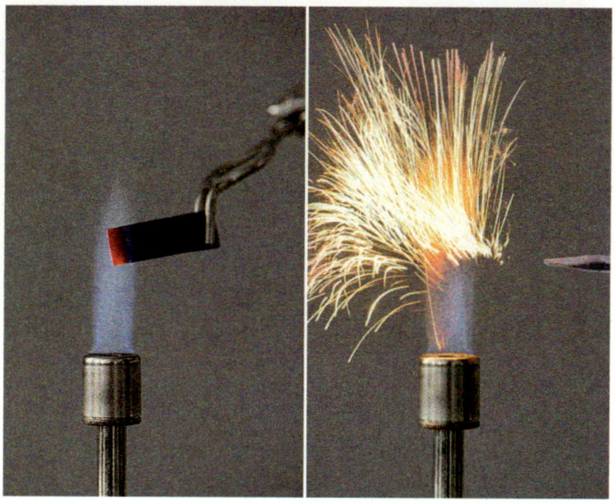

4 *Brennbarkeit eines Eisenblechs und von Eisenpulver*

6 *Auch im Haushalt gibt es entzündliche Stoffe.*

Achtung bei feuer- und explosionsgefährlichen Stoffen Bei manchen Stoffen kann es gefährlich sein, ihr Verhalten beim Erhitzen oder ihre Brennbarkeit zu überprüfen. Stoffe wie Benzin sind feuergefährlich und können schon in der Nähe einer offenen Flamme explodieren. Andere Stoffe wie Kunststoffe können beim Verbrennen gesundheitsgefährdende Gase bilden. Sie alle dürfen nur unter Sicherheitsvorkehrungen auf ihr Verhalten beim Erhitzen und ihre Brennbarkeit untersucht werden.

Stoffe kann man auf ihr Verhalten beim Erhitzen oder ihre Brennbarkeit hin untersuchen. Achtung: Bei feuergefährlichen Stoffen besteht Explosionsgefahr und manche Stoffe bilden beim Verbrennen giftige Gase.

5 *Überprüfung der Brennbarkeit einer Flüssigkeit*

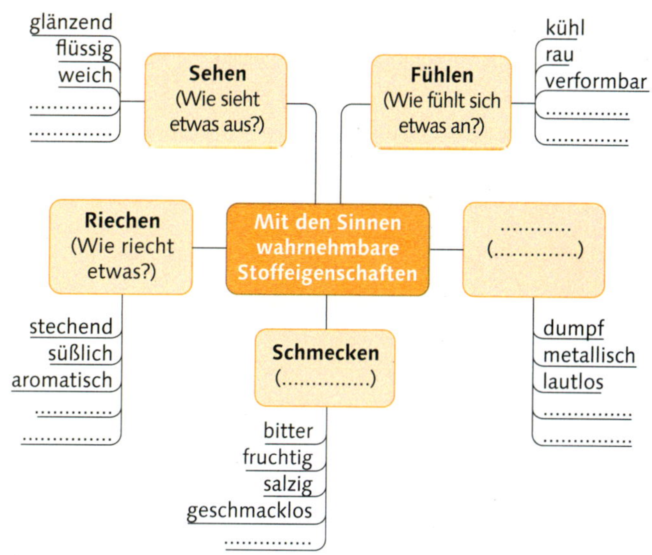

7 *Mindmap zu Aufgabe 2*

Aufgaben

1 □ Nenne Gemeinsamkeiten und Unterschiede zwischen einem Eisenblech, Eisendraht und Eisenpulver.

2 ◪ Übertrage die Mindmap (Bild 7) in dein Heft und ergänze sie.

3 Der innere Teil von 1- und 2-Euro-Münzen ist magnetisierbar, der äußere Ring nicht.

a ◪ Was lässt sich über ihre Bestandteile vermuten?

b ◪ Überprüfe deine Vermutungen mithilfe von Internetquellen. Woraus bestehen die Euromünzen?

4 ◪ Gibt es in deinem Haushalt Stoffe, die einen Gefahrenhinweis zur Brandgefährdung tragen? Liste sie auf.

Messbare Stoffeigenschaften

Stoffeigenschaften lassen sich messen Dichte, Wärmeleitfähigkeit, elektrische Leitfähigkeit, Löslichkeit sowie Schmelz- und Siedetemperaturen sind messbare Stoffeigenschaften. Mithilfe verschiedener Geräte und Berechnungen können in Versuchen Daten ermittelt werden, die für die untersuchten Stoffe charakteristisch sind. Diese Daten kann man bei gleichen Bedingungen immer wieder erhalten.
Im Gegensatz zu den Stoffeigenschaften, die sich mit den Sinnen wahrnehmen lassen, hängen die messbaren Stoffeigenschaften nicht vom Eindruck des Beobachters ab.

Messbare Stoffeigenschaften sind Eigenschaften, die man mithilfe von Messgeräten in Versuchen ermitteln und bei gleichen Versuchsbedingungen jederzeit überprüfen kann.

Dichte Eine Glas- und eine Eisenkugel sind trotz gleicher Größe verschieden schwer. Sie haben eine unterschiedliche Dichte. Die Dichte ϱ (Rho) gibt an, welche Masse ein Kubikzentimeter eines Stoffes hat. Zur Berechnung der Dichte benötigt man Angaben zu Masse (in g) und Volumen (in cm^3) des Stoffes. Der Wert für die Masse wird durch den Wert für das Volumen dividiert. Die Dichte ist eine zusammengesetzte Größe. Sie wird in $\frac{g}{cm^3}$ angegeben.

Jeder Stoff hat eine bestimmte Dichte, die sich berechnen lässt, indem man die Masse des Stoffes durch sein Volumen teilt. Die Angabe erfolgt in $\frac{g}{cm^3}$.

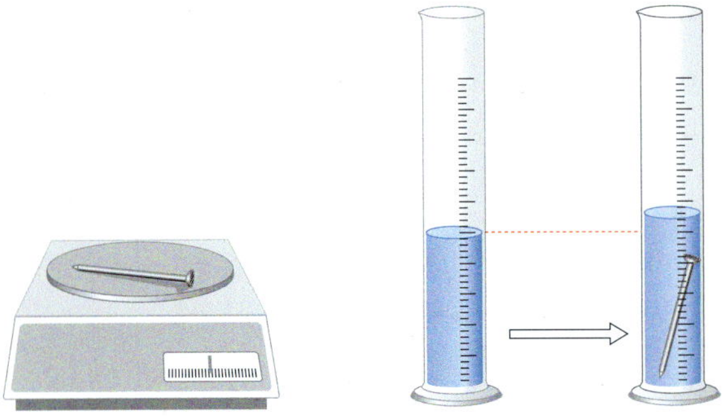

1 *Masse und Volumen lassen sich experimentell bestimmen.*

Ermitteln der Dichte Ein Eisenwürfel wiegt 62,88 g. Er hat eine Kantenlänge von 2 cm, also handelt es sich um einen Würfel mit einem Volumen von 8 cm^3.

Masse des Eisenwürfels: 62,88 g
Volumen des Eisenwürfels: 8 cm^3

$$\text{Dichte} = \frac{\text{Masse}}{\text{Volumen}}$$

In Formelschreibweise: $\varrho = \frac{m}{V}$

$$\text{Dichte} = \frac{62{,}88\ g}{8\ cm^3}$$

$$\text{Dichte} = 7{,}86\ \frac{g}{cm^3}$$

Eisen hat eine Dichte von 7,86 $\frac{g}{cm^3}$.

Stoff	Dichte $\left(\frac{g}{cm^3}\right)$
Wasser	1,0
Fensterglas	2,5
Eisen	7,86
Silber	10,50

Tab. 1 *Dichte einiger Stoffe*

2 *Eine Frage der Dichte – Schwimmgürtel oder Tauchergürtel*

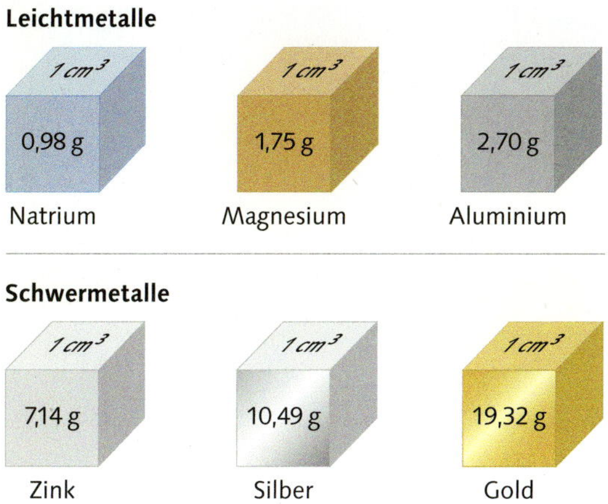

3 *Leicht- und Schwermetalle unterscheiden sich durch ihre Dichte.*

Leicht- und Schwermetalle Trotz ihres ähnlichen Aussehens kannst du Schmuck aus den Metallen Silber und Aluminium mittels der Dichtebestimmung leicht unterscheiden. Aluminium hat eine Dichte von weniger als 5 $\frac{g}{cm^3}$ und zählt deshalb zu den Leichtmetallen. Bei Silber liegt die Dichte über 5 $\frac{g}{cm^3}$, es wird deshalb den Schwermetallen zugeordnet.
Die Dichte der Metalle spielt im Alltag eine bedeutende Rolle. Ist es wie in der Luft- und Raumfahrt oder dem Autobau wichtig, dass durch weniger Gewicht auch weniger Treibstoff verbraucht wird, kommen häufig Titan, Aluminium und Magnesium zum Einsatz. Geht es darum etwas zu beschweren, zum Beispiel einen Taucher schnell zum Sinken zu bringen, so nutzt man die hohe Dichte der Schwermetalle.

Leichtmetalle haben eine Dichte, die unter 5 $\frac{g}{cm^3}$ liegt. Alle Metalle mit einer höheren Dichte ordnet man den Schwermetallen zu.

4 *Metalle im Einsatz*

5 *Gute und schlechte Wärmeleiter*

Wärmeleitfähigkeit Ein Metallgeländer fühlt sich an heißen Sommertagen warm und an frostigen Wintertagen kalt an. Metalle wie Eisen, Kupfer und Zink leiten Wärme gut weiter. Da beim Kochen die vom Herd erzeugte Wärme genutzt werden soll, verwendet man Töpfe aus Metall.

Manche Stoffe leiten die Wärme schlecht
Einige Kochtöpfe haben Metallgriffe. Diese werden beim Kochen heiß und man kann sie kaum anfassen. Deshalb haben die meisten Töpfe Griffe aus Holz oder Kunststoff. Diese Stoffe leiten die Wärme schlecht, deshalb bezeichnet man sie als Wärmeisolatoren.
Styropor® ist ebenfalls ein Wärmeisolator und wird darum in Thermosboxen und zum Dämmen von Häusern verwendet. Auch Luft und andere Gase leiten die Wärme schlecht. Die Wärmeleitfähigkeit lässt sich mit der Haut zwar abschätzen, exakt ermitteln jedoch nur mithilfe von Messgeräten.

Metalle sind gute Wärmeleiter. Schlechte Wärmeleiter werden als Wärmeisolatoren bezeichnet.

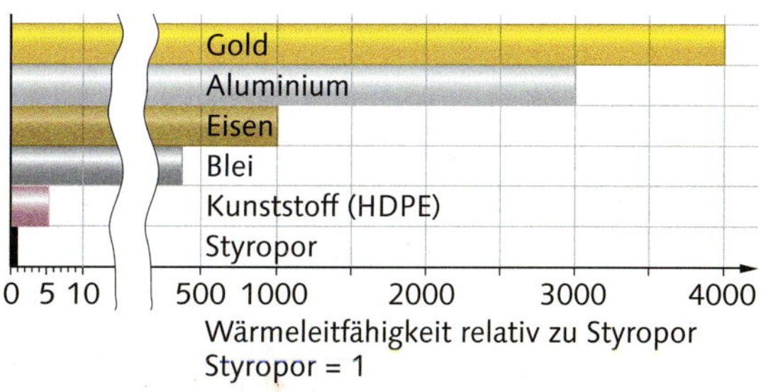

6 *Wärmeleitfähigkeit einiger Stoffe*

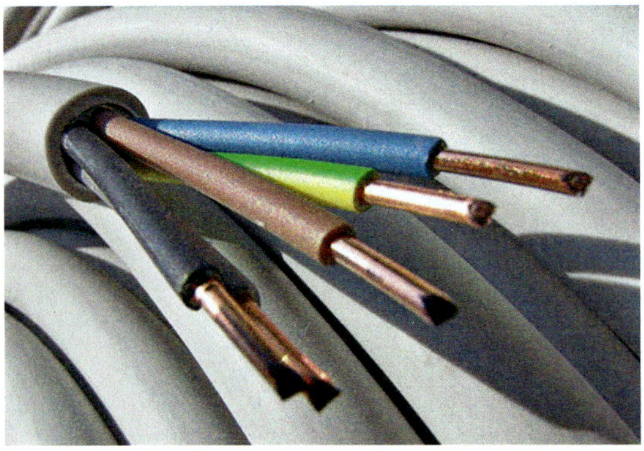

7 Stromkabel: Leitung aus Kupfer, Isolation mit Kunststoff

Elektrische Leitfähigkeit In Stromkabeln wird der elektrische Strom über Leitungen aus Kupfer zu den Elektrogeräten geleitet. Kupfer ist ein sehr guter elektrischer Leiter. Die Kupferdrähte liegen in einer Ummantelung aus nicht elektrisch leitfähigen Kunststoffen wie Gummi oder Silikon. Nur deshalb kann man Stromkabel gefahrlos anfassen.
Die elektrische Leitfähigkeit eines Stoffes lässt sich mit einem einfachen Stromkreis überprüfen (Bild 8). Wenn die Lampe leuchtet, ist der Stromkreis geschlossen und der untersuchte Stoff leitet den elektrischen Strom. Leuchtet die Glühlampe nicht, handelt es sich bei dem untersuchten Stoff um einen Nichtleiter oder elektrischen Isolator.

Die elektrische Leitfähigkeit ist eine messbare Stoffeigenschaft. Man unterteilt die Stoffe in elektrische Leiter und in Nichtleiter (Isolatoren).

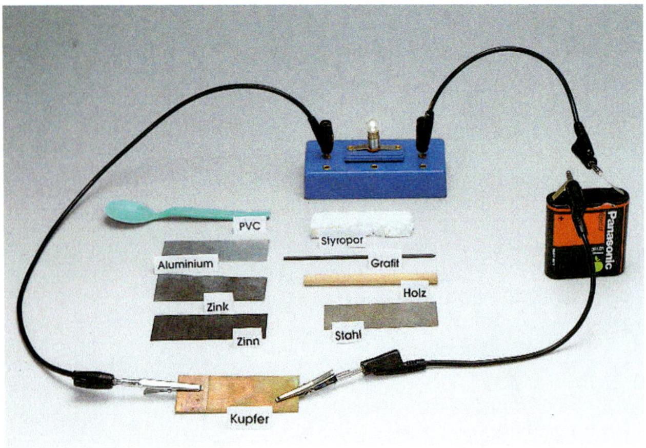

8 *Leitfähigkeitsprüfung für Metalle*

9 *Diese Menge Zucker löst sich in 100 ml Wasser.*

Löslichkeit Gibst du Eisenpulver in ein Glas Wasser, so setzt es sich am Boden ab. Es löst sich nicht in Wasser. Ein Löffel Zucker dagegen lässt sich durch Umrühren schnell lösen. In vielen Limonaden und Colas sind große Mengen von „verstecktem", also nach dem Lösen nicht mehr sichtbarem Zucker enthalten.
Man kann nicht nur bestimmen, ob sich ein Stoff in einem Lösungsmittel löst. Mithilfe einer Waage kann man auch messen, welche Masse eines Stoffes sich in einer bestimmten Menge des Lösungsmittels löst. Die Löslichkeit eines Stoffes in einem Lösungsmittel ist begrenzt. Bei einer höheren Wassertemperatur löst sich mehr Zucker als bei einer vergleichsweise niedrigeren Temperatur.
Bei 20 °C lösen sich in 100 g Wasser etwa 204 g Zucker, bei 100 °C dagegen etwa 487 g.
Was passiert aber, wenn man bei 20 °C mehr als 204 g Zucker in 100 g Wasser einfüllt? Es bildet sich ein Bodensatz, man sagt: Die Lösung ist „gesättigt".

Die Löslichkeit gibt an, welche Masse eines Stoffes sich in 100 g eines Lösungsmittels bei einer bestimmten Temperatur gerade noch löst, ohne dass ein Bodensatz entsteht.

Stoff	**Löslichkeit (g Stoff je 100 g Wasser)**
Zucker	203,9
Kochsalz	35,88
Soda	21,66
Gips	0,2036
Kalkstein	0,0015

Tab. 2 *Löslichkeit einiger Stoffe in Wasser bei 20 °C*

Extra Wasserkochen auf der Zugspitze
Auf Deutschlands höchstem Berg, der Zugspitze, siedet Wasser schon bei 90 °C. Die Siedetemperatur ist vom Luftdruck abhängig und dieser ist in 2962 m Höhe viel geringer als auf Meereshöhe. In einem Schnellkochtopf, in dem durch einen luftdicht verschließenden Deckel ein höherer Innendruck hergestellt wird, muss Wasser dagegen auf 120 °C erhitzt werden, damit es siedet. Durch die erhöhte Temperatur garen die Speisen schneller. Kartoffeln brauchen dann statt 20 min Kochzeit nur 7 min.

2

Wasser schmilzt und verdampft Ab einer Temperatur von 0 °C wird festes Wasser, also Eis, flüssig. Bis zum vollständigen Schmelzen bleibt die Temperatur gleich. Diese Temperatur, die als Schmelztemperatur bezeichnet wird, ist eine charakteristische Stoffeigenschaft.
Erwärmt man das Wasser weiter, so steigen nach einiger Zeit Gasblasen auf. Das Wasser siedet. Dabei verdampft das flüssige Wasser und wird gasförmig. Die Temperatur von siedendem Wasser steigt trotz weiterem Erhitzen nicht über 100 °C an. Dies ist die Siedetemperatur.

Aggregatzustände Stoffe können in verschiedenen Zustandsformen, nämlich fest, flüssig und gasförmig, vorliegen. Der flüssige Aggregatzustand von Eisen wird erst erreicht, wenn man es auf 1540 °C erhitzt. Bei 3000 °C beginnt es zu verdampfen, und liegt als Gas vor.
Gasförmigen Sauerstoff kann man bei einer Temperatur von –183 °C zu einer Flüssigkeit kondensieren und unter –219 °C erstarrt der Sauerstoff schließlich zu einem Feststoff.

Schmelz- und Siedetemperaturen sind für jeden Stoff charakteristische, messbare Stoffeigenschaften.

10 *Eisen schmilzt bei 1540 °C.*

Stoff	Schmelztemperatur (in °C)	Siedetemperatur (in °C)
Helium	–270	–269
Sauerstoff	–219	–183
Propan	–188	–42
Ethanol	–114	78
Ammoniak	–78	–33
Quecksilber	–39	357
Wasser	0	100
Schwefel	119	445
Silber	961	2212
Kupfer	1083	2600
Eisen	1540	3000

Tab. 3 *Schmelz- und Siedetemperaturen einiger Stoffe*

Aufgaben

1 □ Eisen und Aluminium sind beide silbergraue Metalle. Nenne Möglichkeiten, sie zu unterscheiden.

2 Über eine Stoffportion sind folgende Informationen bekannt: Masse 2560 g, Volumen 250 cm^3.
  a ◪ Berechne die Dichte des Stoffes.
  b ◪ Um welchen Stoff könnte es sich handeln?

3 In einer Tasse mit heißem Tee befindet sich ein Silberlöffel. Beim Umrühren verbrennst du dir die Finger.
  a ◪ Erkläre die Beobachtung.
  b ◪ Was würde passieren, wenn du einen Kunststofflöffel benutzt?

4 ◪ Erkläre an einem Beispiel, was man unter einer gesättigten Lösung versteht.

5 ■ Die Dichte von Wasser beträgt 1 $\frac{g}{cm^3}$. Was passiert, wenn ein Stoff mit einer geringeren Dichte in das Wasser gegeben wird? Formuliere eine Regel.

Praxis Untersuchen von Stoffeigenschaften

1 Dichte von Cola light und Cola

Geräte: pneumatische Wanne
Chemikalien: Dose Cola light, Dose Cola
Durchführung: Gib die Dose Cola light und die Dose Cola jeweils in eine mit Wasser gefüllte Wanne. Beobachte.
Auswertung:

a Erkläre das Versuchsergebnis. Berücksichtige dabei die unterschiedlichen Inhaltsstoffe beider Getränke (siehe Angaben auf den Dosen).

b Belege durch einen Versuch, dass das unterschiedliche Schwimmverhalten nicht dadurch zustande kommt, dass mehr Luft in einer der Dosen ist.

2 Dichtebestimmung

Geräte: Waage, Messzylinder (10 ml, hohe Form, Teilung 0,2 ml)
Chemikalien: großer (trockener) Eisennagel
Durchführung:
Massenbestimmung: Lege den trockenen Eisennagel auf die Waage und bestimme die Masse (in g).
Volumenbestimmung: Fülle in den Messzylinder genau 8 ml Wasser. Gib nun vorsichtig den Eisennagel hinein, indem du den Zylinder etwas schräg hältst. Es darf kein Wasser aus dem Messzylinder herausspritzen. Bestimme jetzt wieder das Wasservolumen und berechne die Differenz.
Auswertung: Ermittle die Dichte von Eisen und vergleiche sie mit den Angaben im Buch.

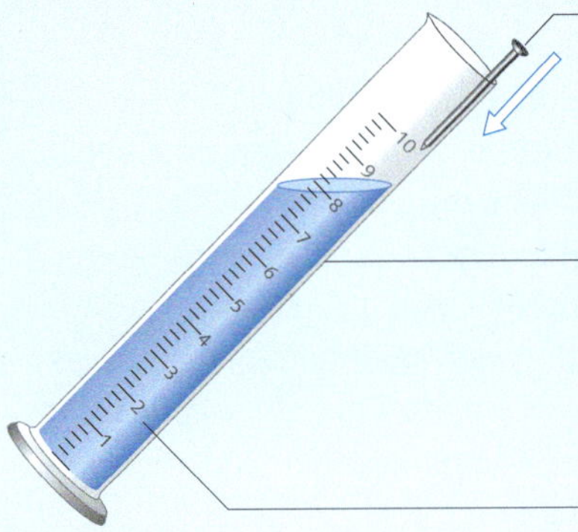

3 Wärmeleitfähigkeit

Geräte: Gasbrenner, Tiegelzange, feuerfeste Unterlage, Kerze, Uhr mit Sekundenzeiger
Chemikalien: Metallstreifen aus Eisen, Kupfer, Zink und Aluminium
Durchführung:

a Präpariere zunächst die gleich großen Metallstreifen, indem du je einen Tropfen Kerzenwachs auf das eine Ende des Metallstreifens tropfen und fest werden lässt.

b Halte nacheinander die Metalle mit dem anderen Ende in die Brennerflamme. Stoppe die Zeit, die vergeht, bis das Wachs schmilzt.

Auswertung:

a Erkläre, inwiefern das Schmelzen des Wachses Auskunft über die Wärmeleitfähigkeit der Metalle gibt.

b Ordne die Stoffe. Beginne mit dem Metall, das die beste Wärmeleitfähigkeit besitzt.

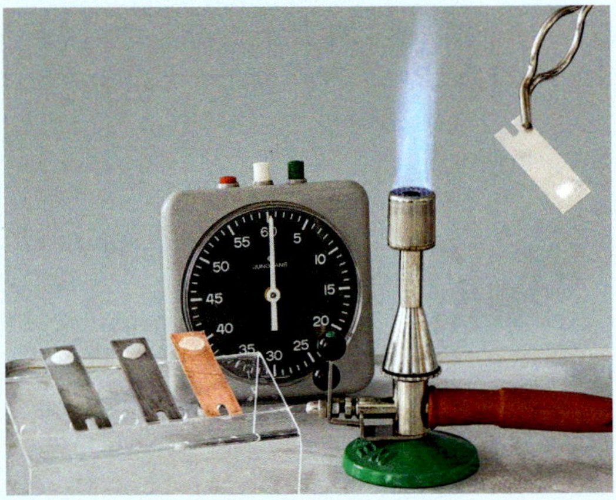

4 Löslichkeit

Geräte: 5 Bechergläser, Glasstäbe, Spatellöffel
Chemikalien: Eisenpulver, Zucker, Kochsalz, Styroporflocken, Papier, Wasser
Durchführung: Gib einen Löffel des zu untersuchenden Stoffes in je ein mit 50 ml Wasser gefülltes Becherglas und rühre mit einem Glasstab um. Beobachte.
Auswertung: Liste in einer Tabelle die Versuchsbeobachtungen auf und gib an, ob der Stoff in Wasser löslich ist oder nicht.

5 Magnetisierbarkeit

Gerät: Magnet
Chemikalien: verschiedene Gegenstände (unterschiedliche Metallstücke, Münzen, Textilien, Kunststoffstücke, Holz, Papier …)
Durchführung: Halte den Magneten an die Gegenstände.
Auswertung: Welche Gegenstände werden vom Magneten angezogen? Was lässt sich über die Stoffe sagen, aus denen die Gegenstände bestehen?

6 Elektrische Leitfähigkeit

Geräte: Batterie, Experimentierkabel, Krokodilklemmen, Glühlampe
Chemikalien: Holzbrett, Glasstab, Eisennagel, Kupferblech, Zinkblech, Papier, Graphitstab
Durchführung: Verbinde die Batterie und die Glühlampe mit den Experimentierkabeln. Klemme nun zwischen zwei Krokodilklemmen nacheinander die zu prüfenden Stoffe und beobachte, ob die Glühlampe leuchtet.
Auswertung: Fertige ein Protokoll an. Notiere für jeden Körper, aus welchem Stoff er besteht, ob die Glühlampe leuchtet und ob es sich bei dem Stoff um einen Leiter oder Nichtleiter handelt. Stelle deine Ergebnisse übersichtlich dar.

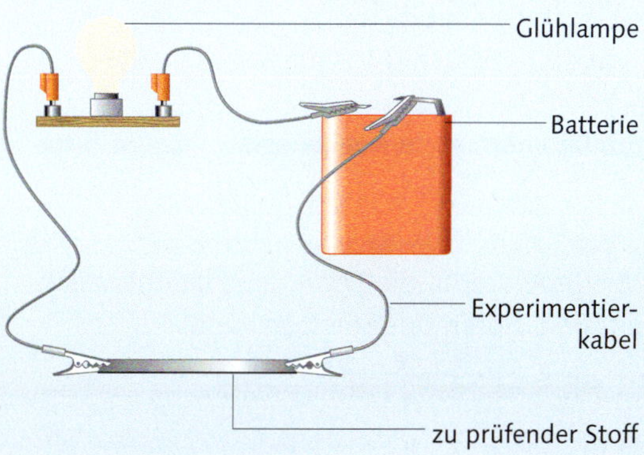

7 Elektrische Leitfähigkeit verschiedener Metalle

Geräte: Batterie, Strommessgerät, Experimentierkabel, Krokodilklemmen
Chemikalien: gleich lange Eisen-, Kupfer-, Silber-, Aluminiumdrähte mit gleichem Querschnitt
Durchführung: Verbinde die Batterie und das Strommessgerät mit den Experimentierkabeln. Verbinde die Klemmen und lies die Stromstärke der Batterie am Messgerät ab.
Klemme nun nacheinander die Drähte mit gleicher Länge zwischen die Krokodilklemmen und miss je die Stromstärke.
Auswertung: Notiere den Stromstärkewert zu Beginn (ohne Draht). Notiere die Stromstärkewerte der verschiedenen Drähte. Sortiere die Drähte nach ihrer Leitfähigkeit. Fertige ein Protokoll an.

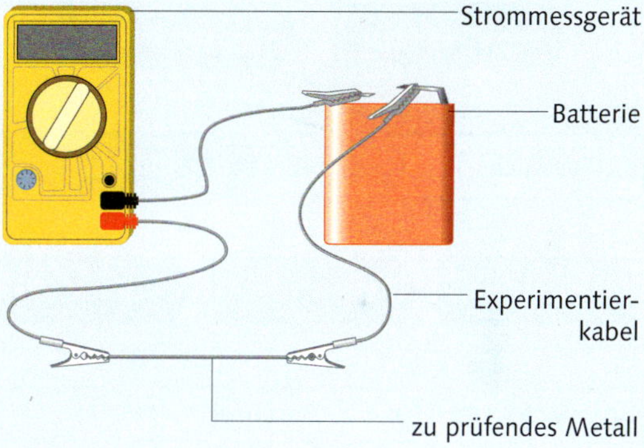

8 Verformbarkeit

Chemikalien: Kreide, Gummistab, Gummischlauch, verschiedene Metallbleche oder -drähte, Magnesiastäbchen, Karton, Holzstab, Kunststoffstücke
Durchführung: Untersuche die Verformbarkeit, indem du versuchst, die verschiedenen Stoffproben vorsichtig zu verbiegen, ohne sie zu zerbrechen.
Auswertung: Wie verhalten sich die Stoffproben unter leichtem Druck? Verändert sich etwas, wenn du aufhörst zu drücken? Fertige ein Protokoll an.

Methode Wie man über Versuche spricht

Was alles zu einem Versuch gehört Du willst anderen erklären, wie du einen Versuch durchgeführt hast? Du willst genau beschreiben, was du beobachtet hast? Dabei können dir diese Seiten helfen.

Versuchs-

- **-ergebnis (das)**
- **-apparatur (die)**
- **-durchführung (die)**
- **-aufbau (der)**
- **-skizze (die)**
- **-schritte (die)**

Einen **Versuch** kann man *beschreiben, durchführen, aufbauen, protokollieren.*

Eine **Versuchsdurchführung** und **Versuchsschritte** kann man *protokollieren, notieren, schriftlich festhalten*.

Eine **Versuchsskizze** kann man *zeichnen*. Eine **Versuchsskizze** *veranschaulicht* den Versuch.

Einen **Versuchsaufbau** kann man *darstellen, skizzieren, veranschaulichen*.

Ein **Versuchsergebnis** kann man *protokollieren, notieren, festhalten*.

Versuchsschritte	**Beispiel**
die Problemfrage	Du stellst eine Problemfrage. „Was passiert, wenn …?“
die Vermutung	Was wird passieren? Was vermutest du? Die Antwort ist deine Vermutung.
die Geräte	Du zählst alle Geräte auf, die du verwendest.
die Chemikalien	Du zählst alle Chemikalien auf, die du verwendest.
die Durchführung	Was sollst du tun? Erkläre, wie du den Versuch durchführst. Zähle die einzelnen Versuchsschritte auf. *Beispiel:* „Zuerst gibt man Gummibärchen in ein Reagenzglas. Dann erhitzt man das Glas mit einer Flamme …“
die Beobachtung	Was beobachtest du? Was verändert sich? Verändert sich z. B. die Farbe, die Temperatur, die Form, die Flamme, der Geruch …? Beschreibe, was du sehen, hören oder messen kannst.
die Auswertung	Die Auswertung ist die Antwort auf die Problemfrage. „Wenn …, dann …“

Einen Versuch beschreiben In dieser Tabelle findest du Wörter und Satzanfänge, die dir helfen, über einen Versuch zu sprechen.

Substantive	**Verben**	**Verwandte Wörter**	**Satzanfänge**
der Versuch	versuchen	suchen	„Es wird ein Versuch zum/zur … durchgeführt." „Der Versuch soll zeigen, dass …"
das Experiment	experimentieren	experimentell	„Es wird ein Experiment zum/zur … durchgeführt." „Das Experiment soll zeigen, dass …"
die Vermutung	vermuten	vermutlich vermutet	„Ich habe die Vermutung, dass …" „Ich vermute, dass …" „Vermutlich wird …"
die Verwendung	verwenden	verwendbar	„Für den Versuch verwendet man …"
die Durchführung	durchführen	durchführbar durchgeführt	„Für die Durchführung des Experiments benötigt man …"
die Veranschaulichung	veranschaulichen	anschaulich veranschaulicht	„Zur Veranschaulichung skizziere ich den Versuchsaufbau."
die Messung die Messbarkeit das Messgerät	messen	messbar gemessen	„Die Messung des … wird mit dem … durchgeführt." „Ich messe den … mit dem …" „Die Messung ergibt den Wert …"
die Beobachtung	beobachten	beobachtbar beobachtet	„Ich mache die Beobachtung, dass …" „Man kann beobachten, dass …"
die Auswertung	auswerten	auswertbar ausgewertet	„Das Experiment zeigt, dass …"

Besondere Verben Hier siehst du einige Wörter, die dir helfen können, einen Versuch genau zu beschreiben.

Die Flüssigkeit *brodelt*.
Das Lämpchen *leuchtet auf*.
Es *schäumt*.
Das Salz *löst sich in …*
Dampf *steigt auf*.
Der Draht *glüht auf*.
Es *flammt auf*.
Blasen *bilden sich*.
Etwas *setzt sich ab*.
Etwas *sinkt zu Boden*.

Es sind noch viele andere Beispiele möglich.

Steckbriefe

Gesucht wird ... Wie lautet der Name eines Stoffes, der weiß durchscheinende, würfelförmige Kristalle bildet (Bild 1), in Wasser gut löslich ist und salzig schmeckt? Sicher ahnst du schon nach der Aufzählung von nur drei typischen Eigenschaften, um welchen Stoff es sich handeln könnte: Kochsalz.
Viele Stoffe weisen Merkmale auf, anhand derer man sie eindeutig von anderen unterscheiden kann. Dennoch besteht die Gefahr der Verwechslung: Auch Zucker bildet weiß durchscheinende Kristalle und lässt sich gut in Wasser lösen. Zucker schmeckt aber süß.
Da es sich bei Zucker und Kochsalz um Lebensmittel handelt, ist die Geschmacksprobe durchführbar und die Unterscheidung im Alltag möglich. Trotzdem ist es schon häufig vorgekommen, dass jemand beim Backen Zucker und Salz verwechselt hat.

Verwechslung ausgeschlossen Bei der Identifizierung eines unbekannten Stoffes im Labor werden die charakteristischen, mit den Sinnen wahrnehmbaren Eigenschaften des Stoffes notiert und die messbaren Stoffeigenschaften ermittelt. So erhält man eine Liste vieler für diesen Stoff typischer Eigenschaften, die ihn beschreiben. Mithilfe dieses Steckbriefs (Bild 2) können Verwechslungen vermieden werden und der Stoff wird korrekt identifiziert.

Jeder Stoff besitzt eine nur für ihn gültige Kombination von Eigenschaften.

1 *Welcher Stoff ist gesucht?*

Alles Eisen? Eine Überprüfung der Eigenschaften von Eisenblech, Eisendraht und Eisenpulver ergibt, dass sich die mit den Sinnesorganen wahrnehmbaren Stoffeigenschaften voneinander unterscheiden. Auch bei der Brennbarkeit und der elektrischen Leitfähigkeit sind Unterschiede zu erkennen. Diese lassen sich durch die ungleiche Form der Körper von Eisenblech, Eisendraht und Eisenpulver erklären. Nimmt man jedoch weitere messbare Stoffeigenschaften hinzu, ergibt sich wieder ein einheitliches Bild: Hält man einen Magneten an die Gegenstände, so werden diese in jedem Fall angezogen. Auch der ermittelte Wert der Dichte ist in allen drei Fällen identisch. Die Schmelz- und Siedetemperatur ist bei den Gegenständen ebenfalls immer gleich. Somit lässt sich sagen, dass alle drei tatsächlich aus dem Stoff Eisen bestehen.

Aufgaben

1 Erstelle einen Steckbrief für Wasser.

2 Ein Stoff hat folgende Kombination von Eigenschaften: Aussehen: orange-rot, metallisch; Schmelztemperatur: 1083 °C; Siedetemperatur: 2600 °C.
   a Um welchen Stoff handelt es sich?
   b Finde weitere Eigenschaften dieses Stoffes und ergänze den Steckbrief.

Name des Stoffes: Kochsalz
Aussehen: weiß durchscheinende, würfelförmige Kristalle
Geruch: geruchlos
Magnetisierbarkeit: nein
Wärmeleitfähigkeit: gering
Elektrische Leitfähigkeit: nein
Löslichkeit in Wasser: sehr gut
Dichte: $2{,}16\ \frac{g}{cm^3}$
Schmelztemperatur: 800 °C
Siedetemperatur: 1465 °C

Name des Stoffes: Eisen
Aussehen: silberweiß, grauschwarz; glatte, glänzende Oberfläche, undurchlässig für Licht
Geruch: geruchlos
Magnetisierbarkeit: ja
Wärmeleitfähigkeit: gut
Elektrische Leitfähigkeit: gut
Löslichkeit in Wasser: unlöslich
Dichte: $7{,}86\ \frac{g}{cm^3}$
Schmelztemperatur: 1540 °C
Siedetemperatur: 3000 °C

2 *Steckbriefe für Kochsalz und Eisen*

Stoffgruppen

1 *Münzen aus verschiedenen Metallen*

Stoffgruppe der Metalle Einige der Eigenschaften des Eisens treffen auch auf andere Stoffe zu. Auch Kupfer, Silber und Gold weisen einen metallischen Glanz auf, sind undurchlässig für Licht und lassen sich verformen. Sie alle leiten elektrischen Strom und Wärme gut. Nickel und Cobalt sind wie Eisen magnetisierbar. Eisen, Nickel, Aluminium, Cobalt, Kupfer, Silber und Gold gehören zur Stoffgruppe der Metalle. Weitere wichtige Vertreter dieser Gruppe sind Blei, Quecksilber und Magnesium.

Untergruppen der Metalle Metalle lassen sich nach ihren Eigenschaften in Untergruppen einteilen. Zink und Eisen verlieren nach einiger Zeit ihren metallischen Glanz und werden daher als unedle Metalle bezeichnet. Gold, Silber und Platin behalten ihren Metallglanz. Diese Edelmetalle eignen sich daher gut zur Schmuckherstellung. Auch die Leicht- und Schwermetalle bilden eine Untergruppe.

Flüchtige Stoffe Stoffe, die relativ niedrige Schmelz- und Siedetemperaturen besitzen, nicht leitend für elektrischen Strom sind, und auch die Wärme schlecht leiten, zählen zur Stoffgruppe der flüchtigen Stoffe. Sauerstoff und Kohlenstoffdioxid, die bei Raumtemperatur gasförmig sind, aber auch Alkohol oder Benzin sind flüchtige Stoffe.

2 *Iod ist ein flüchtiger Stoff.*

3 *Schuhe aus Kunststoff*

Weitere Stoffgruppen Eine weitere Stoffgruppe ist die Gruppe der Salze. Hierzu zählt man Stoffe, die hart und spröde sind und Kristalle bilden. Sie besitzen meist hohe Schmelz- und Siedetemperaturen. Ein bekanntes Beispiel ist Kochsalz.
Auch die Kunststoffe werden, trotz ihrer oft sehr unterschiedlichen Eigenschaften, häufig in einer Stoffgruppe zusammengefasst, da man sie alle künstlich herstellt.

Stoffe mit gemeinsamen Eigenschaften können zu einer Stoffgruppe zusammengefasst werden.

Aufgaben

1 Silber und Aluminium lassen sich mit bloßem Auge kaum voneinander unterscheiden.
   a □ Nenne die Untergruppen, in die sich die beiden Metalle einordnen lassen.
   b ◪ Nenne gemeinsame und unterschiedliche Eigenschaften.

2 ◪ Welche gemeinsamen Eigenschaften machen die Metalle zu einer Stoffgruppe?

3 ■ Ist die Magnetisierbarkeit eine typische Eigenschaft der Metalle? Begründe.

4 ◪ Vergleiche Metalle, Salze und flüchtige Stoffe. Erstelle dazu eine übersichtliche Tabelle.

Weitergedacht Stoffeigenschaften

1 Glas

Glas hat keine feste Schmelztemperatur, es wird beim Erhitzen nicht flüssig, sondern weich. Wird Glas auf ca. 1000 °C erhitzt, so wird es formbar und Glasbläser können aus einfachen Glasklumpen schöne Formen herstellen.

a ◪ Etwa 10 cm von der schmelzenden Stelle entfernt ist das Glas fest und kann sogar mit der Hand angefasst werden. Welche Stoffeigenschaft macht es möglich, dass Glasbläser das Glas an dieser Stelle berühren können, ohne sich zu verbrennen?

b □ Nenne Anwendungsbereiche für Glas, bei denen man sich diese Stoffeigenschaft zunutze macht.

c ■ Über Fenster gelangt nicht nur das Licht, sondern auch die Wärme der Sonne ins Haus. Andererseits kann bei kalten Temperaturen Heizwärme nach außen entweichen. Moderne Fenster bestehen nicht nur aus einer Glasscheibe, sondern mindestens aus zwei Scheiben, zwischen denen sich ein Hohlraum befindet. Dieser ist mit Luft oder einem Edelgas wie Argon gefüllt. Begründe diesen Fensteraufbau.

Stoff	Wärmeleitfähigkeit $\left(\frac{W}{m \cdot K}\right)$
Luft	0,026
Argon	0,018
Styropor	0,03
Glas	0,76

2 Echt oder Fälschung?

Deine Nachbarin hat bei einer Verkaufsaktion im Internet sehr günstig Silberbesteck erworben. Der Verkäufer behauptet, dass es sich um echtes Silber handelt. Nun ist sie sich aber doch etwas unsicher, da der Preis wesentlich geringer war, als man ihn für Silber in der Zeitung nachlesen kann.

a □ Beschreibe eine Methode, mit der du die Echtheit des Bestecks prüfen könntest.

b ◪ Du ermittelst bei der Überprüfung einiger Löffel des Bestecks jeweils eine Masse von 79 g und ein Volumen von 10 cm³. Informiere deine Nachbarin darüber, aus welchem Metall das Besteck besteht, und begründe gegebenenfalls, warum es sich nicht um echtes Silberbesteck handelt.

c ◪ Verschiedene Edelmetalle kommen als Barren in den Handel, da sie so leichter zu transportieren und zu lagern sind. Berechne für Barren, die je 10 cm lang, 5 cm breit und 2 cm hoch sind, die Masse, wenn es sich um Gold, Silber, Platin oder Kupfer handelt. Erkläre, warum man nicht Barren gleicher Masse herstellt.

Extra Die Dosis macht's

Giftigkeit als Stoffeigenschaft Wenn du an Fliegenpilze oder an bestimmte Stoffe wie Arsen oder Zyankali denkst, fällt dir sicher eine weitere Stoffeigenschaft ein: die Giftigkeit eines Stoffes. Aber die Giftigkeit eines Stoffes ist für verschiedene Lebewesen unterschiedlich. Für Hunde und Katzen ist Schokolade giftig, der Mensch reagiert jedoch auf den in der Schokolade enthaltenen Stoff nicht. Außerdem können grundsätzlich alle zugeführten Stoffe oberhalb einer gewissen Dosis den Organismus schädigen und sind somit ab einer gewissen Menge giftig.

Die giftigste Pflanze Europas Alle Pflanzenteile, besonders die Wurzelknolle und die Samen, des Blauen Eisenhuts sind ausgesprochen giftig. Die Berührung kann zu Hautentzündungen und schweren Vergiftungen führen. Noch gefährlicher ist die Aufnahme über den Mund. Schon 0,2 g der Wurzel bewirken Vergiftungserscheinungen, 2 g führen zum Tod, sind also eine tödliche Dosis. Eine Vergiftung macht sich zunächst über ein Prickeln auf der Zunge bemerkbar. Danach setzen Lähmungserscheinungen ein, die sich auf den ganzen Körper ausweiten und den Tod zur Folge haben.

Extrem giftig und doch heilsam? Trotz seiner extremen Giftigkeit wird der Blaue Eisenhut auch als Arzneimittel in Medikamenten verwendet. In einer Verdünnung von 1 : 10 000 wird er in pflanzlichen Mitteln gegen Rheuma eingesetzt. „Die Dosis allein macht also das Gift", stellte der Arzt und Alchemist PARACELSUS fest, der von 1493 bis 1541 lebte.

1 *Blauer Eisenhut*

Die Giftigkeit eines Stoffes hängt von der Menge ab. Für den Blauen Eisenhut ist die noch verträgliche Dosis allerdings sehr gering und für Babys und Kleinkinder können bereits Spuren tödlich sein.

Spuren sind wichtig, größere Mengen giftig Über das Trinkwasser und die Nahrung nehmen wir täglich 1–2 mg Kupfer auf. Es ist beispielsweise in Schalentieren, Innereien, Nüssen und Schokolade enthalten. Der Körper benötigt Kupfer unter anderem, um rote Blutkörperchen zu produzieren und das Nervensystem aufrechtzuerhalten. Eine Dosis von 3 bis 5 mg Kupfer pro Tag bei Kindern und 10 mg bei Erwachsenen sollte jedoch nicht überschritten werden. Bei einer Überversorgung kann es zu Erbrechen, Durchfällen oder Leberschädigungen kommen. Stoffe, die einerseits in geringen Mengen für Vorgänge im Stoffwechsel wichtig sind und andererseits in großen Mengen den Körper schädigen können, bezeichnet man als Spurenelemente.

Spurenelement	Mögliche Mangelerscheinungen
Eisen	Blutarmut, Appetitlosigkeit, Erschöpfung, Infektanfälligkeit, Nervosität, Müdigkeit, blasse Haut, Konzentrationsmangel
Zink	Hauterkrankungen, gestörte Wundheilung, Augenerkrankungen, Haarausfall, Wachstumsverzögerung, gestörtes Geruchs- und Geschmacksempfinden, verringerte Fruchtbarkeit, Infektanfälligkeit
Iod	Vergrößerung der Schilddrüse (Kropf), Antriebsschwäche, Müdigkeit, verlangsamter Stoffwechsel, häufiges Frieren

Tab. 1 *Einige Spurenelemente und mögliche Mangelerscheinungen*

Aufgaben

1 □ Begründe, warum Erwachsene größere Mengen an Spurenelementen benötigen.

2 ◪ Beschreibe die Auswirkungen von Iodmangel. Recherchiere, wie man Iodmangel vorbeugen kann.

3 ■ Bewerte die Aussage „Viel hilft viel" mithilfe der Informationen auf dieser Seite.

Stoffteilchen – die kleinsten Teilchen der Stoffe

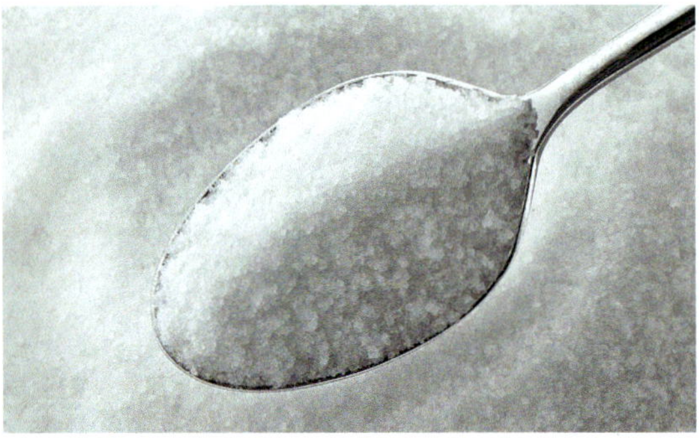

1 *Zucker besteht aus Zuckerkristallen.*

Woraus besteht ein Stoff? Betrachtest du Zucker näher, so kannst du kleine Zuckerkristalle erkennen (Bild 1). Zerreibt man diese, so erhält man Puderzucker. Die einzelnen Zuckerstaubpartikel kannst du gerade noch mit dem bloßen Auge erkennen. Sind dies die kleinsten Teilchen, aus denen der Stoff Zucker aufgebaut ist?

Beobachtungen beim Lösen von Zucker Zuckerkristalle lassen sich mit bloßem Auge erkennen. Mit einer Lupe oder dem Mikroskop geht es noch besser. Die einzelnen Kristalle sind unterschiedlich groß, aber immer ähnlich geformt. Löst du einen Löffel Zucker in einem Glas Wasser, sind die Kristalle nicht mehr sichtbar. Selbst bei der Untersuchung eines Zuckerwassertropfens mit dem Mikroskop findest du keine Kristalle mehr vor. Wo ist der Zucker geblieben? Er ist nicht verschwunden, dafür gibt es mehrere Hinweise: Die Lösung schmeckt deutlich süß. Lässt du einen Tropfen der Zuckerlösung auf einem Uhrglas über Nacht stehen, so bildet sich ein Rückstand. Unter dem Mikroskop erkennt man nun wieder Zuckerkristalle.

Die kleinsten Teilchen des Zuckers Offenbar bestehen die sichtbaren Zuckerkristalle aus noch kleineren Einheiten, die auch mit dem Mikroskop nicht mehr zu sehen sind. Selbst mit modernsten Mikroskopen sind diese kleinsten Teilchen, die Stoffteilchen, nicht zu erkennen.

Stoffe sind aus kleinsten Teilchen, den Stoffteilchen, aufgebaut, die nicht sichtbar sind.

Vorstellung über den Lösevorgang Man kann sich den Vorgang des Lösens von Zucker in Wasser so vorstellen (Bild 2): Die kleinsten Teilchen des Zuckers sind untereinander alle gleich groß und gleich schwer. Auch die kleinsten Teilchen des Wassers sind gleichartig gebaut, unterscheiden sich aber von den Zuckerteilchen. Sie haben eine andere Größe und eine andere Masse.
Beim Lösen des Zuckers in Wasser schieben sich die Wasserteilchen zwischen die Zuckerteilchen. Dadurch werden die Zuckerteilchen voneinander getrennt und verteilen sich gleichmäßig zwischen die Wasserteilchen.

Es gibt verschiedene Arten von Stoffteilchen. Sie haben unterschiedliche Massen und Größen. Die Stoffteilchen verschiedener Stoffe unterscheiden sich voneinander.

2 *Zuckerwürfel lösen sich in Wasser. Linke Bilder: Beobachtungen; rechte Bilder: Modellvorstellungen*

3 *Ein Modell der Erde – der Globus*

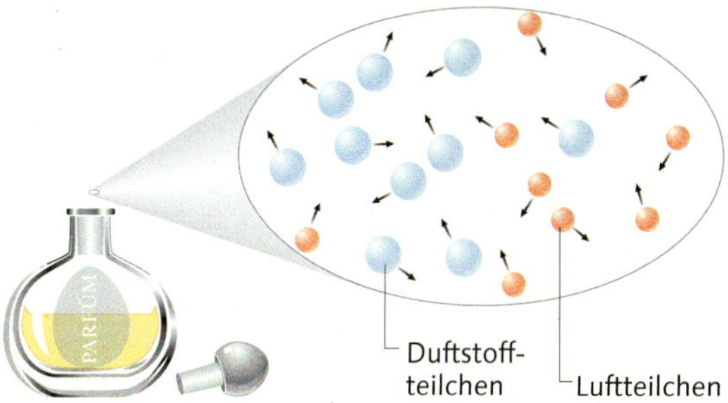

4 *Modellvorstellung zur Verteilung eines Duftes im Raum*

2

Modelle als Abbilder der Wirklichkeit Im Alltag fertigt man Modelle, damit man sich eine Vorstellung über das Original machen kann. Ein Globus zeigt z. B., wie die Erde aussieht, welche Kontinente es gibt und wo die Ozeane sind. Dieses Modell besitzt nicht alle Eigenschaften des Originals. Umgekehrt kann das Modell Merkmale besitzen, die das Original nicht hat.

Kugelteilchenmodell Wir haben uns die Stoffteilchen des Zuckers und des Wassers als zwei verschiedene Sorten Kugeln vorgestellt. Die Zuckerteilchen sind grün gezeichnet, die Wasserteilchen grau (Bild 2). Zwischen den Teilchen ist nichts.
Wir wissen nicht, ob die Zucker- und Wasserteilchen tatsächlich rund sind und ob sie eine Farbe haben. Dieses Modell ist nur eine mögliche Vorstellung der Wirklichkeit und hilft uns, den Lösevorgang von Zucker in Wasser besser zu verstehen.

Modelle vereinfachen die Wirklichkeit. Sie helfen dabei, Vorgänge besser zu verstehen. Das Kugelteilchenmodell ist eine Vorstellung vom Aufbau der Stoffe. Die Stoffteilchen werden als Kugeln dargestellt.

Extra Die Brown'sche Bewegung
Der englische Biologe Robert Brown betrachtete im Jahr 1827 Blütenpollen in einem Tropfen Wasser mit dem Mikroskop. Die Pollen waren scheinbar in ständiger, unregelmäßiger, zittriger Bewegung. Später stellte man fest, dass sich nicht die Blütenpollen bewegen, sondern dass sie durch die Wasserteilchen, die die Pollen umgeben, angestoßen werden.

Diffusion – Stoffteilchen in Bewegung Stellt man auf das Pult im Klassenraum ein geöffnetes Gefäß mit Parfüm, so ist der Duft nach einigen Minuten auch in den hinteren Reihen wahrnehmbar. Dies funktioniert selbst dann, wenn in dem Raum keine Luftströmung vorhanden ist.
Die Stoffteilchen, aus denen die Flüssigkeit Parfüm besteht, sind ebenso wie die Teilchen, aus denen sich die Luft zusammensetzt, in ständiger Bewegung. Als Folge wandern die Stoffteilchen des Parfüms in die Lücken zwischen den Stoffteilchen der Luft. Andersherum wandern die kleinsten Teilchen der Luft in die Lücken zwischen den Teilchen des Parfüms. Auf diese Weise verteilt sich der Duft im ganzen Raum.
Diese selbstständige Verteilung der Stoffteilchen die auch beim Lösen von Zucker in Wasser auftritt, wird als Diffusion bezeichnet. Bei einer Erwärmung nimmt die Teilchenbewegung zu, deshalb erhöht sich gleichzeitig auch die Geschwindigkeit der Diffusion.

Das eigenständige Durchmischen zweier Stoffe aufgrund der ständigen Bewegung der Stoffteilchen wird Diffusion genannt.

Aufgaben

1 □ Beschreibe, was beim Lösen von Zucker in Wasser passiert. Unterscheide zwischen dem Sichtbaren und dem, was wir uns mithilfe des Kugelteilchenmodells vorstellen.

2 ◪ Erkläre, wie sich das Lösen von Zucker in kaltem und in warmem Tee unterscheidet.

3 ◪ Bringe einen Tropfen Tinte vorsichtig mit einer Pipette auf den Boden eines mit Wasser gefüllten Glasgefäßes. Erkläre deine Beobachtungen mithilfe des Kugelteilchenmodells.

Extra Entwickeln eine Teilchenmodells

Vorstellung und Wirklichkeit Wie können wir uns die Stoffteilchen der Stoffe vorstellen? Wir haben hierfür das Kugelteilchenmodell gewählt und gehen von kugelförmigen, für jeden Stoff typischen Teilchen aus. Es handelt sich dabei um ein Modell. Was ist ein Modell? Wie kann man es entwickeln? Zur Beantwortung dieser Frage könnt ihr folgenden Versuch durchführen:

Modellversuch: Du erhältst einen Karton, in dem sich ein Gegenstand befindet, den du nicht sehen kannst.
Aufgabe: Fertige eine Zeichnung von dem Gegenstand an, der sich in diesem Karton befindet, und beschreibe ihn mit Worten.
Beachte: Du darfst die Schachtel drehen, schütteln, die Geräusche, die der Gegenstand in der Schachtel verursacht, hören, seinen Geruch wahrnehmen, die Masse ermitteln usw. Das Öffnen der Schachtel ist nicht erlaubt!

Verschiedene Bilder eines Gegenstands Ein Gegenstand hört sich in einem Schuhkarton ein wenig dumpf an. Seine Größe kann man nur erahnen. Durch Wiegen eines leeren Schuhkartons vergleichbarer Größe und Art sowie durch Vergleich mit der für die „Blackbox" ermittelten Masse ist es möglich, einen ungefähren Wert für die Masse des Gegenstands zu ermitteln. Die bildliche Vorstellung des Gegenstands, die sich daraus ergibt, lässt viele Fragen offen: Genaue Maße, Kantenform und -anzahl, Material und Farbe des Gegenstands können nicht ermittelt werden.
Zeichnen verschiedene Personen diesen Gegenstand, können sehr unterschiedliche Skizzen entstehen. Dennoch ist keine von ihnen falsch, wenn sie die in den Versuchen ermittelten Eigenschaften beinhalten.

Vergleich der Bilder mit der Wirklichkeit Würde man die Box öffnen und den Gegenstand mit den Zeichnungen vergleichen, würde man feststellen, dass alle Zeichnungen nur eine Annäherung an den tatsächlichen Gegenstand darstellen, ihn aber nie vollkommen beschreiben. Die entstandenen Zeichnungen stellen jeweils ein Abbild der Wirklichkeit dar – ein Modell. Ein Modell greift einige wichtige Bereiche aus der Wirklichkeit auf. Es ist aber immer nur eine Annäherung an die Wirklichkeit und bildet sie nie vollständig ab.

Modelle und ihre Funktion Das Kugelteilchenmodell soll uns helfen, Beobachtungen wie das Lösen von Zucker oder die Übergänge zwischen den Aggregatzuständen zu erklären. Viele Fragen bleiben offen: Sind die Stoffteilchen rot, rund und massiv? Die Antwort ist: Wir wissen es nicht! Man könnte sich die Teilchen auch in einer anderen Form vorstellen. Die gewählten Farben helfen uns lediglich, die Stoffteilchen voneinander zu unterscheiden.

1 *Sehen so Stoffteilchen aus?*

Aufgaben

1 □ Führe den Modellversuch durch. Stelle Vermutungen über die Eigenschaften des unbekannten Gegenstands auf. Fertige eine Skizze des Gegenstands an und beschreibe ihn.

2 □ Nenne Beispiele für „Blackboxes" im täglichen Leben.

Aggregatzustände im Teilchenmodell

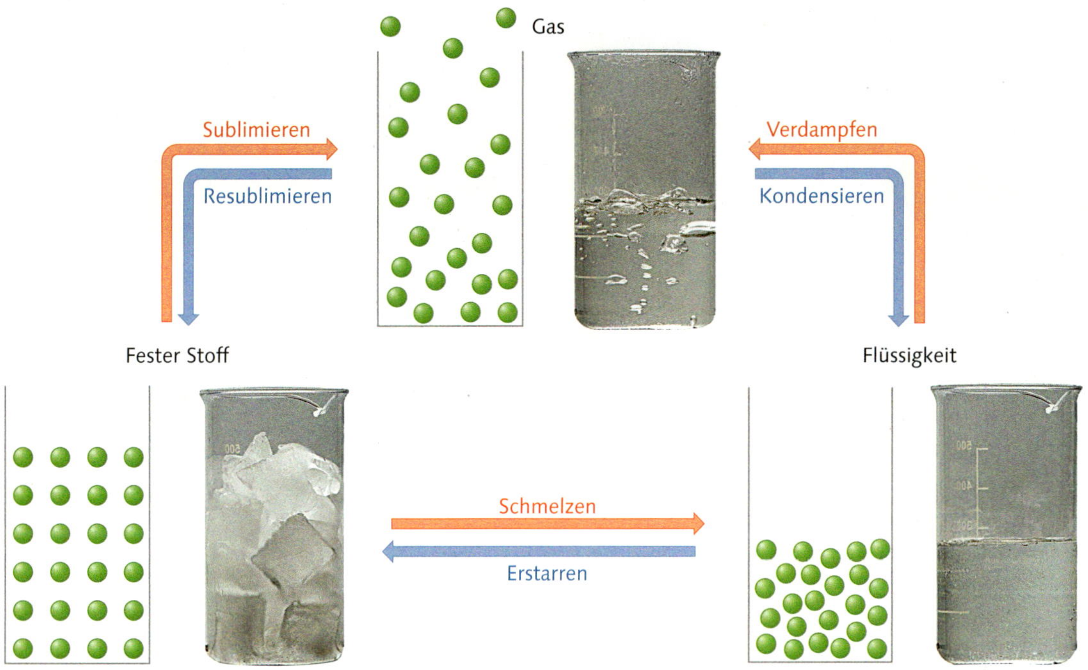

1 *Aggregatzustände von Wasser im Kugelteilchenmodell*

Fester Aggregatzustand Im Eis haben die Stoffteilchen einen festen Platz und ihre Eigenbewegung ist gering. Wird es wärmer, so bewegen sich die Teilchen schneller. Bei 0 °C lösen sich mehr und mehr Wasserteilchen aus der starren Anordnung.

Flüssiger Aggregatzustand Sind alle Stoffteilchen aus dem festen Verband gelockert, steigt auch die Temperatur der Flüssigkeit wieder an. Je höher diese ist, desto schneller bewegen sich die Wasserteilchen und desto häufiger stoßen sie zusammen. Sie befinden sich in einem aufgelockerten Zusammenhalt.

2 *Mit einer dünnen Eisschicht (Reif) bedeckte Wiese*

Gasförmiger Aggregatzustand Wird die Siedetemperatur erreicht, geben die Teilchen den Zusammenhalt vollständig auf. Die Teilchenbewegung ist nun so schnell, dass sich große Abstände zwischen den einzelnen Teilchen bilden und diese sich in alle Bereiche des zur Verfügung stehenden Raums verteilen.

Die Eigenbewegung der Stoffteilchen nimmt mit steigender Temperatur vom festen über den flüssigen zum gasförmigen Aggregatzustand hin stark zu.

Aufgaben

1 □ Beschreibe, wie die Stoffteilchen im gasförmigen, flüssigen und festen Zustand angeordnet sind.

2 □ Erkläre, warum es beim Öffnen eines Topfes mit kochendem Wasser dampft.

3 ◪ Werden im Herbst nachts Temperaturen um 0 °C erreicht, sind Wiesen morgens oft von Reif (Bild 2) überzogen. Beschreibe, wie es dazu kommt.

4 ◪ Erkläre mithilfe des Kugelteilchenmodells, warum Flüssigkeiten sich jedem Gefäß anpassen.

Reinstoffe und Stoffgemische

1 *Ein seltener Fund – reines Gold*

2 *Granit und seine Bestandteile (Quarz, Feldspat, Glimmer)*

Reinstoffe in der Natur Mit viel Glück kann es Goldsuchern gelingen, ein Goldnugget aus reinem Gold zu finden. Was bedeutet es, wenn ein Stoff „rein" ist?
Stoffe, die man nicht in andere Stoffe zerlegen kann, die also nur aus einer Stoffart bestehen, bezeichnet man als Reinstoffe. In der Natur liegen nur sehr wenige Stoffe in reiner Form vor.

Reinstoffe im Alltag Im Alltag findet der aus Zuckerrüben oder Zuckerrohr hergestellte Zucker seine Verwendung als Süßungsmittel. Mit Citronensäure lassen sich Kalkablagerungen in Küche, Bad oder auch in Kaffeemaschinen entfernen. Das Natron oder Natriumhydrogencarbonat, wie es in der Fachsprache heißt, ist auch im Backpulver enthalten. Als Triebmittel sorgt es beim Backen dafür, dass der Teig aufgeht und locker wird.

Extra Wie rein geht es?
Zur Herstellung von Computerchips braucht man möglichst reines Silicium, das aus Quarzsand gewonnen wird. Am Ende eines aufwendigen Herstellungsprozesses hat das Silicium eine Reinheit von 99,999 999 99 %, das heißt, auf 10 Mrd. Siliciumteilchen kommt nur ein einziges Fremdteilchen. Ist das Silicium dann rein? Wenn man die Frage ganz genau nimmt, gibt es wohl überhaupt keine Reinstoffe.

Stoffgemische in der Natur In unserer Umwelt findet man fast nur Stoffgemische vor. Die Färbungen des Granitstücks (Bild 2) weisen darauf hin, dass es sich bei Granit nicht um einen Reinstoff, sondern um ein Stoffgemisch handelt. Meerwasser enthält neben Wasser auch Kochsalz und andere Salze. Erde ist ein vielfältiges Gemisch aus pflanzlichen Materialien, Gesteinen, Wasser und vielen anderen Stoffen.

Stoffgemische im Alltag Brausepulver enthält Zucker und Citronensäure. Wie du schmecken kannst, behalten die Reinstoffe im Stoffgemisch ihre Eigenschaften bei. Ein weiterer Bestandteil dieses Stoffgemischs ist Natron, das für das Schäumen und Prickeln auf der Zunge sorgt.

Reinstoffe bestehen aus einer einzigen Stoffart. Stoffgemische setzen sich aus mehreren Reinstoffen zusammen.

3 *Bestandteile von Brausepulver, Pulver in 5-facher Vergrößerung*

4 *Heterogene Stoffgemische aus dem Alltag*

Herstellung von Stoffgemischen Das Mischen von Stoffen ist dir aus dem Alltag vertraut. Zur Herstellung eines Kuchenteigs vermischt man Mehl, Milch, Eier und Zucker miteinander. Der Tee wird mit Zucker gesüßt, aus Mineralwasser und Apfelsaft wird eine Apfelschorle hergestellt. Auf dem Bau mischt man aus Sand, Zement und Wasser Beton. Der Kraftstoff für das Mofa ist eine Mischung aus Benzin und Öl.

Heterogene Stoffgemische Es gibt Stoffgemische, bei denen man mit bloßem Auge oder unter dem Mikroskop verschiedene Bestandteile erkennen kann, z. B. Studentenfutter, Müsli oder Schmutzwasser. Solche Stoffgemische bezeichnet man als uneinheitlich oder heterogen (griech. *heteros:* verschieden, anders).

Bei heterogenen Stoffgemischen sind einzelne Bestandteile sichtbar.

Gemenge Granit ist ein heterogenes Stoffgemisch aus Quarz, Feldspat und Glimmer (Bild 2). Ein solches Gemisch aus Feststoffen bezeichnet man auch als Gemenge.

Suspension Nach dem Spülen sind im Schmutzwasser feste Stoffe im Wasser verteilt. Diese nicht wasserlöslichen, aber fein verteilten Feststoffe führen zu einer Trübung des Wassers.

Emulsion Fett und Wasser mischen sich normalerweise nicht. Lecithin, ein sogenannter Emulgator, sorgt dafür, dass in Milch das Fett in winzige Fetttröpfchen aufgeteilt wird (Bild 5). Diese können im Wasser schweben. Ein solches Fett-Wasser-Gemisch bezeichnet man als Emulsion. Lässt man Milch aber längere Zeit stehen, setzt sich das leichtere Fett oben als Rahm ab.

Schaum Ist ein Gas in einen anderen Stoff eingeschlossen, so spricht man von einem Schaum. Hierbei kann es sich entweder um eine Flüssigkeit handeln, in der Gasblasen sichtbar eingeschlossen sind, wie du es vom Seifenschaum her kennst. Oder aber das Gas wird von einem Feststoff eingeschlossen, wie es bei Styropor® oder Bauschaum zum Einpassen von Fenstern der Fall ist. In diesen Fällen spricht man von einem Hartschaum.

Rauch Von Rauch spricht man, wenn feste Teilchen in einem Gas schweben. So zeigt ein qualmender Kamin, dass Ruß und andere Feinstaubteilchen die Luft verunreinigen.

Nebel Die feine Verteilung einer Flüssigkeit in einem Gas bezeichnet man als Nebel. Bei nebligem Wetter liegt also ein Gemisch aus der gasförmigen Luft und winzigen Wassertröpfchen vor.

5 *Milch unter dem Mikroskop bei 1000-facher Vergrößerung*

6 *Die homogenen Stoffgemische Luft und Tee – man kann die Bestandteile nicht erkennen.*

7 *Der Brückenaffe in Heidelberg ist aus der Legierung Bronze gefertigt.*

Homogene Stoffgemische Wenn die Gemischbestandteile nicht mehr erkennbar sind, das Stoffgemisch also wie ein Reinstoff aussieht, spricht man von einem einheitlichen oder homogenen (griech. *homos:* gleich, ähnlich) Stoffgemisch. Zu den homogenen Stoffgemischen gehören Lösungen und Legierungen.

Bei homogenen Stoffgemischen sind die einzelnen Bestandteile nicht sichtbar.

Feststoffe in Lösung Wasser und Zuckerwasser kann man weder mit dem bloßen Auge noch mit einem Mikroskop voneinander unterscheiden. Beim Lösen in Wasser zerfällt der Zucker in seine kleinsten Teilchen, die nicht mehr sichtbar sind. Es gibt auch Stoffe, wie beispielsweise Tee, die mit Wasser farbige Lösungen bilden.

Flüssigkeiten und Gase in Lösung Nicht nur feste, sondern auch flüssige und gasförmige Stoffe können sich in Wasser lösen. Bei Weinbrand handelt es sich um eine Lösung der beiden Flüssigkeiten Wasser und Alkohol. Für Fische ist der Sauerstoff, der in kleinen Mengen im Wasser gelöst ist, lebensnotwendig.

Gasgemisch Die Luft um uns herum ist kein Reinstoff. Sie besteht aus verschiedenen Gasen. Da man diese Bestandteile jedoch nicht sehen kann, handelt es sich also bei Luft ebenfalls um ein Stoffgemisch, das Gasgemisch genannt wird.

Legierungen – keine Reinstoffe Kaum ein Metall kommt heutzutage als Reinstoff zum Einsatz. Reines Eisen rostet schnell, reines Gold ist zu weich für Schmuck und Glocken aus reinem Kupfer würden beim Schlag des Klöppels Dellen bekommen. Wenn man im Alltag von Metallen spricht, sind damit fast ausschließlich Metallgemische gemeint. Diese nennt man Legierungen (lat. *ligare:* vereinigen). Es gibt auch Legierungen, die nichtmetallische Komponenten enthalten.

Legierung ist ein Sammelbegriff für ein homogenes Feststoffgemisch, welches aus zwei oder mehr Komponenten besteht und metallische Eigenschaften besitzt.

Herstellung einer Legierung Zur Herstellung einer Legierung wird der Hauptbestandteil, das Grundmetall, geschmolzen und diesem dann Zusätze wie beispielsweise andere Metalle beigefügt.

Verbesserte Eigenschaften Nach dem Erstarren können mechanische Eigenschaften wie Festigkeit und Härte, aber auch Eigenschaften wie die Korrosionsbeständigkeit bei dem Gemisch erheblich größer sein als jeweils bei den reinen Metallen. Dank dieser Erkenntnis werden bis heute immer neue Mischungen geprüft, sodass mittlerweile viele Tausend verschiedene Legierungen in den unterschiedlichsten Bereichen genutzt werden.

8 *Verschiedene Goldlegierungen: Weißgold, Gelbgold und Rotgold*

Bekannte Legierungen Bronze und Messing sind bekannte Legierungen. Zu ihrer Herstellung wird das Grundmetall Kupfer mit Zinn zu Bronze und beziehungsweise mit Zink zu Messing vermischt. Da beide Legierungen fester und härter als reines Kupfer sind, wird Bronze zur Herstellung von Glocken, Statuen und Zahnrädern verwendet. Messing findet seinen Einsatz bei Münzen sowie Beschlägen und Griffen von Türen. Auch das weiche Metall Gold wird im Gemisch mit Zusätzen härter und dadurch als Schmuck- und Münzmetall nutzbar. Bei einem Goldring mit der Prägung „585", sogenanntem 585er Gold, sind von 1000 Gewichtsteilen 585 Gewichtsteile Gold, der Rest setzt sich aus anderen Metallen wie Kupfer, Silber oder Platin zusammen. Diese beeinflussen auch die Farbe der Goldlegierung. Bei einem höheren Kupferanteil erhält man eine „Rotgold"-Legierung. Durch Silber- oder Platinzusätze wird „Weißgold" hergestellt. „Sterlingsilber" wiederum besteht aus 92,5 % Silber und 7,5 % Kupfer, deshalb findet sich auf Gegenständen aus dieser Legierung die Prägung „925".

9 *Zusammensetzung einer 585er Gelbgoldlegierung mit Gold, Kupfer und Silber*

Extra Allergien durch Legierungen

Viele Menschen bekommen beim Kontakt mit dem Metall Nickel rote, juckende Hautausschläge. Man spricht hierbei von einer Kontaktallergie. Reines Nickel haben diese Personen jedoch noch nie berührt. Wie kann es dennoch zu einer solchen Reaktion der Haut kommen? Nickel ist im Alltag häufig als nicht sichtbarer Bestandteil von Legierungen, aus denen Hosenknöpfe oder billiger Schmuck gefertigt werden, zu finden. Betroffene Menschen müssen hier deshalb besonders aufmerksam sein.

10 *Jeansknöpfe können Nickel enthalten.*

Aufgaben

1 Aluminium, Tinte, Weinbrand, Schwefel, Mineralwasser, Hautcreme, Wasser, Kaffee und Schmuckgold sollen sortiert werden. Fertige eine Tabelle an.

a □ Ordne die Stoffe nach Reinstoffen und Stoffgemischen.

b ◪ Unterteile die Stoffgemische zusätzlich noch in homogen und heterogen und nenne je zwei Bestandteile der Gemische.

2 ◪ Ein Esslöffel Erde und ein Esslöffel Kochsalz werden jeweils in ein Glas mit Wasser gegeben. Notiere deine Beobachtungen. Benenne jeweils das entstandene Stoffgemisch.

3 □ Bei Modeschmuck findet man manchmal die Kennzeichnung „nickelfrei". Erläutere, warum sie wichtig ist.

4 ■ Legierungen kommen wesentlich häufiger zum Einsatz als reine Metalle. Finde Gegenstände in deiner Umgebung, die aus Legierungen bestehen. Erstelle eine Liste.

5 ◪ Ein Ring aus 750er Gold wiegt 4 g. Wie viel Gramm reines Gold enthält er?

Reinstoffe und Stoffgemische im Teilchenmodell

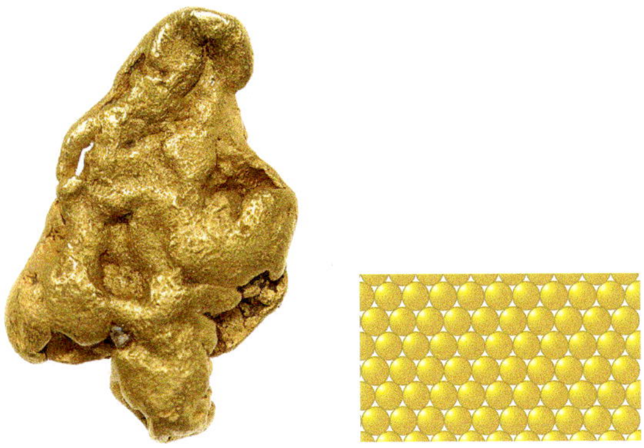

1 *Reines Gold besteht nur aus Goldteilchen.*

Reinstoffe Reines Gold besteht ausschließlich aus einer Teilchenart. Diese Goldteilchen sind nach dem Teilchenmodell im festen Zustand ganz regelmäßig angeordnet. Auch alle anderen Reinstoffe bestehen aus nur einer einzigen Teilchenart.

Reinstoffe bestehen ausschließlich aus einer einzigen Teilchenart.

Heterogene Stoffgemische Bei heterogenen Stoffen kannst du die unterschiedlichen Bestandteile mit dem bloßen Auge erkennen.
Mischst du Wasserfarben mit Wasser, so entsteht ein farbiges, undurchsichtiges Feststoff-Flüssigkeits-Gemisch, eine Suspension. Bei dieser kannst du die festen Farbstoffpartikel aufgrund ihrer Größe noch gut im Wasser erkennen.

Heterogene Stoffgemische bestehen aus mindestens zwei Teilchenarten, die sich mit dem bloßem Auge oder dem Mikroskop unterscheiden lassen.

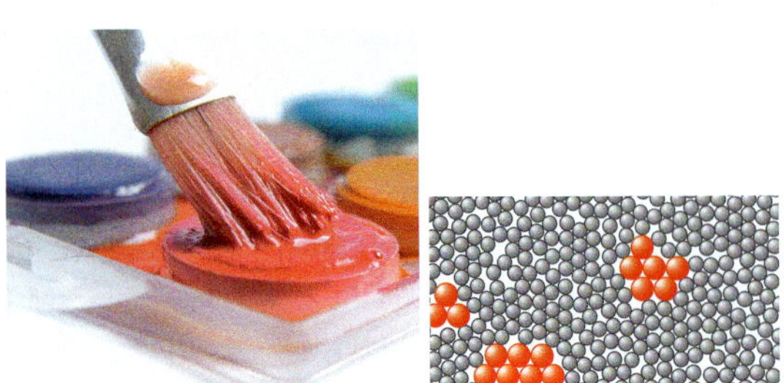

2 *Suspension von Wasserfarbe mit Wasser auf der sichtbaren Stoffebene und im Teilchenmodell*

Homogene Stoffgemische Da reines Gold zu weich für die Herstellung von Schmuck ist, wird dem geschmolzenen Gold zum Herstellen einer Legierung beispielsweise etwas Kupfer hinzugegeben. Die Kupferteilchen verteilen sich zwischen den Goldteilchen so fein, dass sie einzeln selbst unter dem Mikroskop nicht zu erkennen sind. Dennoch stellt man fest, dass das entstandene „Rotgold" etwas dunkler und fester als reines Gold ist. Die Eigenschaften der Legierung unterscheiden sich von denen der Reinstoffe, weil sich die Stoffteilchen der beiden Stoffe voneinander unterscheiden.
Auch bei allen anderen homogenen Stoffgemischen sind die Stoffteilchen der verschiedenen Stoffe so fein verteilt, dass sie selbst bei stärksten Vergrößerungen nicht mehr zu erkennen sind.

3 *Rotgold besteht aus Gold- und Kupferteilchen*

Bei homogenen Stoffgemischen sind die Stoffteilchen so fein verteilt, dass die Stoffe nicht mehr zu einzeln zu erkennen sind.

Aufgaben

1 □ Zeichne das Stoffgemisch „Nebel" im Teilchenmodell.

2 □ Finde je ein weiteres Beispiel zu den Stoffgemischen aus Tabelle 1.

3 Bei Sprudel handelt es sich in zweifacher Hinsicht um eine Lösung.

a ◪ Welche Lösungsarten sind hier vorhanden?

b ◪ Zeichne dieses homogene Stoffgemisch im Teilchenmodell.

Heterogene Stoffgemische		
Gemenge (fest in fest)		
Suspension (fest in flüssig)		
Emulsion (flüssig in flüssig)		
Rauch (fest in gasförmig)		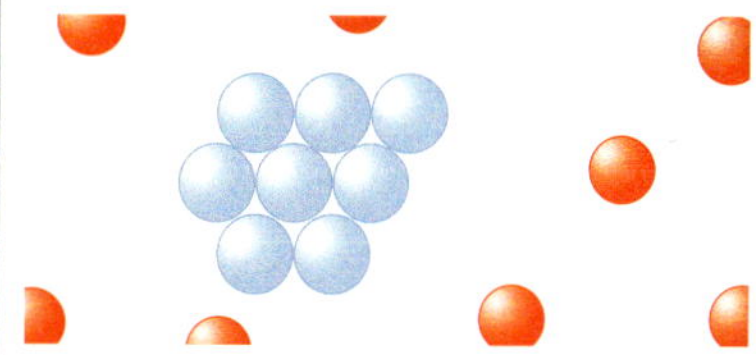
Homogene Stoffgemische		
Legierung (fest in fest)		
Lösung (gasförmig in flüssig, flüssig in flüssig, fest in flüssig)		
Gasgemisch (gasförmig in gasförmig)		

Tab. 1 *Stoffgemische im Teilchenmodell*

Trennen von Stoffgemischen

Auslesen Im Märchen der Gebrüder Grimm helfen die Tauben Aschenputtel beim Sortieren der guten und schlechten Linsen. Wenn feste Stücke so groß sind, dass man sie mit den Fingern oder einer Pinzette fassen kann, können die Bestandteile eines Gemenges durch Auslesen getrennt werden.

Sedimentieren und Dekantieren Trübes, verschmutztes Wasser wird klarer, wenn es eine Weile gestanden hat. Die nicht wasserlöslichen, schweren Schmutzteilchen dieser Suspension sedimentieren, d. h., sie setzen sich am Boden ab. Das auf diese Weise schon teilweise gereinigte Wasser kann dekantiert, also abgegossen werden (Bild 1). Die Trennung der Suspension findet aufgrund der unterschiedlichen Dichten der Flüssigkeit und der ungelösten Feststoffe statt.

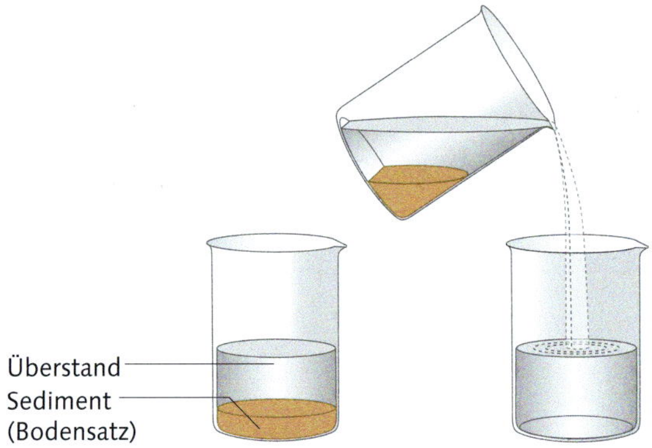

1 *Sedimentieren und Dekantieren*

Extrahieren Beim Teekochen werden die Teeblätter in heißes Wasser gegeben. Die Wirk-, Geschmacks- und Farbstoffe werden aus den zerkleinerten Teeblättern extrahiert und im Wasser gelöst. Die Stofftrennung beim Extrahieren beruht darauf, dass bestimmte Bestandteile eines Gemischs löslich sind und andere nicht.

Sieben Die festen Rückstände von den Teeblättern wollen wir nicht in der Tasse haben. Um sie abzutrennen, gießen wir den Tee durch ein Sieb. Beim Sieben bleiben die größeren Stückchen im Sieb zurück, die kleineren und die gelösten Teilchen gehen hindurch.

2 *Filtrieren von Kaffee*

Filtrieren Kaffeepulver kann von einem Sieb nicht zurückgehalten werden – die Kaffeepulverkörnchen sind zu fein. Wir müssen filtrieren. Das Filterpapier hat sehr feine Poren, durch die die festen Kaffeepulverkörnchen nicht hindurchkommen (Bild 2). Sie bleiben als Kaffeesatz im Filterpapier hängen. Der Kaffee mit den extrahierten Stoffen sickert durch die Poren des Filterpapiers und wird in der Tasse als Filtrat gesammelt. Beim Filtrieren werden wasserunlösliche Feststoffe von den wasserlöslichen getrennt.

Eindampfen und Verdunsten Ein Filterpapier hilft beim Trennen einer Kochsalz-Lösung in Wasser und Kochsalz nicht weiter, denn beim Lösen ist das Kochsalz in seine kleinsten Teilchen zerfallen. Diese passen durch die Poren eines Filterpapiers hindurch. Man kann das Kochsalz aber durch Eindampfen oder Verdunsten gewinnen. In einer Porzellanschale erhitzt man die Kochsalz-Lösung. Das Wasser siedet und verdampft bei 100 °C. Kochsalz, das erst bei 1465 °C siedet, bleibt in der Schale zurück. Wenn man die Kochsalz-Lösung so lange stehen lässt, bis das ganze Wasser verdunstet ist, bleibt ebenfalls Kochsalz zurück.

3 *Kochsalz wird aus einer wässrigen Kochsalz-Lösung gewonnen.*

Destillieren Will man nicht das Kochsalz, sondern das Wasser aus einer Kochsalz-Lösung erhalten, muss man destillieren. Dazu wird die Kochsalz-Lösung bis zum Sieden erhitzt. Der Wasserdampf wird aufgefangen und gekühlt, bis er wieder kondensiert. So entsteht destilliertes Wasser. Durch Destillation können auch Gemische aus Flüssigkeiten, z. B. Alkohol und Wasser, getrennt werden. Alkohol siedet bereits bei 78 °C und kann daher bei dieser Temperatur vom Wasser getrennt werden. Die Trennung erfolgt aufgrund der unterschiedlichen Siedetemperaturen der Bestandteile der Lösung.

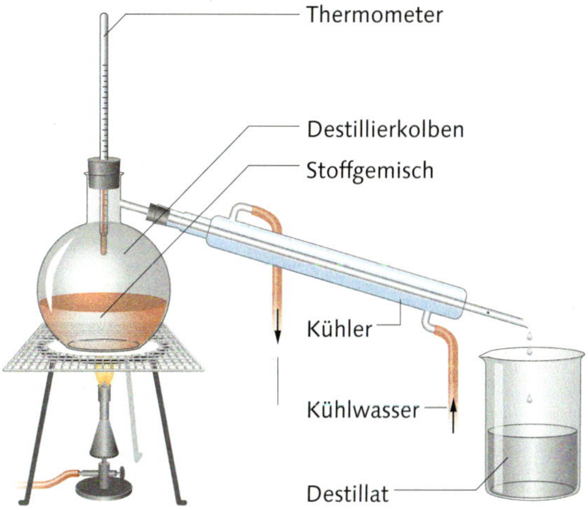

4 *Aufbau einer Destillationsapparatur*

Extra Gewinnen von Duftstoffen
Durch eine Wasserdampfdestillation können Duftstoffe aus Pflanzen extrahiert werden. Wenn heißer Wasserdampf über das pflanzliche Material geleitet wird, gehen die wasserlöslichen Pflanzenbestandteile in Lösung, aber auch nicht lösliche Duftstoffe (ätherische Öle) werden vom Wasserdampf mitgerissen. Beim Abkühlen und Kondensieren trennen sich die öligen Duftstoffe vom Wasser.

Adsorbieren Im Filter einer Atemschutzmaske befindet sich Aktivkohle. Die porösen, stark zerklüfteten Aktivkohlekörnchen haben viele Hohlräume und dadurch eine sehr große Oberfläche. Wenn die angesaugte Luft durch den Filter strömt, werden die Schadstoffteilchen in den Poren der Aktivkohle festgehalten – sie werden adsorbiert. In der Medizin wird Aktivkohle z. B. bei Vergiftungen eingesetzt, um Giftstoffe aus dem Magen-Darm-Trakt zu entfernen.

Zentrifugieren Für die Herstellung von Butter braucht man das Fett aus der Milch. Das in der Milch fein verteilte Fett kann mit einer Zentrifuge abgeschieden werden. Die Zentrifuge arbeitet ähnlich wie eine Schleuder. Das schwerere Wasser wird weiter nach außen geschleudert und so von dem leichteren Fett getrennt. Beim Zentrifugieren werden die Bestandteile des Stoffgemischs aufgrund ihrer unterschiedlichen Dichten getrennt.

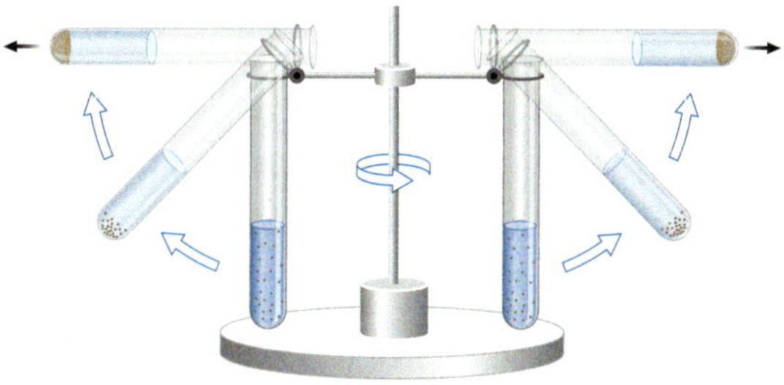

5 *Funktionsweise einer Zentrifuge*

Stoffgemische können in ihre Bestandteile getrennt werden. Dabei nutzt man die unterschiedlichen Stoffeigenschaften.

Aufgaben

1 □ Nenne Gemeinsamkeiten und Unterschiede der Trennverfahren Sieben und Filtrieren.
2 □ Nenne jeweils eine Anwendung für die Trennverfahren Eindampfen und Sedimentieren/Dekantieren.
3 □ Wo wird im Haushalt zentrifugiert? Nenne Beispiele.
4 ◪ Informiere dich, wie der Imker den Honig aus den Bienenwaben holt. Wie heißt das Trennverfahren?
5 ◪ Beschreibe die Trennverfahren, die beim Kaffeekochen angewandt werden.

2

Praxis Vom Steinsalz zum Kochsalz

1 Steinsalz ist ein Stoffgemisch aus Kochsalz und Gestein. Um Kochsalz zu gewinnen, muss das Stoffgemisch getrennt werden. Dazu werden Trennverfahren durchgeführt.

a Zerkleinern von Steinsalz
Geräte: Mörser mit Pistill
Chemikalien: Steinsalzbrocken
Durchführung: Zerreibe das Steinsalz in einem Mörser möglichst fein.

b Aufschlämmen und Lösen
Geräte: Becherglas (100 ml), Spatellöffel, Glasstab
Chemikalien: Wasser, zerkleinertes Steinsalz
Durchführung: Gib das zerkleinerte Steinsalz in Wasser und rühre mit dem Glasstab um.

c Sedimentieren und Dekantieren
Geräte: Becherglas (100 ml)
Chemikalien: Steinsalzaufschlämmung
Durchführung: Lass die Suspension ein paar Minuten ruhig stehen und gieße dann die über dem Bodensatz stehende Flüssigkeit ab.

d Filtrieren
Geräte: Trichter, Rundfilter, Erlenmeyerkolben (100 ml)
Chemikalien: Flüssigkeit aus Experiment c
Durchführung: Falte den Rundfilter durch zweimaliges Falten zu einem Viertelkreis, den du zu einem Trichter auseinanderziehst. Stecke ihn in den Trichter und gieße die Flüssigkeit hinein. Fange das Filtrat in einem Erlenmeyerkolben auf.

e Eindampfen
Geräte: Brenner, Dreifuß, Porzellanschale, Lupe
Chemikalien: Filtrat aus Experiment d
Durchführung: Gieße etwas vom Filtrat in die Porzellanschale und erwärme es mit dem Brenner, bis das Wasser vollständig verdampft ist. Betrachte den Rückstand unter einer Lupe.

Zerreiben im Mörser

Lösen und Aufschlämmen

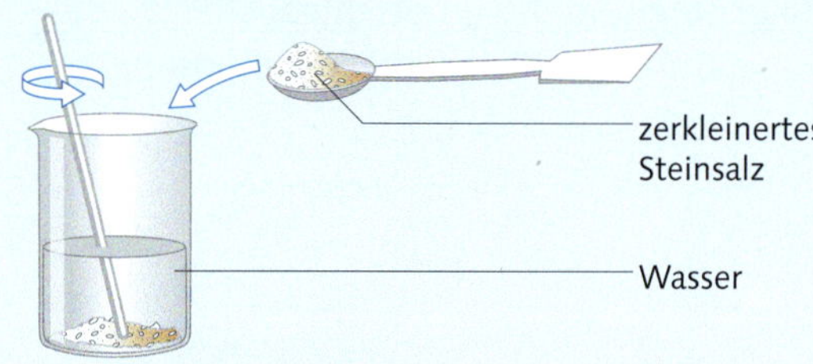

Suspension dekantieren

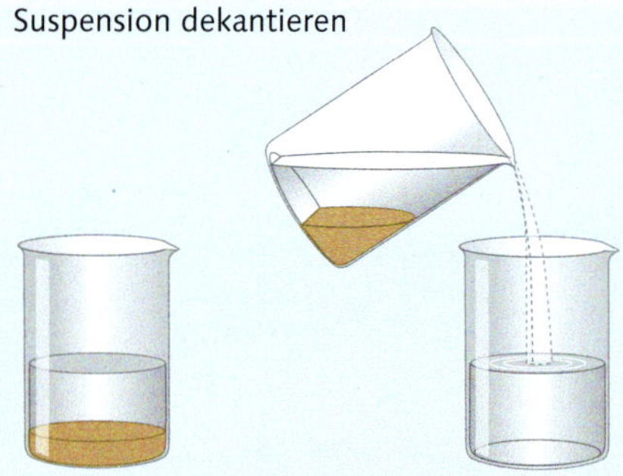

Falten eines Rundfilters

Filtrieren

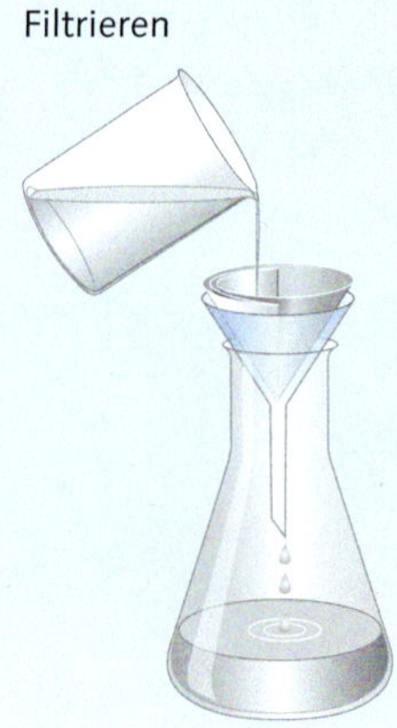

Eindampfen der Kochsalzlösung

Extra Vom Meerwasser zum Trinkwasser

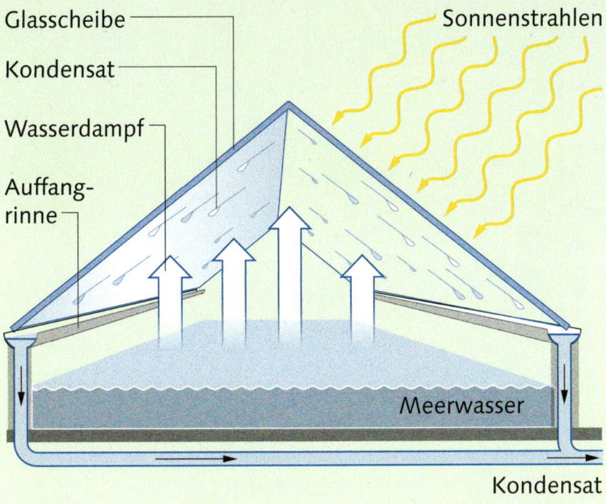

1 *Meerwasserentsalzung durch Sonneneinstrahlung*

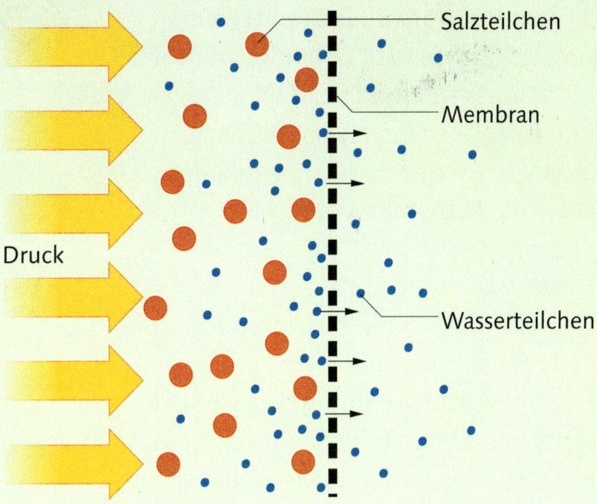

2 *„Filtrieren" von Meerwasser*

Trinkwasser aus Meerwasser Küstennahe Länder nutzen die Möglichkeit, in Entsalzungsanlagen aus Meerwasser Trinkwasser zu gewinnen.

Verdunstung von Meerwasser Das salzhaltige Meerwasser wird in eine flache Wanne geleitet, die durch ein geneigtes Glasdach abgedeckt ist. Wenn das Salzwasser durch die Sonne erwärmt wird, verdunstet das Wasser, steigt nach oben und schlägt sich am Glasdach als Kondensat nieder. Das Salz bleibt zurück. Das flüssige Wasser läuft an der Glasscheibe herunter und kann in einer Rinne gesammelt werden (Bild 1). Bevor das entsalzte Wasser als Trinkwasser verwendet werden kann, müssen die Mineralsalze, die unser Körper braucht, wieder zugesetzt werden.

Destillation von Meerwasser Nur in kleinen Anlagen kann das Wasser durch direkte Sonneneinstrahlung verdunsten. In großen Entsalzungsanlagen muss das Salzwasser erhitzt werden. Dafür muss sehr viel Energie aufgewendet werden.

„Filtrieren" von Meerwasser Bei einem anderen energiesparenden Verfahren wird das Salzwasser durch eine Membran, eine Art spezieller „Filter" mit sehr feinen Poren, gepresst. Die Poren der Membran lassen die Stoffteilchen des Wassers durch, nicht aber die Salzteilchen. Dieses Verfahren benötigt nur ein Drittel so viel Energie wie die Destillation.

Hilfe bei Katastrophen Nach Naturkatastrophen wie Erdbeben oder Überschwemmungen herrscht in den Katastrophengebieten meistens ein Mangel an Trinkwasser. Der „Wasserrucksack" ist eine tragbare Wasseraufbereitungsanlage, mit der verschmutztes Wasser in Trinkwasser verwandelt werden kann. Das verschmutze Wasser wird mithilfe von Membranen gereinigt. Diese haben mikroskopisch kleine Öffnungen, durch die Wasserteilchen hindurchpassen. Bakterien und andere feste Teilchen werden herausgefiltert. Ein solches Gerät kann mehrere Hundert Menschen versorgen.

3 *Ein „Wasserrucksack" kann Menschen in Katastrophengebieten mit sauberem Wasser versorgen.*

Aufgaben

1 Vergleiche die verschiedenen Verfahren, mit denen aus Meerwasser Trinkwasser gewonnen werden kann.

2 Recherchiere im Internet, in welchen Katastrophengebieten der „Wasserrucksack" schon eingesetzt wurde.

Praxis Trennen durch Destillation

1 Vom Rotwein zum Branntwein

Geräte: Gasbrenner, Dreifuß, Drahtnetz, 2 Erlenmeyerkolben (250 ml, 100 ml), Reagenzglas, doppelt durchbohrter Stopfen, Thermometer, gewinkeltes Glasrohr, Stativmaterial
Chemikalien: Rotwein, Siedesteinchen, Eiswürfel
Durchführung: Baue die Apparatur auf. Fülle 80 ml Rotwein in den großen Erlenmeyerkolben und gib ca. 5 Siedesteinchen hinzu. Erhitze vorsichtig auf 80–85 °C, bis du im Reagenzglas einige Milliliter des Destillats erhältst.
Auswertung: Überprüfe das Destillat auf Farbe, Geruch und Entflammbarkeit. Handelt es sich bei dem Destillat um einen Reinstoff? Begründe.

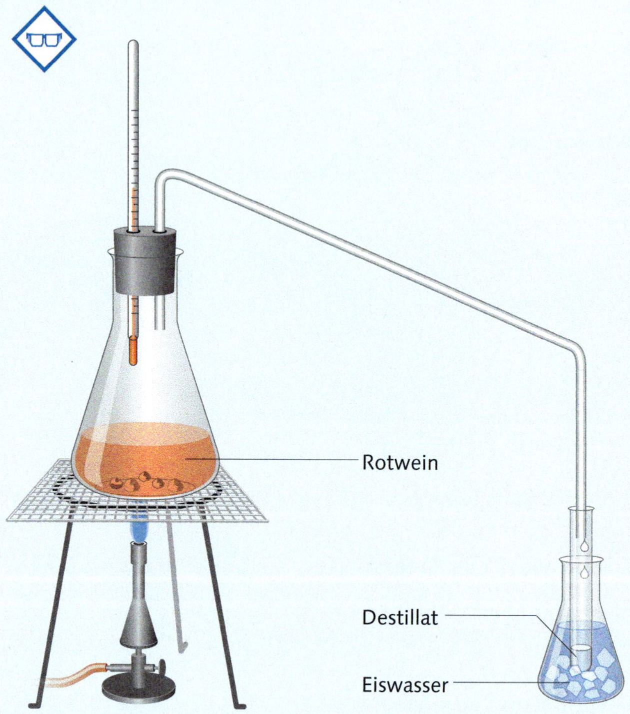

2 Gewinnung von Duftstoffen

Geräte: Gasbrenner, Dreifuß, Drahtnetz, 3 Erlenmeyerkolben (500 ml, 250 ml, 100 ml), durchbohrte Gummistopfen, Glaswanne, gewinkelte Glasrohre, Stativmaterial
Chemikalien: Wasser, pflanzliches Material (Fichtennadeln, Rosmarin, Lavendelblüten, Rosenblüten), Siedesteinchen
Durchführung: Baue die Apparatur auf. Erhitze behutsam, sodass das Wasser nur leicht siedet und nicht zu viel Wasserdampf entsteht. Nach ca. 20 min ist die Destillation beendet. Das Destillat wird in ein Reagenzglas gegeben. Mit einer Pipette können die Duftstoffe abgesaugt werden.
Auswertung: Notiere deine Beobachtungen.
Warum muss das Reagenzglas mit dem Duftstoff verschlossen werden?
Wodurch unterscheiden sich die ätherischen Öle von Speiseölen?

Extra Kunst oder Fälschung?

Ein van Gogh oder eine Fälschung?

Van Gogh im Zwielicht

(Amsterdam) Raffinierter Betrüger ergaunert Millionen mit falschen Van-Gogh-Gemälden. Kriminalisten und Kunstexperten gehen davon aus, dass mehr als die Hälfte aller gehandelten Kunstwerke Fälschungen sind. Der Handel mit gefälschten Kunstgegenständen ist mittlerweile ein Milliardengeschäft geworden.

1 *Zeitungsmeldung über eine Kunstfälschung*

Den Fälschern auf der Spur Kunstexperten können Fälschungen mit verschiedenen Methoden identifizieren: Sie können z. B. die Signatur des Künstlers mit dem Mikroskop untersuchen oder das Bild mit Röntgenstrahlen durchleuchten. Bei den verwendeten Malfarben handelt es sich um Stoffgemische. Der Chemiker kann diese in Reinstoffe zerlegen. Aus der Zusammensetzung der Farbstoffgemische kann er Rückschlüsse ziehen, ob die Malfarben aus der Zeit des Künstlers stammen können.

Chromatografie Farbstoffgemische können durch Chromatografie in ihre Bestandteile getrennt werden. Bei der Papierchromatografie (Bild 2) wird auf einen Filterpapierstreifen mit einem schwarzen Filzstift eine Startlinie aufgetragen. Das Filterpapier wird in ein Gefäß mit Wasser gestellt.
Das im Filterpapier aufsteigende Wasser „schwemmt" die Farbstoffe mit. Dabei wird die schwarze Farbstoffmischung in verschiedene Farbstoffe aufgetrennt. Die Auftrennung erfolgt aufgrund der unterschiedlichen Löslichkeit der Farbstoffe in Wasser und der unterschiedlichen Adsorption der verschiedenen Farbstoffteilchen auf dem Filterpapier. Die Farbstoffteilchen, die am schlechtesten wasserlöslich sind und die größte Haftfähigkeit haben, setzen sich zuerst auf dem Papier ab.

Trennvorgänge bei der Chromatografie Bei der Chromatografie bewegt sich eine mobile Phase, das Laufmittel, an einer stationären Phase vorbei.
Bei der Papierchromatografie stellt das Papier die stationäre Phase dar. Verwendet man eine dünne, beschichtete Platte, spricht man von Dünnschichtchromatografie. Als Laufmittel für wasserlösliche Stoffgemische eignet sich Wasser. Sind nicht wasserlösliche Bestandteile im Stoffgemisch enthalten, muss ein anderes Laufmittel, z. B. Alkohol, eingesetzt werden.

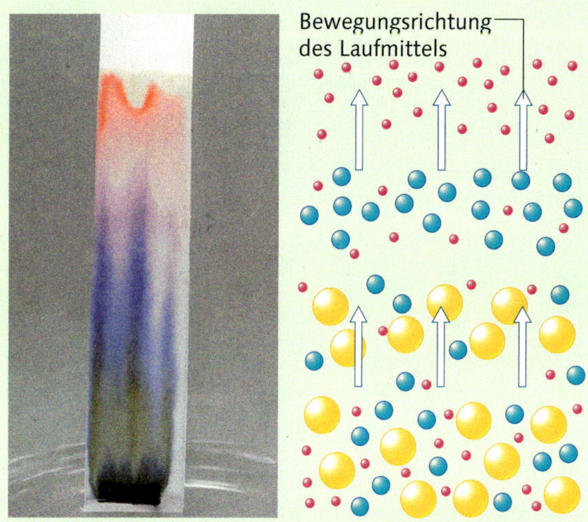

2 *Chromatogramm und Darstellung im Teilchenmodell*

Aufgaben

1 □ Aufgrund welcher Stoffeigenschaften wird ein Stoffgemisch bei der Papierchromatografie getrennt?

2 ◪ Recherchiere im Internet über FRIEDLIEB FERDINAND RUNGE.
Erstelle einen kurzen Steckbrief von RUNGE: Wann und wo hat er gelebt? Was war sein Beruf? Was versteht man unter einem Runge-Bild?

Extra Trennverfahren in Technik und Medizin

Schwebstoffe bekommen Schwimmflügel
Bei einer Suspension befinden sich feste, nicht lösliche Teilchen in einer Flüssigkeit, meistens in Wasser. Da diese Teilchen ungefähr die gleiche Dichte wie das Wasser haben, schweben sie im Wasser. Um solche Schwebstoffe an die Oberfläche zu befördern, verleiht man ihnen sozusagen „Schwimmflügel". Bei der Flotation wird Luft in die Suspension geblasen. Die leichten Luftblasen docken wie Schwimmflügel an den schwebenden Teilchen an und geben ihnen so viel Auftrieb, dass sie nach oben steigen.

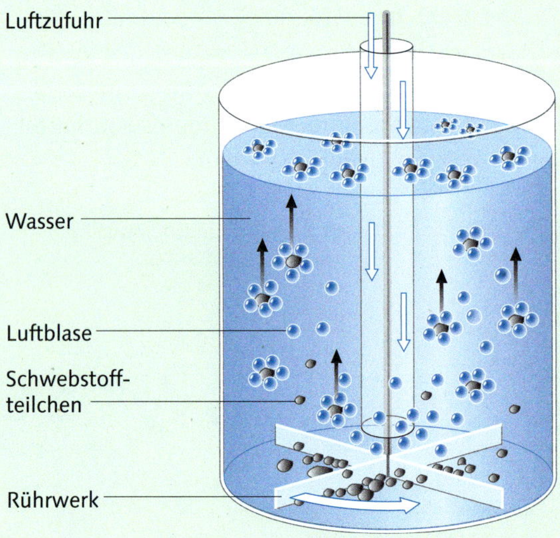

1 *Prinzip der Flotation*

Flotation beim Papierrecycling Bei der Aufbereitung von Altpapier wird ein Brei aus Papier und Wasser hergestellt. Wenn man aus Altpapier weißes Papier herstellen will, müssen aus diesem Papierbrei die Druckfarben entfernt werden. Dies geschieht durch Flotation.
Dabei nutzt man das unterschiedliche Verhalten von Papierfasern und Druckfarben in Wasser. Die Papierfasern saugen Wasser auf, die Farbpartikel nicht. Wird in den Papierbrei Luft eingeleitet, lagern sich die Luftbläschen an die Druckfarbenpartikel an und steigen mit ihnen auf. An der Oberfläche bildet sich ein Schaum, der die Farbpartikel enthält. Dieser kann abgeschöpft werden.

Filtration bei der Blutwäsche Beim Abbau von Nahrungsmitteln im menschlichen Körper entstehen Schadstoffe. Die Niere hat die Aufgabe, diese aus dem Blut zu entfernen. Über den Urin werden die Schadstoffe ausgeschieden. Bei Nierenkranken muss das Blut außerhalb ihres Körpers mithilfe eines Dialysegeräts, einer „künstlichen Niere", von schädlichen Stoffen befreit werden. Am Unterarm wird das Blut einer Arterie entnommen. Nachdem die Schadstoffe entfernt wurden, wird das Blut über eine Vene in den Körper zurückgeführt. Dabei wird alle 2–4 min 1 Liter Blut ausgetauscht.

Wie funktioniert eine künstliche Niere? Das verunreinigte Blut wird durch einen Filter gepumpt, der von einer Reinigungsflüssigkeit umspült wird. Der Filter besteht aus einer halbdurchlässigen Membran mit feinen Poren. Die im Blut enthaltenen Schadstoffe diffundieren durch diese Poren und strömen in die Reinigungsflüssigkeit, die laufend erneuert wird. Die Blutpartikel sind so groß, dass sie nicht durch die Filterporen passen. Sie bleiben im Blut zurück.

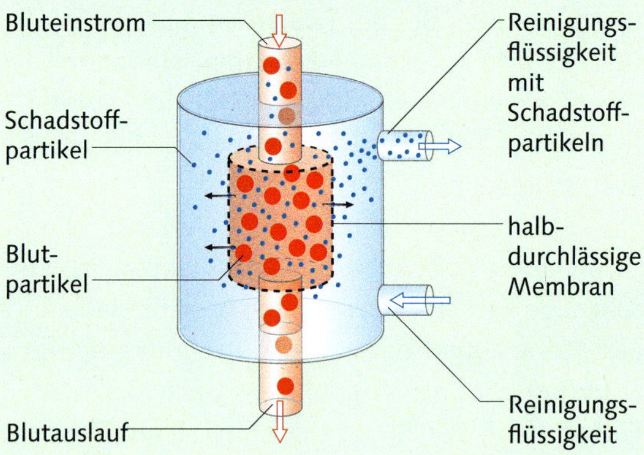

2 *Künstliche Niere*

Aufgaben

1 □ Beschreibe, wie die Farbe von bedrucktem Altpapier beim Recycling entfernt wird.

2 Manche Menschen haben eine Nierenerkrankung und müssen regelmäßig zur Dialyse.

a ◪ Was versteht man unter einer Blutdialyse?

b ◪ Erläutere das Funktionsprinzip eines Dialysegeräts.

1 Aussolung

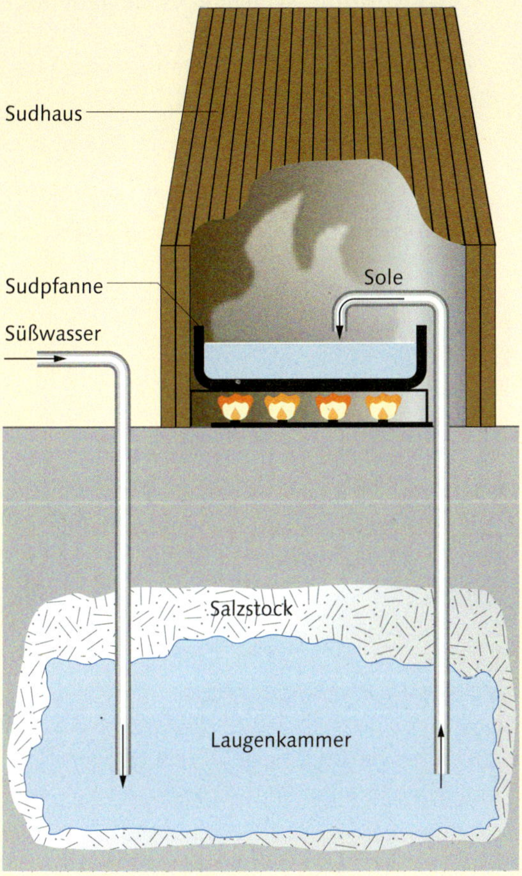

Der wichtige Rohstoff Kochsalz kommt in großen Mengen tief unter der Erde vor. Um an dieses unterirdische Salz zu kommen, kann man es entweder mit großen Maschinen in Bergwerken herausgraben oder man nutzt das Verfahren der „Aussolung“:

a □ Nenne die Stoffe, aus denen das Gemisch „Sole“ besteht.

b □ Benenne das Stoffgemisch „Sole“ mit dem Fachbegriff.

c ◪ Beschreibe, wie das Verfahren der Aussolung funktioniert.

d ◪ Benenne die genutzten Trennverfahren mit den Fachbegriffen.

2 Wäsche trocknen im Winter

Auf einer Internetseite mit Haushaltstipps steht folgender Text:

„Nicht nur im Sommer ist es sinnvoll, seine Wäsche zum Trocknen nach draußen zu hängen. Auch bei eisigen Temperaturen im Winter werden die Kleidungsstücke problemlos trocken. Zuerst wird die Wäsche zwar steinhart gefroren, nach einiger Zeit aber flattert die Kleidung im Wind, ist wieder weich und trocken.“

a □ Beschreibe dieses Phänomen. Nutze hierzu auch die Fachbegriffe aus dem Bereich der Aggregatszustandsänderungen.

b ◪ Erkläre mithilfe des Teilchenmodells in einer Zeichnung die Abläufe beim Trocknen.

3 Was meinst du?

a ◪ Nimm zu folgender Schüleraussage Stellung: „Die Schwefelteilchen sind gelb, da ja Schwefel auch gelb ist.“

b ◪ Bewerte diese Darstellung von Wasser auf Teilchenebene, die ein Mitschüler angefertigt hat.

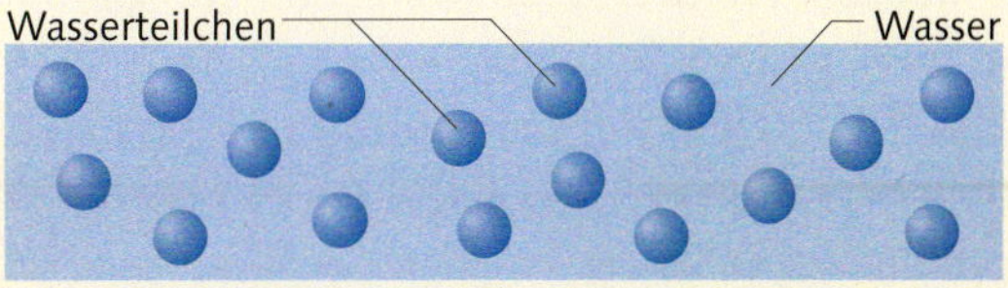

Teste dich!

1 Nicht alle der folgenden Dinge sind Stoffe: Holz, Gold, Glas, Dachrinne, Baumwolle, Aluminiumfolie, Wasser, Grillkohle, Styropor®, Zucker, Löffel, Mehl, Draht, Essig, Büroklammer, Tasse.
a □ Notiere alle Stoffe, die du in der Liste findest.
b □ Teile die Stoffe in sinnvolle Gruppen ein und finde treffende Überschriften. Füge jeweils weitere Beispiele hinzu.

2 ◪ Erkläre, warum auf einem Messbecher außer der Literangabe zusätzlich noch verschiedene Skalen für Volumen von Mehl, Zucker … angegeben werden.

3 ◪ Ein 5-Cent-Stück sieht aus, als ob es aus Kupfer sein könnte. Plane einen Versuch, mit dem du das überprüfen kannst.

4 ■ Eine Metallkugel hat eine Masse von 936,6 g und ein Volumen von 105 cm^3. Lea vermutet, dass es sich um Eisen handelt. Hat sie recht? Begründe deine Antwort.

5 □ Was ist keine Stoffeigenschaft?
- Schmelztemperatur
- Dichte
- Form
- Wärmeleitfähigkeit

6 Zum Bau von Flugzeugen werden vor allem die Metalle Aluminium und Magnesium verwendet.
a ◪ Finde eine Begründung hierfür.
b ◪ Erläutere, warum die Verwendung dieser Metalle im Automobilbau auch Nachteile hat.

7 ◪ Du möchtest eine Cola möglichst schnell kühlen. Im Supermarkt hast du die Auswahl zwischen einer PET-Flasche und einer Getränkedose. Welches Gefäß wählst du und warum?

8 ◪ Beschreibe, was beim Lösen von Kochsalz in Wasser geschieht. Zeichne den Vorgang im Teilchenmodell.

9 □ Gib an, was unter einem Schwermetall verstanden wird. Nenne ein Beispiel.

10 □ Übertrage Bild 1 in dein Heft und ergänze die fehlenden Beschriftungen.

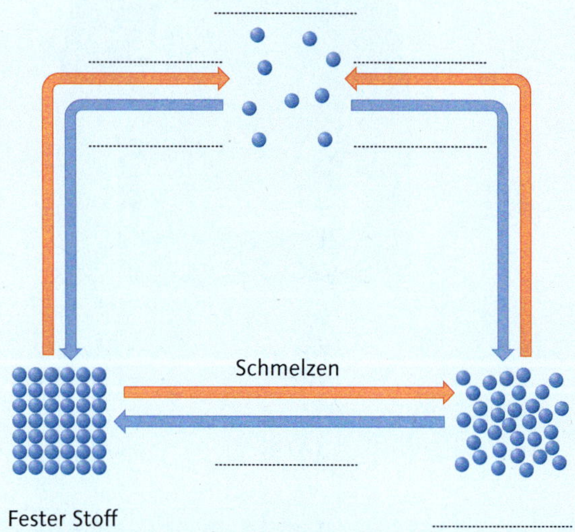

1 *Aggregatzustände im Teilchenmodell*

11 ◪ Übertrage die Tabelle in dein Heft und ergänze die fehlenden Angaben.

Bezeichnung	Zustandsformen der Bestandteile	Beispiele
		Waschpulver
		Handcreme
		Meerwasser
Lösung	flüssig-flüssig	
Suspension		
		Bronze
	fest-gasförmig	

12 ◪ Christoph behauptet: „Das Leitungswasser aus dem Hahn ist ein Reinstoff. Ich sehe nur Wasser." Hat Christoph recht? Begründe deine Antwort.

13 ◪ Erkläre die Begriffe Suspension und Emulsion.

14 □ Warum schwimmt der Kaffee auf der Milch?

15 □ Was bedeutet die auf einem Silberarmreif eingeprägte Zahl 925?

16 Edelstahl 18/8 enthält neben dem Hauptbestandteil Eisen noch 18 % Chrom und 8 % Nickel.
a ◪ Stelle die Materialzusammensetzung des Edelstahls in einem Kreisdiagramm dar.
b ■ Wie schwer ist ein 18/8-Edelstahltopf, wenn er 40 g Nickel enthält?
c ■ Wie viel Gramm Eisen enthält er?

17 □ Wodurch unterscheiden sich homogene und heterogene Stoffgemische auf Teilchenebene?

18 ◪ Stelle ein leeres Glas für 5 min in den Tiefkühlschrank und hole es dann heraus. Beschreibe, was du beobachtest, und erkläre.

19 Ein Gedankenexperiment: Du hast ein Gemisch aus feinen Eisenspänen, Puderzucker, Holzstaub und Sand.
a ◪ Beschreibe, wie du das Gemisch in die vier Bestandteile trennen kannst.
b ■ Gib die zum Trennen genutzte Eigenschaft der Stoffe an. Fertige dazu eine Tabelle an, in der du die Trennverfahren und Eigenschaft der Stoffe gegenüberstellst.

20 ◪ Beschreibe, wie man Duftstoffe aus pflanzlichem Material, z. B. Blüten, heraustrennen kann. Nenne Trennverfahren.

21 ◪ In Dunstabzugshauben und Atemschutzmasken nutzt man ein Verfahren der Stofftrennung. Nenne und erkläre das Verfahren.

22 ■ Begründe, dass Milch ein Stoffgemisch ist.

Aufgabe	**Hilfe findest du auf Seite …**
1	30
2	34/35
3	34
4	34
5	34–37, 43
6	35
7	35
8	46
9	35
10	49
11	50–55
12	52, 56
13	51
14	34
15	53
16	53
17	50–53
18	49
19	56/57
20	56/57
21	56/57
22	51
… und die Lösungen findest du im Anhang.	

Im Überblick

Unsere Welt besteht aus Stoffen. Jeder Stoff hat für ihn typische Eigenschaften. Es gibt chemische Methoden, um Stoffe zu untersuchen und zu unterscheiden. Stoffe mit ähnlichen Eigenschaften lassen sich in Stoffgruppen zusammenfassen. Die Stoffe unserer Welt liegen meist als Stoffgemische vor. Diese lassen sich mit geeigneten Trennverfahren in ihre Bestandteile zerlegen. Die Stoffteilchen, aus denen die Stoffe bestehen, kann man nicht sehen. Man nutzt Modelle, um den Aufbau der Stoffe zu erklären.

Stoff

- Material, aus dem ein Körper besteht
- kann man anfassen oder in einem Gefäß aufbewahren
- besitzt charakteristische Eigenschaften

Körper

- Form, in der ein Stoff vorliegt
- können aus verschiedenen Stoffen bestehen (Glaskugel, Holzkugel ...)

Stoffeigenschaften

- sind mit den Sinnen wahrnehmbar: Aussehen, Geruch, Geschmack, Oberflächenbeschaffenheit, Klang
- lassen sich mit einfachen Mitteln überprüfen: Brennbarkeit, Magnetisierbarkeit
- lassen sich messen und vergleichen: Wärmeleitfähigkeit, elektrische Leitfähigkeit, Siede- und Schmelztemperatur, Löslichkeit, Dichte

Aggregatzustand

flüssig	verdampfen (sieden, verdunsten) ⟶ kondensieren ⟵	gasförmig
fest	schmelzen ⟶ erstarren ⟵	flüssig
fest	sublimieren ⟶ resublimieren ⟵	gasförmig

Stoffgruppen

- Stoffe, die ähnliche Stoffeigenschaften haben, lassen sich in Stoffgruppen einteilen.
- Stoffe können auch aufgrund anderer Gemeinsamkeiten wie Verwendung, Vorkommen oder Aufbau zu Stoffgruppen zusammengefasst werden.

Kugelteilchenmodell

- Stoffe bestehen aus Stoffteilchen.
- Kleinste Teilchen verschiedener Stoffe unterscheiden sich in Masse und Größe.
- Kleinste Teilchen eines Stoffes sind alle gleich.
- Stoffteilchen sind in ständiger Bewegung.
- Bewegung der Stoffteilchen nimmt vom festen über den flüssigen zum gasförmigen Aggregatzustand zu.
- Stoffteilchen können wir uns als kugelförmige Teilchen vorstellen.
- Ein Modell hilft, die beobachteten Vorgänge zu verstehen.
- Ein Modell stellt nur eine vereinfachte Abbildung der Wirklichkeit dar.

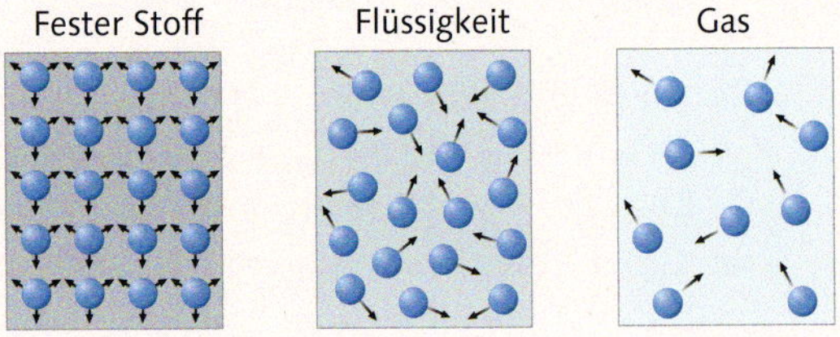

2

Reinstoff

- Stoff, der nur aus einer Stoffart besteht, z. B. Kochsalz, Eisen und Wasser

Stoffgemisch

- Verschiedene Reinstoffe sind miteinander vermischt, z. B. Steinsalz, Leitungswasser.

Homogenes Stoffgemisch

- Einzelne Bestandteile sind nicht zu erkennen, z. B. Lösungen und Legierungen.
- Die Stoffteilchen eines der Stoffe sind fein im anderen Stoff verteilt.

Beispiel: Lösung

Beispiel: Legierung

Heterogenes Stoffgemisch

- Einzelne Bestandteile sind mit bloßem Auge oder unter dem Mikroskop zu erkennen, z. B. Gemenge, Suspensionen, Emulsionen.
- Die Stoffteilchen mindestens eines der Stoffe bilden noch einen größeren Teilchenverband, der zu erkennen ist.

Beispiel: Gemenge

Beispiel: Emulsion

Arten von Stoffgemischen

Bezeichnung der Bestandteile	Zustandsformen	Beispiele
Legierung	fest in fest	Messing
Lösung	fest in flüssig	Zuckerwasser
Lösung	flüssig in flüssig	Weinbrand
Lösung	gasförmig in flüssig	Sprudelwasser
Gasgemisch	gasförmig in gasförmig	Luft
Gemenge	fest in fest	Granit
Suspension	fest in flüssig	Schmutzwasser
Emulsion	flüssig in flüssig	Creme
Rauch	fest in gasförmig	Dieselqualm
Nebel	flüssig in gasförmig	Wolke
Schaum	gasförmig in flüssig	Seifenschaum
Hartschaum	gasförmig in fest	Bauschaum

(rot – homogenes Stoffgemisch, blau – heterogenes Stoffgemisch)

Trennverfahren

	Stoffgemisch				Beispiel
Trennverfahren	Gemenge	Suspension	Emulsion	Lösung	
Auslesen	×				Müll sortieren
Sieben	×				Nudeln abgießen
Filtrieren		×			Kaffee
Sedimentieren/ Dekantieren		×			Schmutzwasser
Extrahieren	×				Tee
Zentrifugieren		×	×		Milch
Adsorbieren		×			Küchendunst
Eindampfen				×	Salzwasser
Destillieren				×	Leitungswasser
Chromatografieren				×	Farbstoffgemisch

3
Chemische Reaktionen

Im Alltag kannst du beobachten, dass sich Stoffe verändern. Während der Veränderungen erkennst du oft auch ein Glühen oder Leuchten, Hitze- oder Rauchentwicklung. Diese Stoffe haben danach andere Eigenschaften als vorher. Doch was geschieht während dieser Veränderung?

Stoffumwandlungen durch chemische Reaktionen

1 *Teig und fertige Muffins – die Veränderungen sieht, riecht und schmeckt man.*

2 *Stoffumwandlungen beim Braten von Eiern*

Vom Teig zum Kuchen Für die Herstellung eines Kuchenteigs benötigt man je nach Rezept Eier, Mehl, Zucker, Backpulver und Butter. Aus diesen Zutaten stellt man zunächst ein Gemisch her, das im Backofen gebacken wird. Dabei wird der Kuchenteig aber nicht einfach getrocknet. Veränderungen lassen sich beobachten: Farbe, Geruch, Geschmack und Konsistenz ändern sich. Beim Kochen und Backen verändern sich die Zutaten. Es findet eine Stoffumwandlung statt.

Chemische Reaktion Vorgänge, bei denen eine Stoffumwandlung stattfindet, werden chemische Reaktionen genannt. Die Ausgangsstoffe einer chemischen Reaktion werden auch als Edukte bezeichnet. Aus diesen Ausgangsstoffen werden durch eine chemische Reaktion neue Stoffe gebildet. Diese nennt man Reaktionsprodukte.

Änderung der Eigenschaften Findet eine chemische Reaktion zwischen Ausgangsstoffen statt und entsteht dadurch ein neuer Stoff, so hat dieses Reaktionsprodukt andere Eigenschaften als die Ausgangsstoffe. Einige Eigenschaften lassen sich mit den Sinnesorganen wahrnehmen. Andere Eigenschaften wie Schmelz- und Siedetemperaturen können gemessen werden.

Chemische Reaktionen sind Stoffumwandlungen, bei denen neue Stoffe mit anderen Eigenschaften entstehen.

Ausgangsstoffe $\xrightarrow{\text{reagieren zu}}$ **Reaktionsprodukten**

Chemische Reaktionen erkennen Eis schmilzt beim Erhitzen. Wasser siedet und beginnt zu verdampfen. Durch Abkühlen können diese Vorgänge wieder umgekehrt werden. Bei solchen Änderungen des Aggregatzustands handelt es sich nicht um eine chemische Reaktion. Die Stoffe bleiben unverändert.
Wenn man ein Ei erhitzt, verändern sich Eiweiß und Dotter. Diese Veränderung kann nicht rückgängig gemacht werden. Es hat eine chemische Reaktion stattgefunden, die man an der Stoffumwandlung erkennt.

Zink reagiert mit Schwefel Möchte man Schwefel mit Zink zur Reaktion bringen, werden Schwefel- und Zinkpulver zu einem Gemisch verrührt. Die Bestandteile dieses Gemischs bleiben beim Mischen erhalten.
Mit einem glühenden Draht startet man die chemische Reaktion zwischen den Ausgangsstoffen. Unter heftiger Qualm-, Wärme- und Lichtentwicklung reagieren Zink und Schwefel miteinander. Das gelbweiße Reaktionsprodukt Zinksulfid lässt sich mit den bekannten Trennverfahren nicht mehr in Schwefel und Zink auftrennen.

Eigenschaft	Zink	Schwefel	Zinksulfid
Farbe	hellgrau	gelb	gelbweiß
elektrische Leitfähigkeit	elektrisch leitend	elektrisch nicht leitend	elektrisch nicht leitend
Dichte	7,1 $\frac{g}{cm^3}$	2,1 $\frac{g}{cm^3}$	4,1 $\frac{g}{cm^3}$
Schmelztemperatur	419 °C	119,6 °C	1180 °C (sublimiert)

Tab. 1 *Eigenschaften von Zink, Schwefel und Zinksulfid*

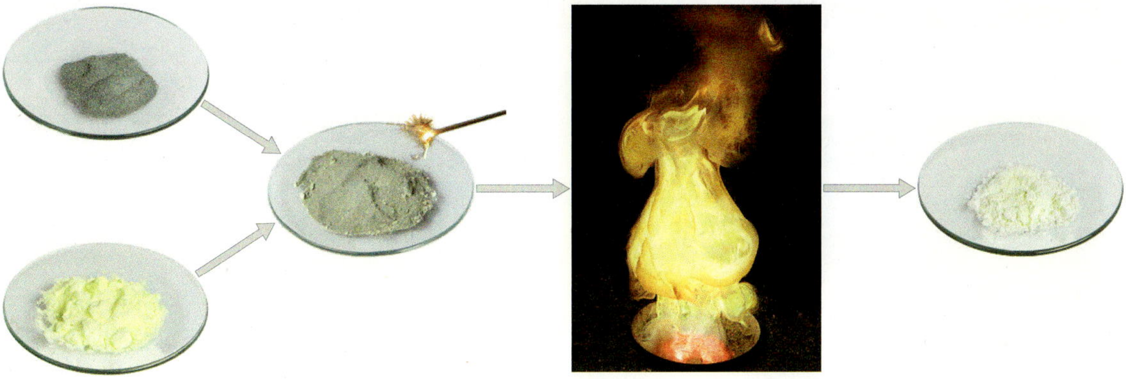

3 *Zink und Schwefel werden gemischt und zur Reaktion gebracht.*

Reaktionsschema in Worten Die chemische Reaktion zwischen Zink und Schwefel kann man mit einem Reaktionsschema beschreiben. Die Kurzschreibweise gibt an, welche Stoffe miteinander reagieren und welche Reaktionsprodukte bei der Stoffumwandlung entstehen. Links stehen die Namen der Ausgangsstoffe, rechts die der Produkte. Dazwischen steht ein Reaktionspfeil.

Reaktionsschema: Zink + Schwefel $\longrightarrow$ Zinksulfid

Lies: Zink und Schwefel reagieren zu Zinksulfid.

Auch andere Metalle reagieren mit Schwefel zu Metallsulfiden. Allgemein kann man daher formulieren:

Metall + Schwefel $\longrightarrow$ Metallsulfid

4 *Lebensmittel wie Eier enthalten Schwefelverbindungen. Da diese mit Silber reagieren, entsteht als schwarzer Belag Silbersulfid.*

Element und Verbindung Fast alle Stoffe, die in der Natur zu finden sind, sind Verbindungen: Kupfersulfid oder Eisensulfid, ebenso Zucker, Erdgas, Kunststoffe oder Arzneimittel.

Silbersulfid ist eine chemische Verbindung aus Silber und Schwefel. Durch starkes Erhitzen kann Silbersulfid in einer chemischen Reaktion wieder in Silber und Schwefel zerlegt werden.

Silbersulfid $\longrightarrow$ Silber + Schwefel

Silber und Schwefel dagegen sind nicht weiter zerlegbar. Solche Stoffe, die man nicht in andere Stoffe zerlegen kann, nennt man chemische Elemente (lat. *elementum:* Grundstoff).

Chemische Elemente sind Reinstoffe, die sich nicht in andere Stoffe zerlegen lassen. Chemische Verbindungen sind aus mindestens zwei chemischen Elementen aufgebaut.

Aufgaben

1 Handelt es sich bei den folgenden Beispielen um chemische Reaktionen?
- **a** ◪ Entzünden eines Streichholzes
- **b** ◪ Schmelzen von Wachs
- **c** ◪ Explosion des Benzin-Luft-Gemischs im Automotor
- **d** ◪ Verdauung von Speisen im menschlichen Körper
- **e** ◪ Karamellisieren von Zucker

2 Welcher Stoff entsteht bei der Reaktion?
- **a** ◪ von Nickel und Schwefel
- **b** ◪ von Quecksilber und Schwefel

3 Formuliere das Reaktionsschema:
- **a** ◪ Reaktion von Eisen mit Schwefel
- **b** ◪ Bildung von Kupfersulfid

4 ■ Durch welche Untersuchungen könnte man Zink und Zinksulfid voneinander unterscheiden?

Energie und chemische Reaktionen

1 *Ein Feuer liefert Energie.*

Mehr als nur Stoffumwandlungen Beobachtest du chemische Reaktionen genauer, so erkennst du, dass neben der Stoffumwandlung auch Energie in Form von Licht, Wärme oder Schall frei werden kann. Manche Reaktionen werden gerade deshalb durchgeführt, um diese frei werdende Energie zu nutzen.

Aktivierungsenergie Die Stoffe Zink und Schwefel können unbegrenzt als Gemisch gelagert werden, ohne dass es zu einer chemischen Reaktion kommt. Erst wenn die Reaktion durch den glühenden Draht gestartet, also aktiviert wird, kommt es zur Stoffumwandlung. Die Energie, die zum Auslösen einer Reaktion benötigt wird, wird Aktivierungsenergie genannt. Auch Dynamit oder Schwarzpulver in Feuerwerkskörpern können erst dann zur Reaktion gebracht werden, wenn sie gezündet werden.

Die zum Auslösen einer chemischen Reaktion notwendige Energie heißt Aktivierungsenergie.

2 *Kleine Ursache … große Wirkung.*

Exotherme Reaktionen Zum Entzünden eines Kaminfeuers wird ebenfalls Aktivierungsenergie benötigt. Anschließend liefert das Feuer aber viel mehr Energie, als zum Entzünden notwendig war. Neben der Wärme wird Energie auch in Form von Lichtenergie freigesetzt. Wenn Energie an die Umgebung abgegeben wird, spricht man von einer exothermen Reaktion (griech. *exo:* außerhalb, *thérme:* Wärme).
Auch die Reaktion von Zink und Schwefel ist eine exotherme Reaktion.

Im Reaktionsschema gibt man an, dass eine Reaktion exotherm verläuft.

Zink + Schwefel ⟶ Zinksulfid | exotherm

Chemische Reaktionen, bei denen mehr Energie abgegeben wird als zur Aktivierung eingesetzt wurde, werden exotherme Reaktionen genannt.

Über den Hügel ins Tal Man kann den Einsatz der Aktivierungsenergie und die frei werdende Energie in einem Modell darstellen:
Bevor der Radfahrer ins Tal fahren kann, muss er einen kleinen Hügel überwinden. Dazu muss er Energie aufwenden. Dies entspricht der Aktivierungsenergie bei chemischen Reaktionen. Auf dem Hügel angekommen kann der Radfahrer ohne weiteren Energieeinsatz ins Tal gelangen – ab jetzt läuft alles von alleine. Das entspricht dem Feuer: einmal entzündet, brennt es von alleine und liefert Energie.

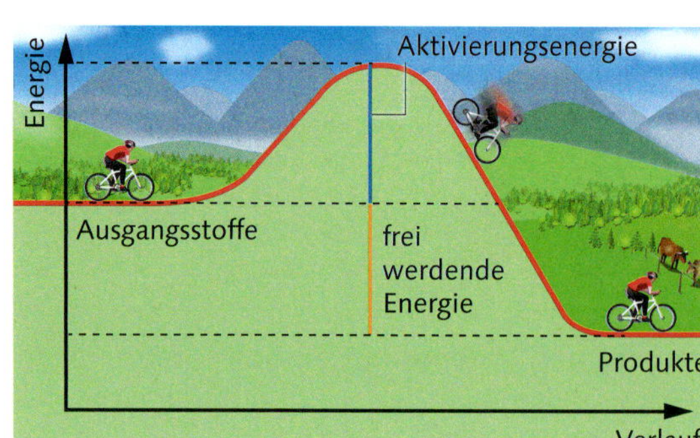

3 *Modellvorstellung einer exothermen Reaktion*

4 *Grillen von Bratwürsten*

Endotherme Reaktionen Wenn du backen, kochen oder grillen willst, musst du das Lebensmittel längere Zeit erhitzen. Die notwendigen chemischen Reaktionen laufen nur unter ständiger Wärmezufuhr ab. Wenn Energie dauerhaft zugeführt werden muss, spricht man von einer endothermen Reaktion (griech. *éndon:* innerhalb, innen).
Auch beim Zerlegen von Silbersulfid muss ständig Energie zugeführt werden. Es handelt sich um eine endotherme Reaktion.

Silbersulfid $\longrightarrow$ Silber + Schwefel | endotherm

Chemische Reaktionen, bei denen ständig Energie zugeführt werden muss, werden endotherme Reaktionen genannt.

Chemische Energie Alle Stoffe besitzen chemische Energie, die bei Reaktionen zum Teil in andere Energieformen umgewandelt wird, z. B. in Wärmeenergie oder Bewegungsenergie.

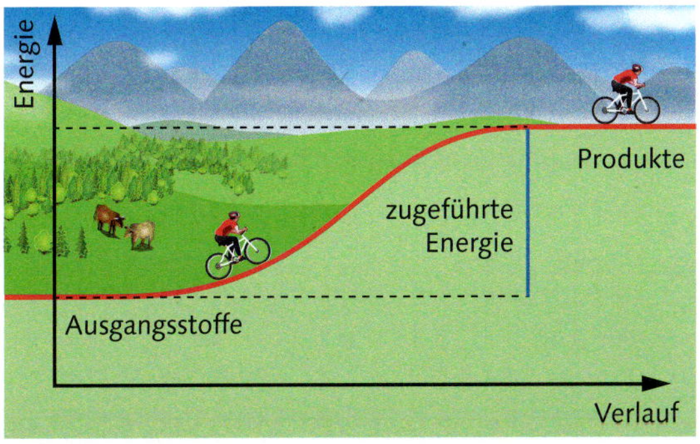

5 *Modellvorstellung einer endothermen Reaktion*

Extra Energie – ein Tauschwert
Die Energie, die ein Radfahrer beim Bergauffahren aufwenden muss, geht nicht verloren. Die chemische Energie in den Stoffen seines Körpers wird in Bewegungsenergie und mit jedem Meter Höhengewinn in eine größere Lageenergie umgewandelt. Ins Tal rollt das Fahrrad von alleine. Die Bremsen werden warm und mit einem Dynamo kann man sogar Strom für ein Licht gewinnen. Beim Bergabfahren wird die Lageenergie gegen Bewegungsenergie, Wärmeenergie und eventuell auch elektrische Energie umgewandelt.
Energie wird also niemals verbraucht, sondern nur von einer Energieform in eine andere umgewandelt.

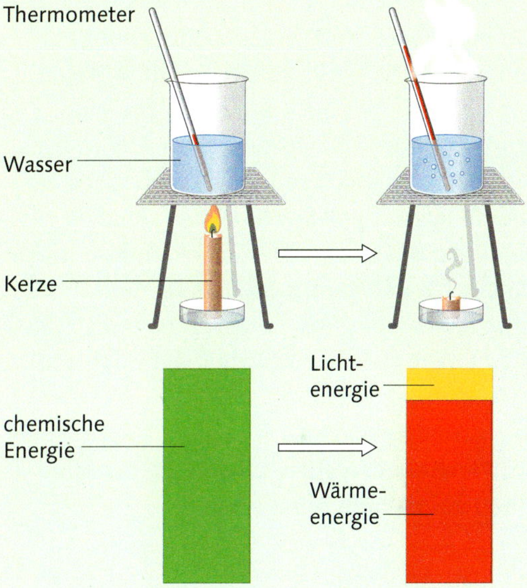

6 *Beim Verbrennen der Kerze wird die chemische Energie in Wärme- und Lichtenergie umgewandelt.*

Aufgaben

1 □ Nenne den Unterschied zwischen exothermer und endothermer Reaktion. Wähle für jeden Reaktionstyp zwei Alltagsbeispiele.
2 □ Nenne chemische Reaktionen, die durch Wärmezufuhr ausgelöst werden.
3 ◪ In welcher Form wird beim Entzünden eines Streichholzes Aktivierungsenergie zugeführt?
4 ■ Begründe, warum eine Stoffumwandlung immer gleichzeitig mit einer Energieumwandlung auftritt.

Weitergedacht Chemische Reaktionen

1 Chemische Reaktionen im Alltag

Es ist sechs Uhr, Philipps Wecker klingelt, er quält sich aus dem Bett, geht ins Bad und duscht. Danach föhnt er sich die Haare. In der Küche wartet seine Mutter schon mit dem Frühstück. Sie hat ihm ein Ei gekocht und Brot getoastet. Philipp schlingt das Frühstück hinunter, da er spät dran ist. Als er endlich in der Schule ist, vergleicht er seine Hausaufgaben mit seinem Tischnachbarn und entdeckt Fehler. Zum Glück hat er einen Tintenkiller, mit dem er seine Fehler noch schnell verbessern kann. In der Pause isst Philipp sein Brot und die Apfelschnitze, die ihm seine Mutter mitgegeben hat. Die sind mittlerweile schon etwas braun geworden. Nach der Schule geht er zu seiner Oma. Er hat versprochen, ihren Rasen zu mähen. Er füllt noch etwas Benzin nach, dann startet er den Motor. Gegen Abend trifft er sich mit ein paar Freunden, sie machen ein Lagerfeuer und grillen Würstchen. Endlich wieder zu Hause berichtet er seinen Eltern von seinem Tag und geht zufrieden ins Bett.

a ◪ Notiere die chemischen Reaktionen aus Philipps Tagesablauf.

b □ Nenne drei weitere chemische Reaktionen aus deinem Alltag.

2 Chemische Reaktionen starten

a ◪ Erläutere den Vorgang, der auf dem Bild dargestellt ist.

b ■ Erkläre, warum das Streichholz sich entzündet.

3 Einteilung von Stoffen

a □ Was versteht man unter den Begriffen „Element" und „Verbindung".

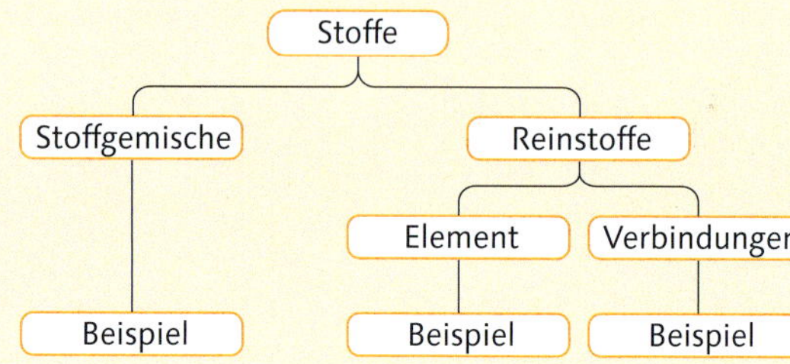

b ◪ Übertrage das Schema in dein Heft und ordne die folgenden Stoffe ein:
Luft, Eisen, Schwefel, Eisensulfid, Müsli, Apfelsaft, Kupfer, Kupfersulfid.

c ◪ Trage je zwei weitere Beispiele in dein Schema ein.

4 Analyse von Silbersulfid

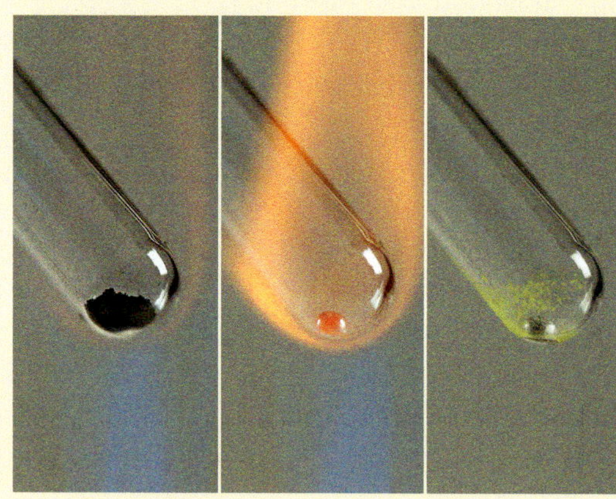

a □ Beschreibe, was du bei diesem dargestellten Versuch beobachten kannst.

b ◪ Welche Stoffe sind bei dieser Reaktion entstanden?

c ◪ Formuliere das Reaktionsschema in Worten.

d ◪ Ordne die beteiligten Stoffe den Begriffen Element und Verbindung zu.

Extra Katalysatoren in Natur und Technik

1 *Ein Gummibärchen wird zerlegt. Wie geht das im Körper?*

Energiegewinnung im Körper In unserem Körper laufen ständig chemische Reaktionen ab, bei denen die chemische Energie der Nahrungsmittel in andere Energieformen umgewandelt wird. Als Aktivierungsenergie steht die Körperwärme zur Verfügung. Normalerweise können Nährstoffe wie Eiweiße, Kohlenhydrate und Fette bei 37 °C nicht zerlegt werden. Wie schafft der menschliche Körper es trotzdem?

Den Berg abtragen Wenn der Radfahrer die Energie nicht aufbringen kann, die notwendig ist, um den Berg hinaufzufahren, kann er seine Fahrt nicht fortsetzen. Verkleinert man jedoch mithilfe einer Planierraupe den Hügel, so kann er es mit geringerem Aufwand schaffen.

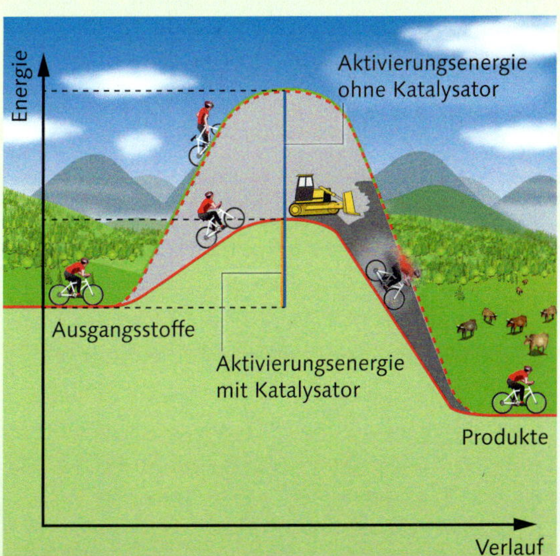

2 *Modellvorstellung: Wirkung eines Katalysators*

Wirkung eines Katalysators Die Funktion der Planierraupe übernimmt in der Chemie ein Katalysator. Ein Katalysator ist ein Stoff, der die Aktivierungsenergie herabsetzt, aber selbst während der Reaktion nicht verbraucht wird. Er liegt nach der Reaktion unverändert vor.

Biokatalysatoren In der Natur kommen Katalysatoren in vielfältiger Weise vor. In Lebewesen laufen fast alle lebensnotwendigen chemischen Reaktionen mit Katalysatoren ab. Ein Beispiel hierfür ist die Energiegewinnung aus Nährstoffen im menschlichen Körper. Die Biokatalysatoren bezeichnet man auch als Enzyme.

Technische Bedeutung In ca. 80 % aller chemisch-industriellen Prozesse werden Katalysatoren eingesetzt. Ein bedeutender Katalysator in der Technik ist das Edelmetall Platin. Im Abgaskatalysator werden die Autoabgase über einen platinbeschichteten Keramikeinsatz geleitet. Die Aktivierungsenergie für die Reaktion von schädlichen in weniger schädliche Abgase wird dadurch herabgesetzt. Somit leisten Platinkatalysatoren einen wirksamen Beitrag zum Umweltschutz.

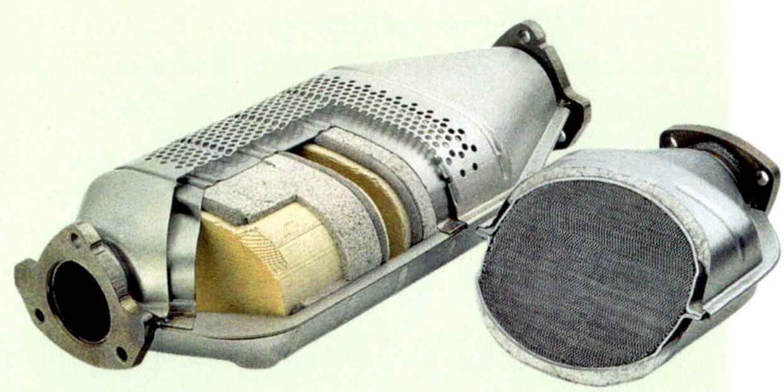

3 *Abgaskatalysator*

Aufgaben

1 ◪ Erkläre die Notwendigkeit von Biokatalysatoren in der Natur.

2 ◪ Formuliere eine allgemeine Definition zur Wirkung eines Katalysators.

3 ■ Begründe, warum der Autokatalysator nicht regelmäßig ausgetauscht werden muss.

4 ■ Nimm zu dieser Aussage Stellung: „Ein Katalysator filtert Abgase."

Praxis Untersuchen chemischer Reaktionen

1 Chemische Reaktion oder nicht?

Geräte: Gasbrenner, Tiegelzange, 2 Bechergläser (50 ml), 2 Reagenzgläser, Reagenzglasständer, Reagenzglashalter

Chemikalien: 2 Holzstäbchen (z. B. Zündhölzer ohne Kuppe), 2 Stückchen Eierschale, Wasser, 5%iger Speiseessig, Zucker, Kochsalz

Durchführung: Beobachte bei allen Teilexperimenten genau und notiere deine Beobachtungen.

a Zerbrich ein Holzstäbchen.

b Halte ein Holzstäbchen mithilfe einer Tiegelzange in die Brennerflamme und entzünde es.

c Gib etwa 20 ml Wasser in ein Becherglas und füge 1 Stückchen Eierschale hinzu.

d Gib etwa 20 ml Essig in ein Becherglas und füge 1 Stückchen Eierschale hinzu.

e Gib 1 Spatelspitze Zucker in ein Reagenzglas und erhitze vorsichtig in der Brennerflamme.

f Gib 1 Spatelspitze Kochsalz in ein Reagenzglas und erhitze vorsichtig in der Brennerflamme.

Auswertung: Notiere verschiedene Eigenschaften der Stoffe, die vor und nach den Teilexperimenten vorliegen. Entscheide jeweils, ob eine chemische Reaktion stattgefunden hat oder nicht.

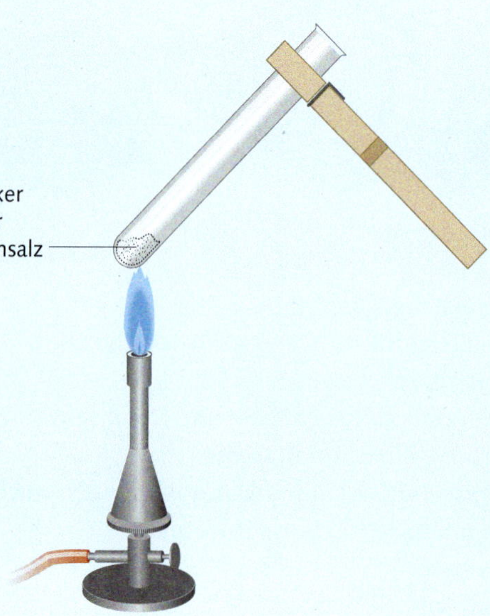

2 Reaktion von Eisen und Schwefel

Geräte: Waage, 2 Uhrgläser, Porzellanschale, Trichter, 3 Reagenzgläser, Stativmaterial, Gasbrenner, Reibschale mit Pistill, Tuch, Pinzette, Magnet, Spatel, Lupe

Chemikalien: Eisenpulver (7 g), Schwefelpulver (4 g), Wasser

Durchführung:

a Wiege nacheinander 7 g Eisenpulver und 4 g Schwefelpulver ab. Mische beide Stoffe in der Porzellanschale. Fülle das Gemisch mit dem Trichter bis auf einen kleinen Rest ins Reagenzglas. Befestige das Reagenzglas am Stativ und erhitze es kräftig im Abzug, bis das Gemisch zu glühen beginnt. Lass das Reagenzglas anschließend abkühlen. Übertrage währenddessen die folgende Tabelle in dein Heft und notiere darin deine Beobachtungen aus den folgenden Untersuchungen.

Eigenschaften	Eisen	Schwefel	Produkt
Farbe			
Magnetisierbarkeit			
Verhalten im Wasser			
Aussehen unter der Lupe			

b Lege das erkaltete Reagenzglas in die Reibschale. Decke beides mit einem Tuch ab und zerstoße vorsichtig das Reagenzglas. Entferne vorsichtig die Glassplitter mit einer Pinzette und zerreibe das Produkt. Betrachte das Produkt und das Eisen-Schwefel-Gemisch mit einer Lupe. Was hat sich verändert? Notiere deine Beobachtungen.

c Überprüfe das Produkt und das Eisen-Schwefel-Gemisch mit dem Magneten. Vergleiche und notiere deine Beobachtungen.

d Fülle zwei Reagenzgläser etwa zur Hälfte mit Wasser. Gib in das erste Reagenzglas eine Spatelspitze des Produkts und in das zweite eine Spatelspitze des Eisen-Schwefel-Gemischs. Schüttle kräftig und beobachte.

Auswertung: Erkläre die Veränderungen und stelle das Reaktionsschema in Worten auf.

3

3 Reaktion von Kupfer mit Schwefel

Geräte: Reagenzglas, Spatellöffel, Stativmaterial, Gasbrenner, Porzellanschale, Pinzette, Glaswolle

Chemikalien: Kupferblech, Schwefelpulver

Durchführung:

a Gib in das Reagenzglas etwa 5 mm hoch Schwefelpulver. Biege das Kupferblech der Länge nach (V-förmig) und schiebe es mit der Pinzette in das Reagenzglas. Achte darauf, dass das Kupferblech den Schwefel nicht berührt. Verschließe das Reagenzglas mit etwas Glaswolle. Befestige anschließend das Reagenzglas nahezu waagerecht an einem Stativ. Erhitze zunächst das Kupferblech mit rauschender Flamme, danach den Schwefel, bis sich Schwefeldampf bildet. Da das Kupferblech nicht abkühlen darf, musst du den Brenner während des Experiments zwischen dem Kupfer und dem Schwefel hin- und herbewegen. Erhitze so lange, bis du am Kupferblech eine Reaktion beobachten kannst.

b Nimm nach dem Abkühlen den Streifen mit der Pinzette aus dem Reagenzglas und untersuche ihn. Was hat sich verändert? Notiere deine Beobachtungen.

Auswertung: Erkläre die Veränderungen und stelle das Reaktionsschema auf.

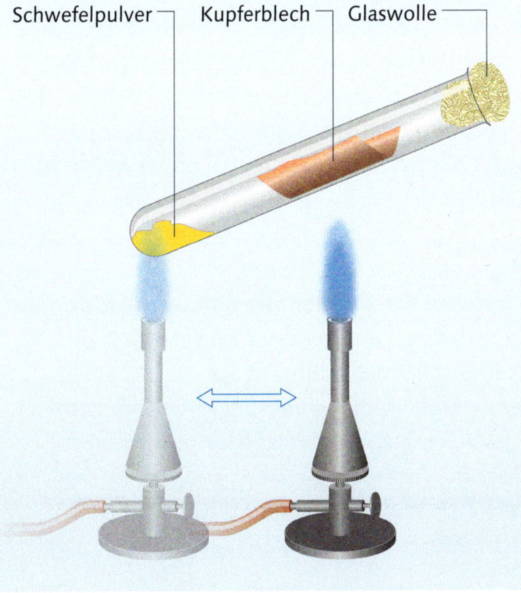

4 Reaktionen zwischen zwei Feststoffen

Geräte: 2 Bechergläser (150 ml, hohe Form), Thermometer, Glasstab

Chemikalien: Soda (Natriumcarbonat-Decahydrat), Citronensäure, Kaliumchlorid, Natriumsulfat-Decahydrat

Durchführung:

a Gib in ein Becherglas etwa 2 cm hoch Citronensäure und stelle das Thermometer hinein. Schichte dann etwa die gleiche Menge Soda darüber. Rühre mit einem Glasstab stetig um. Beobachte das Thermometer. Lies die Temperatur etwa alle 15 s ab.

b Gib in das andere Becherglas etwa 5 g Natriumsulfat-Decahydrat und stelle das Thermometer hinein. Schichte dann etwa 2,3 g Kaliumchlorid darüber. Rühre mit dem Glasstab stetig um. Beobachte das Thermometer. Lies die Temperatur etwa alle 15 s ab.

Auswertung: Beschreibe, wie sich die Temperatur ändert. Um was für eine Art chemischer Reaktion handelt es sich?

5 Zucker und Holzkohlenasche

Geräte: Dreifuß, Kachel, Teelicht oder Kerze

Chemikalien: 2 Stück Würfelzucker, Holzkohlenasche

Durchführung: Lege die Kachel auf den Dreifuß und ein Stück Würfelzucker so auf den Rand der Kachel, dass das Stück etwas über den Rand hinausragt. Zünde das Teelicht an und halte nun die Flamme des Teelichts an das Stück Würfelzucker.

Reibe das andere Stück Würfelzucker mit Holzkohlenasche ein und lege dieses Stück ebenfalls auf den Rand der Kachel. Halte die Flamme des Teelichts auch an dieses Stück Würfelzucker.

Auswertung: Finde eine Erklärung für deine Beobachtungen.

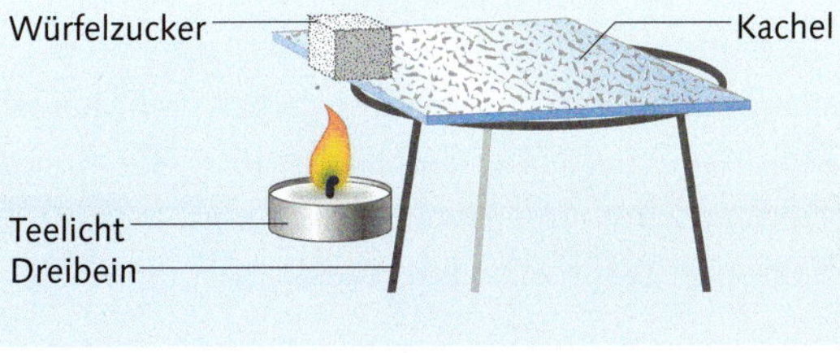

Extra Licht als Produkt einer chemischen Reaktion

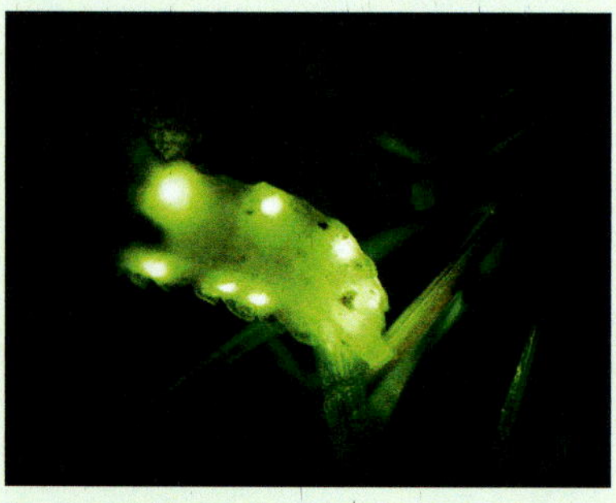

1 *Glühwürmchen*

2 *Leuchtende Glasqualle*

3 *Knicklichter*

Glühwürmchen Wenn du dich im Juni oder Juli in warmen Sommernächten in Wäldern, auf Wiesen oder in Gärten aufhältst, kannst du mit etwas Glück im Dunkeln Glühwürmchen bei der Partnersuche beobachten. Männchen und Weibchen (bei manchen Arten auch nur die Weibchen) erzeugen mithilfe ihrer Leuchtorgane ein schwaches Licht. Sie suchen im Dunkeln einen Partner für die Fortpflanzung.

Biolumineszenz Dieser Leuchtvorgang wird als Biolumineszenz bezeichnet. Die Käfer erzeugen dieses Licht an der Unterseite ihres Hinterleibs. Verschiedene Stoffe reagieren in einer exothermen Reaktion und senden dabei Licht aus. Die Lichtmenge, die ein Glühwürmchen bei diesem Vorgang abgibt, beträgt aber nur ein Tausendstel des Lichts einer Kerze.

Meeresleuchten An der Nordsee kann man nachts im Wattenmeer manchmal ein Meeresleuchten beobachten. Auch hier handelt es sich um Biolumineszenz. Einzellige Algen und Kleinstlebewesen (Plankton) erzeugen ebenfalls Licht.
Manche Quallen und Tiefseefische sind in der Lage, mithilfe eines Leuchtstoffs blaues oder blaugrünes Licht zu erzeugen. Aber nicht jedes biolumineszente Tier leuchtet selbst. Bei einigen Tiefseefischen und Tintenfischen sind Leuchtbakterien dafür verantwortlich.

Knicklichter Im Alltag sind dir vielleicht schon Knicklichter begegnet. In einem Kunststoffbehälter befindet sich eine Lösung verschiedener Stoffe, die den Leuchtstoff enthält. Ein weiterer Stoff, der die Reaktion auslöst, ist in einem Glasröhrchen eingeschlossen. Dieses zerbricht beim Knicken, die Stoffe vermischen sich und es kommt zu einer exothermen chemischen Reaktion, bei der ein Leuchten zu beobachten ist.

Chemolumineszenz Bei der Reaktion in den Knicklichtern wird Energie in Form von Licht abgegeben. Dieses Phänomen bezeichnet man als Chemolumineszenz. Durch den Einsatz verschiedener Leuchtstoffe sind Farben von Blau, Grün, Gelb und Rot möglich. Ist die chemische Reaktion beendet, so endet auch das Leuchten. Die Polizei nutzt Chemolumineszenz bei der Spurensicherung: Kaum sichtbare Blutspuren können mit dem Stoff Luminol zum Leuchten gebracht werden.

Aufgaben

1 □ Nenne Funktionen der Biolumineszenz.

2 ◪ Überlege verschiedene Einsatzmöglichkeiten für Knicklichter.

3 ◪ Informiere dich über mögliche Gefahren beim Einsatz von Knicklichtern. Worauf solltest du achten?

4 ■ Kann man Knicklichter wieder aufladen? Diskutiere.

Atommodell von Dalton

1 *Demokrit stellte sich die Welt der Atome wie die „große Welt" vor: Er nahm an, dass Atome die Form von regelmäßigen geometrischen Körpern wie Kugel, Zylinder, Würfel oder Pyramide haben. Zwischen diesen Körpern befindet sich leerer Raum.*

2 *John Dalton wurde 1766 in der Nähe von Manchester geboren. Da er ein außergewöhnlich intelligenter Junge war, unterrichtete Dalton bereits im Alter von 12 Jahren als Lehrer an einer Schule.*

Vorstellung vom Atom in der Antike Bereits in der Antike versuchten die Griechen, den Aufbau der Stoffe zu verstehen. Der um 460 v. Chr. geborene griechische Naturphilosoph Demokrit prägte den Begriff Atom. Nach seiner Vorstellung bestehen alle Stoffe aus kleinsten, nicht teilbaren Bausteinen, den Atomen (griech. *atomos:* unteilbar).

Atommodell von Dalton Im Jahr 1808 entwickelte John Dalton ein Modell, das an die Atomvorstellung von Demokrit anknüpfte: Alle Stoffe bestehen aus kleinsten, unteilbaren Teilchen. Diese nannte auch er Atome.

Über Atome machte Dalton folgende Aussagen:

1 Alle Stoffe sind aus kleinsten, unteilbaren, kugelförmigen Teilchen, den Atomen, aufgebaut.

2 Alle Atome eines Elements haben die gleiche Größe und Masse.

3 Die Atome verschiedener Elemente unterscheiden sich in ihrer Größe und Masse. Es gibt so viele Atomarten, wie es Elemente gibt.

4 Atome werden durch chemische Reaktionen weder vernichtet noch erzeugt.

5 Durch Kombination von Atomen verschiedener Elemente werden Verbindungen gebildet.

3 *Atommodell von Dalton*

Atome werden neu angeordnet Mit dem Atommodell von Dalton lassen sich chemische Reaktionen auf der Ebene der Stoffteilchen erklären. In den Stoffen Zink und Schwefel sind die Atome regelmäßig angeordnet. Bei der Reaktion von Zink und Schwefel werden die Zinkatome und die Schwefelatome durch die zugeführte Energie angeregt, sich umzuordnen. Als Reaktionsprodukt wird die Verbindung Zinksulfid gebildet, die aus der gleichen Art und Anzahl an Atomen besteht wie die Ausgangsstoffe. Die Atome der Ausgangsstoffe ordnen sich im Reaktionsprodukt neu an.

Bei einer chemischen Reaktion werden die Atome umgeordnet. Die Atome selbst werden nicht verändert.

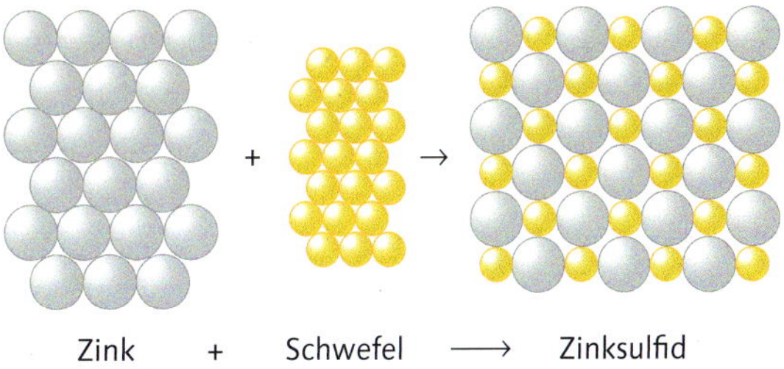

4 *Modellvorstellung zur Reaktion von Zink und Schwefel*

Aufgaben

1 ◪ Erläutere Daltons Vorstellung vom Atom.

2 Es gibt chemische Elemente und chemische Verbindungen.

a □ Nenne jeweils vier Beispiele.

b ◪ Wodurch unterscheiden sie sich?

3 ■ Beschreibe, was mit den Stoffteilchen eines Stoffes wie Schwefel bei der Änderung des Aggregatzustands passiert. Vergleiche mit den Veränderungen bei der chemischen Reaktion.

Chemische Zeichensprache

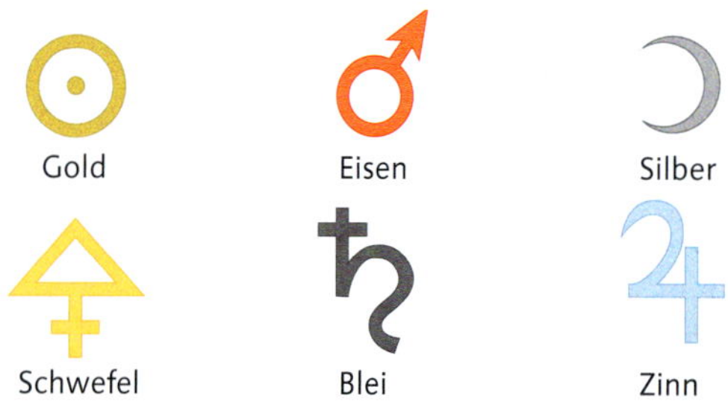

1 *Einige Symbole der Alchemisten*

Historische Symbole Die Alchemisten des Mittelalters versuchten sich an der Herstellung von Gold. Um die Rezepte dafür machten sie ein großes Geheimnis. Damit niemand ihre Rezepte stehlen konnte, notierten sie ihre Aufzeichnungen in einer Geheimschrift. Sie verwendeten für allerlei Stoffe Symbole, die jedoch nicht einheitlich waren.
Anfang des 19. Jahrhunderts führte JOHN DALTON markierte Kreise als Symbole für die Elemente ein. Die Symbole wurden von DALTON genutzt, um verschiedene Atomarten zu kennzeichnen.

Heutige Symbolschreibweise Der schwedische Chemiker JÖNS JAKOB BERZELIUS führte 1814 die heute gebräuchlichen Symbole ein. Die chemischen Elemente werden mit Buchstaben bezeichnet. Da man dazu den Anfangsbuchstaben des wissenschaftlichen (lateinischen oder griechischen) Elementnamens verwendet, sind die chemischen Symbole international. Bei Elementen, die mit dem gleichen Buchstaben beginnen, wird ein zweiter, kleingeschriebener Buchstabe hinzugefügt.

Chemische Symbole sind Kurzschreibweisen für chemische Elemente. Sie bezeichnen sowohl den Stoff als auch ein Atom dieses Elements.

Chemische Formeln Als Kurzschreibweise für eine chemische Verbindung verwendet man eine chemische Formel. Die chemische Formel gibt an, aus welchen chemischen Elementen die Verbindung zusammengesetzt ist. Die chemische Formel für Zinksulfid heißt ZnS. Diese Formel besagt, dass die chemische Verbindung Zinksulfid aus Zink- und Schwefelatomen aufgebaut ist.

Chemische Formeln sind Kurzschreibweisen für chemische Verbindungen.

Aufgaben

1 □ Nenne Vorteile einer einheitlichen chemischen Zeichensprache.

2 ◪ Gib an, was die Symbole C, Mg, N und O bezeichnen.

3 □ Ermittle, für welche Elemente die folgenden Symbole stehen: Na, Ca, Si, P, I, Xe, Hg, U.

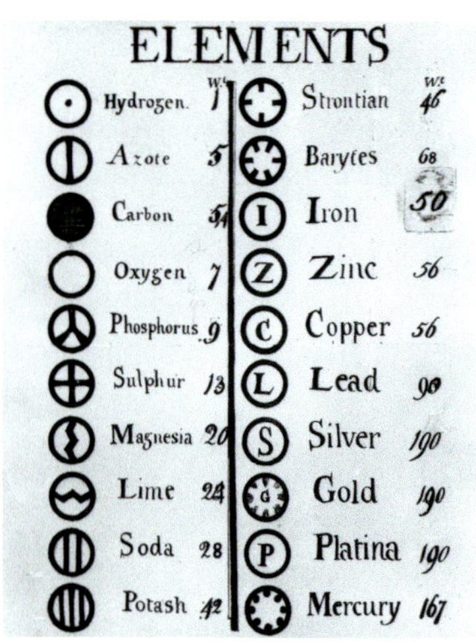

2 *Elementsymbole von DALTON*

Element	Wissenschaftlicher Name	Chemisches Symbol
Eisen	Ferrum	Fe
Zink	Zincum	Zn
Gold	Aurum	Au
Silber	Argentum	Ag
Magnesium	Magnesium	Mg
Blei	Plumbum	Pb
Kohlenstoff	Carboneum	C
Schwefel	Sulfur	S
Sauerstoff	Oxygenium	O
Stickstoff	Nitrogenium	N
Wasserstoff	Hydrogenium	H

Tab. 1 *Einige chemische Elemente und ihre Symbole*

Weitergedacht Elementsymbole

1 Elementsymbole

a □ Wofür stehen diese Symbole?

b □ Erkläre an einem Beispiel, warum man Symbole benutzt.

c ◪ Nenne die chemischen Symbole für die Elemente Natrium, Chlor, Helium, Platin.

d ■ Ordne den Elementnamen das richtige chemische Symbol zu.

S Ag E Eisen Silber Ei Gold Au Fe

e ■ Erkläre die Fehler in dem folgenden Test und berichtige sie:

Chlor:	*Cl*	*√*	*Schwefel:*	*S*	*√*
Natrium:	*NA*	*f*	*Kupfer:*	*Cup*	*f*

2 Katalyse

Nach relativ kurzer Zeit färbt sich eine aufgeschnittene Birne an der Luft braun. Hier wirken Stoffe in der Birne als (Bio-)Katalysatoren, die in Verbindung mit dem Luftsauerstoff wirksam werden. Behandelt man die Birne mit Vitamin C, findet dieser Prozess langsamer statt.

a ◪ Erkläre, warum sich die Birne nach der Vitamin-C-Behandlung nicht braun verfärbt.

b ■ Plane hierzu einen Schülerversuch und formuliere eine Versuchsanleitung.

3 Chemische Symbole und Formeln

Elementname, deutsch	15. Jahrhundert	Dalton (1808)
Blei	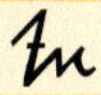	
Gold		
Eisen		
Kupfer		
Quecksilber		
Schwefel		
Silber		

a ◪ Vergleiche die Symbole des 15. Jahrhunderts mit DALTONS Symbolen und beschreibe ihre Entwicklung.

b □ Beschreibe die Symbole. Was wollte DALTON darstellen?

Die chemischen Zeichen müssen Buchstaben sein, damit sie ohne Verunzierung gedruckt werden können ... Ich wähle deshalb als Zeichen die Anfangsbuchstaben in lateinischen Namen eines jeden Grundstoffs, weil sie den Naturforschern aller Länder angehört, von ihnen allen gebraucht werden kann, ohne dass es nöthig ist, jene nach der jedesmaligen Sprache zu ändern.

(Nach: Jöns Jakob Berzelius, 1820)

c ■ Entnimm aus BERZELIUS' Zitat seine Begründung für die heutige Schreibweise der chemischen Symbole und formuliere sie in eigenen Worten.

Teste dich!

1 Entscheide, ob es sich um chemische Reaktionen handelt:
- **a** □ Lösen von Zucker
- **b** □ Abbrennen eines Feuerwerks
- **c** □ Gefrieren von Wasser
- **d** ◪ Bereitung von Joghurt aus Milch
- **e** □ Schmelzen von Blei
- **f** ■ Zubereiten von Popcorn

Begründe jeweils deine Entscheidung. Vergleiche dazu immer die Eigenschaften der Stoffe vor und nach dem Vorgang.

2 ◪ Erläutere die Merkmale der chemischen Reaktion am Beispiel „Zünden eines Zink-Schwefel-Gemischs".

3 ◪ Vergleiche chemische Elemente und chemische Verbindungen. Nutze dafür auch die Begriffe Stoff, Reinstoff, Atom.

4 ■ Nimm zu folgender Aussage Stellung: Kupfersulfid ist kein Reinstoff, sondern eine chemische Verbindung.

5 □ Teile die folgenden Stoffe in Elemente und Verbindungen ein: Silber, Speiseöl, Zinksulfid, Gold, Wasser.

6 Die Grafik stellt den Energieverlauf einer chemischen Reaktion dar.
- **a** □ Übertrage die Grafik in dein Heft und beschrifte sie.
- **b** ◪ Gib ein zutreffendes Beispiel einer chemischen Reaktion aus dem Alltag an.

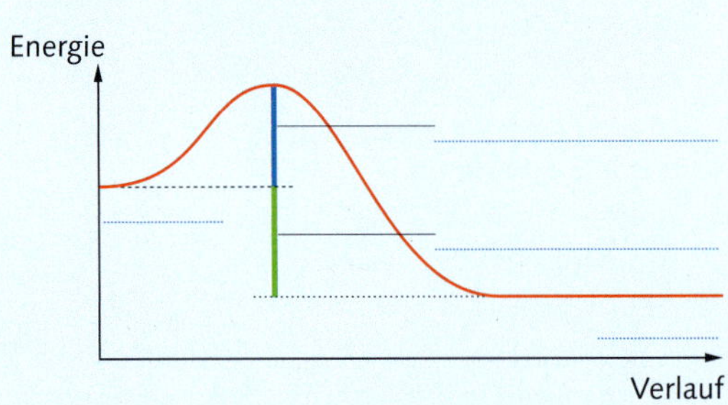

7 ◪ Was versteht man unter Aktivierungsenergie? Erkläre den Begriff und nenne Beispiele.

8 Silberschmuck reagiert mit dem im Schweiß enthaltenen Schwefel zu einem schwarzen Stoff.
- **a** ◪ Stelle das Reaktionsschema in Worten auf.
- **b** ■ Handelt es sich um eine exotherme oder eine endotherme Reaktion? Formuliere eine Vermutung.

9 □ Übernimm die Tabelle in dein Heft und vervollständige sie.

Element	Wissenschaftl. Name	Symbol
Eisen	Ferrum	
	Aluminium	
	Sulfur	S
	Cuprum	Cu
Wasserstoff	Hydrogenium	
	Oxygenium	O
	Kalium	
Quecksilber	Hydrargyrum	

10 ◪ Beschreibe mit dem Atommodell von DALTON, was mit den Atomen bei einer chemischen Reaktion passiert.

Aufgabe	Hilfe findest du auf Seite …
1	70/71
2	70/71
3	70/71
4	71
5	70/71
6	72/73
7	72
8	72/73
9	80
10	79

… und die Lösungen findest du im Anhang.

Im Überblick

Chemische Reaktionen bestimmen unser Leben. Neben der Bildung von neuen Stoffen findet bei chemischen Reaktionen auch eine Energieumwandlung statt. Bei vielen chemischen Reaktionen im menschlichen Körper wird Energie frei, die uns am Leben hält. Ohne chemische Reaktionen wäre menschliches, tierisches oder pflanzliches Leben nicht möglich. In chemischen Labors und in der Industrie werden durch chemische Reaktionen z. B. neue Werkstoffe und Arzneimittel hergestellt.

Chemische Reaktion

- Stoffumwandlung, bei der neue Stoffe mit neuen Eigenschaften entstehen
  Ausgangsstoffe (Edukte) ⟶ Produkte

Reaktionsschema in Worten

- Kupfer + Schwefel ⟶ Kupfersulfid
  Lies: Kupfer und Schwefel reagieren zu Kupfersulfid.

Aktivierungsenergie

- Energie, die aufgewendet werden muss, um eine chemische Reaktion in Gang zu bringen

Exotherme Reaktion

- Nachdem die Aktivierungsenergie aufgewendet wurde, wird Energie an die Umgebung abgegeben.

Beispiel:
Eisen + Schwefel ⟶ Eisensulfid | exotherm

Endotherme Reaktion

- Energie muss ständig zugeführt werden, damit die Reaktion ablaufen kann.

Beispiel:
Silbersulfid ⟶ Silber + Schwefel | endotherm

Elementsymbol

- zur Darstellung eines chem. Elements: Zn, S

Chemische Formel

- Kurzschreibweise für eine chemische Verbindung: ZnS

Chemisches Element

- besteht nur aus einer Art von Atomen
- kann nicht in andere Stoffe zerlegt werden

Chemische Verbindung

- ein Reinstoff, der aus verschiedenen Atomarten besteht
- kann durch eine chemische Reaktion in Elemente zerlegt werden

Einteilung der Stoffe

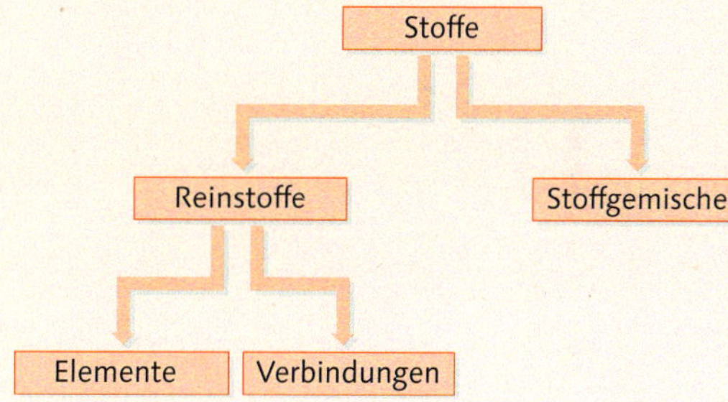

Chemische Reaktion im Atommodell von Dalton

- Bei einer chemischen Reaktion werden Atome umgeordnet.

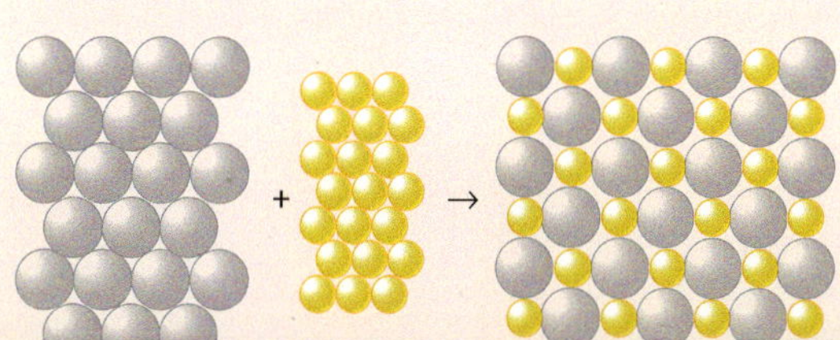

Zink + Schwefel ⟶ Zinksulfid

4
Luft und Oxidation

Wir sind umgeben von Luft. Wir können die Luft zwar nicht sehen, aber ohne Luft können wir nicht leben. Viele chemische Reaktionen wie das Verbrennen von Stoffen oder das Rosten von Metallen wären ohne die Anwesenheit von Luft nicht möglich. Bei Verbrennungsreaktionen entstehen aber auch Abgase, die unsere Luft verschmutzen.

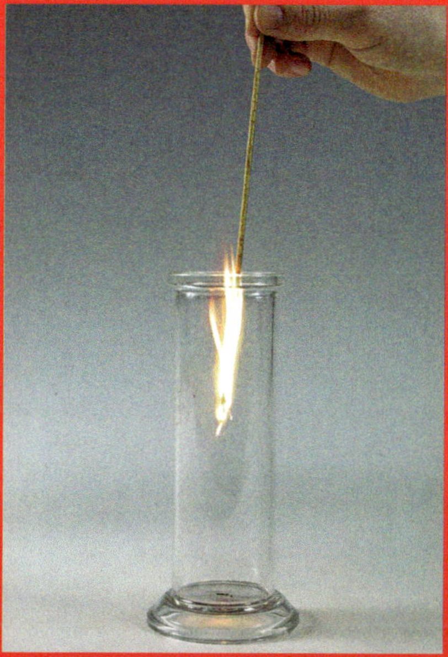

Luft – ein Stoffgemisch

Die Luft um uns Unsere Erde ist von einer Lufthülle, der Erdatmosphäre, umgeben. Wir können die Luft nicht sehen, nicht riechen und nicht schmecken. Wir nehmen sie kaum wahr, aber ohne Luft könnten wir nicht leben. Wir brauchen sie zum Atmen. Sie schützt uns vor Strahlung aus dem Weltraum, verhindert eine zu starke Erwärmung am Tag und einen zu starken Temperaturabfall in der Nacht.

Luft zur Verbrennung Unter einer Glasglocke, die im Wasser steht, wird Phosphor verbrannt. Der Anstieg des Wassers ist ein Zeichen dafür, dass bei der Verbrennung ein Teil der Luft „verbraucht" wird. Das Wasser steigt nach oben und nimmt den Platz der verbrauchten Luft ein.

„Feuergas" Sauerstoff Hält man einen glimmenden Holzspan in reinen Sauerstoff, so entsteht eine helle Flamme. Diesen Nachweis für Sauerstoff bezeichnet man als Glimmspanprobe. Die Glimmspanprobe zeigt uns, dass Sauerstoff der Luftbestandteil ist, der für die Verbrennung verantwortlich ist.

Für eine Verbrennung ist Sauerstoff erforderlich. Er kann mit der Glimmspanprobe nachgewiesen werden.

„Stickgas" Stickstoff Hält man einen brennenden Holzspan in das Restgas, das sich nach der Verbrennung in der Glasglocke befindet, geht die Flamme aus. Das Restgas, das die Flamme erstickt, besteht größtenteils aus Stickstoff.

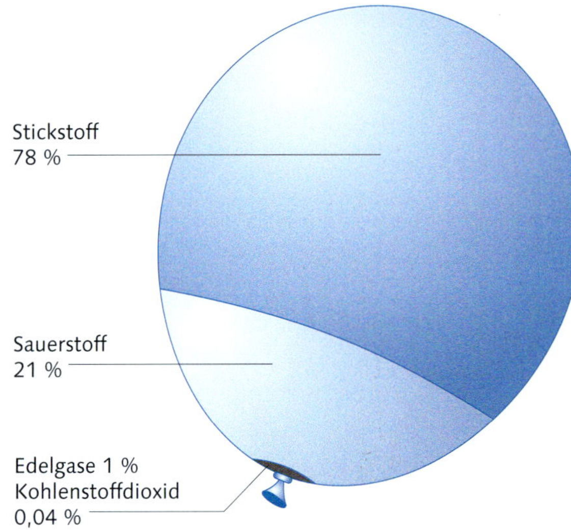

2 *Bestandteile der Luft*

Bestandteile der Luft Die Luft ist kein Reinstoff, sondern ein farbloses, gasförmiges Stoffgemisch. Seine Hauptbestandteile sind Stickstoff mit 78 % und Sauerstoff mit 21 %. Das restliche Prozent setzt sich aus 0,04 % Kohlenstoffdioxid und 0,96 % Edelgasen zusammen.

Luft ist ein Stoffgemisch aus Stickstoff, Sauerstoff, Edelgasen und Kohlenstoffdioxid.

Bedeutung des Sauerstoffs Ohne Sauerstoff kann keine Verbrennung stattfinden: Eine Flamme erlischt, wenn sie keinen Sauerstoff bekommt, und ein Mensch würde ohne Sauerstoff ersticken. Unser Körper benötigt ständig Sauerstoff, den wir durch Einatmen aufnehmen.
Bei Verbrennungen in reinem Sauerstoff kann sehr viel Energie frei werden: Ein Gemisch aus Sauerstoff und Wasserstoff dient als Treibstoff für Raketen.

1 *Verbrennung von Phosphor unter einer Glasglocke*

3 *Glimmender Span und Glimmspanprobe*

Eigenschaft	Sauerstoff	Stickstoff	Kohlenstoffdioxid
Aggregatzustand (bei 20 °C)	gasförmig	gasförmig	gasförmig
Farbe	farblos	farblos	farblos
Geruch	geruchlos	geruchlos	geruchlos
Brennbarkeit	nicht brennbar, unterhält die Verbrennung	nicht brennbar, erstickt die Flamme	nicht brennbar, erstickt die Flamme
Dichte (bei 20 °C)	1,33 $\frac{g}{l}$	1,17 $\frac{g}{l}$	1,98 $\frac{g}{l}$
Schmelztemperatur	–219 °C	–210 °C	–57 °C (unter Druck)
Siedetemperatur	–183 °C	–196 °C	–79 °C (sublimiert)
Löslichkeit in Wasser (bei 20 °C)	9 $\frac{mg}{l}$	4 $\frac{mg}{l}$	1700 $\frac{mg}{l}$

Tab. 1 *Vergleich der Eigenschaften von Sauerstoff, Stickstoff und Kohlenstoffdioxid*

4

Verwendung von Stickstoff Lebensmittel, wie Obst oder Gemüse, können in einer Stickstoffatmosphäre aufbewahrt werden. Das „Schutzgas" Stickstoff bewirkt, dass sie nicht so schnell verderben wie an der Luft. In der chemischen Industrie ist Stickstoff ein wichtiger Ausgangsstoff z. B. für die Produktion von Düngemitteln und Sprengstoffen.

Kohlenstoffdioxid Dieser Stoff ist ein nur kleiner, aber bedeutender Bestandteil der Luft. Pflanzen nehmen bei Tageslicht Kohlenstoffdioxid auf und nutzen ihn zum Aufbau ihres pflanzlichen Materials. Im Gegenzug geben sie, sozusagen als Abgas, Sauerstoff ab. Dieser Sauerstoff wiederum ist für Menschen und Tiere zum Atmen lebensnotwendig.
Kohlenstoffdioxid kann mit einer Calciumhydroxid-Lösung, auch „Kalkwasser" genannt, nachgewiesen werden. Es wird zur Herstellung von Kohlensäure und Feuerlöschmitteln verwendet.

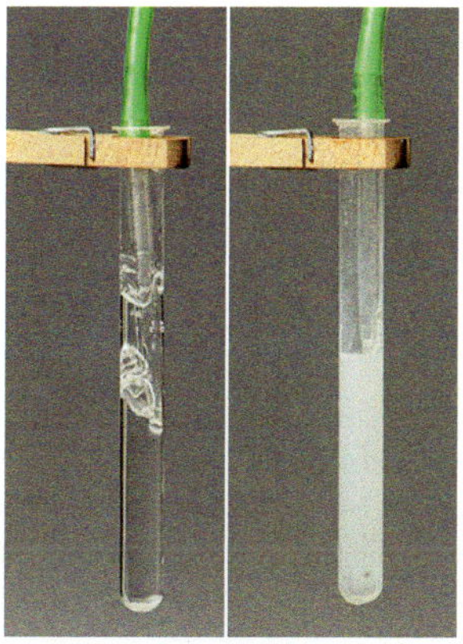

4 *Beim Einleiten von Kohlenstoffdioxid färbt sich die Calciumhydroxid-Lösung milchig-trüb.*

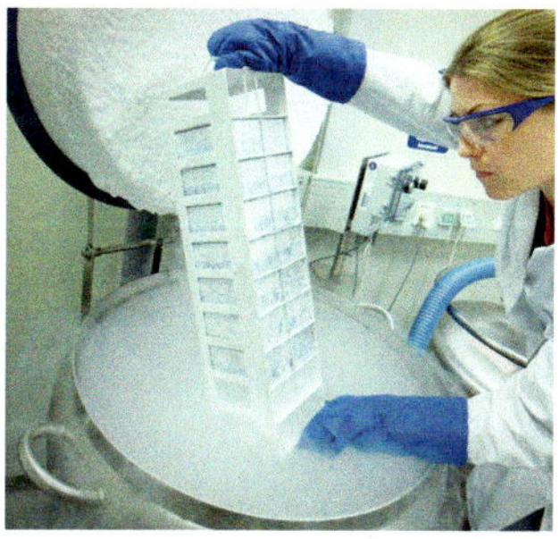

5 *Flüssiger Stickstoff wird zur Aufbewahrung von Zellen und anderen biologischen Materialien genutzt.*

Kohlenstoffdioxid kann durch die Trübung einer Calciumhydroxid-Lösung nachgewiesen werden.

Edelgase Luft enthält etwas weniger als 1 % Edelgase, vor allem Argon. Die Edelgase Neon, Argon, Krypton und Xenon werden in Glühlampen und Leuchtstoffröhren verwendet. Helium hat eine kleinere Dichte als Luft und dient deshalb als Traggas.

Aufgaben

1 □ Nenne den Luftbestandteil, der die Verbrennung unterstützt.

2 ◪ Ein Ballon wird mit Sauerstoff, ein zweiter wird mit Stickstoff gefüllt. Welcher Ballon gewinnt das Rennen, wenn man beide aus der gleichen Höhe fallen lässt? Begründe deine Antwort.

3 ◪ Erläutere, warum manche Lebensmittel unter Stickstoff aufbewahrt werden.

4 ■ Begründe, aufgrund welcher Eigenschaften sich Kohlenstoffdioxid als Feuerlöschmittel eignet.

Brennen und Löschen

1 *Bedingungen für die Entstehung eines Feuers*

Mehlstaubexplosion

Hamburg Kurz nach 21 Uhr kam es zu einer heftigen Explosion in der Gabriel-Mühle. Laut Berichten der Sachverständigen löste ein Funke die Explosion des Mehlstaubes aus. Die Bilanz: 12 Verletzte und ein Sachschaden von über 10 Millionen Euro.

2 *Zeitungsartikel über eine Mehlstaubexplosion*

Bedingungen für eine Verbrennung Um ein Feuer zu entfachen, braucht man einen brennbaren Stoff, beispielsweise Holz, und Sauerstoff. Obwohl beide Stoffe vorliegen, gerät unser Schreibtisch aus Holz glücklicherweise nicht von alleine in Brand. Es muss noch eine dritte Voraussetzung erfüllt sein: Die Entzündungstemperatur des Holzes muss erreicht werden. Dazu muss das Holz auf ungefähr 300 °C erhitzt werden.

Stoff	Entzündungstemperatur (in °C)
Streichholzkopf	80
Zeitungspapier	180
Kerzenwachs	250
Autobenzin	260
Fichtenholz	280
Rapsöl	300
Steinkohle	600

Tab. 1 *Entzündungstemperaturen von verschiedenen Brennstoffen*

Entzündungs- und Flammtemperatur Autobenzin hat eine Flammtemperatur (Flammpunkt) von –20 °C und eine Entzündungstemperatur von 260 °C. Das bedeutet: Benzin entzündet sich beim Erhitzen auf 260 °C von selbst. Da Benzin bereits bei niedrigen Temperaturen verdampft, kann sich schon bei –20 °C ein brennbares Benzin-Sauerstoff-Gemisch bilden, das durch einen Funken entzündet werden kann.

3 *Modellversuch zur Mehlstaubexplosion*

Der Zerteilungsgrad macht's aus Fein verteilte Stoffe wie Mehl-, Holz- oder Kohlenstaub haben eine sehr große Oberfläche. Dadurch findet viel Sauerstoff Zugang zum Brennstoff. Der Brennstoff kann somit leicht entzündet werden und die Verbrennung läuft heftig, manchmal auch explosionsartig ab.

Je größer der Zerteilungsgrad und damit auch die Oberfläche eines Stoffes, umso leichter ist er entzündbar.

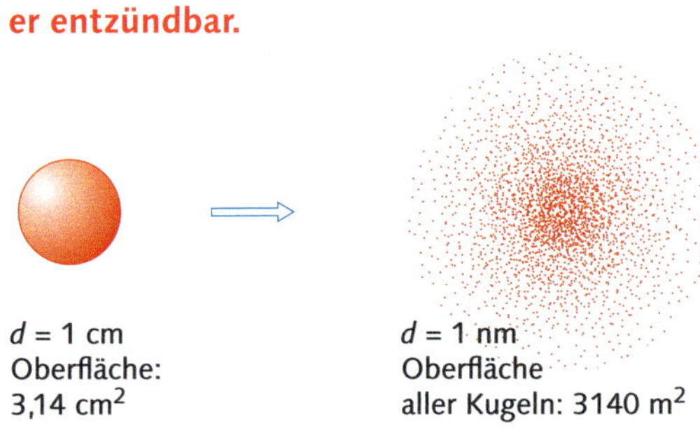

4 *Durch Zerlegung der großen Kugel in Nanokugeln erhält man eine Gesamtoberfläche in der Größe eines halben Fußballfelds.*

5 *Löschen eines Hausbrands*

7 *Löschen mit dem Feuerlöscher*

4

Löschen eines Feuers Um ein Feuer zu löschen, muss man dafür sorgen, dass mindestens eine der drei Bedingungen für die Entstehung eines Feuers nicht mehr erfüllt ist:
- Brennbare Stoffe entfernen
- Sauerstoffzufuhr unterbinden
- Brennstoff unter die Entzündungstemperatur abkühlen

Löschen eines Holzfeuers Bei einem Hausbrand wird mit Wasser gelöscht. Wenn das Löschwasser fein verteilt z. B. auf brennendes Holz gespritzt wird, hat es zwei Effekte: Der Wassersprühnebel legt sich wie eine Glocke über das Feuer und verhindert damit den Sauerstoffzutritt. Gleichzeitig kühlt das Wasser, sodass die Entzündungstemperatur des Brennstoffs nicht mehr erreicht wird.

Maßnahmen gegen Waldbrände Um der Gefahr von Waldbränden vorzubeugen, werden Feuerschneisen angelegt. Das sind breite baumfreie Zonen, in denen die Feuerwalze keine Nahrung mehr findet und somit gestoppt werden kann. Ein entsprechender Effekt wird auch durch sogenannte Gegenfeuer bewirkt. Neben herkömmlichen Löschgeräten kommen bei Waldbränden auch Löschflugzeuge zum Einsatz.

6 *Löschflugzeug*

Löschen eines Fettbrands Zum Löschen eines Fett- oder Ölbrands muss die Luftzufuhr unterbunden werden. Solange die Flamme noch klein ist, kann der Brand mit einem Deckel oder einer Feuerlöschdecke erstickt werden. Bei einer größeren Flamme kann man sich bei einem Löschversuch schwere Verbrennungen zuziehen. Daher sollte man unter dem Notruf 112 die Feuerwehr rufen. Die Feuerwehr setzt spezielle Feuerlöscher für Fettbrände ein. Das darin enthaltene Löschmittel legt sich wie ein Schutzschirm über den Brand und verhindert dadurch den Zutritt von Luft. Gleichzeitig kühlt und bindet es die brennende Flüssigkeit.

Feuerlöscher für Metallbrände Zum Löschen von Metallbränden gibt es ein spezielles Löschpulver. Es enthält Salze, die bei etwa 800 °C schmelzen. Die Salzschmelze breitet sich auf der Oberfläche des brennenden Metalls aus und legt sich wie ein „Deckel", der luftdicht abschließt, über den Brandherd. Die Flamme erstickt. Ein ähnlicher Effekt kann auch mit Sand oder Zement erreicht werden.

Aufgaben

1 □ Nenne die Bedingungen, die für die Entstehung eines Feuers erfüllt sein müssen.

2 □ Informiere dich über den Fluchtweg aus dem Chemieraum im Brandfall.

3 ◪ Mit einem Streichholz wird Papier entzündet. Gib die Entzündungstemperaturen der beteiligten Stoffe an. Wie werden diese erreicht?

4 ◪ Recherchiere im Internet, wie man einen Kohlenstoffdioxidlöscher bedient.

5 ■ Brennendes Wachs kann man nicht mit Wasser löschen. Begründe, warum es nicht möglich ist.

Methode Abfüllen von Gasen

Trockenes Auffangen durch Luftverdrängung
Gase lassen sich auffangen, indem man sie in ein Gefäß einleitet. Das eingeleitete Gas verdrängt die Luft im Auffanggefäß. Bei diesem Verfahren lässt sich allerdings nicht vermeiden, dass sich das Gas mit etwas Luft vermischt.

1 Bei einem Gas, das eine kleinere Dichte als Luft hat, muss die Öffnung des Gefäßes nach unten zeigen. Gase, die schwerer als Luft sind, werden von oben eingeleitet.

2 Leite das Gas lange genug in das Auffanggefäß, sodass die gesamte Luft verdrängt wird.

3 Decke das Auffanggefäß mit einer Glasplatte ab, damit die Vermischung mit Luft eingeschränkt wird.

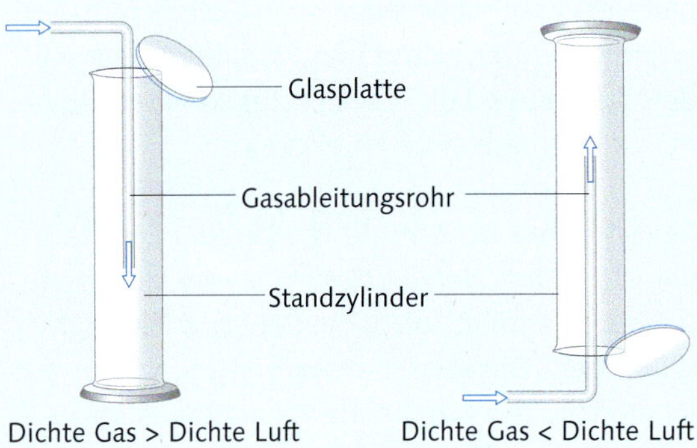

1 *Auffangen von Gasen durch Luftverdrängung*

Entnehmen einer abgemessenen Gasmenge
Mithilfe einer Kunststoffspritze können kleine abgemessene Gasmengen aufgenommen werden.

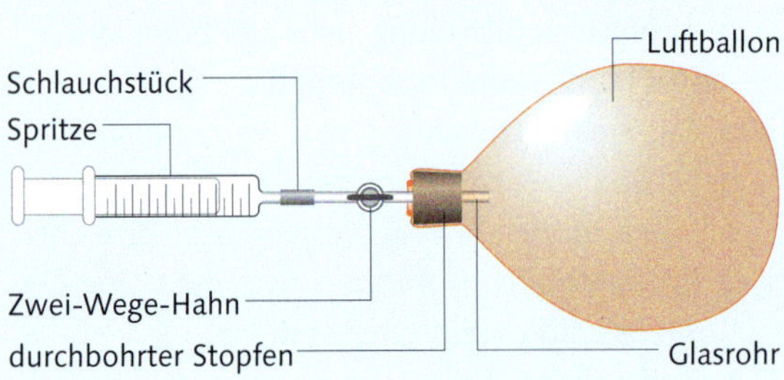

2 *Entnehmen von Gasmengen mithilfe einer Kunststoffspritze*

Auffangen durch Wasserverdrängung Bei diesem Verfahren wird das Gasauffanggefäß mit einer sogenannten Sperrflüssigkeit, meistens Wasser, gefüllt. Wenn du Gas in das Gefäß mit dem Wasser einleitest, wird das Wasser durch das Gas verdrängt. Das Gas nimmt den Platz des verdrängten Wassers ein. Dieses Verfahren hat den Vorteil, dass ein Gasverlust vermieden wird und das Gasvolumen gemessen werden kann.

1 Fülle eine pneumatische Wanne etwa halb voll mit Wasser.

2 Fülle einen Standzylinder gestrichen voll mit Wasser, decke ihn mit einer Glasplatte ab und stelle ihn mit der abgedeckten Öffnung nach unten in die Wanne.

3 Fange das Gas auf, indem du den Standzylinder leicht neigst und das Gasableitungsrohr unter die Öffnung des Standzylinders bringst.

4 Verschließe nach dem Füllen den Standzylinder mit der Glasplatte und nimm ihn aus der Wanne.

Beachte: Fange das Gas erst auf, wenn die Luft aus dem Versuchsaufbau (Reagenzglas, Glasrohr) entwichen ist.

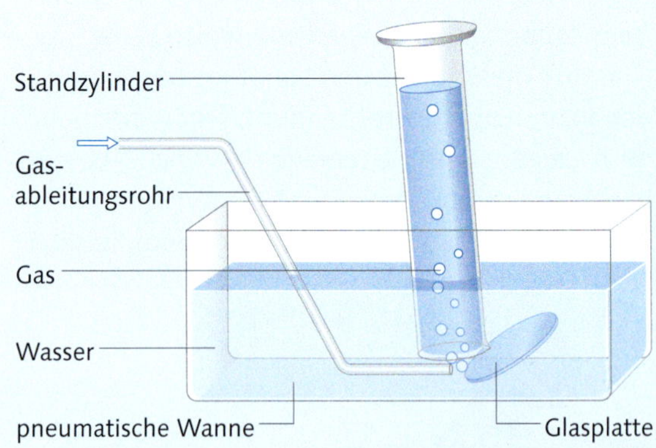

3 *Pneumatisches Auffangen durch Wasserverdrängung*

Hinweis: Anstelle des Standzylinders und der Glasplatte kannst du auch ein Reagenzglas mit Gummistopfen verwenden.

Praxis Bestandteile der Luft

1 Nachweis von Sauerstoff
Geräte: 2 Reagenzgläser mit Gummistopfen
Chemikalien: Sauerstoff, Holzspan
Durchführung: Befestige zwei mit Sauerstoff gefüllte, mit Gummistopfen verschlossene Reagenzgläser an einem Stativ. Ein Reagenzglas zeigt mit der Öffnung nach oben, das andere nach unten. Entferne die Stopfen, warte 1 min und führe dann die Glimmspanprobe durch.
Auswertung: Auf welchen Eigenschaften des Sauerstoffs beruhen deine Beobachtungen?

2 Nachweis von Kohlenstoffdioxid
Geräte: kleines Becherglas, 2 Trinkhalme, Luftpumpe, Luftballon
Chemikalien: Raumluft, Ausatemluft, Calciumhydroxid-Lösung (Kalkwasser)
Durchführung:
a Fülle etwa 2 cm hoch Calciumhydroxid-Lösung in ein Becherglas. Pumpe etwa 1 min lang mit der Luftpumpe und einem Trinkhalm Luft in die Calciumhydroxid-Lösung.
b Puste einen Luftballon auf. Leite die Ausatemluft aus dem Ballon mit dem Trinkhalm in die Calciumhydroxid-Lösung.
Auswertung: Wodurch unterscheidet sich deine Ausatemluft von der Luft aus der Pumpe?

3 Dichte von Luft und Kohlenstoffdioxid
Geräte: Spritze (60 ml, verschließbar, mit Loch im Kolben), Verschluss, Nagel, Waage
Chemikalien: Luft, Kohlenstoffdioxid
Durchführung: Drücke den Kolben ganz in die Spritze und verschließe sie mit einem Verschluss. Ziehe den Kolben so weit heraus, dass man den Nagel in das Loch stecken kann. Wiege die Spritze. Befülle die Spritze mit a) 50 ml Luft und b) 50 ml Kohlenstoffdioxid. Wiege erneut.
Auswertung: Bestimme die Dichten beider Stoffe.

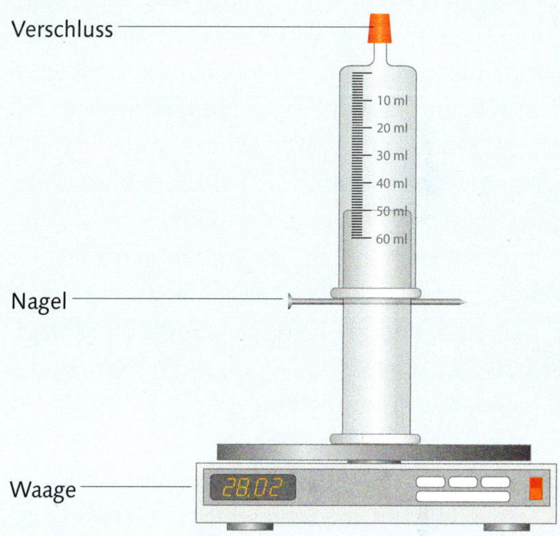

4 Bestimmung des Sauerstoffgehalts der Luft
Geräte: 2 Spritzen (60 ml, mit Gewinde am Kanülenansatz), 2 Verbindungsstücke (Rohr 8-Buchsen), Quarzrohr
Chemikalien: Eisenwolle, Luft
Durchführung: Sauge in eine der Spritzen 50 ml Luft. Gib 0,5 g Eisenwolle in das Quarzrohr. Verbinde die Spritzen mit dem Quarzrohr. Erhitze die Eisenwolle in einem Bereich von 1–2 cm bis zur Rotglut. Entferne den Gasbrenner und schiebe die Luft aus der gefüllten Spritze über das Reaktionsrohr in die zweite Spritze. Schiebe die „Restluft" mehrmals hin und her, bis keine weitere Volumenabnahme mehr festzustellen ist. Lies das Restvolumen ab.
Auswertung: Ermittle den Sauerstoffgehalt.

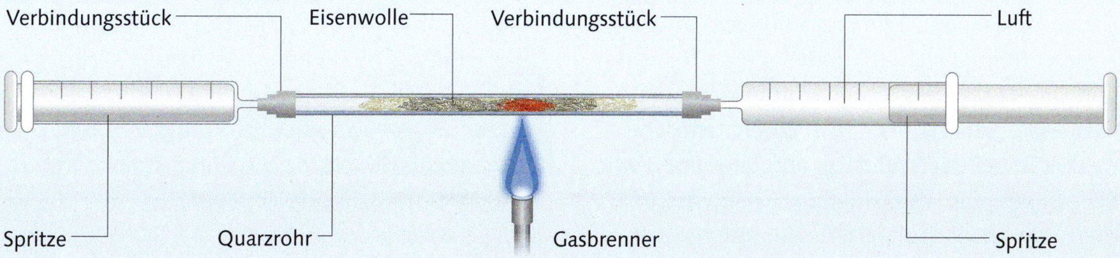

Metalle reagieren mit Sauerstoff

1 *An der Luft verbrennt der Wolframfaden.*

Glühen und Brennen Im Alltag sagt man: „Die Lampe brennt." Der Wolframfaden einer Glühlampe bleibt aber nach dem Leuchten unverändert. Da im Glaskolben kein Sauerstoff vorhanden ist, kann keine Verbrennung stattfinden. Bei diesem Glühen handelt sich also um einen rein physikalischen Vorgang. Wird bei einer Glühlampe ein Loch in den Glaskolben gemacht (Bild 1), verbrennt der Wolframfaden nach dem Einschalten und ein hellgelber Feststoff schlägt sich an der Innenseite des Glaskolbens nieder. Ein neuer Stoff ist entstanden.

Energie wird frei Bei der Verbrennung von Eisenwolle glüht die Eisenwolle auf. Energie in Form von Licht wird frei; es handelt sich also um eine exotherme Reaktion. Die Verbrennung von Eisenwolle ist eine chemische Reaktion, bei der ein neuer Stoff entsteht. Dies erkennt man an der Farbveränderung hin zum Dunkelgrau.

Eine Verbrennung ist eine chemische Reaktion.

Verbrennen von Eisenwolle an der Waage
Wiegt man die Eisenwolle vor und nach der Verbrennung, stellt man fest, dass die Masse beim Verbrennen zunimmt. Wie kann das sein? Eisen verbindet sich mit dem Sauerstoff aus der Luft. Zur Masse des Eisens kommt dann die Masse des Sauerstoffs hinzu. Eine chemische Reaktion, bei der Sauerstoff aufgenommen wird, bezeichnet man als Oxidation. Eisen wird oxidiert, ein neuer Stoff, Eisenoxid, entsteht.

Eine chemische Reaktion, bei der Sauerstoff aufgenommen wird, nennt man Oxidation.

Reaktionsschema:
Eisen + Sauerstoff $\rightarrow$ Eisenoxid | exotherm

Metalloxide Magnesium verbrennt mit einer grellen Flamme. Als Reaktionsprodukt entsteht pulverförmiges weißes Magnesiumoxid.

Reaktionsschema:
Magnesium + Sauerstoff
$\rightarrow$ Magnesiumoxid | exotherm

Eisenoxid und Magnesiumoxid sind Beispiele für Metalloxide. Diese entstehen bei der Reaktion von Metallen mit Sauerstoff.

Metall + Sauerstoff $\rightarrow$ Metalloxid | exotherm

2 *Bei der Verbrennung von Eisenwolle nimmt die Masse zu.*

Extra Phlogiston, der Feuerstoff
Im späten 17. und 18. Jh. wurde die Verbrennung von Stoffen mithilfe der Phlogistontheorie erklärt. Demnach enthalten alle brennbaren Stoffe Phlogiston, einen Feuerstoff. Bei der Verbrennung entweicht dieses Phlogiston und zurück bleibt ein unbrennbarer Rest, z. B. Asche. Als ANTOINE LAURENT DE LAVOISIER Ende des 18. Jahrhunderts die Bedeutung des Sauerstoffs für die Verbrennung erkannte, wurde die Phlogiston- durch die Oxidationstheorie abgelöst.

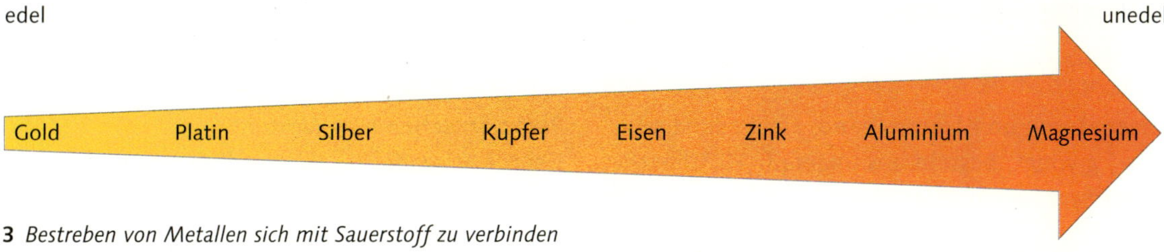

3 *Bestreben von Metallen sich mit Sauerstoff zu verbinden*

Bindungsbestreben der Metalle mit Sauerstoff Bläst man Magnesiumpulver in die Brennerflamme, verbrennt es mit einer grellen Stichflamme. Auch bei den unedlen Metallen Aluminium oder Zink entsteht beim Einblasen des Pulvers in die Flamme ein Funkenregen. Metalle unterscheiden sich in ihrem Bindungsbestreben zu Sauerstoff.

Je unedler ein Metall ist, umso größer ist sein Bestreben, sich mit Sauerstoff zu verbinden.

4 *Verbrennen von Zinkpulver – eine schnelle Oxidation*

5 *Durch Rosten entstehen jährlich Schäden in Milliardenhöhe.*

Rosten – eine langsame Oxidation Autokarosserien, Schiffsrümpfe und Gartengeräte aus Eisen verändern sich mit der Zeit. Die Veränderung von Werkstoffen durch Umwelteinflüsse nennt man Korrosion, beim Eisen spricht man vom Rosten. Dabei reagiert Eisen mit Sauerstoff und Wasser aus der Umgebung zu einem Eisenoxid, dem Rost. Die poröse Rostschicht blättert ab. Durch wiederholtes Oxidieren und Abblättern kann sich der Rost durch das Eisenblech eines Autos „hindurchfressen".

Rostschutz Um Sauerstoff und Wasser abzuhalten, wird Eisen mit einer Schutzschicht überzogen: Autos erhalten einen Unterbodenschutz aus Kunststoff. Die Karosserie kann durch eine Zinkschicht und durch Lackieren vor dem Rosten geschützt werden. Die Fahrradkette wird eingeölt.

Eisenteile können mit einer Schicht aus Öl, Kunststoff oder einem anderen Metall vor dem Rosten geschützt werden.

Aufgaben

1 □ Erläutere den Begriff Oxidation.

2 Gegenstände aus Eisen rosten.
- **a** □ Nenne Bedingungen für das Rosten.
- **b** □ Wie kann man das Rosten verhindern?

3 ◪ Vergleiche die Brennbarkeit von Kupfer-, Silber- und Zinkpulver mithilfe von Bild 3. Begründe deine Aussage.

4 Aluminiumpulver wird in eine Brennerflamme geblasen.
- **a** ◪ Warum brennt das Pulver im Gegensatz zu einem Topf aus Aluminium?
- **b** ■ Das Pulver wird vor und nach der Verbrennung gewogen. Wie ändert sich die Masse? Formuliere eine Vermutung und begründe sie.
- **c** ■ Stelle das Reaktionsschema für diese Reaktion auf.

Atome können Atomverbände bilden

Eisenatome im Atomverband Ein Eisennagel, der 1 g wiegt, besteht aus ungefähr 10 Trilliarden Eisenatomen. Diese liegen im Nagel in einem riesigen Atomverband vor. Eine Modelldarstellung (Bild 1) kann nur einen kleinen Ausschnitt des Atomverbands veranschaulichen. Das Symbol Fe steht nicht nur für das Element Eisen, sondern gleichzeitig für ein einzelnes Eisenatom.

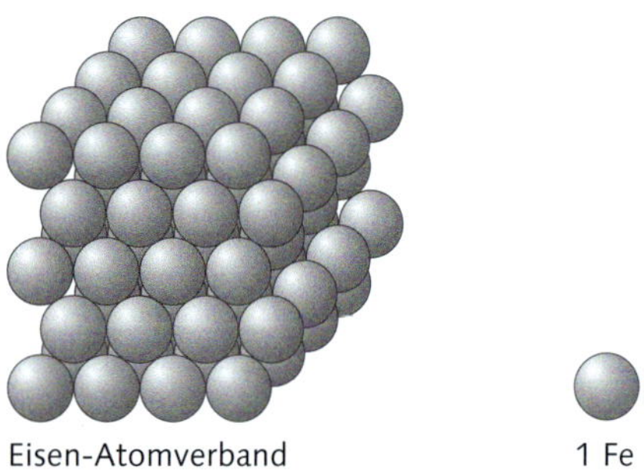

1 *Eisenatome liegen im Atomverband vor.*

Metallverbindungen Eisensulfid ist eine chemische Verbindung aus Eisen und Schwefel. Diese Metallverbindung bildet einen Atomverband aus Eisen- und Schwefelatomen. Metallverbindungen werden aus Metallatomen und Nichtmetallatomen gebildet.

Metalle und Metallverbindungen bestehen aus Atomverbänden.

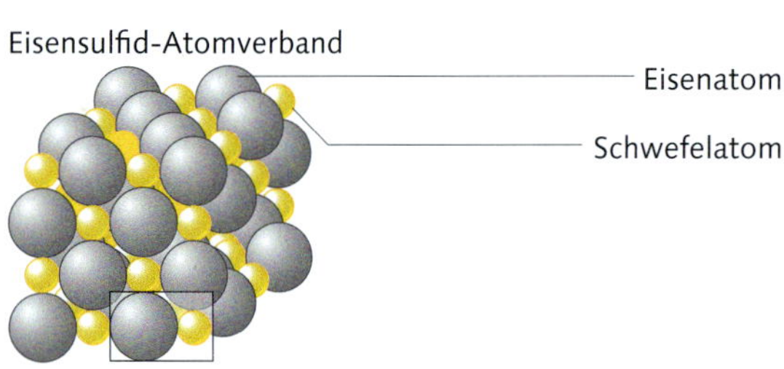

2 *Aufbau des Atomverbands von Eisensulfid*

Reaktionsschema Eine chemische Reaktion kann mithilfe eines Reaktionsschemas in Worten oder mit Symbolen dargestellt werden. Für die Symbolschreibweise betrachtet man die Modelldarstellung und bezieht sich auf die kleinsten Einheiten der an der Reaktion beteiligten Partner.

Reaktionsschema in Worten:
Eisen + Schwefel ⟶ Eisensulfid

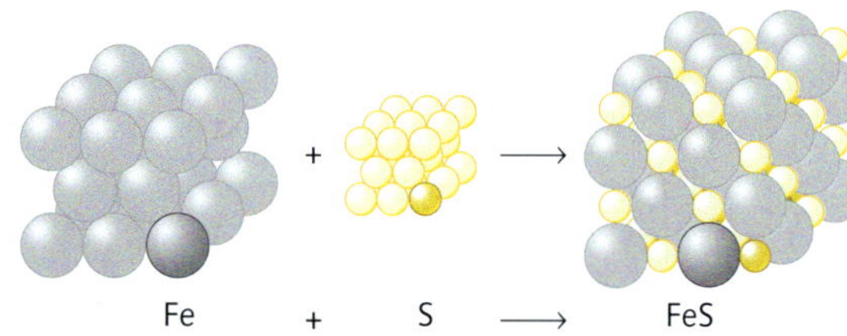

Aufbau von Metallverbindungen Eisen- und Schwefelatome liegen im Eisensulfid-Atomverband im Verhältnis 1 : 1 vor. Auf ein Eisenatom kommt jeweils ein Schwefelatom.
Am Aufbau des Atomverbands von Kupferoxid sind doppelt so viele Kupfer- wie Sauerstoffatome beteiligt. Auf ein Sauerstoffatom kommen jeweils zwei Kupferatome. Das Verhältnis Kupfer- zu Sauerstoffatomen ist 2 : 1.

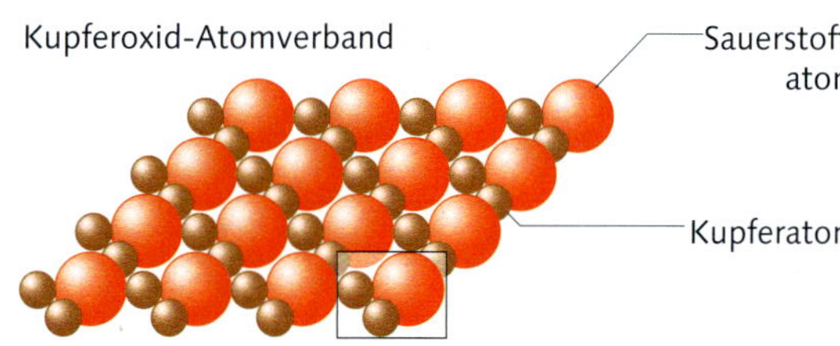

3 *Aufbau des Atomverbands von Kupferoxid (Cu_2O)*

Verhältnisformel Die Verhältnisformel einer chemischen Verbindung gibt an, aus welchen Atomen die Verbindung besteht und in welchem Zahlenverhältnis die Atome zueinanderstehen. Bei den chemischen Formeln FeS und Cu_2O handelt es sich um die Verhältnisformeln von Eisensulfid und Kupferoxid.

Aufgaben

1 □ Beschreibe den Aufbau von Metallverbindungen.

2 Bei der Reaktion von Aluminium mit Schwefel verbinden sich Aluminium- und Schwefelatome im Verhältnis 2 : 3.
   a ◪ Wie heißt die chemische Verbindung?
   b ■ Wie lautet ihre Verhältnisformel?

3 ◪ Eine chemische Verbindung hat die Verhältnisformel Fe_2O_3. Beschreibe, wie sie aufgebaut ist.

Praxis Oxidation von Metallen

1 Kupferbrief

Geräte: Gasbrenner, Tiegelzange, Hammer, feuerfeste Unterlage
Chemikalien: Kupferblech (ca. 4 cm × 8 cm)
Durchführung: Falte ein Stück Kupferblech, indem du es in der Mitte umknickst. Biege die Ränder um und klopfe sie mit dem Hammer fest. Glühe den „Kupferbrief" ca. 1 min in der nicht leuchtenden Brennerflamme und falte ihn nach dem Abkühlen wieder auseinander.
Auswertung: Beschreibe und deute die Veränderung des Kupferblechs (innen und außen).

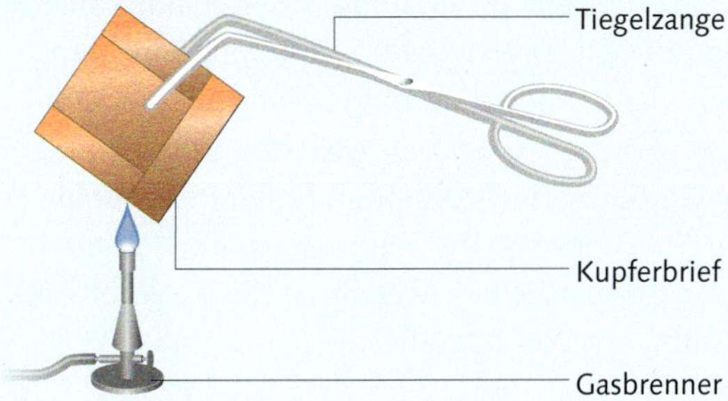

2 Funkenregen

Geräte: Gasbrenner, Stativmaterial zum Einspannen des Brenners, Spatel, feuerfeste Unterlage
Chemikalien: Kupferpulver, Eisenpulver, Aluminiumpulver
Durchführung: Spanne den Gasbrenner waagerecht am Stativ ein. Nimm eine kleine Menge Metallpulver auf den Spatel und lass es von oben auf die nicht leuchtende Brennerflamme rieseln.
Auswertung: Notiere deine Beobachtung. Ordne die Metalle nach ihrer Reaktionsheftigkeit.

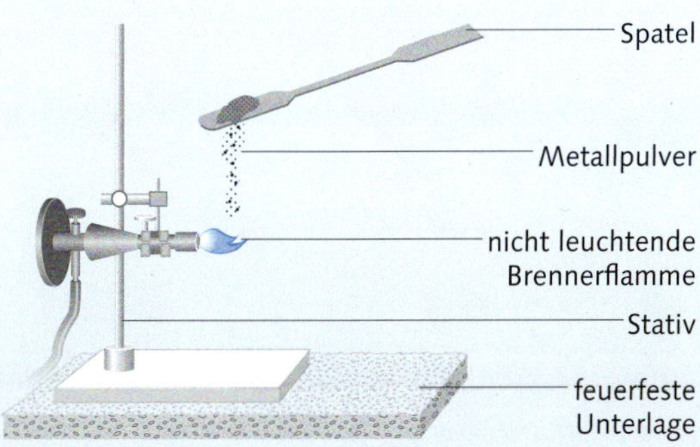

3 Rosten von Eisen

Geräte: 3 Reagenzgläser, Becherglas, Spatel
Chemikalien: Eisenwolle, Wasser, Speiseöl
Durchführung: Bilde aus der Eisenwolle 3 Knäuel von jeweils ungefähr 0,5 g. Die Eisenwolleknäuel werden folgendermaßen behandelt:
- Das erste wird mit Wasser befeuchtet.
- Das zweite wird mit Speiseöl befeuchtet.
- Das dritte bleibt unbehandelt.

Die Eisenwolleknäuel schiebst du mit dem Spatel in jeweils ein Reagenzglas – bis an den Boden. Stelle die Reagenzgläser mit der Öffnung nach unten in ein Becherglas, das ca. 2 cm hoch mit Wasser gefüllt ist. Lass die Versuchsanordnung einige Tage stehen.
Auswertung: Wie verändern sich die Eisenwolle und der Wasserstand in den Reagenzgläsern nach etwa 3 Tagen? Finde eine Erklärung.

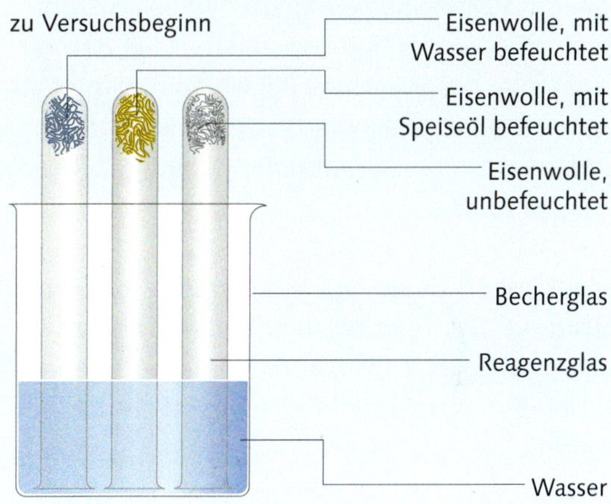

4 Magische Kerze

Geräte: Tiegelzange, Papier
Chemikalien: Kerzendocht (ca. 10 cm lang), Teelicht, Magnesiumpulver
Durchführung: Tauche einen Docht in das flüssige Wachs eines Teelichts. Streue etwas Magnesiumpulver auf ein Papier und wälze den noch warmen Docht im Magnesiumpulver. Halte den abgekühlten Docht mit einer Tiegelzange und entzünde ihn. Blase die Flamme aus, sobald sie anfängt Funken zu sprühen.
Auswertung: Erkläre die „Zauberei".

Nichtmetalle reagieren mit Sauerstoff

1 *Verschwindet die Kerze spurlos?*

„Flüchtige" Oxide Wie kann es sein, dass die Kerze leichter wird, obwohl sich das Wachs mit dem Sauerstoff aus der Luft verbindet?
Bei der Verbrennung von Eisenwolle entsteht festes Eisenoxid. Und was entsteht bei der Verbrennung des Wachses? Bei vielen nichtmetallischen Brennstoffen wie Wachs, Holz, Kohle oder Papier entstehen gasförmige, „flüchtige" Reaktionsprodukte.

Kohlenstoffdioxid, ein gasförmiges Reaktionsprodukt Der Hauptbestandteil der meisten Brennstoffe ist Kohlenstoff. Bei der Verbrennung verbindet sich dieser mit Sauerstoff zu Kohlenstoffdioxid.

Kohlenstoff + Sauerstoff
→ Kohlenstoffdioxid | exotherm

Verbrennungen im menschlichen Körper Die Nahrungsmittel sind die Brennstoffe für den menschlichen Körper. Der für die Verbrennung notwendige Sauerstoff wird über die Lunge aufgenommen und mit dem Blut zu den Körperzellen transportiert. Dort findet die Verbrennung der Nährstoffe statt. Die Einatemluft enthält ca. 21 % Sauerstoff und 0,04 % Kohlenstoffdioxid. In der Ausatemluft sind nur noch 17 % Sauerstoff und dafür 4 % Kohlenstoffdioxid enthalten.

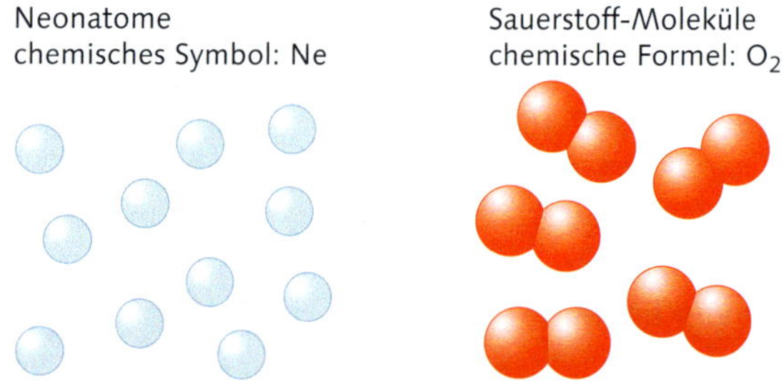

2 *Neonatome und Sauerstoff-Moleküle*

Gase bestehen aus Atomen oder Molekülen
Bei Edelgasen, z. B. Argon oder Neon, treten die Atome einzeln auf. Bei den meisten anderen Gasen, beispielsweise beim Sauerstoff, schließen sich die Atome zu Verbindungsteilchen zusammen. Solche Verbindungsteilchen bestehen aus zwei oder mehr Atomen und man bezeichnet sie als Moleküle. Im Gegensatz zum „riesigen" Atomverband eines Metalls ist die Zahl der Atome im Molekül begrenzt.

Edelgase bestehen aus einzelnen Atomen. Bei den meisten anderen Gasen sind mindestens zwei Atome zu einem Molekül verbunden.

Molekülformel Bei der Formel O_2 sagt dir die tiefgestellte Ziffer 2 hinter dem Symbol O, dass zwei Sauerstoffatome zu einem Molekül verbunden sind. Die Formel CO_2 besagt, dass es sich um ein Molekül aus einem Kohlenstoff- und zwei Sauerstoffatomen handelt.

Die Molekülformel gibt an, aus welchen und wie vielen Atomen ein Molekül aufgebaut ist.

Reaktion von Kohlenstoff mit Sauerstoff in der Modelldarstellung und in Symbolschreibweise:

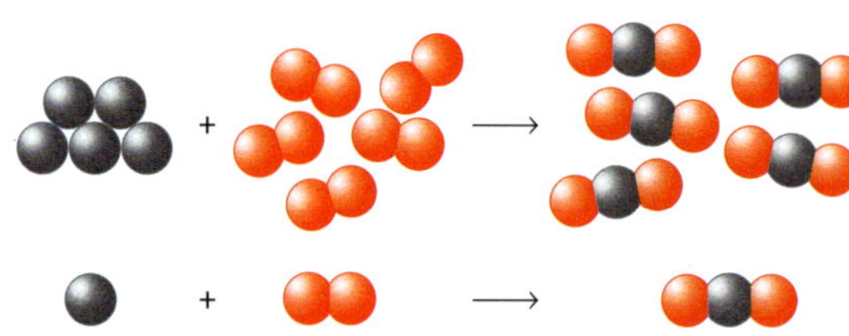

$C + O_2 \longrightarrow CO_2$

3 *Kohlenstoff und Sauerstoff reagieren zu Kohlenstoffdioxid.*

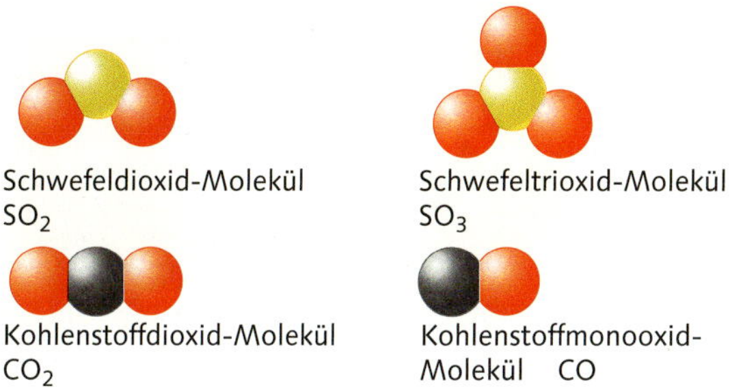

4 *Moleküle gasförmiger Nichtmetalloxide*

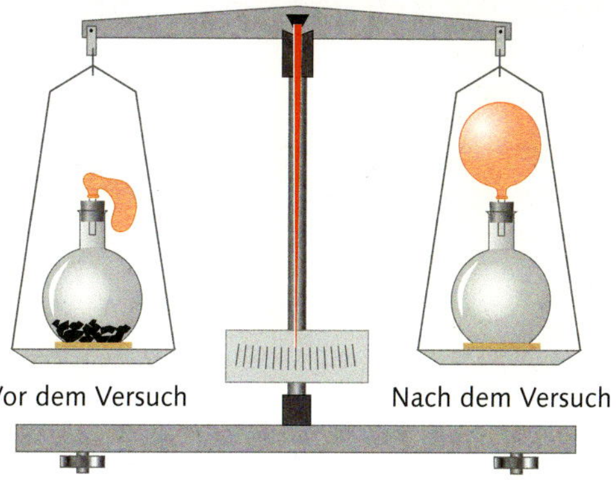

6 *Eine chemische Reaktion im geschlossenen Raum*

Gasförmige Nichtmetalloxide Viele Brennstoffe enthalten außer Kohlenstoff auch die Elemente Schwefel und Stickstoff. Daher entstehen bei der Verbrennung neben Kohlenstoffdioxid weitere gasförmige Nichtmetalloxide. Bei der Benennung chemischer Verbindungen wie Kohlenstoffmonooxid, Kohlenstoffdioxid oder Schwefeltrioxid verwendet man griechische Zahlwörter. „Tri" in Schwefeltrioxid zeigt an, dass das Schwefelatom mit drei Sauerstoffatomen verbunden ist.

Zahl	1	2	3	4	5	6
Bezeichnung	mono	di	tri	tetra	penta	hexa

Tab. 1 *Griechische Zahlwörter*

Mal schwerer, mal leichter Wenn man Eisenwolle verbrennt, kommt es zu einer Massenzunahme, da sich Eisen mit Sauerstoff zu festem Eisenoxid verbindet. Zur Masse des Eisens kommt die Masse des Sauerstoffs aus der Luft hinzu. Dagegen wird die Kerze beim Verbrennen leichter: Es entsteht ein gasförmiges Nichtmetalloxid, das nicht mehr gewogen werden kann.

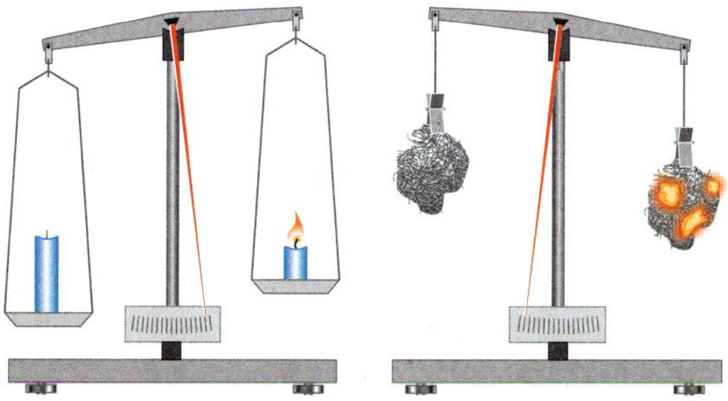

5 *Wie ändert sich die Masse beim Verbrennen?*

Gesetz von der Erhaltung der Masse In einen mit Sauerstoff gefüllten Rundkolben werden Holzkohlestückchen eingefüllt. Nachdem der Kolben mit einem Luftballon gasdicht verschlossen ist, wird die Holzkohle (Kohlenstoff) verbrannt (Bild 6). Die chemische Reaktion findet in einem geschlossenen Raum statt, aus dem kein Stoff entweichen und in den von außen kein Stoff eindringen kann. Vergleicht man die Masse vor und nach der Verbrennung, stellt man fest: Die Masse ändert sich nicht. Bei einer chemischen Reaktion werden die Atome nur umgeordnet (Bild 3).

Bei einer chemischen Reaktion haben die Ausgangsstoffe die gleiche Masse wie die Reaktionsprodukte.

Aufgaben

1 □ Gib an, aus welchen und aus wie vielen Atomen die folgenden Moleküle aufgebaut sind: O_2, SO_2, NH_3, H_2S.

2 □ Benenne diese chemischen Verbindungen: NO, SO_3, SiO_2, N_2O.

3 ◪ Vergleiche die Gase Argon und Stickstoff bezüglich ihrer Eigenschaften und ihrer Stoffteilchen.

4 Bei der Verbrennung von Holz entsteht Asche. Sie ist viel leichter als Holz.

a ◪ Begründe, warum die Masse des Feststoffs abnimmt.

b ◪ Erläutere, warum das Gesetz von der Erhaltung der Masse dennoch gilt.

5 ■ Wie ändert sich die Zusammensetzung der Raumluft, wenn sich Personen in einem geschlossenen Raum befinden?

Luftverschmutzung und Treibhauseffekt

Schädliche Abgase Bei der Verbrennung fossiler Energieträger wie Kohle, Erdgas, Heizöl, Benzin oder Diesel, aber auch bei der Verbrennung von Holz entstehen die Reaktionsprodukte Kohlenstoffdioxid und Wasser. Zusätzlich werden giftige Abgase frei, die unsere Umwelt belasten. Die von einem Verursacher ausgestoßenen Schadstoffe bezeichnet man als seine Emissionen, die auf die Umwelt einwirkenden Schadstoffe als Immissionen.

Die Abgabe giftiger, gesundheits- oder umweltschädlicher Stoffe wird Emission genannt. Jede Emission hat eine Immission in die Umwelt zur Folge.

2 *Viele Stadtzentren kann man nur noch mit einer entsprechenden Plakette befahren.*

Verursacher der Luftverschmutzung Die größte Menge Kohlenstoffdioxid und Schwefeldioxid wird durch die Verbrennung von Heizöl oder Kohle in Kraftwerken produziert. Bei der Verbrennung von Benzin im Automotor reagiert ein Teil des Luftstickstoffs mit Sauerstoff zu Stickstoffmonooxid und Stickstoffdioxid. Daher ist hauptsächlich der Straßenverkehr für die Luftbelastung durch Stickstoffoxide verantwortlich. Daneben tragen auch Industrie und private Haushalte zur Luftverschmutzung bei.

3 *Von Autos verursachte Emissionen*

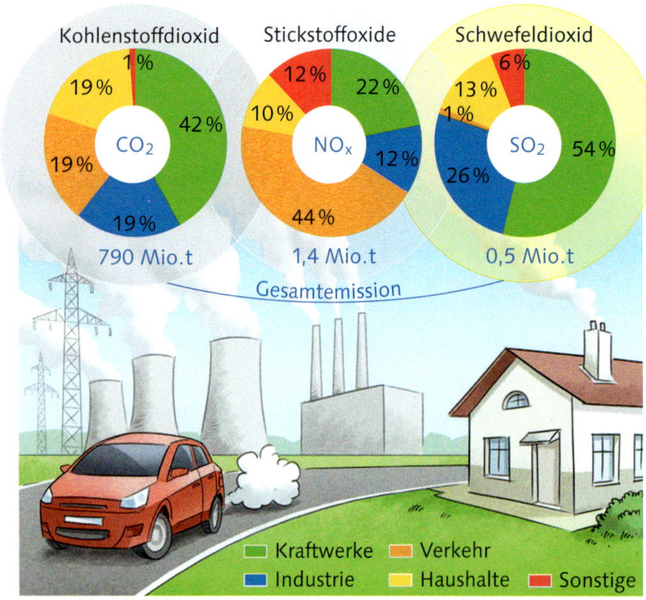

1 *Verursacher von Emissionen in Deutschland (2009)*

Feinstäube Bei Verbrennungen und bei der Verarbeitung von Holz, Metall und Kunststoff entstehen Feinstäube, die unsere Atemluft verunreinigen. Feinstaubpartikel mit einem Durchmesser unter 0,01 mm können von den Schleimhäuten der Nase und des Rachens nicht aus der Atemluft herausgefiltert werden. Sie gelangen in die Lunge und können zu Gesundheitsschäden führen.

Kraftwerke, Industrie, Haushalte und Verkehr sind hauptsächlich für die Luftverschmutzung verantwortlich.

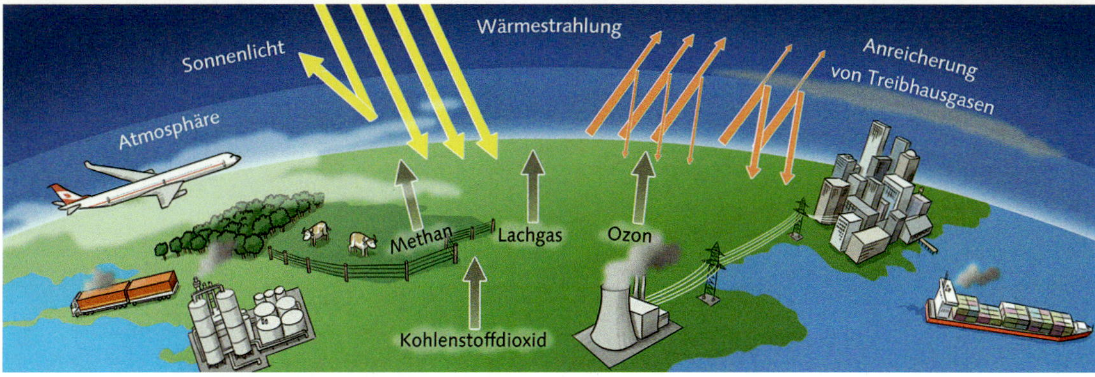

4 *Modellhafte Darstellung des Treibhauseffekts*

Die Erdatmosphäre als natürliches Treibhaus Unsere Erde ist von der Erdatmosphäre umgeben. Diese gasförmige Lufthülle wirkt wie das Dach eines gläsernen Treibhauses: Sonnenstrahlen werden durchgelassen, dadurch wird die Erdoberfläche erwärmt. Ein Teil der von der Erde kommenden Wärmestrahlung wird von der Lufthülle reflektiert. Durch diesen natürlichen Treibhauseffekt haben wir auf der Erde eine Durchschnittstemperatur von ca. 15 °C. Ohne Lufthülle läge die mittlere Temperatur bei –18 °C und die Erde wäre vereist. Menschliches Leben wäre nicht möglich.

Der natürliche Treibhauseffekt ermöglicht menschliches Leben auf der Erde.

Von Menschen verursachter Treibhauseffekt Durch Abgase wird der natürliche Treibhauseffekt „künstlich" verstärkt. Dabei ist Kohlenstoffdioxid der größte „Übeltäter": Auf sein Konto gehen ca. 60 % des künstlichen Treibhauseffekts. Mit dem Anstieg des Kohlenstoffdioxidgehalts der Luft von 0,028 % im Jahr 1850 auf fast 0,04 % im Jahr 2016 ist auch die Durchschnittstemperatur gestiegen. Weitere von Menschen verursachte Treibhausgase sind Methan, Lachgas (Distickstoffmonooxid) und Ozon. Methan entsteht bei der Zersetzung von pflanzlichem Material, z. B. bei der Verdauung von Gras im Magen von Wiederkäuern. Auch beim Reisanbau werden große Mengen Methan freigesetzt: In den überfluteten Feldern wird es von Bakterien aus verrottetem Stroh produziert. Beim Einsatz von Stickstoffdüngern wird Lachgas gebildet. Ozon stammt hauptsächlich aus Autoabgasen.

Die Temperatur auf der Erde steigt Seit 1850 ist die Durchschnittstemperatur auf der Erde um ca. 0,7 °C gestiegen. Nach Modellrechnungen würde die Temperatur bis zum Jahr 2100 um ca. 4 °C steigen, wenn der Ausstoß an Treibhausgasen nicht gesenkt wird. Klimaforscher und Politiker sind sich einig, dass die Temperatur um höchstens 2 °C ansteigen darf. Dazu müssen wir unseren Treibhausgasausstoß deutlich senken.

Auswirkungen des Treibhauseffekts Ein Temperaturanstieg kann schwerwiegende Folgen haben: Die Gletscherschmelze an Nord- und Südpol lässt den Meeresspiegel ansteigen, so werden küstennahe Gebiete durch Überschwemmungen bedroht. Es kommt verstärkt zu extremen Wetterereignissen. Hitzewellen im Sommer führen zu Wassermangel in vielen Regionen. Dadurch dehnen sich Wüstengebiete aus und die landwirtschaftlichen Erträge sinken. Die Waldbrandgefahr steigt. Größere Regenmengen im Winter lassen Flüsse über die Ufer treten und bringen ein erhöhtes Hochwasserrisiko im Inland. Extreme Stürme können ganze Landstriche verwüsten.

Aufgaben

1 □ Nenne vier Schadstoffe, die unsere Luft belasten.

2 □ Gib zwei Verursacher für Feinstaub an.

3 □ Nenne vier Treibhausgase.

4 ◪ Erläutere den Begriff „künstlicher Treibhauseffekt".

5 ◪ Beschreibe mögliche Folgen des künstlichen Treibhauseffekts auf Klima und Umwelt.

6 ◪ Informiere dich im Internet, was man unter Smog versteht.

Methode Aufstellen von Formeln mithilfe der Wertigkeit

1 *Das Sauerstoffatom ist zweiwertig und kann daher zwei Wasserstoffatome binden.*

Warum H_2O? Wasser hat die Molekülformel H_2O. Warum nicht HO oder HO_2? Das Wasserstoffatom hat nur eine Bindemöglichkeit, es ist einwertig. Das Sauerstoffatom dagegen hat zwei Bindemöglichkeiten, es ist zweiwertig. Da alle Bindemöglichkeiten genutzt werden müssen, braucht man für ein Sauerstoffatom zwei Wasserstoffatome. Die Zahl, die angibt, wie viel Wasserstoffatome ein Atom eines Elements binden kann, wird Wertigkeit genannt. Wertigkeiten werden mit römischen Zahlen angegeben.

Element	Symbol	Wertigkeit
Wasserstoff	H	I
Chlor	Cl	I
Natrium	Na	I
Kupfer	Cu	I oder II
Sauerstoff	O	II
Magnesium	Mg	II
Eisen	Fe	III oder II
Aluminium	Al	III
Kohlenstoff	C	IV oder II

Tab. 1 *Beispiele für Wertigkeiten*

Mehrere Wertigkeiten Im Kohlenstoffdioxid-Molekül (CO_2) hat das Kohlenstoffatom vier Bindemöglichkeiten. Für diese benötigt es zwei Sauerstoffatome mit jeweils zwei Bindemöglichkeiten. Wenn nicht genügend Sauerstoffatome zur Verfügung stehen, kann sich das Kohlenstoffatom auch mit einem Sauerstoffatom „begnügen". Es bildet dann nur zwei Bindemöglichkeiten und ist damit zweiwertig wie im Kohlenstoffmonooxid-Molekül (CO). Ein Eisenatom kann II- oder III-wertig sein. Man gibt dies mit folgender Schreibweise an: Eisen(II)-oxid bzw. Eisen(III)-oxid.

Aufstellen von Formeln Mithilfe der Wertigkeiten kannst du die Formeln von chemischen Verbindungen aufstellen. Gehe dabei so vor:

1 *Wertigkeiten zuordnen*

Mithilfe einer Tabelle kannst du die Wertigkeiten feststellen. Die Wertigkeiten der beiden Verbindungspartner schreibst du über die Symbole.

III II
Beispiel: Al O

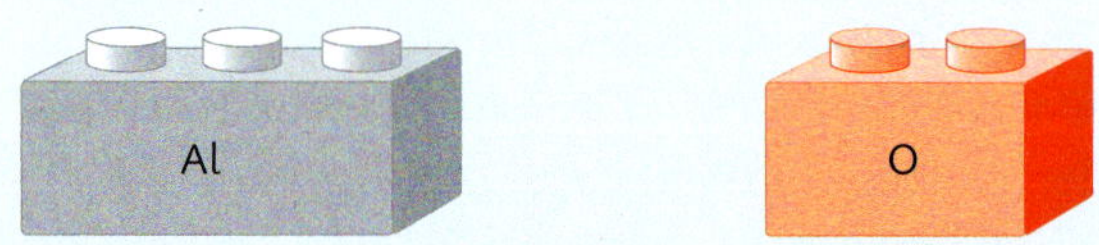

Aluminium (Al)
III-wertig

Sauerstoff (O)
II-wertig

2 *Ausgleichen der Wertigkeiten*

Beide Verbindungspartner müssen gleich viele Bindemöglichkeiten bekommen. Dazu wird die Anzahl der Atome so vervielfacht, dass man das kleinste gemeinsame Vielfache (kgV) der Bindemöglichkeiten erhält. Die Anzahl der Atome muss vervielfacht werden.

Beispiel:

Das Aluminiumatom hat drei Bindemöglichkeiten, das Sauerstoffatom hat zwei Bindemöglichkeiten. Das kleinste gemeinsame Vielfache (kgV) wird ermittelt.

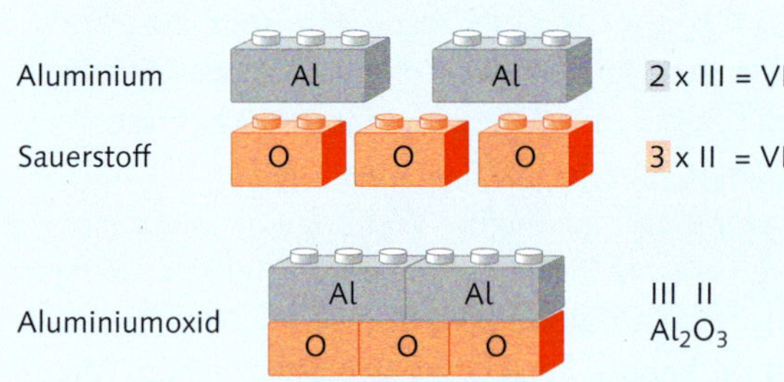

3 *Aufstellen der Formel*

Die Zahlen, mit denen du vervielfachst, werden tiefgestellt hinter die Symbole geschrieben.

Formel: Al_2O_3

Methode Eine Reaktionsgleichung aufstellen

Chemische Reaktionen beschreiben Ein Reaktionsschema in Worten gibt die Ausgangsstoffe und die Reaktionsprodukte bei einer chemischen Reaktion an. Bei einer Reaktionsgleichung in Symbolschreibweise wird durch Elementsymbole und Formeln beschrieben, welche Atome in den Ausgangsstoffen und Reaktionsprodukten vorkommen. Dabei wird auch die Anzahl der beteiligten Atome berücksichtigt.

Die Zahl *vor einer Formel* gibt die Anzahl der Atome oder Moleküle an. Eine 1 wird nicht aufgeschrieben.

Beispiel: 2 Mg (zwei Magnesiumatome)

Die kleine, tiefergestellte Zahl *hinter einem Symbol* gibt an, wie viele Atome einer Art in einem Molekül vorkommen. Auch hier wird eine 1 nicht notiert.

Beispiel: O_2 (ein Sauerstoff-Molekül, das aus zwei Sauerstoffatomen besteht)

Wie stellt man eine Reaktionsgleichung auf?

1 *Reaktionsschema in Worten aufstellen*
Magnesium + Sauerstoff → Magnesiumoxid
Lies:
Magnesium und Sauerstoff reagieren zu Magnesiumoxid.

2 *Reaktionsschema in Symbolschreibweise aufstellen*
An der chemischen Reaktion sind sehr viele Atome und Moleküle beteiligt. Stellvertretend für sie gibt man nur die kleinstmöglichen Einheiten an.
Für die an der chemischen Reaktion beteiligten Atome und Moleküle werden die zugehörigen Symbole und Formeln eingesetzt.

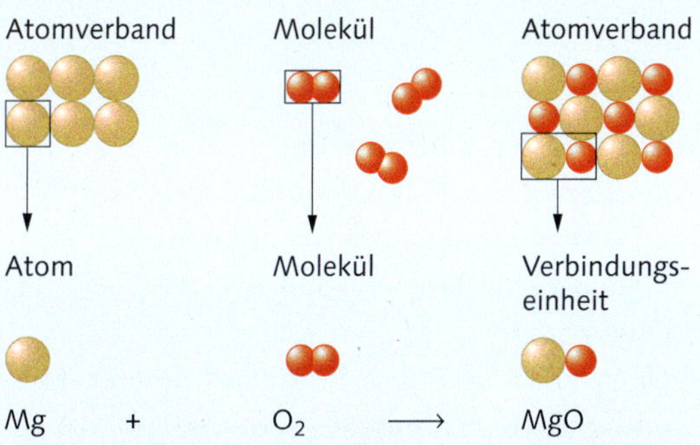

Dieses Reaktionsschema in Symbolschreibweise wird dem Gesetz von der Erhaltung der Masse nicht gerecht, da ein Sauerstoffatom bei der Reaktion verloren ginge. Bei den Ausgangsstoffen und bei den Reaktionsprodukten muss die gleiche Anzahl von Atomen der gleichen Art stehen. Man muss das Reaktionsschema noch ausgleichen.

3 *Reaktionsschema ausgleichen*
Bei einer chemischen Reaktion werden die Atome nur umgeordnet. Daher muss die Anzahl der Atome links und rechts vom Reaktionspfeil gleich groß sein.

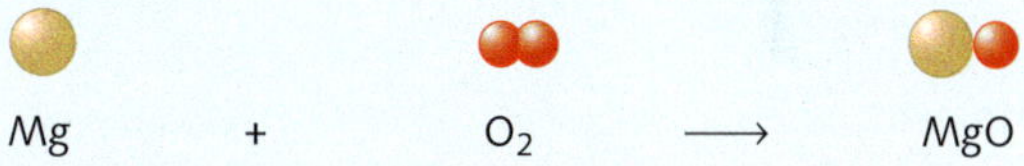

Eine Verbindungseinheit Magnesiumoxid besteht aus einem Magnesiumatom und einem Sauerstoffatom. Links vom Reaktionspfeil gibt es aber zwei Sauerstoffatome.
Durch Multiplizieren der Symbole und Formeln kann man das Reaktionsschema ausgleichen. An den Formeln und Symbolen selbst darf nichts geändert werden.

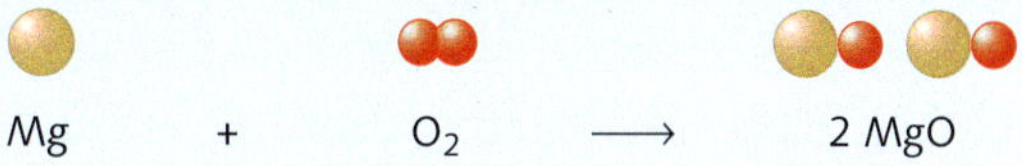

Verdoppelt man die Anzahl der Magnesiumoxid-Verbindungseinheiten, gibt es auf beiden Seiten zwei Sauerstoffatome. Rechts stehen zwei Magnesiumatome und links steht nur eins. Daher wird die Anzahl der Magnesiumatome auf der linken Seite verdoppelt.

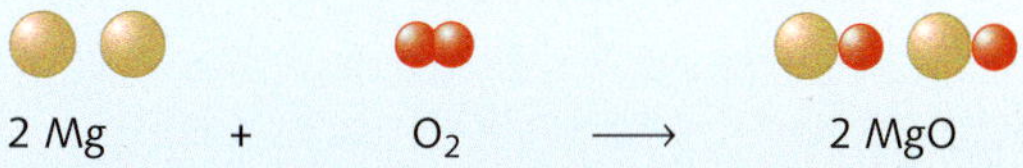

Die Anzahl der Atome auf beiden Seiten des Reaktionspfeils ist nun gleich. Jetzt ist die Reaktionsgleichung aufgestellt.

4

1 Verbrennung im geschlossenen Raum

Geräte: Gasbrenner, Reagenzglas, Reagenzglashalter, Luftballon
Chemikalien: Streichhölzer
Durchführung: Gib fünf Streichhölzer mit den Köpfen nach unten in ein Reagenzglas. Verschließe das Reagenzglas mit einem Luftballon. Wiege die Apparatur. Erhitze die Streichhölzer in der Brennerflamme, bis sie sich entzünden. Wiege erneut nach dem Abkühlen.
Auswertung: Auf welches Gesetz kannst du deine Beobachtung zurückführen?

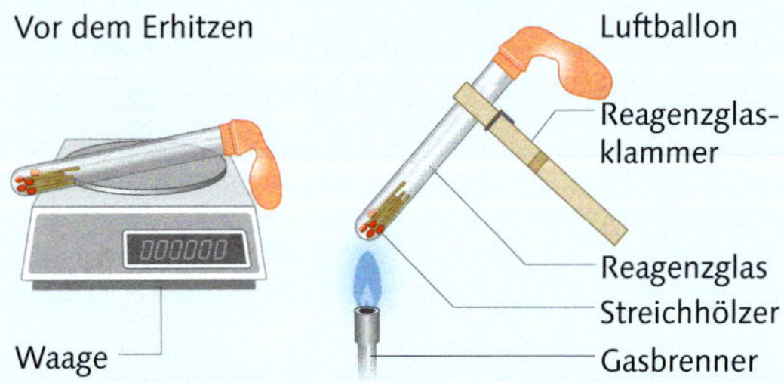

2 Ein Abgas aus der Kerzenflamme

Geräte: Glastrichter, Spritze (60 ml), 15 cm langes Schlauchstück, Reagenzglas, Reagenzglasgestell
Chemikalien: Kerze, Calciumhydroxid-Lösung
Durchführung: Verbinde den Glastrichter und die Spritze mit dem Schlauchstück. Fülle in das Reagenzglas ca. 1 cm hoch Calciumhydroxid-Lösung. Halte den Trichter ungefähr 5 cm über die Kerzenflamme und sauge das Abgas in die Spritze. Entferne den Trichter (*Vorsicht heiß!*) und leite das in der Spritze aufgefangene Gas in die Calciumhydroxid-Lösung.
Auswertung: Welches Verbrennungsgas der Kerze hast du nachgewiesen?

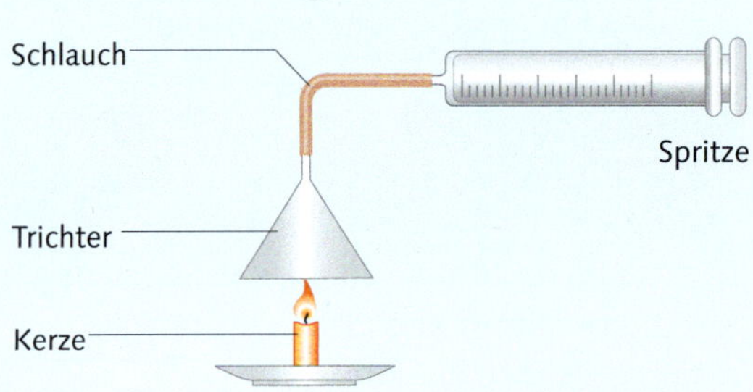

3 Löslichkeit von Gasen

Geräte: 2 Spritzen (60 ml), Verbinder (Schlauchstück oder Zweiwegehahn), Verschlusskappe für Spritze, 2 Bechergläser (100 ml)
Chemikalien: Leitungswasser, saures Mineralwasser, Kohlenstoffdioxid
Durchführung:

- **a** Fülle in eine Spritze 25 ml Kohlenstoffdioxid und in die andere 25 ml Leitungswasser. Verbinde die beiden Spritzen. Drücke das Wasser in die Spritze mit dem Kohlenstoffdioxid. Kopple nun die Spritze mit dem Wasser und dem Kohlenstoffdioxid ab und verschließe sie. Schüttle diese Spritze, bis sich kein Gas mehr löst. Lies an der Skala ab, wie viel ml Kohlenstoffdioxid sich gelöst haben?
- **b** Führe den Versuchsteil a anstatt mit Leitungswasser mit saurem Mineralwasser durch.
- **c** Bestimme die Löslichkeit von Sauerstoff in Leitungswasser.

Auswertung: Wie viel ml Kohlenstoffdioxid und wie viel ml Sauerstoff lösen sich in 1 Liter Wasser?

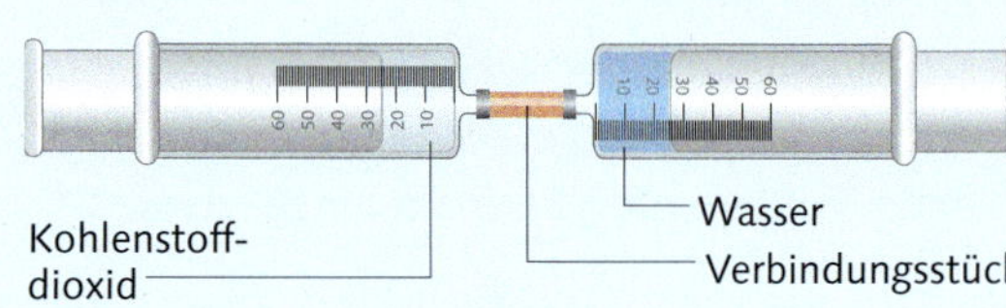

4 Explosive Verbrennung

Geräte: kleine Pappdose mit Deckel, Tropfpipette, Gummistopfen, Stativmaterial
Chemikalien: Benzin (100/140), Glimmspan
Durchführung: Bohre 5 cm über dem Boden ein Loch (Durchmesser: 1 cm) in die Dose. Gib ca. sechs Tropfen Benzin und einen kleinen Gummistopfen in die Dose. Verschließe die Dose mit dem Deckel, halte das Loch mit einem Finger zu und schüttle. Spanne die Dose schräg am Stativ ein und entzünde das Benzin-Luft-Gemisch, indem du einen brennenden Holzspan an das Loch hältst.
Auswertung: Warum kann das Benzin explosiv verbrennen und der Deckel wegfliegen?

Weitergedacht Oxidation

1 Wärmepflaster

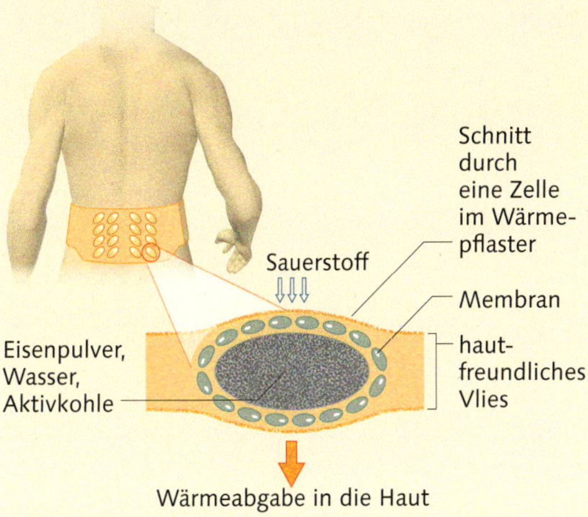

1 *Aufbau eines Wärmepflasters*

In Wärmepflastern entsteht Wärme durch eine chemische Reaktion. Die luftdichte Packung enthält Eisenpulver, Wasser und Aktivkohle. Nach dem Öffnen reagiert das Eisenpulver mit einem Bestandteil der Luft, die Aktivkohle gewährleistet einen kontrollierten Ablauf der Reaktion. Die entstehende Wärme wird an die Umgebung abgegeben.

a □ Beschreibe, welche chemische Reaktion abläuft, wenn man das Wärmepflaster öffnet. Formuliere ein Reaktionsschema in Worten.

b ◪ Erläutere, was ein Schrottauto und ein Wärmepflaster gemeinsam haben.

2 *Ein Schrottauto*

c ■ Entwickle ein Experiment zur Bestimmung des Sauerstoffgehalts der Luft. Verwende eine oder zwei Spritzen und ein Wärmepflaster. Fertige eine Skizze an und beschreibe die Versuchsdurchführung.

2 Phlogiston, der geheimnisvolle Feuerstoff

3 *Beim Öffnen des Kolbens wird eine Kerzenflamme zur Kolbenöffnung gezogen.*

Der britische Naturforscher Robert Boyle erhitzte im Jahre 1673 in einem geschlossenen Kolben Blei, nachdem er vorher alles genau gewogen hatte. Als er nach dem Öffnen des Gefäßes erneut wog, stellte er fest, dass die Gesamtmasse nun größer war als vor dem Experiment. Seine Erklärung für die Massenzunahme:

> Beim Erhitzen wird durch die Gefäßwand Phlogiston (Feuerstoff) aufgenommen.

a □ Widerlege die Phlogistontheorie, indem du eine Erklärung für die Massenzunahme lieferst.

b ◪ Formuliere für die Reaktion des Bleis (zweiwertig) ein Reaktionsschema in Worten und die Reaktionsgleichung.

c ■ Erkläre, warum die Kerzenflamme nach Entfernung des Stopfens zur Öffnung des Gefäßes gezogen wird.

d ◪ Ändere den Versuch von Boyle so ab, dass er zur Bestätigung des Gesetzes von der Erhaltung der Masse herangezogen werden kann.

Teste dich!

1 □ Aus welchen Bestandteilen besteht die Luft?
Gib ihre Anteile in Prozent an und stelle sie in einem Kreisdiagramm dar.

2 Nenne Verwendungsmöglichkeiten:
a □ für reinen, gasförmigen Sauerstoff
b □ für flüssigen Stickstoff

3 ◪ Aus einer Glut kann durch Blasen ein Feuer entfacht werden. Was wird durch das Blasen bewirkt? Erläutere diesen Vorgang.

4 ◪ Erstelle eine Mindmap zur Brandbekämpfung.
Die drei Bedingungen zum Löschen eines Feuers bilden die Hauptäste. Füge an jeden Hauptast verschiedene Nebenäste mit konkreten Löschmaßnahmen an.

5 ◪ Vergleiche die Reaktionsfähigkeit von edlen und unedlen Metallen.

6 □ Nenne verschiedene Verfahren, durch die der Autohersteller eine Autokarosserie vor dem Rosten schützen kann.

7 ■ Aus einer Kerze, die 14 g wiegt, entstehen bei der Verbrennung 62 g Abgase. Ist das ein Widerspruch zum Gesetz von der Erhaltung der Masse? Begründe deine Aussage.

8 ■ Früher verwendete man zum Fotografieren Blitzlichtlampen, die Magnesiumwolle oder -folie und Sauerstoff enthielten. Beim Zünden sind diese Einweglampen implodiert.
Erkläre dieses Phänomen.

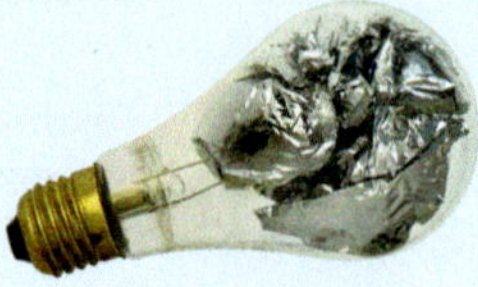

1 *Blitzlichtlampe aus den 1930er Jahren*

9 ◪ Beschreibe, wie Metalloxide und Nichtmetalloxide aufgebaut sind, und gib jeweils ein Beispiel an.

10 Formuliere jeweils ein Reaktionsschema in Worten und die Reaktionsgleichung für die Reaktion von Sauerstoff mit:
a ■ Natrium
b ■ Aluminium

11 ◪ Erläutere die Begriffe Emission und Immission.

12 Bild 2 zeigt ein Gewächshaus, in dem kälteempfindliche Pflanzen wachsen.
a ◪ Beschreibe, wie ein Gewächshaus funktioniert.
b ◪ Welche Stoffe übernehmen in der Erdatmosphäre die Funktion der Glasscheibe des Gewächshauses?

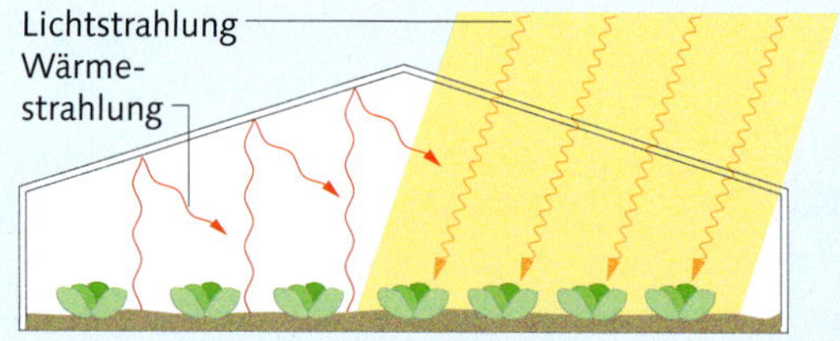

2 *Licht- und Wärmestrahlung in einem Gewächshaus*

Aufgabe	Hilfe findest du auf Seite …
1	86/87
2	86/87
3	88/89
4	88/89
5	92/93
6	93
7	97
8	92/93
9	94, 96/97
10	92, 96/97
11	98
12	99
… und die Lösungen findest du im Anhang.	

Im Überblick

Die Luft der Erdatmosphäre ist ein Gemisch aus Stickstoff, Sauerstoff, Kohlenstoffdioxid und Edelgasen. Verbrennungen oder Oxidationen sind chemische Reaktionen mit Sauerstoff. Unser Körper erhält durch die Verbrennung von Nahrungsmitteln die zum Leben notwendige Energie. Brennstoffe liefern uns Wärme und ermöglichen unsere Mobilität. Die Oxidationsreaktionen können aber auch negative Folgen haben: Schäden durch Brände, Umweltbelastung durch Abgase oder Rosten von Eisenteilen.

4

Wie entsteht ein Feuer?

- Damit ein Feuer entstehen kann,
  - braucht man einen brennbaren Stoff
  - muss Sauerstoff vorhanden sein
  - muss die Entzündungstemperatur des Brennstoffs erreicht werden

Wie löscht man ein Feuer?

- Mindestens eine der drei Brandbedingungen darf nicht mehr erfüllt sein:
  - Brennstoff
  - Sauerstoff
  - Entzündungstemperatur

Bestandteile der Luft

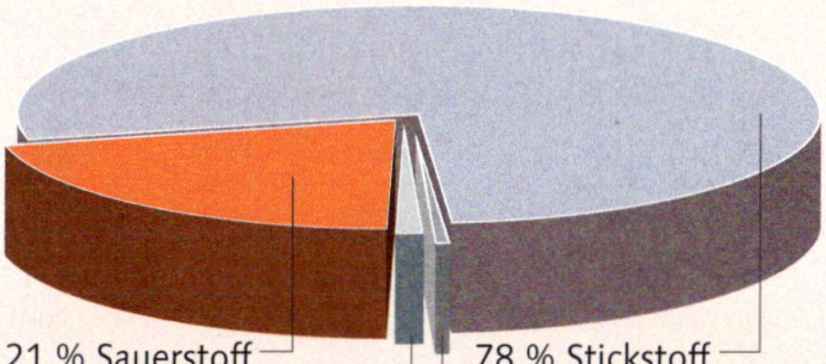

Oxidation

- chemische Reaktion, bei der Sauerstoff aufgenommen wird; Reaktionsprodukt: Oxid

Rosten und Rostschutz

- langsame Oxidation des Eisens
  Rostschutzmaßnahmen:
  - Einölen oder Einfetten
  - Farb-, Kunststoff- oder Metallüberzug

Moleküle

- bestehen aus einer begrenzten Anzahl mehrerer Atome

Sauerstoff-Molekül

Kohlenstoffdioxid-Molekül

Nichtmetalle reagieren mit Sauerstoff

- Nichtmetall + Sauerstoff → Nichtmetalloxid

  Beispiel:
  Kohlenstoff + Sauerstoff → Kohlenstoffdioxid

  $C + O_2 \rightarrow CO_2$

Metalle reagieren mit Sauerstoff

- Metall + Sauerstoff → Metalloxid
  Beispiel:
  - Reaktionsschema in Worten:
    Eisen + Sauerstoff → Eisenoxid
  - Reaktionsgleichung:
    $4\,Fe + 3\,O_2 \rightarrow 2\,Fe_2O_3$

Treibhauseffekt

- *natürlich:* Gase in der Atmosphäre sorgen dafür, dass nur ein Teil der Wärmestrahlung der Sonne wieder von der Erde in den Weltraum abgegeben wird.
- *künstlich:* Menschen erzeugen zusätzlich Treibhausgase, die den natürlichen Effekt verstärken – es wird immer wärmer.
- *Treibhausgase:* Kohlenstoffdioxid, Methan, Lachgas, Ozon

5

Metalle und Metallgewinnung

Hoch ragt das Stahlgerüst der Achterbahn in die Luft. Stahl lässt sich formen und hat genügend Festigkeit und Härte, um Menschen und Wagen zu tragen. Daher ist Stahl in vielen Lebensbereichen zu finden. Gewonnen wird er aus den Erzen der Erdkruste, doch diese Schätze müssen erst gehoben und chemisch aufgearbeitet werden.

Geschichte der Metalle

1 *Goldmaske von TUTANCHAMUN – im Grab des altägyptischen Königs (14. Jh v. Chr.) fand man viele goldene Grabbeigaben.*

3 *Himmelsscheibe von Nebra (Sachsen-Anhalt) – ein bedeutender Kunstfund aus der Bronzezeit*

Gold, eines der ältesten genutzten Metalle Gold war schon bei den alten Ägyptern, Azteken, Römern und Chinesen hoch geschätzt. Die ältesten Funde von Schmuckgegenständen aus Gold datieren aus dem 5. und 4. Jahrtausend v. Chr. Das seltene Edelmetall Gold war den Menschen damals schon bekannt, weil es im Gegensatz zu Gebrauchsmetallen wie Eisen in der Natur elementar, das heißt „ungebunden" vorkommt. Die Goldsucher der Antike fanden das gelb glänzende Metall in goldhaltigem Flusssand oder in Gesteinen, die in Bergwerken abgebaut wurden.

Funde aus der Kupferzeit Im Jahr 1991 fand man im Gletschereis der Ötztaler Alpen eine etwa 5300 Jahre alte Mumie, die in den Medien den Namen „Ötzi" bekam. Bei der Leiche fand man ein Beil mit einer Kupferklinge. Der Fund des Kupferbeils zeigte, dass am Ende der Steinzeit bereits leichte Werkzeuge und Waffen aus Kupfer hergestellt wurden. Das war der Beginn der Kupferzeit.

2 *Beil von Ötzi*

Bronze verdrängt Kupfer Auf die Kupferzeit folgte von 2200 bis 1200 v. Chr. die Bronzezeit. Man hatte gelernt, aus Kupfer und Zinn die Legierung Bronze herzustellen. Bronze ist härter als Kupfer und daher zur Fertigung von Werkzeugen und Schwertern besser geeignet.

Siegeszug des Eisens Um 800 v. Chr. begann die Eisenzeit. Lange wurden Bronze und Eisen nebeneinander verwendet. Durch Gießen gefertigte Gegenstände aus Bronze sind hart und stabil, lassen sich aber im festen Zustand nicht mehr verformen. Eisen hat den Vorteil, dass es beim Erhitzen weich wird und durch Schmieden geformt werden kann. Dieses vielseitig einsetzbare Metall verdrängte nach und nach die anderen Werkstoffe. Im 20. Jahrhundert gewannen jedoch Kunststoffe zunehmend an Bedeutung.

Aufgaben

1 □ Aus welchen Metallen besteht die Legierung Bronze?

2 □ Ein Beil aus Kupfer hat gegenüber einem Steinbeil wesentliche Vorteile. Nenne diese.

3 ◪ Kupferwerkzeuge wurden später durch Werkzeuge aus Bronze abgelöst. Begründe.

4 ◪ Nenne verschiedene Gründe, warum sich Eisen in vielen Bereichen als Werkstoff gegenüber anderen Metallen durchgesetzt hat.

5 ◪ Erstelle einen Zeitstrahl von der Steinzeit bis zur Eisenzeit und gib die vorwiegend genutzten Materialien an.

6 ◪ Recherchiere, wofür Kupfer heute verwendet wird.

Extra „Hightechmetalle" im Handy

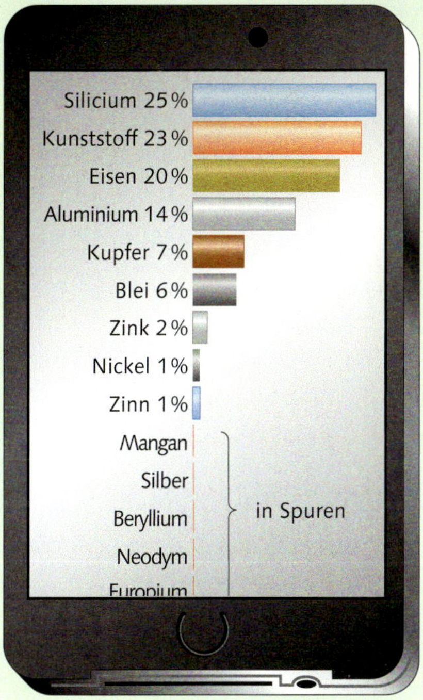

1 *Was steckt im Handy?*

Silicium – ein Halbmetall Etwa ein Viertel eines Handys besteht aus Silicium. Die Erdkruste enthält riesige Mengen an Siliciumverbindungen. Quarzsand besteht hauptsächlich aus Siliciumdioxid. Die Schwierigkeit besteht darin, Silicium in möglichst reiner Form herzustellen. Als Halbmetall leitet es den elektrischen Strom schlechter als Metalle, aber besser als Nichtmetalle. Seine elektrische Leitfähigkeit kann durch Licht und Temperatur gesteuert werden. Wegen dieser Eigenschaft wird es in Computerchips eingesetzt.

2 *Silicium – ein großer Kristall (bis zu 2 m) und Wafer zur Herstellung von Computerchips*

Seltene Metalle Ein Handy besteht aus rund 35 verschiedenen Stoffen, darunter sind auch viele „exotische" Metalle wie Neodym, Europium, Cer oder Lanthan. Weil sie in der Erdrinde nur in kleinen Mengen vorkommen, werden sie auch als seltene Metalle oder seltene Erden bezeichnet.
Für elektronische Geräte wie Computer oder Handys werden zwar nur kleine Mengen benötigt, aber ohne sie geht es nicht. Ungefähr ein Drittel der Rohstoffvorkommen liegen in China. Dort werden auch die meisten der weltweit verarbeiteten seltenen Metalle gewonnen. Dadurch ist die weltweite Produktion von Computerchips von China abhängig.

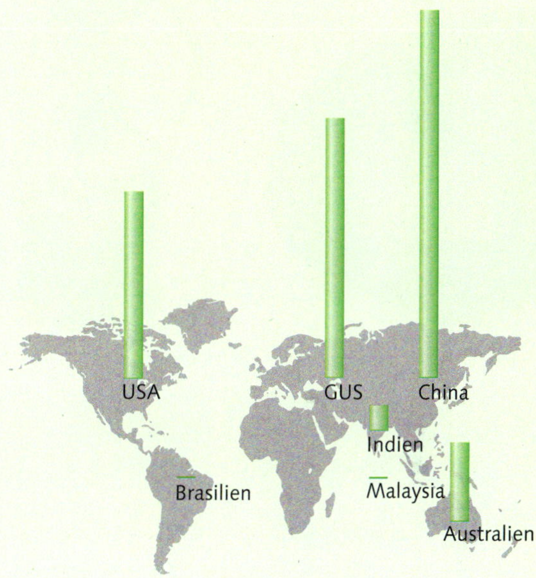

3 *Vorkommen seltener Erden*

Aufgaben

1 □ Gib den Rohstoff an, der für die Siliciumherstellung genutzt wird. Nenne den Namen der chemischen Verbindung.

2 Die Metalle der seltenen Erden gehören zu den begehrtesten Rohstoffen der Welt.

a □ Erläutere den Begriff seltene Erden.

b □ Welche Bedeutung haben seltene Erden für Technik und Industrie?

c □ Wo befinden sich die größten Vorkommen?

d ◪ Informiere dich über den Abbau.

Redoxreaktionen

Kupfer, ein Produkt des Zufalls? Vor ungefähr 5500 Jahren könnte sich folgende Geschichte zugetragen haben: Beim Stochern im Lagerfeuer fällt einem unserer Vorfahren sein Glücksbringer, ein grüner Schmuckstein aus Malachit, ins Feuer. Als er am nächsten Tag in der Asche nach dem Stein sucht, findet er anstatt des Steins einen glänzenden Metallbrocken. Aus dem Kupfererz Malachit war metallisches Kupfer entstanden. Bei genauerer Untersuchung stellte er fest, dass das neu entdeckte Material mit einem Klopfstein formbar und zur Herstellung von Werkzeugen und Gefäßen geeignet war.

1 *Geschliffener Malachit und Gegenstand aus Kupfer*

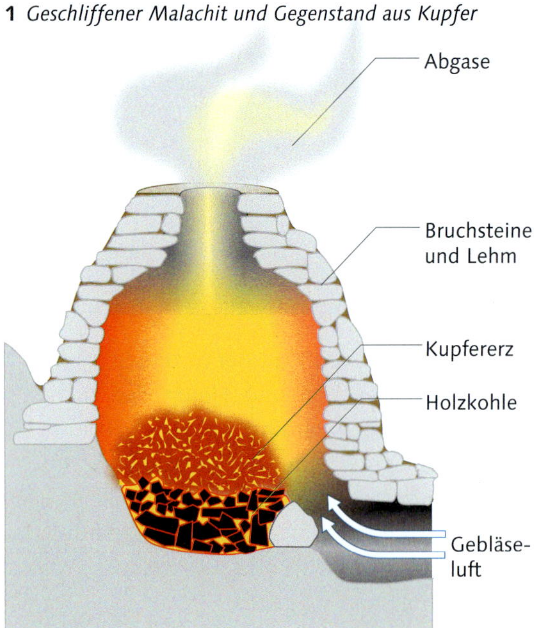

2 *Die Nachfrage nach Kupfer stieg und so begann die Verhüttung von Kupfer in Schmelzöfen.*

Vom Kupferoxid zum Kupfer Im Lagerfeuer entsteht aus dem Malachit zunächst schwarzes Kupferoxid. Um aus Kupferoxid schließlich Kupfer zu gewinnen, muss Kupferoxid den Sauerstoff abgeben. Eine solche Reaktion bezeichnet man als Reduktion.

Reduktion
Kupferoxid ⟶ Kupfer
Sauerstoffentzug

Eine Reduktion ist eine chemische Reaktion, bei der ein Oxid Sauerstoff abgibt.

Oxidation von Kohlenstoff Gesucht wird ein Stoff, der dem Kupferoxid den Sauerstoff entziehen kann. Im Feuer befindet sich Holzkohle. Der Kohlenstoff der Holzkohle hat ein hohes Bindungsbestreben zu Sauerstoff. Der Kohlenstoff entzieht dem Kupferoxid den Sauerstoff und verbindet sich mit diesem zu Kohlenstoffdioxid. Kohlenstoff wirkt als Reduktionsmittel und wird dabei oxidiert. Ein Reduktionsmittel kann ein Oxid reduzieren.

Oxidation
Kohlenstoff ⟶ Kohlenstoffdioxid
Sauerstoffaufnahme

Redoxreaktion Bei der Reaktion von Kupferoxid mit Kohlenstoff findet eine Sauerstoffübertragung statt. Kupferoxid wirkt als Oxidationsmittel – es oxidiert den Kohlenstoff. Kupferoxid selbst wird reduziert. Reduktion und Oxidation laufen gleichzeitig ab. Man spricht von einer Redoxreaktion.

Kupferoxid + Kohlenstoff → Kupfer + Kohlenstoffdioxid

Reduktion (CuO → Cu)

$$2\,CuO + C \rightarrow 2\,Cu + CO_2$$

Oxidation (C → CO_2)

Bei Redoxreaktionen findet eine Sauerstoffübertragung statt. Reduktion und Oxidation laufen gleichzeitig ab.

3 *Die Fähigkeit zu reduzieren nimmt zu. Auch die Nichtmetalle Wasserstoff und Kohlenstoff lassen sich in Bezug auf ihre Reduktionsfähigkeit in die Metallreihe einordnen.*

Reduktion von Kupferoxid mit Eisen Auch Metalle, die unedler sind als Kupfer, können Kupferoxid reduzieren. Das unedlere Eisen entzieht dem edleren Kupfer den Sauerstoff und es entsteht Eisenoxid. Eisen reduziert Kupferoxid zu Kupfer, deshalb wirkt Eisen hier als Reduktionsmittel. Im Gegenzug ist das Kupferoxid für die Oxidation des Eisens verantwortlich. Es übernimmt die Funktion des Oxidationsmittels.

Wasserstoff – ein gasförmiges Reduktionsmittel Kupferoxid kann auch mit Wasserstoff reduziert werden. Leitet man gasförmigen Wasserstoff über das erhitzte Kupferoxid, verbindet sich der Wasserstoff mit dem Sauerstoff des Kupferoxids zu Wasser. Das Wasser entweicht als Wasserdampf und zurück bleibt metallisches Kupfer.

Kupferoxid + Wasserstoff → Kupfer + Wasser

$$CuO + H_2 \rightarrow Cu + H_2O$$

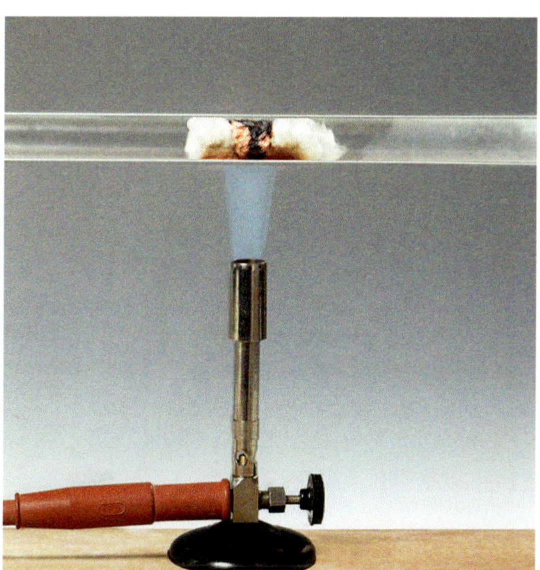

4 *Reaktion von Kupferoxid mit Wasserstoff*

Sauerstoff – ein gefragter Reaktionspartner
Kohlenstoff hat dem Kupfer den Sauerstoff entzogen. Aber auch Kohlenstoffdioxid kann reduziert werden. Magnesium hat ein noch stärkeres Bindungsbestreben zu Sauerstoff. Hält man ein brennendes Stück Magnesiumband in einen Standzylinder mit Kohlenstoffdioxid, brennt es weiter und reagiert zu weißem Magnesiumoxid. Zusätzlich entstehen schwarze Rußflocken. Es handelt sich um Kohlenstoff, der bei der Reduktion von Kohlenstoffdioxid entstanden ist.

Kohlenstoffdioxid + Magnesium → Kohlenstoff + Magnesiumoxid

$$CO_2 + 2\,Mg \rightarrow C + 2\,MgO$$

5 *Reaktion von Kohlenstoffdioxid mit Magnesium*

Aufgaben

1 □ Erkläre die Begriffe Oxidation, Reduktion, Oxidationsmittel und Reduktionsmittel.

2 □ Erkläre den Begriff Redoxreaktion.

3 Aus Bleioxid (PbO) soll Blei hergestellt werden.

- **a** ◪ Gib ein Reduktionsmittel für Bleioxid an.
- **b** ■ Stelle ein Reaktionsschema in Worten und die Reaktionsgleichung auf und kennzeichne den Oxidations- und Reduktionsvorgang.

4 ■ Woran könnte es liegen, dass die Kupferzeit vor der Eisenzeit begann?

Praxis Oxidation und Reduktion

1 Reduktion von Kupferoxid mit Holzkohle

Geräte: Schutzbrille, Gasbrenner, Stativmaterial, Reagenzglas, 2 Bechergläser, durchbohrter Stopfen, Winkelrohr, Reagenzglashalter, Pinzette, Lupe
Chemikalien: Kupferoxidpulver, Holzkohle, Calciumhydroxid-Lösung
Durchführung: Zermahle 0,5 g Holzkohle in der Reibschale und mische sie mit 3 g schwarzem Kupferoxidpulver. Fülle das Gemisch in ein Reagenzglas. Stecke den durchbohrten Stopfen mit dem Winkelrohr in das Reagenzglas. Befestige das Reagenzglas leicht schräg am Stativ, sodass das Winkelrohr in ein kleines Becherglas mit Calciumhydroxid-Lösung ragt. Erhitze das Gemisch, bis es glüht und du im Becherglas eine Veränderung beobachtest. Nimm dann das Winkelrohr sofort aus der Calciumhydroxid-Lösung. Halte das heiße Reagenzglas mit dem Reagenzglashalter und tauche es in ein Becherglas mit Wasser.
Auswertung: Hole das feste Klümpchen mit einer Pinzette aus dem Wasser und betrachte es mit der Lupe. Beschreibe die Reaktionsprodukte und stelle die Reaktionsgleichung auf.

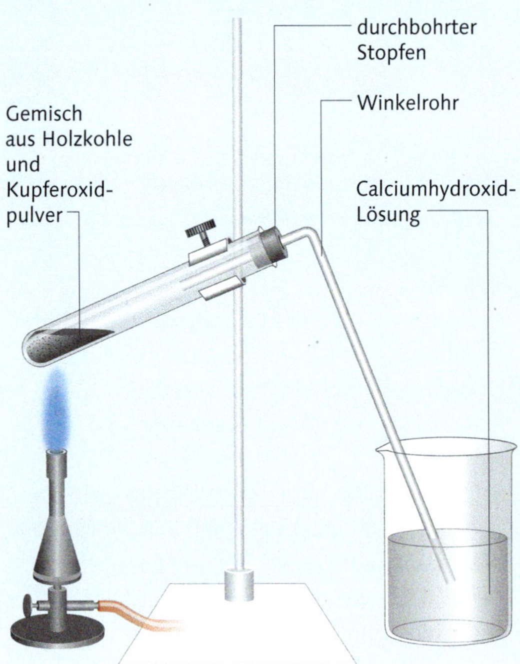

2 Eisen ist edler als Zink

Chemikalien: Eisenpulver, Zinkpulver, Eisenoxid, Zinkoxid, Kohlenstoff
Durchführung: Plane ein Experiment, das belegt, dass Eisen edler ist als Zink. Dir stehen die angegebenen Chemikalien zur Verfügung. Beachte, dass Zinkoxid beim Erhitzen gelb wird.
Auswertung: Erstelle ein Versuchsprotokoll und formuliere die Reaktionsgleichung.

3 Reduktion von Kupferoxid mit Eisen

Geräte: Schutzbrille, Gasbrenner, Reagenzglas, Reibschale mit Pistill, Reagenzglashalter, Lupe
Chemikalien: schwarzes Kupferoxidpulver, Eisenpulver
Durchführung: Mische 2 g schwarzes Kupferoxidpulver und 1 g Eisenpulver in der Reibschale und fülle das Gemisch in ein Reagenzglas.
Erhitze das Gemisch mit der nicht leuchtenden Brennerflamme. Nimm das Reagenzglas beim ersten Aufglühen aus der Brennerflamme.
Auswertung: Betrachte nach dem Abkühlen den Inhalt des Reagenzglases unter der Lupe. Formuliere die Reaktionsgleichung.

4 Oxidation und Reduktion

Geräte: Gasbrenner, Schutzbrille, Tiegelzange
Chemikalien: Kupferblech, Holzkohle
Durchführung: Forme aus einem Kupferblech eine flache Schachtel.

a Erhitze die Schachtel in der Brennerflamme und lass sie anschließend abkühlen.
b Lege einige kleine Holzkohlestückchen in die Schachtel und erhitze erneut. Lass, ohne zu schütteln, abkühlen. Schütte die Holzkohlereste nach dem Abkühlen aus.

Auswertung: Welche chemischen Reaktionen laufen in den Arbeitsschritten a und b ab? Formuliere jeweils die Reaktionsgleichung.

Extra Thermitverfahren

Thermit – ein heißes Gemisch Am Ende des 19. Jahrhunderts fand der Chemiker HANS GOLDSCHMIDT heraus, dass viele Metalloxide heftig mit Aluminium reagieren. Da bei der Zündung von Gemischen aus Metalloxid und Aluminium viel Wärme frei wird, bezeichnete er sie als Thermitgemische oder einfach Thermite.

1 *Thermitverfahren im Einsatz*

2 *Thermitreaktion im Modell*

Verbinden von Eisenbahnschienen Eisenbahngleise setzen sich aus 25 m langen Schienenstücken zusammen. Diese müssen beim Einbau miteinander verschweißt werden. Die Schienenstücke werden so aneinandergelegt, dass zwischen den Enden der zu verbindenden Stücke ein ca. 4 cm breiter Spalt bleibt. Die Schienenenden werden mit einem Schweißbrenner auf ca. 1000 °C vorgeheizt. Anschließend wird eine Gießform über sie gestülpt, die sich der Form der Schienen anpasst. Über dieser Gießform befindet sich ein Reaktionstiegel mit einem Thermitgemisch.

Herstellung des „Bindemittels“ Eisen Das Thermitgemisch im Reaktionstiegel besteht aus Eisenoxidpulver und Aluminiumgrieß. Wenn dieses Gemisch mit einem Zündstäbchen entzündet wird, startet folgende Redoxreaktion:

Eisenoxid + Aluminium
→ Eisen + Aluminiumoxid | exotherm

Thermitschweißen Bei der stark exothermen Reaktion von Eisenoxid mit Aluminium wird eine Temperatur von ca. 2500 °C erreicht, die das entstehende Eisen flüssig hält. Das schwere flüssige Eisen sinkt auf den Boden des Tiegels, in dem sich ein Loch befindet. Durch das Loch läuft es in die Gussform. Das leichtere Aluminiumoxid setzt sich als Schlacke über dem Eisen ab. Nach dem Abkühlen wird die Gießform entfernt und die Schienenoberfläche glatt geschliffen.

Aufgaben

1 □ Was versteht man unter einem Thermitgemisch?

2 ■ Stelle die Reaktionsgleichung für die Thermitreaktion von Eisenoxid mit Aluminium auf. Benenne Reduktionsmittel und Oxidationsmittel.

3 ◪ Ist die Thermitreaktion zur Gewinnung von größeren Mengen Eisen aus Eisenoxid geeignet? Begründe deine Antwort.

Eisengewinnung im Hochofen

1 *Größere Hochöfen können bis zu 12 000 t Roheisen täglich produzieren.*

Keltische „Hightech" im Schwarzwald Bereits 500 Jahre v. Chr. errichteten die Kelten auf dem Gebiet der heutigen Stadt Neuenbürg das bedeutendste Zentrum zur Eisengewinnung und -verarbeitung in Mitteleuropa. Der Standort war ideal, denn in der näheren Umgebung gab es reichhaltige Eisenerzvorkommen und die Wälder lieferten das Holz für die etwa 50 bis 220 cm hohen Schmelzöfen. Da die Eisenerzvorkommen erschöpft sind, hat die Eisengewinnung in Baden-Württemberg heute keine Bedeutung mehr.

Hochofen Moderne Hochöfen (Eisenhütten), die bis zu 50 m hoch sind und mehr als 4 Millionen Tonnen Eisen im Jahr produzieren, findet man beispielsweise im Ruhrgebiet oder im Saarland. Die Metallwände sind mit feuerfesten Steinen ausgemauert. Über ein Röhrensystem im Metallmantel wird der Hochofen mit Wasser gekühlt. Er wird von oben über eine gasdichte Schleuse, die sogenannte Gicht, schichtweise mit Koks und einem Gemisch aus Erz und Zuschlägen (Möller) befüllt. Am unteren Teil des Ofens wird über Düsen heiße Gebläseluft zugeführt. Auf dem Boden des Hochofens sammelt sich das flüssige Roheisen. Die leichtere Schlacke schwimmt auf dem Roheisen. Alle 4 bis 6 Stunden werden Roheisen und Schlacke „abgestochen". Ein Hochofen ist mindestens 10 Jahre ununterbrochen in Betrieb.

Eisenerze Es gibt eine Reihe verschiedener Eisenerzsorten. Zur industriellen Eisengewinnung werden heute vor allem die beiden folgenden eingesetzt:
- Roteisenstein oder Hämatit (Fe_2O_3) mit einem Eisengehalt von 40 bis 60 %. Die größten Lager an Hämatiterz findet man in Brasilien, Nordamerika und Australien.
- Magneteisenstein oder Magnetit (Fe_3O_4) mit einem Eisenanteil von 60 bis 70 % kommt hauptsächlich aus Schweden, Norwegen, Nordafrika, Russland und den USA.

2 *Roteisenstein und Magneteisenstein*

Koks – Brennstoff und Reduktionsmittel Im Hochofen hat der Koks, eine Form von Kohle mit einem Kohlenstoffgehalt von ca. 93 %, zwei Aufgaben: Zum einen sorgt er als Brennstoff für die Energiezufuhr und zum anderen wirkt er als Reduktionsmittel für das Eisenoxid.

Aus Zuschlägen entsteht Schlacke Die Zusatzstoffe, auch Zuschläge genannt, aus Kalkstein, Silikaten und anderen Mineralien haben die Aufgabe, das Begleitgestein der Erze zu binden. Aus den Zuschlägen und dem Begleitgestein entsteht im Hochofen die Schlacke. Sie kann zu Zement oder Isoliermaterial weiterverarbeitet werden. Ein kleinerer Teil findet als Zusatz bei der Glasherstellung Verwendung.

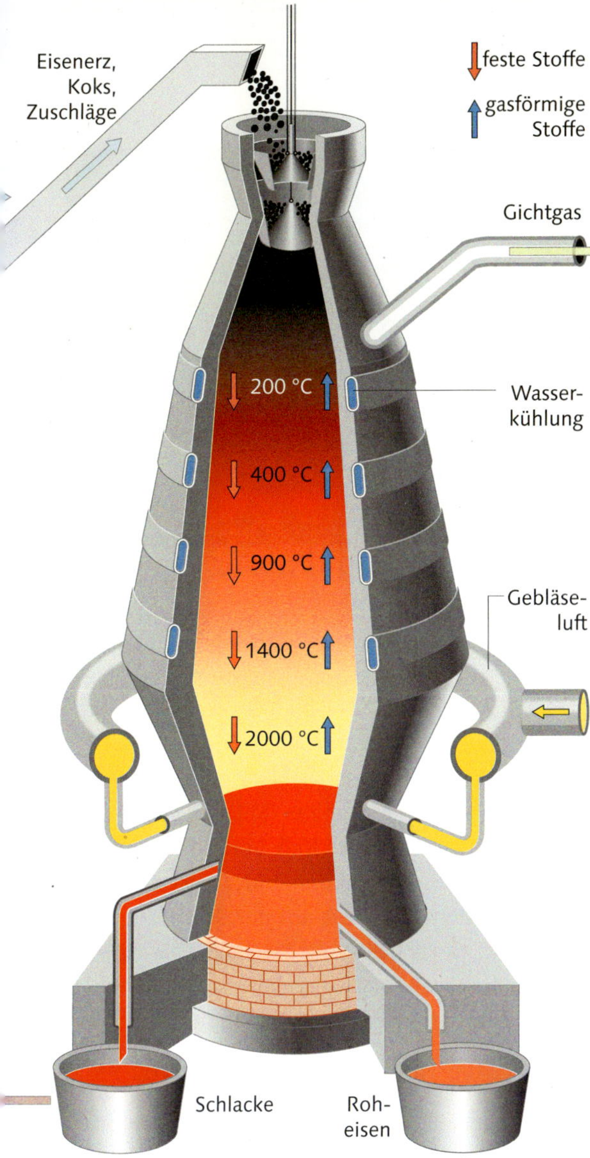

3 *Schema eines Hochofens*

Roheisen Das im Hochofen gewonnene Eisen enthält ca. 4 % Kohlenstoff und geringe Anteile an Silicium, Mangan, Phosphor und Schwefel. Der Kohlenstoff macht das Eisen hart und spröde. Es ist nicht verformbar und mechanisch schwer zu bearbeiten. Daher werden nur etwa 10 % des Roheisens direkt als Gusseisen, z. B. für Rohre, Heizkörper und Maschinenteile, verwendet. Die restlichen 90 % werden zu Stahl weiterverarbeitet.

Gichtgase und Gebläseluft In sogenannten Winderhitzern werden die Gichtgase, so nennt man die im Hochofen entstehenden Gase, verbrannt. Durch die dabei entstehende Wärmeenergie wird Luft auf 1000 bis 1350 °C aufgeheizt und in den Hochofen als Gebläseluft eingeblasen.

Rohstoffe	Produkte
1,6 t Erz 0,4 t Koks 0,25 t Zuschläge 1,8 t Gebläseluft	1 t Roheisen 0,3 t Schlacke 2,3 t Gichtgas und Staub

Tab. 1 *Stoffbilanz des Hochofenprozesses*

Hochofenprozess Im Mittelteil des Hochofens, im Schacht und im Kohlensack, wird oxidisches Eisenerz mithilfe von Koks zu silbrig-grauem Roheisen reduziert.

$$\mathrm{Fe_2O_3 + 3\,CO \rightarrow 3\,CO_2\uparrow + 2\,Fe\downarrow}$$

$$\mathrm{CO_2 + C \rightarrow 2\,CO\uparrow}$$

$$\mathrm{C + O_2 \rightarrow CO_2\uparrow}$$

$$\mathrm{2\,Fe_2O_3 + 3\,C \rightarrow 3\,CO_2\uparrow + 4\,Fe\downarrow}$$

Im Hochofen wird Eisenoxid durch Kohlenstoff oder Kohlenstoffmonooxid zu Eisen reduziert.

Aufgaben

1 □ Welche Funktionen hat der Koks beim Hochofenprozess?

2 Ein Hochofen wird neben Erz und Koks mit Zuschlägen befüllt.
  a □ Woraus bestehen die Zuschläge?
  b □ Wozu werden sie benötigt?

3 ■ Berechne den Rohstoffbedarf eines Hochofens mit einer Tagesproduktion von 12 000 t.

4 ■ Informiere dich im Internet über die Funktionsweise von Winderhitzern.

Vom Roheisen zum Stahl

Stahlerzeugung Das harte und spröde Roheisen ist nicht formbar. Stahl mit einem Kohlenstoffanteil unter 2 % ist jedoch schmiedbar, man kann ihn schweißen und mit Werkzeugen mechanisch bearbeiten. Stähle sind daher die am meisten verwendeten metallischen Werkstoffe. Bei der Umwandlung von Roheisen in Stahl muss der Kohlenstoffgehalt unter 2 % gesenkt werden. Daneben wird auch der Anteil an Silicium, Schwefel und Mangan verringert und Phosphor entfernt.

Stahl hat einen Kohlenstoffgehalt unter 2 %.

1 *Ein Hufschmied bearbeitet ein glühendes Hufeisen.*

Sauerstoffaufblasverfahren Ein Verfahren zur Stahlherstellung ist das Sauerstoffaufblasverfahren. Das flüssige Roheisen wird zusammen mit Eisenschrott und Zuschlägen in einen Konverter gefüllt. Das ist ein großer, feuerfest ausgekleideter Behälter. Das Füllgut des Konverters bezeichnet der Stahltechniker als Charge. Eine 200-t-Charge enthält 157 t flüssiges Roheisen, 34 t Schrott und 9 t Zuschläge, die hauptsächlich aus gebranntem Kalk (Calciumoxid) bestehen.
Durch ein wassergekühltes Rohr, der Sauerstofflanze, wird unter Druck ca. 20 min lang Sauerstoff auf die Eisenschmelze geblasen.

2 *Der Konverter wird mit flüssigem Roheisen befüllt.*

Chemische Vorgänge bei der Stahlherstellung Der in das Roheisen geblasene Sauerstoff verbindet sich mit dem Kohlenstoff zu Kohlenstoffdioxid oder Kohlenstoffmonooxid. Diese Gase entweichen. Neben dem Kohlenstoff verbrennen auch Phosphor, Mangan, Silicium und Schwefel. Der gebrannte Kalk verbindet sich mit dem Phosphoroxid und den anderen festen Oxiden zur Kalkschlacke, die auf der Schmelze schwimmt. Gemahlen wird die Kalkschlacke als Schotter im Straßen- oder Eisenbahnbau und bei der Zementherstellung verwendet.

Bei der Stahlherstellung werden Kohlenstoff und andere unerwünschte Begleitstoffe durch Oxidation entfernt.

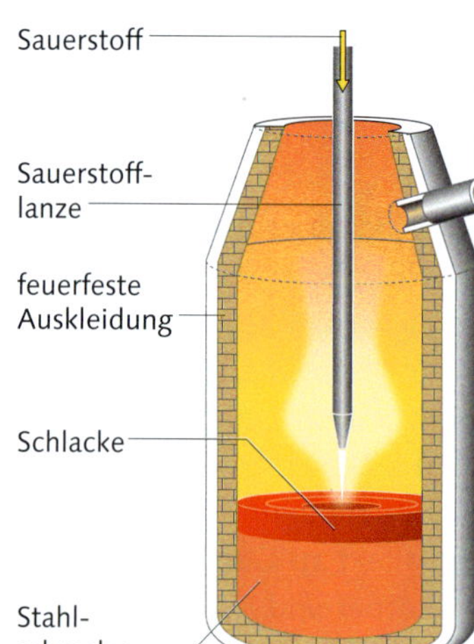

$$C + O_2 \rightarrow CO_2$$

$$2\,C + O_2 \rightarrow 2\,CO$$

$$Si + O_2 \rightarrow SiO_2$$

$$4\,P + 5\,O_2 \rightarrow P_4O_{10}$$

3 *Vorgänge im Konverter*

Neuer Stahl aus altem Schrott? Die Stahlerzeugung bietet eine hervorragende Möglichkeit, „Alteisen" zu recyceln. Das zu Eisenoxid „verrostete" Eisen wird durch den im Roheisen enthaltenen Kohlenstoff wieder zu Eisen reduziert. Gleichzeitig hat der Schrott eine kühlende Wirkung: Er gleicht die Verbrennungswärme aus und sorgt dafür, dass die Schmelze nicht überhitzt. Alteisen lässt sich beliebig oft wiederverwerten. So werden Ressourcen geschont und es wird weniger Energie und Deponieraum benötigt.

Gießen und Walzen Der flüssige Stahl aus dem Konverter wird in Formen zu Blöcken oder Stangen gegossen. Diese noch rot glühenden Stahlblöcke kommen über Rollenbahnen ins Walzwerk. Walzen mit einem Durchmesser von bis zu 2,50 m und einem Gewicht von ca. 250 t formen die Blöcke in Stahlbleche beliebiger Dicke um.

4 *Stahl wird gewalzt und aufgerollt.*

Werkstoff Stahl Kaum ein Werkstoff lässt sich so gut verarbeiten wie Stahl. Man kann ihn schweißen, sägen, bohren, fräsen, ziehen, gießen, walzen oder schmieden. Je nach Bedarf kann Stahl hart, fest, zäh, dehnbar oder federnd sein.

Stahl bewegt Mit einem „Stahlross" fährst du zur Schule, mit dem Ferienbeginn wälzt sich eine „Blechlawine" über die Autobahn, bequemer könntest du mit der Eisenbahn reisen. Ob Fahrrad, Auto oder Zug: ohne Stahl geht nichts. Die heute erforderliche Mobilität der Menschen und Waren wäre ohne Stahl nicht möglich.

5 *Am 324 m hohen Eiffelturm wurden 7000 t Stahl verbaut.*

Bauwesen In der Architektur ist Stahl unersetzlich. Im Wohnhaus wird eine Decke aus Stahlbeton eingezogen, gewaltige Dachkonstruktionen wölben sich über Fußballstadien. Fabrikhallen und Hochhäuser werden mit Stahlträgern gebaut. Ohne Stahl würde es viele berühmte Bauwerke wie die Golden Gate Bridge in San Francisco und den Eiffelturm in Paris nicht geben.

Maschinenbau Stahl ist auch im Maschinenbau unverzichtbar. Zur Herstellung einer Papiermaschine mit einem Gesamtgewicht von 20 000 t braucht man 15 000 t Stahl. Das ist mehr als das Doppelte vom Gewicht des Eiffelturms.

Stahl ist ein bedeutender, unersetzlicher Werkstoff.

Aufgaben

1 Vergleiche Roheisen und Stahl. Nenne Unterschiede in Bezug auf:
 a □ die chemische Zusammensetzung
 b □ ihre Eigenschaften

2 ◪ Beim Sauerstoffaufblasverfahren wird der Kohlenstoffgehalt bei der Stahlherstellung gesenkt. Formuliere zwei Reaktionsgleichungen für die chemischen Reaktionen.

3 Bei der Stahlherstellung im Konverter entsteht Calciumphosphat [$Ca_3(PO_4)_2$].
 a ◪ Gib die Ausgangsstoffe der chemischen Reaktion an.
 b ■ Formuliere eine Reaktionsgleichung.

4 ◪ Recherchiere nach Ausbildungsberufen in Stahlwerken.

5

Spezialstähle

Stahllegierungen Bei der Herstellung einer Legierung werden mehrere Metalle geschmolzen und vermischt. Die erstarrte Schmelze bezeichnet man als Legierung. Bei Stahllegierungen handelt es sich um Gemische aus dem Hauptbestandteil Eisen und Zusätzen wie Chrom, Nickel oder Mangan.

Stahllegierungen sind Gemische aus Eisen und anderen Metallen.

1 *Art und Kombination der zugesetzten Legierungsbestandteile bestimmen die Eigenschaften der Edelstähle.*

Spezialstähle für den besonderen Einsatz
Stähle, die Chrom, Nickel und Vanadium enthalten, eignen sich aufgrund ihrer Härte, Zähigkeit und Korrosionsbeständigkeit zur Herstellung von Schraubenschlüsseln. Der rostfreie Edelstahl für Kochtöpfe enthält ebenfalls Chrom. Wolfram sorgt dafür, dass ein Bohrer auch beim Heißwerden seine Stabilität behält.

Name	Legierungsmetalle	Verwendung	Eigenschaften
V2A-Stahl, rostfreier Stahl	20 % Chrom 8 % Nickel 0,2 % Silicium 0,2 % Kohlenstoff 0,2 % Mangan	Haushaltsgegenstände, Eisenbahnwagen	korrosionsbeständig gegen Wasser und Luftfeuchtigkeit, beständig gegen Säuren und Laugen
Invarstahl	36 % Nickel	Präzisionsmessinstrumente	dehnt sich bei Erwärmung praktisch nicht aus
Schnellarbeitsstahl	18 % Wolfram 4 % Chrom 1 % Vanadium	Schneidewerkzeuge	extrem hart und hitzebeständig bis zu einer Temperatur von 600 °C

Tab. 1 *Übersicht Edelstähle*

Schwerter aus Stahl Die Schmiede des Altertums konnten ursprünglich entweder harte und spröde oder weiche und zähe Stähle herstellen. Ein Schwert aus hartem Stahl bleibt lange scharf, kann aber beim Kampf zerbrechen. Ein Schwert aus weichem und zähem Stahl, das zwar nicht bricht, aber nach jedem Hieb wieder gerade gebogen werden muss, ist keine Wunderwaffe. Was verleiht den Schwertern der antiken Krieger ihre magische Kraft?

Extra Damaszener Stahl
Bereits vor 2500 Jahren gelang es Waffenschmieden in Damaskus (Syrien), die Vorteile von harten und zähen Stählen miteinander zu kombinieren. Bei der Herstellung von Damaszener Stahl werden Stäbe aus weichen und harten Stahllegierungen schraubenartig ineinander verdreht, bis zur Weißglut erhitzt und durch Schmieden miteinander verbunden. Die flach geschmiedete Platte wird halbiert und die beiden Hälften wieder aufeinandergelegt und ausgeschmiedet. Durch wiederholtes „Falten" und Schmieden können „Verbundstähle" mit 300 bis 400 Lagen hergestellt werden.

Aufgaben

1 □ Beschreibe die Herstellung von Edelstahl.

2 ◪ Ein Topf aus V2A-Stahl wiegt 0,8 kg. Wie viel Gramm Chrom und wie viel Gramm Nickel enthält er?

3 ◪ Nenne die Eigenschaften von Damaszener Stahl.

4 ◪ Recherchiere im Internet, wofür Damaszener Stahl heute verwendet wird.

Extra Mythos Eisen

1 *Meteoreisen und Eisendolch aus dem Grab von TUTANCHAMUN*

2 *Die Marmorsäulen von griechischen Tempeln erhielten durch Eisendübel ihren Halt.*

5

„Himmelseisen" Mit Meteoriten, die aus dem Weltall in unsere Erdatmosphäre eindringen, kann Eisen quasi vom Himmel fallen. Bei diesem Meteoreisen handelt es sich um eine meist schwarze, manchmal auch tiefblaue oder dunkelrote Legierung aus Eisen und 5 bis 20 % Nickel. Gegenstände aus Meteoreisen wurden in Mesopotamien, dort wo sich der heutige Irak befindet, gefunden. Eisengegenstände aus ägyptischen Gräbern wurden sogar auf ein Alter von bis zu 7000 Jahren geschätzt.

„Irdisches" Eisen In einer Steinfuge der Cheopspyramide in Ägypten wurde ein Meißel gefunden, der auf das Jahr 2280 v. Chr. datiert wird. Bei der Untersuchung dieses Meißels stellte man fest, dass er zwar Eisen enthielt, aber kein Nickel. Aus der Tatsache, dass Meteoreisen stets Nickel enthält, wurde gefolgert: Das Eisen kann nicht von einem Meteoriten kommen, sondern muss auf der Erde entstanden sein. Es wird vermutet, dass dieses „irdische" Eisen beim Schmelzen von Kupfer als Zufallsprodukt gebildet wurde.

3 *Wieland der Schmied*

Eisen im antiken Griechenland Der Sage nach erschlug um 1500 v. Chr. der griechische Held Achilles einen anderen Helden wegen eines Eisenklumpens. Für manchen antiken Krieger war Eisen zur Herstellung von Waffen wertvoller als Gold. Auch in der Baukunst spielte Eisen eine große Rolle.

Eisen in einer mittelalterlichen Sage Eine germanische Heldensage berichtet über Wieland den Schmied: Durch eine Wette zwischen Wieland und einem Konkurrenten sollte geklärt werden, wer der beste Schmied sei. Wieland fertigte ein Schwert, der Gegner einen Helm. Da Wieland mit der Qualität seines Schwerts nicht zufrieden war, zerstückelte er es, vermischte es mit Getreidekörnern und verfütterte es an die Gänse. Aus dem Gänsekot schmolz er das Metall aus und schmiedete daraus erneut ein Schwert. Die Klinge soll so hart und scharf gewesen sein, dass sie den Helm des Rivalen wie Butter durchschnitt. Es ist nur eine Sage, aber es gibt einen naturwissenschaftlichen Erklärungsversuch: Das Eisen wurde durch den im Gänsekot enthaltenen Stickstoff gehärtet.

Aufgaben

1 □ Was versteht man unter Meteoreisen?

2 □ Wodurch unterscheidet sich das auf der Erde entstandene Eisen von Meteoreisen?

3 □ Gib die Bedeutung des Schmiedehandwerks im Altertum an.

4 ◪ Erkundige dich über den Beruf des Metallbauers.

Methode Internetrecherche

„Wer suchet, der findet?" Für die Suche im Internet muss dieser Bibelspruch abgewandelt werden: „Nur wer beim Suchen strategisch klug vorgeht, findet etwas Sinnvolles." Inzwischen gibt es im Internet Milliarden Seiten. Zum Thema Eisengewinnung werden über 30 000 Seiten angeboten. Wie soll man sich in einem solchen Wust von Informationen zurechtfinden und orientieren können? Damit du dich im Internet nicht „verläufst", musst du zielgerichtet und planvoll vorgehen.

1 *Orientieren*

Bevor du mit der Recherche beginnst, solltest du dir Notizen machen.

Leitfragen:
- Worum geht es? Was weiß ich bereits über das Thema?
- Welche Internetangebote könnte ich nutzen?

Beispiel: Es geht um die historische Eisenherstellung durch die Kelten im Schwarzwald. Du notierst dir die folgenden Stichwörter: historische Eisengewinnung, Kelten, Baden-Württemberg.

2 *Suchen und Dokumentieren*

Überlege dir, wie du die zentralen Begriffe als Suchwörter in eine Suchmaschine eingeben kannst.

Hinweis: Suchbegriffe können mit sogenannten Operatoren, z. B. „und", „oder", „nicht", verbunden werden. Genaueres findest du im Hilfeprogramm der Suchmaschine.

Beispiel: Eisenherstellung, Kelten, Schwarzwald

Tipp:

Wenn du interessante Seiten findest, solltest du sie bzw. ihre Internetadressen am besten gleich abspeichern. In deinem Browser kannst du Favoriten oder Lesezeichen anlegen.

3 *Auswerten*

Nun wertest du das gesammelte Material (Text, Bilder, Filme, Musik) aus und wählst die für deine Zwecke (z. B. Information, Referat, Präsentation) geeigneten Seiten aus.

Leitfragen:
- Wer hat diese Seite ins Internet gestellt? Ist die Quelle vertrauenswürdig? Werden die Informationen auf anderen Seiten bestätigt?
- Wie ist der Gesamteindruck der Seite? Welchen Eindruck hast du von der Gestaltung, dem Schreibstil und der Werbung?
- Was wird inhaltlich angeboten? Sind die Inhalte aktuell und für mich verständlich?

Beispiel: Auf der Seite *www.frischglueck.de* erfährst du, dass die Kelten bereits 500 Jahre v. Chr. im Schwarzwald Eisenerz abgebaut und daraus in Schmelzöfen Eisen gewonnen haben. Die Seite ist aktuell, ansprechend gestaltet und macht einen seriösen Eindruck. Die Inhalte sind für dich gut verständlich.

Tipps:
- Übernimm nur solche Informationen aus dem Internet, die du auch wirklich verstehst.
- Kopiere keine langen Texte, sondern fasse das Wesentliche mit eigenen Worten zusammen.
- Schmücke dich nicht mit fremden Federn, sondern gib die Quellen an, denen du etwas entnommen hast.

Weitergedacht Metallgewinnung

1 Eisengewinnung im Rennfeuerofen

Schon vor mehr als 2500 Jahren wurde in ca. 1 m hohen Öfen aus dem Eisenerz Eisen gewonnen. Da die gesteinshaltigen Rückstände des Erzes, die Schlacke, aus dem Ofen ausfließen („ausrennen"), wurde der Ofen als Rennfeuerofen bezeichnet. Bei guter Belüftung durch sogenannte Hangwinde konnten im Ofen Temperaturen von 1200 bis 1300 °C erreicht werden.

a □ Übertrage die Skizze des Rennfeuerofens in dein Heft und ordne ihr die folgenden Begriffe zu: Luft, Abgase, Holzkohle, Eisenerz, Lehm/Steine.

b ◪ Beschreibe, wie im Rennfeuerofen Eisen gewonnen wird.

c ■ Der Kohlenstoff der Holzkohle reagiert mit dem eingeblasenen Sauerstoff zu Kohlenstoffmonooxid.
Veranschauliche diesen chemischen Vorgang durch ein Teilchenmodell.
Stelle die Reaktionsgleichung auf.

d ■ Eisenoxid wird durch Kohlenstoffmonooxid reduziert.
Vervollständige die Reaktionsgleichung.
Benenne die beiden Teilreaktionen.

Fe_2O_3 + __ CO → __ ______ + __ ________

Nenne jeweils eine Methode, mit der sich die Reaktionsprodukte nachweisen lassen.

2 Vom Fahrradschrott zum Kochtopf

Eisenschrott kann recycelt und zur Herstellung von neuen Produkten, z. B. Kochtöpfen, verwendet werden.

a ◪ Was haben eine verrostete Fahrradkette und ein Kochtopf gemeinsam?

b ■ Beschreibe, wie Atome einer verrosteten Fahrradkette zu Bausteinen eines neuen Kochtopfs aus V2A-Stahl werden können. Verwende dabei die folgenden Begriffe: Recycling/recyceln, Reduktion/reduzieren, Legierung/legieren, Sauerstoffaufblasverfahren.

3 Aus Sand entsteht ein Computerchip

a ■ Nimm zu dieser Aussage Stellung und begründe deine Meinung.

b ■ Stelle eine Reaktionsgleichung auf.

5

Teste dich!

1 ◪ Begründe, dass die seltenen Edelmetalle Gold und Silber von den Menschen schon viel früher benutzt wurden als Kupfer und Eisen.

2 ◪ Nickeloxid kann man mit Eisen reduzieren, mit Kupfer aber nicht. Was kannst du über das Metall Nickel aussagen? Verwende die Begriffe edel und unedel und vergleiche Nickel mit Kupfer und Eisen.

3 Aus Zinkoxid (ZnO) soll Zink hergestellt werden.
a ◪ Nenne ein Metall, mit dem man Zinkoxid reduzieren kann.
b ■ Stelle eine Reaktionsgleichung auf.
c □ Gib den Reaktionstyp der Reaktion an.
d ◪ Erkläre an dieser Reaktion die Begriffe Oxidationsmittel und Reduktionsmittel.

4 ■ Übertrage die Reaktionsgleichung in dein Heft und vervollständige sie. Beschrifte die beiden Pfeile.

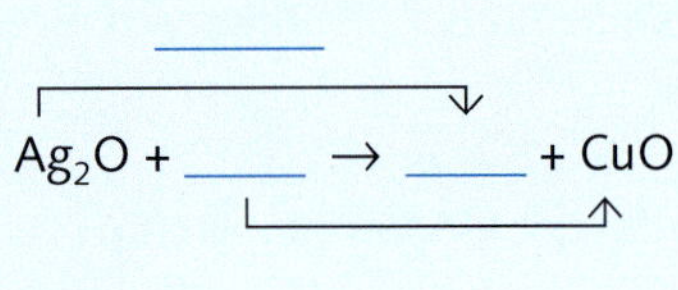

5 ◪ Kann man Magnesiumoxid mit Holzkohle reduzieren? Begründe deine Aussage.

6 Im Hochofen wird Roheisen produziert.
a □ Nenne zwei Erzsorten, aus denen Roheisen gewonnen wird.
b □ Welche weiteren Stoffe sind außer dem Eisen im Roheisen enthalten?
c □ Welche Eigenschaften hat das Roheisen?
d □ Gib eine Verwendung an.
e ■ Formuliere eine Reaktionsgleichung zur Bildung von Eisen aus Eisenoxid (Fe_3O_4) im Hochofen.

7 Wie hoch ist der Kohlenstoffgehalt von:
a □ Roheisen
b □ Stahl

8 Zur Stahlherstellung wird Schrott verwendet.
a ◪ Welche Funktionen hat der Schrott?
b ◪ Begründe, dass der Einsatz von Schrott ökonomisch und ökologisch sinnvoll ist.

1 *Schrott für die Stahlherstellung*

9 Aus Roheisen wird Stahl hergestellt.
a ◪ Beschreibe ein Verfahren zur Stahlherstellung. Welche chemischen Vorgänge laufen dabei ab?
b ◪ Welche Funktion hat der gebrannte Kalk (Calciumoxid)?

10 Nenne jeweils zwei Eigenschaften und zwei Verwendungsmöglichkeiten von:
a □ V2A-Stahl
b □ Schnellarbeitsstahl

11 Ein Block aus Spezialstahl, der 4 kg wiegt, enthält 1,44 kg Nickel.
a ■ Welche Eigenschaften hat dieser Edelstahl?
b ◪ Wozu könnte man ihn verwenden?

Aufgabe	Hilfe findest du auf Seite …
1	108
2	110/111
3	110/111
4	110/111
5	110/111
6	114/115
7	115, 116
8	116/117
9	116/117
10	118
11	118

… und die Lösungen findest du im Anhang.

Im Überblick

Seit Jahrtausenden nehmen die Metalle als Werkstoffe eine dominierende Rolle ein. Als Elemente findet man sie in der Natur nur in seltenen Fällen. Meistens liegen sie als Erze vor, d.h. als Gemische aus Metallverbindungen und Gesteinen. Bei der Herstellung von Eisen aus Eisenerzen im Hochofen wird das Begleitgestein abgetrennt und das Eisenoxid zu Eisen reduziert. Das im Hochofen entstehende Roheisen kann zu Stahl weiterverarbeitet werden.

Metallgewinnung und -verwendung

- Metalle kommen in der Natur selten rein vor und werden meist aus Erzen gewonnen.
- Historische Entwicklung: Kupferzeit → Bronzezeit → Eisenzeit
- Halbmetall Silicium: Herstellung von Computerchips und Solarmodulen
- Metalle der seltenen Erden: Elektrotechnik (z.B. Handys, Computer)

Reduktion

- chemische Reaktion, bei der Sauerstoff abgegeben wird

Redoxreaktion

- Oxidation und Reduktion laufen gleichzeitig ab. Es kommt zu einer Sauerstoffübertragung.

Beispiel:

Reduktion (von CuO zu Cu)

$$2\,Fe + 3\,CuO \rightarrow Fe_2O_3 + 3\,Cu$$

Oxidation (von Fe zu Fe_2O_3)

Oxidationsmittel, Reduktionsmittel

- Oxidationsmittel: Stoff, der in einer chemischen Reaktion Sauerstoff an einen anderen Stoff abgibt
  Beispiel: Kupferoxid oxidiert Eisen.
- Reduktionsmittel: Stoff, der in einer chemischen Reaktion einem anderen Stoff den Sauerstoff entzieht
  Beispiel: Eisen reduziert Kupferoxid.

Hochofenprozess

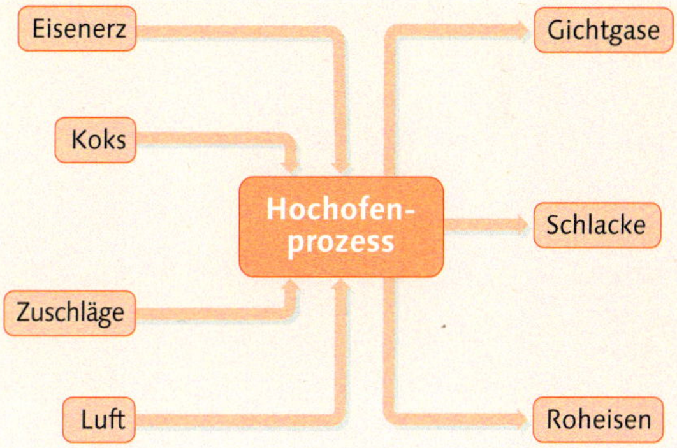

Roheisen

- enthält neben dem Eisen noch ca. 4% Kohlenstoff sowie Silicium, Mangan, Phosphor und Schwefel

Stahlherstellung

- Beim Sauerstoffaufblasverfahren werden die Begleitstoffe des Eisens durch Einblasen von Sauerstoff in den Stahlkonverter oxidiert:
  - Rohstoffe: Roheisen, Sauerstoff, Zuschläge, Schrott
  - Gasförmige Oxide, wie CO und CO_2, entweichen.
  - Feste Oxide verbinden sich mit den Zuschlägen zur Schlacke.
  - Schrott dient als Oxidationsmittel und zur Kühlung der Schmelze. Dabei wird er gleichzeitig zu neuem Stahl recycelt.

6

Wasser und Wasserstoff

Wasser bedeckt den größten Teil der Erde. Als Trinkwasser steht aber nur 1 % des Gesamtwasservorkommens zur Verfügung.
Ohne das „nasse Element Wasser" wäre auf der Erde kein Leben möglich. Aber ist Wasser tatsächlich ein chemisches Element? Wasserstoff könnte als umweltschonender Energieträger an Bedeutung gewinnen.

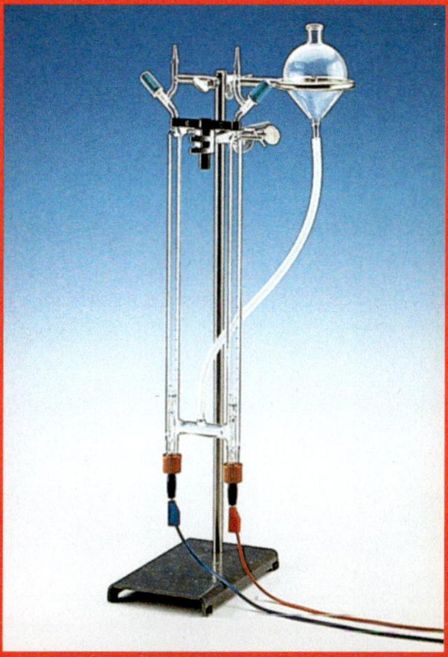

Bedeutung des Wassers

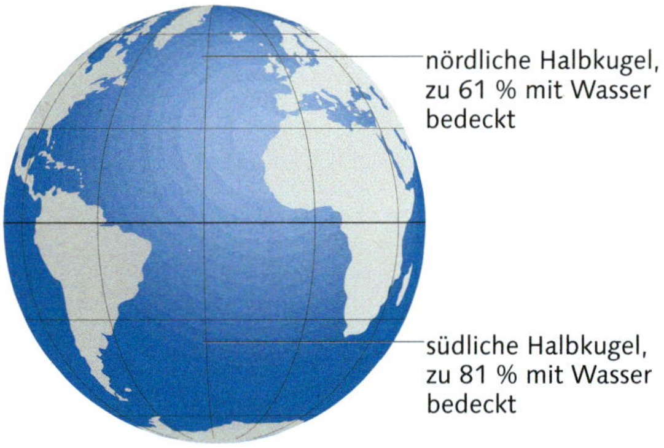

1 *Der Blaue Planet Erde*

Wasserplanet Erde Der größte Teil der Erdoberfläche (71 %) ist mit Wasser bedeckt. Die Wasservorkommen der Erde belaufen sich auf ca. 1,4 Milliarden km^3, das entspricht dem Volumen eines Würfels mit einer Kantenlänge von 1120 km.

Verteilung der Wasservorkommen Die irdischen Wasservorkommen bestehen zu 96,5 % aus dem Salzwasser der Weltmeere. Von den 3,5 % Süßwasser ist der größte Teil als Eis an Nord- und Südpol und in den Gletschern gebunden, sodass nur ungefähr 1 % der Wasservorkommen als Trinkwasser zur Verfügung steht. Trinkwasser wird aus Grundwasser oder aus Flüssen und Seen gewonnen. Weil die Trinkwasservorräte ungleich auf der Erde verteilt sind, ist der Wassermangel eines der wachsenden Probleme der Menschheit. So haben schon heute ungefähr eine Milliarde Menschen keinen Zugang zu sauberem Trinkwasser.

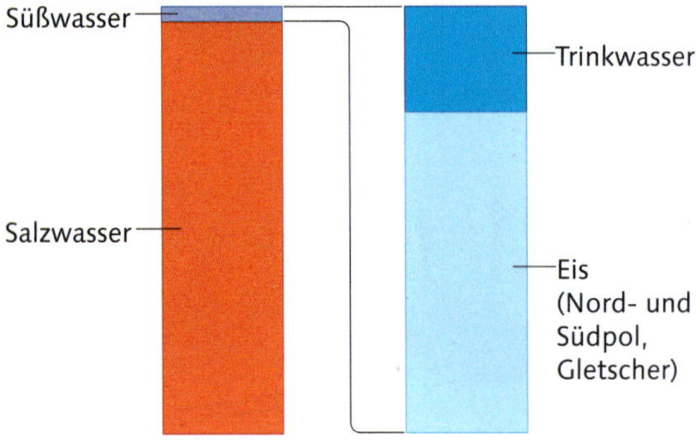

2 *Verteilung der Gesamtwassermenge der Erde*

Wasser ist Leben Ein erwachsener Mensch besteht zu etwa 60 % aus Wasser. Wasser ist Hauptbestandteil der Körperzellen und des Blutes. Es dient als Transportmittel für Nährstoffe sowie für Abbauprodukte des Stoffwechsels. Wasser ermöglicht auch die Wärmeregulation des Körpers: Wenn der zum Großteil aus Wasser bestehende Schweiß auf der Haut verdunstet, wird Wärme aus dem Körper abgeleitet. Wegen der lebenserhaltenden Funktionen müssen Menschen regelmäßig Wasser aufnehmen. Ein Erwachsener benötigt täglich 2 bis 3 Liter Wasser aus Getränken und fester Nahrung.

Wassergehalt in Tieren und Pflanzen Auch Pflanzen und Tiere setzen sich zum überwiegenden Teil aus Wasser zusammen. So besteht eine Qualle mit einem Wasseranteil von 98 % fast ausschließlich aus Wasser, eine Karotte aus etwa 80 %. Selbst trockene Pflanzensamen enthalten noch 15 % Wasser. Da ein Baum wie wir Menschen transpiriert, d. h. über die Spaltöffnungen seiner Blätter Wasser abgibt, muss er auch laufend wieder Wasser aufnehmen. So entnimmt eine große Buche an einem Tag bis zu 500 Liter Wasser über ihre Wurzeln aus dem Boden und schleust es durch den Stamm und die Blätter. Der Baumstamm enthält bis zu 50 % Wasser, die Blätter zwischen 80 und 90 %.

Alle lebenden Organismen sind vom Wasser abhängig.

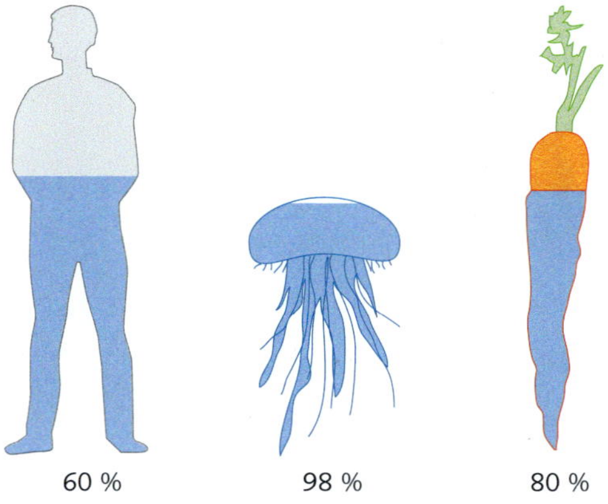

3 *Lebewesen bestehen zu unterschiedlichen Anteilen aus Wasser.*

Wasserverbrauch Als die Häuser noch nicht an Trinkwasserleitungen angeschlossen waren, sondern das Wasser von Brunnen geholt werden musste, verbrauchte eine Person durchschnittlich nur etwa 25 Liter Wasser pro Tag. Heute sind es etwa 120 Liter Trinkwasser, die jeder Mensch in Deutschland täglich im Durchschnitt verbraucht. Der durchschnittliche Wasserverbrauch einer Person ist in den unterschiedlichen Ländern und Regionen weltweit sehr verschieden. Laut Angaben der Vereinten Nationen beträgt der Wasserverbrauch einer Person in den USA 300 Liter pro Tag, in Ägypten dagegen nur 22 Liter und in einigen Ländern stehen nicht einmal die lebensnotwendigen 3 Liter zum Trinken zur Verfügung. Etwa 6000 Menschen sterben täglich an den Folgen des Trinkwassermangels.

Verwendung von Trinkwasser im Haushalt
Wasser begleitet dich den ganzen Tag. Es wird größtenteils zum Baden und Duschen genutzt – auf die Körperpflege entfallen rund 45 Liter Wasser je Einwohner und Tag.
Zur Zubereitung von Speisen und Getränken im Haushalt wird nur ein kleiner Teil verwendet. Auch für die tägliche Hygiene, zum Wäschewaschen, für die Produktion von Nahrungsmitteln und Industriegütern sowie zur Energieerzeugung wird Wasser verbraucht.

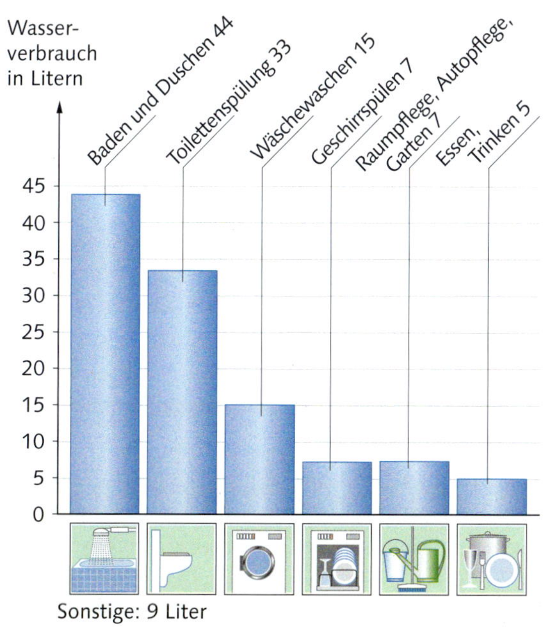

4 *Trinkwasserverwendung im Haushalt pro Tag (Stand: 2015)*

Extra 8000 Liter Wasser für eine Jeans
Im Schnitt verbraucht ein Deutscher täglich 120 Liter Wasser im Haushalt und für die Körperpflege. Dazu kommt aber noch der indirekte Wasserverbrauch. Gemeint ist die Menge an sauberem Wasser, die zur Herstellung eines bestimmten Produkts, beispielsweise eines Lebensmittels oder von Kleidung, verbraucht, verdunstet oder verschmutzt wird. Wenn man alle Produkte zusammenzählt, hat jeder Deutsche täglich einen „virtuellen Wasserverbrauch" von ca. 4000 Litern.

Um Kleidung aus Baumwolle herzustellen, sind ca. 10 000 Liter Wasser pro kg Kleidung erforderlich. Bei einer Jeans mit einem Gewicht von 800 g macht das 8000 Liter. Allein 85 % davon werden für die Herstellung der Baumwolle, hauptsächlich für die Bewässerung der Felder, benötigt. Die restlichen 15 % sind für das Färben und Waschen der Jeans notwendig. Jeanshosen werden bis zu 10-mal gewaschen, bis sie im angesagten Stil beim Händler landen.

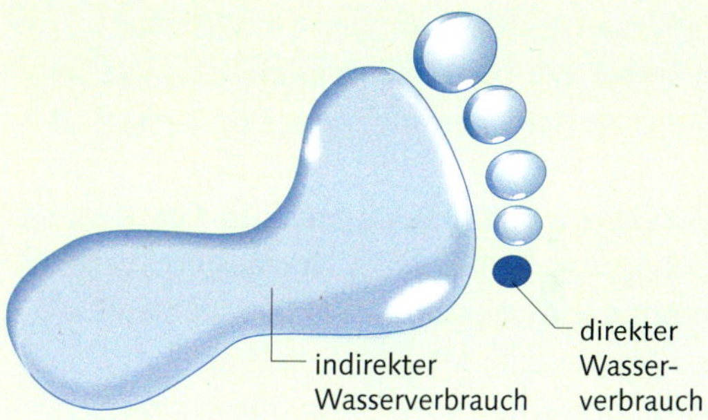

5 *Der „Wasser-Fußabdruck" zeigt den direkten und den indirekten Wasserverbrauch.*

Aufgaben

1 ◪ Stelle mithilfe eines Kreisdiagramms dar, wie sich die gesamte Meeresfläche auf die Nord- und die Südhalbkugel der Erde verteilt.
2 ◪ Begründe, warum alle Lebewesen auf Wasser angewiesen sind.
3 ■ Informiere dich, wie Wüstentiere fast ohne Wasseraufnahme überleben können.
4 ■ Bewerte deinen persönlichen Wasserverbrauch und nenne Möglichkeiten, wie du ihn verringern kannst.

Wasser – Element oder Verbindung?

1 *Die vier Elemente, Holzschnitt aus dem 16. Jahrhundert*

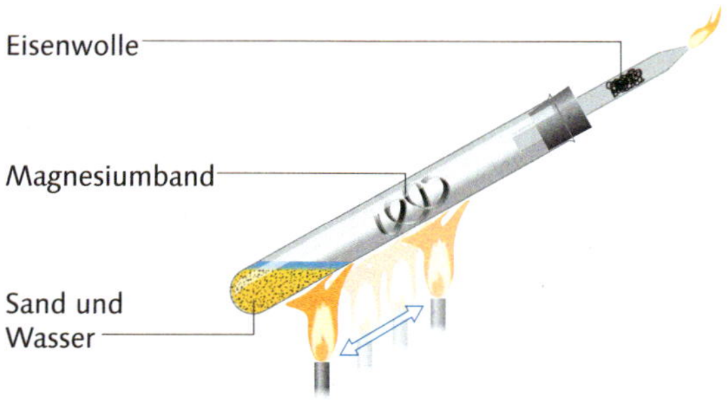

3 *Reaktion von Magnesium mit Wasser*

Wasser, Feuer, Luft und Erde Von der Antike bis zum Mittelalter prägte die „Vier-Elemente-Regel" das Denken vieler Gelehrter: Sie gingen davon aus, dass alles „Sein" aus den Elementen Wasser, Feuer, Luft und Erde besteht. Aber ist Wasser tatsächlich ein chemisches Element oder ist es eine chemische Verbindung?

Wasser – eine chemische Verbindung Eine Magnesiumfackel brennt auch unter Wasser. Woher kommt der für die Verbrennung notwendige Sauerstoff? Er kann nur vom Wasser kommen. Wir können vermuten, dass Wasser eine chemische Verbindung mit Sauerstoff ist.

Wasser reagiert mit Magnesium Leitet man Wasserdampf über heißes Magnesium, verbrennt das Magnesium zu einem weißen Pulver. Das Magnesium entzieht dem Wasser den Sauerstoff und wird zu Magnesiumoxid oxidiert. Wasser wird durch den Sauerstoffentzug reduziert. Der verbliebene „Wasserrest" entweicht als farbloses, brennbares Gas: Wasserstoff.

2 *Eine Magnesiumfackel brennt auch unter Wasser.*

Reaktionsschema:

Magnesium + Wasser ⟶ Magnesiumoxid + Wasserstoff

Reduktion (H_2O → H_2)

$$Mg + H_2O \longrightarrow MgO + H_2$$

Oxidation (Mg → MgO)

Analyse von Wasser Mitte des 19. Jahrhunderts entwickelte der Chemiker AUGUST WILHELM VON HOFMANN eine Apparatur, mit der Wasser in seine Elemente zerlegt werden kann.
Wenn dieser Wasserzersetzungsapparat an eine Gleichspannungsquelle angeschlossen wird, bildet sich am Pluspol Sauerstoff und am Minuspol die doppelte Menge Wasserstoff. Die Zerlegung einer chemischen Verbindung bezeichnet man als Analyse. Wenn diese Zerlegung mithilfe von elektrischem Strom stattfindet, spricht man von einer Elektrolyse.

Analyse von Wasser:

Wasser ⟶ Wasserstoff + Sauerstoff

$$2\,H_2O \longrightarrow 2\,H_2 + O_2 \quad | \text{ endotherm}$$

Die Zerlegung einer chemischen Verbindung nennt man Analyse. Die Zerlegung einer chemischen Verbindung mithilfe von elektrischem Strom ist eine Elektrolyse.

Synthese von Wasser Wenn Wasser nur aus den Elementen Wasserstoff und Sauerstoff besteht, dann müsste man Wasser aus diesen auch herstellen können. Um Wasserstoff mit Sauerstoff zur Reaktion zu bringen, wird Wasserstoff verbrannt. Das Reaktionsprodukt „Wasserstoff-

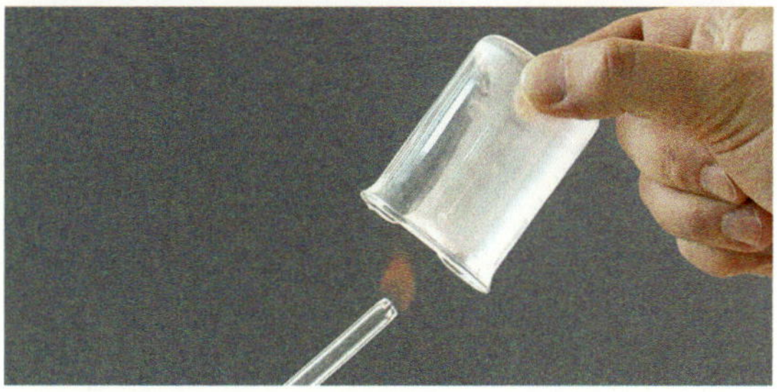

4 *Verbrennung von Wasserstoff*

oxid" schlägt sich an der kalten Wand eines Becherglases nieder. Es handelt sich um Wasser. Eine solche Herstellung einer chemischen Verbindung bezeichnet der Chemiker als Synthese.

Synthese von Wasser:
Wasserstoff + Sauerstoff → Wasser
$2\,H_2 + O_2 \rightarrow 2\,H_2O$ | exotherm

Eine chemische Reaktion, bei der eine neue chemische Verbindung hergestellt wird, nennt man Synthese.

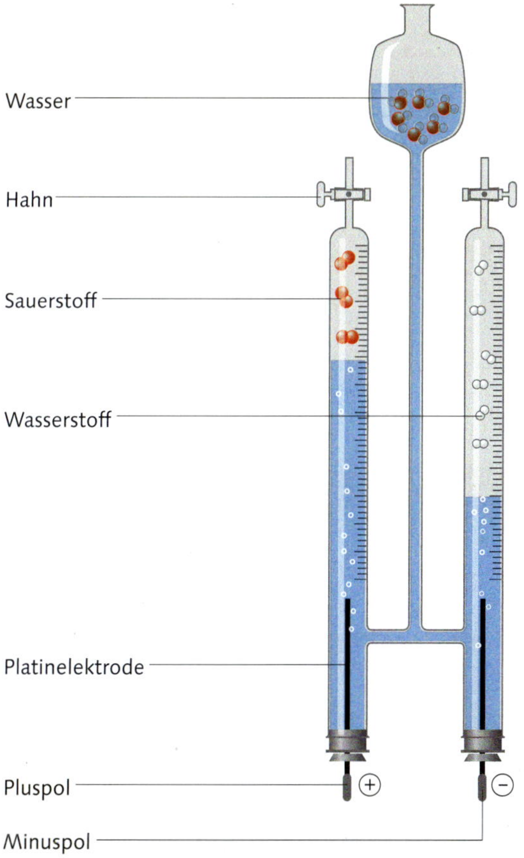

5 *Hofmann'scher Wasserzersetzungsapparat*

Extra H_2O – die Molekülformel des Wassers

Woher weiß man, dass ein Wasser-Molekül die Formel H_2O hat und nicht HO oder HO_2? Zur Klärung dieser Frage betrachten wir die Vorgänge im Hofmann'schen Wasserzersetzungapparat auf der Teilchenebene:
Im Jahre 1811 fand der italienische Physiker AMEDEO AVOGADRO heraus, dass gleiche Volumina von Gasen bei gleicher Temperatur und gleichem Druck auch gleich viele kleinste Teilchen enthalten. 1865 berechnete der österreichische Physiker und Chemiker JOSEF LOSCHMIDT, dass 1 ml eines Gases ungefähr 27 Trillionen kleinste Teilchen enthält, d.h., 1 ml Wasserstoff enthält 27 Trillionen Wasserstoff-Moleküle und 1 ml Sauerstoff 27 Trillionen Sauerstoff-Moleküle.
Bei der Elektrolyse von Wasser entsteht immer doppelt so viel gasförmiger Wasserstoff wie Sauerstoff. Nach dem Gesetz von AVOGADRO entstehen dann auch doppelt so viele Wasserstoffteilchen wie Sauerstoffteilchen.
Daraus schließen wir, dass im Wasser-Molekül die Wasserstoff- zu den Sauerstoffatomen im Verhältnis 2 : 1 vorliegen, und leiten daraus die Molekülformel H_2O für Wasser ab.

Elektrolyse von Wasser
$6\,H_2O \rightarrow 6\,H_2 + 3\,O_2$
auf das einfachste Verhältnis gekürzt:
$2\,H_2O \rightarrow 2\,H_2 + O_2$

Aufgaben

1 □ Erläutere den Unterschied zwischen einem Element und einer Verbindung.
2 □ Erläutere die Begriffe Synthese und Analyse.
3 ◪ Formuliere für die Analyse von Wasser das Reaktionsschema in Worten und die Reaktionsgleichung.
4 ■ Begründe, warum die Gewinnung von Wasserstoff aus Wasser kostenintensiv ist.
5 ■ Ein Gemisch aus je 2 Liter Wasserstoff und Sauerstoff wird gezündet. Es bleibt 1 Liter eines farblosen Gases übrig. Begründe, um welchen Stoff es sich handelt, und berechne, wie viele Moleküle übrig bleiben.

Methode Diagramme auswerten

Diagramme veranschaulichen Zahlen In Diagrammen werden Zahlenwerte grafisch übersichtlich dargestellt und können so gut miteinander verglichen werden.

Balkendiagramme Damit verschiedene Mengenangaben verglichen werden können, werden Balkendiagramme erstellt.

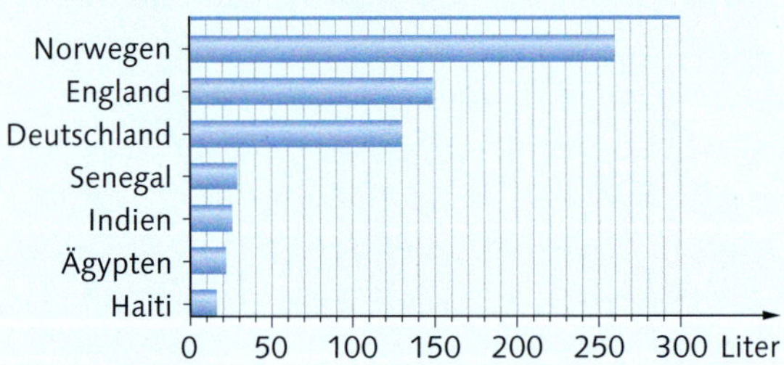

1 *Beispiel: Trinkwasserverbrauch pro Einwohner und Tag in verschiedenen Ländern (Balkendiagramm)*

Kreisdiagramme Um einzelne Anteile eines Ganzen gut vergleichen zu können, erstellt man am besten Kreisdiagramme.

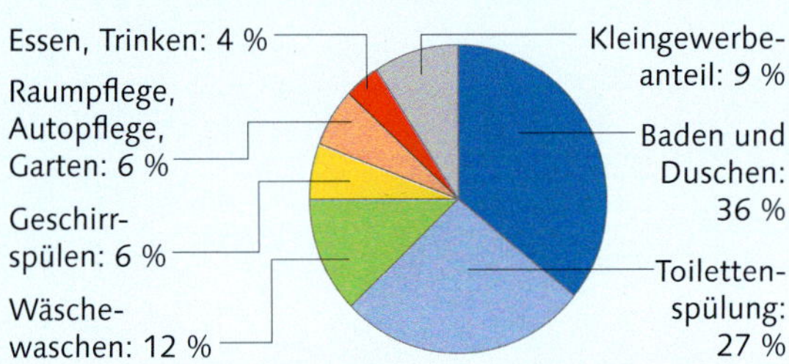

2 *Beispiel: Wasserverwendung in einem Haushalt*

Kurvendiagramme Damit man die Entwicklung von Werten klar erkennt, werden Kurvendiagramme gezeichnet.

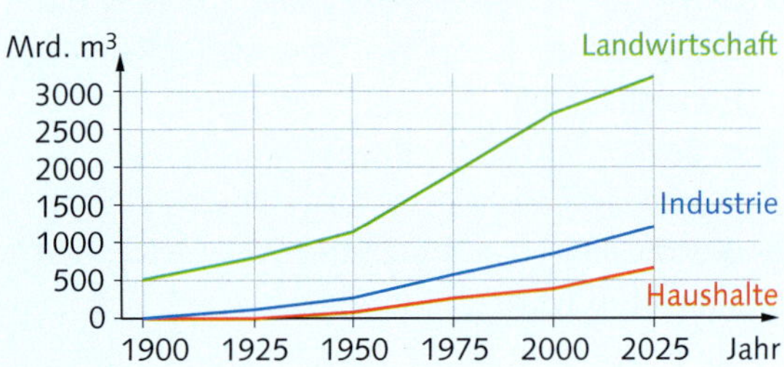

3 *Beispiel: Der weltweite Wasserverbrauch in den letzten Jahrzehnten*

Fragen zum Arbeiten mit Diagrammen Wenn du ein Diagramm lesen und auswerten möchtest, sieh es dir genau an und überlege, welche Informationen du dem Diagramm entnehmen kannst.

Formales

1. Welche Diagrammform liegt vor?
2. Was ist das Thema des Diagramms?
3. Welcher Zeitraum ist evtl. angegeben?
4. Welche Zahlenwerte liegen vor: relative (in %) oder absolute (mit Maßeinheiten)?
5. Aus welcher Quelle und welchem Jahr stammen die Daten?

Beschreibung und Erklärung des Diagramms

1. Was sind die wichtigsten Aussagen?
2. Sind zeitliche Entwicklungen abzulesen?
3. Welche Ursachen und Folgen lassen sich ablesen?
4. Müssen zusätzliche Informationen gesammelt werden?

Bewertung des Diagramms

1. Wurde eine geeignete Diagrammform gewählt?
2. Werden alle Informationen angemessen dargestellt?

Methode Diagramme erstellen

Vorüberlegungen Bevor du selbst ein Diagramm erstellst, solltest du dir überlegen, welche die geeignete Diagrammform ist. Was soll dargestellt werden? Nimm nicht zu viele Details auf.

Säulen- und Balkendiagramme Zur Erstellung eines Säulen- oder Balkendiagramms benötigst du ein Lineal, kariertes Papier oder Millimeterpapier, einen Bleistift und Buntstifte.
Wenn du z. B. den Wasserverbrauch einer Familie mit zwei Kindern über mehrere Jahre in einem Diagramm darstellen möchtest, brauchst du die Werte z. B. in Form einer Tabelle:

Jahr	2006	2008	2010	2012	2014
Verbrauch in m³	110	120	135	175	140

1 Überlege, welche Werte auf der senkrechten Achse und welche Werte auf der waagerechten Achse deines Diagramms dargestellt werden.

2 Wähle für die Achsen eine passende Längeneinheit.

3 Trage die Werte als waagerechte Balken oder senkrechte Säulen in das Achsenkreuz ein.

4 Male die Balken oder Säulen aus. Mit verschiedenen Farben kannst du sie hervorheben.

5 Gib deinem Diagramm einen Titel und gib an, woher die Daten stammen.

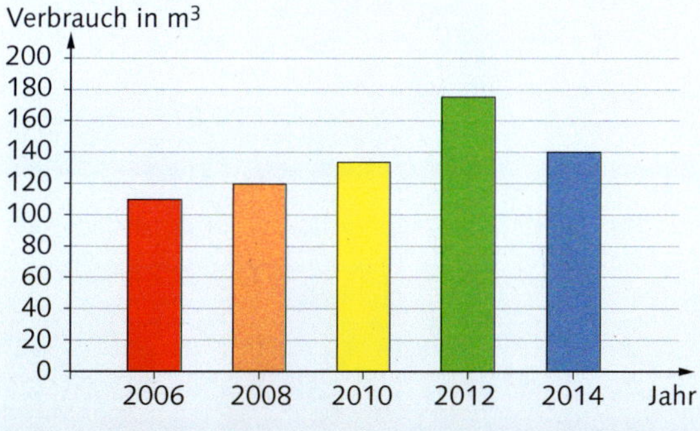

1 *Säulendiagramm: Wasserverbrauch nach dem Stand der Wasseruhr einer vierköpfigen Familie*

Kreisdiagramme Wenn du ein Kreisdiagramm erstellen möchtest, brauchst du ein Geodreieck, einen Zirkel, einen Bleistift und Buntstifte.
Beispiel: Das Ergebnis einer Umfrage zum Thema Körperpflege ergab, dass 15 Jugendliche meistens duschen, 9 meistens baden und 6 gleichmäßig oft duschen und baden. Dies soll in einem Kreisdiagramm dargestellt werden.

1 Zeichne mit dem Zirkel einen Kreis mit geeignetem Radius und markiere den Mittelpunkt.

2 Berechne für jede Teilmenge (15, 9 und 6) der Gesamtmenge (30) ihren Anteil in Prozent (%). Verwende dazu folgende Formel:
$\left(\frac{\text{Teilmenge}}{\text{Gesamtmenge}}\right) \cdot 100 = \text{Anteil in } \%$.

3 Berechne die Größe bzw. die Winkel der Kreisausschnitte. Ein Kreis hat 360°, das entspricht 100 %. 1 % entsprechen dann
$\frac{360°}{100} = 3{,}6°$.

4 Zeichne für jeden Anteil einen Kreisausschnitt mit dem errechneten Winkel ein. Gehe dabei im Uhrzeigersinn vor.

5 Beschrifte die entstandenen Kreisausschnitte. Mit verschiedenen Farben kannst du sie hervorheben.

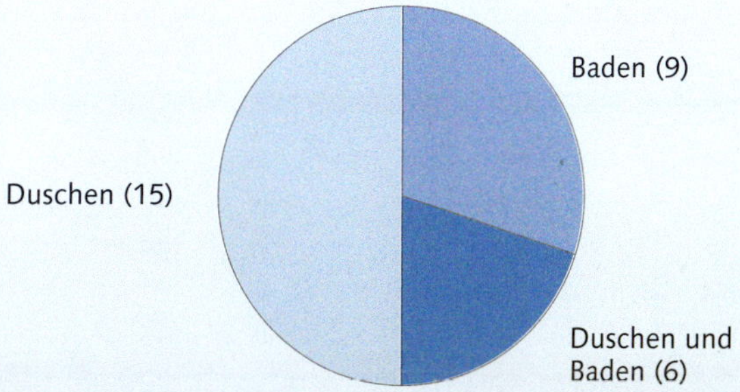

2 *Bevorzugte Körperpflege, Umfrage unter 30 Jugendlichen*

6

Wasserstoff – Energieträger der Zukunft?

Geschichte Wasserstoff ist das Element, das am häufigsten im Universum vorkommt. Entdeckt wurde Wasserstoff im Jahre 1766 von dem englischen Chemiker HENRY CAVENDISH. Er fand heraus, dass es sich bei dieser farb- und geruchlosen „brennbaren Luft" um ein äußerst reaktionsfähiges chemisches Element handelt. Im Jahre 1783 entdeckte der französische Chemiker ANTOINE L. DE LAVOISIER, dass bei der Verbrennung von Wasserstoff reines Wasser entsteht.

Name des Stoffes: Wasserstoff
Aggregatzustand (bei 25 °C): gasförmig
Farbe: farblos
Geruch: geruchlos
Dichte (bei 0 °C): 0,0899 $\frac{g}{l}$
Brennbarkeit: brennt mit bläulicher Flamme, explosiv im Gemisch mit Sauerstoff
Aufbewahrung: rote Stahlflasche
Nachweis: Knallgasprobe

1 *Steckbrief von Wasserstoff*

Nachweis von Wasserstoff Durch die Knallgasprobe lässt sich Wasserstoff nachweisen. Dazu wird die Öffnung eines mit Wasserstoff gefüllten Reagenzglases an eine Flamme gehalten: Der Wasserstoff verpufft mit einem „Plopp"-Geräusch. Ist neben dem Wasserstoff noch etwas Luft im Reagenzglas, so hört man ein pfeifendes Geräusch oder einen kleinen Knall.

Wasserstoff kann durch die Knallgasprobe nachgewiesen werden.

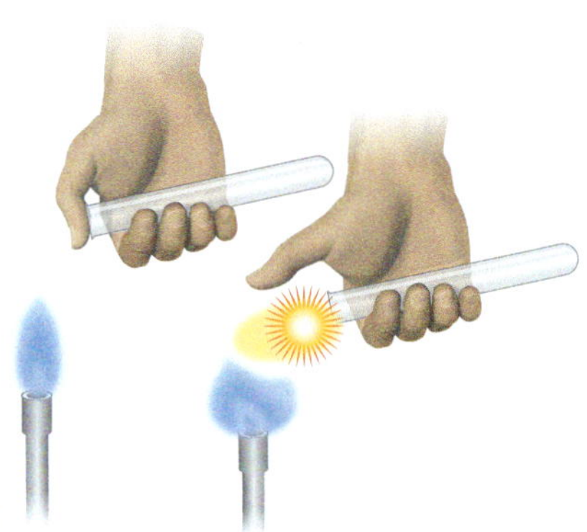

2 *Knallgasprobe*

3 *Explosion des Luftschiffs Hindenburg im Jahr 1937*

Verwendung früher Wasserstoff ist das leichteste Gas und wurde schon kurz nach seiner Entdeckung als Traggas in der Luftfahrt verwendet. Im Jahr 1937 jedoch starben 35 Menschen, als das Luftschiff Hindenburg in Brand geriet. Daraufhin wurde Wasserstoff für die Personenbeförderung in Ballons und Luftschiffen verboten und durch das reaktionsträge Edelgas Helium ersetzt.

Verwendung heute Durch die Reaktion von Wasserstoff mit Sauerstoff können Temperaturen von bis zu 3000 °C erreicht werden. Aufgrund dieser hohen Verbrennungstemperaturen verwendet man Wasserstoff zum Schweißen von Metallen. Raketen erhalten durch die Verbrennung von Wasserstoff mit Sauerstoff den nötigen Schub, um ins Weltall zu gelangen. Wasserstoff ist neben Stickstoff der Ausgangsstoff für die Herstellung von Ammoniak, einem wichtigen Grundstoff in der Düngemittelproduktion.

Wasserstoff ist ein farbloses, geruchloses, leichtes und brennbares Gas. Es ist ein wichtiger Energielieferant und Rohstoff.

4 *Wasserstoff dient als Raketentreibstoff.*

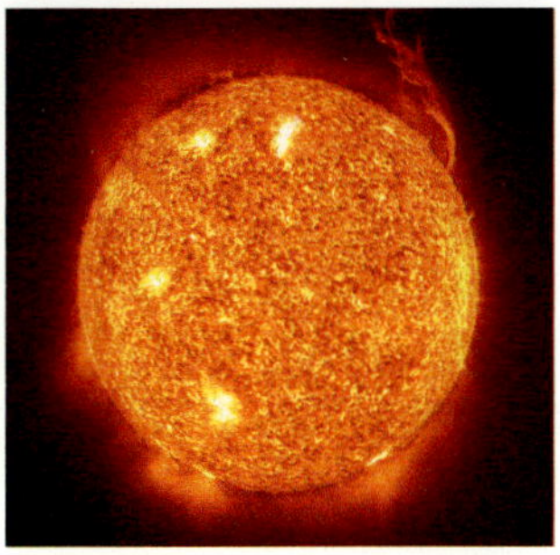

5 *Sonnenfeuer: Aus Wasserstoff entsteht Helium.*

Energielieferant Wasserstoff Die Sonne besteht zu ca. 70 % aus Wasserstoff. Pro Sekunde werden 600 Millionen Tonnen Wasserstoff in Helium umgewandelt. Die Energie, die dabei in Form von Licht und Wärme frei wird, ist lebensnotwendig für alle Organismen auf unserer Erde. Solaranlagen erzeugen aus Sonnenenergie andere Energieformen:
Thermische Solaranlage: Die von Sonnenkollektoren aufgenommene Sonnenstrahlung kann für die Erwärmung von Trinkwasser sowie für die Raumheizung eingesetzt werden.
Fotovoltaikanlage: Die Sonnenstrahlung wird in Solarzellen in elektrische Energie umgewandelt. Diese kann entweder in Solarbatterien gespeichert oder ins Stromnetz eingespeist werden.

Wasserstoff – ein umweltfreundlicher Energielieferant Da die fossilen Energieträger Erdöl, Erdgas und Kohle auf der Erde nur noch in begrenzter Menge vorhanden sind, soll Wasserstoff vermehrt als alternativer Brennstoff eingesetzt werden. Dies birgt verschiedene Vorteile: So ist das zur Wasserstoffherstellung notwendige Wasser in den Meeren reichlich vorhanden. Außerdem entsteht bei der Verbrennung von Wasserstoff nur Wasser.

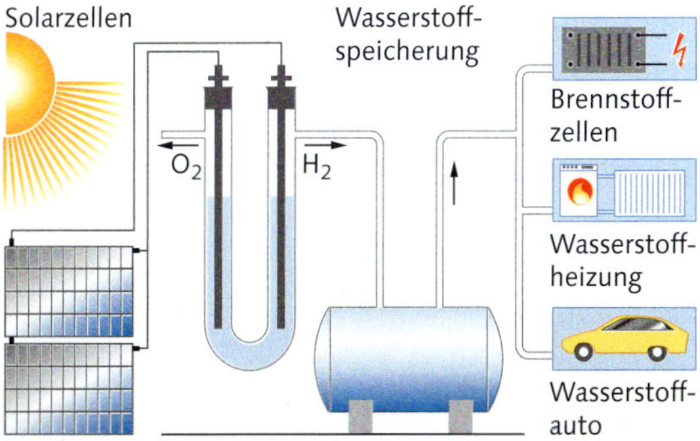

6 *Verwendung des Wasserstoffs, der durch Elektrolyse gewonnen wird*

Extra Auto mit Brennstoffzellenantrieb
In einer Brennstoffzelle reagiert Wasserstoff mit Sauerstoff ohne Flammenerscheinung und unter geringer Wärmeentwicklung. Bei dieser „kalten" oder „sanften" Verbrennung wird die im Wasserstoff gespeicherte chemische Energie in elektrische Energie umgewandelt. Mit dieser wird ein Elektromotor angetrieben.

Benzin hat einen Wirkungsgrad von ca. 35 %. Das heißt, dass nur ein Drittel der Energie, die im Benzin steckt, für den Antrieb des Autos genutzt werden kann. Die meiste Energie wird als Wärme an die Umwelt abgegeben. Dagegen kann mit einem Brennstoffzellenantrieb ein Wirkungsgrad von über 90 % erreicht werden.
Brennstoffzellenfahrzeuge sind leise und erzeugen keine schädlichen Abgase, sondern nur Wasser. So lässt sich insbesondere in den Innenstädten die Luftbelastung durch Schadstoffe senken. Allerdings benötigt man zur Herstellung von Wasserstoff ebenfalls Energie.

7 *Autos, die mit Brennstoffzellen betrieben werden, erzeugen Wasser als Abgas.*

Aufgaben

1 □ Beschreibe, wie man Wasserstoff nachweisen kann. Wie nennt man diese Nachweisreaktion?

2 □ Nenne vier Verwendungsmöglichkeiten für Wasserstoff.

3 „Die Verbrennung von Wasserstoff ist umweltfreundlich."
a ◪ Nimm zu dieser Aussage Stellung.
b ◪ Belege deine Stellungnahme durch eine Reaktionsgleichung.

4 ■ Benzinauto oder Brennstoffzellenauto? Stelle die Vor- und Nachteile in einer Tabelle dar.

6

1 Herstellung von Wasser

Geräte: große Spritze (60 ml) mit Verschlusskappe, Teelicht
Chemikalien: Wasserstoff, Watesmopapier zum Wassernachweis
Durchführung: Hole beim Lehrer eine Spritzenfüllung Wasserstoff. Halte die Spritze mit dem Kolben nach unten. Entferne den Kolben und halte die Öffnung der Spritze rasch über das Teelicht. Drücke ein Stück Watesmopapier an die Innenwand der Spritze.
Auswertung: Beschreibe deine Beobachtungen. Erkläre die Veränderung des Watesmopapiers. Formuliere die Reaktionsgleichung zu der chemischen Reaktion, die stattgefunden hat.

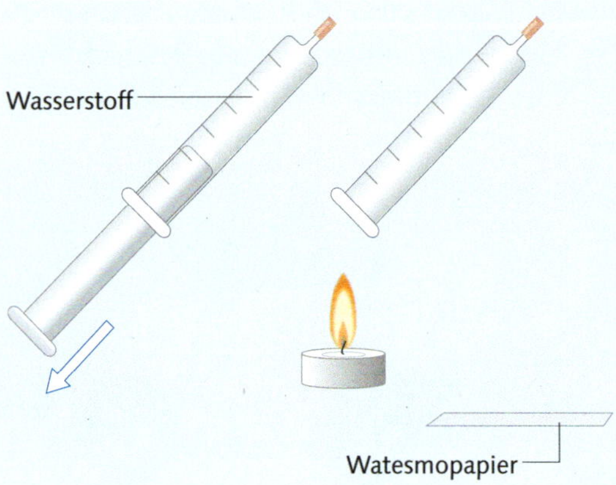

2 Nachweis von Wasserstoff – Knallgasprobe

Geräte: 2 Reagenzgläser, 2 Gummistopfen
Chemikalien: Wasserstoff
Durchführung: Hole beim Lehrer eine Spritzenfüllung Wasserstoff und befülle damit zwei Reagenzgläser, die du dabei zunächst mit der Öffnung nach unten hältst und sofort mit einem Gummistopfen verschließt. Befestige die Reagenzgläser an einem Stativ. Ein Reagenzglas zeigt mit der Öffnung nach oben, das andere nach unten. Entferne die Stopfen, warte 1 min und führe dann die Knallgasprobe durch.
Auswertung: Auf welchen Eigenschaften des Wasserstoffs beruhen deine Beobachtungen?

3 Zerlegung von Wasser

Geräte: Wasserzersetzungsapparat aus Kunststoffwanne mit 2 Spritzen (20 ml) und Kanülen (Edelstahldrähte), 2 kleine Spritzen (10 ml), 2 Hähne, 2 Kabel, 2 Krokodilklemmen, Transformator
Chemikalien: Wasser, Soda (Natriumcarbonat)
Durchführung: Zunächst wird das Wasser elektrisch leitfähig gemacht. Gib dazu 4 Teelöffel Soda in 250 ml Wasser. Fülle die Wanne etwa halb voll mit dem mit Soda versetzten Wasser. Verbinde die Spritzen des Wasserzersetzungsapparats mit den beiden kleinen Spritzen über die Hähne. Sauge mithilfe der kleinen Spritzen das Wasser in die unteren Spritzen. Wenn diese voll sind, schließe die Hähne und kopple die Spritzen ab. Verbinde die Kanülen über die Kabel mit dem Transformator. Lege eine Gleichspannung von 12 V an. Wenn sich in einer Spritze etwa 10 ml Gas gebildet haben, schalte den Transformator aus. Kopple die kleinen Spritzen wieder an, öffne die Hähne und ziehe die Gase in die kleinen Spritzen. Kopple die kleinen Spritzen ab. Ziehe den Stempel der Spritze, die am Pluspol angeschlossen war, ab und führe die Glimmspanprobe durch. Ziehe den Stempel der Spritze vom Minuspol ab und führe die Knallgasprobe durch.
Auswertung: Beschreibe, was du in den unteren Spritzen beobachtest. Welche Gase hast du in den kleinen Spritzen nachgewiesen?

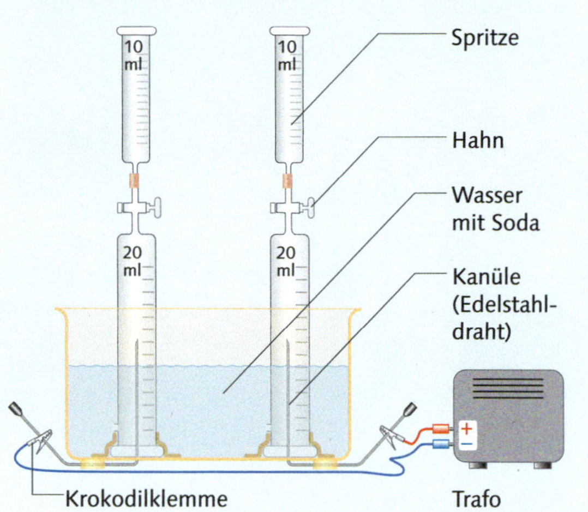

Weitergedacht Wasser und Wasserstoff

1 Explosion des Spaceshuttles Challenger

a □ Erkläre, welche Funktion Wasserstoff und Sauerstoff im Spaceshuttle haben.

b ◪ Stelle das Reaktionsschema in Worten und die Reaktionsgleichung auf, die bei der Explosion des Spaceshuttles ablief.

c ◪ Wie viel Liter Sauerstoff benötigt man für die vollständige Verbrennung von 1 Million Liter Wasserstoff?

d ■ Übertrage die Skizze in dein Heft und erkläre anhand dieser Modelldarstellung, wie es zum Vortrieb einer Rakete kommt.

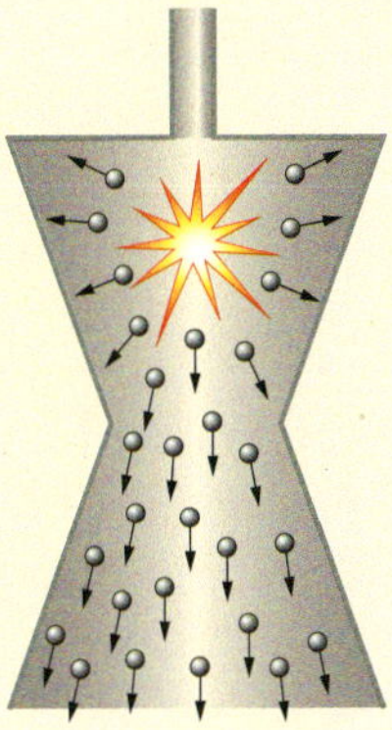

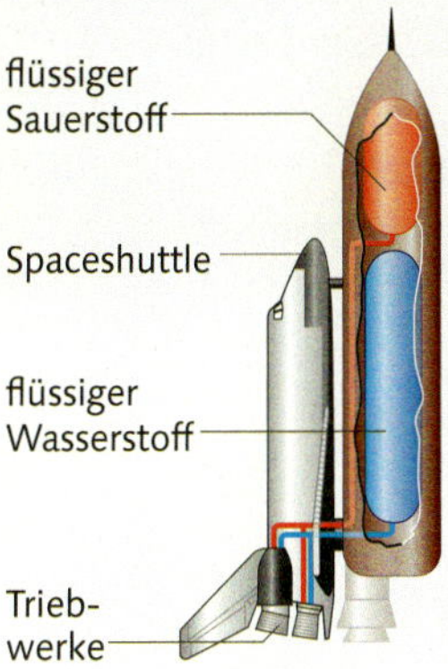

Es war ein strahlender Wintertag, als die „Challenger" am 28. Januar 1986 in den blauen Himmel über Merritt Island (Florida) abhob. Doch der zehnte Flug des Spaceshuttles sollte nur 73 Sekunden dauern. Die Challenger explodierte in 15 km Höhe in einem Feuerball. Dabei starben alle sieben Astronauten.
Als Ursache wurde ermittelt, dass durch leckgeschlagene Tanks große Mengen flüssigen Wasserstoffs und Sauerstoffs ausliefen und in einem Feuerball zur Explosion kamen.

2 Lavoisier zerlegt Wasser

Im Jahre 1783 führte der französische Chemiker Antoine Laurent de Lavoisier ein Experiment durch: Er erhitzte einen eisernen Gewehrlauf, der mit klein gehackten Nägeln gefüllt war. Sobald das Eisen glühte, leitete er Wasserdampf durch das Rohr. Das austretende Gas fing er auf. Nach dem Abkühlen stellte er fest, dass sich das Eisenrohr und die Nägel rostbraun verfärbt hatten.

a ◪ Beschreibe, welche chemischen Vorgänge abgelaufen sind. Verwende dabei die Begriffe Reduktion/reduzieren und Oxidation/oxidieren.

b ◪ Stelle ein Reaktionsschema in Worten für die chemische Reaktion im Eisenrohr auf.

c ■ Stelle eine Reaktionsgleichung auf. Kennzeichne die beiden Teilreaktionen Oxidation und Reduktion.

d □ Wie konnte Lavoisier das entstandene Gas nachweisen?

e ■ Begründe, warum Lavoisier mit dem Experiment zeigen konnte, dass Wasser kein chemisches Element ist.

Teste dich!

1 □ Gib an, wie sich das Wasservorkommen der Erde auf Süß- und Salzwasser verteilt.

2 □ Wo befindet sich der größte Teil des auf der Erde vorkommenden Süßwassers?

3 □ Nenne Verwendungsmöglichkeiten für Trinkwasser im Haushalt.

4 Wasser kann in Elemente zerlegt werden.
a □ Wie heißt der Fachbegriff für eine solche Zerlegung?
b □ Nenne die beiden Elemente, die bei der Zerlegung von Wasser entstehen, und beschreibe, wie man sie nachweisen kann.

5

Bei der Verbrennung von Wasserstoff bildet sich ein Beschlag.
a □ Um welchen Stoff handelt es sich bei diesem Beschlag?
b ◪ Stelle ein Reaktionsschema in Worten und die Reaktionsgleichung für diese Verbrennung auf.
c □ Wie nennt man eine chemische Reaktion, bei der aus Elementen eine chemische Verbindung hergestellt wird?

6

Explosionsgefahr neben der A8

(*Stuttgart*) Gestern gegen 13.30 Uhr brannte es in einer Magnesiumschleiferei direkt an der A8. In einem Produktionsraum hatte sich Magnesiumstaub entzündet und stand in hellen Flammen. Es handelte sich dabei um ein gefährliches Feuer, das mit Wasser nicht gelöscht werden kann.

a ◪ Erkläre, warum der Magnesiumbrand mit Wasser nicht gelöscht werden kann.
b ◪ Stelle ein Reaktionsschema für die Reaktion des Magnesiums mit Wasser auf.
c ■ Begründe, warum ein Löschversuch mit Wasser zu einer Explosion führen könnte.

7 ◪ Übertrage das Schema zur Energieumwandlung in dein Heft und vervollständige es.

Von der Sonne gelieferte Energie (elektromagnetische Strahlung)

Sonnenkollektor

________ energie

Solarzelle

________ Energie

8 Mit Wasserstoff wurden früher Jahrmarktballons gefüllt.
a □ Aufgrund welcher Eigenschaft eignet sich Wasserstoff als Traggas?
b ◪ Erkläre, warum man dafür heute Helium verwendet.

9 ■ Aussage der Alchemisten im Mittelalter: Wasser, Feuer, Luft und Erde sind Elemente. Werte diese Aussage aus der Sicht eines Chemikers von heute aus.

Aufgabe	Hilfe findest du auf Seite ...
1	126
2	126
3	127
4	128/129
5	128/129
6	128
7	133
8	132
9	128
... und die Lösungen findest du im Anhang.	

Im Überblick

Mehr als zwei Drittel unserer Erde sind mit Wasser bedeckt. Mensch, Tier und Pflanze bestehen zum großen Teil aus Wasser und sind vom Trinkwasser abhängig – ohne Wasser würde es auf der Erde kein Leben geben. Wasser mit der Molekülformel H_2O ist eine chemische Verbindung. Bei der Analyse entstehen die Elemente Wasserstoff und Sauerstoff. Wasserstoff ist ein sehr leichtes, brennbares Gas. Da bei seiner Verbrennung nur Wasser entsteht, ist er ein umweltfreundlicher Energieträger.

Analyse

- chemische Reaktion, bei der eine chemische Verbindung in Elemente zerlegt wird

Wasser → Wasserstoff + Sauerstoff

$2\,H_2O \rightarrow 2\,H_2 + O_2$ | endotherm

Elektrolyse

- Zerlegung einer chemischen Verbindung mithilfe von elektrischem Strom
- Die Elektrolyse von Wasser kann mit dem Hofmann'schen Wasserzersetzungsapparat durchgeführt werden.

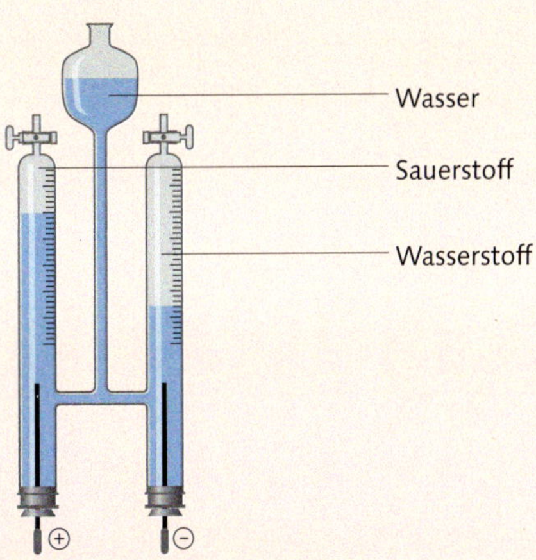

Synthese

- chemische Reaktion, bei der eine neue Verbindung hergestellt wird

Wasserstoff + Sauerstoff → Wasser

$2\,H_2 + O_2 \rightarrow 2\,H_2O$ | exotherm

Analyse und Synthese von Wasser

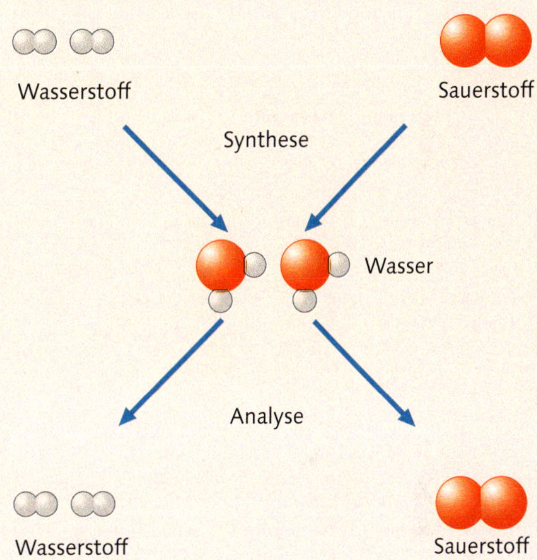

Wasserstoff + Sauerstoff $\underset{\text{Analyse}}{\overset{\text{Synthese}}{\rightleftharpoons}}$ Wasser

Wasserstoff

7

Elementfamilien und Periodensystem

			K = 39	Rb = 85	Cs = 133	—	—
			Ca = 40	Sr = 87	Ba = 137	—	—
			—	?Yt = 88?	?Di = 138?	Er = 178?	—
			Ti = 48?	Zr = 90	Ce = 140?	?La = 180?	Th = 231
			V = 51	Nb = 94	—	Ta = 182	—
			Cr = 52	Mo = 96	—	W = 184	U = 240
			Mn = 55	—	—	—	—
			Fe = 56	Ru = 104	—	Os = 195?	—
			Co = 59	Rh = 104	—	Ir = 197	—
Typische Elemente			Ni = 59	Pd = 106	—	Pt = 198?	—
H = 1	Li = 7	Na = 23	Cu = 63	Ag = 108	—	Au = 199?	—
	Be = 9,4	Mg = 24	Zn = 65	Cd = 112	—	Hg = 200	—
	B = 11	Al = 27,3	—	In = 113	—	Tl = 204	—
	C = 12	Si = 28	—	Sn = 118	—	Pb = 207	—
	N = 14	P = 31	As = 75	Sb = 122	—	Bi = 208	—
	O = 16	S = 32	Se = 78	Te = 125?	—	—	—
	F = 19	Cl = 35,5	Br = 80	J = 127	—	—	—

Vor etwa 200 Jahren haben Naturwissenschaftler damit begonnen, Elemente zu beschreiben. Nach und nach erkannten sie, dass es Elemente gibt, die sich zu Gruppen zusammenfassen lassen: die Elementfamilien. Welche Elementfamilien gibt es? Und wie kann Ordnung in die Vielzahl von Elementen gebracht werden?

Alkalimetalle

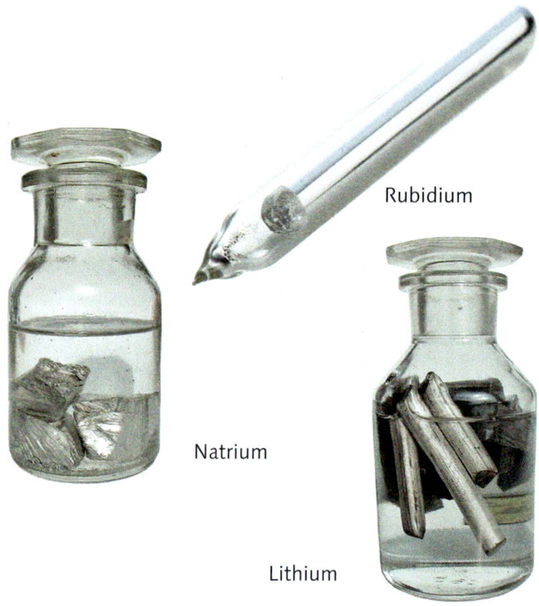

1 *Alkalimetalle wie Lithium, Natrium und Rubidium werden unter Luftabschluss aufbewahrt.*

Elementfamilie der Alkalimetalle Viele Elemente besitzen ähnliche Eigenschaften und können dadurch als Elementfamilien zusammengefasst werden. Die Metalle Lithium, Natrium, Kalium, Rubidium und Caesium weisen verwandte Eigenschaften auf und bilden eine solche Elementfamilie: die Alkalimetalle. Der Name „Alkali" leitet sich vom arabischen Wort *al-qali* für die Kaliumverbindung Pottasche ab.

Die Elemente Lithium, Natrium, Kalium, Rubidium und Caesium bilden die Elementfamilie der Alkalimetalle.

Vorkommen Alkalimetalle kommen in der Natur nicht elementar, sondern nur in Verbindungen vor. Die bekannteste Natriumverbindung ist Natriumchlorid, das Kochsalz.

2 *Frisch aufgeschnittenes Natrium*

Eigenschaften Alkalimetalle besitzen wie die bereits bekannten Metalle Eisen und Kupfer typische metallische Eigenschaften. Ein Stück Natrium kann verformt werden und lässt sich sogar mit einem Messer schneiden. An der frischen Schnittfläche zeigt sich der typische Oberflächenglanz von Metallen. Alkalimetalle leiten den elektrischen Strom. Wärme können sie ebenfalls gut leiten. Aufgrund ihrer niedrigen Dichten gehören die Alkalimetalle zu den Leichtmetallen.

Alkalimetalle haben aber auch besondere Eigenschaften: Lithium, Natrium und Kalium müssen in Behältern mit Paraffinöl gelagert werden. Rubidium und Caesium werden sogar in Glasampullen eingeschweißt (Bild 1). Dies ist notwendig, weil Alkalimetalle sehr reaktionsfreudig sind. Sie reagieren mit dem Sauerstoff der Luft und mit Wasser. An der Luft wird ihre Oberfläche matt, das Metall oxidiert. Gibt man ein kleines Stück eines Alkalimetalls in Wasser, so kann man eine chemische Reaktion beobachten.

Die Alkalimetalle zeigen typische metallische Eigenschaften. Sie sind sehr reaktionsfreudig und reagieren beispielsweise mit Sauerstoff und Wasser.

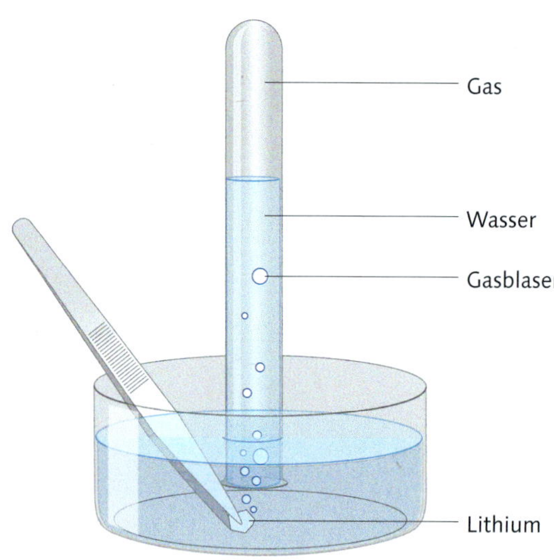

3 *Ein Demonstrationsexperiment: die Reaktion von Lithium und Wasser*

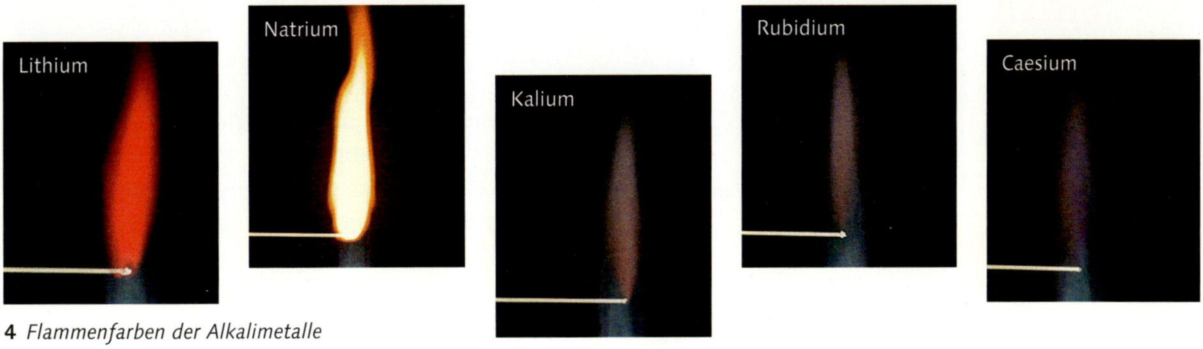

4 *Flammenfarben der Alkalimetalle*

Flammenfärbung Bringt man ein Alkalimetall oder eine Alkalimetallverbindung in die nicht leuchtende Brennerflamme, zeigt sich bei jedem Alkalimetall eine typische Flammenfarbe. So färbt Lithium die Flamme karminrot und Natrium färbt sie in ein kräftiges Gelb.
Wenn eine unbekannte Alkalimetallverbindung in die Brennerflamme gehalten wird, kann durch die Flammenfarbe herausgefunden werden, welches Alkalimetall in der Stoffprobe enthalten ist.

Verwendung Lithium, Natrium und Kalium sind von großer Bedeutung für die Industrie, z. B. zur Herstellung von Batterien und Akkus. Außerdem werden sie in der Düngemittel-, Waschmittel- und Glasindustrie verwendet.

5 *Natriumdampflampen erzeugen gelbes Licht.*

Vergleich der Reaktivität Aufgeschnittenes Lithium wird an der Luft langsam matt, weil es mit Sauerstoff reagiert. Bei Natrium und Kalium verlaufen die Reaktionen schneller. Ähnliches ist bei der Reaktion mit Wasser zu beobachten: Lithium, Natrium und Kalium reagieren unter Gasentwicklung. Dabei gleitet Lithium langsam über die Wasseroberfläche, Natrium dagegen schnell und mit zischendem Geräusch. Bei Kalium ist eine Flamme zu erkennen. Rubidium und Caesium reagieren mit Wasser explosiv.

Die Heftigkeit der Reaktion mit Wasser nimmt von Lithium bis Caesium zu.

Aufgaben

1 □ Begründe, warum man die Alkalimetalle zu einer Elementfamilie zusammenfasst.

2 Bild 3 zeigt ein Experiment zur Reaktion von Lithium mit Wasser.
   a □ Beschreibe die Durchführung des Experiments.
   b ◪ Formuliere die Beobachtungen.
   c ◪ Nenne ein Experiment, mit dem du herausfinden kannst, welches Gas entstanden ist.

3 ■ Vergleiche die Eigenschaften der Alkalimetalle. Verwende dazu die Tabelle.

Alkalimetall	Elementsymbol	Schmelztemperatur (in °C)	Siedetemperatur (in °C)	Dichte (in $\frac{g}{cm^3}$ bei 20 °C)	Heftigkeit der Reaktion mit Luft	Heftigkeit der Reaktion mit Wasser
Lithium	Li	180	1372	0,53	↓	↓
Natrium	Na	98	892	0,97		
Kalium	K	64	760	0,86		
Rubidium	Rb	39	688	1,53		
Caesium	Cs	29	690	1,90		

Tab. 1 *Einige Eigenschaften der Alkalimetalle im Vergleich*

Erdalkalimetalle

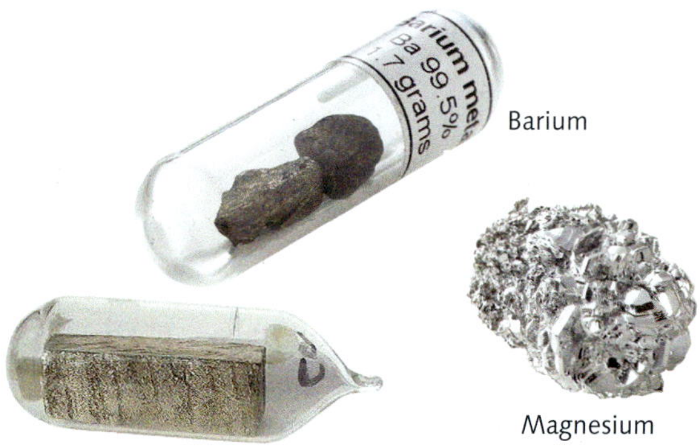

1 *Magnesium, Calcium und Barium sind Erdalkalimetalle.*

Elementfamilie der Erdalkalimetalle Die Elemente Beryllium, Magnesium, Calcium, Strontium und Barium sind am Aufbau der Erdkruste beteiligt. Sie weisen ähnliche Eigenschaften wie die Alkalimetalle auf und werden deshalb als Erdalkalimetalle bezeichnet.

Beryllium, Magnesium, Calcium, Strontium und Barium gehören zu den Erdalkalimetallen.

Vorkommen Wie die Alkalimetalle kommen die Erdalkalimetalle in der Natur nur in Verbindungen vor. Smaragd ist ein Beispiel für eine Verbindung, die Beryllium enthält. Calcium ist Bestandteil von Mineralien wie Dolomit, Marmor, Kalkstein und Gips, die sich im Gebirge finden lassen. Auch unsere Knochen bestehen aus Calciumverbindungen.

2 *Die Schwäbische Alb – hier findet man viel Kalkstein, eine Calciumverbindung.*

Eigenschaften Erdalkalimetalle sind wie alle Metalle verformbar. Strom und Wärme leiten sie gut. Der typische metallische Oberflächenglanz zeigt sich beispielsweise bei Magnesium und Calcium, wenn man ihre Oberfläche anschmirgelt. Nach einiger Zeit an der Luft wird die Oberfläche matt, weil die Erdalkalimetalle mit dem Sauerstoff der Luft reagieren, jedoch weniger schnell als bei den Alkalimetallen.

Die Erdalkalimetalle sind reaktionsfreudige Elemente. Sie reagieren beispielsweise mit Sauerstoff.

Verwendung Die Leichtmetalle Beryllium, Magnesium und Barium werden in der Industrie als Legierungsmetalle verwendet. Magnesiumlegierungen sind wichtige Ausgangsstoffe für den Flugzeugbau. Calciumverbindungen werden für die Herstellung von Düngemitteln, Baustoffen, Putzmitteln, Glas und Papier benötigt.

Extra Radium
Ein weiteres Erdalkalimetall ist das radioaktive und äußerst gesundheitsschädliche Radium. Es wurde 1898 von MARIE und PIERRE CURIE entdeckt und galt zunächst fälschlicherweise als gesundheitsfördernd. Kosmetika und Genussmittel, die Radium enthielten, waren in den 1920er Jahren ein wahrer Verkaufsschlager. Dies änderte sich schlagartig, als vermehrt Erkrankungen und Todesfälle im Zusammenhang mit Radiumprodukten auftraten.

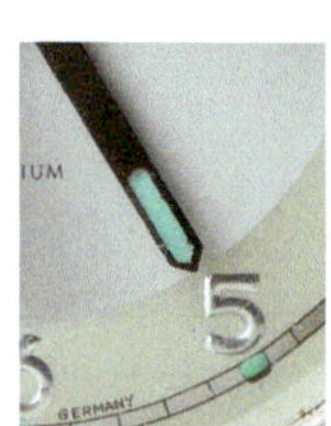

3 *Früher enthielten Leuchtziffern oft Radium.*

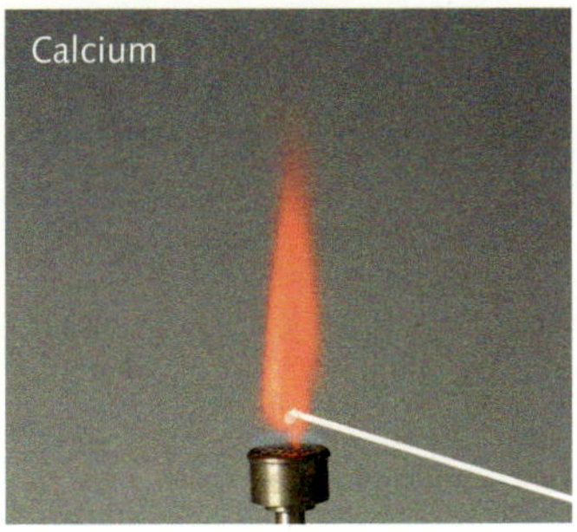

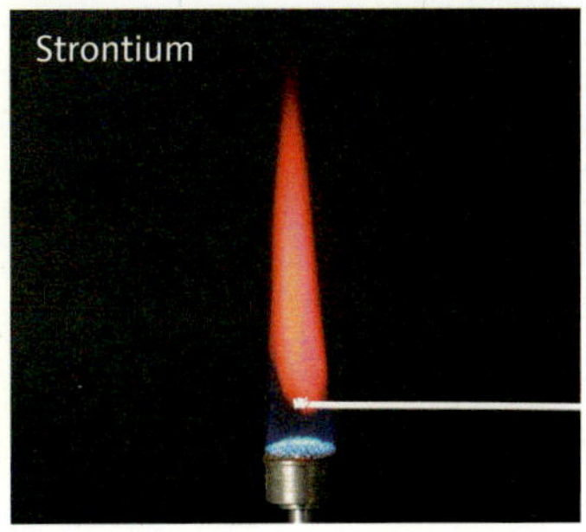

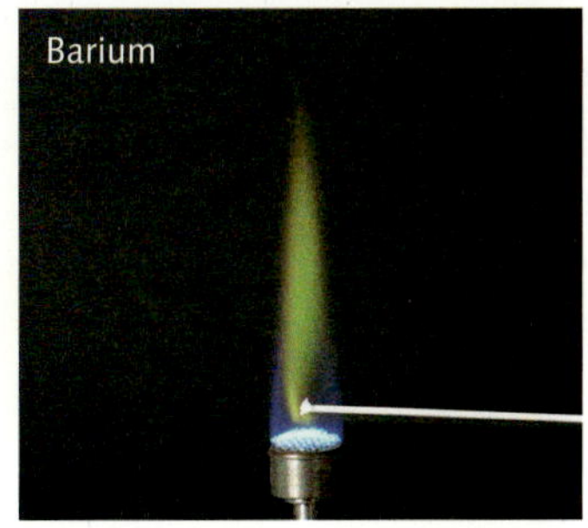

4 *Flammenfarben einiger Erdalkalimetalle*

Flammenfärbung Von den Erdalkalimetallen zeigen nur Calcium, Strontium und Barium eine typische Flammenfärbung. Calcium färbt die Flamme ziegelrot, Strontium färbt sie intensiv rot und Barium färbt die Flamme grün. Diese Eigenschaft wird als Hinweis genutzt, ob das Element oder seine Verbindung in einer Stoffprobe enthalten ist. Beryllium und Magnesium zeigen dagegen keine sichtbare Flammenfärbung.

5 *Die Feuerwehr löscht einen Magnesiumbrand.*

Vergleich der Reaktivität Während Beryllium und Magnesium an der Luft langsam matt werden, geht dies bei Calcium, Strontium und Barium viel schneller. Unterschiede innerhalb der Familie der Erdalkalimetalle zeigen sich auch bei der Reaktion mit Wasser. Beryllium reagiert gar nicht mit Wasser, Magnesium reagiert nur mit warmem Wasser, während Barium mit Wasser heftig reagiert.

Aufgaben

1 □ Erstelle einen Steckbrief für ein Erdalkalimetall deiner Wahl.

2 □ Nenne zwei Beispiele für Erdalkalimetallverbindungen.

3 ◪ Beryllium, Magnesium und Barium kommen in Kontakt mit Wasser. Beschreibe, was passiert. Vergleiche die Reaktivität der Metalle.

4 ◪ Gehören die Erdalkalimetalle zu den Leicht- oder Schwermetallen? Nutze die Tabelle.

5 Auf dem Gelände einer Firma für Metallrecycling ist eine große Menge Magnesium in Brand geraten (Bild 5).

a ◪ Beschreibe das Löschverfahren.

b ■ Begründe, warum die Feuerwehr den Magnesiumbrand nicht mit Wasser löscht.

Erdalkalimetall	Elementsymbol	Schmelztemperatur (in °C)	Siedetemperatur (in °C)	Dichte (in $\frac{g}{cm^3}$ bei 20 °C)	Heftigkeit der Reaktion mit Luft	Heftigkeit der Reaktion mit Wasser
Beryllium	Be	1278	2970	1,85	↓	reagiert nicht ↓
Magnesium	Mg	650	1110	1,74		
Calcium	Ca	838	1490	1,55		
Strontium	Sr	757	1364	2,58		
Barium	Ba	725	1640	3,50		

Tab. 1 *Einige Eigenschaften der Erdalkalimetalle im Vergleich*

Praxis Alkali- und Erdalkalimetalle

1 Flammenfärbung

Geräte: Gasbrenner, Magnesiastäbchen, Spatel, Uhrgläser
Chemikalien: Lithiumchlorid, Natriumchlorid, Kaliumchlorid, Rubidiumchlorid, Caesiumchlorid, Calciumchlorid, Strontiumchlorid, 10%ige verdünnte Salzsäure
Durchführung: Erhitze das Magnesiastäbchen in der nicht leuchtenden Flamme des Gasbrenners so lange, bis die Flamme farblos geworden ist. Tauche das heiße Stäbchen zuerst in verdünnte Salzsäure und anschließend in die erste Stoffprobe. Halte es erneut in die Flamme. Wiederhole den Versuch mit den anderen Stoffproben.
Auswertung: Welche Flammenfärbung kannst du erkennen?

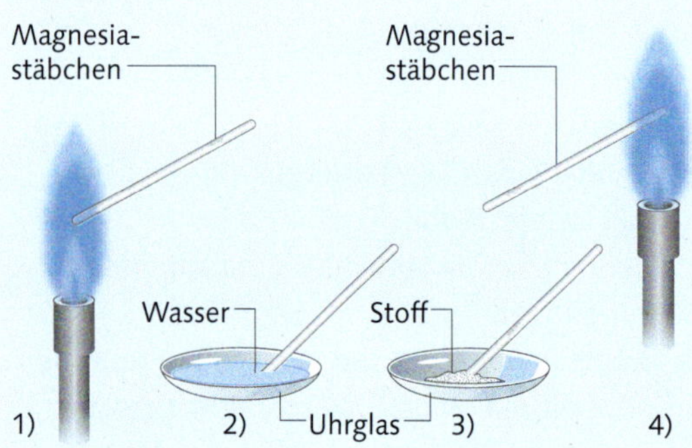

2 Verräterische Flammenfärbung

Geräte: Gasbrenner, Magnesiastäbchen, Spatel, Uhrgläser
Chemikalien: trockene und zerkleinerte Stoffproben aus dem Alltag, z. B. Gipspulver, Mineralwasser, Pottasche (Kaliumcarbonat), Calciumtablette, Kartoffelstück, Kochsalz
Durchführung: Erhitze das Magnesiastäbchen in der nicht leuchtenden Flamme des Gasbrenners so lange, bis die Flamme farblos geworden ist. Tauche das heiße Stäbchen zuerst in Wasser und anschließend in die erste Stoffprobe. Halte das Stäbchen erneut in die Flamme. Wiederhole den Versuch mit den anderen Stoffproben.
Auswertung: Welche Alkali- bzw. Erdalkalimetallverbindungen lassen sich in den Stoffproben nachweisen?

3 Oberflächenglanz von Magnesium und Calcium

Geräte: Schmirgelpapier, Pinzette
Chemikalien: Magnesiumband (2 cm), Calcium (gekörnt)
Durchführung: Schmirgle die Oberfläche von jeweils einem kleinen Stück Calcium und Magnesium ab. Halte das Calciumstück mit einer Pinzette!
Auswertung: Notiere und deute deine Beobachtungen.

4 Magnesium und Calcium reagieren mit Wasser

Geräte: Reagenzglasgestell, 3 Reagenzgläser, Pinzette
Chemikalien: 2 Stücke Magnesiumband (etwa 2 cm), ein sehr kleines Stück Calcium (gekörnt), warmes und kaltes Wasser
Durchführung: Fülle in ein Reagenzglas warmes und in die zwei anderen Reagenzgläser kaltes Wasser (jeweils 2–3 cm hoch). Gib nun ein Magnesiumband in kaltes Wasser, anschließend das zweite Magnesiumband in warmes Wasser. Gib das Stück Calcium vorsichtig mit einer Pinzette in das dritte Reagenzglas.
Auswertung: Notiere deine Beobachtungen. Welchen Unterschied kannst du bei der Reaktion von Magnesium im kalten bzw. warmen Wasser feststellen? Mit welchem Experiment kannst du herausfinden, welches Gas entstanden ist?

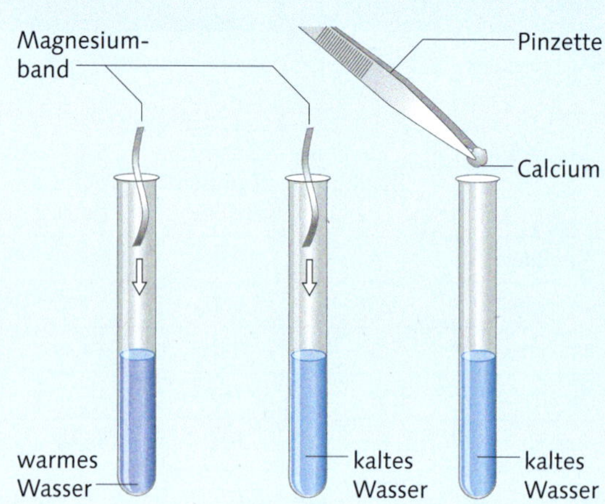

Extra Ordnen

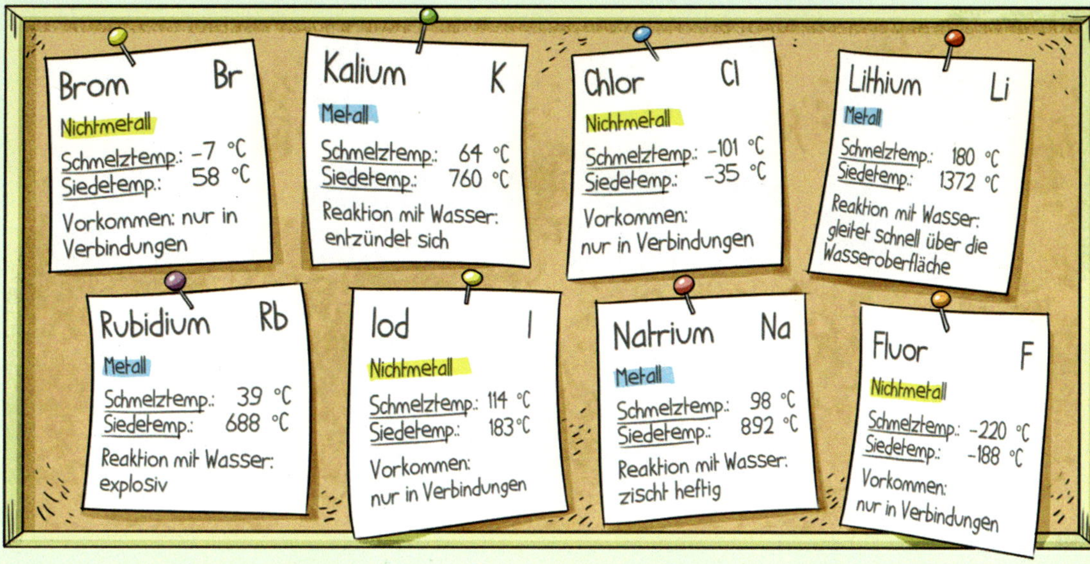

1 *Wie kannst du die Elemente ordnen?*

Ordnen Dinge zu ordnen und Ordnung zu haben sind sowohl in der Chemie als auch im Alltag sehr wichtig. Wurde etwas geordnet, hat man einen besseren Überblick. Außerdem findet sich alles schneller, man spart dadurch Zeit und hat den Kopf frei für kreative Ideen.
Auch Elemente können geordnet werden. Man kann sie aufgrund ihrer chemischen Eigenschaften zu Elementfamilien zusammenfassen oder sie nach Metallen und Nichtmetallen ordnen.

Element	Metall	Nichtmetall	Schmelztemp.	Siedetemp.	Reaktion mit Wasser	Vo
Brom		X	-7 °C	58 °C		
Kalium	X		64 °C	760 °C	entzündet sich	
Chlor		X	-101 °C	-35 °C		
Lithium	X		180 °C	1372 °C	schnelles Gleiten	
Rubidium	X		39 °C	688 °C	explosiv	
Iod		X	114 °C	183 °C		
...	...	...	...	...	...	...

Folgende Schritte solltest du beim Ordnen beachten:

Ordnungskriterien finden
Elemente können aufgrund ihrer chemischen Eigenschaften geordnet werden.

Ergebnisse sichern
Eine Tabelle mit den entsprechenden chemischen Eigenschaften in den Spalten dient zur Sicherung der Ergebnisse.

Ergebnisse ordnen
Die Elemente werden aufgrund ihrer chemischen Eigenschaften in die entsprechende Spalte eingetragen.

Ergebnisse auswerten
Die gefundenen gemeinsamen Eigenschaften werden farbig markiert.

Aufgaben

1 ◪ Ordne die hier aufgeführten Elemente, wie es in den einzelnen Schritten beschrieben ist. Kannst du dadurch die Elemente einer Elementfamilie zuordnen?

2 ◪ Erkläre mit eigenen Worten, wie man beim Ordnen vorgeht.

Methode Operatoren und Fachsprache

Operatoren kennst du schon Operatoren sind Verben, die dir in den Aufgabenstellungen sagen, was genau du tun sollst. Die Tabellen auf dieser und der nächsten Seite sollen dir dabei helfen, Aufgabenstellungen genau zu verstehen und zu bearbeiten.

Operator	Merkmale	Beispiel
Erstelle	Informationen in eine bestimmte Form bringen	Erstelle einen Steckbrief. Erstelle eine Tabelle.
Ordne	in eine Reihenfolge bringen, in Gruppen zusammenfassen oder Ähnliches	Ordne die angeführten Elemente.
Beschreibe	Vorgänge oder Merkmale; ganze Sätze	Beschreibe die Wirkung von Chlor in öffentlichen Schwimmbädern.
Erkläre	etwas verständlich machen; Grund oder Ursache angeben; „Wenn …, dann …", „Um … zu …"	Erkläre, warum Kalium in einem Behälter mit Paraffinöl gelagert werden muss.
Erläutere	wie erklären, aber mit zusätzlichen Informationen oder Beispielen	Erläutere die Wirkung von Chlor.
Begründe	wie erklären, aber mit Regeln und Gesetzmäßigkeiten; „Weil …", „Wegen …", „Aufgrund …"	Begründe, warum man die Alkalimetalle zu einer Elementfamilie zusammenfasst.
Überprüfe	Informationen suchen, nachlesen und vergleichen	Überprüfe deine Vermutung durch eine Internetrecherche.
Stelle eine Vermutung an	sagen, was du glaubst, wie etwas sein oder was passieren könnte	Stelle mithilfe der Tabelle eine Vermutung über die Dichte von Francium auf.
Vergleiche	Gemeinsamkeiten oder Unterschiede nennen	Vergleiche die Dichten, Schmelz- und Siedetemperaturen der Alkalimetalle.

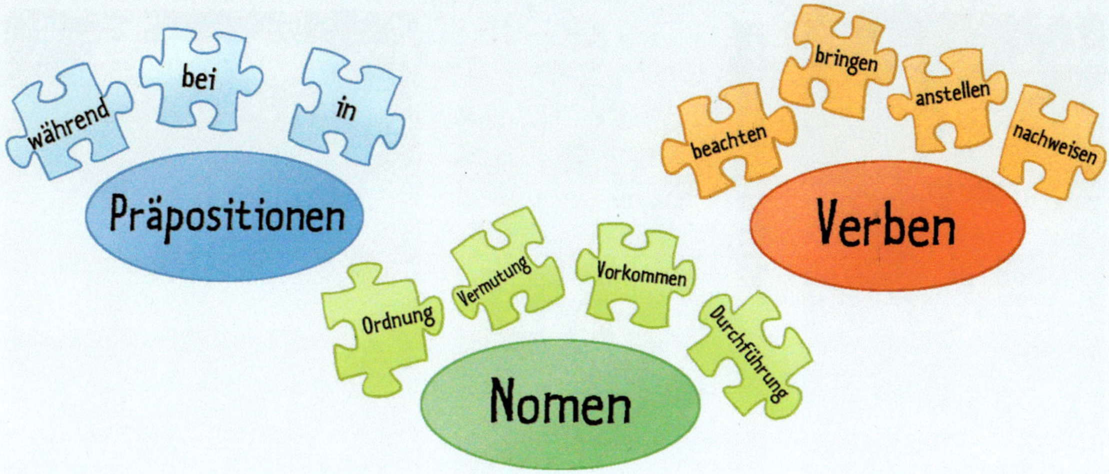

7

Fachsprache in Arbeitsaufträgen Aufgabenstellungen beinhalten häufig fachsprachliche Redewendungen, z. B.: *„Weise das Vorkommen nach."* Was dies bedeutet und wie man auch anders dazu sagen kann, kannst du anhand dieser Tabelle herausfinden.

Fachsprachliche Arbeitsaufträge und Arbeitsbeschreibungen sind gekennzeichnet durch bestimmte **Nomen-Verb-**Verbindungen, häufig auch in Verbindung mit einer **Präposition**.

Präposition	Substantiv (Fall)	Verben	Anders gesagt
	einen Steckbrief	erstellen	einen Steckbrief machen/anfertigen/verfassen
	eine Mindmap	anfertigen	eine Mindmap zeichnen/anfertigen
	eine Vermutung	anstellen	über etwas nachdenken und sagen, was du vermutest/glaubst
in	eine Ordnung	bringen	etwas in eine Reihe oder in eine Liste eintragen/einsortieren
bei/ während	der Durchführung	beachten	achtgeben/aufpassen auf etwas, wenn du beispielsweise ein Experiment machst
in	(einer) Verbindung mit …	vorkommen	woraus diese Verbindung besteht
in	der Natur	vorkommen	wenn es etwas in der Natur gibt
	eine Elementfamilie	bilden	eine Elementfamilie darstellen
	die Zusammensetzung	bestimmen	herausfinden, wie etwas zusammengesetzt ist
	das Vorkommen	nachweisen	zeigen (mit einem Experiment), dass ein Stoff vorkommt
	einer Anzahl	entsprechen	gleiche Anzahl haben wie … gleich viel sein wie …
zur (zu)	(der) Vorhersage	dienen	man kann damit etwas vorhersagen
	einer Ordnung	folgen	so, wie es geordnet ist, weitermachen

Extra Geschichte des Feuerwerks

1 *Berthold Schwarz, Entdecker des Schwarzpulvers in Europa*

2 *Pyrotechniker im 17. Jahrhundert*

3 *Kupferstich eines Feuerwerks in Leipzig 1667*

Faszination Feuerwerk Seit jeher sind die Menschen von Feuerwerk begeistert. Die bunten Farben und Lichter, die den Himmel aufleuchten lassen, faszinieren und bringen Jung und Alt zum Staunen.

Feuerwerk im alten China Die ersten Feuerwerke gab es etwa 1000 n. Chr. in China. Die Herstellung von Feuerwerkskörpern mit Schieß- und Schwarzpulver soll dort bereits in dieser frühen Zeit bekannt gewesen und später über den Seeweg nach Europa gekommen sein.
Die Feuerwerkskörper wurden damals häufig für militärische Zwecke verwendet. Laute Knalleffekte und Feuerpfeile sollten Unsicherheit und Angst beim Gegner bewirken.

Schwarzpulver Ein wesentlicher Bestandteil von Feuerwerkskörpern ist Schwarzpulver. Es besteht aus Kaliumnitrat, Schwefel und Holzkohle. Bis Mitte des 19. Jahrhunderts war es das wichtigste Schieß- und Sprengmittel. Der Namensgeber des Schwarzpulvers war der Freiburger Mönch Berthold Schwarz. Er erhielt beim Klostereintritt den Namen „Schwarz“, weil er sich gerne mit schwarzer Magie und Alchemie beschäftigte. Das Schwarzpulver soll er etwa im Jahr 1359 zufällig beim Experimentieren entdeckt haben. Ob es tatsächlich so war, ist nicht sicher belegt.
Kurz vor der Reformation im 16. Jahrhundert wurden alle Aufzeichnungen des Klosters zerstört.

Blütezeit des Feuerwerks in Europa Das erste durch Quellen bestätigte Feuerwerk Europas fand im Jahr 1379 in der norditalienischen Stadt Vicenza statt. In den folgenden Jahren wurden bei religiösen Festen sowie Feierlichkeiten der Königshäuser immer häufiger Feuerwerke gezündet. Außerdem standen Feuerwerker ständig im Wettstreit miteinander, noch größere und farbenfrohere Feuerwerke zu entwickeln. Besonders prunkvolle Feuerwerke wurden am französischen Königshof im Barock und im Rokoko gezeigt. Für das Feuerwerk anlässlich der Feier des Friedens von Aachen im Jahr 1749 wurde Georg Friedrich Händel mit der Komposition der berühmten, auch heute noch oft aufgeführten „Feuerwerksmusik“ beauftragt.

Aufgaben

1 □ Nenne Gelegenheiten, zu denen in der Geschichte Feuerwerke gezündet wurden.

2 □ Aus welchen Stoffen besteht Schwarzpulver? Wie ist es zu der Bezeichnung gekommen?

3 □ Finde durch eine Internetrecherche heraus, woher der Brauch stammt, an Silvester Feuerwerk abzubrennen.

Extra Feuerwerk heute

Silvester Kaum ein anderer Tag wird weltweit mit Feuerwerken in verschiedenen Farben, Formen und Effekten gefeiert wie der Übergang in das neue Jahr.
Von der beliebten Silvesterrakete über Leuchtvulkane bis hin zu Knallern und Böllern gibt es eine Vielzahl an Feuerwerkskörpern, die nicht nur von Pyrotechnikern, sondern an Silvester von allen volljährigen Personen abgebrannt werden dürfen.

1 *Silvesterfeuerwerk*

Aufbau und Funktion einer Feuerwerksrakete

Der Holzstab an einer Feuerwerksrakete besitzt zwei Funktionen. Er dient als Startrampe und soll außerdem eine stabile Flugbahn gewährleisten.
Der untere Teil der Rakete enthält die Treibladung, die zum Großteil aus Schwarzpulver besteht. Nach dem Entzünden sorgt die Treibladung für den nötigen Schub. Um einen schönen Funkenschweif beim Aufsteigen zu erhalten, werden oft Funken erzeugende Stoffe wie Holzkohle, Aluminium- oder Eisenspäne beigemischt.
Ist die Treibladung abgebrannt, wird die Zerlegerladung gezündet. Sie enthält Schwarzpulver und je nach gewünschtem Effekt verschiedene Zusätze. Für die Farben sind vor allem Alkalimetall- und Erdalkalimetallverbindungen verantwortlich. Als Brennstoffe dienen Schwefel, Holzkohle oder verschiedene Harze.

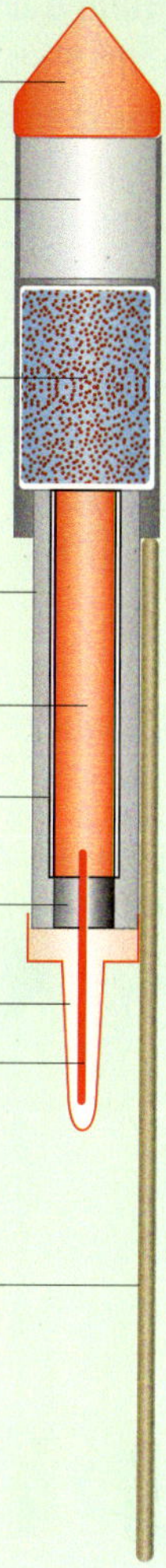

2 *Aufbau einer Feuerwerksrakete*

Aufgaben

1 □ Begründe die Verwendung von Alkalimetall- oder Erdalkalimetallverbindungen in Feuerwerksraketen.

2 Feuerwerke sind faszinierend, aber die Sicherheit geht vor beim Umgang mit Feuerwerkskörpern.
a □ Welche Vorsichtsmaßnahmen sind beim Umgang mit Feuerwerkskörpern zu beachten?
b □ Fans verwenden immer wieder Pyrotechnik in Fußballstadien. Was ist deine Meinung? Diskutiere mit Mitschülerinnen und Mitschülern.

3 ◪ Eine rot leuchtende Rakete soll hergestellt werden. Beschreibe den Aufbau der Zerlegerladung.

7

Halogene

Elementfamilie der Halogene Zu den Halogenen zählen die Elemente Fluor, Chlor, Brom und Iod sowie das radioaktive Astat. Halogene sind sehr reaktive Elemente, die beispielsweise mit Metallen reagieren. Die dabei entstehenden Verbindungen sind Salze wie das Natriumchlorid, unser Kochsalz. Wegen der Eigenschaft dieser Stoffe, mit Metallen Salze zu bilden, wurde die Bezeichnung Halogene gewählt (griech. *hals:* Salz, *gennan:* bilden – „Salzbildner"). Halogene kommen in der Natur nur in Verbindungen vor.

Fluor, Chlor, Brom und Iod bilden die Elementfamilie der Halogene.

1 *Bleichwirkung von Chlor*

2 *Warum enthält Schwimmbadwasser oft Chlor?*

3 *Flussspat (CaF_2) bildet farbige Kristalle.*

4 *Fluoride sind Bestandteile vieler Zahnpasten.*

Fluor Es ist bei Raumtemperatur ein schwach grünliches, stark ätzendes und giftiges Gas. Fluor ist das reaktionsfähigste von allen Elementen. Fluorverbindungen kommen im Alltag häufig vor. Eine wichtige natürliche Fluorverbindung ist Flussspat (Calciumfluorid, CaF_2). Fluorverbindungen werden auch als Antihaftbeschichtung in Bratpfannen (Teflon®) und zur Herstellung atmungsaktiver Membranen (Gore-Tex®) verwendet. In Zahnpasta werden Fluoride für beständigeren Zahnschmelz eingesetzt.

Chlor Es ist bei Raumtemperatur ein gelbgrünes, stechend riechendes, giftiges Gas. Chlor wird aufgrund seiner bakterientötenden Wirkung zur Desinfektion verwendet. Diese Wirkung des Chlors nutzt man im Schwimmbad, um Krankheitserreger unschädlich zu machen. Weil dafür schon eine niedrige Chlorkonzentration genügt, sind gelegentlich auftretende Nebenwirkungen wie gerötete Augen gering.
Chlor ist ein sehr wichtiger Ausgangsstoff zur Herstellung von Kunststoffen und Arzneimitteln. Es besitzt zudem eine bleichende Wirkung.

Extra Chlorfrei gebleichtes Papier
Auf vielen Schulheften befindet sich die Aufschrift „Chlorfrei gebleichtes Papier“. Das Bleichen von Papier ohne Chlor gehört mittlerweile zum Standard in Deutschland.
Es gibt aber Unterschiede: Das ECF-Papier (*e*lementar*c*hlor*f*rei gebleicht) wird am meisten produziert. Dabei wird nicht mit elementarem Chlor, sondern mit Chlorverbindungen gebleicht. Dieses Verfahren vermindert die Umweltbelastung bereits deutlich. Das TCF-Papier (*t*otal*c*hlor*f*rei gebleicht) wird vollständig ohne elementares Chlor und ohne Chlorverbindungen gebleicht. Hier kommen Sauerstoffverbindungen zum Einsatz, die die Umweltbelastungen bei der Papierveredlung weiter vermindern. Die Herstellungskosten für dieses Papier sind jedoch höher.

5 *Brom*

6 *Iod*

Brom Bei Raumtemperatur liegt Brom als braune Flüssigkeit vor, die leicht verdampft. Die Flüssigkeit sowie die Dämpfe sind stark ätzend und giftig. Der Name leitet sich vom griechischen Wort *bromos* für „Gestank“ ab.
Bromverbindungen kommen am häufigsten in Meerwasser und Salzlagerstätten vor. Sie werden auch in Flammschutzmitteln und Schädlingsbekämpfungsmitteln verwendet.

Iod Bei Iod handelt es sich, im Unterschied zu den bisher genannten Halogenen, um einen grauschwarzen Feststoff, der bei Raumtemperatur leicht sublimiert und blauviolette Dämpfe bildet.
Im Stoffwechsel des Menschen spielen iodhaltige Verbindungen eine wichtige Rolle. Ein Mangel oder ein Überschuss an Iodverbindungen in unserer Nahrung kann zu Erkrankungen der Schilddrüse führen.

7 *Bühnenbeleuchtung mit Halogenscheinwerfern; Halogenlampen für den Haushalt (oben)*

Halogenlampen Im Vergleich zu anderen Leuchtmitteln bieten Halogenlampen einige Vorteile. Sie sind nach dem Einschalten sofort hell und lassen sich dimmen. Sie erzeugen weißeres und helleres Licht als herkömmliche Glühlampen und haben außerdem eine längere Lebensdauer.
Das Grundprinzip von Halogenlampen und Glühlampen ist aber dasselbe: Beide besitzen in ihrem Inneren einen Glühdraht aus Wolfram. Bei Halogenlampen enthält das Füllgas im Glaskolben zusätzlich ein Halogen – meistens Iod. Dadurch wird der Glühdraht geschützt.

Halogen	Elementsymbol	Farbe des Gases	Schmelztemperatur (in °C)	Siedetemperatur (in °C)
Fluor	F	grünlich	–220	–188
Chlor	Cl	grüngelb	–101	–35
Brom	Br	braunrot	–7	58
Iod	I	blauviolett	114	183

Tab. 1 *Einige Eigenschaften der Halogene im Vergleich*

Aufgaben

1 □ Erstelle für alle Halogene jeweils einen Steckbrief. Nutze alle Informationen dieser Seiten.

2 □ Beschreibe die Wirkung von Chlor in öffentlichen Schwimmbädern.

3 ◪ In manchen Werbetexten für Zahnpasta wird davon gesprochen, dass „Fluor die Zähne schützt“. Begründe, warum diese Formulierung irreführend ist.

Edelgase

1 *Leuchtschrift in Las Vegas*

2 *Ballons mit Heliumfüllung*

Elementfamilie der Edelgase Bunte Lichter und farbige Leuchtschrift sind die Wahrzeichen von Las Vegas. Auch wenn die Farben der Leuchtröhren unterschiedlich sind, haben sie eines gemeinsam – sie sind mit Edelgasen gefüllt. So leuchten mit Neon gefüllte Leuchtröhren (Gasentladungsröhren) orangerot. Wird Argon verwendet, leuchtet die Röhre blau.
Zur Elementfamilie der Edelgase zählen die Elemente Helium, Neon, Argon, Krypton, Xenon sowie das radioaktive Radon.

Helium, Neon, Argon, Krypton, Xenon und Radon bilden die Elementfamilie der Edelgase.

Eigenschaften und Vorkommen Bei den Edelgasen handelt es sich um farblose, geruchlose, gasförmige Nichtmetalle, die den elektrischen Strom nicht leiten und äußerst reaktionsträge sind. Deshalb sind sie nicht brennbar. Edelgase kommen in der Natur nur elementar vor. Lange Zeit ging man davon aus, dass es keine Edelgasverbindungen gibt. Schließlich gelang 1962 die Herstellung von Edelgasfluoriden im Labor, die jedoch instabil sind.
Edelgase sind zu etwa 1 % in der Luft enthalten und finden sich in Spuren auch im Erdgas.

Verwendung Edelgase sind sehr reaktionsträge. Deshalb werden sie häufig dort eingesetzt, wo chemische Reaktionen unerwünscht sind. Dies ist beispielsweise bei normalen Glühlampen der Fall: Dort werden Argon, Krypton und Xenon als sogenanntes Schutzgas verwendet. Auch beim Schweißen wird häufig Argon als Schutzgas benutzt.
Das größte Einsatzgebiet der Edelgase findet sich in Leuchtröhren, die heute unser Stadtbild prägen. Xenon wird in modernen Scheinwerfern von Kraftfahrzeugen oder als Narkosemittel eingesetzt. Helium findet Verwendung als Füllgas für Ballons und Luftschiffe, weil seine Dichte geringer als die von Luft ist. Außerdem ist es neben Stickstoff und Sauerstoff Bestandteil des Atemgasgemischs für Taucher.

Aufgaben

1 □ Nenne fünf gemeinsame Eigenschaften der Edelgase.

2 ◪ Erläutere, warum Glühlampen mit Edelgas gefüllt sind.

3 ◪ Recherchiere, warum heute Helium und nicht mehr Wasserstoff (hat ebenfalls eine geringere Dichte als Luft) in Ballons verwendet wird.

Extra Entstehung von Elementen im Weltraum

Der Urknall Nach der Urknalltheorie entstand das Universum vor etwa 13,7 Milliarden Jahren durch den Urknall, auch „Big Bang" genannt. Innerhalb von Sekundenbruchteilen entstanden Materie, Raum und Zeit. Man darf sich den Urknall nicht als Explosion vorstellen, sondern vielmehr als Ausdehnung, die als Expansion bezeichnet wird.

Erste Elementarteilchen und Atome Es wird vermutet, dass sich schon nach einer Tausendstelsekunde die ersten Neutronen und Protonen gebildet haben. Die ersten Atome entstanden allerdings erst etwa 300 000 Jahre später. Bei den ersten Atomen handelte es sich hauptsächlich um Wasserstoff- und Heliumatome. Zu einem sehr geringen Anteil wurden auch Lithium- und Deuteriumatome (schwerer Wasserstoff) gebildet.

Erste Sterne Erste Sterne entstanden ungefähr 200 Millionen Jahre nach dem Urknall. Sie bestanden nahezu völlig aus Wasserstoff und Helium. Wissenschaftler gehen davon aus, dass die ersten Sterne sehr groß und 100- bis 1000-mal schwerer als unsere Sonne waren. Außerdem hatten die meisten frühen Sterne eine geringe Lebensdauer von einigen Millionen Jahren. Neue Elemente wie Sauerstoff, Kohlenstoff und Eisen bildeten sich durch die Vorgänge im Inneren dieser ersten Sterne. Erst später entstanden auch schwerere Elemente wie Blei.

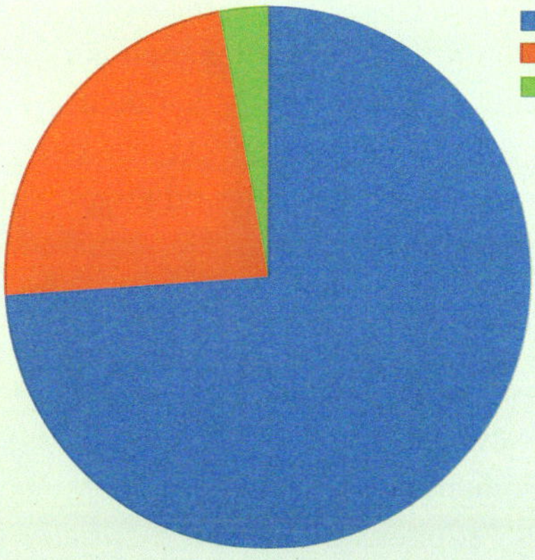

1 *Elemente im heutigen Universum*

2 *Reste einer Supernova im sogenannten Krebsnebel*

Das Ende eines Sternenlebens Im Inneren von Sternen wird Wasserstoff in Helium umgewandelt, wobei sehr viel Energie frei wird. Ist der Wasserstoff aufgebraucht, ist das Ende eines Sternenlebens erreicht. Das Sterben eines Sterns verläuft in Abhängigkeit von seiner Masse unterschiedlich. Bei Sternen mit großer Masse ist das Ende spektakulär: Dann kann eine riesige Explosion beobachtet werden, eine sogenannte Supernova. Durch die enorme Energiefreisetzung entstehen andere Elemente, die sich durch die Explosion im Weltraum verbreiten. Diese Elemente bilden neue Sterne.

Aufgaben

1 Die Sonne – unser Stern

a □ Recherchiere wichtige Daten und Fakten über die Zusammensetzung und Größe der Sonne und ergänze weitere für dich interessante Informationen.

b □ Erstelle ein Plakat über die Sonne und präsentiere es in der Klasse. Gib an, woher du deine Informationen hast.

2 ◪ Beschreibe die Entstehung der Elemente im Universum – „kurz" nach dem Urknall und heute.

3 ■ Recherchiere nach Forschungsergebnissen über Sterne und Galaxien. Dokumentiere, wie du bei der Recherche vorgegangen bist und wo du dich informiert hast. Welche Quelle empfiehlst du? Begründe.

Extra Geschichte des Periodensystems

Anlass zum Ordnen Um das Jahr 1800 kannte man etwa 30 chemische Elemente. Weil immer mehr neue Elemente entdeckt wurden, versuchten Wissenschaftler, eine sinnvolle Ordnung für die Elemente zu finden.

1829 – Johann Wolfgang Döbereiner Der deutsche Chemiker DÖBEREINER (1780–1849) war der Erste, der die damals bekannten Elemente aufgrund chemisch ähnlicher Eigenschaften und ihrer Atommassen ordnete. Er nannte die Gruppen aus drei Elementen, die sich chemisch ähneln, „Triaden".

1863 – John Alexander Newlands Der englische Chemiker NEWLANDS (1837–1898) sortierte die zu dieser Zeit bekannten Elemente ebenfalls wie DÖBEREINER nach steigender Atommasse. Er stellte dabei fest, dass nach jeweils sieben Elementen chemisch ähnliche Eigenschaften wiedererscheinen. Da dies vergleichbar mit den Oktaven in der Musik ist, nannte er es „Gesetz der Oktaven". Sein Periodensystem war aber noch lückenhaft, da viele Elemente noch nicht entdeckt waren.

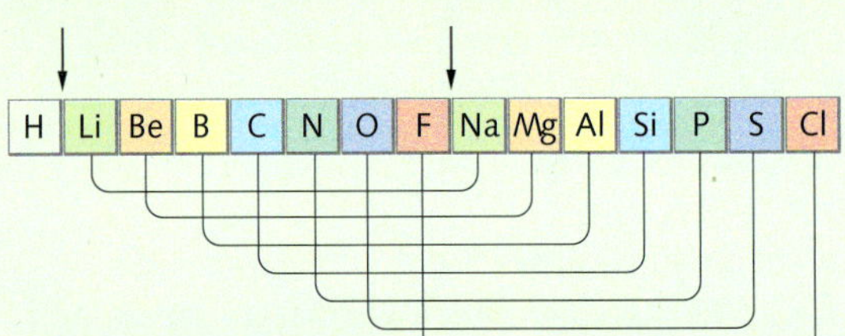

1 *Gesetz der Oktaven*

2 *Briefmarke zum Gedenken an DMITRI MENDELEJEW*

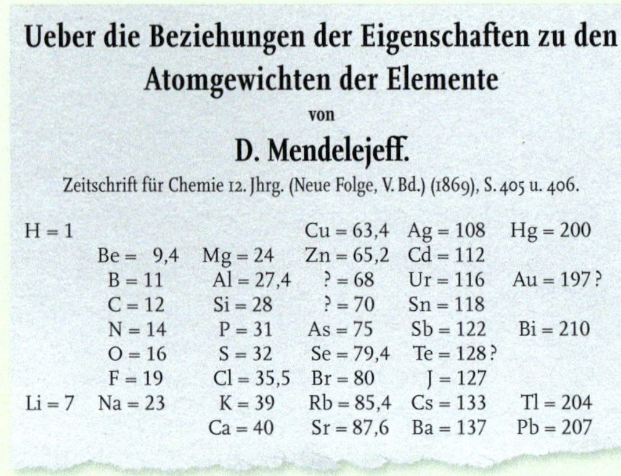

Ueber die Beziehungen der Eigenschaften zu den Atomgewichten der Elemente

von

D. Mendelejeff.

Zeitschrift für Chemie 12. Jhrg. (Neue Folge, V. Bd.) (1869), S. 405 u. 406.

H = 1			Cu = 63,4	Ag = 108	Hg = 200
	Be = 9,4	Mg = 24	Zn = 65,2	Cd = 112	
	B = 11	Al = 27,4	? = 68	Ur = 116	Au = 197?
	C = 12	Si = 28	? = 70	Sn = 118	
	N = 14	P = 31	As = 75	Sb = 122	Bi = 210
	O = 16	S = 32	Se = 79,4	Te = 128?	
	F = 19	Cl = 35,5	Br = 80	J = 127	
Li = 7	Na = 23	K = 39	Rb = 85,4	Cs = 133	Tl = 204
		Ca = 40	Sr = 87,6	Ba = 137	Pb = 207

3 *Periodensystem von DMITRI MENDELEJEW*

1869 – Dmitri Mendelejew und Lothar Meyer Zeitgleich, aber unabhängig voneinander stellten der russische Chemiker DMITRI MENDELEJEW und der Deutsche LOTHAR MEYER ein Periodensystem der Elemente auf. Sie ordneten dazu die chemischen Elemente von oben nach unten nach steigender Atommasse an und setzten gleichzeitig die Elemente mit ähnlichen Eigenschaften nebeneinander. Bis zu diesem Zeitpunkt waren etwa 60 Elemente bekannt und so war das Periodensystem noch teilweise lückenhaft. Während aber MEYER sehr vorsichtig mit Vermutungen über bis dahin unbekannte Elemente war, sagte MENDELEJEW sogar voraus, welche Eigenschaften die fehlenden Elemente haben müssen. Dies gelang ihm nach heutigem Wissen ziemlich genau.

Nach 1869 Nachdem MENDELEJEW und MEYER das Grundgerüst des Periodensystems aufgestellt hatten, füllten sich die gebliebenen Lücken bis zur Mitte des 20. Jahrhunderts. Seitdem wurden viele neue Elemente entdeckt, die das Periodensystem erweitern. Heute sind etwa 118 Elemente bekannt.

Aufgaben

1 Erkläre das „Gesetz der Oktaven" von JOHN ALEXANDER NEWLANDS.

2 Welche Elementfamilien kannst du den Gruppen des Periodensystems von MENDELEJEW zuordnen? Verwende Bild 3.

Aufbau des Periodensystems der Elemente

1 *Die Elemente wurden nach ihren Atommassen geordnet …*

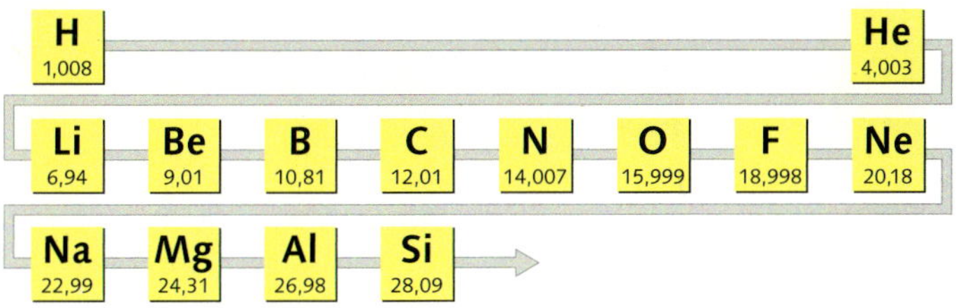

2 *… und dann nach den Elementfamilien übereinandergelegt.*

Eine systematische Ordnung Mitte des 19. Jahrhunderts waren bereits so viele chemische Elemente bekannt, dass eine systematische Ordnung notwendig wurde. Die Atommassen der bekannten chemischen Elemente waren ermittelt. Man ordnete die Elemente so an, dass immer diejenigen Elemente übereinanderlagen, die ähnliche chemische Eigenschaften aufweisen und deshalb zu einer Elementfamilie gehören, beispielsweise Lithium und Natrium. So erhielt man eine systematische Ordnung: das Periodensystem der Elemente. Anfang des 20. Jahrhunderts entdeckte man schließlich die wahre Ursache für das periodische Verhalten der Elemente: den Aufbau der Atome.

Perioden Die Reihen des Periodensystems werden Perioden genannt und mit arabischen Ziffern gekennzeichnet. Hier sind die Elemente von links nach rechts angeordnet. Eine neue Periode beginnt, wenn chemisch ähnliche Eigenschaften wiederkehren. So beginnt die 2. Periode mit Lithium und endet mit Neon. Nach Neon folgt Natrium. Weil Natrium chemisch ähnliche Eigenschaften hat wie Lithium, nämlich die der Alkalimetalle, beginnt die 3. Periode mit Natrium.

Gruppen Die Elemente einer Elementfamilie bilden eine Gruppe. Es gibt insgesamt acht Hauptgruppen, die auch mit römischen Ziffern bezeichnet werden. Die erste Hauptgruppe besteht aus Wasserstoff und den Alkalimetallen. Die zweite Hauptgruppe bilden die Erdalkalimetalle. Weitere wichtige Hauptgruppen sind die Halogene und die Edelgase.

Metalle und Nichtmetalle Die Metalle befinden sich im Periodensystem links. Die Nichtmetalle stehen rechts. An der Grenze zwischen Metallen und Nichtmetallen befinden sich die Halbmetalle. Das sind Elemente, die sowohl Eigenschaften von Metallen als auch von Nichtmetallen aufweisen. Ein typisches Halbmetall ist Silicium. Es zeigt den typischen metallischen Glanz, ist aber nicht verformbar wie ein Metall.

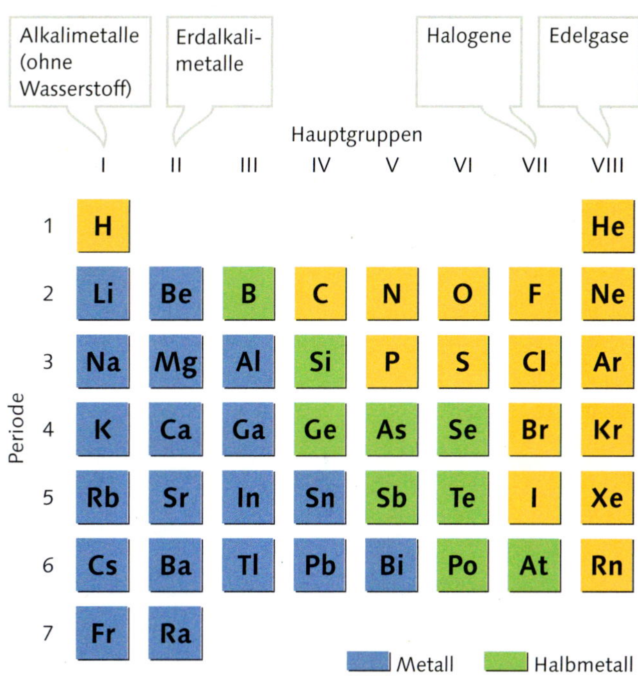

3 *Periodensystem der Elemente*

Im Periodensystem stehen Elemente mit ähnlichen Eigenschaften in Gruppen untereinander. Die waagerechten Zeilen heißen Perioden.

1 Bunsen und das Hühnchen

Der bekannte deutsche Chemiker BUNSEN war mit einem Freund in einem Restaurant und aß Hühnchen. Nach dem Essen streute BUNSEN Pulver, das er aus dem Labor mitgebracht hatte, über die abgenagten Knochen. Am nächsten Tag aß er mit seinem Freund wieder in demselben Restaurant. Es gab Hühnersuppe. Er tauchte einen mitgebrachten Platindraht in die Suppe und hielt diesen anschließend in eine Brennerflamme. Die Flamme färbte sich rot.

a □ Stelle Vermutungen darüber an, warum BUNSEN das gemacht hat.

b ◪ Erkläre, welche Stoffe in dem Pulver enthalten sein könnten.

c ◪ Plane einen Versuch, mit dem du das Vorgehen von BUNSEN überprüfen kannst.

d ■ Erläutere, ob BUNSEN auch andere Pulver hätte verwenden können.

2 Vergleich von Mineralwasser

Analysenauszug (in mg/l)

Calcium	528,0
Magnesium	124,0
Natrium	28,8

Quellort: Vaihingen-Enz

Calcium	96,2 mg/l
Magnesium	26,7 mg/l
Natrium	73,8 mg/l

Quellort: Bad Teinach

Quellort: Gundelfingen

Calcium	85,3 mg/l
Magnesium	21,3 mg/l
Natrium	2,4 mg/l

Lebensalter	Calcium (mg/Tag)	Magnesium (mg/Tag)	Natrium (mg/Tag)
Kinder (1–4 Jahre)	600	80	300
Kinder und Jugendliche (13–19 Jahre)	1200	350–400	550

Tab. 1 *Je nach Alter benötigen Menschen unterschiedliche Mengen an Mineralien.*

Mineralwässer unterscheiden sich in ihrem Mineraliengehalt, z. B. in dem Gehalt an Alkali- und Erdalkalimetallverbindungen.

a □ Vergleiche die unterschiedlichen Mineralwässer auf ihren Mineraliengehalt.

b ◪ Wähle ein Mineralwasser aus und berechne, wie viele Liter dieses Wassers du trinken müsstest, um deinen Calcium- bzw. Magnesiumbedarf nur mithilfe des Wassers zu decken.

c ◪ Erkläre, wie die Unterschiede zwischen den Mineralwässern im Mineralgehalt zustande kommen.

d ■ Stelle Vermutungen darüber an, warum das Trinken von destilliertem Wasser gesundheitsschädlich ist.

Weitergedacht Edelgase und Halogene

1 Entdeckung von Argon

HENRY CAVENDISH, ein britischer Naturwissenschaftler, fand bereits 1785 heraus, dass Luft außer Stickstoff und Sauerstoff einen kleinen Anteil anderer Gase enthält. Es dauerte aber rund 100 Jahre, bis der schottische Chemiker WILLIAM RAMSEY durch ein Experiment eines dieser Gase entdeckte. RAMSEY entfernte Sauerstoff und Kohlenstoffdioxid aus der Luft und dachte, er hätte somit reinen Stickstoff gewonnen. Jedoch musste die Gasportion mit dem Stickstoff aus der Luft ein weiteres Gas enthalten (Bild 1). Um dieses Gas zu gewinnen, musste er alle anderen gasförmigen Bestandteile aus der Luft entfernen, bis das unbekannte Gas übrig blieb. Aufgrund seiner Eigenschaften nannte er es Argon („das Untätige").

a □ Nenne die einzelnen Luftbestandteile und stelle sie in einem Kreisdiagramm dar.

b ◪ Erkläre RAMSEYS Experiment.

c ◪ Stelle Vermutungen darüber an, warum Argon als erstes der Edelgase gefunden wurde.

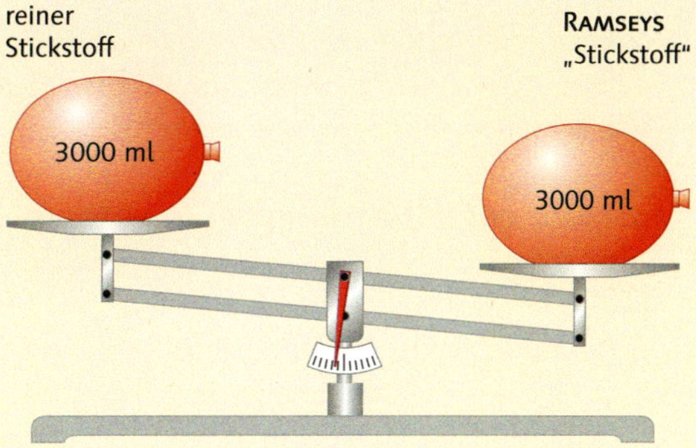

1 *Eine ungewöhnliche Abweichung*

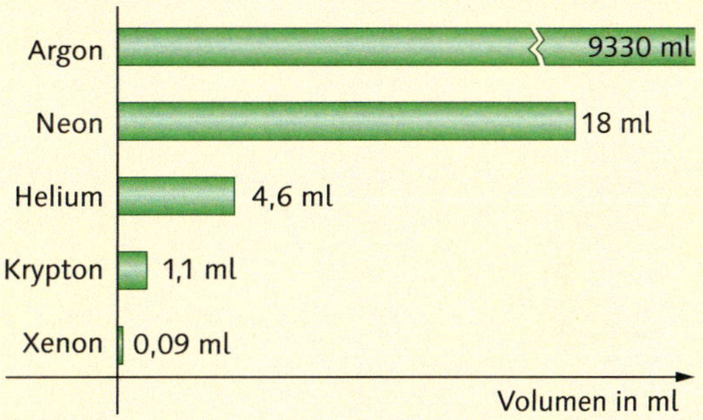

2 *Volumen der Edelgase in 1000 l Luft*

d ◪ Beschreibe jeweils eine Möglichkeit, Sauerstoff und Kohlenstoffdioxid aus der Luft zu entfernen.

2 Halogenlampen

3 *Halogen-Stiftsockellampe (links), gewöhnliche Glühlampe (rechts)*

Halogenlampen enthalten neben einer Edelgasfüllung auch etwas Brom. Der Glühdraht im Inneren der Lampe besteht, wie bei gewöhnlichen Glühlampen auch, aus dem Metall Wolfram. Ab ca. 3000 °C beginnt Wolfram zu sublimieren und der Draht wird dadurch dünner. Die enthaltenen Halogene reagieren mit dem Wolfram an der kühleren Glaswand. Die Reaktionsprodukte wandern zurück zum heißen Glühdraht und reagieren dort wieder zu Wolfram und den Halogenen. Der Wolframdraht wird dadurch „geheilt".

a ◪ Erstelle eine Skizze der Halogenlampe aus Bild 3 und beschrifte: Wolframdraht, Glaswand, Gasfüllung. Nutze die Informationen aus dem Text und vervollständige deine Skizze mit den Abläufen, die innerhalb der Halogenlampe stattfinden.

b ◪ Vergleiche eine Halogenlampe und eine gewöhnliche Glühlampe.

c ■ Erläutere den Vorteil einer Halogenlampe gegenüber einer gewöhnlichen Glühlampe.

7

Teste dich!

1 □ Begründe, warum die Alkalimetalle in Behältern mit Paraffinöl aufbewahrt oder in Glasampullen eingeschweißt werden.

2 □ Nenne drei Verwendungsmöglichkeiten der Alkalimetalle.

3 Erdalkalimetalle bilden eine Elementfamilie.
a □ Nenne die Elemente, die zur Elementfamilie der Erdalkalimetalle gehören.
b □ Welche gemeinsamen Eigenschaften besitzen die Erdalkalimetalle?
c ◪ Beschreibe am Beispiel der Reaktion mit Wasser, wie sich die Reaktivität der Erdalkalimetalle ändert.

4 ◪ Nenne die Elementfamilie, deren Vertreter eingesetzt werden, wenn chemische Reaktionen nicht erwünscht sind. Gib Beispiele für deren Verwendung an.

5 ◪ Lithiumchlorid und Kaliumchlorid sehen sehr ähnlich aus. Entwickle ein Experiment, mit dem du die beiden Stoffe unterscheiden könntest.

6 ◪ Werte die Tabelle zu den Eigenschaften der Halogene aus. Leite Gesetzmäßigkeiten ab.

Eigenschaft	Halogene			
	Fluor	Chlor	Brom	Iod
Schmelztemperatur	−220 °C	−101 °C	−7 °C	114 °C
Siedetemperatur	−188 °C	−35 °C	58 °C	183 °C
Giftwirkung	sehr giftig	sehr giftig	giftig	schwach giftig
Geruch	sehr scharf	sehr scharf, stechend	scharf	scharf
Verhalten in Wasser	reagiert mit Wasser	mäßige Reaktion	mäßige Reaktion	schlecht löslich

7 Der Aufbau des Periodensystems folgt einer bestimmten Ordnung.
a ◪ Beschreibe die Anordnung der Elemente in Gruppen und in Perioden.
b ◪ Gib an, wie die Reihenfolge der Elemente bestimmt wurde.

8 Im Bild ist eine unvollständige Ordnung der Elemente dargestellt.
a ◪ Gib die in der Reihe fehlenden Elemente an und ergänze sie.

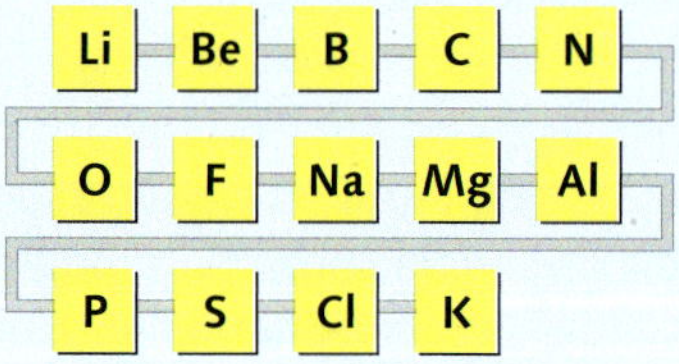

b ◪ Ordne nun die Elemente so an, dass Elemente mit gleichen Eigenschaften untereinanderstehen.
c ◪ Benenne die bekannten Elementfamilien.

9 ◪ Leite aus dem allgemeinen Aufbau des Periodensystems ab, welche Elemente nach ihrer Stellung im Periodensystem mit dem Element Silicium (Si) verwandt sind.

Aufgabe	Hilfe findest du auf Seite …
1	140/141
2	141
3	142/143
4	152
5	141, 144
6	150/151
7	155
8	155
9	155
… und die Lösungen findest du im Anhang.	

Im Überblick

Früher diente das Periodensystem der Elemente zur Vorhersage von Eigenschaften bisher unbekannter Elemente. Heute ermöglicht es uns einen geordneten Überblick über die vielen bereits bekannten Elemente.
Wir können dieser Übersicht verschiedene Informationen über die Elemente entnehmen. Elementfamilien mit ähnlichen Eigenschaften wie die der Alkalimetalle oder der Halogene finden sich in Gruppen des Periodensystems wieder.

Periodensystem der Elemente

- Übersicht, in der die Elemente systematisch angeordnet sind
- besteht aus Gruppen (Spalten) und Perioden (Zeilen)

Elementfamilie

- Elemente mit ähnlichen Eigenschaften und Reaktionen werden zu einer Elementfamilie zusammengefasst und stehen im Periodensystem in Gruppen.
- Innerhalb einer Elementfamilie verändern sich viele Eigenschaften mit zunehmender Atommasse.

Metalle und Nichtmetalle im Periodensystem

- Metalle stehen im Periodensystem links.
- Nichtmetalle stehen im Periodensystem rechts.
- Halbmetalle stehen an der Grenze zwischen Metallen und Nichtmetallen.

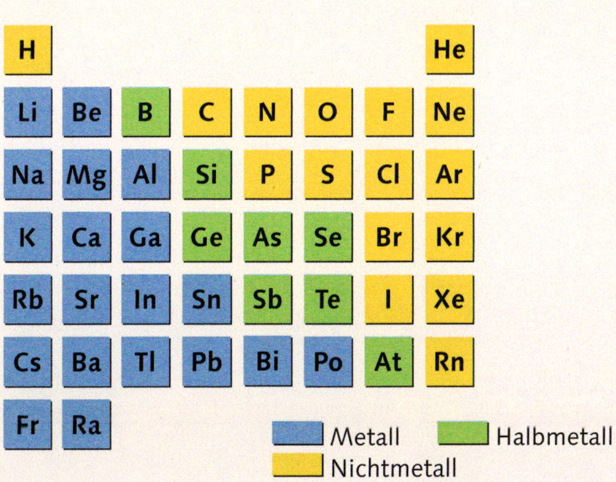

Alkalimetalle

- Elementfamilie der Elemente der ersten Hauptgruppe (ohne Wasserstoff)
- Lithium, Natrium, Kalium, Rubidium und Caesium
- sehr reaktive Elemente
- in der Natur nur in Verbindungen

Erdalkalimetalle

- Elementfamilie der Elemente der zweiten Hauptgruppe des Periodensystems
- Beryllium, Magnesium, Calcium, Strontium und Barium
- reaktive Elemente (jedoch geringere Reaktivität als Alkalimetalle)
- in der Natur nur in Verbindungen

Halogene

- Elementfamilie der Elemente der siebten Hauptgruppe des Periodensystems
- Fluor, Chlor, Brom und Iod
- Nichtmetalle; Fluor und Chlor – gasförmig, Brom – flüssig, Iod – fest (sublimiert)
- sehr reaktive, häufig ätzende Elemente
- in der Natur nur in Verbindungen

Edelgase

- Elementfamilie der Elemente der achten Hauptgruppe des Periodensystems
- Helium, Neon, Argon und Krypton
- farblose, geruchlose, gasförmige Nichtmetalle
- äußerst reaktionsträge
- kommen in der Natur elementar vor

8

Der Bau der Atome

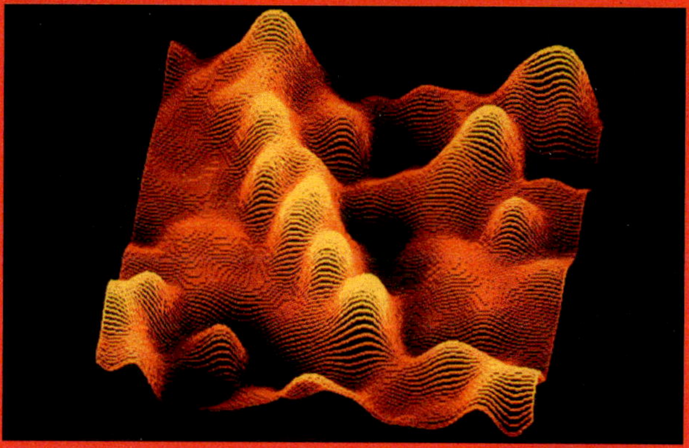

Der Aufbau der Materie aus kleinsten Teilchen, den Atomen, fasziniert die Menschen seit über 2000 Jahren. Viele unterschiedliche Modellvorstellungen wurden und werden entwickelt. Unser heutiges Wissen über den Atombau kann viele Phänomene in der Chemie erklären. Dennoch ist der exakte Aufbau noch unbekannt.

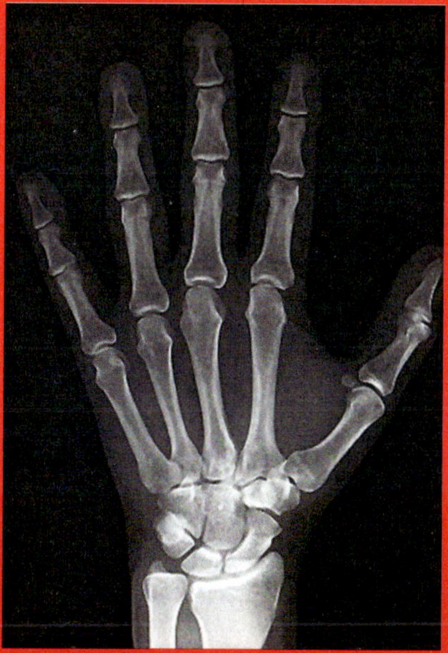

Atome – unvorstellbar klein

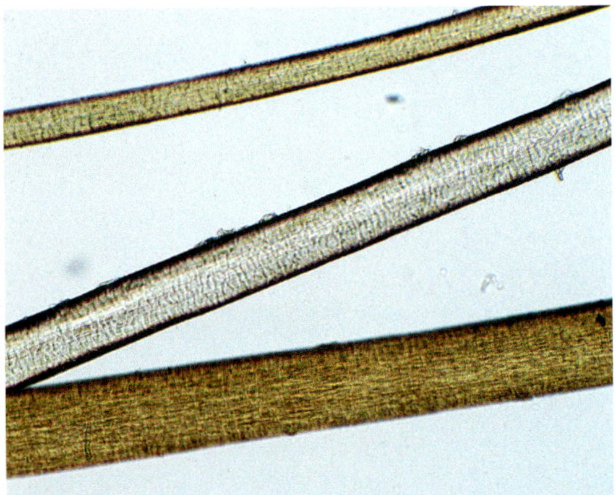

1 *Ein Haar lässt sich mit einem Lichtmikroskop vergrößern.*

3 *Ein Größenvergleich: Wäre ein Atom so groß wie eine Murmel, dann wäre ein Mensch im Verhältnis …*

Wie sehen Atome aus? Mit dieser Frage beschäftigen sich von der Antike bis heute viele Wissenschaftler. Im Laufe der Zeit haben sie immer bessere Methoden gefunden, um Stoffe zu vergrößern und sie auf diese Weise zu erforschen.
Ein Haar kannst du mit bloßem Auge erkennen, es hat einen Durchmesser von etwa 0,1 mm. Hautzellen bis zu einer Größe von 0,025 mm lassen sich mit der Lupe oder dem Lichtmikroskop sichtbar machen. Noch kleinere Objekte wie Viren können durch das Elektronenmikroskop erkannt werden.
Atome kann man jedoch nicht mit einer Lupe oder mit einem Lichtmikroskop erkennen – dazu sind sie viel zu klein. Der Durchmesser eines Goldatoms beträgt nur 0,0000003 mm, der eines Kohlenstoffatoms sogar nur 0,00000015 mm.

Größenvergleich Es ist sehr schwer, sich die Größe von Atomen vorstellen zu können. Ein Größenvergleich kann dabei behilflich sein: Wären die Atome des menschlichen Körpers so groß wie eine Murmel, so würde bei gleichem Maßstab ein Mensch von der Erde bis zum Mond reichen. Diese Strecke entspricht etwa einer Länge von 384000 km.

Rastertunnelmikroskop Es ist bis heute noch nicht gelungen, die unvorstellbar kleinen Atome sichtbar zu machen. Mithilfe eines Rastertunnelmikroskops ist es aber möglich, die Oberfläche einer Stoffprobe bildähnlich darzustellen und somit eine Vorstellung von der Größe der Atome zu erhalten. Die Farben der Abbildung werden von den Menschen gewählt, die die Messung durchführen – sie sind ausgedacht.

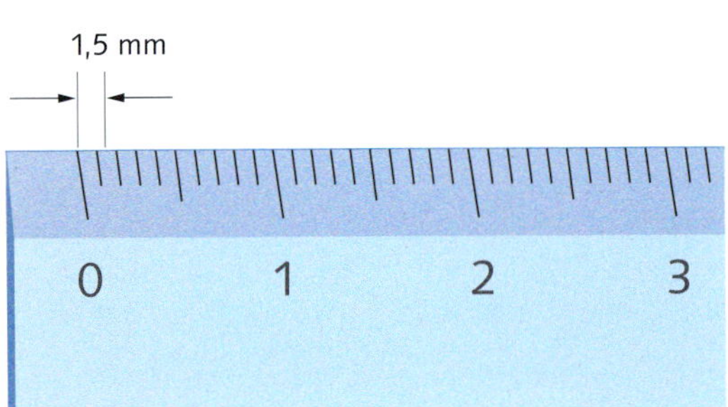

2 *Abschnitt eines Lineals, auf den 10000000 Kohlenstoffatome nebeneinanderpassen*

4 *Goldatome auf der Oberfläche einer Goldfolie, „sichtbar" gemacht mit einem Rastertunnelmikroskop*

Wie schwer sind Atome? Jedes Atom einer Atomart hat neben einer bestimmten Größe auch eine bestimmte Masse. Wie die Größe ist auch die Masse von Atomen unvorstellbar klein. Aus Experimenten kann man Rückschlüsse auf die Atommassen ziehen. JOHN DALTON untersuchte die Massen einiger Atome und veröffentlichte seine Ergebnisse im Jahr 1805. Seither bestimmten viele Chemiker weitere Atommassen.

Atommasseneinheit u Die Masse eines Kohlenstoffatoms beträgt 0,000 000 000 000 000 000 000 0199 g. Das ist eine Zahl mit 22 Nullen hinter dem Komma. Mit solchen Zahlen zu rechnen ist umständlich.
Um Atommassen einfacher angeben und miteinander vergleichen zu können, wurde die Atommasseneinheit u eingeführt und festgelegt:

$1\ g = 602\,200\,000\,000\,000\,000\,000\,000\ u$
$1\ g = 6{,}022 \cdot 10^{23}\ u$
$1\ g \approx 6 \cdot 10^{23}\ u$
$1\ u = 0{,}000\,000\,000\,000\,000\,000\,000\,001\,66\ g$
$1\ u = 1{,}66 \cdot 10^{-24}\ g$

1 u ist die Masse des zwölften Teils eines Kohlenstoffatoms. Sie entspricht etwa der Masse des leichtesten Atoms – des Wasserstoffatoms.
Die großen, umständlichen Zahlen merken sich Chemikerinnen und Chemiker nicht. Es genügt, dass die Massen der verschiedenen Atome mithilfe der Atommasseneinheit u *(unit)* verglichen werden können (Tab. 1 und PSE im Buchdeckel).

Die Atommasseneinheit u ermöglicht einen Vergleich verschiedener Atommassen. Die Atommasse des Wasserstoffatoms, dem leichtesten Atom, beträgt etwa 1 u.

Element	Atommasse (gerundet)
Wasserstoff	1 u
Kohlenstoff	12 u
Sauerstoff	16 u
Schwefel	32 u
Eisen	56 u
Gold	197 u

Tab. 1 *Atommassen einiger Atomarten*

Extra Zehnerpotenzen
In naturwissenschaftlichen Texten und Tabellen tauchen häufig sehr große oder sehr kleine Zahlen auf. Der Einsatz von Zehnerpotenzen hilft, die Darstellung der Zahlen zu verkürzen.
Beispiel: $3\,050\,000 = 305\,000 \cdot 10^1$
$= 30\,500 \cdot 10^2 = \ldots\ 3{,}05 \cdot 10^6 = \ldots$

Zahl	Zehnerpotenz	Name
0,00001	10^{-5}	Hunderttausendstel
0,0001	10^{-4}	Zehntausendstel
0,001	10^{-3}	Tausendstel
0,01	10^{-2}	Hundertstel
0,1	10^{-1}	Zehntel
1	10^0	Eins
10	10^1	Zehn
100	10^2	Hundert
1000	10^3	Tausend
10000	10^4	Zehntausend
100000	10^5	Hunderttausend

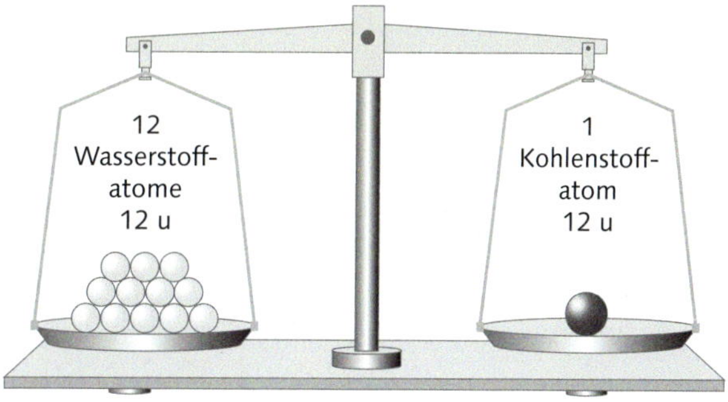

5 *Vergleich von Atommassen im Modell*

Aufgaben

1 □ Wie groß sind Atome? Erkläre anhand eines Vergleichs.

2 ◪ Berechne, wie viele Goldatome auf einer Länge von 1,5 mm nebeneinanderpassen.

3 □ Begründe, warum Angaben zur Atommasse in der Atommasseneinheit u und nicht in Gramm gemacht werden.

4 ◪ Vergleiche die Atommasse von Schwefel mit der von:
a) Wasserstoff
b) Kohlenstoff
Verwende Tabelle 1.

Extra Zählen mit der Waage

Die Menge macht's Zu den wichtigsten Aufgaben der Chemie zählt das Herstellen neuer Stoffe. Um ein reines Produkt zu erhalten, müssen die richtigen Mengen eingesetzt werden – sonst entstehen Verunreinigungen durch nicht vollständig reagierte Ausgangsstoffe. Bei der Reaktion von Eisen mit Schwefel lässt sich am Reaktionsschema ablesen, dass Eisen- und Schwefelatome im Zahlenverhältnis 1 : 1 reagieren.

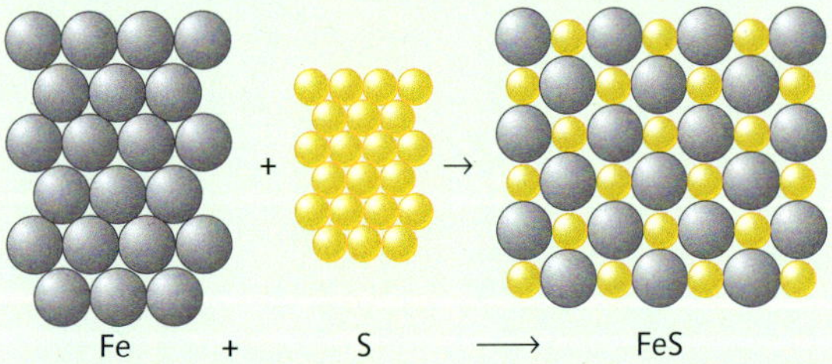

Weil es nicht möglich ist, Atome abzuzählen, werden die für die Reaktion benötigten Mengen der Ausgangsstoffe abgewogen. Doch wie viel Gramm Eisen und wie viel Gramm Schwefel muss man abwiegen?

Rechnen und Abwiegen Jedes Atom hat eine bestimmte, für das Element spezifische Masse. Sie ist als Atommasse u im Periodensystem der Elemente aufgeführt. Um Stoffportionen abwiegen zu können, muss man die Atommasse (in u) in die Masse (in Gramm) umrechnen. Umrechnungsfaktor ist dabei die Zahl $6 \cdot 10^{23}$.
Es gilt: $6 \cdot 10^{23}$ u = 1 g.

Für die Reaktion von Eisen mit Schwefel gilt:

1	Eisenatom hat die Atommasse	56 u.
$6 \cdot 10^{23}$	Eisenatome haben die Masse	56 g.
1	Schwefelatom hat die Atommasse	32 u.
$6 \cdot 10^{23}$	Schwefelatome haben die Masse	32 g.

In 56 g Eisen und 32 g Schwefel ist jeweils die gleiche Teilchenanzahl enthalten.
Um Eisen und Schwefel vollständig reagieren zu lassen, muss man also 56 g Eisen und 32 g Schwefel abwiegen. Auch wenn ein Vielfaches oder ein Bruchteil dieser Stoffportionen eingesetzt wird, verläuft die Reaktion vollständig.

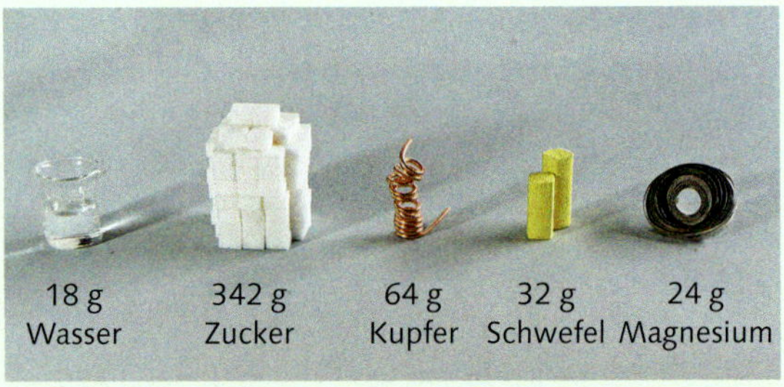

1 *Verschiedene Stoffportionen (aufgerundet) mit der Stoffmenge 1 mol*

Mol – immer gleich viele Teilchen Die Menge von $6 \cdot 10^{23}$ Teilchen (Atome oder Moleküle) wird in der Chemie als feste Einheit betrachtet. Eine Stoffportion, die diese Anzahl an Teilchen enthält, wird als 1 Mol des Stoffes bezeichnet. Das Mol ist die Größe der Stoffmenge. Das Einheitenzeichen ist mol.
Auf die Beispielreaktion angewendet bedeutet dies: $6 \cdot 10^{23}$ Eisenatome sind 1 mol Eisenatome und $6 \cdot 10^{23}$ Schwefelatome sind 1 mol Schwefelatome.
Um 1 mol einer Verbindung wie Wasser abzumessen, müssen die Atommassen der Atome dieser Verbindung addiert werden. Ein H_2O-Molekül hat die Masse $2 \cdot 1$ u + 16 u = 18 u.
1 mol H_2O-Moleküle hat die Masse
$2 \cdot 1$ g + 16 g = 18 g.

Element oder Verbindung	Teilchenanzahl	Stoffmenge	Masse der Stoffportion
Eisen	$6 \cdot 10^{23}$	1 mol	56 g
Schwefel	$6 \cdot 10^{23}$	1 mol	32 g
Wasser	$6 \cdot 10^{23}$	1 mol	18 g

Tab. 1 *Zusammenhang zwischen Teilchenanzahl, Stoffmenge und Masse einer Stoffportion*

Aufgaben

1 ◪ Ermittle, wie viele Atome jeweils in 63,5 g Kupfer und 54 g Aluminium enthalten sind.

2 ■ Du hast nur 7 g Eisen, aber 20 g Schwefel im Labor vorgefunden. Die Aufgabe lautet: Stelle Eisensulfid her, und zwar so, dass das Produkt ohne Verunreinigungen entsteht. Beschreibe dein Vorgehen.

Extra Rastertunnelmikroskop – Bilder von Atomen

Ein ewiges Rätsel Die Frage nach dem Aussehen der Atome stellten sich Philosophen schon vor 2500 Jahren und sie ist nach wie vor ungelöst. Im Jahr 1981 gelang dem Deutschen Gerd Binnig und seinem Schweizer Kollegen Heinrich Rohrer ein Durchbruch: Mit ihrer Erfindung, dem Rastertunnelmikroskop, werden die Atome zwar weiterhin nicht wirklich sichtbar, aber man kann sie gewissermaßen „erfühlen".

1 *Die Physiker Rohrer und Binnig*

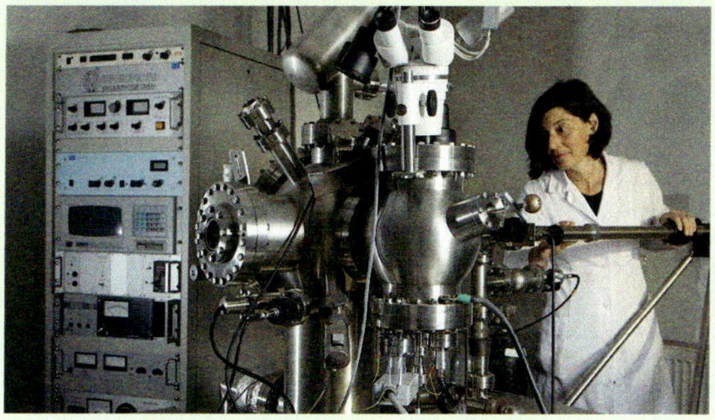

2 *Rastertunnelmikroskop*

Aufbau des Rastertunnelmikroskops Um eine bildähnliche Darstellung von Atomen zu erhalten, wird mit einer feinen Sonde die Oberfläche des zu untersuchenden Stoffes abgetastet. Der zu untersuchende Gegenstand muss eine leitende Oberfläche, beispielsweise eine Metalloberfläche, besitzen. Die Sonde besteht aus Wolframdraht und hat eine sehr feine Spitze, die häufig nur aus einem einzigen Atom besteht. Sie lässt sich bis auf 0,000 001 mm an die Metalloberfläche heranbringen. Wird an den Wolframdraht eine positive Spannung angelegt, so fließen Elektronen von der Metalloberfläche zur Sonde.

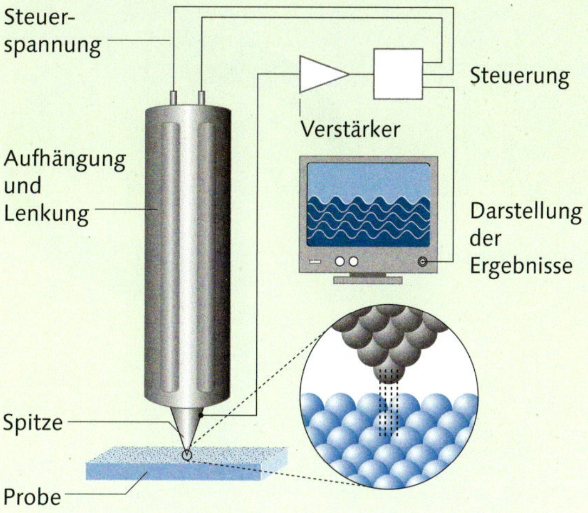

3 *Schematische Darstellung der Arbeitsweise eines Rastertunnelmikroskops*

Abtasten der Oberfläche Die Sonde aus Wolframdraht wird so gesteuert, dass sie stets im gleichen Abstand die Oberfläche des zu untersuchenden Stoffes abtastet. Dabei berührt sie die Oberfläche nicht. Ein Computer berechnet aus den gewonnenen Daten ein Bild von der Oberfläche. So kann man sich eine Vorstellung davon machen, wie Atome aussehen.

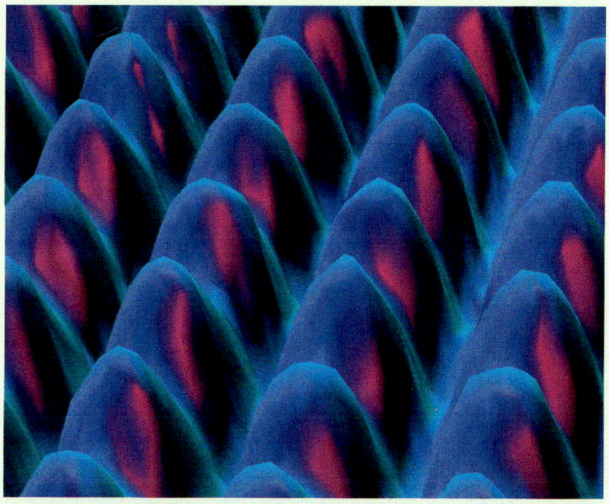

4 *Modellbild einer Metalloberfläche*

Aufgaben

1 □ Beschreibe, wie mithilfe des Rastertunnelmikroskops ein Bild von Atomen entsteht.

2 ◪ Begründe, warum es sich bei dem Bild nicht um ein Foto handelt.

Kern-Hülle-Modell

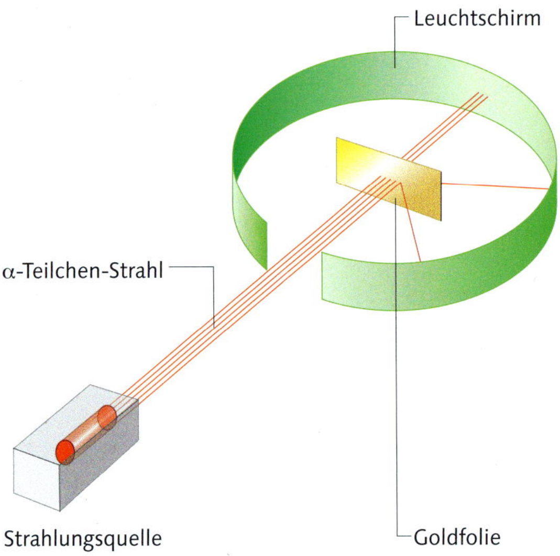

1 *Versuchsaufbau von* RUTHERFORD

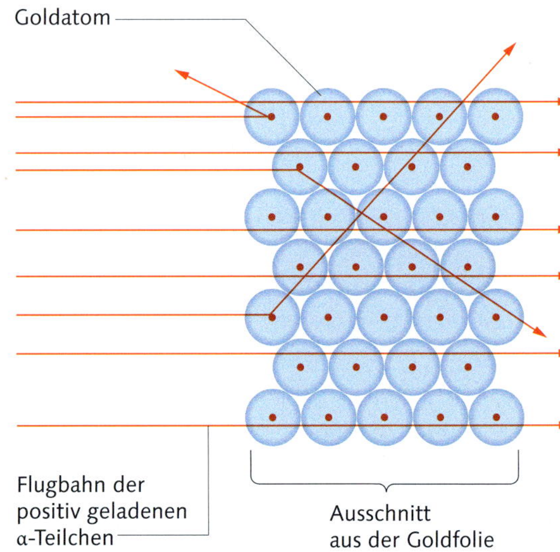

3 *Modelldarstellung des Streuversuchs von* RUTHERFORD

Der Streuversuch von Rutherford Der Physiker ERNEST RUTHERFORD wollte den inneren Aufbau der Atome erforschen. Dazu ließ er in seinem Labor in Manchester im Jahr 1909 eine Goldfolie sehr dünn ausrollen. Die nur 0,0005 mm dicke Folie bestand aus etwa 1000 Schichten von Goldatomen. Die Goldfolie wurde mit einem gebündelten Strahl positiv geladener α-Teilchen (sprich: Alphateilchen) bestrahlt. Sie trafen mit sehr hoher Geschwindigkeit auf die Goldatome. Um die Goldfolie wurde ein Leuchtschirm gelegt, mit dem auftreffende α-Teilchen als Lichtblitze sichtbar gemacht wurden. In mühsamer Arbeit zählten RUTHERFORD und seiner Mitarbeiter rund 100 000 Lichtblitze.

2 RUTHERFORD *(rechts) in seinem Labor in Manchester*

Ein überraschendes Versuchsergebnis Das Versuchsergebnis war völlig unerwartet: Von 100 000 α-Teilchen wurden nur wenige von der Goldfolie abgelenkt oder prallten zurück. Alle anderen konnten die Goldfolie ungehindert durchdringen, was an der Position der Lichtblitze auf dem Leuchtschirm deutlich zu erkennen war.

RUTHERFORD zog aus seinen Versuchsbeobachtungen zwei wesentliche Schlussfolgerungen:

1. Weil die meisten α-Teilchen die Goldfolie ungehindert durchdringen, müssen Atome zum größten Teil aus leerem Raum bestehen.
2. Das Zurückprallen einiger der positiv geladenen α-Teilchen muss darauf zurückzuführen sein, dass es in den Atomen ein sehr kleines, positiv geladenes, massives Zentrum gibt, das diese Ablenkung auslöst.

Rutherfords Atommodell Aus den Schlussfolgerungen entwickelte RUTHERFORD ein neues Atommodell, das die bisherige Vorstellung über das Atom ablöste:

Im Inneren des Atoms befindet sich das im Vergleich zur Atomhülle kleine, positiv geladene, massive Zentrum: der Atomkern. Er enthält mehr als 99,9 % der Masse des gesamten Atoms.

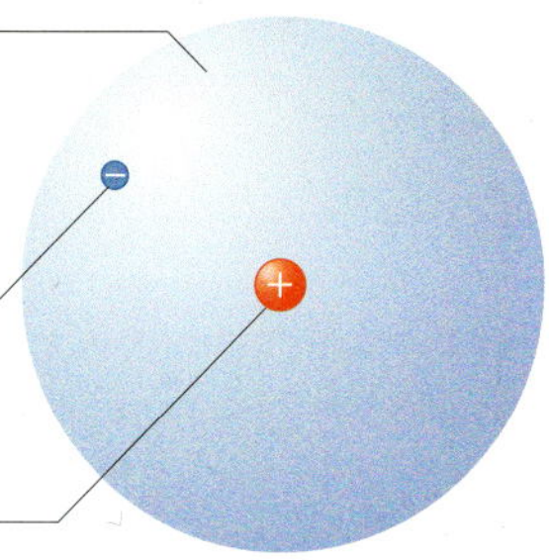

4 *Kern-Hülle-Modell nach* RUTHERFORD

Der positiv geladene Atomkern wird von einer fast leeren Atomhülle umgeben. In ihr befinden sich die negativ geladenen, im Vergleich zum Atomkern fast masselosen Elektronen.
Dieses Atommodell heißt Kern-Hülle-Modell. Die Anzahl der positiven und negativen Ladungen in einem Atom stimmt überein. Das Atom ist deshalb elektrisch neutral.

Im Kern-Hülle-Modell haben Atome einen positiv geladenen, massiven Atomkern. Der Atomkern ist von einer negativ geladenen Atomhülle umgeben, in der sich die Elektronen befinden.

Atome – winziger Kern und viel Leere Die Atomhülle ist etwa 10 000-mal größer als der Atomkern. Dieses Größenverhältnis lässt sich anhand des folgenden Beispiels verdeutlichen: Würde der Durchmesser der Atomhülle der Höhe eines Fernsehturms von etwa 200 m entsprechen, so wäre der Atomkern ungefähr so groß wie ein Stecknadelkopf, der einen Durchmesser von 2 mm hat (Bild 5).
Doch nicht nur in der Größe, sondern auch in der Masse unterscheiden sich der Atomkern und die Atomhülle stark voneinander. Vor allem die Verteilung der Masse ist ungewöhnlich.
In unserem Beispiel würde der winzige Stecknadelkopf wie der massive Atomkern mehr als 99,9 % der gesamten Masse enthalten. Damit wäre er deutlich schwerer als der Fernsehturm, der nur 0,1 % der Masse enthalten würde.

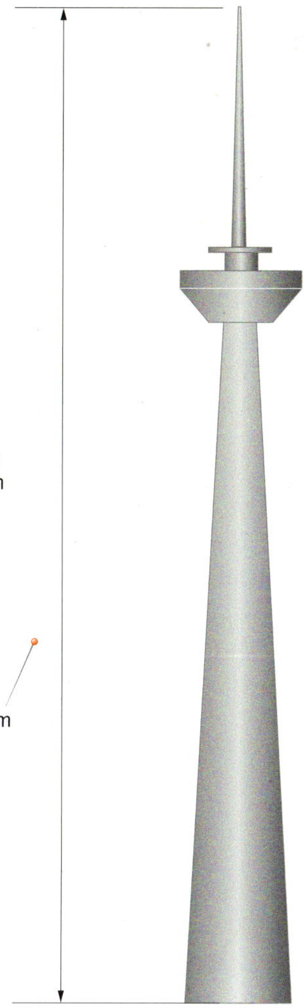

5 *Größenverhältnis von Atomkern (Stecknadelkopf) zu Atomhülle (Fernsehturm)*

Aufgaben

1 □ Welche Schlussfolgerung zog RUTHERFORD aus der Versuchsbeobachtung, dass die meisten α-Teilchen die Goldfolie fast ungehindert durchdringen?

2 ◪ Erkläre das Zurückprallen einiger α-Teilchen in RUTHERFORDS Streuversuch.

3 ◪ Beschreibe den Aufbau eines Atoms nach dem Kern-Hülle-Modell.

4 ◪ Stelle in einer Tabelle die Unterschiede zwischen Atomkern und Atomhülle einander gegenüber.

5 ◪ Erläutere, welche neuen Erkenntnisse der Streuversuch gegenüber DALTONS Atommodell brachte.

6 ◪ Warum sind Atome elektrisch neutral? Verwende das Kern-Hülle-Modell zur Erklärung.

8

Elementarteilchen in Atomen

Elektronen und Protonen – Bau des Wasserstoffatoms Im Atomkern befinden sich positiv geladene Elementarteilchen, die Protonen. Sie haben eine Masse von ungefähr 1 u (Tab. 1). Die positive Ladung der Protonen wird durch die negative Ladung der Elektronen ausgeglichen. Sie bewegen sich in der Atomhülle mit hoher Geschwindigkeit. Der Aufenthaltsort eines Elektrons kann nicht bestimmt werden. Momentaufnahmen würden zeigen, dass das Elektron sich überall in der Atomhülle aufhalten kann. Obwohl sich positive und negative Ladung anziehen, stürzt das Elektron wegen seiner schnellen Bewegungen nicht auf den Atomkern.

Das einfachste Atom, das Wasserstoffatom, besitzt in seinem Atomkern ein Proton und in seiner Atomhülle ein Elektron. Das Proton macht fast die gesamte Masse des Wasserstoffatoms von etwa 1 u aus. Die geringe Masse des Elektrons kann vernachlässigt werden.

Protonen sind die positiv geladenen Elementarteilchen im Atomkern.
Das einfachste Atom, das Wasserstoffatom, besteht aus einem Proton im Atomkern und einem Elektron in der Atomhülle.

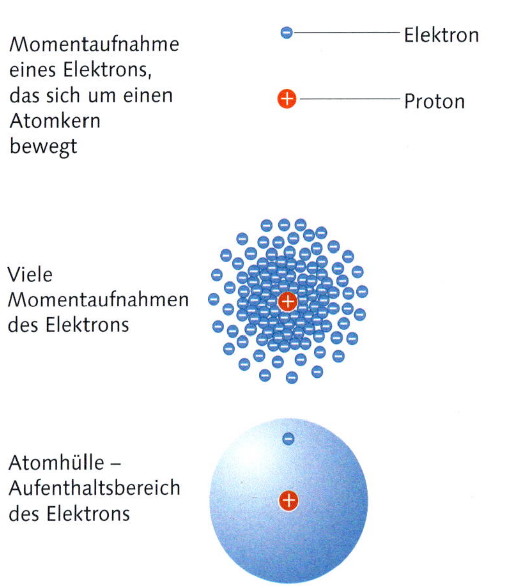

1 *Modelldarstellungen eines Wasserstoffatoms*

Elementarteilchen	Elektron	Proton	Neutron
Masse in u	0,00055	1	1
Ladung	1–	1+	neutral
Symbol	e^-	p^+	n

Tab. 1 *Elementarteilchen in Atomen*

Die Protonenzahl bestimmt das Element Die Anzahl der Protonen im Atomkern ergibt die Kernladung. Sie ist für alle Atome eines Elements gleich. So besitzen Heliumatome immer zwei Protonen im Atomkern, Lithiumatome immer drei Protonen und Kohlenstoffatome immer sechs Protonen. Die Protonenzahl legt eindeutig fest, zu welchem Element ein Atom gehört. Atome sind elektrisch neutral. Daher besitzen sie genauso viele Elektronen wie Protonen.

Die Protonenzahl (Ordnungszahl) legt fest, zu welchem Element ein Atom gehört. Sie gibt zugleich die Anzahl der Elektronen in der Atomhülle an.

Neutronen Das Heliumatom besitzt zwei positiv geladene Protonen im Atomkern und zwei negativ geladene Elektronen in der Atomhülle. Die Masse des Heliumatoms beträgt jedoch 4 u und nicht 2 u, wie man aus dem Vorhandensein der beiden Protonen im Atomkern schließen könnte. Es gibt eine weitere Art von Elementarteilchen, die eine Masse, jedoch keine Ladung besitzen: Neutronen sind elektrisch neutral und haben eine Masse von 1 u. Der Atomkern des Heliumatoms besitzt neben zwei Protonen auch zwei Neutronen.

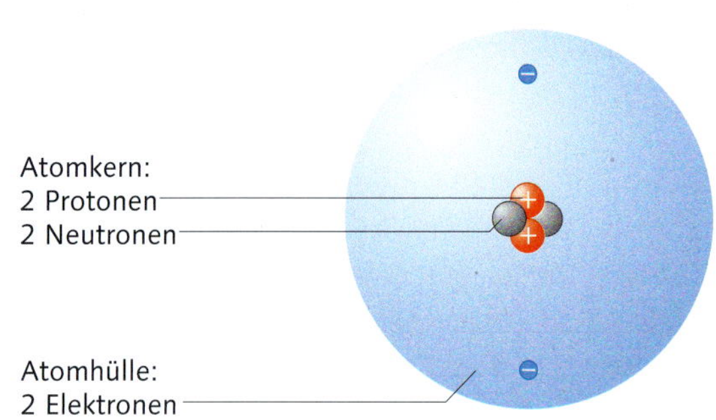

2 *Bau eines Heliumatoms*

Massenzahl Die Masse eines Atoms setzt sich aus der Masse der Elementarteilchen im Atomkern, der Protonen und der Neutronen, zusammen. Addiert man die Anzahl der Protonen und der Neutronen, so erhält man die Massenzahl. Das Stickstoffatom mit 7 Protonen und 7 Neutronen hat die Massenzahl 14 u.

Atome bestehen aus Protonen und Neutronen im Atomkern und Elektronen in der Atomhülle. Die Summe der Protonen- und Neutronenzahl ist die Massenzahl eines Atoms.

Bau des Aluminiumatoms Die Anzahl der Protonen und Neutronen ist nicht immer gleich. So ist beispielsweise die Massenzahl des Aluminiumatoms 27. Im Atomkern befinden sich 13 Protonen und in der Atomhülle 13 Elektronen. Subtrahiert man von der Massenzahl die Protonenzahl, so ergibt sich, dass 14 Neutronen im Atomkern enthalten sind.

Isotope Die meisten Wasserstoffatome enthalten ein Elektron und ein Proton. Einige Wasserstoffatome enthalten jedoch zusätzlich Neutronen. Deuterium ist ein solches Wasserstoffatom. Es besitzt ein Proton und ein Neutron im Atomkern und ein Elektron in der Atomhülle und ist dadurch schwerer als ein Wasserstoffatom. Deswegen wird Deuterium auch schwerer Wasserstoff genannt. Tritium (überschwerer Wasserstoff) besitzt zwei Neutronen im Atomkern. Wenn Atomkerne gleich viele Protonen, aber unterschiedlich viele Neutronen enthalten, spricht man von Isotopen ein und desselben Elements.

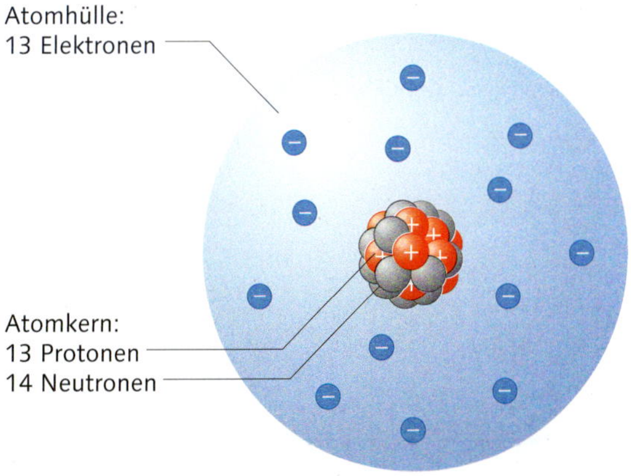

3 *Bau eines Aluminiumatoms*

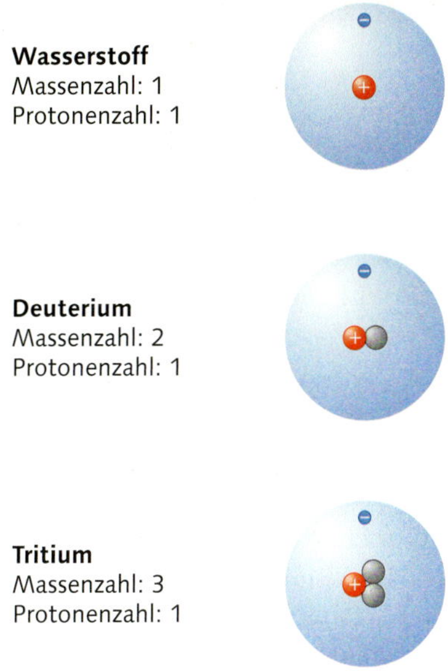

4 *Isotope des Elements Wasserstoff*

So lässt sich auch erklären, dass viele Elemente keine ganzzahligen Massenzahlen haben. Das Element Chlor mit der Massenzahl 35,5 u besteht zu rund 75 % aus Atomen mit der Masse 35 u und zu 25 % aus Atomen mit der Masse 37 u. Die Massenzahl ist ein Durchschnittswert aller Isotope eines Elements.

Atome des gleichen Elements, die sich in ihrer Neutronenzahl unterscheiden, heißen Isotope.

Aufgaben

1 ☐ Nenne die Bestandteile der Atomkerne.

2 ◪ Erkläre am Beispiel des Aluminiumatoms, warum Atome elektrisch neutral sind.

3 ◪ Die Massenzahl von Sauerstoff ist 16. Was bedeutet das? Erläutere.

4 ◪ Ein Neonatom besitzt 10 Protonen und hat eine Atommasse von 20 u. Zeichne den Bau des Neonatoms mit allen Elementarteilchen.

Schalenmodell

Wie verteilen sich die Elektronen in der Atomhülle? RUTHERFORDS Streuversuch hatte gezeigt, dass Atome keine kompakten Kugeln sind: Sie bestehen aus Atomkern und Atomhülle. Unbeantwortet blieb beim Kern-Hülle-Modell allerdings die Frage, wo sich die Elektronen in der Atomhülle aufhalten.
Im Jahr 1913 führte der dänische Physiker NIELS BOHR Experimente durch, um eine Antwort auf diese Fragen zu finden. Mithilfe seiner Versuchsergebnisse stellte er ein Atommodell vor, bei dem sich die Elektronen im Atom auf bestimmten Kreisbahnen bewegen. Das Atommodell von BOHR wurde zur Grundlage für das Schalenmodell der Atomhülle.

Schalenmodell der Atomhülle Nach diesem Modell sind die Elektronen nicht wahllos in der Atomhülle verteilt, sondern sie bewegen sich mit großer Geschwindigkeit in unterschiedlicher Entfernung zum Atomkern. Sie befinden sich in bestimmten Aufenthaltsräumen, die wie Schalen um den Atomkern angeordnet sind.
Aufgrund des schalenartigen Aufbaus wird diese Modellvorstellung als Schalenmodell bezeichnet. In Zeichnungen wird auf die räumliche Darstellung meist verzichtet und die Schalen werden als Kreisringe um den Atomkern dargestellt.

Bezeichnung der Schalen Von innen nach außen werden die Schalen von 1 bis 7 durchnummeriert oder mit den Buchstaben K, L, M, N, O, P, Q bezeichnet. Jede Schale kann nur eine bestimmte Anzahl von Elektronen aufnehmen: Die dem Atomkern nächste Schale, die 1. Schale, ist mit zwei Elektronen voll besetzt. Die folgende 2. Schale kann höchstens acht Elektronen aufnehmen.

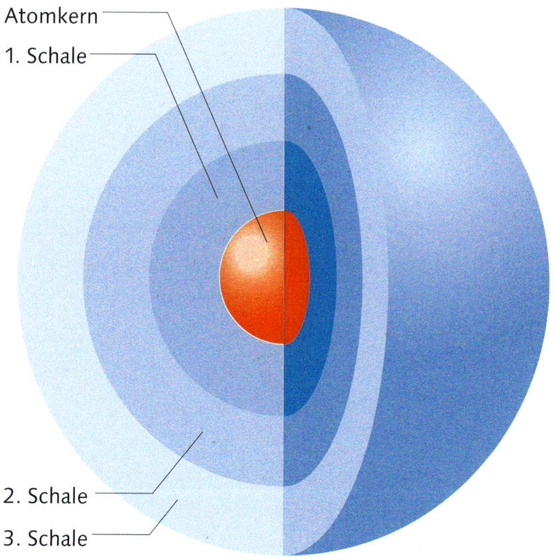

1 *Darstellung der Elektronenschalen*

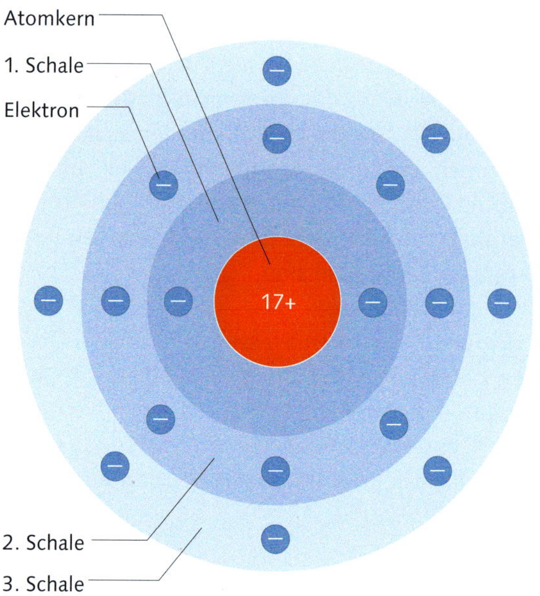

2 *Schalenmodell von Chlor*

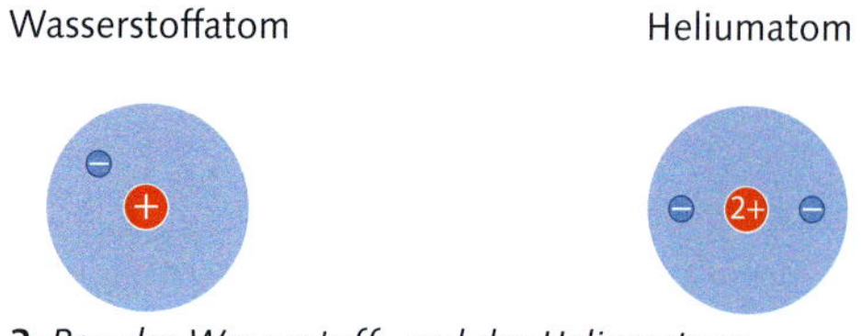

3 *Bau des Wasserstoff- und des Heliumatoms im Schalenmodell*

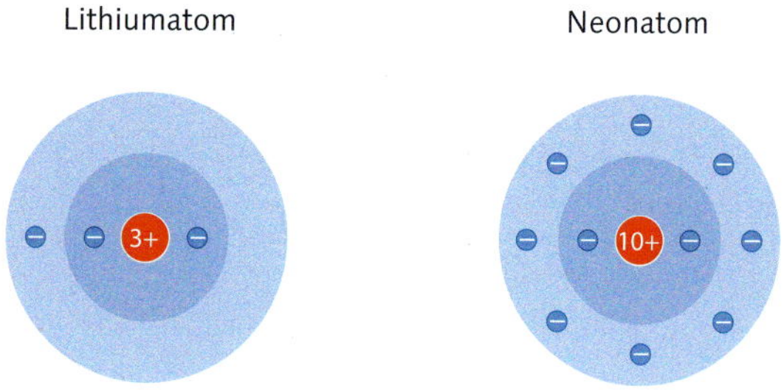

4 *Bau des Lithium- und des Neonatoms im Schalenmodell*

Besetzung der Schalen Die Schalen der Atome werden mit steigender Protonenzahl von innen nach außen aufgefüllt. Das bedeutet, erst wenn die 1. Schale mit zwei Elektronen voll besetzt ist, wird die 2. Schale aufgefüllt.
Das Wasserstoffatom mit einem Proton im Atomkern hat nur ein Elektron, das sich in der innersten Schale aufhält. In der Atomhülle des Heliumatoms, das zwei Protonen und zwei Neutronen im Atomkern besitzt, bewegen sich zwei Elektronen in der gleichen, innersten Schale. Damit ist die erste Schale voll besetzt.

Lithium besitzt 3 Elektronen in der Atomhülle. Davon finden 2 Elektronen in der 1. Schale Platz, das 3. Elektron jedoch bewegt sich in einer weiteren, der 2. Schale. Die 2. Schale kann mit maximal 8 Elektronen besetzt werden. Dies ist beim Element Neon der Fall. Von seinen 10 Elektronen befinden sich 2 in der 1. Schale und 8 in der 2. Schale. Bei Natrium mit der Protonenzahl 11 befinden sich 2 der 11 Elektronen in der 1. Schale, 8 in der 2. Schale und 1 Elektron hat seinen Aufenthaltsbereich in der 3. Schale.

Mit zunehmender Protonenzahl kommt bei weiteren chemischen Elementen jeweils ein Elektron hinzu. Dieses wird immer in der letzten, noch unvollständig besetzten Schale, der Außenschale, aufgenommen. Ist diese mit der maximalen Anzahl von Elektronen besetzt, so kommt das weitere Elektron in eine nächste Außenschale.

Im Schalenmodell besteht die Atomhülle aus schalenähnlichen Aufenthaltsbereichen, in denen sich jeweils eine bestimmte Anzahl an Elektronen befindet.

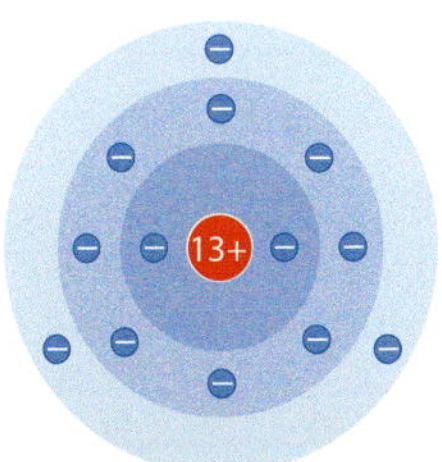

5 *Bau des Aluminiumatoms im Schalenmodell*

Extra Experimente bestätigen das Schalenmodell

In Experimenten wurde die Modellvorstellung vom Aufenthalt der Elektronen in verschiedenen Schalen bestätigt.
Je näher sich ein Elektron am Atomkern befindet, desto stärker wird es von ihm angezogen. Führt man Atomen Energie zu, so können die Elektronen diese Energie aufnehmen und ihren Abstand vom Kern vergrößern. Mit steigender Energiezufuhr können Elektronen sogar aus der Atomhülle entfernt werden.
Für das Abspalten der ersten drei Elektronen eines Aluminiumatoms benötigt man die geringste Energiezufuhr. Sie befinden sich in der äußersten Schale, der 3. Schale, und haben den größten Abstand zum Atomkern.
Für das Abspalten weiterer acht Elektronen steigt die benötigte Energiezufuhr sprunghaft an. Daraus schließt man, dass sie sich in einer dem Atomkern näheren Schale, der 2. Schale, befinden.
Am meisten Energie ist für das Abspalten der letzten beiden Elektronen in der innersten Schale erforderlich.

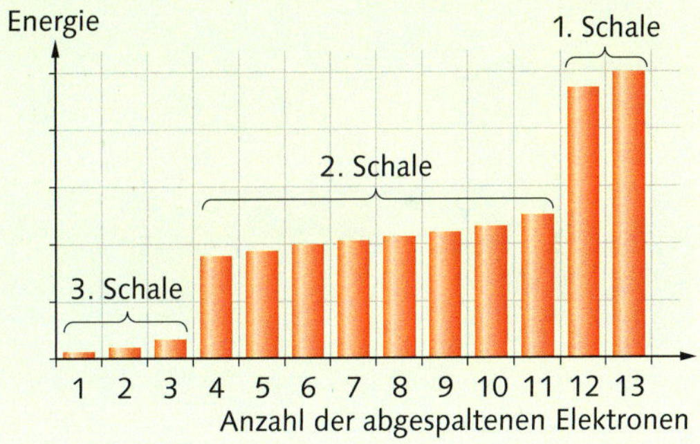

6 *Benötigte Energie zum Abspalten von Elektronen aus dem Aluminiumatom*

8

Aufgaben

1 Vergleiche das Kern-Hülle-Modell von RUTHERFORD mit dem Schalenmodell.

2 Ein Magnesiumatom hat 12 Protonen. Zeichne das Schalenmodell des Magnesiumatoms.

3 Gib die Anzahl der Außenelektronen für die folgenden Elemente an; in Klammern findest du die Gesamtzahl der Elektronen: Helium (2), Kohlenstoff (6), Sauerstoff (8), Magnesium (12), Schwefel (16), Chlor (17), Argon (18).

Extra Geschichte der Atomvorstellungen

400 v. Chr.

Demokrit (um 400 v. Chr.): Nach den Vorstellungen des griechischen Philosophen sind alle Stoffe aus **unteilbaren Teilchen** aufgebaut, die sich miteinander verbinden. Er nannte diese Teilchen *Atome*.

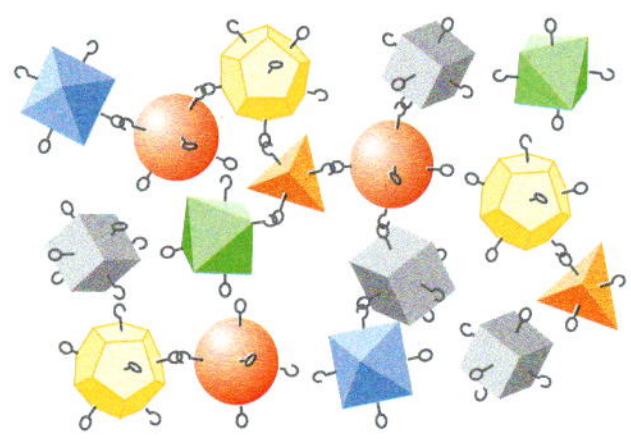

1800

John Dalton (um 1800): Alle Stoffe sind aus kleinsten, unteilbaren, kugelförmigen Teilchen, den Atomen, aufgebaut (**Kugelteilchenmodell**). Die Atome eines Elements haben die gleiche Größe und Masse. Atome verschiedener Elemente unterscheiden sich durch ihre Massen und ihre Größen voneinander. Bei chemischen Reaktionen ordnen sich die Atome der Ausgangsstoffe neu an, bleiben dabei aber erhalten.

1900

Joseph J. Thomson (1903): Er entdeckte das Elektron. Demnach konnten Atome keine unteilbaren Kugeln sein. Sie besitzen kleinere Teilchen mit negativer Ladung, die sich nach THOMSONS **Rosinenkuchenmodell** in der positiv geladenen Masse wie Rosinen in einem Teig verteilen.

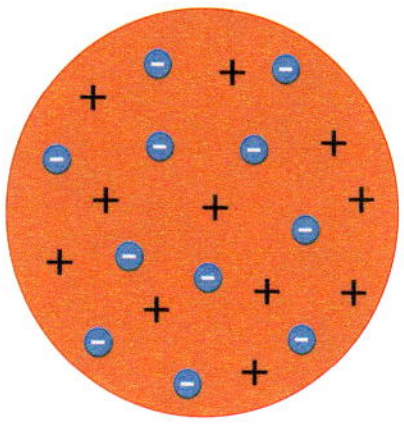

1910

Ernest Rutherford (1911): Atome sind keine massiven Kugeln, sondern bestehen aus einem kleinen Kern und einer sehr viel größeren Atomhülle (**Kern-Hülle-Modell**). Der Atomkern enthält fast die gesamte Masse des Atoms und ist positiv geladen. Die negativ geladenen Elektronen bewegen sich in der Atomhülle.

1915

Niels Bohr (1913): Er vermutete, dass sich Elektronen in der Atomhülle auf Kreisbahnen um den Atomkern bewegen. Diese Kreisbahnen haben unterschiedliche Radien. Aus dieser Theorie wurde das **Schalenmodell der Atomhülle** entwickelt.

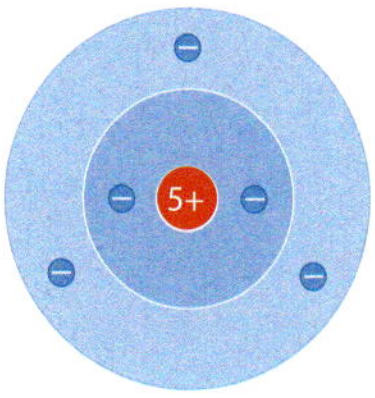

Aufgabe

1 Die chronologisch aufeinanderfolgenden Atommodelle bauen jeweils auf den Erkenntnissen des vorangegangenen Modells auf. Beschreibe, welche Neuerung jeweils das nachfolgende Atommodell zeigt.

Methode Sicher präsentieren

Referate halten und Ergebnisse präsentieren
Du sollst ein Referat halten oder Ergebnisse aus der Gruppenarbeit vorstellen. Fachlich hast du dich vorbereitet und deine Medien, beispielsweise ein Lernplakat, eine Folie oder eine Präsentation mit dem Computer, erstellt.
Nun weißt du nicht, wie du beginnen sollst? Du hast Angst, dass dir etwas nicht einfällt oder dass du nicht weißt, was man zum Schluss sagt? Hier findest du einige Sätze oder Satzanfänge, die dir bei deiner Präsentation Sicherheit geben und dir helfen.

Phasen einer Präsentation
Auch wenn der Inhalt immer verschieden ist, so gibt es in jeder Präsentation die gleichen Phasen:

Beginn:
Im ersten Satz sagst du, worüber du sprechen oder was du präsentieren wirst. Deine Zuhörer bekommen einen ersten Eindruck von dir und von dem, was du vorhast.

Hauptteil:
Im Hauptteil sagst du, was du gemacht hast und zu welchen Ergebnissen du gekommen bist.

Schluss:
Am Schluss sagst du noch einmal kurz, worüber du gesprochen hast, und bedankst dich für die Aufmerksamkeit.

So kannst du beginnen:

- Mein Referat handelt von …
- In meinem Referat geht es um …
- Ich präsentiere die Ergebnisse aus unserer Gruppenarbeit über …
- Unsere Gruppe beschäftigte sich mit …
- Ich spreche über …
- Ich demonstriere ein Experiment zu/zur …
- Ich habe mich mit … beschäftigt.

Wenn du nicht weiterweißt Wenn dir etwas nicht sofort einfällt, dann brauchst du eine Pause, um nachzudenken. Das ist ganz normal und deshalb kannst du das auch sagen:

- Ich möchte kurz nachdenken.
- Ich muss einen kurzen Moment überlegen.
- Ich möchte meine Gedanken sammeln.

So kannst du schließen (das bedeutet beenden) und dich für die Aufmerksamkeit bedanken:

- Mit diesem Referat habe ich versucht … darzustellen.
- Dies war mein Referat zum Thema …
- Das waren die Ergebnisse unserer Gruppe.
- Ich hoffe, mein Vortrag hat euch gefallen und ihr seid jetzt über das Thema … gut informiert.
- Vielen Dank für eure Aufmerksamkeit.

Atombau und Periodensystem

Anordnung im Periodensystem MENDELEJEW und MEYER ordneten 1869 die Elemente nach ihrer Atommasse sowie ihrer chemischen Verwandtschaft und begründeten damit das Periodensystem der Elemente.
Erst rund 50 Jahre später, mit dem Wissen um den Atombau und das Schalenmodell der Atomhülle, kann die Anordnung der Elemente im Periodensystem nicht nur mithilfe steigender Atommassen und Elementeigenschaften erklärt, sondern zusätzlich mit dem Aufbau der Atome der Elemente des Periodensystems begründet werden.

Ordnungszahl Betrachtet man den Atombau der Elemente im Periodensystem, so wird deutlich, dass die Ordnung der Elemente von der Anzahl an Elektronen bzw. der Protonen abhängt. Innerhalb einer Periode nimmt die Zahl der Elektronen von links nach rechts immer um eins zu. Beispielsweise hat Lithium 3 Elektronen, Beryllium 4, Bor 5 Elektronen usw.
Da die Anzahl an Elektronen durch die Anzahl der Protonen im Kern bestimmt wird, einigte man sich darauf, die Protonenzahl als Ordnungskriterium zu verwenden, denn alle Atome mit gleicher Protonenzahl gehören zum selben Element. Aus diesem Grund heißt die Protonenzahl auch Ordnungszahl.

Die Ordnungszahl gibt die Anzahl der Protonen im Atomkern eines chemischen Elements an. Sie bestimmt die Einordnung des jeweiligen Elements in das Periodensystem.

Hauptgruppennummer – Anzahl der Außenelektronen Die Elektronen, die sich in der äußeren Schale eines Atoms befinden, werden als Außenelektronen bezeichnet. Alle Elemente, deren Atome die gleiche Anzahl an Elektronen in der Außenschale haben, stehen in einer Hauptgruppe. Die Nummer der Hauptgruppe gibt also die Anzahl der Außenelektronen an. So befinden sich die Alkalimetalle in der ersten Hauptgruppe und ihre Atome besitzen jeweils ein Außenelektron. Die Atome der Halogene in der siebten Hauptgruppe haben sieben Außenelektronen.

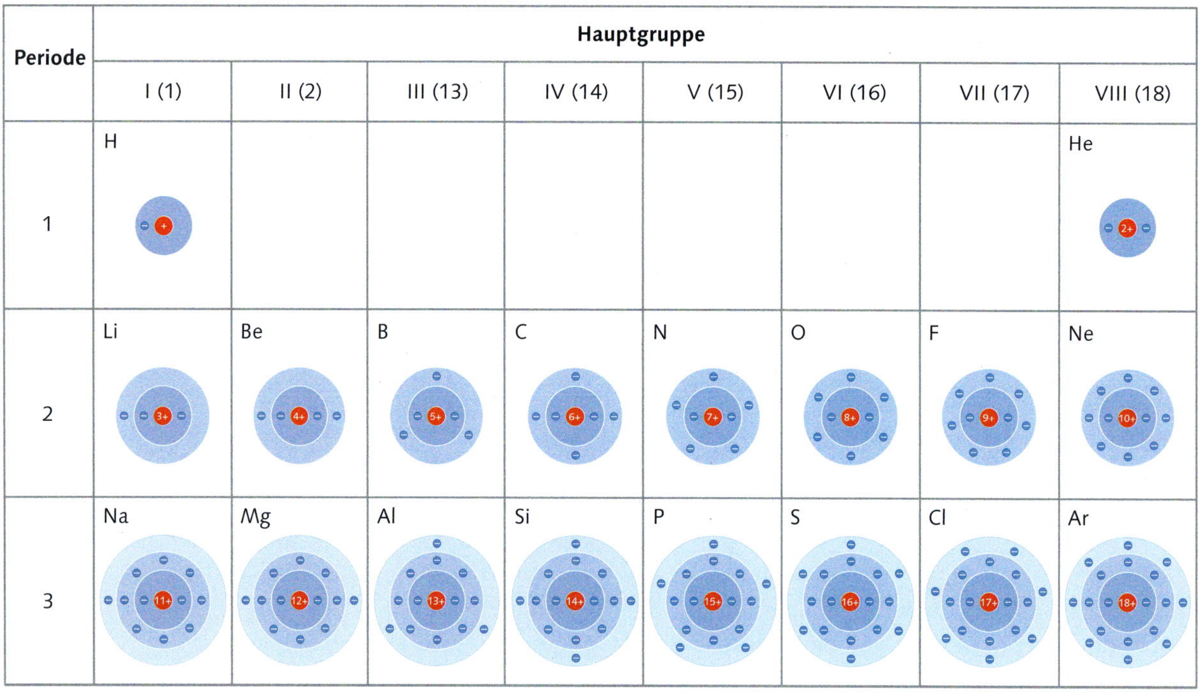

Periode	Hauptgruppe							
	I (1)	II (2)	III (13)	IV (14)	V (15)	VI (16)	VII (17)	VIII (18)
1	H							He
2	Li	Be	B	C	N	O	F	Ne
3	Na	Mg	Al	Si	P	S	Cl	Ar

1 *Elemente der Hauptgruppen im Schalenmodell*

Periode	Hauptgruppen		Nebengruppen										Hauptgruppen					
	I (1)	II (2)	III (3)	IV (4)	V (5)	VI (6)	VII (7)	VIIIa (8)	VIIIb (9)	VIIIc (10)	I (11)	II (12)	III (13)	IV (14)	V (15)	VI (16)	VII (17)	VIII (18)
1	H																	He
2	Li	Be											B	C	N	O	F	Ne
3	Na	Mg											Al	Si	P	S	Cl	Ar
4	K	Ca	Sc	Ti	V	Cr	Mn	Fe	Co	Ni	Cu	Zn	Ga	Ge	As	Se	Br	Kr
5	Rb	Sr	Y	Zr	Nb	Mo	Tc	Ru	Rh	Pd	Ag	Cd	In	Sn	Sb	Te	I	Xe
6	Cs	Ba	La	Hf	Ta	W	Re	Os	Ir	Pt	Au	Hg	Tl	Pb	Bi	Po	At	Rn
7	Fr	Ra	Ac	Rf	Db													

2 *Das Periodensystem besteht aus Hauptgruppen und Nebengruppen*

Periodennummer – Anzahl der Schalen Die Atome von Elementen einer Periode besitzen die gleiche Anzahl von Elektronenschalen. Die Periodennummer gibt die Anzahl der Schalen an. Wasserstoff und Helium bilden die 1. Periode. Schwefel beispielsweise befindet sich in der 3. Periode und seine Atome besitzen drei besetzte Elektronenschalen, wobei die ersten zwei Schalen voll besetzt sind und die dritte Schale mit sechs Elektronen angefüllt ist.

Die Anzahl der Außenelektronen eines Elements entspricht der Hauptgruppennummer. Die Anzahl der Elektronenschalen entspricht der Periodennummer.

Elektronenschalen und chemische Eigenschaften Die Elemente einer Hauptgruppe ähneln sich in ihren chemischen Eigenschaften. Sie bilden Elementfamilien. So sind beispielsweise die Elemente der Elementfamilie der Edelgase sehr reaktionsträge. Die Ursache dafür liegt in der Besetzung der äußeren Elektronenschale. Bei den Atomen der achten Hauptgruppe ist sie immer mit acht Elektronen voll besetzt. Man spricht auch von einem Elektronenoktett (lat. *octo:* acht). Eine Ausnahme bildet Helium, dessen Atome bereits mit zwei Elektronen eine voll besetzte Außenschale haben. Eine voll besetzte Elektronenschale ist eine besonders stabile Elektronenanordnung. Solche Elemente gehen keine chemische Reaktion mit anderen Elementen ein.

Die Elemente der siebten Hauptgruppe, die Halogene, haben dagegen Atome mit sieben Außenelektronen. Um eine voll besetzte Elektronenschale zu erreichen, benötigen sie ein weiteres Elektron. Dieses können sie durch Reaktion mit anderen Elementen erhalten. Halogene sind deshalb sehr reaktionsfreudige Elemente.
Die chemischen Eigenschaften eines Elements werden durch die Zahl der Außenelektronen der Atome bestimmt.

Nebengruppen Zwischen der zweiten und dritten Hauptgruppe befinden sich die sogenannten Nebengruppen. Wichtige Gebrauchsmetalle der Nebengruppen sind Eisen, Kupfer und Zink. Die Eigenschaften der Nebengruppenelemente sind sich ähnlicher als die der Hauptgruppenelemente. Um den Aufenthaltsbereich der Elektronen bei den Nebengruppenelementen darzustellen, stößt das Schalenmodell jedoch an seine Grenzen.

Aufgaben

1 □ Finde mithilfe des Periodensystems folgende Informationen über Stickstoff heraus: Anzahl der Protonen, der Elektronen, der Außenelektronen und der Schalen.

2 ◪ Welche Aussagen kannst du über das Element Natrium aufgrund seiner Stellung im Periodensystem machen?

3 ◪ Begründe, warum die Edelgase reaktionsträge sind.

Weitergedacht Atommodelle

1 Kern-Hülle-Modell

Formuliere RUTHERFORDS Antwort auf die Frage und verwende dabei die Begriffe Atomkern, Hülle, Masse und Elektron.

3 Ein Brief an Ernest Rutherford

Sehr geehrter Mr Rutherford,
mit Ihrem Kern-Hülle-Modell lässt sich der wesentliche Aufbau eines Atoms erklären, nicht aber die Stellung eines Elements im Periodensystem der Elemente. Deshalb habe ich eine ergänzende Vorstellung, das „Schalenmodell", entwickelt: Die kugelförmige Elektronenhülle wird in schalenähnliche Aufenthaltsbereiche unterteilt. Jede Schale kann nur eine bestimmte Anzahl an Elektronen enthalten: Die erste Schale kann zwei Elektronen aufnehmen, die folgenden Schalen können acht Elektronen enthalten. Die Elemente der ersten Periode des Periodensystems besitzen nur eine Schale. Die Elemente der zweiten Periode haben zwei Schalen usw. Die äußere Schale der Elemente innerhalb einer Periode wird kontinuierlich aufgefüllt.
Mit diesem Modell kann auch die Zugehörigkeit zu einer Elementfamilie begründet werden, denn ...

a Formuliere das Ende des Briefes.

b Vergleiche RUTHERFORDS Atommodell mit dem Schalenmodell.

2 Verschiedene Atommodelle

Die zweite Schale ist mit acht Elektronen voll besetzt.

Im Atomkern steckt fast die gesamte Masse des Atoms.

Atome stellen wir uns als unteilbare, kugelförmige Teilchen vor.

Atome gleicher Elemente haben dieselbe Masse und Größe.

Ein Atom besteht aus einem kleinen Kern und einer sehr viel größeren Hülle.

Die Atomhülle stellt man sich in schalenähnliche Aufenthaltsbereiche aufgeteilt vor.

Es gibt noch kleinere Teilchen als das Atom, die negativ geladenen Elektronen.

Übertrage die Tabelle in dein Heft und ordne die oben stehenden Aussagen dem jeweiligen Atommodell zu, indem du sie in die Tabelle einträgst.

Dalton	...
Rutherford	...
Schalenmodell	...

Weitergedacht Radioaktivität

1 C-14-Methode

Bozen, Italien, 1991: Im Eis der Ötztaler Alpen wurde eine Gletschermumie gefunden, die etwa 5300 Jahre alt ist. Zur Altersbestimmung wurde das Wissen um den radioaktiven Zerfall der Elemente genutzt. Während ihres Lebens nehmen alle Lebewesen in geringen Mengen radioaktiven Kohlenstoff, sogenannte C-14-Atome, aus der Umwelt auf. Nach dem Tod zerfallen die im Körper vorhandenen radioaktiven Atome. Die Zeit, nach der die Hälfte der vorhandenen C-14-Atome zerfallen ist, beträgt 5730 Jahre. Aufgrund dieser sogenannten Halbwertszeit können Altersbestimmungen vorgenommen werden, indem man die Strahlung einer Probe misst. Diese Methode wird Radiokarbonmethode genannt.

Isotope des Kohlenstoffs: Neben Kohlenstoffatomen mit der Massenzahl 12, die im Atomkern 6 Protonen und 6 Neutronen enthalten, gibt es in der Natur weitere Kohlenstoffatome (Isotope) wie das C-14-Atom mit 6 Protonen und 8 Neutronen.

a □ Nenne Gemeinsamkeiten und die Unterschiede der zwei verschiedenen Kohlenstoffatome.

b ◪ Erkläre, was Isotope sind.

c □ Erläutere, was unter der Halbwertszeit eines radioaktiven Stoffes zu verstehen ist.

d ◪ Beschreibe, wie das Alter der Gletschermumie Ötzi bestimmt wurde.

2 Kernspaltung

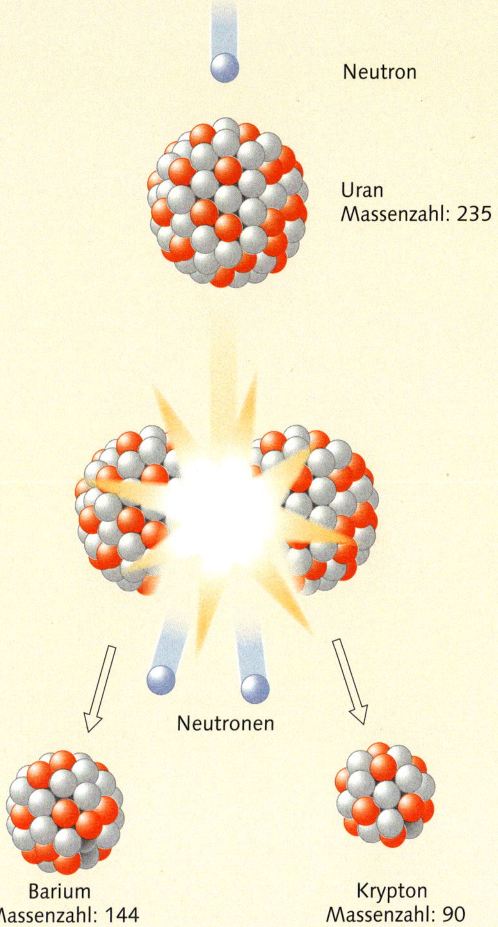

Im Jahre 1938 machten die deutschen Wissenschaftler Otto Hahn und Fritz Strassmann eine aufregende Entdeckung. Sie beschossen Uranatomkerne mit langsamen Neutronen und stellten fest, dass einige dieser Urankerne in zwei Stücke gespalten wurden.

a ◪ Beschreibe und erkläre die Vorgänge in dem abgebildeten Schema.

b ■ Erkläre, warum es zu einer Kettenreaktion kommen kann.

c ■ Neutronen sind elektrisch neutral. Begründe, warum sie sich gut als Geschosse eignen.

Teste dich!

1 □ Veranschauliche die Größenverhältnisse eines Atoms durch einen Vergleich. Vervollständige den folgenden Satz:
Wenn ein Atomkern so groß wäre wie …, dann würde der Durchmesser der Atomhülle …

2 ◪ Rutherford nutzte einen Zinksulfidschirm zum Sichtbarmachen der auftreffenden α-Teilchen. Begründe, welche der beiden Abbildungen des entrollten Schirms er nach dem Versuch erhalten haben könnte.

a

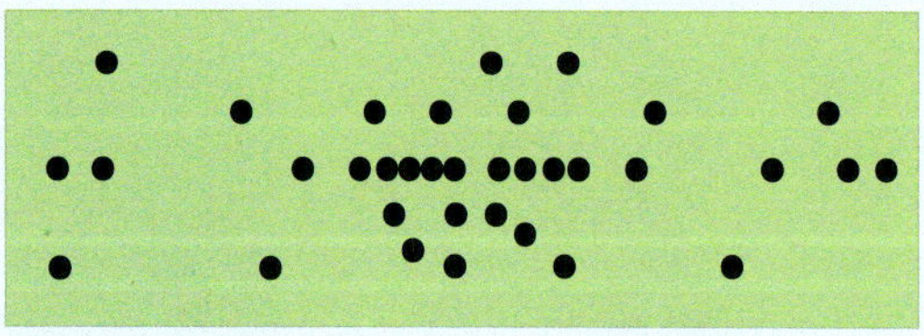

b

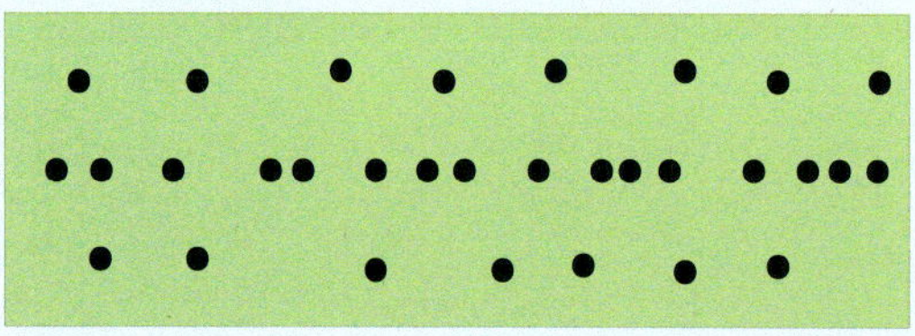

3 ◪ Beschreibe das Kern-Hülle-Modell. Begründe den Aufbau aus Atomkern und -hülle mit den Versuchsergebnissen von Rutherford.

4 ◪ Vergleiche Rutherfords Atommodell mit dem Schalenmodell. Erläutere, warum ein neues Modell notwendig wurde.

5 ◪ Erkläre am Beispiel eines Heliumatoms, dass Atome elektrisch neutral sind.

6 □ Nenne die Elementarteilchen, aus denen ein Atom aufgebaut ist. Notiere deren Eigenschaften.

7 □ Wo findet man Informationen über die Masse eines Atoms? Nenne die Elementarteilchen, die für die Atommasse verantwortlich sind.

8 ■ Das Kohlenstoffatom besitzt 6 Elektronen, das Natriumatom 11 Elektronen. Zeichne für beide Atome jeweils das Schalenmodell.

9 ◪ Lege eine Tabelle an. Trage die Angaben zu den Elementarteilchen der folgenden Atome ein:

Element	Elektronenverteilung in den Schalen	Anzahl Protonen	Anzahl Neutronen
Natrium	1.: 2.: 3.:		
Magnesium	1.: 2.: 3.:		
Sauerstoff	1.: 2.: 3.:		

10 □ Erkläre den Begriff Außenelektron mit deinen eigenen Worten.

11 Im Periodensystem der Elemente sind die Elemente systematisch angeordnet.

a □ Beschreibe den Aufbau des Periodensystems.

b ◪ Beschreibe den Zusammenhang zwischen dem Atombau und der Stellung der Elemente anhand eines selbst gewählten Beispiels.

c ◪ Bestimme die Elemente, die 20 Elektronen bzw. 14 Elektronen in ihren Atomhüllen haben, und gib ihre Stellung im Periodensystem an.

Aufgabe	Hilfe findest du auf Seite …
1	162
2	166/167
3	166/167
4	166/167, 170/171
5	167/168
6	168
7	168/169
8	170/171
9	170/171
10	174
11	174/175

… und die Lösungen findest du im Anhang.

Im Überblick

Der Aufbau der Atome ist nicht vollständig aufgeklärt. Mit dem heute gesicherten Wissen über den Atombau können chemische Erscheinungen jedoch gut erklärt werden. Zahlreiche Atommodelle sind von der Antike bis heute entwickelt worden. Mit jedem Atommodell lassen sich bestimmte chemische Sachverhalte erklären, andere dagegen nicht. Mit der Gewinnung weiterer wissenschaftlicher Erkenntnisse werden die Atommodelle ständig weiterentwickelt.

Atommasseneinheit u *(unit)*

- Jedes Atom besitzt eine Masse. Sie ist unvorstellbar klein und wird deshalb in der Atommasseneinheit u angegeben.
- 1 u entspricht ungefähr $1{,}66 \cdot 10^{-24}$ g.

Elementarteilchen

	Elektron	Proton	Neutron
Masse in u	0,00055	1	1
Ladung	1–	1+	neutral
Symbol	e^-	p^+	n

Isotope

- Atome des gleichen Elements, die sich in ihrer Neutronenzahl unterscheiden

Atommodelle

- Es gibt verschiedene Modelle, die den Aufbau der Atome veranschaulichen und ausgewählte, wesentliche Merkmale von Atomen wiedergeben.

Kern-Hülle-Modell

- Atome bestehen aus dem Atomkern und der Atomhülle.
- Im Atomkern befinden sich die positiv geladenen Protonen und Neutronen, in der Atomhülle die negativ geladenen Elektronen.
- Da die Anzahl der Protonen und Elektronen übereinstimmen, sind Atome elektrisch neutral.

Schalenmodell

- Die Atomhülle besteht aus schalenähnlichen Aufenthaltsbereichen, in denen sich jeweils eine bestimmte Anzahl an Elektronen befindet.

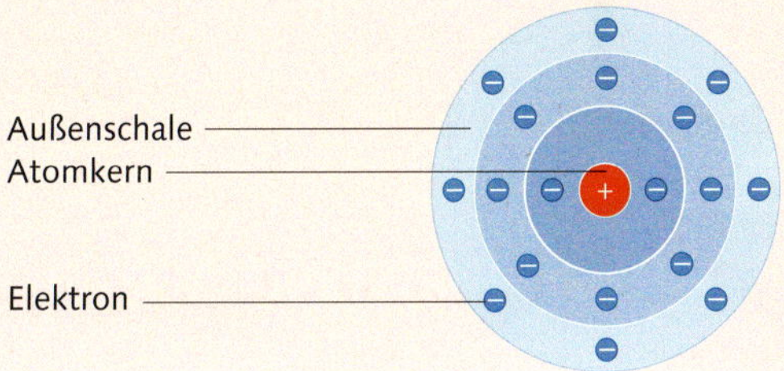

Außenelektronen

- Die Anzahl der Elektronen der jeweils äußersten Schale bestimmt die chemischen Eigenschaften des Elements.

Atombau und Periodensystem

- Im Periodensystem sind die Elemente nach steigender Protonenzahl und nach dem Bau ihrer Atomhüllen geordnet.
- Nummer der Periode = Anzahl der Elektronenschalen
- Nummer der Hauptgruppe = Anzahl der Außenelektronen

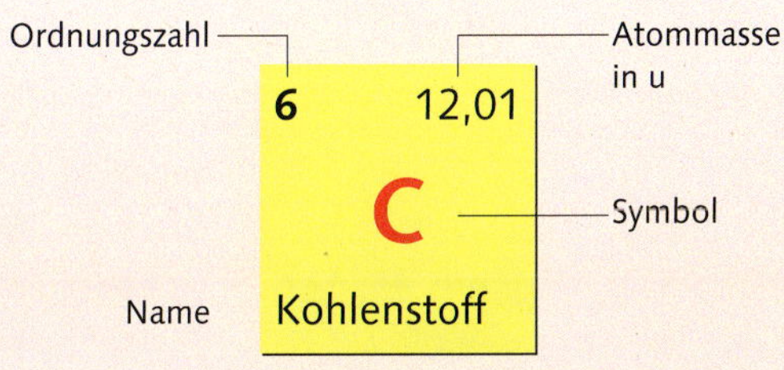

8

9 Chemische Bindungen

Weißes, kristallines Kochsalz kann aus Meerwasser durch Verdunstung gewonnen werden – oder durch chemische Reaktion der Elemente Natrium und Chlor. Auch Wasser fasziniert durch seine besonderen Eigenschaften. Je nachdem, welche Atome sich wie miteinander verbinden, entstehen Stoffe mit unterschiedlichen Eigenschaften.

Kostbarkeit Salz

1 *Kochsalz dient dem Menschen als Würzmittel und ist bei der Herstellung vieler Lebensmittel notwendig.*

Wert des Salzes „Unter allen Edelsteinen ist Salz der kostbarste." Diese Aussage des Chemikers JUSTUS VON LIEBIG aus dem 19. Jahrhundert macht deutlich, wie wichtig Salz, genauer unser Kochsalz, in der Geschichte war.

Vorkommen und Verwendung Seit über 2000 Jahren wird in Deutschland Salz bergmännisch abgebaut und gehandelt. Heute eines der preiswertesten Lebensmittel, war Salz einst so kostbar wie Gold. Entsprechend seiner Herkunft und Verwendung sind viele verschiedene Namen gebräuchlich, z. B. Speisesalz, Kochsalz, Steinsalz, Siedesalz, Meersalz. Wesentlicher Bestandteil ist die chemische Verbindung Natriumchlorid.
Salz wird als Auftausalz zum Schmelzen von Eis auf Straßen, bei der Produktion und Veredlung von Lebensmitteln und natürlich in jeder Küche als Speisesalz verwendet. In der Industrie wird Natriumchlorid für die Erzeugung von Soda, Chlor und Natronlauge genutzt, ohne die weder Glas noch Kunststoffe, Waschmittel oder Aluminium hergestellt werden können.

Kochsalz ist im Haushalt ein vielseitig verwendbarer Stoff und dient der Industrie als wichtiger chemischer Grundstoff.

2 *Kochsalz ist in verschiedenen Produkten enthalten.*

Wichtig für den Menschen Im Körper des Menschen übernimmt Kochsalz wichtige Funktionen: Es reguliert den Wasserhaushalt der Zellen und den Blutdruck, es ermöglicht die Reizleitung in den Nervenzellen und wird für die Produktion der Magensäure benötigt. Salz, das mit dem Schweiß und dem Urin ausgeschieden wird, muss durch die Aufnahme von Nahrung ersetzt werden.
In der Medizin wird Patienten mit großem Flüssigkeits- oder Blutverlust eine isotonische Kochsalzlösung in die Blutbahn getropft. Diese 0,9%ige Salzlösung hat den gleichen Salzgehalt wie das Blut des Menschen.
Die empfohlene tägliche Salzzufuhr für einen Erwachsenen in Deutschland beträgt höchstens 6 g. Obwohl übermäßiger Salzkonsum in der Regel über die Nieren ausgeschieden wird, sollte die richtige Menge an Speisesalz Bestandteil einer ausgewogenen Ernährung sein.

Der Mensch muss Kochsalz über die Nahrung zu sich nehmen, damit wichtige Funktionen im Körper erhalten werden.

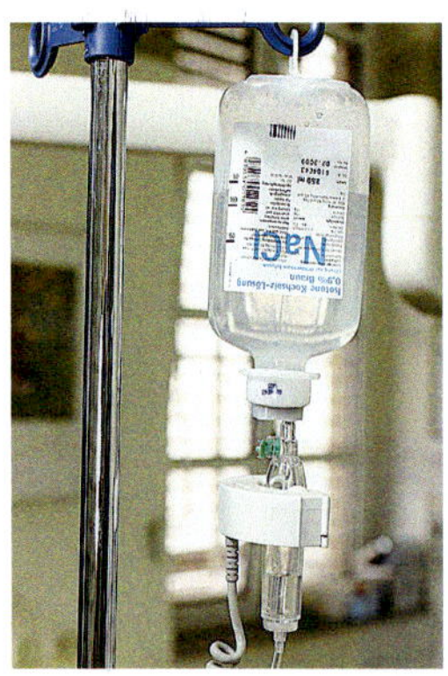

3 *Infusion mit einer isotonischen Kochsalzlösung*

4 *Durch den Auftrieb werden auch Nichtschwimmer im Toten Meer an der Oberfläche gehalten.*

5 *In einer Saline wird Salz durch Verdunsten des Wassers gewonnen.*

Salz im Meerwasser Kochsalz kann direkt aus Meerwasser gewonnen werden, denn 1 Liter Meerwasser enthält durchschnittlich 35 g Salz. Würde man alles Meersalz über die ganze Erdoberfläche verteilen, ergäbe dies eine 36 m dicke Salzschicht. Auch das Salz, das heute aus Salzbergwerken gewonnen wird, stammt ursprünglich aus dem Meer.
Das Tote Meer hat einen Salzgehalt von etwa 280 g pro Liter. Im trockenen Klima verdunstet das Wasser aus dem See. Salz bleibt zurück und reichert sich an. Je höher der Salzgehalt des Wassers, desto größer ist auch dessen Dichte. Hierdurch wirkt ein stärkerer Auftrieb auf alles, was darauf schwimmt. Der hohe Salzgehalt hat auch zur Folge, dass Fische darin nicht leben können.

Salzgewinnung in Salinen In heißen und sonnenreichen Regionen der Erde gibt es Salzgärten, sogenannte Salinen. Dort wird Meerwasser entweder in viele große, flache Verdunstungsbecken geleitet oder durch Wälle, Balken und Bretter vom Meer abgetrennt. Durch die Wärme verdunstet das Wasser mit der Zeit. Es entsteht zunächst ein Salzschaum, der langsam zu einer weißen Kruste kristallisiert. Das Salz wird zwischen den Becken gesammelt, um es zu trocknen. So erhält man das Rohsalz, das aus großen, groben Kristallen besteht.
Bevor es als Kochsalz in den Salzstreuer kommt, wird es durch ein technisches Verfahren, die Raffination, gereinigt.

Durch Kristallisation wird in Salinen Salz gewonnen, das durch Raffination gebrauchsfertig aufbereitet wird.

Kochsalz als Konservierungsmittel Mikroorganismen bewirken das Verderben von Lebensmitteln. Kochsalz bindet Wasser und entzieht dadurch Mikroorganismen die Lebensgrundlage. Daher ist Kochsalz ein häufig verwendetes Konservierungsmittel.
Als es noch keine Kühlschränke gab, wurden viele Speisen eingesalzen. So verpflegten sich früher Matrosen auf langer Seefahrt mit eingesalzenem Pökelfleisch. Neben Speisen wurden auch Tierhäute und Felle mit Salz konserviert. Auch heute werden viele Speisen wie Hering, Sardellen, Käse oder Oliven eingesalzen – jedoch hauptsächlich wegen des Geschmacks.

6 *Fische werden zur Konservierung eingesalzen.*

Aufgaben

1 □ Fertige eine Mindmap zur Verwendung von Kochsalz an.

2 ◪ Erläutere, wie Kochsalz in Salinen gewonnen wird.

3 ◪ Nenne Funktionen, die Kochsalz im menschlichen Körper hat.

4 ■ Überlege, wie ein zu hoher Kochsalzverzehr reduziert werden kann.

Extra Vom Steinsalz zum Kochsalz

1 *Entstehung einer Salzlagerstätte*

Entstehung von Salzlagerstätten Vor vielen Millionen Jahren wurden Meeresgebiete von den Ozeanen abgetrennt. In den flachen Meeresbecken verdunstete das Wasser, wobei sich die im Meerwasser gelösten Salze allmählich anreicherten. Schließlich setzten sie sich am Boden ab und bildeten feste Salzschichten. Manchmal füllte sich das Gebiet wieder mit Meerwasser und der Verdunstungsvorgang wiederholte sich. Auf diese Weise bildeten sich viele hundert Meter starke Salzschichten. Das so entstandene Salz heißt Steinsalz. Es enthält neben Kochsalz auch unlösliches Gestein.

Methoden des Salzabbaus Viele Arbeitsschritte sind notwendig, bevor wir ganz selbstverständlich etwas Kochsalz auf unser Essen streuen können. Unser Kochsalz wird meist aus dem unterirdisch lagernden Steinsalz gewonnen. Wir unterscheiden zwei verschiedene Methoden, das Steinsalz aus dem Berg zu fördern: den Nassabbau und den Trockenabbau.

Nassabbau Das meiste Kochsalz wird durch die Methode des Nassabbaus gewonnen.
Dabei werden die Salzlagerstätten an mehreren Stellen angebohrt. In einige Bohrlöcher wird Wasser gepumpt, in dem sich das Salz lösen kann. Es entsteht eine konzentrierte Kochsalz-Lösung (Sole) mit einem Salzgehalt von etwa 35 %, die durch die anderen Bohrlöcher abgepumpt wird.
Die Kochsalz-Lösung wird anschließend eingedampft und es bleibt festes Kochsalz zurück, das einen Reinheitsgrad von über 98 % besitzt. Es kann nun gemahlen und verpackt werden.

Trockenabbau Beim Trockenabbau wird das Steinsalz im Salzbergwerk durch Bohren und Sprengen abgebaut. Dabei entstehen große Hohlräume, die nach dem Salzabbau zur Lagerung anderer Stoffe wie Erdgas oder Atommüll genutzt werden können. Die großen Steinsalzbrocken werden zerkleinert und in Wasser gelöst. Die unlöslichen Feststoffe des Salzgesteins werden abgetrennt. Wie beim Nassabbau wird aus der Salzlösung durch Eindampfen festes Kochsalz gewonnen.

2 *Trockener Salzabbau unter Tage*

Aufgaben

1 □ Beschreibe, wie sich Salzlagerstätten bildeten.

2 ◪ Erläutere die physikalischen Verfahren, die bei der Kochsalzgewinnung eingesetzt werden.

3 □ Recherchiere, wo in deiner Nähe das nächste Salzbergwerk zu besichtigen ist.

Extra Geschichte des Kochsalzes

Salzabbau zu Beginn der Menschheitsgeschichte Als die Menschen in der Jungsteinzeit begannen, Tiere zu halten und Pflanzen anzubauen, fingen sie auch an, ihre Nahrungsmittel mit Salz schmackhaft und haltbar zu machen. Mit Steinbeilen wurde das Salz aus salzhaltigen Gesteinsschichten herausgeschlagen. Zeugnis dafür sind Siedlungen wie Hallstatt in Österreich, wo bereits vor 7000 Jahren Salz abgebaut wurde.

Salzhandel in der Antike Im antiken Griechenland und in Rom war Salz ein wichtiges Gebrauchs- und Handelsgut. Gewonnen wurde es in Salzgärten (Salinen) durch die Verdunstung von Meerwasser. Im Römischen Reich erstreckte sich ein Salzhandelsnetz bis in die entlegensten Regionen. So konnten in allen Landesteilen Lebensmittel mit Salz veredelt werden. Die Salzmakrele war beispielsweise ein beliebtes und günstiges Nahrungsmittel, das auch während langer Transporte durch die konservierende Wirkung des Salzes nicht verdarb.

Zahlungsmittel Die römische Göttin Salus (lat. *sal:* Salz) stellte in der Religion des Römischen Reiches die Verkörperung des Wohlbefindens dar. Sie war für Wachstum und Erfolg zuständig, und das brachte man direkt mit Salz in Verbindung. Die römischen Beamten erhielten ihren Lohn teilweise in Form einer Ration Kochsalz, die *salarium* hieß. Noch heute erkennst du das Wort im Englischen: *salary* bedeutet Lohn oder Gehalt.

Ortsnamen Die Bedeutung von Kochsalz für die Menschen früherer Zeit lässt sich auch an vielen Ortsnamen erkennen, die etwas mit dem Thema Salz zu tun haben. Nicht nur die Silbe „salz" ist dabei ein Hinweis. So stammt die Silbe „sulz" vom althochdeutschen „sulza" ab, was „Salzwasser" bedeutet. Ein Beispiel ist der häufig auftretende Ortsname Sulzbach. Auch Ortschaften mit der Silbe „hall" im Namen haben im süddeutschen Raum häufig etwas mit Salzgewinnung zu tun.

1 *Straßenschild der Salzstraße „Calle de la Sal" in der Altstadt von Madrid, Spanien*

2 *Salz musste oft über weite Entfernungen transportiert werden.*

Wichtiger Rohstoff der Gegenwart Seit Mitte des 19. Jahrhunderts der Salzbergbau in großem Maßstab betrieben wurde, nahm auch der materielle Wert des Salzes ab. Die Fortschritte der Technik ermöglichten immer leistungsfähigere Abbauverfahren und erschlossen Salzvorkommen, die vorher nicht zugänglich waren. Heute werden weltweit jährlich mehr als 250 Millionen Tonnen Salz gewonnen, in Deutschland sind es 20 Millionen Tonnen. Den größten Teil nutzt die chemische Industrie – mehr als 10 000 Verwendungsmöglichkeiten sind für Salz bekannt.

Aufgaben

1 □ Beschreibe die Bedeutung des Salzes im Verlauf der Geschichte.

2 ◪ Erläutere, warum der Wert für Kochsalz im Laufe der Geschichte so stark gesunken ist.

3 ◪ Suche im Atlas deutsche Städte, deren Name den Wortbestandteil „Salz", „Sulz" oder „Hall" enthalten. Recherchiere, was diese Städte mit dem Thema Salz zu tun haben.

9

Praxis Kochsalz

1 Kochsalzkristalle

Geräte: Waage, Mikroskop, Reagenzglas, Pipette, Gasbrenner, Objektträger, Feuerzeug
Chemikalien: Kochsalz, dest. Wasser
Durchführung: Löse 1 g Kochsalz in 10 ml heißem Wasser. Gib einen Tropfen dieser Salzlösung auf einen Objektträger und erhitze ihn noch einmal leicht mit dem Feuerzeug.
Mikroskopiere den Rand des Tropfens bei schwacher Vergrößerung. Erscheinen erste Kristalle, kann die Vergrößerung erhöht werden.
Auswertung: Zeichne einige Kochsalzkristalle ab. Welche Form haben die Kristalle?
Erkläre den Sinn des Erwärmens mit dem Feuerzeug.

2 Löslichkeit von Kochsalz

Geräte: Waage, 2 Reagenzgläser, 2 Stopfen, Spatel, Glasstab, Becherglas (200 ml), Thermometer, Heizplatte
Chemikalien: Kochsalz, dest. Wasser, Speiseöl
Durchführung:

a Gib einen Daumen breit dest. Wasser in das erste und ebenso viel Speiseöl in das zweite Reagenzglas.
Füge dann je eine Spatelspitze Kochsalz hinzu und schüttle die Reagenzgläser.

b Gib 100 ml Wasser in das Becherglas und miss die Temperatur des Wassers. Füge in 10-g-Schritten Kochsalz hinzu und rühre um. Gib so lange weiter Kochsalz hinzu, bis die Lösung „gesättigt" ist und ein Bodensatz bleibt, der sich trotz Rührens nicht löst. Erwärme nun das Salzwasser auf 50 °C und gib, sobald sich der Bodensatz gelöst hat, wieder Kochsalz in 10-g-Schritten hinzu.

Auswertung:

a Beschreibe deine Beobachtung beim Löseversuch von Kochsalz in Wasser und Öl.

b Wie viel Kochsalz löst sich bei Zimmertemperatur in Wasser?
Welche Menge Kochsalz können in 50 °C warmem Wasser gelöst werden?
Beschreibe den Einfluss der Temperatur des Wassers auf die Löslichkeit von Kochsalz.

3 Sinken, Schweben, Schwimmen

Geräte: Hartgummistopfen oder rohes Ei, Becherglas (250 ml), Waage, Glasstab
Chemikalien: Kochsalz, Leitungswasser
Durchführung: Fülle 200 ml Wasser in das Becherglas und gib den Stopfen bzw. das Ei hinein.
Füge nun in 10-g-Schritten Kochsalz hinzu und löse es durch vorsichtiges Umrühren.
Auswertung: Erkläre deine Beobachtungen.

4 Leitfähigkeit

Geräte: Becherglas (100 ml), 2 Elektroden (z. B. Aluminiumstreifen), 4,5-V-Batterie, Glühlämpchen (3,5 V), 6 Krokodilklemmen, 3 Kabel, Löffel, Glasstab
Chemikalien: großer Kochsalzkristall, Kochsalz, dest. Wasser
Durchführung:

a Baue einen offenen Stromkreis auf und halte den Kochsalzkristall zwischen die beiden Elektroden.

b Fülle das Becherglas mit dest. Wasser und stelle die Elektroden hinein.
Gib einen Löffel Kochsalz hinzu und rühre mit dem Glasstab um.
Was geschieht, wenn du mehr Salz im Wasser löst?

Auswertung: Beschreibe deine Beobachtung.

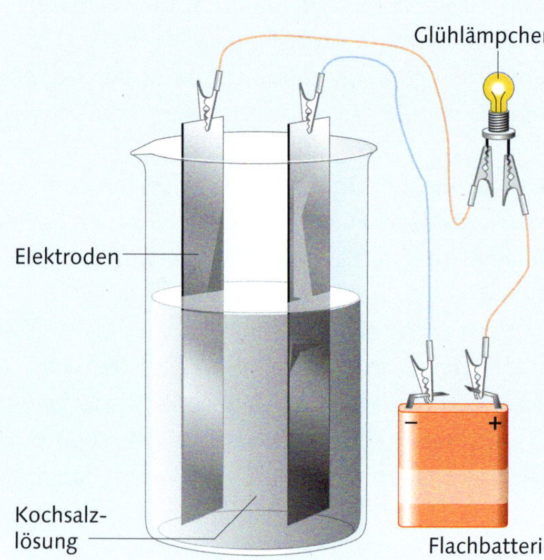

Salze – Verbindungen aus geladenen Teilchen

1 *Was haben diese verschiedenen Salze gemeinsam?*

Salz ist nicht gleich Salz Wenn wir im Alltag von Salz sprechen, meinen wir meistens Kochsalz (Natriumchlorid). Zur Stofffamilie der Salze gehören aber auch noch viele andere Salze. Sie unterscheiden sich in ihrer Kristallform und Farbe, haben aber auch gemeinsame Eigenschaften, die auf Gemeinsamkeiten in ihrem Aufbau zurückzuführen sind.

Elektrolyse einer Salzlösung Wenn das feste Salz Kupferchlorid in Wasser gelöst wird, zerfallen die Salzkristalle und es entsteht eine blaue Salzlösung. Taucht man in die Kupferchlorid-Lösung zwei Graphitstäbe und legt an diese eine Gleichspannung an, bildet sich am Minuspol rotes Kupfer und am Pluspol gasförmiges, stechend riechendes Chlor. Durch die Elektrolyse wird das gelöste Salz Kupferchlorid mithilfe von elektrischem Strom in die Elemente Kupfer und Chlor zerlegt.

Die Zerlegung einer chemischen Verbindung durch elektrischen Strom bezeichnet man als Elektrolyse.

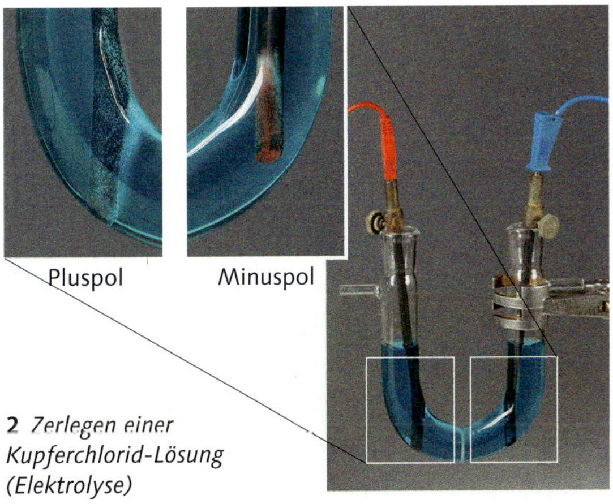

2 *Zerlegen einer Kupferchlorid-Lösung (Elektrolyse)*

Salze bestehen aus Ionen Gleiche elektrische Ladungen stoßen sich ab und ungleiche ziehen einander an. Daraus können wir schließen, dass die sich zum Minuspol bewegenden Kupfer-Teilchen positive und die zum Pluspol wandernden Chlorid-Teilchen negative Ladung tragen. Diese elektrisch geladenen Teilchen nennt man Ionen (griech. *ion:* Wanderndes). Positiv geladene Ionen werden Kationen, negativ geladene Ionen Anionen genannt.

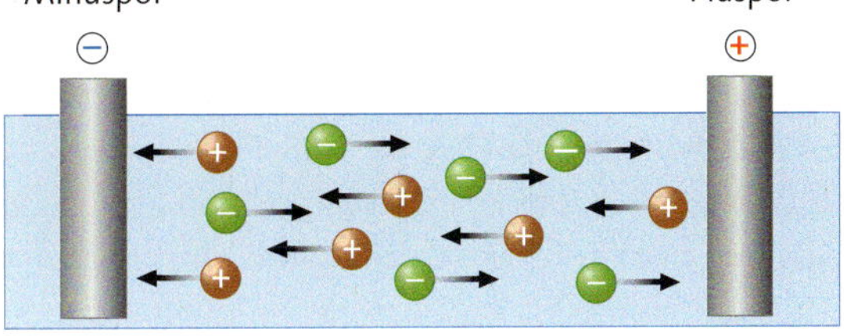

3 *Wanderung der Ionen bei Anliegen einer Gleichspannung*

Salze sind aus positiv und negativ geladenen Ionen aufgebaut.

Elektrische Leitfähigkeit von Salzen Im festen Zustand leiten Salze den elektrischen Strom nicht, da ihre Ionen im Salzkristall fest gebunden sind und daher nicht wandern können. Erst beim Lösen oder Schmelzen können die Ionen sich frei bewegen und zum Plus- und Minuspol wandern. Einen solchen elektrischen Leiter, der bewegliche elektrisch geladene Teilchen enthält, bezeichnet man als Elektrolyten.

Aufgaben

1 □ Nenne und charakterisiere die Teilchen, aus denen Salze aufgebaut sind.

2 ◪ Beschreibe die Vorgänge in Bild 3.

9

Vom Atom zum Ion

1 *Natrium …* *und Chlor …* *reagieren zu …* *Natriumchlorid.*

Kochsalz aus Natrium und Chlor? Gibt man ein Stück Natrium in einen mit Chlorgas gefüllten Standzylinder, so ist eine stark exotherme Reaktion mit deutlicher Licht- und Wärmeentwicklung zu beobachten (Bild 1c). Als Reaktionsprodukt bleibt ein weißer, kristalliner Stoff zurück. Aus den beiden reaktionsfreudigen Stoffen Natrium und Chlor ist Natriumchlorid entstanden. Wie kann aus ätzend wirkendem Natrium und giftigem Chlor essbares Kochsalz entstehen?

Edelgasregel (Oktettregel) Um die Reaktionsfähigkeit von Elementen verstehen zu können, muss man sich mit dem Bau ihrer Atome beschäftigen. Von den Edelgasen wissen wir, dass sie reaktionsträge sind. Das liegt daran, dass die Edelgasatome mit ihrer voll besetzten äußeren Elektronenschale in einem besonders stabilen Zustand vorliegen. Die Außenschale des Heliumatoms ist mit zwei Außenelektronen voll besetzt, die Außenschalen von Neon- und Argonatomen sind mit acht Außenelektronen (Elektronenoktett) ebenfalls voll besetzt.
Die Atome der anderen Elemente sind bestrebt, durch Elektronenabgabe oder -aufnahme die Elektronenanordnung der Edelgasatome zu erreichen. Dies bezeichnet man als Edelgasregel oder Oktettregel.

Reaktionsfähigkeit von Natrium und Chlor
Natrium ist ein Alkalimetall aus der ersten Hauptgruppe des Periodensystems der Elemente. Ein Natriumatom hat in seiner Außenschale ein Elektron, man sagt: ein Außenelektron. Durch Abgabe dieses einen Elektrons ist der angestrebte Edelgaszustand leicht zu erreichen. Das Halogen Chlor steht in der siebten Hauptgruppe, sein Atom hat sieben Außenelektronen. Zum Edelgaszustand fehlt ihm nur ein einziges Elektron. Da das Natriumatom ein Elektron abzugeben hat und das Chloratom genau ein Elektron aufnehmen möchte, sind sie ideale Reaktionspartner.

Ionen entstehen durch Elektronenübergang
Bei der Reaktion von Natrium mit Chlor gibt das Natriumatom sein Außenelektron ab und das Chloratom nimmt dieses auf. Betrachten wir die Teilchen nach diesem Elektronenübergang:
Das *Natrium-Teilchen* erreicht durch die Abgabe des Elektrons die stabile Elektronenanordnung des Edelgases Neon. Weil den 11 Protonen des Atomkerns nur noch 10 Elektronen in der Atomhülle gegenüberstehen, ist das Teilchen jetzt positiv geladen. Aus dem neutralen Natriumatom ist ein positiv geladenes Natrium-Ion (Na^+-Ion) entstanden.

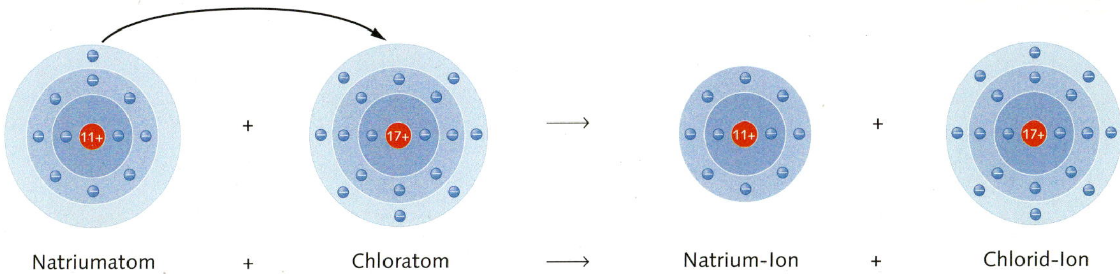

2 *Elektronenübergang: Aus Atomen entstehen Ionen.*

Das *Chlor-Teilchen* hat nach der Elektronenaufnahme die Elektronenanordnung des Edelgases Argon. Bei 17 Protonen und 18 Elektronen überwiegt eine negative Ladung. Aus dem Chloratom ist ein negativ geladenes Chlorid-Ion (Cl^--Ion) entstanden.

Durch Aufnahme oder Abgabe von Elektronen können aus Atomen Ionen gebildet werden.

Benennung von Ionen Die Kationen werden bezeichnet wie das Element, aus dem sie entstanden sind.
Beispiel: Na = Natriumatom; Na^+ = Natrium-Ion

Zur Bezeichnung des Anions wird an den Namen des Elements die Endung *-id* angehängt.
Beispiel: Cl = Chloratom; Cl^- = Chlorid-Ion

Ionenladung Die Ladungszahl eines Ions hängt von der Anzahl der Elektronen ab, die abgegeben oder aufgenommen werden. Die Ionenladung kann bei vielen Elementen direkt aus dem Periodensystem abgelesen werden. So bilden die Atome von Elementen der ersten Hauptgruppe einfach positiv geladene Ionen, die der siebten Hauptgruppe einfach negativ geladene Ionen. Atome der zweiten Hauptgruppe werden zu zweifach positiv geladenen Ionen, die der sechsten zu zweifach negativ geladenen Ionen.

$Na \rightarrow Na^+ + e^-$		einfach positiv
$Cl + e^- \rightarrow Cl^-$		einfach positiv
$Mg \rightarrow Mg^{2+} + 2\,e^-$		zweifach positiv
$Al \rightarrow Al^{3+} + 3\,e^-$		dreifach positiv

Metalle reagieren mit Nichtmetallen Bei chemischen Reaktionen zwischen Metallen und Nichtmetallen sind die Atome von Metallen bestrebt, ihre Außenelektronen abzugeben – sie werden von den Atomen der Nichtmetalle aufgenommen. Dadurch erreichen Metallatome und Nichtmetallatome den Edelgaszustand. Die Teilschritte der Elektronenabgabe und Elektronenaufnahme können getrennt formuliert werden:

Elektronenabgabe: $Mg \rightarrow Mg^{2+} + 2\,e^-$
Elektronenaufnahme: $2\,F + 2\,e^- \rightarrow 2\,F^-$

Bei der Bildung von Ionen gehen jeweils so viele Elektronen über, dass alle beteiligten Verbindungspartner eine voll besetzte Außenschale erhalten.

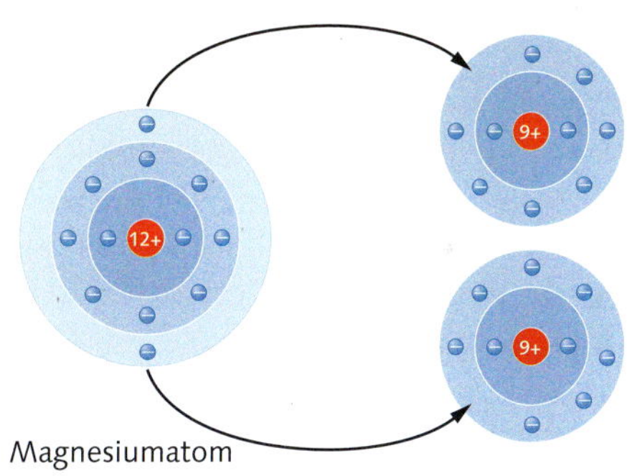

3 *Zur Aufnahme der beiden Außenelektronen des Magnesiumatoms werden zwei Fluoratome benötigt.*

Aufgaben

1 ◪ Gib die Ladungszahlen von Lithium- und Calcium-Ionen sowie von Fluorid-Ionen an.

2 ◪ Erläutere, wie aus Atomen Ionen entstehen.

3 ◪ Skizziere den Elektronenübergang von Lithiumatomen auf Fluoratome. Nenne die gebildeten Ionen und deren Ladung.

4 ■ Natrium und Chlor sind giftige und sehr reaktive Stoffe. Das Salz Natriumchlorid nehmen wir jedoch mit der Nahrung zu uns. Erkläre, wie das möglich ist.

Salze sind Ionenverbindungen

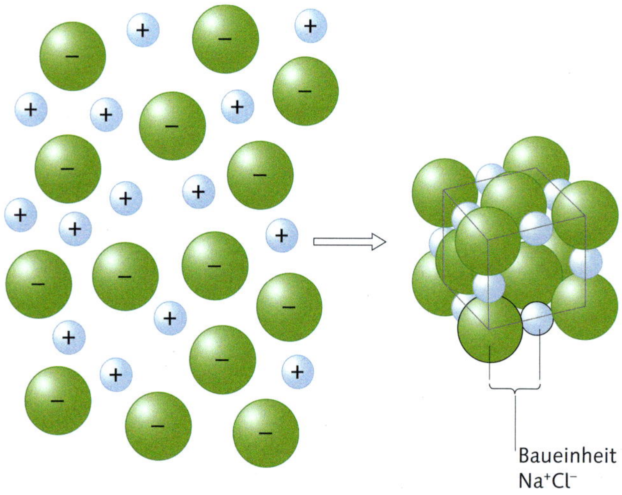

1 *Bildung eines Natriumchlorid-Kristalls*

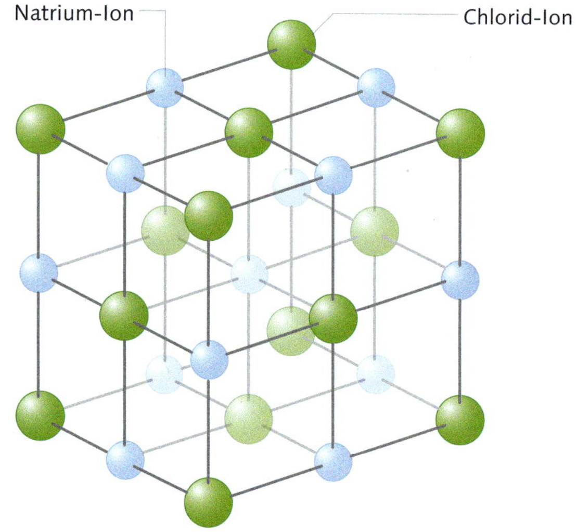

2 *Ionengittermodell von Natriumchlorid*

Ionenbindung – Gegensätze ziehen sich an
Die zwischen einem positiv geladenen Natrium-Ion (Na^+-Ion) und einem negativ geladenen Chlorid-Ion (Cl^--Ion) herrschenden starken Anziehungskräfte führen zu einer chemischen Bindung. Man bezeichnet sie als Ionenbindung.

Die Ionenbindung kommt durch die Anziehung von entgegengesetzt geladenen Ionen zustande.

Salzkristalle bestehen aus Ionengittern Die Anziehungskräfte der Na^+- und Cl^--Ionen wirken in alle Raumrichtungen. Das führt dazu, dass jedes Na^+-Ion von 6 Cl^--Ionen und umkehrt auch jedes Cl^--Ion von 6 Na^+-Ionen umgeben ist. So entsteht ein dreidimensionales Ionengitter (auch Kristallgitter genannt), in dem die Ionen an feste Plätze gebunden sind. Die regelmäßige Anordnung der Ionen im Gitter erklärt die charakteristische Würfelform der Kochsalzkristalle.
Über den gesamten Kristall betrachtet liegen die Na^+- und Cl^--Ionen im Verhältnis 1 : 1 vor. Das bedeutet, dass die positiven und negativen Ladungen einander aufheben und der Kristall somit elektrisch neutral ist.

Salze bestehen aus Ionen, die sich in einem regelmäßigen Ionengitter anordnen.

Verhältnisformeln Für Ionenverbindungen sind große Teilchenverbände typisch – wie man am Ausschnitt des Ionengitters erkennen kann (Bild 2). Einzelne Na^+Cl^--Gruppen kommen nicht vor.
Die Verhältnisformel einer Ionenverbindung gibt die kleinste denkbare Kombination von Ionen an, die nach außen elektrisch neutral wäre. Sie gibt damit auch das Zahlenverhältnis an, in dem Ionen in einem Ionengitter vorliegen.

Beispiele:
Natriumchlorid:
$Na^+ : Cl^- = 1 : 1$ Formel: NaCl
Calciumchlorid:
$Ca^{2+} : 2\ Cl^- = 1 : 2$ Formel: $CaCl_2$

Im Gitter des Natriumchlorids sind demnach gleich viele Natrium- und Chlorid-Ionen gebunden, im Gitter des Calciumchlorids doppelt so viele Chlorid-Ionen wie Calcium-Ionen.
Die kleinste Ionengruppe im Natriumchlorid ist NaCl, die kleinste Ionengruppe im Calciumchlorid ist $CaCl_2$.

Die Verhältnisformel einer Ionenverbindung gibt das Zahlenverhältnis der im Ionengitter vorhandenen Ionen an.

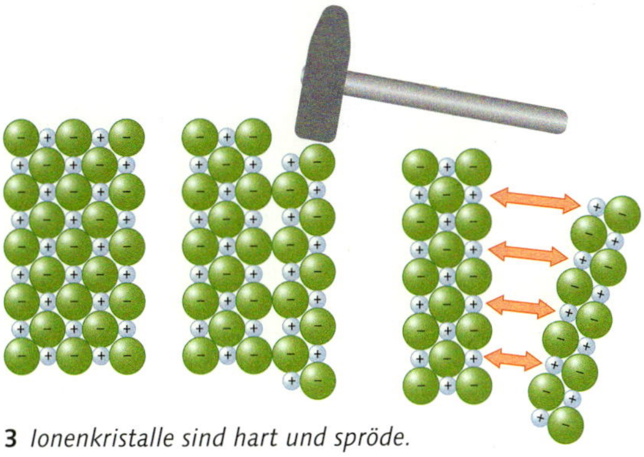

3 *Ionenkristalle sind hart und spröde.*

Eigenschaften von Salzen Bei den Salzen handelt es sich um feste Ionenverbindungen.
Sie sind *hart,* da ihre Ionen durch starke Anziehungskräfte auf den Gitterplätzen festgehalten werden. Wird durch große Krafteinwirkung eine Schicht der Ionen gegenüber der anderen verschoben, so stehen sich gleichsinnige Ladungen gegenüber, die sich abstoßen: Der Kristall zerbricht, er ist spröde.
Die *hohen Schmelz- und Siedetemperaturen* ergeben sich aus dem starken Zusammenhalt der an die Gitterplätze gebundenen Ionen. Es muss sehr viel Energie zugeführt werden, bis die Ionen im Ionengitter so stark schwingen, dass die Anziehungskräfte überwunden werden und die Ionen ihre Gitterplätze verlassen. Das Salz schmilzt. Salzschmelzen und wässrige Salzlösungen *leiten den elektrischen Strom,* weil ihre Ionen beweglich sind. Im festen Zustand sind Salze Nichtleiter.

Salze sind hart, spröde und haben hohe Schmelz- und Siedetemperaturen. Geschmolzen oder in Wasser gelöst leiten sie den elektrischen Strom.

Aufgaben

1 ◪ Erläutere, warum ein Natriumchlorid-Kristall den elektrischen Strom nicht leitet.

2 ◪ Nenne weitere typische Eigenschaften von Natriumchlorid. Versuche diese Eigenschaften mit dem Bau von Natriumchlorid zu begründen.

3 ◪ Kaliumchlorid (KCl) und Aluminiumchlorid ($AlCl_3$) sind Ionenverbindungen.
Was kannst du über den Aufbau dieser Stoffe anhand der Formeln aussagen?

Extra Weitere Salze – Salzkristalle

Salze kristallisieren in für sie typischen Formen. So ist für Natriumchlorid die Würfelform typisch. Andere Salze wie das Fluorit haben die Form einer Doppelpyramide. Die verschiedenen Kristallformen werden durch den Aufbau des Ionengitters bestimmt.

4 *Würfelförmige Kochsalzkristalle – links: von Nahem betrachtet, rechts: Ansicht durch ein Elektronenmikroskop*

5 *Calciumfluorid kommt als Flussspat in der Natur vor. Die Kristalle haben die Form einer Doppelpyramide.*

6 *Quarze bestehen aus Siliciumdioxiden und kommen sehr häufig vor. Bergkristall ist ein bekannter Vertreter der Quarze.*

7 *Beim Pyrit handelt es sich um ein Eisensulfid. Wegen seiner goldglänzenden Oberfläche wird es auch als Katzengold bezeichnet.*

1 Züchten eines Kristalls

a Herstellen einer gesättigten Lösung

Geräte: Becherglas (400 ml), Dreifuß, Drahtnetz, Gasbrenner, Thermometer, Glasstab, Spatel
Chemikalien: dest. Wasser, zur Auswahl: Natriumchlorid, Kaliumaluminiumsulfat, Kupfersulfat
Durchführung: Erhitze 200 ml Wasser im Becherglas auf etwa 60 °C. Gib unter ständigem Rühren mit dem Glasstab so lange Salz hinzu, bis sich ein Bodensatz gebildet hat. Lass die Lösung einige Stunden abkühlen.

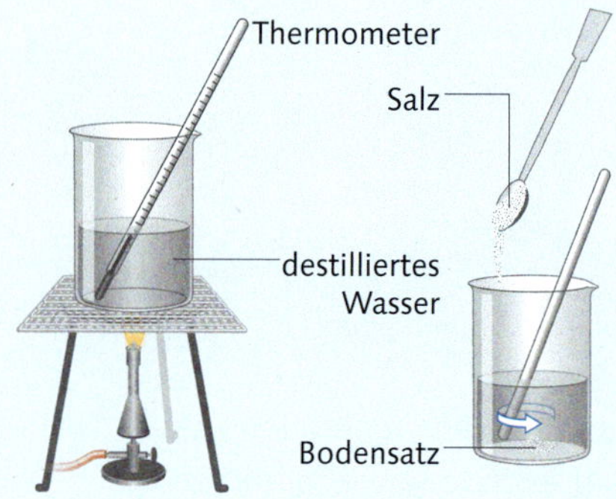

b Impfkristalle

Geräte: Erlenmeyerkolben, Trichter, Filterpapier, Petrischale, Pinzette, Papiertuch, Nähfaden
Chemikalien: gesättigte Salzlösung aus Teil a
Durchführung: Filtriere die Lösung aus Experiment Teil a in einen Erlenmeyerkolben. Gib einen Teil des Filtrats in eine Petrischale, decke sie mit einem Filterpapier ab und stelle sie für mindestens 2 Tage an einem ruhigen Ort ab. Nimm mit der Pinzette den größten Kristall aus der Schale, tupfe ihn mit dem Papiertuch trocken und befestige einen Nähfaden daran.

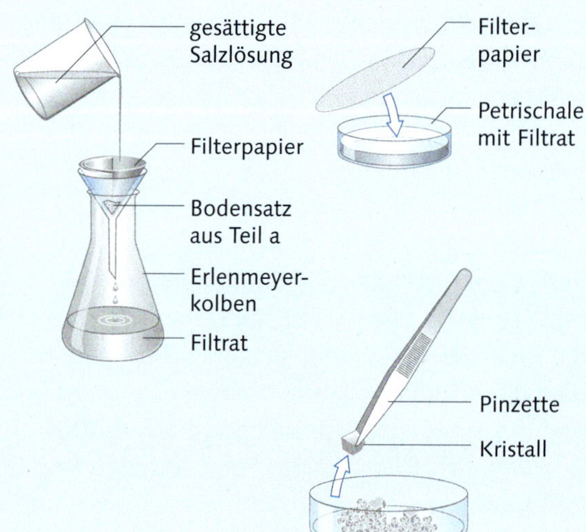

c Der Kristall wächst

Geräte: Becherglas, Holzstäbchen, Filterpapier
Chemikalien: Impfkristall, filtrierte Salzlösung aus Teil b
Durchführung: Fülle das Filtrat aus Teilschritt b in ein Becherglas. Binde den Faden des Impfkristalls an ein Holzstäbchen. Hänge den Impfkristall in das Becherglas. Decke das Becherglas mit einem Filterpapier ab und lass es mehrere Tage an einem ruhigen Ort stehen.
Auswertung: Dokumentiere deine Kristallzüchtung, indem du Fotos von den einzelnen Schritten machst. Erkläre den Ablauf des Kristallwachstums auf der Teilchenebene.

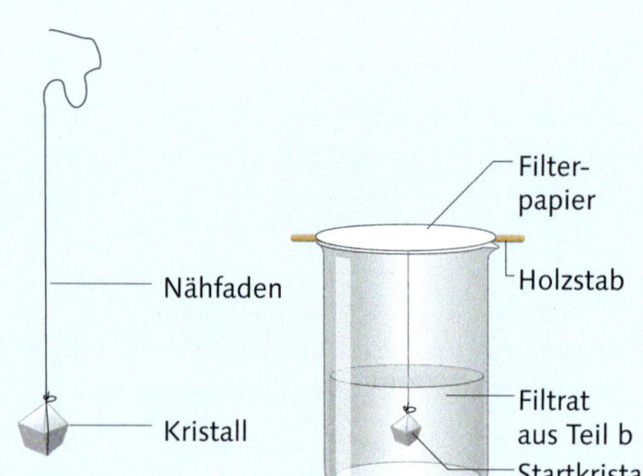

Methode Wie gut kannst du experimentieren?

1 *Beim Experimentieren musst du viele deiner Fähigkeiten unter Beweis stellen.*

Wie schätzt du deine Fähigkeiten beim Experimentieren ein? Überlege, wie gut deine Fähigkeiten in den einzelnen Bereichen sind. Nicht in jedem Versuch werden alle Fähigkeiten benötigt. Nach dem Versuch bewertest du dich anhand der Tabelle. Diese Selbsteinschätzung braucht Übung.

Übertrage die Tabelle in dein Heft und kreuze an:
☺☺ Das kann ich gut.
☺ Das gelingt mir meistens.
😐 Das gelingt mir manchmal.
☹ Das klappt noch nicht so gut.

Fachliche Fähigkeiten: Ich kann …	☺☺	☺	😐	☹
… einen Versuch *nach Anleitung durchführen.*				
… einen Versuch *selbstständig planen.*				
… eine Apparatur *funktionsfähig, stabil* und gut *durchdacht aufbauen.*				
… einen Versuchsaufbau *anschaulich* und *übersichtlich anordnen.*				
… einen Versuch gemäß den Fragestellungen *zielstrebig durchführen.*				
… aufgrund meiner *Beobachtungen* eine Deutung *formulieren.*				
… ein *richtiges* Versuchsergebnis formulieren.				

Methodisches Geschick: Ich kann …	☺☺	☺	😐	☹
… ein vollständiges *Protokoll anfertigen.*				
… *sauber arbeiten.*				
… die *Sicherheitsbestimmungen* beachten.				
… die Ergebnisse *überzeugend* und *anschaulich präsentieren.*				

Soziales Verhalten: Ich kann …	☺☺	☺	😐	☹
… *verantwortungsvoll* und *aktiv* Aufgaben in der Gruppe übernehmen.				
… *umsichtig* und mit *Rücksichtnahme* auf andere experimentieren.				
… zur Lösung der Aufgabe mit allen aus der Gruppe *zusammenarbeiten.*				
… zusammen mit meinen Gruppenmitgliedern *Hilfen* (Buch, Heft, Kärtchen …) *organisieren* und *nutzen.*				
… zur Arbeit anderer Gruppen fachliche Fragen stellen / Stellung nehmen / sachlich *Rückmeldung* geben.				

Umgang mit Geräten und Chemikalien: Ich kann …	☺☺	☺	😐	☹
… *sorgfältig* mit *Geräten* und *Chemikalien* umgehen.				
… die *Chemikalien* ordentlich *aufräumen* und *entsorgen.*				
… die Geräte *spülen* und ordentlich *wegräumen.*				
… den (Gruppen-)Arbeitsplatz aufgeräumt und *sauber* hinterlassen.				

Elektronenübergang bei chemischen Reaktionen

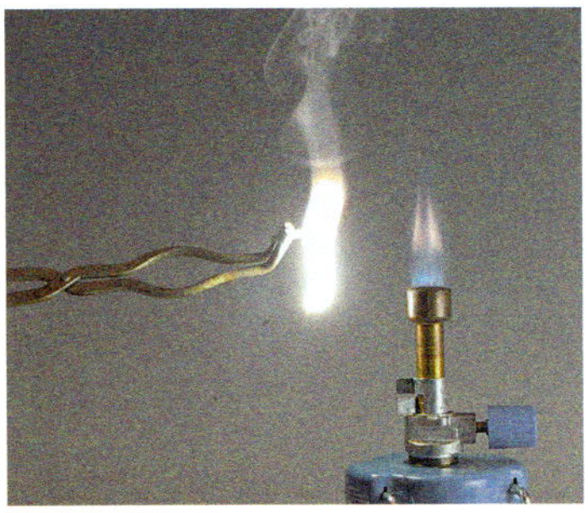

1 *Brennendes Magnesium*

Was geschieht bei der Verbrennung von Magnesium? Die Frage könnte auch heißen: Warum reagiert Magnesium mit Sauerstoff? Um diese Frage zu beantworten, muss die Teilchenebene betrachtet werden. Ein Magnesiumatom hat das Bestreben, seine beiden Außenelektronen abzugeben. Für die Aufnahme dieser Elektronen findet es im Sauerstoffatom einen idealen Partner. Indem Elektronen vom Magnesiumatom auf das Sauerstoffatom übergehen, können beide Atome den angestrebten Edelgaszustand erreichen.

Redoxreaktion – Elektronenübergang Die Reaktion von Magnesium mit Sauerstoff lässt sich in Teilschritten formulieren:
Das Magnesiumatom gibt Elektronen ab, es wirkt als Elektronendonator. Magnesium wird oxidiert.
Oxidation: $Mg \rightarrow Mg^{2+} + 2\,e^-$

Das Sauerstoffatom nimmt die Elektronen auf, es wirkt als Elektronenakzeptor. Sauerstoff wird reduziert.
Reduktion: $O + 2\,e^- \rightarrow O^{2-}$

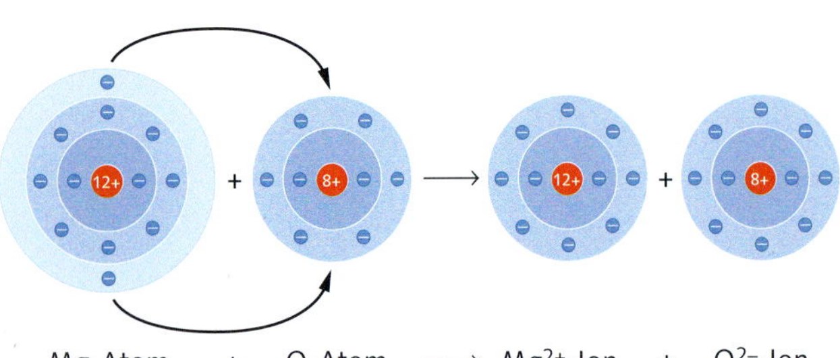

2 *Elektronenübergang von Magnesium auf Sauerstoff*

Da Oxidation und Reduktion gleichzeitig ablaufen, bezeichnet man die Gesamtreaktion als Redoxreaktion. Als Reaktionsprodukt entsteht Magnesiumoxid (MgO).

Gesamtreaktion:

Oxidation

$$2\,Mg + O_2 \rightarrow 2\,Mg^{2+} + 2\,O^{2-}$$

Reduktion

Bei einer Oxidation geben Atome Elektronen ab, sie wirken als Elektronendonatoren. Bei einer Reduktion nehmen Atome Elektronen auf, sie wirken als Elektronenakzeptoren. Die Redoxreaktion verläuft nach dem Donator-Akzeptor-Prinzip.

Oxidation auch ohne Sauerstoff Magnesium reagiert sehr heftig mit Chlor zu dem Salz Magnesiumchlorid ($MgCl_2$). Auch bei dieser Reaktion gibt das Magnesiumatom zwei Außenelektronen ab. Es wird zu einem Mg^{2+}-Ion oxidiert. Folglich findet bei der Reaktion von Magnesium mit Chlor ebenfalls eine Oxidation statt. Zwei Chloratome nehmen jeweils ein Elektron auf, sie werden zu Cl^--Ionen reduziert. Es handelt sich also auch hier um eine Redoxreaktion.

Gesamtreaktion:

Oxidation

$$Mg + Cl_2 \rightarrow Mg^{2+} + 2\,Cl^-$$

Reduktion

Aufgaben

1 ◪ Nenne ein Beispiel für eine Oxidation. Beschreibe die Vorgänge auf Teilchenebene mithilfe der Begriffe Elektronendonator und Elektronenakzeptor.

2 ◪ Gib die erweiterten Definitionen für Oxidation und Reduktion an.

3 ◪ Erläutere das Donator-Akzeptor-Prinzip.

4 ■ Formuliere die zum Reaktionsschema
$2\,Na + S \rightarrow Na_2S$
gehörenden Teilschritte. Kennzeichne: Oxidation, Reduktion, Elektronendonator, Elektronenakzeptor.

Chemische Reaktionen mithilfe von elektrischer Energie

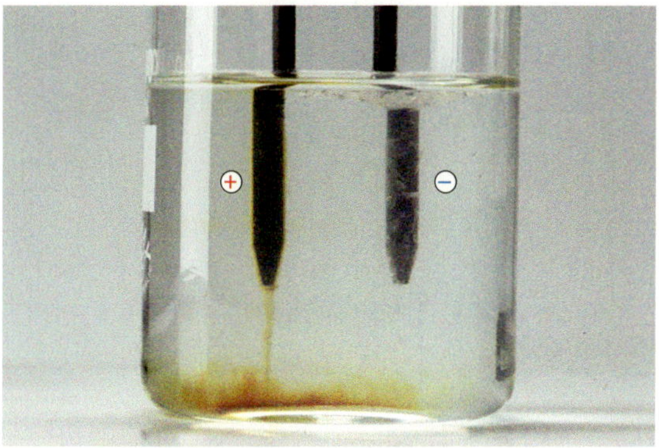

1 *Elektrolyse einer Zinkiodid-Lösung*

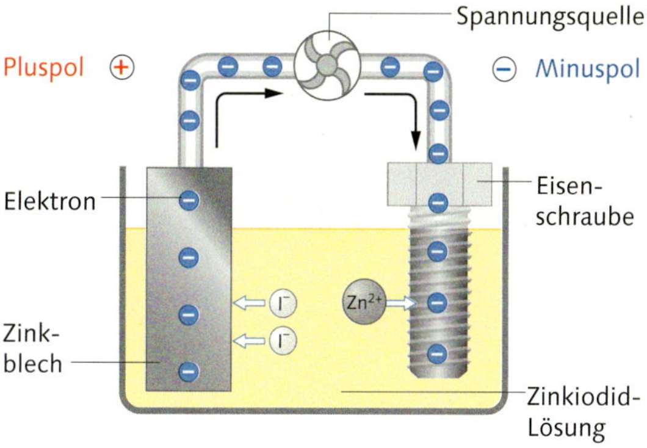

2 *Vorgänge beim Galvanisieren (eine Elektrolyse)*

Elektrolyse Zwei Metall- oder Graphitstäbe, Elektroden genannt, werden mit dem Plus- und dem Minuspol einer Spannungsquelle verbunden. Die beiden Elektroden tauchen in eine Zinkiodid-Lösung (Elektrolyt). Beim Anlegen einer Gleichspannung bildet sich an der negativen Elektrode graues, metallisches Zink. Um die positive Elektrode ist gelblich bis braunes Iod zu erkennen (Bild 1). Die chemische Verbindung Zinkiodid wird mithilfe des elektrischen Stroms in die Elemente Zink und Iod zerlegt. Durch eine Elektrolyse können aus einem Salz elementare Stoffe wie Metalle gewonnen werden.

Die Zerlegung einer chemischen Verbindung mithilfe des elektrischen Stroms bezeichnet man als Elektrolyse.

Chemische Vorgänge bei der Elektrolyse Die Elektrolyse ist eine erzwungene Redoxreaktion: Beim Anlegen einer Gleichspannung wandern die Iodid-Ionen (I^--Ionen) der Zinkiodid-Lösung zum Pluspol und geben dort jeweils ihr „überschüssiges" Elektron ab. Dabei werden die I^--Ionen zu Iodatomen oxidiert. Zwei Iodatome verbinden sich zu einem Iod-Molekül (I_2-Molekül).
Die von den Iodid-Ionen abgegebenen Elektronen werden durch die Spannungsquelle zum Minuspol „gepumpt".
Die Zink-Ionen (Zn^{2+}-Ionen) wandern zum Minuspol. Dort werden sie durch Aufnahme von zwei Elektronen zu Zinkatomen. Dabei setzt sich metallisches Zink am Minuspol ab.

Oxidation (Pluspol):	$2\,I^- \rightarrow I_2 + 2\,e^-$
Reduktion (Minuspol):	$Zn^{2+} + 2\,e^- \rightarrow Zn$
Redoxreaktion:	$Zn^{2+} + 2\,I^- \rightarrow Zn + I_2$

„Veredeln" von Metallen durch Galvanisieren
Eine Anwendung der Elektrolyse ist das Galvanisieren. Dabei wird ein metallischer Gegenstand mit einer dünnen Schicht eines anderen Metalls überzogen. Eisenschrauben können beispielsweise verzinkt, also mit einer Schicht aus Zink überzogen werden. (Bild 2)
Metalle können durch solche Überzüge anderer Metalle geschützt werden. Die metallischen Überzüge sind härter oder widerstandsfähiger gegen Umwelteinflüsse als das zu schützende Metall. Außerdem kann dem Metallgegenstand ein schöneres Aussehen verliehen werden, beispielsweise ein besonderer Glanz.

Beim Galvanisieren wird ein metallischer Gegenstand mit einer dünnen Schicht eines anderen Metalls überzogen.

Aufgaben

1 ◪ Erläutere die Begriffe Elektrolyse und Galvanisieren.
2 ◪ Gib die Oxidation und die Reduktion der Elektrolyse von Kupferchlorid ($CuCl_2$) an.
3 □ Recherchiere Gegenstände (mit Beschichtungsmetallen), die durch Galvanisieren hergestellt wurden. Nenne fünf Beispiele.

9

Elektronenpaarbindungen bei Molekülen

1 *Wasserstoff, Chlor und Sauerstoff sind Gase.*

Sauerstoff und Wasserstoff – Stoffe aus Molekülen Im Gegensatz zu den festen Salzen sind Sauerstoff und Wasserstoff bei Raumtemperatur gasförmig. Die unterschiedlichen Aggregatzustände von Salzen und den Gasen Sauerstoff und Wasserstoff sind in ihrer Teilchenstruktur begründet: Salze bestehen aus „riesigen" Ionengittern, Sauerstoff und Wasserstoff aus kleinen Molekülen. In den Molekülen sind mehrere Atome miteinander verbunden.
Wie ist der Zusammenhalt elektrisch neutraler Atome in Molekülen zu erklären?

Atome können Elektronen gemeinsam nutzen
Das einfachste Molekül ist das Wasserstoff-Molekül (H_2). Es besteht aus zwei Wasserstoffatomen. Jedes Wasserstoffatom besitzt ein Elektron.
Folgende Überlegungen erklären die Bildung der chemischen Bindung im Wasserstoff-Molekül:

- Für eine voll besetzte Außenschale und damit die stabile Elektronenanordnung des Edelgases Helium fehlt jedem Wasserstoffatom ein Elektron in der Außenschale.

- Die Elektronen von beiden Wasserstoffatomen halten sich überwiegend zwischen den positiv geladenen Atomkernen auf und werden von beiden Atomkernen gleich stark angezogen.

- Beide Wasserstoffatome stellen sich gegenseitig ein Elektron zur Verfügung und bilden so ein gemeinsames Elektronenpaar.

Elektronenpaarbindung Wenn Atome über gemeinsame Elektronenpaare verbunden sind, spricht man von einer Elektronenpaarbindung oder auch Atombindung. Sie kommt durch die Anziehungskräfte zwischen dem gemeinsamen negativ geladenen Elektronenpaar und den positiv geladenen Atomkernen zustande. Im Wasserstoff-Molekül verfügt nun jedes Wasserstoffatom über zwei Außenelektronen und hat damit die Elektronenanordnung der Atome des Edelgases Helium.

Moleküle sind Teilchen, die aus mehreren Atomen bestehen.
Die Atome eines Moleküls sind durch gemeinsame Elektronenpaare verbunden.
Diese chemische Bindung heißt Elektronenpaarbindung.

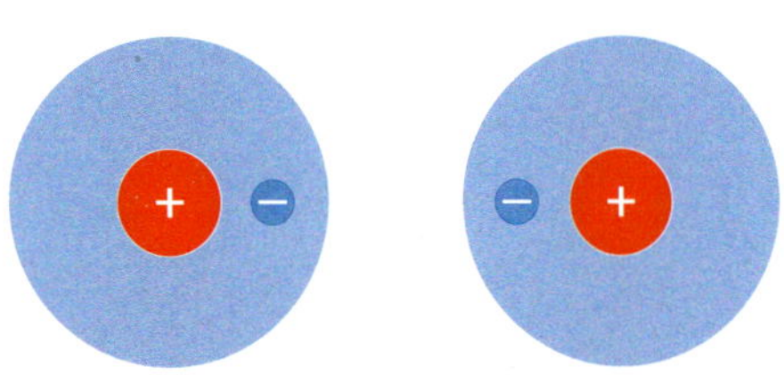

Einzelne Wasserstoffatome –
die Außenschale ist nicht voll besetzt.

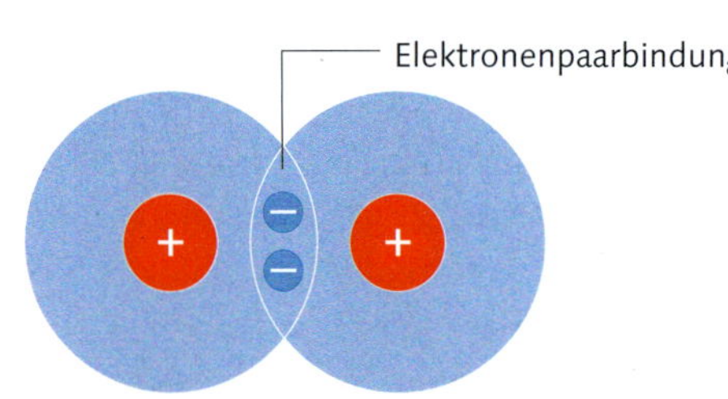

Im Wasserstoff-Molekül stehen jedem Atom zwei Außenelektronen zur Verfügung. Deshalb hat das Wasserstoff-Molekül eine stabile Elektronenanordnung.

2 *Im Wasserstoff-Molekül stehen jedem Atom beide Außenelektronen zur Verfügung.*

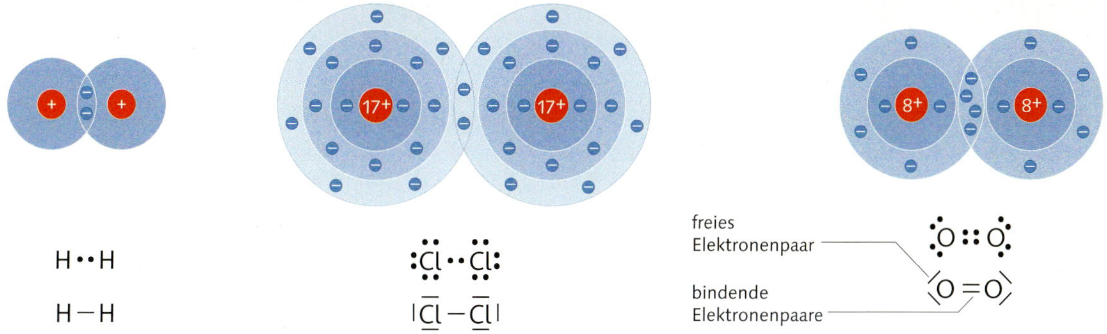

3 *Schalenmodelle und Strukturformeln von Wasserstoff-, Chlor- und Sauerstoff-Molekülen*

Elektronenpaarbindung beim Chlor-Molekül
Nicht nur Wasserstoff oder die Luftbestandteile Sauerstoff und Stickstoff, sondern auch die Halogene bestehen aus Molekülen. Es sind Molekülverbindungen. Chlor steht in der siebten Hauptgruppe des Periodensystems der Elemente. Auch im Chlor-Molekül steuert jedes Chloratom eines seiner sieben Außenelektronen zu einem gemeinsamen Elektronenpaar bei. Dadurch erreichen beide Chloratome eine mit acht Elektronen voll besetzte Außenschale.

Strukturformeln Da für die chemische Bindung vor allem die Außenelektronen von Bedeutung sind, können sie als Punkte um die Elementsymbole geschrieben werden, z. B. H•.
Ein Elektronenpaar kann auch durch einen Strich dargestellt werden, z. B. H–H.
Diese Formel, die die Bindung zwischen den Atomen angibt, heißt Strukturformel. Sie zeigt an, welche Atome im Molekül gebunden und wie diese miteinander verknüpft sind.
In Strukturformeln können auch Elektronenpaare dargestellt werden, die nicht an der Bindung beteiligt sind. So haben beispielsweise beide Atome im Chlor-Molekül neben bindenden Elektronenpaaren noch drei weitere Elektronenpaare, die nicht an der Bindung beteiligt sind. Sie werden freie oder nicht bindende Elektronenpaare genannt.

Doppelbindung im Sauerstoff-Molekül Die Bindung zwischen Atomen kann auch durch mehr als zwei gemeinsame Elektronen zustande kommen. Dies ist beispielsweise beim Sauerstoff-Molekül der Fall. Sauerstoffatome besitzen sechs Außenelektronen. Jedes Sauerstoffatom stellt jeweils zwei Elektronen für die Bindung zur Verfügung: Im Sauerstoff-Molekül bilden zwei gemeinsame Elektronenpaare die chemische Bindung. Nur so wird die Oktettregel für beide Atome erfüllt. Diese Bindung heißt Doppelbindung.

Dreifachbindung im Stickstoff-Molekül Stickstoffatome besitzen fünf Außenelektronen. Im Stickstoff-Molekül werden deshalb drei gemeinsame Elektronenpaare für die chemische Bindung genutzt. Diese Bindung heißt Dreifachbindung: $|N{\equiv}N|$.

Wir unterscheiden also Einfachbindungen wie im Wasserstoff-Molekül von Mehrfachbindungen wie im Stickstoff-Molekül.

Bei einer Einfachbindung sind zwei Atome durch ein gemeinsames Elektronenpaar verbunden. Wenn Atome durch zwei oder drei gemeinsame Elektronenpaare verbunden sind, spricht man von Mehrfachbindungen.

Aufgaben

1 □ Zeichne das Schalenmodell eines Fluoratoms. Wie viele Elektronen fehlen auf der Außenschale zum Erreichen des Edelgaszustands?

2 ◪ Erläutere die Begriffe Elektronenpaarbindung, Molekül, Einfachbindung, Doppelbindung, Dreifachbindung.

3 ◪ Chlor reagiert mit Wasserstoff. Zeichne das Schalenmodell der entstehenden Molekülverbindung.

4 ◪ Erkläre am Beispiel des Stickstoff-Moleküls, wie Mehrfachbindungen zustande kommen.

Methode Strukturformeln nach Lewis

Lewis-Formeln Der amerikanische Chemiker GILBERT LEWIS hat eine Methode zur Aufstellung von Strukturformeln entwickelt. Diese Lewis-Formeln zeigen, wie die Atome eines Moleküls über gemeinsame Elektronenpaare verbunden sind. Außerdem werden auch die nicht bindenden Elektronenpaare dargestellt.

Edelgaszustand durch Elektronenpaarbindung Atome haben das Bestreben, eine mit Elektronen voll besetzte äußere Schale zu erhalten. In Molekülen erreichen die Atome diesen Edelgaszustand, indem sie sich gegenseitig Elektronen zur Verfügung stellen und gemeinsame Elektronenpaare bilden.

Zum Aufstellen der Lewis-Formel eines Moleküls gehst du folgendermaßen vor:

1 *Ermittle mithilfe des Periodensystems der Elemente die Anzahl der Außenelektronen der beteiligten Atome.*
Beispiele:
Wasserstoffatom: 1 Außenelektron
Kohlenstoffatom: 4 Außenelektronen
Stickstoffatom: 5 Außenelektronen
Sauerstoffatom: 6 Außenelektronen
Chloratom: 7 Außenelektronen

2 *Zeichne die Außenelektronen als Punkte um die Elementsymbole. Bei der Darstellung eines Elektronenpaars können die zwei Punkte durch einen Strich ersetzt werden.*

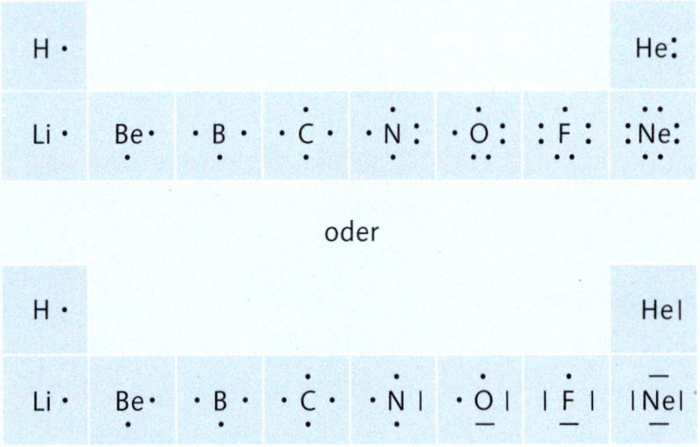

3 *Kläre, wie viele Elektronen sich die Atome gegenseitig zur Verfügung stellen müssen, um eine voll besetzte Außenschale zu erreichen.*
Beispiel: Wasser-Molekül

Das Sauerstoffatom hat sechs Außenelektronen, das Wasserstoffatom ein Außenelektron. Da ein Wasserstoffatom nur ein Elektron für die gemeinsame Nutzung einbringen kann, werden für ein Sauerstoffatom zwei Wasserstoffatome als Bindungspartner benötigt. Umgekehrt stellt das Sauerstoffatom jedem der beiden Wasserstoffatome ein Elektron zur Verfügung.

4 *Ordne die nicht bindenden Elektronenpaare symmetrisch um die Elementsymbole an.*

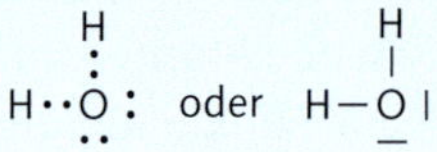

5 *Überprüfe, ob alle Atome von acht Elektronen (Wasserstoff von zwei) umgeben sind.*
Beispiele:
Fluor-Molekül: Jedes Fluoratom stellt ein Elektron für die Bindung zur Verfügung.
Kohlenstoffdioxid-Molekül: Zwischen dem Kohlenstoffatom und den beiden Sauerstoffatomen gibt es jeweils zwei gemeinsame Elektronenpaare.

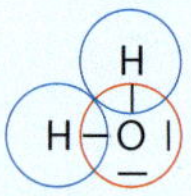

Wasser H_2O

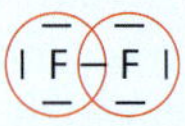

Fluor F_2

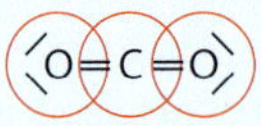

Kohlenstoffdioxid CO_2

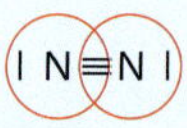

Stickstoff N_2

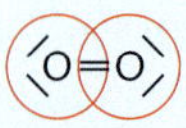

Sauerstoff O_2

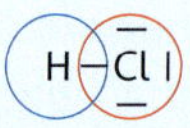

Chlorwasserstoff HCl

Die roten Kreise zeigen, dass jedem Atom acht Elektronen zugeordnet werden. Beim Wasserstoffatom sind es nur zwei Elektronen (blaue Kreise).

Extra Modelle veranschaulichen chemische Bindungen

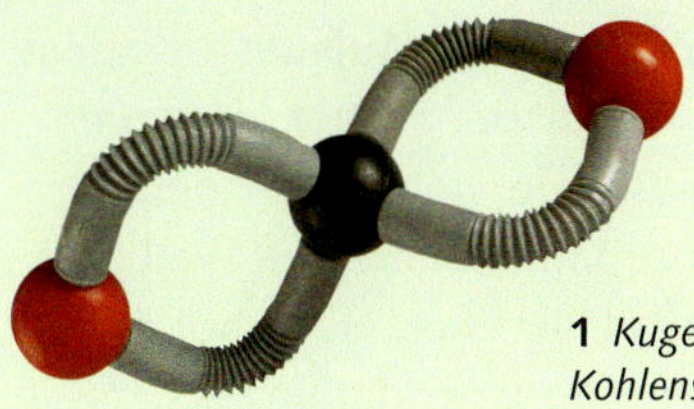

1 *Kugelstabmodell eines Kohlenstoffdioxid-Moleküls*

Was ist ein Modell? Modelle stellen ein vereinfachtes Abbild der Wirklichkeit dar. Sie heben bestimmte Aspekte hervor, die näher betrachtet werden sollen. Für die Arbeit von Naturwissenschaftlern sind Modelle von großer Bedeutung.

Modelle in der Chemie Modelle werden entwickelt, um chemische Phänomene zu veranschaulichen, zu erklären oder vorauszusagen. So kann der Aufbau der Teilchen (Atome, Moleküle, Ionen) zwar nicht sichtbar gemacht werden. Mithilfe von Modellen können jedoch wesentliche Merkmale der Teilchen verdeutlicht werden. Solche Modelle helfen beispielsweise, Eigenschaften von Stoffen zu erklären.

Molekülmodelle Die Vorstellung über die Bindungsverhältnisse und den räumlichen Bau eines Moleküls lässt sich durch ein Kugelstabmodell veranschaulichen. Atome werden durch Kugeln, Elektronenpaarbindungen durch Kunststoffröhrchen oder Federn dargestellt. Es lassen sich auch Bindungswinkel abbilden.
Ein weiteres räumliches Molekülmodell ist das Kalottenmodell. In diesem Modell sind die Elektronenpaarbindungen nicht sichtbar. Die Größenverhältnisse der Atome untereinander und die Bindungswinkel stehen im Vordergrund.

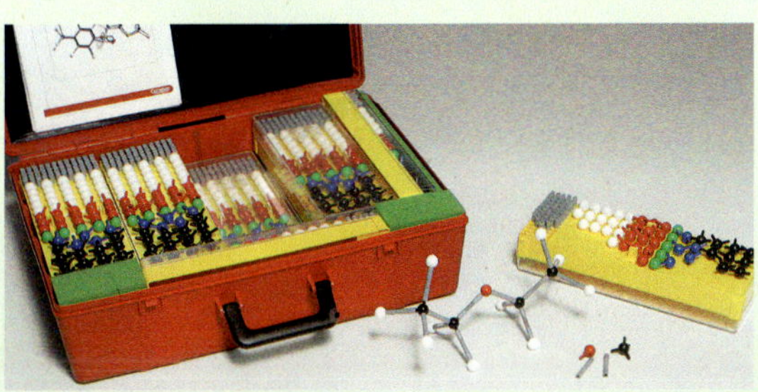

2 *Molekülbaukasten*

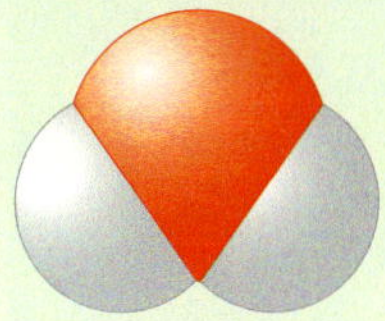

3 *Kalottenmodell eines Wasser-Moleküls*

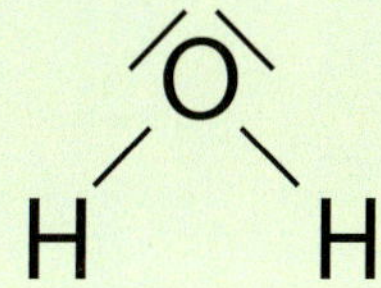

4 *Strukturformel eines Wasser-Moleküls*

Auch eine Strukturformel zeigt, welche Atome in welcher Weise miteinander verbunden sind. Allerdings gibt sie keinen räumlichen Eindruck vom Molekül.

Gittermodelle – Ionenverbindungen Der Aufbau von Ionenverbindungen wird durch Gittermodelle veranschaulicht. Sie zeigen die geometrische Form des Ionengitters und in welchem Zahlenverhältnis die gebundenen Ionen vorliegen. Unterschiedliche Ionen werden durch verschiedene Farben gekennzeichnet. Gittermodelle zeigen immer nur Ausschnitte des Ionengitters.

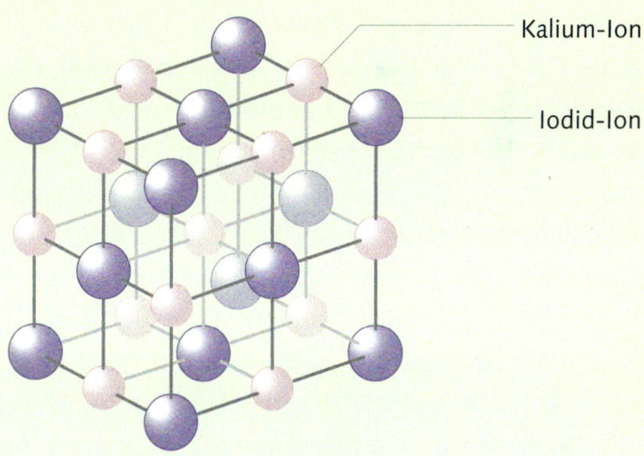

5 *Gittermodell von Kaliumiodid*

Aufgaben

1 ◪ Erstelle ein Modell einer dir bekannten Verbindung mithilfe von selbst gewählten Materialien. Erläutere dein Modell und begründe, warum du dieses Modell gewählt hast.

2 ◪ Bewerte das Modell deines Tischnachbarn. Was ist mit dem Modell gut darstellbar? Wo sind die Grenzen des Modells?

Polare Elektronenpaarbindung

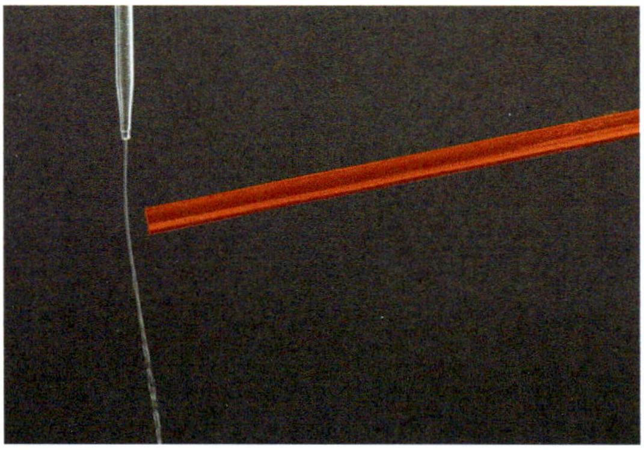

1 *Warum wird ein Wasserstrahl von einem elektrisch geladenen Kunststoffstab abgelenkt?*

Wasser lässt sich ablenken Ein feiner Wasserstrahl fällt nicht senkrecht, wenn er in die Nähe eines elektrisch geladenen Kunststoffstabs kommt, sondern wird von ihm angezogen. Wie lässt sich die Ablenkung des Wasserstrahls erklären? Offenbar müssen elektrische Ladungen im Wasser vorhanden sein.

Polare Elektronenpaarbindung Im Wasser-Molekül sind zwei Wasserstoffatome mit einem Sauerstoffatom verbunden. Das Sauerstoffatom teilt sich mit jedem der beiden Wasserstoffatome je ein Elektronenpaar – es liegen zwei gleichartige Elektronenpaarbindungen zwischen je einem Wasserstoffatom und dem Sauerstoffatom vor. Diese bindenden Elektronenpaare sind zum Sauerstoffatom verschoben, weil der Atomkern des Sauerstoffatoms acht positiv geladene Protonen aufweist, der eines Wasserstoffatoms aber nur eins. Deshalb geht vom Atomkern des Sauerstoffatoms eine stärkere Anziehungskraft auf das bindende Elektronenpaar aus als vom Atomkern des Wasserstoffatoms.
In Molekülen aus unterschiedlichen Atomen führt die unsymmetrische Verteilung der bindenden Elektronenpaare zwischen den Atomen zu einer polaren Elektronenpaarbindung.

Bei einer polaren Elektronenpaarbindung ist das bindende Elektronenpaar in Richtung des Partners mit der stärkeren Anziehungskraft auf das Elektronenpaar verschoben.

Elektrische Teilladungen im Molekül In jedem Atom stimmt die Anzahl der positiv geladenen Protonen im Kern und der negativ geladenen Elektronen in der Atomhülle überein. Weil im Wasser-Molekül die Elektronen der bindenden Elektronenpaare zum Sauerstoffatom verschoben werden, hat das Sauerstoffatom einen Überschuss an negativer Ladung.
Dem Wasserstoffatom „fehlt" dagegen ein Teil dieser negativen Ladung. Wegen dieser Elektronenverschiebung hat das Sauerstoffatom eine negative Teilladung (Zeichen: δ^-, sprich: Delta minus), die Wasserstoffatome haben eine positive Teilladung (Zeichen δ^+, sprich: Delta plus).

Dipolmoleküle Wasser-Moleküle haben einen gewinkelten Bau. Deshalb besitzen sie zwei „Pole": auf der einen Seite des Moleküls den Schwerpunkt der negativen Teilladung, auf der anderen Seite den Schwerpunkt der positiven Teilladung. Das Wasser-Molekül ist daher ein Dipolmolekül. Weil die Dipolmoleküle sich aufgrund des elektrisch geladenen Kunststoffstabs ausrichten, wird der Wasserstrahl abgelenkt.

Dipolmoleküle besitzen unterschiedliche Ladungsschwerpunkte.

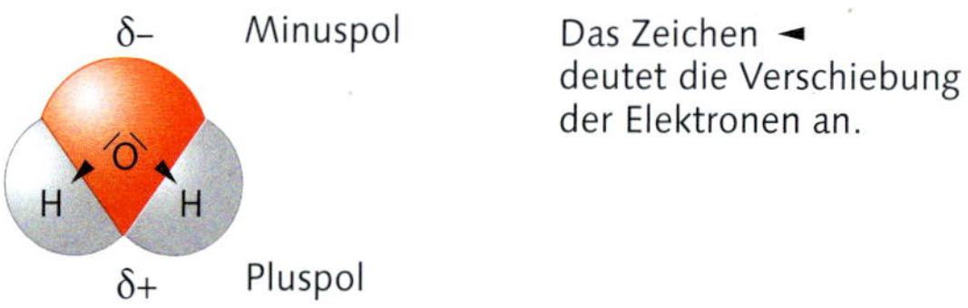

2 *Polare Elektronenpaarbindungen im Wasser-Molekül*

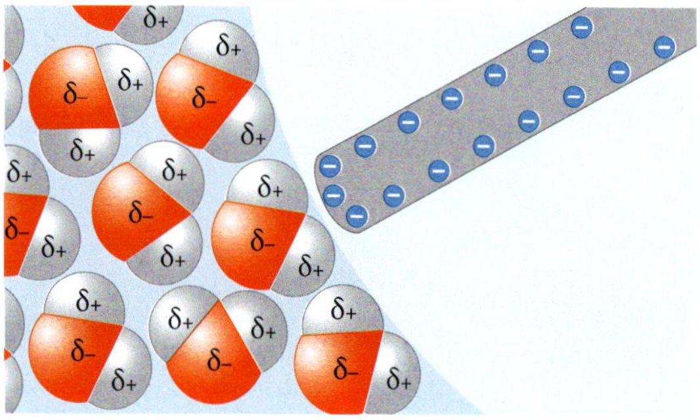

3 *Modellvorstellung zur Ablenkung des Wasserstrahls mit einem Kunststoffstab*

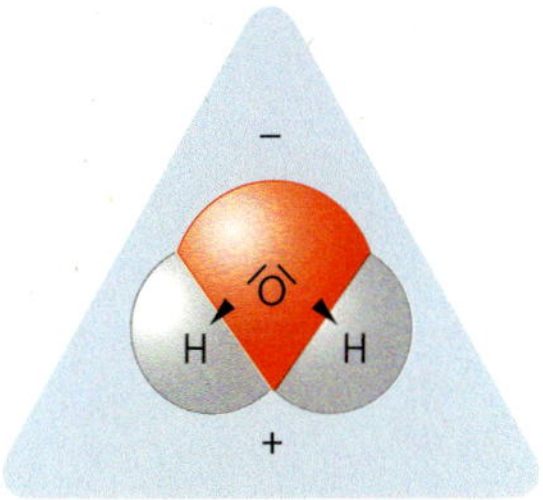

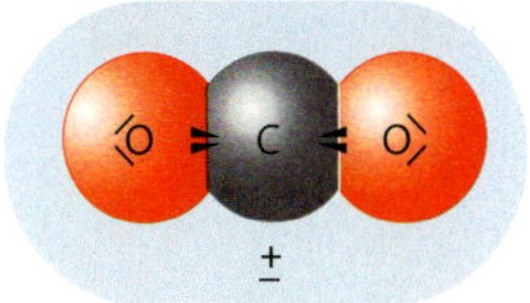

4 *Vergleich der Ladungsschwerpunkte beim Wasser- und beim Kohlenstoffdioxid-Molekül*

H 2,1							He –
Li 1,0	Be 1,5	B 2,0	C 2,5	N 3,0	O 3,5	F 4,0	Ne –
Na 0,9	Mg 1,2	Al 1,5	Si 1,8	P 2,1	S 2,5	Cl 3,0	Ar –
K 0,8	Ca 1,0	Ga 1,6	Ge 1,8	As 2,0	Se 2,4	Br 2,8	Kr –
Rb 0,8	Sr 1,0	In 1,7	Sn 1,8	Sb 1,9	Te 2,1	I 2,5	Xe –
Cs 0,7	Ba 0,9	Tl 1,8	Pb 1,8	Bi 1,9	Po 2,0	At 2,2	Rn –

5 *Elektronegativitätswerte*

Dipol oder kein Dipol? Ob ein Molekül aus unterschiedlichen Atomen ein Dipolmolekül ist, hängt vom räumlichen Bau des Moleküls ab. Dies lässt sich am Wasser- und am Kohlenstoffdioxid-Molekül verdeutlichen.
Die Moleküle des Wassers sind gewinkelt. Weil es zwei Ladungsschwerpunkte gibt, ist das Wasser-Molekül ein Dipol.
Anders ist es bei den Molekülen des Kohlenstoffdioxids, die zwar auch polare Elektronenpaarbindungen aufweisen, in denen aber durch die lineare Molekülstruktur die Schwerpunkte der positiven und negativen Teilladungen zusammenfallen. Diese Moleküle sind keine Dipole.

Elektronegativität Der amerikanische Chemiker LINUS PAULING (1901–1994) hat ein Vergleichsmaß eingeführt, das angibt, wie stark Atome bindende Elektronenpaare im Molekül anziehen. Man bezeichnet sie als Elektronegativität (kurz: EN). Aus dem Vergleich der Elektronegativitätswerte von Sauerstoff (EN = 3,5) und Wasserstoff (EN = 2,1) folgt, dass das Sauerstoffatom im Wasser-Molekül eine deutlich größere Anziehungskraft auf das bindende Elektronenpaar ausübt als das Wasserstoffatom.

Elektronegativität und Bindungsart Aus dem Unterschied der EN-Werte zweier Elemente kann man auf die Art der Bindung schließen. Ist der EN-Wert gleich oder die Differenz maximal 0,5, so liegt eine Elektronenpaarbindung vor. Bei Unterschieden zwischen 0,5 und 1,7 entsteht eine polare Bindung. Übersteigt die Differenz des EN-Werts 1,7, so reißt ein Partner die Außenelektronen komplett an sich. Es entstehen unterschiedlich geladene Ionen.

Elektronegativität und Periodensystem Die Elektronegativitätswerte der Elemente sind von ihrer Stellung im Periodensystem abhängig.
Da innerhalb einer Periode die positive Kernladung steigt, nimmt auch die Anziehungskraft auf die Elektronen zu, der EN-Wert steigt.
Mit zunehmender Anzahl der Elektronenschalen sind die Außenelektronen weiter von Kern entfernt, sein Einfluss auf sie wird schwächer, somit sinkt der Elektronegativitätswert.

Die Elektronegativität ist ein Maß für die Stärke, mit der ein Atom das bindende Elektronenpaar anzieht.

Aufgaben

1 □ Begründe, warum man für Edelgase keine Elektronegativitätswerte angibt.

2 ◪ Vergleiche unpolare und polare Elektronenpaarbindung.

3 ◪ Beschreibe anhand des Chlorwasserstoff-Moleküls die Merkmale eines Dipolmoleküls.

4 ■ Vergleiche die Polarität folgender Elektronenpaarbindungen: Cl–Cl, H–Cl, H–F, H–O. Nutze dazu die EN-Werte in Bild 5.

5 ■ Erkläre, warum das Wasser-Molekül einen Dipol darstellt. Gehe auf die Kernladungen der Wasserstoff- und Sauerstoffatome ein.

9

Wasser – ein Stoff mit besonderen Eigenschaften

1 *Auswirkungen der besonderen Eigenschaften des Wassers*

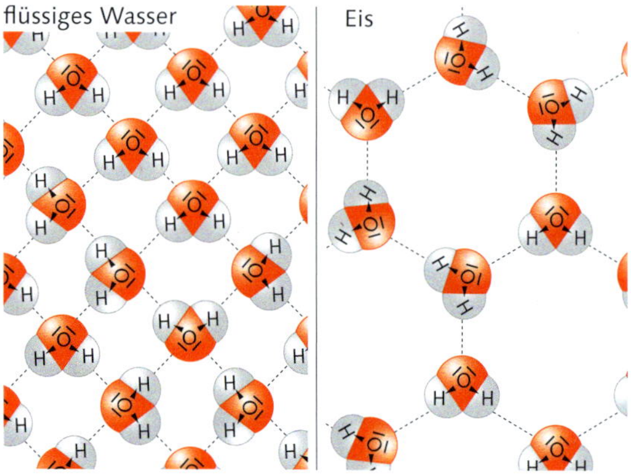

2 *Wasserstoffbrückenbindungen zwischen Wasser-Molekülen in flüssigem Wasser und in Eis*

Eigenartiges Wasser Wassertropfen zerlaufen nicht und manche Insekten laufen über die Wasseroberfläche, als habe das Wasser eine Haut. Eisberge schwimmen an der Wasseroberfläche und gehen nicht unter. Im Winter setzt Eis den Straßen schwer zu: Fahrbahnbeläge werden aufgebrochen und mit Schlaglöchern durchsetzt.

Wasserstoffbrückenbindungen Wasser-Moleküle sind Dipole, die sich gegenseitig anziehen. Die positiv geladenen Wasserstoffatome eines Wasser-Moleküls orientieren sich zum negativ geladenen Sauerstoffatom eines anderen Wasser-Moleküls. Dadurch bilden sich große Molekülverbände. Die Anziehungskräfte zwischen den Molekülen heißen Wasserstoffbrückenbindungen.

Wasserstoffbrückenbindungen wirken als Anziehungskräfte zwischen den Wasser-Molekülen und führen zu großen Molekülverbänden.

Dichteanomalie Im flüssigen Aggregatzustand liegen die Wasser-Moleküle dicht und unregelmäßig nebeneinander. Wenn Wasser gefriert, lagern sich die Wasser-Moleküle dagegen zu einem weiträumigen, regelmäßigen Molekülgitter zusammen. Wegen der Wasserstoffbrückenbindungen bildet sich eine Eisgitterstruktur mit großen Hohlräumen. Durch diese Eisstruktur nimmt eine bestimmte Masse Eis ein größeres Volumen ein als die gleiche Masse an flüssigem Wasser. Diese für Wasser typische Erscheinung heißt Dichteanomalie. Seine größte Dichte hat Wasser bei 4 °C. Bei dieser Temperatur sinkt es zu Boden und verhindert dort die Eisbildung. Tiefe Gewässer frieren daher nur von oben her zu. Über 4 °C nimmt die Dichte ab, da sich die Wasser-Moleküle aufgrund der stärkeren Bewegung wieder weiter voneinander entfernen.

Oberflächenspannung Die Wasserstoffbrücken zwischen den Wasser-Molekülen bewirken, dass die Oberfläche des Wassers eine Spannung aufweist. Die Wasseroberfläche bildet eine Art Haut. Diese Erscheinung nennt man Oberflächenspannung. Bei den meisten anderen Flüssigkeiten ist sie nicht zu beobachten.

Die Wasserstoffbrücken halten die Moleküle des Wassers auch im flüssigen Zustand so stark zusammen, dass eine tragende und formgebende Oberflächenspannung entsteht.

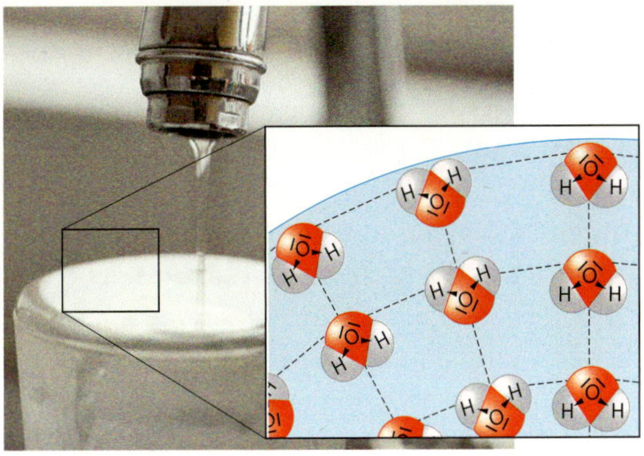

3 *Oberflächenspannung – eine Folge der Wasserstoffbrückenbindungen*

Wasser – ein polares Lösungsmittel Wird festes Natriumchlorid in Wasser gegeben, so scheint es spurlos zu verschwinden. Wie können wir uns den Lösevorgang vorstellen?
Beim Lösen eines Salzes in Wasser gibt es Wechselwirkungen zwischen den Ionen des Ionengitters und den Wasser-Molekülen. Die polaren Wasser-Moleküle werden von den Ionen des Salzkristalls angezogen und lagern sich dort an. Dabei werden die Chlorid-Ionen des Salzes von Wasser-Molekülen umlagert, sodass sich die positiv geladenen Wasserstoffatome zu den negativ geladenen Chlorid-Ionen orientieren. Auch die Natrium-Ionen des Salzes werden umlagert, wobei sich die negativ geladenen Sauerstoffatome der Wasser-Moleküle zu den positiv geladenen Natrium-Ionen des Salzes orientieren.
Nach und nach schieben sich die Wasser-Dipole zwischen die Ionen. Dabei werden sowohl die Chlorid-Ionen als auch die Natrium-Ionen herausgelöst. Wasser-Moleküle umhüllen die Natrium- und Chlorid-Ionen und bilden eine Hydrathülle. Sie verhindert, dass sich die Ionen des Salzes wieder zu einem Ionengitter zusammenschließen – die Ionen bleiben gelöst.
Die Umlagerung von Ionen durch Wasser-Moleküle wird als Hydratation bezeichnet. Weil die Dipoleigenschaften der Wasser-Moleküle für den Lösevorgang entscheidend sind, ist Wasser ein polares Lösungsmittel.

Durch Lösen eines Salzes in Wasser werden die im Ionengitter gebundenen Ionen frei beweglich. Die Umlagerung der Ionen durch Wasser-Moleküle heißt Hydratation.

Aufgaben

1 □ Beschreibe die Wasserstoffbrückenbindungen zwischen Wasser-Molekülen.
2 ◪ Erkläre, wie die Oberflächenspannung des Wassers zustande kommt.
3 ■ Am Ende eines frostreichen Winters sind Straßen oft mit Schlaglöchern übersät. Erkläre, wie es zu dieser Erscheinung kommt.
4 □ Beschreibe den Vorgang, der beim Lösen von Natriumchlorid-Kristallen in Wasser abläuft.
5 ◪ Was passiert, wenn das Wasser einer Natriumchlorid-Lösung verdampft? Beschreibe den Vorgang auf Teilchenebene.

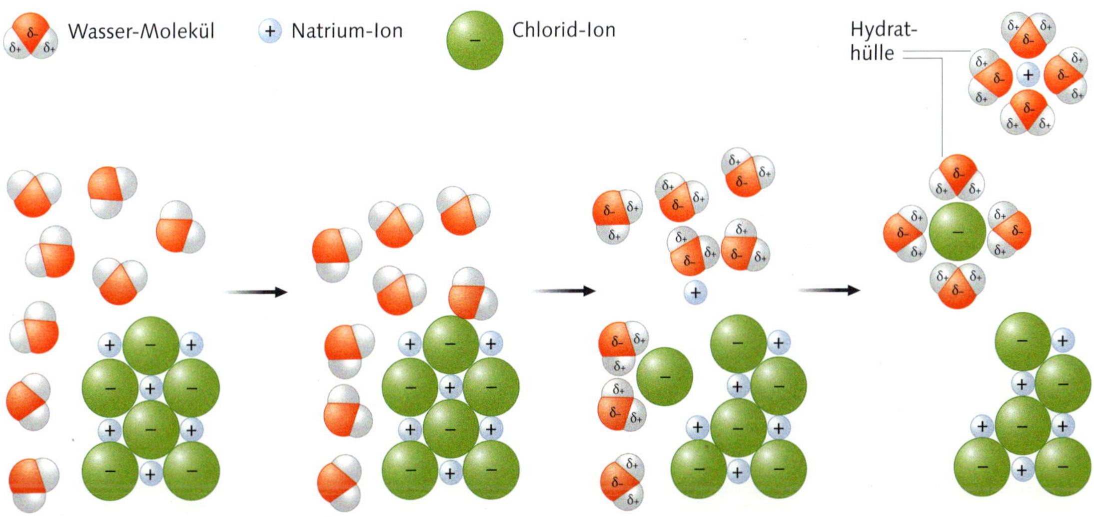

4 *Lösevorgang von Salz in Wasser*

Extra Wenn Salze auf Wasser treffen …

… wird es kalt Speiseeis hat seine Ursprünge wahrscheinlich im antiken China, wo man es bereits vor 5000 Jahren genoss. Auch im antiken Europa war es bekannt. Das damalige Speiseeis bestand aus gefrorenem Wasser, dem Honig und zerstoßene Früchte zugegeben wurden, ähnlich dem heutigem Sorbet. Zur Herstellung verwendete man Gletschereis oder Gipfelschnee, die teilweise auch in unterirdischen Eislagern deponiert wurden.
Im 16. Jahrhundert setzte sich ein künstliches Kühlverfahren durch, mit dem man unabhängig von der Außentemperatur Speiseeis herstellen konnte. Man hatte entdeckt, dass sich Salze wie Ammoniumnitrat und Natriumnitrat in Wasser unter starker Abkühlung lösen. Ein solches Gemisch wird als Kältemischung bezeichnet. Stellt man in ein Gefäß mit der Kältemischung ein kleineres Gefäß mit der Speiseeiszubereitung, so wird dieser Energie in Form von Wärme entzogen (Bild 1). Damit können Temperaturen unter 0 °C erzielt werden.
Das Verfahren war so erfolgreich, dass zu Zeiten des Sonnenkönigs Ludwig XIV. in Frankreich sogar eine Speiseeissteuer erhoben wurde.

1 *Speiseeisherstellung im 19. Jahrhundert*

… oder warm Zur Schmerzlinderung von Verspannungen und Krämpfen findet man in Apotheken und im Sporthandel sogenannte Einmal-Sofort-Wärmekompressen (Bild 2). In solchen Kompressen befindet sich Wasser und ein separat verpacktes Salz, z. B. Magnesiumsulfat. Durch Zerdrücken der inneren Verpackung wird das Magnesiumsulfat im Wasser gelöst und die Lösung erwärmt sich. Beim Lösen von Magnesiumsulfat wird Energie in Form von Wärme frei.

2 *Einmal-Sofort-Wärmekompresse*

Ein ähnliches Prinzip wurde auch in Fertiggerichten genutzt, die in den 1990er Jahren in den USA zum ersten Mal auf den Markt kamen und deren Inhalt ohne elektrischen Strom erhitzt werden konnte. Die Verpackung enthält ein vom Nahrungsmittel getrennt verpacktes Salz, häufig Calciumoxid, und eine separate Kammer mit Wasser. Betätigt der Verbraucher den Auslöser, z. B. einen Druckknopf, so kommt das Calciumoxid in Kontakt mit dem Wasser. Dies setzt eine chemische Reaktion in Gang, bei der Calciumhydroxid gebildet und Wärme frei wird. Diese freigesetzte Wärme wird hier zum Erwärmen der Mahlzeit genutzt.
Zunächst kamen solche selbsterwärmenden Fertigmahlzeiten vor allem auf Expeditionen zum Einsatz. Zunehmende Verbreitung finden auch selbsterwärmende Getränke für unterwegs, sogenannte Hot Drinks. Ihr Gebrauch produziert große Mengen an Abfall, der zudem Calciumhydroxid enthält. Der Genuss von selbsterwärmenden Getränken und Fertigmahlzeiten ist deshalb kritisch zu sehen.

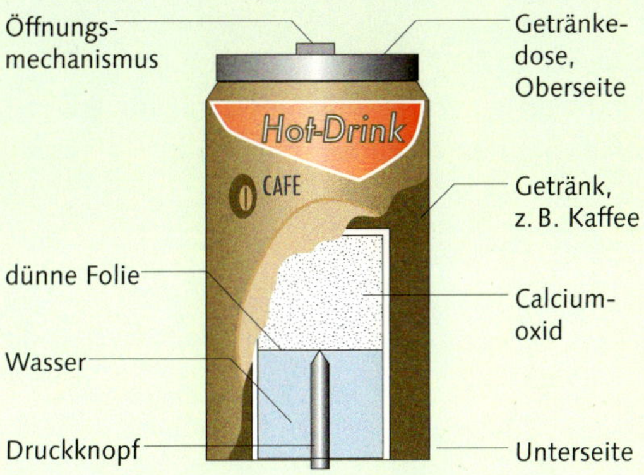

3 *Durch die Reaktion von Calciumoxid und Wasser wird Wärme erzeugt, die das Getränk etwa 10 Minuten erhitzt.*

... oder es löst sich nichts Versucht man das Salz Calciumcarbonat (Kalk) in Wasser aufzulösen, so gelingt dies nicht. Selbst beim Erhitzen löst sich nur ein sehr geringer Anteil in Wasser. Auch in Form von Marmor wird Kalkstein kaum von Wasser aufgelöst. Das Salz Bariumsulfat ist ebenfalls praktisch nicht in Wasser löslich und setzt sich als Bodensatz ab. Man spricht von „schwer löslichen" Salzen.

Energie beim Lösevorgang Zwischen den entgegengesetzt geladenen Ionen in einem Ionengitter wirken starke Anziehungskräfte. Um ein Ionengitter aufzulösen, müssen die Ionen voneinander getrennt und die Anziehungskräfte überwunden werden. Die Energie, die dazu benötigt wird, nennt man Gitterenergie.
Lagern sich Wassermoleküle um die herausgelösten Ionen, wird hingegen Energie frei. Diese nennt man Hydratationsenergie.
Ist die Hydratationsenergie größer als die Gitterenergie, so wird Energie an die Umgebung abgegeben und die Lösung erwärmt sich.
Ist dagegen die benötigte Gitterenergie größer als die frei werdende Hydratationsenergie, so kühlt die Lösung ab, da die für das Lösen nötige Energie aus der Umgebung entnommen wird.
Ist ein Salz nur schwer in Wasser löslich, so liegt dies daran, dass die Gitterenergie wesentlich höher ist als die Hydratationsenergie und die verfügbare Wärmeenergie der Umgebung nicht ausreicht.

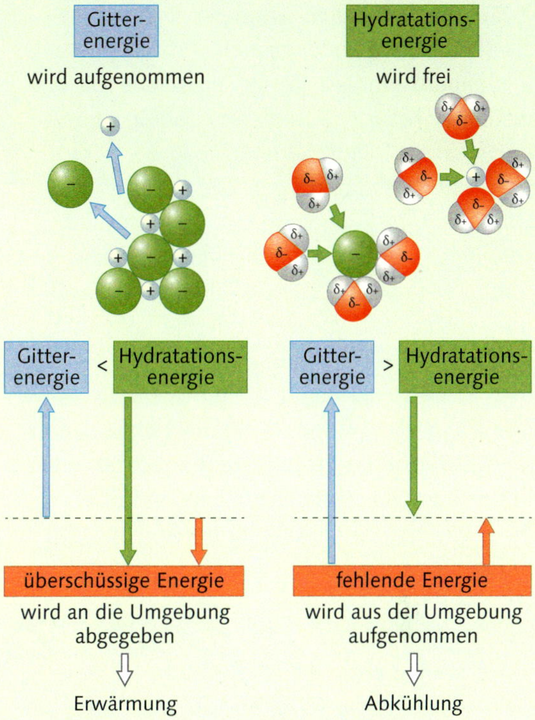

4 *Das Verhältnis von Gitter- und Hydratationsenergie entscheidet über die Temperaturänderung beim Lösen.*

Aufgaben

1 Salze reagieren unterschiedlich, wenn sie auf Wasser treffen.

a □ Beschreibe, was du jeweils beobachten kannst, wenn du die Salze Natriumnitrat, Magnesiumsulfat und Bariumsulfat in Wasser gibst.

b □ Nenne Beispiele aus dem Alltag, wo man sich dies zunutze macht.

2 ◪ Im Handel werden Einmal-Sofort-Kältekompressen angeboten. Bei Druck auf den Beutel sinkt die Temperatur der Kompresse um gut 20 °C ab. Vermute, welche Bestandteile sich im Inneren der Kompresse befinden müssen. Begründe.

3 ◪ Erkläre, warum sich manche Salze unter Abkühlung in Wasser lösen und andere unter Erwärmung. Nutze die Begriffe Gitterenergie und Hydratationsenergie.

4 ■ Erkläre, weshalb sich die Löslichkeit eines schwer löslichen Salzes erhöht, wenn man das Wasser erhitzt.

Praxis Typische Reaktionen von Salzen

1 Geladene Teilchen wandern

Geräte: Gleichspannungsquelle (15 V), 2 Kabel, 2 Krokodilklemmen, große Petrischale mit weißer Unterlage, 2 Kohleelektroden, Pinzette

Chemikalien: Kaliumpermanganat, Natriumsulfat (15 g in 200 ml Wasser)

Durchführung: Gieße von der Natriumsulfat-Lösung so viel in die Petrischale, dass der Boden bedeckt ist. Stelle die Petrischale auf die weiße Unterlage. Verbinde die Kabel mit den Krokodilklemmen und den Kohleelektroden. Schließe die Kabel an eine Gleichspannungsquelle (15 V) an. Halte die Elektroden in die Natriumsulfat-Lösung an den rechten und linken Rand der Petrischale. Lege mithilfe einer Pinzette einen Kaliumpermanganat-Kristall in die Mitte der Petrischale.

Auswertung: Zeichne den Versuchsaufbau ab und trage als Versuchsergebnis den Farbverlauf ein. Erkläre deine Beobachtungen.

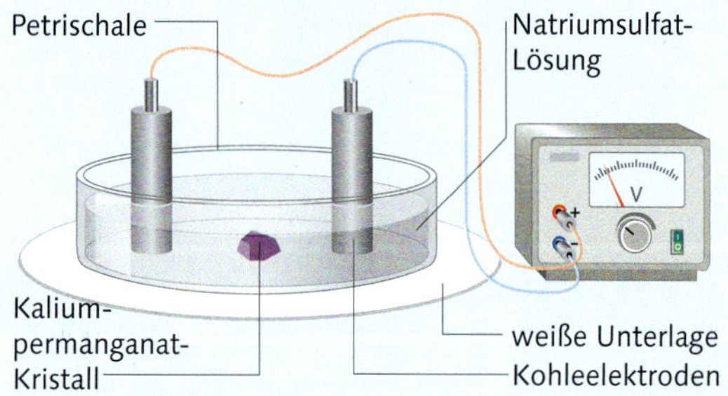

2 Herstellen einer Kältemischung

Geräte: Becherglas (200 ml), Glasstab, Thermometer, Hammer, Handtuch

Chemikalien: Kochsalz, Eis

Durchführung: Wickle ein paar Eisstücke in das Handtuch und zerkleinere die Stücke möglichst fein mit dem Hammer. Fülle eine 1 cm dicke Schicht von dem zerkleinerten Eis in ein Becherglas, streue eine 0,5 cm dicke Schicht Kochsalz und anschließend eine weitere 1 cm dicke Schicht Eis darüber. Rühre anschließend mit einem Glasstab um. Stecke das Thermometer in die Mischung, bevor diese hart wird, und beobachte die Temperatur.

Auswertung: Erkläre deine Beobachtungen.

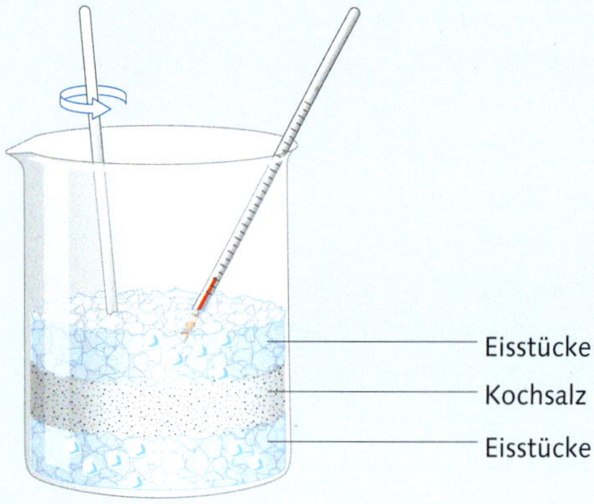

3 „Heißer Becher"

Geräte: Konservendose, Kunststofftrinkbecher, Styroporchips, Thermometer

Chemikalien: wasserfreies Calciumchlorid (ca. 10 g), Wasser, Getränk

Durchführung: Gib in die Konservendose so viel Calciumchlorid, dass der Boden bedeckt ist. Stelle den Kunststoffbecher auf das Calciumchlorid in der Konservendose. Fülle den Hohlraum zwischen Dose und Becher mit Styropor® und dem Rest des Calciumchlorids. Gib in den Plastikbecher ein Getränk. Fülle anschließend etwas Wasser (20 ml) in den Hohlraum zwischen Konservendose und Trinkbecher. Kontrolliere mit einem Thermometer, wie heiß dein Getränk wird.

Auswertung: Erkläre deine Beobachtungen.

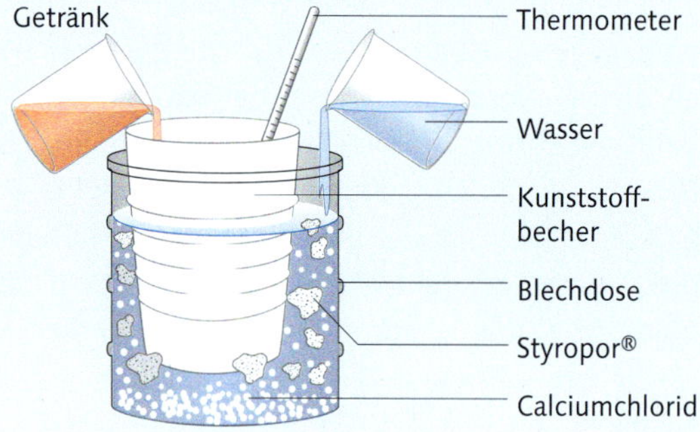

Weitergedacht Wasser – ein besonderes Molekül

1 Ein Naturteich im Winter

Aus einer Anleitung für das Anlegen von Naturteichen:

Möchte man gewährleisten, dass Amphibien auch unter Wasser überwintern können, so sollte der Naturteich mindestens eine Tiefe von 80 bis 100 cm besitzen.

Hintergrund: Einige heimische Amphibienarten, z. B. der Grasfrosch, können ihre „Winterstarre" auch am Grund eines Gewässers überdauern. Allerdings dürfen sie dabei nicht einfrieren, sonst sterben sie. Nur im flüssigen Wasser können sie noch genug Sauerstoff über die Haut aufnehmen.

a □ Beschreibe mithilfe eines passenden Modells den Unterschied zwischen Eis und flüssigem Wasser auf Molekülebene.

b ◪ Erkläre die abgebildete Temperaturverteilung des Naturteichs im Winter.

c ◪ Erkläre, warum der Naturteich mindestens 80 bis 100 cm tief sein muss, damit Amphibien unter Wasser überwintern können.

d ◪ Erläutere, warum es eine Besonderheit darstellt, dass Eis auf Wasser schwimmt.

e ■ Bewerte den Satz: „Die Dichteanomalie des Wassers ist der Grund dafür, dass in unseren Breiten stehende Gewässer überhaupt von Fischen besiedelt werden können."

2 Achtung: Steinschlag!

Steinschlag nach Tauwetter

23. Februar 2016

Eine Landstraße in Baden-Württemberg musste gestern mehrere Stunden gesperrt werden, da sie durch große Steinbrocken blockiert war und die Gefahr von weiterem Steinschlag bestand.
Wie vom Landesamt für Geologie mitgeteilt wurde, kommt es im Frühjahr immer wieder zu Steinschlägen im Bereich der Felsen. Diese haben ihre Ursache in der Frostverwitterung, auch Frostsprengung genannt, des vergangenen Winters.

a ◪ Beschreibe, wie es zur sogenannten Frostsprengung bei Felsen kommt.

b ◪ Erkläre, weshalb die Felsen in der Regel erst im Frühling auseinanderbrechen.

Extra Wie funktioniert ein Mikrowellenherd?

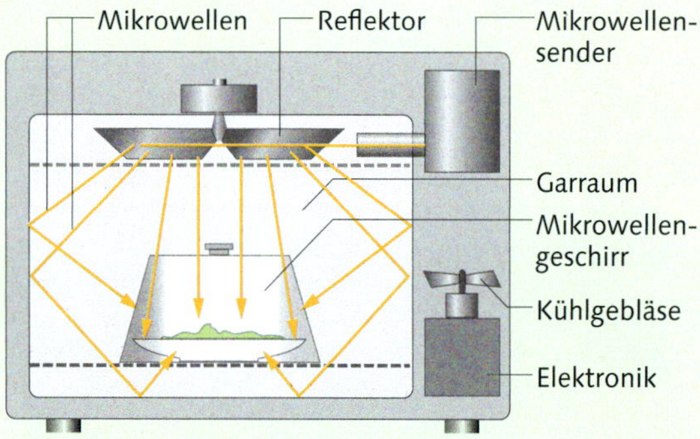

1 *Aufbau eines Mikrowellenherds*

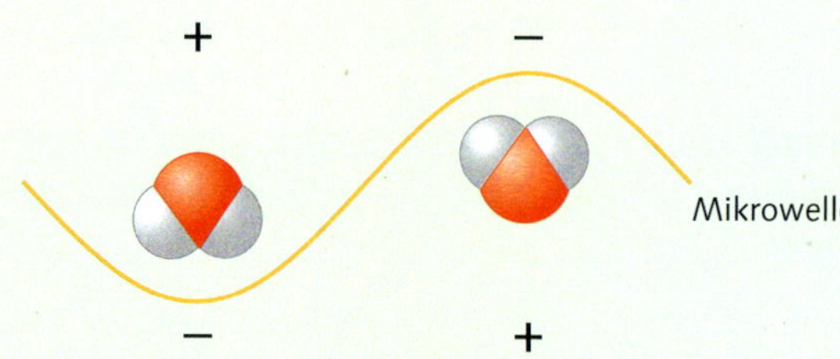

2 *Erwärmung durch Mikrowellen*

Kochen auf Knopfdruck Schon erstaunlich: Du stellst einen Teller Suppe in den Mikrowellenherd, drückst einige Knöpfe und schon nach wenigen Sekunden ist deine Suppe heiß. Leeres Mikrowellengeschirr bleibt dagegen auch nach längerem Betrieb des Herds kalt.
Wie funktioniert ein Mikrowellenherd?

Schwingende Dipolmoleküle Mikrowellengeräte erzeugen elektromagnetische Wellen mit einer hohen Frequenz. Diese Mikrowellen breiten sich im Gerät aus und treffen auf die wasserhaltigen Speisen. Die Mikrowellen bringen die Dipolmoleküle des Wassers bis zu 2,5 Milliarden Mal pro Sekunde zum Schwingen. Die Wasser-Moleküle stoßen aneinander und an andere Moleküle, sodass die Temperatur durch die Teilchenbewegungen steigt. Auf diese Weise werden die Speisen von innen nach außen erhitzt und erreichen die gewünschte Temperatur schneller als auf einer Herdplatte.

Ohne Wasser geht es nicht Wesentlich für das Erhitzen der Lebensmittel mit den Mikrowellen ist der Gehalt an Wasser. Eine ungleiche Verteilung des Wassers führt zur ungleichmäßigen Erwärmung der Speisen. Erwärmt man gleichzeitig verschiedene Lebensmittel, können sich deshalb einige Speisenbestandteile langsamer als andere erwärmen. Mikrowellen durchdringen zudem den Garraum, also das Innere des Mikrowellenherds, nicht gleichmäßig. Auch dadurch kommt es zu Temperaturunterschieden im Gargut. Viele Geräte enthalten deshalb einen Drehteller, um diesen Effekt zu vermindern. Porzellan, Glas und spezielles Mikrowellengeschirr selbst erwärmen sich nicht, da diese Materialien kein Wasser enthalten.

Mikrowellen sind nicht unbedenklich Da auch lebendes Gewebe Wasser enthält, muss es vor Mikrowellen geschützt werden, damit es nicht zu Verbrennungen kommt. Deshalb sind Mikrowellenherde gegen das Austreten der Strahlung während des Betriebs gesichert. Außerdem schalten sich die Geräte beim Öffnen der Tür automatisch aus.
Metallgegenstände oder Geschirr mit Metallüberzügen dürfen nicht verwendet werden, weil Funken und Brände entstehen können.

Tipps beim Garen
- Auf gleich große Stücke im Gargut achten
- Speisen abdecken, damit sie nicht austrocknen; Deckel und Folien mit Löchern verwenden, damit der Dampf entweichen kann
- Keine fest verschlossenen Gefäße verwenden, sie könnten platzen
- Gargut zwischendurch umrühren, anschließend weitergaren

Aufgaben

1 ◪ Beschreibe, wie das Erwärmen von Speisen im Mikrowellenherd erfolgt.

2 ◪ Ein Schüler überlegt, sein Frühstücksei im Mikrowellenherd zu garen statt im Kochtopf auf dem Elektroherd. Was wird wohl passieren? Begründe.

Metallbindung – Bau der Metalle

1 *Stromkabel aus Kupfer*

Metalle leiten den elektrischen Strom Nicht nur die Leiter in Stromkabeln, sondern auch die Platinen im Computer bestehen aus Metallen wie Kupfer oder Silber. Die gute elektrische Leitfähigkeit ist eine der gemeinsamen Eigenschaften der Metalle. Betrachtet man den Bau der Metalle, so lassen sich die Eigenschaften der Stoffgruppe erklären.

Teilchen und chemische Bindung in Metallen Metallatome besitzen nur wenige Außenelektronen, die leicht abgegeben werden können. Diese Elektronen sind zwischen den positiv geladenen Atomrümpfen im Metallgitter frei beweglich und bilden das sogenannte Elektronengas. Zwischen den positiv geladenen Atomrümpfen und den negativ geladenen, frei beweglichen Elektronen wirken Anziehungskräfte, die den Zusammenhalt im Metall bewirken: Man spricht von einer Metallbindung. Das Modell der Metallbindung wird auch als „Elektronengasmodell" bezeichnet.

Die Metallbindung wird durch die Anziehung zwischen positiv geladenen Atomrümpfen und negativ geladenen, frei beweglichen Elektronen bewirkt.

Eigenschaften der Metalle Mit dem „Elektronengasmodell" lassen sich typische Eigenschaften der Metalle erklären.
Elektrische Leitfähigkeit: Die im Metall frei beweglichen Elektronen wirken als Ladungsträger. Wird an ein Metallstück eine elektrische Spannung angelegt, so bewegen sich die Elektronen vom Minuspol zum Pluspol – elektrischer Strom fließt.

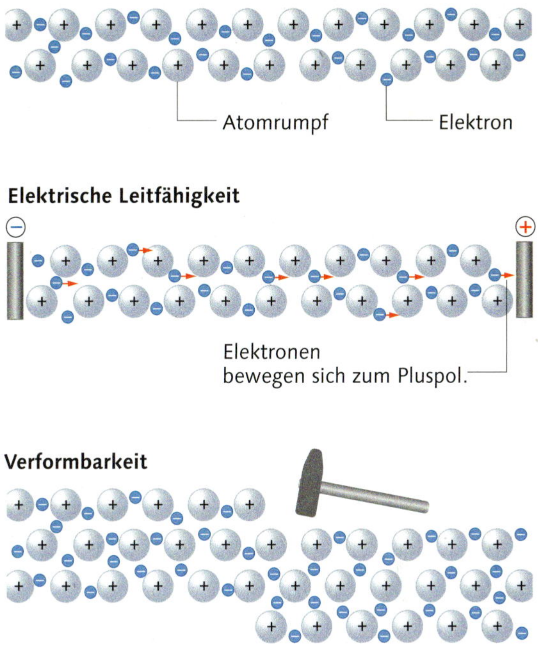

2 *Modellvorstellungen zur Metallbindung*

Duktilität (Verformbarkeit): Wirkt auf die Metalloberfläche eine große Kraft ein, so verschieben sich die Schichten der Atomrümpfe gegeneinander. Es kommt jedoch nicht zur Abstoßung der positiv geladenen Atomrümpfe, da sie weiterhin durch das bewegliche Elektronengas zusammengehalten werden.
Wärmeleitfähigkeit: Nimmt man bei Raumtemperatur ein Metallstück in die Hand, so fühlt es sich kalt an. Das liegt daran, dass die Wärme der Hand im Metall schnell weitergeleitet wird. Bei Erwärmung schwingen die Atomrümpfe stärker, stoßen sich gegenseitig an und können so die Wärmeenergie auf benachbarte Atomrümpfe übertragen. Deshalb eignen sich Metalltöpfe übrigens auch so gut zum Kochen.

Aufgaben

1 ◪ Beschreibe die chemische Bindung in Metallen.

2 ◪ Warum lassen sich Metalle so gut walzen, biegen und hämmern?

3 ■ Vergleiche den Bau von Metallen und Salzen.

Teste dich!

1 □ Kochsalz ist für den Menschen lebensnotwendig. Beschreibe, welche Funktionen das Kochsalz im menschlichen Körper übernimmt.

2 ◪ Erkläre mithilfe des folgenden Bildes, wie aus Meerwasser Kochsalz gewonnen werden kann.

3 ◪ Kochsalz kommt in unterirdischen Lagerstätten vor. Beschreibe die verschiedenen Möglichkeiten, wie Kochsalz gewonnen wird.

4 ■ Begründe, warum Salz früher auch als „weißes Gold" bezeichnet wurde.

5 Salze sind Verbindungen aus geladenen Teilchen.
a □ Nenne den Oberbegriff, mit dem die geladenen Teilchen bezeichnet werden.
b □ Gib Ladung und Bezeichnung der beiden Teilchenarten an.

6 ◪ Beschreibe den Lösevorgang eines Salzkristalls in Wasser auf Teilchenebene.

7 Festes Kochsalz leitet den elektrischen Strom nicht. Eine Kochsalzlösung ist dagegen ein guter elektrischer Leiter.
a ◪ Erkläre, warum festes Kochsalz den elektrischen Strom nicht leitet.
b ◪ Begründe, warum in Wasser gelöstes Kochsalz ein guter elektrischer Leiter ist.
c ◪ Beschreibe, wie sich die geladenen Teilchen in einer Kochsalzlösung beim Anlegen einer Gleichspannung bewegen.

8 □ Nenne den Fachbegriff für Salzlösungen und Salzschmelzen, die elektrischen Strom leiten.

9 In der siebten Hauptgruppe des Periodensystems steht die Elementfamilie der Halogene.
a ◪ Begründe die besondere Reaktionsfreudigkeit der Halogene mit ihrer Stellung im Periodensystem.
b ◪ Erkläre, warum Halogene bevorzugt mit Alkalimetallen reagieren.

10 Salze sind sehr hart. Bei sehr großer Krafteinwirkung zerbrechen sie jedoch.
a □ Beschreibe den Aufbau eines Ionengitters.
b ◪ Erkläre, warum Salze besonders harte Verbindungen sind.
c ■ Erläutere mithilfe einer Skizze, warum Salze bei großer Krafteinwirkung auseinanderbrechen.

11 Im Unterschied zu Salzen bestehen Gase wie Wasserstoff, Sauerstoff oder Chlor aus Molekülen.
a □ Gib die Art der chemischen Bindung in Molekülen an.
b ■ Zeichne das Schalenmodell des Fluor-Moleküls.

12 ◪ Gib die folgenden Verbindungen in der Strukturformel nach LEWIS an:
O_2, N_2, Cl_2, HCl, CO_2, CH_4, CH_3Cl, NH_3.

13 Stoffe sind aus unterschiedlichen Teilchenarten (Atome, Moleküle, Ionen) aufgebaut.
a ◪ Ordne den folgenden Stoffen die passende Teilchenart zu:
Sauerstoff, Neon, Kupferchlorid, Wasser, Calciumfluorid.
b ■ Finde für jede der Teilchenarten zwei weitere Stoffe, die aus diesen aufgebaut sind.

14 Die besonderen Eigenschaften von Wasser lassen sich durch den Aufbau seiner Moleküle erklären.
a □ Beschreibe den Aufbau eines Wasser-Moleküls.
b ◪ Erkläre, warum ein Wasserstrahl von einem elektrisch geladenen Kunststoffstab angezogen wird.

15 Um die Eigenschaften des Wassers zu untersuchen, wurde seine Dichte in Abhängigkeit von der Temperatur gemessen.

Temperatur in °C	Dichte in $\frac{g}{cm^3}$
0	0,99984
1	0,99990
2	0,99994
3	0,99996
4	0,99997
5	0,99996
6	0,99994
7	0,99990
8	0,99985
9	0,99978
10	0,99970

a ◪ Übertrage die Daten in ein Koordinatensystem. Beschrifte die Achsen wie folgt:
x-Achse: Temperatur
y-Achse: Dichte
Verwende folgende Skalierung:
x-Achse: 1 cm = 1 °C
y-Achse: 2 cm = 0,0001 $\frac{g}{cm^3}$
b ■ Erstelle aus den Daten ein Diagramm. Ermittle die Temperatur, bei der Wasser seine größte Dichte hat.

16 Festes Eis schwimmt auf flüssigem Wasser.
a □ Nenne den Fachbegriff, der diese besondere Eigenschaft beschreibt.
b ◪ Begründe, warum Eis eine geringere Dichte als flüssiges Wasser hat.

17 Eine besondere Art der chemischen Bindung liegt in Metallen vor.
a □ Beschreibe den Aufbau der Metalle.
b ◪ Welche Eigenschaften von Metallen lassen sich mit deren Bau begründen?

18 Die Elektronegativität ist ein Maß für die Fähigkeit eines Atoms, Bindungselektronen an sich zu ziehen.
a ◪ Welche Art der Bindung liegt bei Chlorwasserstoff (HCl) und Iodwasserstoff (HI) vor? Begründe.
b ◪ Erkläre, weshalb sich die Elektronegativität innerhalb einer Periode ändert.
c ■ Begründe, warum Fluor die höchste Elektronegativität von allen Atomen aufweist.

19 ■ Aus einer Schmelze von Lithiumchlorid sollen die Elemente Lithium und Chlor durch Elektrolyse gewonnen werden. Beschreibe den Vorgang mithilfe der Begriffe Oxidation und Reduktion.

Aufgabe	Hilfe findest du auf Seite …
1	182
2	183
3	184
4	185
5	187/188
6	202/203
7	187
8	187
9	188
10	190/191
11	196/197
12	198
13	188/189, 196/197
14	200/201
15	202/203
16	202/203
17	209
18	201
19	194/195

… und die Lösungen findest du im Anhang.

9

Im Überblick

Die Welt der Stoffe begegnet uns unglaublich vielfältig: Von den weißen oder farbigen Kristallen der Salze über den gasförmigen Sauerstoff oder das flüssige Wasser bis hin zu den glänzenden, verformbaren Metallen zeigen die Stoffe ganz unterschiedliche Eigenschaften. Das Wissen über den Aufbau von Ionenverbindungen, Molekülverbindungen und Metallen mit den für sie typischen Teilchen und chemischen Bindungen kann für die Erklärung der jeweiligen Eigenschaften genutzt werden.

Salze
- harte, spröde, kristalline Stoffe
- treten in unterschiedlichen Kristallformen und Farben auf

Ion
- ein durch Abgabe (Oxidation) oder Aufnahme (Reduktion) von Elektronen entstandenes geladenes Teilchen
- Anion: ein elektrisch negativ geladenes Ion
  Beispiel: Chlorid-Ion (Cl^-)
- Kation: ein elektrisch positiv geladenes Ion
  Beispiel: Natrium-Ion (Na^+)

Molekül
- Teilchen aus zwei oder mehreren Atomen
- Die Atome eines Moleküls sind durch gemeinsame Elektronenpaare verbunden.

Chemische Bindung
- Art und Weise, wie Atome und Ionen miteinander verbunden sind
- Atome haben das Bestreben, die Elektronenanordnung der Edelgasatome zu erlangen:
  - bei der **Ionenbindung** durch Aufnahme oder Abgabe von Elektronen und Anziehung der entgegengesetzt geladenen Ionen
  - bei der **Elektronenpaarbindung** durch Nutzung gemeinsamer Elektronenpaare
  - bei der **Metallbindung** durch Anziehung positiv geladener Atomrümpfe und frei beweglicher Elektronen

Elektronegativität (EN)
- Maß für die Stärke, mit der ein Atom das gemeinsame Elektronenpaar einer Elektronenpaarbindung anzieht
- nimmt im Periodensystem innerhalb einer Gruppe von unten nach oben und innerhalb einer Periode von links nach rechts zu

Polare Elektronenpaarbindung
- Das gemeinsame Elektronenpaar ist in Richtung des Partners mit der stärkeren Anziehung auf das gemeinsame Elektronenpaar verschoben.

Dipolmolekül
- Molekül, bei dem durch Ladungsverschiebung positive und negative Teilladungen entstehen
  Beispiel: Wasser-Molekül

Wasserstoffbrückenbindung
- bildet sich zwischen teilweise positiv geladenen Wasserstoffatomen eines Moleküls und teilweise negativ geladenen Sauerstoffatomen eines anderen Moleküls aus
- führt zur Bildung großer Molekülverbände

Lösevorgang von Salz in Wasser
- Ionen lösen sich aus dem Ionengitter und werden im Wasser frei beweglich.
- Wasser-Moleküle lagern sich an die im Wasser verteilten Ionen an (Hydratation).

Aufbau der Stoffe im Vergleich

	Ionenverbindungen	Molekülverbindungen	Metalle
Beispiel Formel	Natriumchlorid NaCl	Chlor Cl_2	Kupfer Cu
Kleinste Einheiten	Ionen	Moleküle	positiv geladene Atomrümpfe, Elektronen
Bindungsart	Ionenbindung	Elektronenpaarbindung	Metallbindung
Zustandekommen der Bindung	Anziehung zwischen entgegengesetzt geladenen Ionen	gemeinsame Elektronenpaare zwischen den Atomen der Bindungspartner	Anziehung zwischen positiv geladenen Atomrümpfen und frei beweglichen Elektronen
Darstellung im Modell	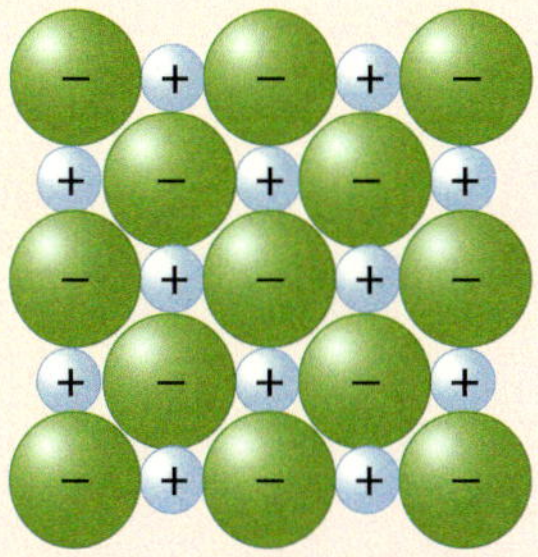		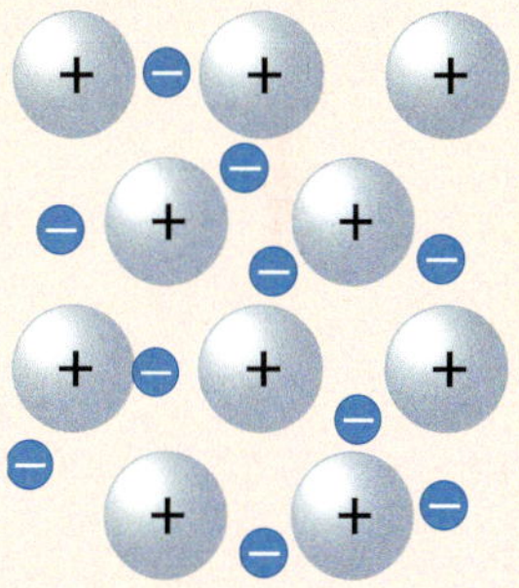
Aufbau	viele Ionen an festen Plätzen bilden ein regelmäßiges, stabiles Ionengitter (im festen Zustand)	frei bewegliche Moleküle im gasförmigen und im flüssigen Zustand, Moleküle in einem Molekülgitter im festen Zustand	viele regelmäßig angeordnete Atomrümpfe an festen Plätzen und frei bewegliche Elektronen (im festen Zustand)
Einige Eigenschaften	– oft gut wasserlöslich – im flüssigen Zustand und in Lösungen frei bewegliche Ionen (Gitterstruktur zerstört) – Lösungen und Schmelzen leiten den elektrischen Strom – hart und spöde – hohe Schmelz- und Siedetemperaturen	– meist schlecht löslich in Wasser – leiten den elektrischen Strom nicht – meist Gase oder Flüssigkeiten – niedrige Schmelz- und Siedetemperaturen	– in Wasser nicht löslich – sehr gute elektrische Leiter und Wärmeleiter – gute Verformbarkeit – hohe Schmelz- und Siedetemperaturen

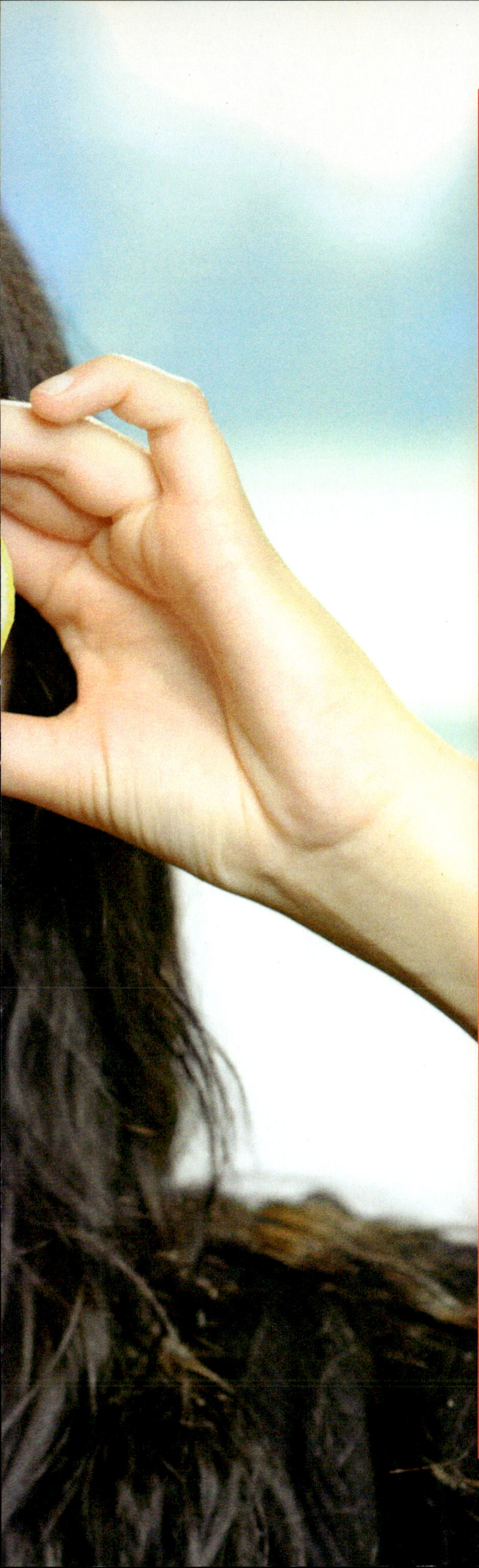

10

Säuren und Laugen

„Sauer macht lustig" – wer kennt diesen Spruch nicht? Säuren und Laugen sind aus unserem Alltag nicht wegzudenken. Oder möchtest du auf leckere Laugenbrezeln und erfrischenden Sprudel verzichten?

Doch nicht nur in Lebensmitteln finden wir Säuren und Laugen. Auch andere Dinge aus unserem Alltag, z. B. Reinigungsmittel, enthalten diese Stoffe oder werden mit ihrer Hilfe hergestellt.

Säuren und Laugen im Alltag

1 *Säuren in Lebensmitteln und Reinigern*

Säuren im Alltag Viele Früchte enthalten Fruchtsäuren wie die Citronensäure, die den angenehm säuerlichen Geschmack verursachen. In Joghurt, Quark und Sauerkraut ist es die Milchsäure, die sauer schmeckt und die Haltbarkeit verbessert. Einige Mineralwässer und Limonaden erhalten den sauren Geschmack von der Kohlensäure. Der Magensaft des Menschen enthält Salzsäure, die mit der Nahrung aufgenommene Bakterien abtötet und der Verdauung dient. Außerdem können mit säurehaltigen Reinigungsmitteln Kalkablagerungen gelöst werden.

Säuren in Industrie und Technik Sehr viele Erzeugnisse werden unter Verwendung von Säuren hergestellt. Für die Autobatterie wird beispielsweise Schwefelsäure benötigt. Salpetersäure dient zur Herstellung von Düngemitteln. Mit Phosphorsäure werden Platinen geätzt.

Säuren sind in Lebensmitteln und Haushaltsreinigern enthalten. Sie sind Ausgangsstoffe für viele industriell hergestellte Produkte.

2 *Säuren werden in der Autobatterie und zur Herstellung von Düngemitteln verwendet.*

Säure oder saure Lösung? Im Alltag begegnen uns Säuren meist nicht als reine Stoffe, sondern als wässrige Lösung. So ist reine Citronensäure ein fester, kristalliner Stoff. Wird sie in Wasser gegeben, entsteht eine saure Lösung. In Früchten ist also genau genommen eine Citronensäure-Lösung enthalten. Auch unser Speiseessig ist eine saure, wässrige Lösung.

Säure	Vorkommen/Verwendung
Ameisensäure	– Abwehrstoff von Ameisen und Brennnesseln
Ascorbinsäure (Vitamin C)	– in Früchten, in Gemüse – als Konservierungsstoff in Lebensmitteln
Citronensäure	– in vielen Früchten – als Konservierungsstoff in Lebensmitteln
Essigsäure	– im Speiseessig, z. B. für Salatsauce – zum Einlegen von Essiggurken – im Haushaltsreiniger
Kohlensäure	– in Mineralwasser, Limonade, Erfrischungsgetränken
Milchsäure	– in Sauerkraut, Joghurt
Phosphorsäure	– als Säuerungsmittel in Limonaden wie Cola – als Ätzmittel für Platinen – als Reinigungsmittel, z. B. im WC-Reiniger – zur Herstellung von Düngemitteln
Salpetersäure	– zur Herstellung von Düngemitteln, Farbstoffen, Explosivstoffen
Salzsäure	– im Magensaft (0,3%ig)
Schwefelsäure	– in Autobatterien – zur Herstellung von Düngemitteln, Waschmitteln, Farbstoffen

Tab. 1 *Wichtige Säuren im Überblick*

3 *Laugen in Reinigungsmitteln und Waschmitteln*

Laugen im Alltag In unserem Alltag verwenden wir Laugen in Reinigungs- und Waschmitteln. Wir finden sie beispielsweise im Abflussreiniger, im Backofenspray oder in Fensterputzmitteln. Sie werden dort wegen ihrer ätzenden Wirkung zur Schmutzzersetzung eingesetzt. Laugen sind außerdem Ausgangsstoffe für die Herstellung von Seifen und Batterien. Laugen werden auch als alkalische Lösungen bezeichnet.

Laugen werden häufig in Wasch- und Reinigungsmitteln verwendet.

Lauge	Verwendung
Natronlauge	– zur Herstellung von Kernseife – als Abbeizmittel für Farben – zur Herstellung von Laugengebäck
Kalilauge	– zur Herstellung von Schmierseife, Farbstoffen, Batterien
Calciumlauge („Kalkwasser")	– in Kalkmörtel, Kalkputz – als Nachweisreagenz für Kohlenstoffdioxid – zur Rauchgasentschwefelung – in Tauchgeräten zur Bindung des Kohlenstoffdioxids

Tab. 2 *Wichtige Laugen im Überblick*

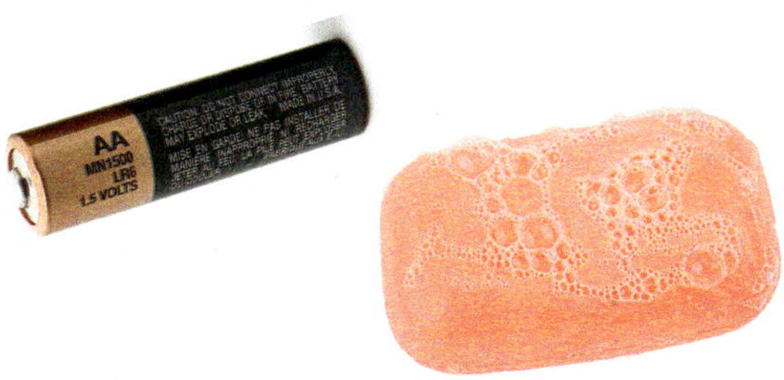

4 *Kalilauge wird zur Herstellung von Batterien verwendet. Natronlauge spielt bei der Seifenherstellung eine wichtige Rolle.*

Extra Laugenbrezel
Vor dem Backen werden Laugenbrezeln in stark verdünnte Natronlauge getaucht. Dadurch entsteht beim Backen die typische braun glänzende Oberfläche und das Gebäck erhält seinen besonderen, kräftigen Geschmack. Die Natronlauge bleibt auf der Oberfläche des Teigs und dringt nicht in die Brezel ein. Beim Backen tritt Kohlenstoffdioxid aus und die ätzende Natronlauge wird in das ungefährliche Salz Natriumhydrogencarbonat umgewandelt. Durch diese chemische Reaktion geht die ätzende Wirkung verloren.

5 *Herstellung von Laugenbrezeln*

Aufgaben

1 □ Nenne Säuren, die Lebensmittel haltbar machen.

2 ◪ Erstelle jeweils eine Mindmap zur Verwendung von Säuren und von Laugen.

3 □ Gib an, welche Gefahrensymbole auf Etiketten von Haushaltsreinigern abgebildet sind und was du im Umgang beachten musst.

4 ◪ Begründe, warum die vor dem Backen auf Laugengebäck aufgetragene ätzende Natronlauge beim Verzehr nicht gefährlich ist.

Säuren und Laugen lassen sich nachweisen

Indikatoren zeigen saure und alkalische Lösungen an In Lebensmitteln enthaltene saure Lösungen können am Geschmack erkannt werden. Alkalische Lösungen fühlen sich auf der Haut glitschig an. Da Säuren und Laugen bei Hautkontakt schwere Schäden verursachen können, ist im Umgang mit ihnen Vorsicht geboten. Vor allem die Augen müssen dabei durch eine Schutzbrille geschützt werden.
Säuren und Laugen können mithilfe von Indikatoren (lat. *indicare:* anzeigen) nachgewiesen werden. Saure und alkalische Lösungen bewirken bei Indikatoren jeweils charakteristische Farbänderungen.

Indikatoren sind Stoffe, die durch ihre Farbänderung eine saure oder alkalische Lösung anzeigen.

Indikatoren für alle Fälle Je nachdem ob Säuren oder Laugen untersucht werden sollen, können unterschiedliche Indikatoren verwendet werden. Einige Indikatoren wie Phenolphthalein zeigen nur alkalische Lösungen durch eine Farbänderung an. Andere Indikatoren wie Lackmus weisen saure und alkalische Lösungen durch verschiedene Farben nach.
Am häufigsten kommt der Universalindikator zum Einsatz. Dieser besteht aus einer Mischung mehrerer Indikatoren. Bei sauren Lösungen schlägt die Farbe des Indikators von Gelb über Orange nach Rot um. Flüssigkeiten, die weder sauer noch alkalisch, sondern neutral sind, färben ihn grün. Bei alkalischen Lösungen wird er blau.

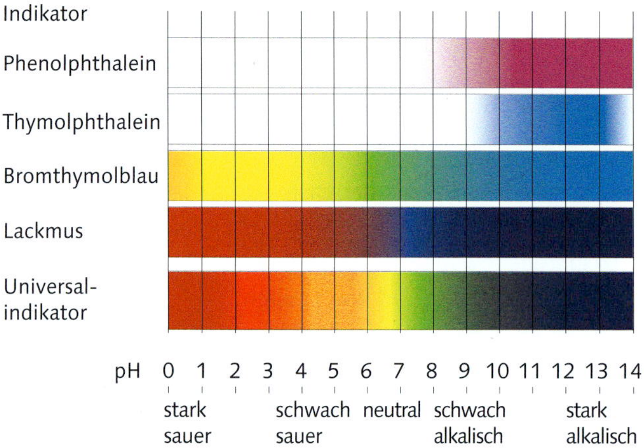

1 *Verschiedene Indikatoren und Farben in Abhängigkeit vom pH-Wert*

pH-Wert Der pH-Wert gibt darüber Auskunft, wie stark sauer oder alkalisch eine Lösung ist. Die Skala des pH-Werts umfasst Werte von 0 bis 14. Saure Lösungen haben einen pH-Wert kleiner als 7. Je kleiner die Zahl ist, desto stärker sauer ist die Lösung. Alkalische Lösungen haben einen pH-Wert größer als 7. Je größer die Zahl ist, desto stärker alkalisch ist die Lösung.
Eine neutrale Lösung hat einen pH-Wert von 7. Eine solche Lösung hat weder saure noch alkalische Eigenschaften.

2 *Fische benötigen bestimmte pH-Werte.*

Die pH-Werte des Bodens und des Wassers haben für Pflanzen und Tiere eine lebenswichtige Bedeutung. So muss der pH-Wert im Wasser des Aquariums regelmäßig kontrolliert werden, damit die Fische nicht sterben.

Der pH-Wert gibt an, wie stark sauer oder alkalisch eine Lösung ist.

Aufgaben

1 □ Was versteht man unter einem Indikator?

2 ◪ Gib an, bei welchen pH-Werten eine Lösung sauer, neutral oder alkalisch ist.

3 ■ Auf Seifen findet man oft den Ausdruck „pH-hautneutral". Was bedeutet dies?

4 ■ Welcher Indikator wird am häufigsten verwendet? Begründe.

Extra Natürliche Indikatoren

1 *Viele Pflanzenfarbstoffe sind natürliche Indikatoren.*

Pflanzenfarbstoffe dienen als Indikatoren
Viele Pflanzen ändern je nach pH-Wert des Bodens ihre Farbe. Sie können somit als Indikatoren dienen, die anzeigen, ob der Boden sauer oder alkalisch ist. Die Farbänderungen werden durch Pflanzenfarbstoffe wie Anthocyane, Flavonoide, Lackmus, Indigocarmin und Curcumin verursacht.

Tee Gibst du eine saure Lösung wie Zitronensaft in schwarzen Tee, so hellt er sich auf und seine Farbe wird beige. Bei Zugabe einer alkalischen Lösung wird der Tee dagegen dunkler, seine Farbe schlägt nach Dunkelbraun um. Die Farbänderung wird durch die im Tee enthaltenen Flavonoide verursacht.
Ähnlich verhält sich Roter Rooibostee: Saure Lösungen färben ihn hellbraun, alkalische Lösungen dunkelrot bis braun.

Früchte Der blau-violette Blaubeersaft verfärbt sich durch saure Lösungen rot und bei Zugabe einer alkalischen Lösung dunkelgrün. Auch Kirschsaft ist zur Anzeige von Säuren und Laugen geeignet: Mit sauren Lösungen färbt er sich weinrot, in neutralen Lösungen ist er rotbraun, und mit alkalischen Lösungen färbt er sich schwarzgrün.

Blüten Die Farbstoffe in den Blüten des Wiesenstorchschnabels, die Anthocyane, werden von sauren Lösungen rot und von alkalischen Lösungen blau gefärbt. Die natürlichen, ungiftigen roten und blauen Anthocyane werden zur Färbung von Lebensmitteln wie Fruchtgelee, Limonade, Marmelade und Eis verwendet.

Gemüse Der bekannteste natürliche Indikator kann aus Rotkohlsaft gewonnen werden. Seine Farbskala reicht von Rot über Lila nach Blau und weiter über Grün nach Gelb. Der Indikator verfärbt sich rot, wenn du eine saure Lösung wie Essig hinzugibst. Bei Zugabe einer alkalischen Lösung nimmt der Gemüsesaft eine tiefe Blaufärbung an. Daher stammt der ebenso gebräuchliche Name Blaukraut. Bei weiterer Zugabe einer Lauge wird er zunächst grün und schließlich gelb. Dass Rotkohlsaft so viele unterschiedliche Farben aufweist, liegt am Cyanidin. Dieser Farbstoff hat zwei Farbumschlagsbereiche: einen beim neutralen pH-Wert 7 und einen im alkalischen Bereich bei pH-Wert 10.

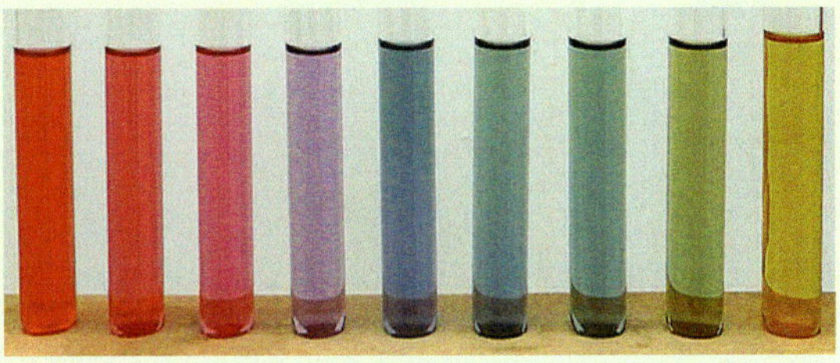

2 *Farbänderung des Rotkohlsafts*

Lackmus Der blaue Farbstoff Lackmus wird aus den Inhaltsstoffen von Flechten hergestellt. Er setzt sich aus vielen verschiedenen roten, violetten und blauen Farbstoffen zusammen. Früher wurde Lackmus zum Blaufärben von Wäsche und als Lebensmittelfarbstoff genutzt. Heute verwendet man ihn ausschließlich als Indikator, entweder flüssig oder aufgetragen auf Papierstreifen.

Aufgaben

1 □ Nenne natürliche Indikatoren, mit denen du eine saure Lösung nachweisen kannst.

2 □ Beschreibe, welche Farbänderungen Zitronensaft in verschiedenen Teesorten bewirkt.

3 ◪ Recherchiere weitere Pflanzen, die natürliche Indikatoren enthalten, und beschreibe ihre jeweilige Farbänderung.

4 ◪ Informiere dich, warum man in manchen Regionen Deutschlands von Blaukraut, in anderen von Rotkraut spricht.

10

Praxis Indikatoren selbst hergestellt

1 Herstellung von Blaukrautindikator

Geräte: Becherglas (400 ml), Messer, Schneidebrett, Dreifuß, Drahtnetz, Gasbrenner, Trichter, Filter, Erlenmeyerkolben (400 ml)
Chemikalien: Wasser, Blaukrautblätter
Durchführung: Schneide die Blaukrautblätter in schmale Streifen und lege sie in das Becherglas. Fülle das Becherglas zur Hälfte mit Wasser. Bringe das Wasser zum Sieden und koche es 10 min. Filtriere die noch heiße Flüssigkeit durch einen Filter in einen Erlenmeyerkolben. Das Filtrat ist Blaukrautindikator.

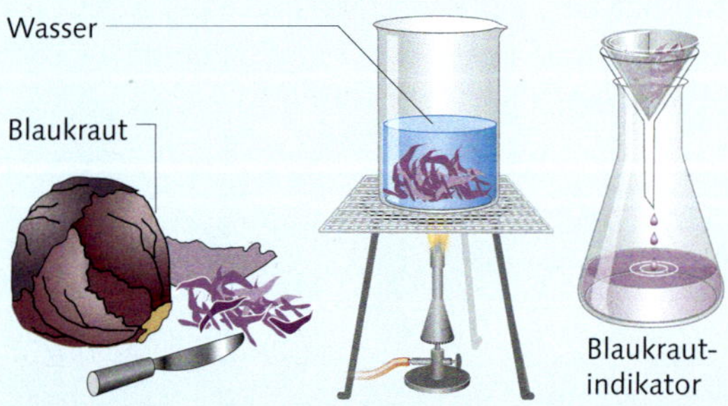

2 Wirkung von Lebensmitteln und Reinigungsmitteln auf Blaukrautindikator

Geräte: 8 Reagenzgläser mit Gummistopfen, Reagenzglasständer, 2 Messpipetten (10 ml), Pipetten, Spatel
Chemikalien: Blaukrautsaft, Wasser, 5%iger Speiseessig (farblos, klar), Zitronensaft, Apfelsaft, Spülmittel ⟨!⟩, Weißwein, Backpulver, Waschmittel ⟨!⟩, Spülmaschinenpulver ⟨!⟩
Durchführung: Gib mit einer Messpipette in jedes Reagenzglas 5 ml Blaukrautsaft und 10 ml Wasser. Gib dann in jedes Reagenzglas mithilfe der anderen Messpipette 5 ml einer der Flüssigkeiten oder einen halben Spatel von einem der Feststoffe. Verschließe die Reagenzgläser mit einem Gummistopfen und schüttle gut.
Auswertung: Sortiere die Reagenzgläser nach sauren und alkalischen Lösungen.

a Zeichne oder fotografiere die Reagenzgläser mit ihren unterschiedlichen Farben.
b Erkläre, wie es zu den unterschiedlichen Bezeichnungen Rotkohl bzw. Blaukraut kommt.

3 Vergleich von Blaukrautindikator mit Universalindikator

Geräte: Tüpfelplatte, Universalindikatorpapier, Spatel, 2 Pipetten
Chemikalien: Wasser, 5%iger Speiseessig (farblos, klar), Zitronensaft, Apfelsaft, Spülmittel ⟨!⟩, Weißwein, Backpulver, Waschmittel ⟨!⟩, Spülmaschinenpulver ⟨!⟩
Durchführung: Fülle die Vertiefungen der Tüpfelplatte wie in der Abbildung gezeigt mit den Stoffen. Von den Feststoffen nimm je eine Spatelspitze und gib etwas Wasser hinzu. Halte in jede Flüssigkeit einen Streifen Indikatorpapier. Lies den pH-Wert an der Farbskala ab.
Auswertung:

a Ordne die Stoffe nach ihren pH-Werten.
b Vergleiche die Ordnung mit der Aufstellung beim Test mit Blaukrautindikator (Experiment 2). Was stellst du fest?

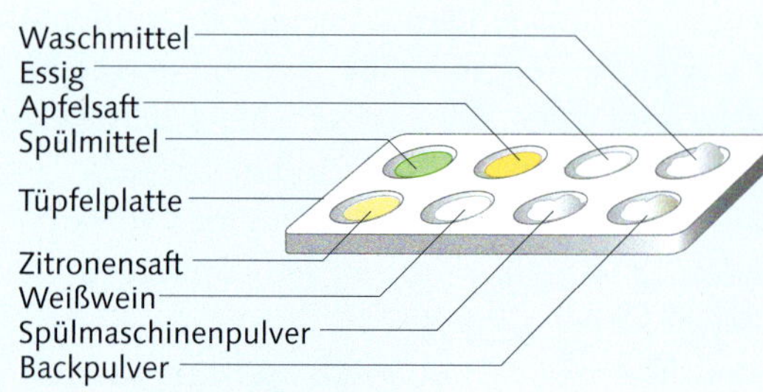

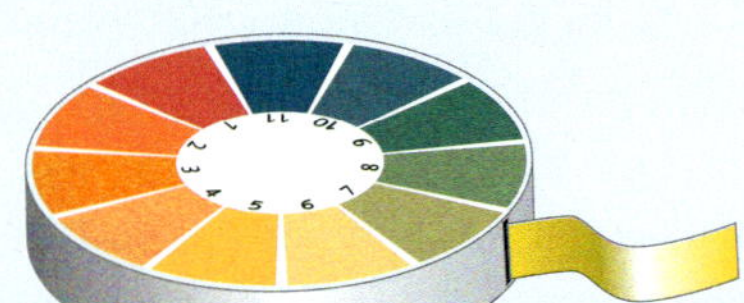

Universalindikatorpapier

4 Herstellung von Tee als Indikator

Geräte: Becherglas (400 ml), Dreifuß, Drahtnetz, Gasbrenner, Trichter, Filter, Erlenmeyerkolben (400 ml), Siedesteine
Chemikalien: Wasser, schwarzer Tee
Durchführung: Gib die Teeblätter in ein Becherglas und fülle es mit Wasser auf. Bringe das Wasser zum Sieden und koche es etwa 5 min. Filtriere die noch heiße Flüssigkeit durch einen Filter in einen Erlenmeyerkolben. Das Filtrat kann als Indikator genutzt werden.

5 Farbänderungen bei Blüten

Geräte: 9 hohe Bechergläser (250 ml), Messer

Chemikalien: 5%iger Speiseessig (farblos, klar), 5%ige Natronlauge, dest. Wasser, Blüten von Nelken (rosa), Wiesenstorchschnabel, Iris, Rosen, Veilchen

a *Durchführung:* Wähle drei Blumensorten aus. Stelle von jeder Sorte je eine Blüte in ein Glas mit Haushaltsessig, in ein Glas mit 5%iger Natronlauge und in ein Glas mit Wasser.

Auswertung: Notiere, wie sich die Blüten nach einer Stunde verändert haben.

b *Durchführung:* Spalte den Stiel einer rosa Nelke bis zur Blüte. Stelle die eine Hälfte in ein Glas mit Haushaltsessig, die andere in ein Glas mit 5%iger Natronlauge.

Auswertung: Beschreibe das Aussehen der Blüte nach einer Stunde.

6 Herstellung von Blütenindikator

Geräte: Becherglas (600 ml), Messer, Dreifuß, Drahtnetz, Gasbrenner, Trichter, Filter, Erlenmeyerkolben (400 ml), Mörser, Pistill, Sand

Chemikalien: Wasser, rote Rosenblüten (oder rote Geranienblüten)

Durchführung: Zerreibe die Blütenblätter im Mörser mit etwas Sand. Gib die zerriebenen Blüten in das Becherglas und fülle mit Wasser auf. Bringe das Wasser zum Sieden und koche 5–10 min. Filtriere die noch heiße Flüssigkeit durch einen Filter in einen Erlenmeyerkolben.

7 Herstellung von Curcumaindikator

Geräte: Becherglas (100 ml), Messzylinder, Spatel, Trichter, Filter, Erlenmeyerkolben (100 ml), Glasstab

Chemikalien: Ethanol, Curcuma

Durchführung: Gib einen Spatel Curcuma in ein Becherglas. Gib 50 ml Ethanol hinzu. Rühre das Gemisch gut um. Filtriere die Flüssigkeit durch einen Filter in einen Erlenmeyerkolben.

8 pH-Test mit natürlichen Indikatoren

Geräte: 3 Reagenzglasständer, Reagenzgläser, Pipetten

Chemikalien: verschiedene saure und alkalische Lösungen, Indikatorlösungen aus den Experimenten 4, 6 und 7.

Durchführung: Dieses Experiment wird in arbeitsteiligen Gruppen durchgeführt. Jede Gruppe erhält einen Indikator aus den Experimenten 4, 6 und 7.

Gebt in jedes Reagenzglas zunächst je 5 ml der zu testenden Flüssigkeiten und anschließend 10 Tropfen eurer Indikatorlösung hinzu.

Auswertung:

a Fertigt eine Skizze an, in der ihr die Farbveränderungen notiert.

b Ordnet die Probelösungen nach aufsteigendem pH-Wert.

c Vergleicht eure Beobachtungen mit denen der anderen Gruppen.

d Gebt an und begründet, welchen Indikator ihr am geeignetsten findet.

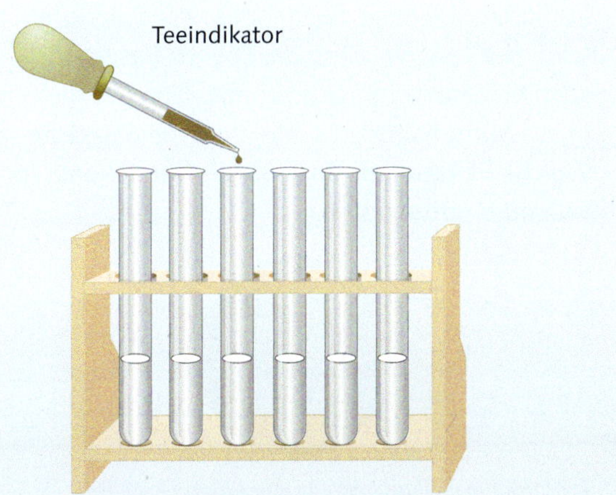

Salzsäure – eine saure Lösung

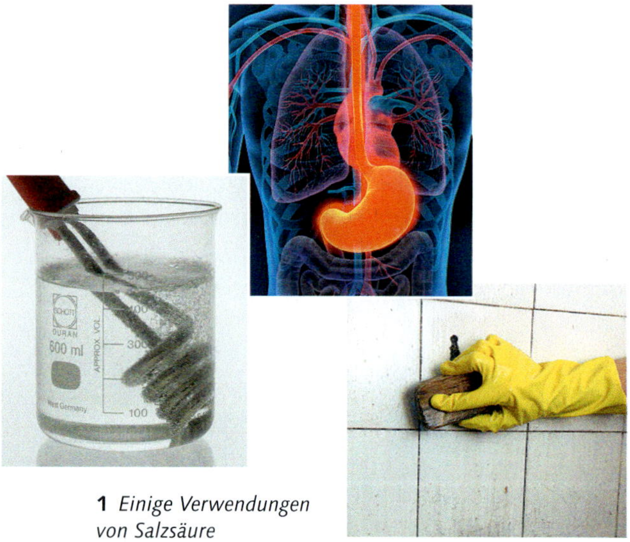

1 *Einige Verwendungen von Salzsäure*

Salzsäure, eine bekannte Säure Salzsäure ist eine bekannte und sehr wichtige Säure. Aufgrund ihrer kalklösenden Wirkung ist sie Bestandteil von Reinigern zur Beseitigung von Kalkresten und zum Entkalken von Heizwendeln oder Rohrleitungen. In der Technik wird sie zur Entfernung von Oxidschichten, zum Ätzen von Metallschildern und zum Gewinnen von Metallen aus Erzen verwendet. Außerdem ist sie Grundstoff für die Herstellung von Chemiefasern. Nicht zuletzt tragen wir alle Salzsäure auch in uns, denn unser Magensaft enthält etwa 0,3%ige Salzsäure.
Die Bezeichnung *Salzsäure* geht auf eine frühere Herstellungsmethode zurück, bei der aus der Reaktion von Koch*salz* mit Schwefel*säure* ein farbloses, stechend riechendes Gas ausgetrieben wird, der Chlorwasserstoff. Dieses Gas wurde auch als „Salzgeist" bezeichnet. Durch Einleiten in Wasser erhält man schließlich die Salzsäure. Welche Reaktionen sind für die Herstellung von Salzsäure notwendig?

HCl

2 *Molekülmodell und Formel von Chlorwasserstoff*

3 *Chlorwasserstoff wird in Wasser (mit Universalindikator versetzt) eingeleitet.*

Bildung von Chlorwasserstoff Das Gas Chlorwasserstoff kann direkt durch Reaktion von Chlor mit Wasserstoff hergestellt werden. Weil Chlor sehr reaktionsfreudig ist, genügt bereits ein kurzes Blitzlicht, um die Reaktion in Gang zu setzen.

Wasserstoff + Chlor → Chlorwasserstoff
$H_2 + Cl_2 \rightarrow 2\,HCl$

Chlorwasserstoff ist eine Molekülverbindung. Im Chlorwasserstoff-Molekül ist ein Chloratom über eine Elektronenpaarbindung mit einem Wasserstoffatom verbunden.

Vom Chlorwasserstoff zur Salzsäure Das farblose Gas Chlorwasserstoff löst sich gut in Wasser. Wenn dem Wasser vorher Universalindikator zugesetzt wurde, färbt sich der Indikator rot. Die Rotfärbung zeigt an, dass eine saure Lösung entstanden ist.

Salzsäure entsteht, wenn man gasförmigen Chlorwasserstoff in Wasser einleitet.

Salzsäure leitet elektrischen Strom Reines Wasser und auch das Gas Chlorwasserstoff sind nicht elektrisch leitfähig. Salzsäure dagegen leitet den elektrischen Strom. Daraus kann man schließen, dass in der sauren Lösung Ionen enthalten sein müssen.

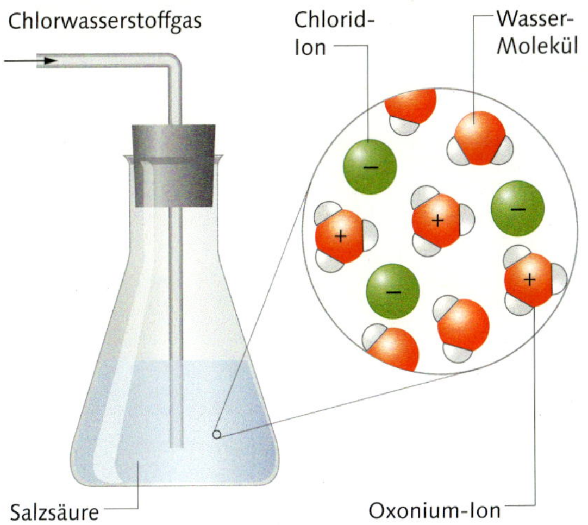

4 *In Salzsäure liegen Ionen vor.*

Bildung von Ionen Beim Lösen von Chlorwasserstoff in Wasser reagieren die Chlorwasserstoff-Moleküle in Anwesenheit von Wasser-Molekülen zu positiv geladenen Wasserstoff-Ionen und negativ geladenen Chlorid-Ionen. Diese leiten als frei bewegliche Ladungsträger den elektrischen Strom.

$HCl \rightarrow H^+ + Cl^-$

Das Wasserstoff-Ion reagiert sofort mit einem polaren Wasser-Molekül zu einem H_3O^+-Ion. H_3O^+-Ionen werden Oxonium-Ionen genannt.

$H^+ + H_2O \rightarrow H_3O^+$

Wird gasförmiges Chlorwasserstoff in Wasser eingeleitet, entstehen also Chlorid-Ionen und Oxonium-Ionen.

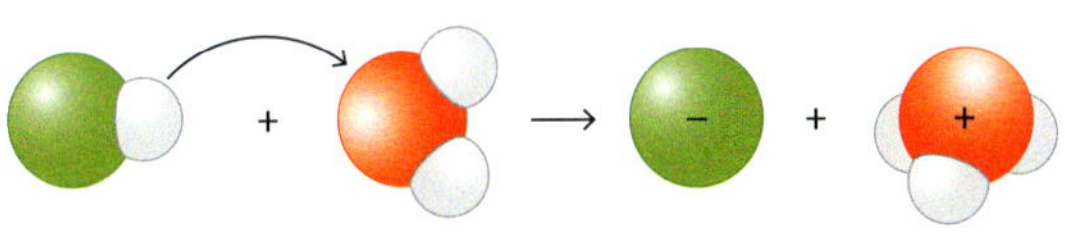

HCl	+	H_2O	$\rightarrow$	Cl^-	+	H_3O^+
Chlorwasserstoff-Molekül		Wasser-Molekül		Chlorid-Ion		Oxonium-Ion

Saure Lösungen enthalten Oxonium-Ionen.

Säurerest-Ionen Ebenso wie Chlor können auch andere Halogene mit Wasserstoff zu einem Halogenwasserstoff reagieren, z. B. Fluorwasserstoff oder Bromwasserstoff. Diese Halogenwasserstoff-Moleküle bilden mit Wasser ebenfalls Oxonium-Ionen und negativ geladene Fluorid-Ionen bzw. Bromid-Ionen.

$HF + H_2O \rightarrow F^- + H_3O^+$

Die negativ geladenen Ionen wie die Chlorid-Ionen oder Fluorid-Ionen werden allgemein als Säurerest-Ionen bezeichnet.

Säure-Molekül	+ Wasser-Molekül	$\rightarrow$	Oxonium-Ion	+ Säurerest-Ion

Verschiedene Säuren haben unterschiedliche Säurerest-Ionen. Die Salzsäure erkennt man am Chlorid-Ion, die Flusssäure am Fluorid-Ion.

Säuren unterscheiden sich durch ihre Säurerest-Ionen.

Extra Säuren geben Protonen ab

Der dänische Chemiker JOHANNES NICOLAUS BRÖNSTED (1879–1947) stellte im Jahr 1923 fest, dass im HCl-Molekül zwar Wasserstoff gebunden ist, aber in der sauren Lösung keine freien H^+-Ionen vorhanden sind. Die H^+-Ionen reagieren sofort mit Wasser-Molekülen zu H_3O^+-Ionen. Er formulierte daher eine eigene Definition für Säuren: Säuren sind Teilchen, die H^+-Ionen abgeben. Sie werden daher Protonendonatoren genannt (lat. *donare:* geben, schenken).

5 *Brönsted definierte Säuren als Protonendonatoren.*

Aufgaben

1 □ Nenne Eigenschaften von sauren Lösungen.
2 □ Gib Verwendungsmöglichkeiten für Salzsäure an.
3 ◪ Feste Citronensäure leitet im Gegensatz zu ihrer Lösung keinen Strom. Begründe.
4 ■ Formuliere die Reaktionsgleichung für die Reaktion von Bromwasserstoff mit Wasser.

Kohlensäure

1 *Mit einem Wassersprudler kann man kohlensäurehaltiges Wasser erzeugen.*

Erfrischende Getränke Viele Getränke enthalten Kohlensäure. Sie schmecken frischer und spritziger als Getränke ohne Kohlensäure. Doch was ist eigentlich Kohlensäure? Mit dem Trinkwassersprudler kannst du in kurzer Zeit aus stillem Wasser kohlensäurehaltigen Sprudel herstellen. Das Gerät presst mit Druck Kohlenstoffdioxid in das Wasser. Öffnet man eine Sprudelflasche, sprudeln kleine Gasbläschen heraus. Mithilfe von Kalkwasser (Calciumhydroxid-Lösung) kann man dieses Gas als Kohlenstoffdioxid nachweisen. Doch wie bildet sich aus Kohlenstoffdioxid Kohlensäure?

Bildung der Kohlensäure Wird Kohlenstoffdioxid in Wasser eingeleitet, beispielsweise mithilfe einer Gaspatrone, löst sich der größte Teil des Gases. Prüft man diese Lösung mit Universalindikator, so zeigt dieser durch Orangefärbung an, dass sich eine Säure gebildet hat. Ein geringerer Teil (weniger als 1 %) des eingeleiteten Kohlenstoffdioxids reagiert mit Wasser zu Kohlensäure.

$$H_2O + CO_2 \rightarrow H_2CO_3$$

Weil nur sehr wenig Kohlensäure gebildet wird, können wir Mineralwasser mit Kohlensäure gefahrlos trinken. Der pH-Wert liegt etwa bei pH 6.

Kohlenstoffdioxid reagiert mit Wasser zu Kohlensäure.

2 *Sprudelwasser mit Universalindikator versetzt, Eigenschaften vor und nach dem Erwärmen*

Zerfall der Kohlensäure Durch Erwärmen oder Schütteln von Sprudelwasser wird das gelöste Kohlenstoffdioxid ausgetrieben. Gibt man im Versuch vor dem Erwärmen Universalindikator in das Sprudelwasser, ändert sich die Farbe von Orange nach Grün. Die Kohlensäure ist wieder in Wasser und Kohlenstoffdioxid zerfallen.

$$H_2CO_3 \rightarrow H_2O + CO_2$$

Säurewirkung der Kohlensäure Die saure Wirkung entsteht dadurch, dass das Kohlensäure-Molekül ein H^+-Ion an das Wasser-Molekül abgibt. Es entstehen ein Hydrogencarbonat-Ion und ein Oxonium-Ion.

$$H_2CO_3 + H_2O \rightarrow HCO_3^- + H_3O^+$$

Das Hydrogencarbonat-Ion kann noch einmal ein H^+-Ion an ein weiteres Wasser-Molekül abgeben. Dabei entstehen ein Carbonat-Ion und wieder ein Oxonium-Ion.

$$HCO_3^- + H_2O \rightarrow CO_3^{2-} + H_3O^+$$

Da die Kohlensäure zwei H^+-Ionen abgeben kann, ist es eine zweiprotonige Säure.

Aufgaben

1. Erkläre, worauf die sauren Eigenschaften von Sprudelwasser beruhen.
2. Warum können wir Sprudel trinken, obwohl er eine Säure enthält?
3. Beschreibe den in Bild 2 dargestellten Versuch und werte ihn aus.

Praxis Kohlensäure

1 Herstellung von Kohlensäure aus Holzkohle

Geräte: Standzylinder, Draht (ca. 30 cm), Gasbrenner, Becherglas (50 ml), Abdeckscheibe
Chemikalien: Holzkohle, Wasser, Universalindikator
Durchführung: Nimm den Draht und befestige am Ende ein Stück Holzkohle. Bringe die Holzkohle in der Brennerflame zum Glühen. Führe die glühende Holzkohle in den Standzylinder ein und decke diesen mit der Abdeckplatte ab. Lass nun die Holzkohle im Standzylinder verglühen. Gib anschließend in den Standzylinder 50 ml Wasser und einige Tropfen Universalindikator, verschließe ihn sofort wieder mit der Abdeckplatte und schüttle.
Auswertung: Beschreibe deine Beobachtungen. Stelle jeweils eine Reaktionsgleichung für die Verbrennung der Kohle und die anschließende Reaktion mit Wasser auf.

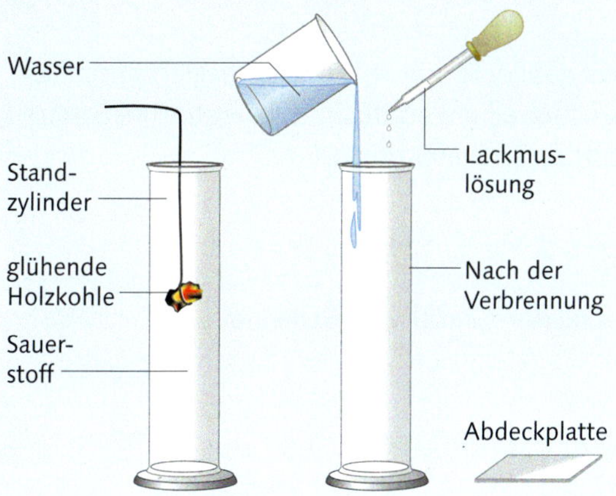

2 Ausgeatmete Luft in Wasser einleiten

Geräte: Becherglas, Trinkhalm
Chemikalien: Wasser, Universalindikator
Durchführung: Gib in das Becherglas etwa 50 ml Wasser und einige Tropfen Universalindikator.
Puste nun einige Minuten deine ausgeatmete Luft über den Trinkhalm in das Wasser ein.
Auswertung: Beschreibe und zeichne deine Beobachtungen. Stelle die dazugehörige Reaktionsgleichung auf.

3 Bildung der Kohlensäure

Geräte: 2 große Spritzen (60 ml) mit Verschlusskappen, Becherglas
Chemikalien: Sauerstoff, Kohlenstoffdioxid, Universalindikator, Wasser
Durchführung: Hole bei deiner Lehrerin oder deinem Lehrer eine halbe Spritzenfüllung Sauerstoff und mit der zweiten Spritze eine halbe Spritzenfüllung Kohlenstoffdioxid. Gib in das Becherglas Wasser und versetze es mit einigen Tropfen Universalindikator. Sauge nun in beide Spritzen noch eine halbe Spritzenfüllung dieser Lösung ein. Verschließe die Spritzen jeweils mit einer Verschlusskappe. Schüttle danach beide Spritzen kräftig.
Auswertung: Beschreibe und erkläre deine Beobachtungen.

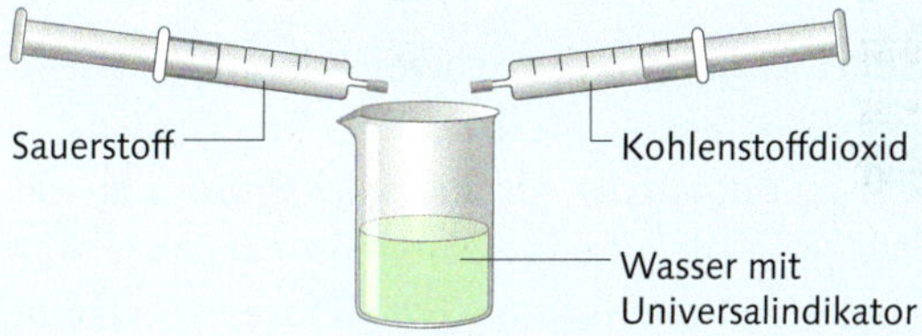

4 Nachweis von Kohlenstoffdioxid in Mineralwasser

Geräte: große Spritze (60 ml) mit Verschlusskappe, 2 Bechergläser
Chemikalien: Sprudelwasser, Universalindikator, Kalkwasser
Durchführung: Gib Sprudelwasser in ein Becherglas und versetze es mit einigen Tropfen Universalindikator. Sauge die Lösung in die Spritze ein und verschließe sie mit der Verschlusskappe. Schüttle die Spritze kräftig. Halte sie mit der Öffnung nach unten, entferne die Verschlusskappe und drücke das Wasser vorsichtig zurück in das Becherglas. Gib in das zweite Becherglas einige Milliliter Kalkwasser und drücke das Gas, das sich noch in der Spritze befindet, vorsichtig in das Kalkwasser.
Auswertung: Fertige eine Skizze des Experiments an. Beschreibe und erkläre die Farbänderungen des Universalindikators und des Kalkwassers.

10

Schwefelsäure

1 *Konzentrierte Schwefelsäure zersetzt Zucker. Dabei entsteht Wasserdampf, der die kohlenstoffhaltige Masse aufbläht.*

Eigenschaften Konzentrierte Schwefelsäure ist eine ölige und farblose Flüssigkeit. Sie zieht Feuchtigkeit aus der Luft an. Solche Stoffe werden als hygroskopisch (griech. *hygrós:* feucht) bezeichnet. Organische Stoffe wie Zucker, Baumwolle oder Haut werden durch Schwefelsäure zersetzt. Dabei bleibt Kohlenstoff als schwarzer Rückstand zurück.

Säurewirkung Wird Schwefelsäure in Wasser gegeben, reagiert sie in zwei Stufen. Zunächst entsteht durch die Abgabe eines Protons an das Wasser-Molekül das Hydrogensulfat-Ion (HSO_4^-). Dieses gibt ebenfalls noch ein Proton ab, dadurch entsteht das Sulfat-Ion (SO_4^{2-}).

$$H_2SO_4 + H_2O \rightarrow HSO_4^- + H_3O^+$$
$$HSO_4^- + H_2O \rightarrow SO_4^{2-} + H_3O^+$$

Vorsicht! Da bei der Reaktion von Schwefelsäure mit Wasser hohe Temperaturen entstehen, darf niemals das Wasser zur Säure gegeben werden. Die Säure könnte aus dem Gefäß spritzen und schwere Verätzungen verursachen. Daher muss Schwefelsäure langsam in Wasser gegeben werden.

Bedeutung und Verwendung Schwefelsäure ist eine der wichtigsten Grundchemikalien. Sehr viele Produkte wie Farbstoffe, Wasch- und Düngemittel sowie Sprengstoffe werden unter Verwendung von Schwefelsäure hergestellt. Auch Sulfate, die wiederum zur Herstellung von Gips und Trockenmitteln dienen, werden aus Schwefelsäure gewonnen. In der Industrie findet sie häufig als Katalysator Verwendung und in der Autobatterie ist sie als Batteriesäure enthalten.

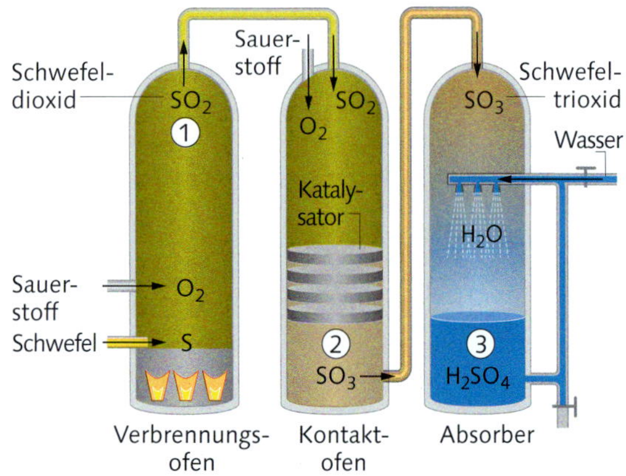

2 *Industrielle Herstellung von Schwefelsäure im Kontaktverfahren*

Kontaktverfahren Ausgangsstoff für die Herstellung von Schwefelsäure ist elementarer Schwefel. Durch Oxidation des Schwefels wird zuerst Schwefeldioxid hergestellt (Bild 2).

$$S + O_2 \rightarrow SO_2 \quad (1)$$

Das gebildete Schwefeldioxid reagiert anschließend an einem erhitzten Katalysator mit Sauerstoff zu Schwefeltrioxid.

$$2\,SO_2 + O_2 \rightarrow 2\,SO_3 \quad (2)$$

Im letzten Schritt wird Schwefeltrioxid in Wasser eingeleitet und reagiert zu Schwefelsäure.

$$SO_3 + H_2O \rightarrow H_2SO_4 \quad (3)$$

Dieses Verfahren heißt Kontaktverfahren, da das Schwefeldioxid durch „Kontakt" mit dem Katalysator zu Schwefeltrioxid reagiert.

Schwefelsäure ist sehr reaktionsfreudig, sie zersetzt organische Stoffe. In der Industrie ist sie eine der wichtigsten Grundchemikalien.

Aufgaben

1 □ Erstelle eine Mindmap zu den verschiedenen Einsatzgebieten von Schwefelsäure.

2 ◪ Beschreibe, was du im Umgang mit Schwefelsäure beachten musst.

Extra Saurer Regen

1 *Saurer Regen schädigt Seen, Wälder und Gestein.*

Was ist saurer Regen? Lösen sich Luftschadstoffe wie Schwefeldioxid oder Stickstoffoxide im Regenwasser, so bilden sich saure Lösungen. Aus dem Nichtmetalloxid Schwefeldioxid entstehen schweflige Säure und Schwefelsäure, aus Stickstoffoxiden wird Salpetersäure gebildet. Diese Säuren verringern den pH-Wert des Regens: Der Regen wird sauer.

Beispiel:

Schwefeldioxid + Wasser → schweflige Säure

SO_2 + H_2O → H_2SO_3

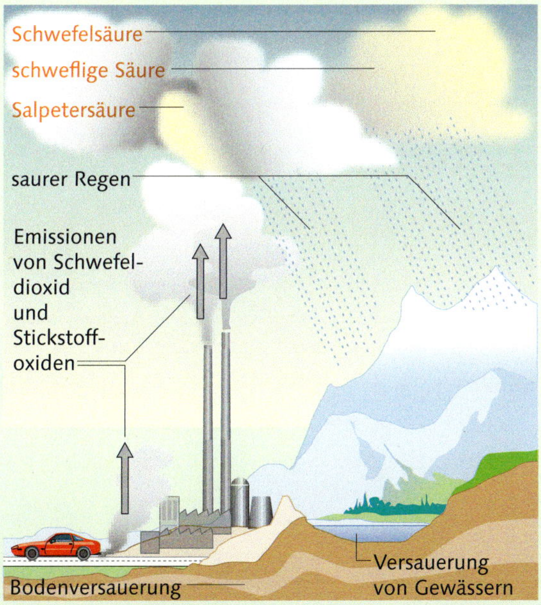

2 *Entstehung von saurem Regen*

Schäden durch sauren Regen Durch sauren Regen wird der Boden mit Oxonium-Ionen angereichert und der pH-Wert des Bodens abgesenkt. Dies schädigt die Wurzeln der Pflanzen und führt schließlich durch eine Mangelversorgung auch zu Schäden an Blättern und Trieben. Nadelbäume können ihre Nadeln verlieren. Außerdem sind die geschädigten Pflanzen weniger widerstandsfähig gegen Krankheiten und Frost.

Verursacher und Folgen Hauptverursacher des sauren Regens sind Industrie, Kraftwerke und Verkehr. Überall wo Erdölprodukte, Kohle und Treibstoffe verbrannt werden, entstehen schädliche Nichtmetalloxide. Sie sind nicht nur für Pflanzen, Böden und Gewässer schädlich, sondern auch für den Menschen: Luftschadstoffe können Atemwegserkrankungen wie Asthma und Kopfschmerzen verursachen.

3 *Kalken des Waldbodens*

Maßnahmen gegen sauren Regen Durch Kalken kann der pH-Wert des Bodens wieder angehoben werden. Eine Verringerung der Schadstoffemissionen und die durchgängige Nutzung von Filteranlagen in der Industrie sind jedoch bessere Maßnahmen, da sie den sauren Regen vermeiden. Die seit den 1990er Jahren vorgeschriebenen Autokatalysatoren haben ebenfalls zu einem Rückgang der Luftschadstoffe geführt.

Aufgaben

1 ☐ Nenne Verursacher des sauren Regens.

2 ◪ Erkläre, wie saurer Regen entsteht.

3 ◪ Beschreibe, welche Schäden saurer Regen hervorruft und was man dagegen tun kann.

Säuren und ihre Salze

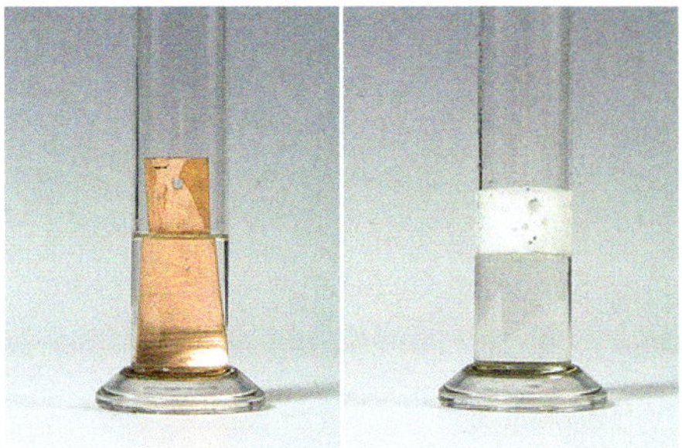

1 *Kupfer und Magnesium werden in Salzsäure gegeben.*

Reaktion mit unedlen Metallen Wird ein Streifen Magnesiumband in ein Reagenzglas mit Salzsäure gegeben, sind schon nach kurzer Zeit Gasbläschen zu erkennen. Gleichzeitig löst sich das Magnesiumband auf. Das entstandene Gas kann aufgefangen und mit der Knallgasprobe als Wasserstoff nachgewiesen werden. Außerdem entsteht das Salz Magnesiumchlorid. Man erhält es durch Eindampfen der Salzlösung.

Magnesium	+ Salzsäure	→	Magnesiumchlorid	+ Wasserstoff
Mg	+ 2 HCl	→	$MgCl_2$	+ H_2

Unedle Metalle wie Magnesium, Aluminium und Eisen reagieren mit Säuren.

Reaktion mit Metalloxiden Edle Metalle wie Kupfer und Silber reagieren nicht mit Säuren, dafür aber ihre Oxide: Gibt man beispielsweise Kupferoxid zur Salzsäure, so löst sich das Kupferoxid in der Säure auf. Bei dieser chemischen Reaktion werden das Salz Kupferchlorid und Wasser gebildet.

Kupferoxid	+ Salzsäure	→	Kupferchlorid	+ Wasser
CuO	+ 2 HCl	→	$CuCl_2$	+ H_2O

Eine entsprechende Reaktion macht man sich zunutze, um Rost (Eisenoxid) zu entfernen.

Säuren reagieren mit unedlen Metallen zu Salz und Wasserstoff. Mit Metalloxiden reagieren sie zu Salz und Wasser.

Salze der Salzsäure Gibt man Natrium zu konzentrierter Salzsäure, findet eine heftige Reaktion statt. Dampft man danach das Reaktionsprodukt ein, entsteht ein weißer Feststoff. Wenn man diesen mit dem Mikroskop betrachtet, kann man kleine würfelförmige Kristalle erkennen. Es ist Kochsalz (Natriumchlorid) entstanden.

$$2\ Na + 2\ HCl \rightarrow 2\ NaCl + H_2$$

Natriumchlorid ist das bekannteste Salz der Salzsäure. Weitere Salze der Salzsäure sind beispielsweise Magnesiumchlorid, Kupferchlorid oder Silberchlorid.

Auch andere Säuren können Salze bilden. So bildet die Flusssäure, wenn sie mit einem unedlen Metall reagiert, Metallfluoride wie Magnesiumfluorid oder Aluminiumfluorid.

$$Mg + 2\ HF \rightarrow MgF_2 + H_2$$

Die Bromwasserstoffsäure bildet Metallbromide wie Aluminiumbromid oder Calciumbromid.

$$2\ Al + 6\ HBr \rightarrow 2\ AlBr_3 + 3\ H_2$$

Die Salze der Salzsäure heißen Chloride. Die Salze der Flusssäure und der Bromwasserstoffsäure heißen Fluoride und Bromide.

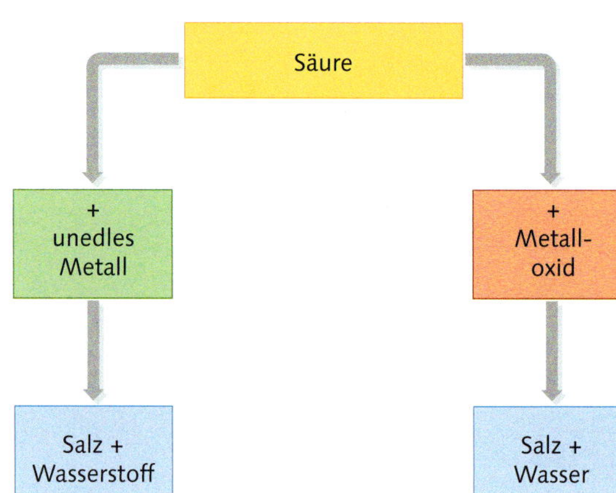

2 *Reaktionen von Säuren*

Säure				Salz	
Name	**Formel**	**Säurerest-Ion**		**Name**	**Beispiele**
Salzsäure	HCl	Cl^-	Chlorid-Ion	Chlorid	Natriumchlorid Calciumchlorid
Flusssäure	HF	F^-	Fluorid-Ion	Fluorid	Magnesiumfluorid Kaliumfluorid
Kohlensäure	H_2CO_3	HCO_3^- CO_3^{2-}	Hydrogencarbonat-Ion Carbonat-Ion	Hydrogencarbonat Carbonat	Natriumhydrogencarbonat Calciumcarbonat
Schwefelsäure	H_2SO_4	HSO_4^- SO_4^{2-}	Hydrogensulfat-Ion Sulfat-Ion	Hydrogensulfat Sulfat	Kaliumhydrogensulfat Magnesiumsulfat

Tab. 1 *Säuren und ihre Salze*

Salze der Kohlensäure In der Kohlensäure-Lösung liegen zwei verschiedenen Säurerest-Ionen vor, die Hydrogencarbonat-Ionen und die Carbonat-Ionen. Von ihnen leiten sich die Namen der Salze der Kohlensäure ab.
Das bedeutendste Salz der Kohlensäure ist das Calciumcarbonat ($CaCO_3$). Man findet es im Kalkgestein der Schwäbischen Alb, in Tropfsteinen, als Kreide und Marmor.
Ein weiteres Salz der Kohlensäure ist das Natriumhydrogencarbonat ($NaHCO_3$), bekannt unter dem Namen Natron. Es findet Verwendung in Backpulver, Brausepulver und Pulverlöschern sowie als Mittel gegen Sodbrennen.
Natriumcarbonat (Na_2CO_3), auch als Soda bezeichnet, wird zur Herstellung von Glas, Waschmitteln, Farben und Bleichmitteln verwendet.

3 *Tropfsteine in der Bärenhöhle (Sonnenbühl, Baden-Württemberg)*

Salze der Schwefelsäure Die Salze der Schwefelsäure heißen Hydrogensulfate und Sulfate. Von großer Bedeutung ist das Calciumsulfat ($CaSO_4$), umgangssprachlich als Gips bezeichnet. Bariumsulfat ($BaSO_4$), auch Schwerspat genannt, wird als Malerweiß und Kontrastmittel bei Röntgenaufnahmen des Verdauungstrakts verwendet.
Natriumsulfat (Na_2SO_4) wird nach dem Chemiker JOHANN RUDOLF GLAUBER auch Glaubersalz genannt. Es findet als Abführmittel, als Füllstoff in Waschmitteln und bei der Zellstoffgewinnung Verwendung.

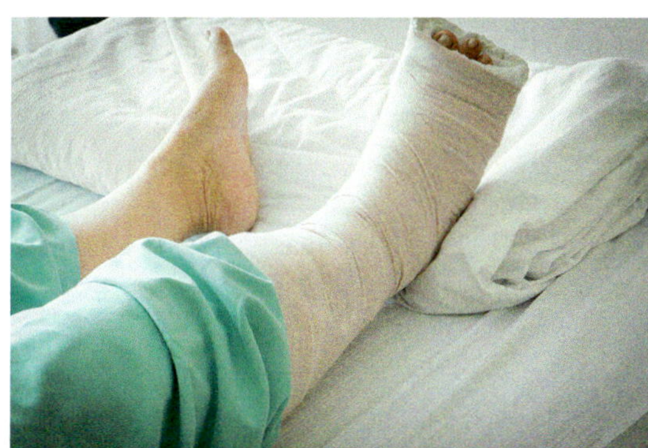

4 *Das Calcium-Salz der Schwefelsäure ist Calciumsulfat (Gips).*

Aufgaben

1 ◪ Kalium reagiert mit Salzsäure, Kohlensäure und Schwefelsäure. Gib jeweils den Namen und die chemische Formel der entstehenden Salze an.

2 ■ Wie könntest du vorgehen, um Eisen(II)-chlorid ($FeCl_2$) herzustellen? Formuliere auch die Reaktionsgleichung.

Praxis Reaktionen von sauren Lösungen

1 Metallätzung

Geräte: selbstklebende Buchfolie, Cuttermesser, Spachtel, Holzstäbchen, pneumatische Wanne, Tiegelzange, Tuch
Chemikalien: kleine Aluminiumplatten, 20%ige Salzsäure, Kerzenwachs
Durchführung: Schneide zunächste die Folie auf die Größe der Aluminiumplatte zu und dann mithilfe des Cuttermessers ein Muster in die Folie. Beklebe die Aluminiumplatte mit der Folie. Beschichte eine andere Platte dünn mit flüssigem Kerzenwachs. Ritze nach dem Trocknen ein Muster in die Wachsschicht ein. Lege die präparierten Platten in die Wanne und bedecke sie knapp mit Salzsäure. Nach 30 min werden die Platten mit der Zange aus dem Säurebad genommen, mit Wasser abgespült und die Folie bzw. das Wachs entfernt. Poliere die Platten mit einem sauberen Tuch.
Auswertung: Notiere deine Beobachtungen und erkläre das Ergebnis.

2 Metalle reagieren mit Säuren

Geräte: 8 Reagenzgläser, Reagenzglasständer, Spatel
Chemikalien: Kupferblech, Magnesiumband, Zinkgranalie, Kupferoxid, 10%ige Salzsäure, 10%ige Essigsäure
Durchführung: Fülle in 4 Reagenzgläser jeweils 2 ml Salzsäure, in die anderen 4 Reagenzgläser dieselbe Menge Essigsäure.
Gib nun in das erste Reagenzglas mit der Salzsäure ein Stück Kupferblech, in das zweite Reagenzglas ein Stück Magnesiumband, in das dritte eine Zinkgranalie und in das vierte Reagenzglas eine Spatelspitze Kupferoxid.
Verfahre ebenso mit den 4 Reagenzgläsern, die Essigsäure enthalten.
Auswertung: Notiere deine Beobachtungen und erkläre das Ergebnis.

3 Zersetzende Wirkung auf Kalk

Geräte: Becherglas (50 ml), Mörser mit Pistill
Chemikalien: 10%ige Essigsäure oder 5%ige Citronensäure, Eierschalen, Calciumcarbonat
Durchführung: Zerkleinere die Eierschalen im Mörser zu Pulver. Fülle das Becherglas halb voll mit Säure und gib das Eierschalenpulver hinein. Führe den gleichen Versuch mit Calciumcarbonat durch.
Auswertung:
a Notiere und erkläre deine Beobachtungen.
b Plane ein einfaches Experiment, mit dem du das entstehende Gas nachweisen könntest.

4 Rostentfernung

Geräte: 3 Reagenzgläser, 3 Pipetten, 3 rostige Nägel, Pinzette
Chemikalien: Cola, 3%ige Phosphorsäure, 5%ige Salzsäure
Durchführung: Gib in das erste Reagenzglas Cola, ins zweite Phosphorsäure und ins dritte Salzsäure. Stelle in jedes Reagenzglas einen rostigen Nagel. Beobachte, wie sich die rostigen Nägel und die Farbe der Lösungen verändern. Nimm die Nägel danach vorsichtig mit der Pinzette aus den Reagenzgläsern, spüle sie mit Wasser ab und trockne sie mit einem sauberen Tuch.
Auswertung: Vergleiche die Fähigkeit der sauren Lösungen, Rost zu lösen.

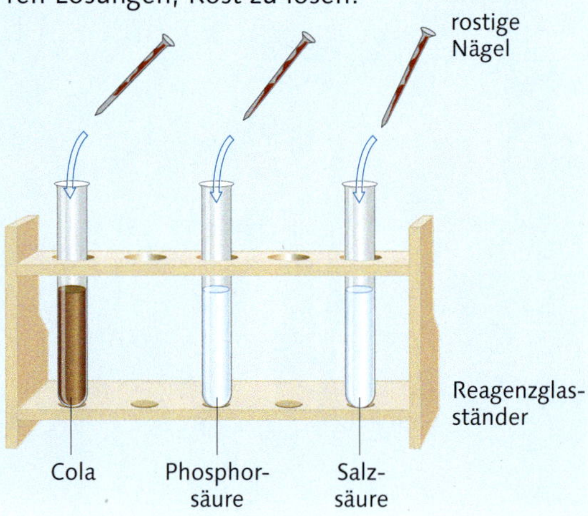

Weitergedacht Säuren und Salze

1 Natürlicher Kalkkreislauf

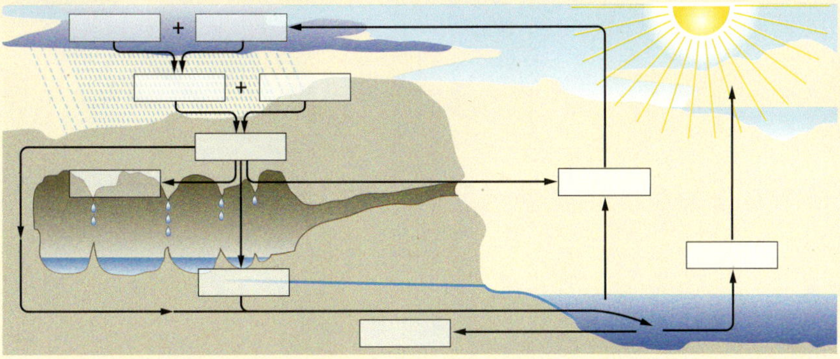

Kohlenstoffdioxid | Kalk | Wasser | Kohlensäure | Calciumhydrogencarbonat | Kalk | Kohlenstoffdioxid | Wasser | Kalk | Wasser

a □ Skizziere die Grafik in dein Heft und fülle die Lücken mit den Begriffen aus.

b ◪ Ordne den Begriffen folgende chemische Formeln zu: CO_2, H_2O, H_2CO_3, $CaCO_3$, $Ca(HCO_3)_2$.

c ◪ Folgende Reaktionsgleichungen sind im Kalkkreislauf von Bedeutung:

$H_2O + CO_2 \rightarrow H_2CO_3$

$H_2CO_3 + CaCO_3 \rightarrow Ca(HCO_3)_2$

$Ca(HCO_3)_2 \rightarrow CO_2 + H_2O + CaCO_3$

Welchen Stellen im Schaubild des Kalkkreislaufs müssen sie zugeordnet werden? Begründe.

d ■ Schreibe einen Text für ein Jugendlexikon, in dem der Kalkkreislauf altersgerecht erklärt wird.

e ■ Formuliere eine Anleitung für einen Versuch, mit dem du nachweisen kannst, dass der Regen durch den CO_2-Gehalt der Luft sauer wird.

2 Tropfsteine

Stalaktiten hängen runter, Stalagmiten stehen munter!

Stalagmites grow from the ground, stalactites come from the ceiling!

Im Laufe der Zeit bilden sich in Tropfsteinhöhlen Tropfsteine. Es gibt verschiedene Tropfsteinformen: die Stalaktiten und die Stalagmiten. Um sich ihre Bezeichnung besser merken zu können, haben sich Eselsbrücken bewährt.

◪ Erkläre die Eselbrücke und wie sich Stalagmiten und Stalaktiten bilden.

Ammoniak

1 *Ammoniak ist in Haushaltsreinigern enthalten.*

2 *In einem Kuhstall riecht es immer stark nach Ammoniak.*

3 *Haarfärbemittel enthalten häufig Ammoniak.*

Ammoniak und Ammoniak-Wasser Ammoniak ist ein farbloses, stechend riechendes und giftiges Gas mit der Formel NH_3. Wird Ammoniak in Wasser eingeleitet, bezeichnet man es als „Ammoniak-Wasser" oder Salmiakgeist. Es findet in Haushaltsreinigern, Fensterputzmitteln und Haarfärbeprodukten Verwendung. Bei diesen Produkten ist ein charakteristischer, stechender Geruch wahrnehmbar.

Reaktion von Ammoniak mit Wasser Leitet man Ammoniak in mit Universalindikator versetztes Wasser ein, findet ein Farbumschlag von Grün nach Blau statt. Es muss also eine Lauge entstanden sein. Wie kommt es zu der Blaufärbung? Beim Einleiten von Ammoniak in Wasser werden OH^--Ionen (Hydroxid-Ionen) gebildet.

4 *Molekülmodell von Ammoniak und Formel*

Ammoniak + Wasser
→ Ammonium-Ion + Hydroxid-Ion

$$NH_3 + H_2O \rightarrow NH_4^+ + OH^-$$

Es entsteht eine alkalische Lösung, die OH^--Ionen (Hydroxid-Ionen) enthält. Diese können mithilfe eines Indikators angezeigt werden.

Extra

Basen nehmen Protonen auf

Um das alkalische Verhalten einer Ammoniak-Lösung zu erklären, betrachtete BRÖNSTED auch hier die Übertragung von Protonen und stellte fest: Das Ammoniak-Molekül erhält ein Proton vom Wasser-Molekül. BRÖNSTED leitete daraus eine neue Definition ab: ein Teilchen, das Protonen aufnehmen kann, wird als Base bezeichnet. Es ist ein Protonenakzeptor (lat. *accipere:* aufnehmen).

Wasser-Moleküle können beides

Nach der Definition von BRÖNSTED kann das Wasser-Molekül sowohl eine Säure als auch eine Base sein: Gibt das Wasser-Molekül ein Proton ab, ist es damit eine Säure. Nimmt das Wasser-Molekül ein Proton auf, ist es nach BRÖNSTED gleichzeitig eine Base.

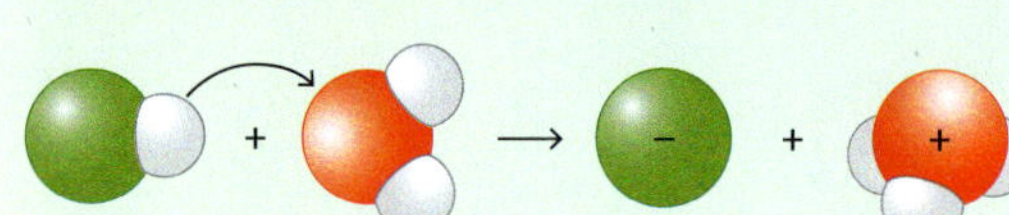

$$HCl + H_2O \longrightarrow Cl^- + H_3O^+$$

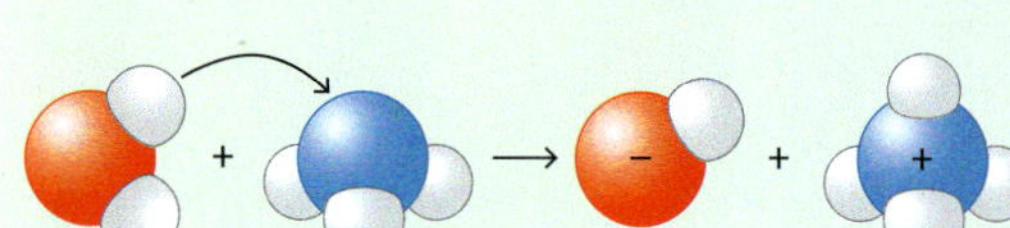

$$H_2O + NH_3 \longrightarrow OH^- + NH_4^+$$

5 *Ein großer Teil des produzierten Ammoniaks wird zu Düngemitteln verarbeitet.*

Vorkommen und Bedeutung von Ammoniak
In der Natur kommt Ammoniak überall dort vor, wo stickstoffhaltiges, pflanzliches und tierisches Material abgebaut wird, beispielsweise durch den Stoffwechsel von Rindern oder Pferden. Der Geruch von Ammoniak ist deshalb in Viehställen wahrnehmbar. Im Körper entsteht Ammoniak hauptsächlich beim Abbau von Eiweiß und Aminosäuren. Da es in größeren Mengen schädlich ist, wird Ammoniak in Leber und Nieren zu Harnstoff abgebaut und ausgeschieden. Ein erhöhter Ammoniakwert im Blut deutet auf eine Lebererkrankung hin.
Ammoniak ist eine der am meisten produzierten Chemikalien. Für die Industrie ist es ein wichtiger Grundstoff, der für die Herstellung von Kunststoffen und Farbstoffen verwendet wird. Der größte Bedarf besteht jedoch bei der Produktion von Düngemitteln aus Ammoniumsalzen.

Aufgaben
1 □ Fertige einen Steckbrief von Ammoniak an.
2 ◪ Begründe, warum das Indikatorpapier vor dem Nachweis von Ammoniak mit Wasser befeuchtet werden muss.
3 ◪ Erkläre den Unterschied zwischen einer Säure und einer Lauge.
4 ◪ Erläutere, warum ein erhöhter Ammoniakwert auf eine Lebererkrankung hinweist.
5 ■ Recherchiere, warum man zur Herstellung von Düngemitteln Ammoniak benötigt.

Extra Ammoniak-Synthese
Der deutsche Chemiker Fritz Haber (1868–1934) und der Ingenieur Carl Bosch (1874–1940) entwickelten zwischen 1905 und 1913 das nach ihnen benannte Haber-Bosch-Verfahren zur Herstellung von Ammoniak aus Stickstoff (N_2) und Wasserstoff (H_2). Beide erhielten hierfür einen Nobelpreis. Das durch das Verfahren gewonnene Ammoniak ermöglichte unter anderem eine gesteigerte Herstellung von Düngemitteln und somit eine deutliche Steigerung der landwirtschaftlichen Produktion.

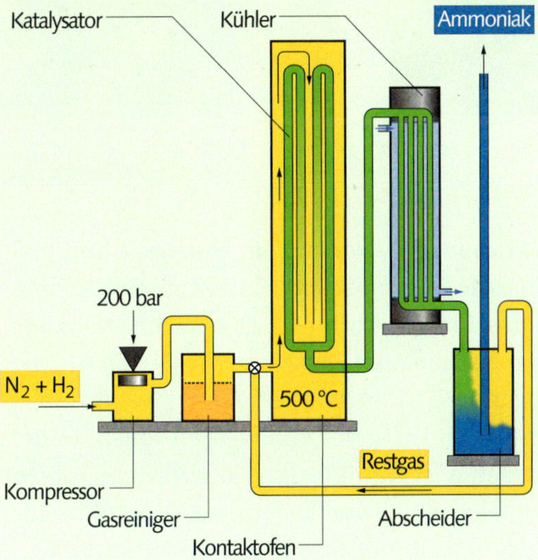

6 *Ammoniak-Synthese nach Haber-Bosch*

Folgende Bedingungen müssen nach dem Haber-Bosch-Verfahren erfüllt sein, um möglichst viel Ammoniak zu bilden: hohe Temperatur (550 °C), hoher Druck (150–250 bar), Überschuss an Stickstoff und ein Katalysator. Zunächst wird das Gasgemisch aus Wasserstoff und Stickstoff im Kompressor verdichtet. Anschließend wird es im Gasreiniger gereinigt. Schließlich kommt es im Kontaktofen zu der eigentlichen Reaktion. Im Reaktionsrohr wird das Gasgemisch unter hohem Druck auf bis zu 500 °C erhitzt, dabei strömt es an dem Katalysator vorbei und reagiert zu Ammoniakgas. Im Kühler wird das Ammoniakgas abgekühlt und im Abscheider wird es von Wasserstoff- und Stickstoffresten, die nicht reagiert haben, getrennt.

10

Natronlauge – eine alkalische Lösung

1 *Einige Verwendungen für Natronlauge*

Natronlauge – wichtig für Haushalt und Industrie Ob im Backofenspray oder im Abbeizmittel für alte Anstriche: Die ätzende Wirkung von Natronlauge wird überall dort genutzt, wo organische Stoffe wie Fette und Eiweißstoffe, aber auch Lacke zersetzt werden sollen. In der Industrie ist Natronlauge ein wichtiger Rohstoff zur Herstellung von Seifen und Waschmitteln. In der Papierindustrie werden die Papierrohstoffe in der Lauge aufgeweicht und gekocht.

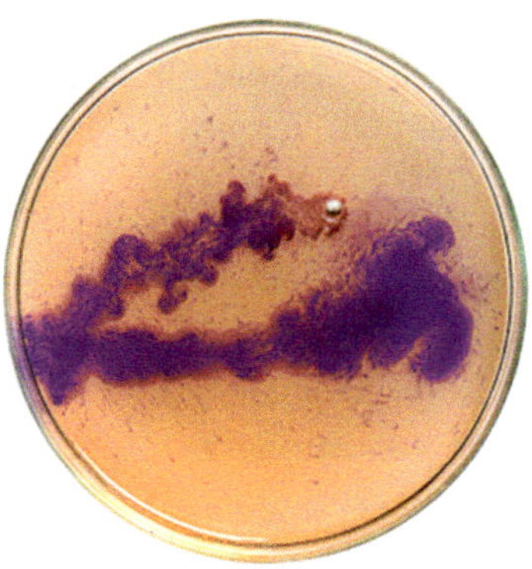

2 *Natrium reagiert mit Wasser zu Natronlauge und Wasserstoff.*

Alkalimetalle und Erdalkalimetalle reagieren mit Wasser Gibt man etwas Natrium in Wasser, so ist eine heftige, stark exotherme Reaktion zu beobachten. Das Natrium bewegt sich mit zischendem Geräusch über die Wasseroberfläche, dabei ist manchmal eine kleine Flamme zu erkennen. Wird dem Wasser Universalindikator zugefügt, färbt sich die entstehende Lösung blau. Dies zeigt an, dass eine alkalische Lösung entstanden ist: die Natronlauge. Außerdem wird gasförmiger Wasserstoff gebildet, der sich aufgrund der Wärmeentwicklung entzündet.

Natrium + Wasser $\rightarrow$ Natronlauge + Wasserstoff

$2\,Na + 2\,H_2O \rightarrow 2\,Na^+ + 2\,OH^- + H_2$

Ähnlich wie Natrium reagieren auch die anderen Alkalimetalle wie Kalium und Lithium mit Wasser. Erdalkalimetalle wie Magnesium und Calcium reagieren ebenfalls mit Wasser zu Laugen.

Alkalimetalle und Erdalkalimetalle reagieren mit Wasser zu Laugen und Wasserstoff.

Vom Natriumhydroxid zur Natronlauge
Dampft man Natronlauge ein, so erhält man einen kristallinen weißen Stoff: Natriumhydroxid (NaOH). Es gehört zur Gruppe der Metallhydroxide.
Im Labor wird es meist in Form von Natriumhydroxid-Plätzchen verwendet. Natronlauge kann auch aus festem Natriumhydroxid hergestellt werden. Dazu löst man beispielsweise 5 g Natriumhydroxid in 95 g destilliertem Wasser. Dabei wird Wärme frei und eine 5%ige Natriumhydroxid-Lösung (5%ige Natronlauge) entsteht.

Natronlauge ist eine alkalische Lösung von Natriumhydroxid in Wasser.

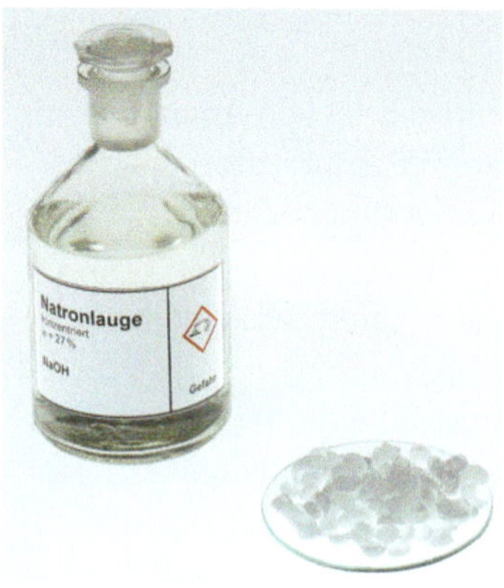

3 *Natriumhydroxid-Plätzchen und daraus hergestellte Natronlauge*

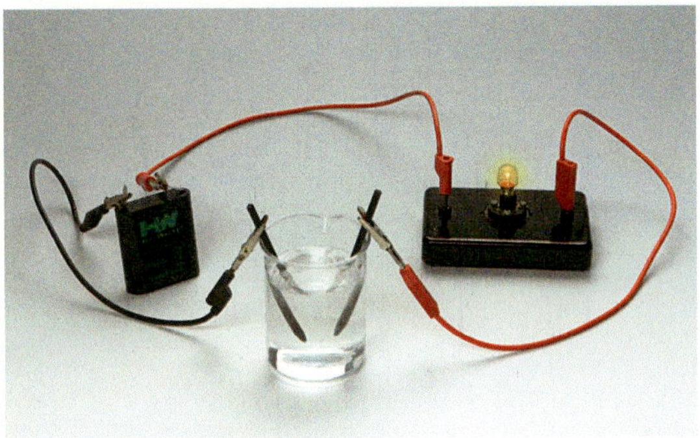

4 *Natronlauge ist ein elektrischer Leiter.*

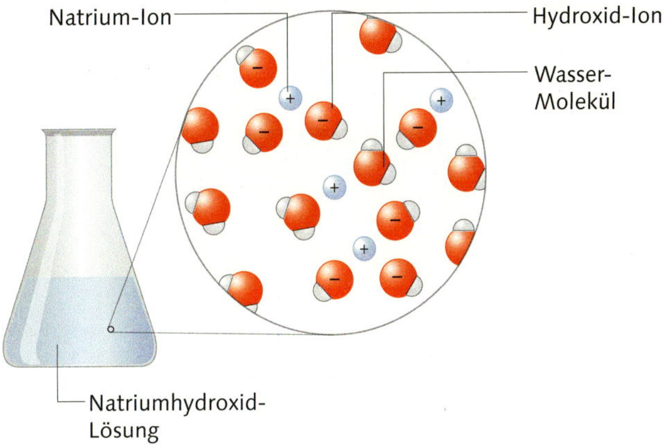

5 *Ionen in der Natronlauge*

Natronlauge leitet den Strom Festes Natriumhydroxid zeigt keine elektrische Leitfähigkeit. Wird dagegen Natriumhydroxid in Wasser gelöst, so leitet diese Lösung den elektrischen Strom. In alkalischen Lösungen wie der Natronlauge müssen daher frei bewegliche Ionen als elektrische Ladungsträger vorhanden sein.
Im festen Natriumhydroxid sind die Ionen im Gitter gebunden. Im Wasser zerfällt das Ionengitter in positiv geladene Metall-Ionen und negativ geladene Hydroxid-Ionen (OH^--Ionen).

Natriumhydroxid → Natrium-Ion + Hydroxid-Ion
$NaOH \rightarrow Na^+ + OH^-$

Alkalische Lösungen enthalten Hydroxid-Ionen. Diese sind für die alkalischen Eigenschaften verantwortlich und bewirken die charakteristischen Farbänderungen bei Indikatoren.

Alkalische Lösungen enthalten Hydroxid-Ionen (OH^--Ionen). Diese Ionen bewirken die Farbänderungen bei Indikatoren.

Metallhydroxid		**Ionen in der alkalischen Lösung**	
Name	**Formel**	**Metall-Ion**	**Hydroxid-Ion**
Natrium-hydroxid	$NaOH$	Na^+	OH^-
Kalium-hydroxid	KOH	K^+	OH^-
Calcium-hydroxid	$Ca(OH)_2$	Ca^{2+}	$2\ OH^-$
Magnesium-hydroxid	$Mg(OH)_2$	Mg^{2+}	$2\ OH^-$

Tab. 1 *Zusammensetzung von Metallhydroxiden aus Ionen*

Laugen aus Metalloxiden Auch Metalloxide bilden bei der Reaktion mit Wasser Hydroxid-Ionen. Calciumoxid reagiert mit Wasser stark exotherm zu Calciumhydroxid-Lösung (Kalkwasser), das auch zum Nachweis von Kohlenstoffdioxid dient.

Calciumoxid + Wasser → Calcium-Ion + Hydroxid-Ionen
$CaO + H_2O \rightarrow Ca^{2+} + 2\ OH^-$

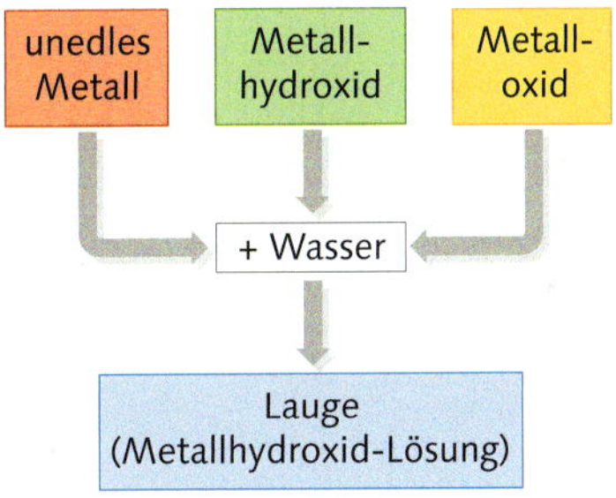

6 *Drei Möglichkeiten, eine Lauge (Metallhydroxid-Lösung) herzustellen*

Aufgaben

1 □ Nenne drei Eigenschaften von Natronlauge und gib drei Verwendungsmöglichkeiten an.

2 ◪ Gib an, was man unter einer alkalischen Lösung versteht.

3 ■ Formuliere die Reaktionsgleichung der Reaktion von Calcium mit Wasser. Wie heißen die Reaktionsprodukte?

4 ◪ Feste Metallhydroxide leiten den elektrischen Strom nicht, ihre wässrigen Lösungen dagegen schon. Begründe.

5 ■ Ein verkalkter Wasserkocher und ein angebranntes Backblech sollen gereinigt werden. Begründe, welchen Inhaltsstoff ein geeigneter Reiniger jeweils haben muss.

Neutralisation

1 *Warum verwendet man neben dem alkalischen Reiniger im Geschirrspüler auch sauren Klarspüler?*

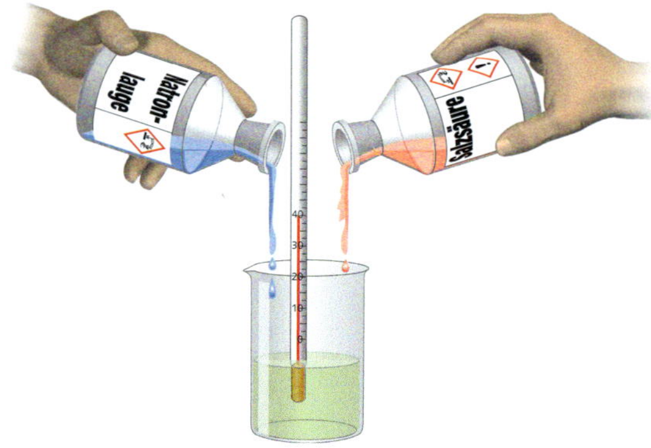

3 *Neutralisation von Natronlauge mit Salzsäure – das Thermometer zeigt eine Temperaturerhöhung an.*

Neutral statt sauer und alkalisch Haushaltschemikalien und Abwässer von Industrie und Chemielabors enthalten oft saure oder alkalische Lösungen. So ist beispielsweise der in der Geschirrspülmaschine verwendete Reiniger alkalisch, damit sich Essensreste gut vom Geschirr ablösen. Der Reiniger hinterlässt auf dem Geschirr einen weißen Belag, besonders bei Gläsern ist das gut sichtbar. Deshalb verwendet man in der Spülmaschine Klarspüler. Er enthält eine Säure. Diese hebt die alkalische Wirkung des Reinigers auf, die Lösung wird neutralisiert. Solche Lösungen, die weder sauer noch alkalisch sind, werden als neutral bezeichnet.

Sauer, alkalisch oder neutral? Der pH-Wert zeigt an, wie stark sauer oder alkalisch eine Lösung ist. *Saure Lösungen* haben einen pH-Wert, der kleiner als 7 ist. Dafür sind die H_3O^+-Ionen verantwortlich. Die Anzahl der H_3O^+-Ionen gibt an, welcher pH-Wert vorliegt. Eine Lösung mit einem pH-Wert von 4 enthält zehnmal so viele H_3O^+-Ionen wie die gleiche Menge der Lösung mit einem pH-Wert von 5.
Alkalische Lösungen haben einen pH-Wert, der größer als 7 ist. Dafür sind die OH^--Ionen verantwortlich. Auch hier gilt: Eine Lösung mit pH = 14 hat zehnmal mehr OH^--Ionen als die gleiche Menge der Lösung mit pH = 13.
Für die Herstellung von Lösungen mit unterschiedlichem pH-Wert sind diese Zehnerschritte wichtig: Möchte man eine saure Lösung mit pH = 4 auf pH = 5 verdünnen, so füllt man auf die zehnfache Menge mit Wasser auf.
Bei pH = 7 ist die Lösung *neutral,* es liegen genauso viele H_3O^+- wie OH^--Ionen vor. Dies ist beispielsweise bei destilliertem Wasser der Fall.

Neutralisationsreaktion Wenn Salzsäure und Natronlauge in einem Gefäß gemischt werden, erwärmt sich die Lösung. Dies zeigt an, dass eine exotherme Reaktion abläuft. Versetzt man die Säure und die Lauge vorher jeweils mit Universalindikator, sieht man an der Farbänderung nach Grün, dass eine neutrale Lösung entstanden ist (Bild 3).

Die Neutralisation ist eine Reaktion, bei der eine saure Lösung mit einer alkalischen Lösung reagiert. Dabei wird Wärme frei.

pH-Wert	0	1	2	3	4	5	6	7	8	9	10	11	12	13	14
Eigenschaft der Lösung	stark sauer				schwach sauer			neutral	schwach alkalisch			stark alkalisch			
Welche Ionen überwiegen ?	Anzahl an H_3O^+-Ionen nimmt zu. ←								Anzahl an OH^--Ionen nimmt zu. →						

2 *pH-Wert-Skala*

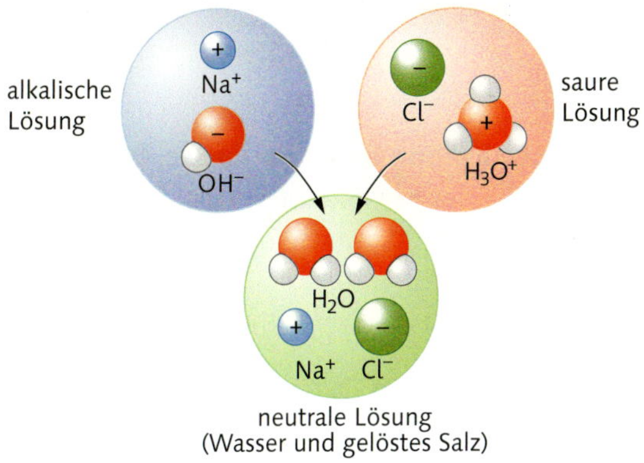

4 *Neutralisationsreaktion auf Teilchenebene*

Salz wird gebildet Nach dem Eindampfen der neutralen Lösung bleibt ein weißer Feststoff übrig. Es handelt sich um ein Salz. Bei der Neutralisation verbinden sich die Oxonium-Ionen der sauren Lösung mit den Hydroxid-Ionen der alkalischen Lösung zu Wasser-Molekülen.

$H_3O^+ + OH^- \rightarrow 2\,H_2O$

Die Säurerest-Ionen der sauren und die Metall-Ionen der alkalischen Lösung bilden das Salz.

Beispiel:

Natronlauge + Salzsäure-Lösung → Natriumchlorid + Wasser

$Na^+ + OH^- + H_3O^+ + Cl^- \rightarrow Na^+ + Cl^- + 2\,H_2O$

Bei der Neutralisation reagieren eine saure und eine alkalische Lösung zu Salz und Wasser.

saure Lösung + alkalische Lösung → Salz + Wasser

Aufgaben

1 Formuliere das Reaktionsschema in Worten sowie die Reaktionsgleichung für die Neutralisation und benenne das gebildete Salz.
   a ◪ Natronlauge mit Schwefelsäure
   b ◪ Kalilauge (KOH) mit Salpetersäure (HNO_3)

2 ■ Überlege, wie man Kaliumfluorid durch Neutralisation herstellen könnte. Stelle die Reaktionsgleichung auf.

3 ■ Es soll konzentrierte Salzsäure entsorgt werden. Beurteile, ob sie in den Abfluss gegeben werden kann. Schlage gegebenenfalls einen sicheren Entsorgungsweg vor und begründe.

Extra Neutralisation von Abwässern

In einer Kläranlage werden die Abwässer von Industriebetrieben und Haushalten stufenweise gereinigt, bevor sie in Bäche und Flüsse geleitet werden. In der biologischen Reinigungsstufe wandeln Mikroorganismen schädliche organische Stoffe in ungefährliche um. Die im Haushalt oder in der Industrie anfallenden Abwässer sind meistens sauer oder alkalisch. Größere Schwankungen des pH-Wertes können die Mikroorganismen jedoch schädigen. Liegt der pH-Wert nicht im neutralen Bereich, muss das Abwasser vor dem Eintritt in die biologische Reinigung durch Zugabe von Säure oder Lauge neutralisiert werden.

Saures Wasser kann mit Calciumhydroxid-Lösung neutralisiert werden. Salzsäure oder Schwefelsäure dienten früher zur Neutralisation von alkalischen Abwässern. Mittlerweile wurde jedoch ein neues, umweltschonenderes Verfahren entwickelt, bei dem das Wasser mit Kohlenstoffdioxid (CO_2) versetzt wird. Die dabei entstehende Kohlensäure neutralisiert die Laugen zu Wasser und umweltverträglichen Carbonaten oder Hydrogencarbonaten.

Beispiel: Neutralisation von Natronlauge

1. Schritt

$2\,NaOH + H_2CO_3 \rightarrow 2\,H_2O + Na_2CO_3$

Natriumcarbonat

2. Schritt

$Na_2CO_3 + H_2CO_3 \rightarrow 2\,NaHCO_3$

Natriumhydrogencarbonat

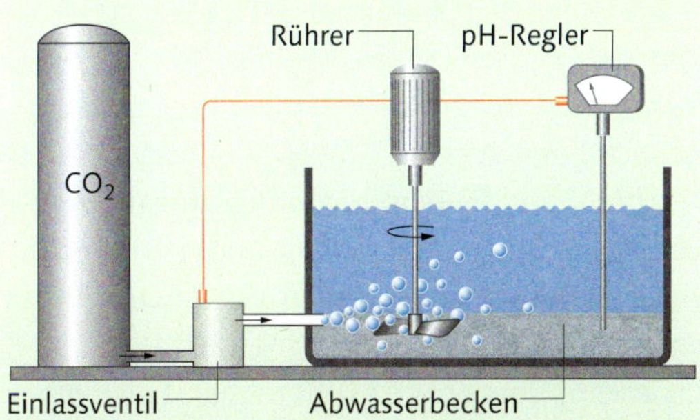

5 *Verfahrensschema zur Neutralisation alkalischer Abwässer mit CO_2*

10

Praxis Neutralisation und Laugen

1 Titration von Natronlauge

Geräte: Messzylinder, 3 Erlenmeyerkolben (100 ml), Spritze (30 ml), Tropfpipette

Chemikalien: Natronlauge in 3 verschiedenen Konzentrationen ($c = 0{,}2\,\frac{\text{mol}}{\text{l}}$, $0{,}4\,\frac{\text{mol}}{\text{l}}$, $0{,}6\,\frac{\text{mol}}{\text{l}}$), Salzsäure ($c = 0{,}4\,\frac{\text{mol}}{\text{l}}$), Universalindikator

Durchführung: Miss mit dem Messzylinder 20 ml Natronlauge einer Konzentration ab und fülle sie in einen Erlenmeyerkolben. Gib 3 Tropfen Universalindikator dazu. Sauge mit der Spritze 10 ml Salzsäure auf. Gib in 1-ml-Schritten Salzsäure zur Natronlauge hinzu. Schwenke nach jeder Zugabe den Erlenmeyerkolben um und beobachte, ob eine Farbänderung stattfindet. Verfärbt sich die Indikatorlösung von Blau nach Grün, ist die Lösung neutral und der Versuch ist beendet. Titriere ebenso auch die Natronlauge mit den anderen Konzentrationen.

Auswertung: Notiere jeweils den Verbrauch an Salzsäure.

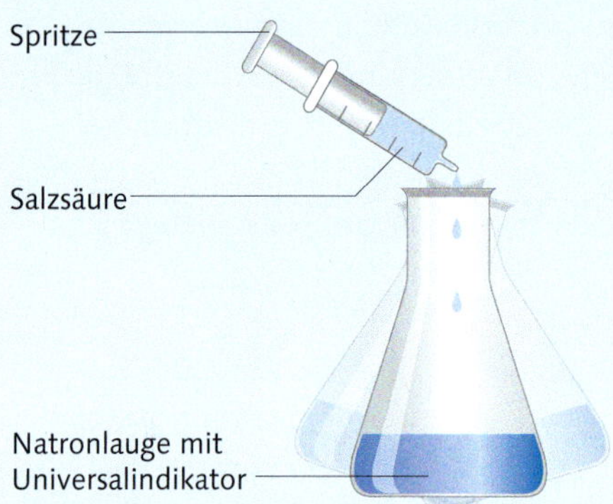

2 Neutralisation in der Spülmaschine

Geräte: 2 Erlenmeyerkolben (100 ml), Pasteurpipette (3 ml), 2 Spritzen (30 ml), Spatel, Messzylinder (50 ml)

Chemikalien: Spülmaschinenreiniger, Klarspüler, Wasser, Universalindikator

Durchführung: Fülle in den ersten Erlenmeyerkolben 50 ml Wasser, 3 Spatelspitzen Spülmaschinenreiniger und 3 ml Universalindikator. In den zweiten Erlenmeyerkolben füllst du 50 ml Wasser und 5 ml Klarspüler. Gib nun in 1-ml-Schritten die Klarspülerlösung in den Erlenmeyerkolben mit dem Spülmaschinenreiniger und dem Universalindikator.

Auswertung: Notiere die Farben und pH-Werte der Lösungen und benenne sie als sauer, alkalisch oder neutral. Notiere, wie viel ml Klarspüler notwendig sind, bis die Reinigerlösung neutralisiert ist. Erläutere, welche Funktionen Reiniger und Klarspüler besitzen.

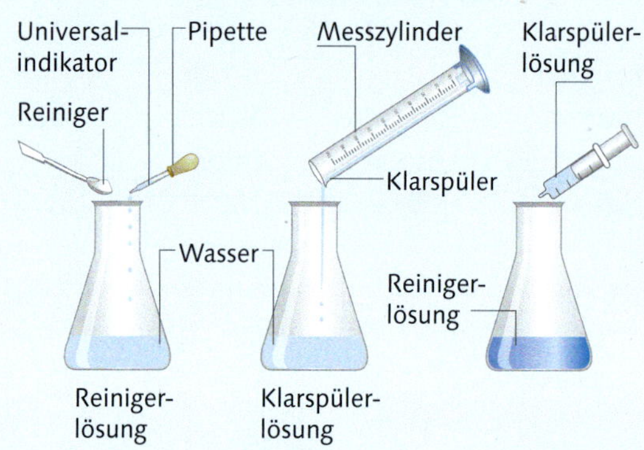

3 Herstellen von Laugen

Geräte: Reagenzglasständer, 2 Reagenzgläser, Spatel, Spritzflasche, Gasbrenner

Chemikalien: Magnesium (Pulver), Calcium (gekörnt), Wasser, Universalindikator

Durchführung: Fülle in beide Reagenzgläser jeweils etwa 3 cm hoch Wasser und 4 Tropfen Universalindikator. Gib in das erste Reagenzglas eine kleine Spatelspitze Magnesiumpulver, in das zweite Reagenzglas 2 Körnchen Calcium. Beobachte sofort! Erwärme vorsichtig (mit kleiner Flamme) mit dem Gasbrenner, falls keine sichtbare Reaktion stattfindet.

Auswertung: Notiere die Farbe des Universalindikators vor und nach der Zugabe des Metalls. Notiere außerdem deine weiteren Beobachtungen. Mache Aussagen zur Reaktionsheftigkeit der beiden Metalle und begründe diese. Notiere jeweils die Reaktionsgleichung.

1 Sodbrennen

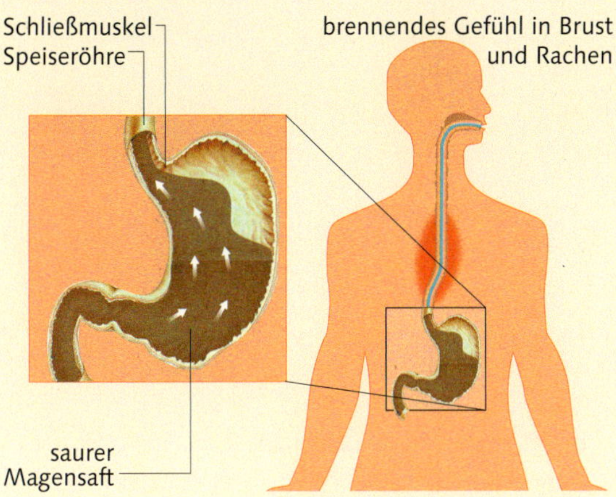

Viele Menschen leiden unter sogenanntem Sodbrennen. Hierfür ist die Magensäure verantwortlich, die aus etwa 0,5%iger Salzsäure besteht. Wird zu viel von dieser Säure produziert, kann sie bei nicht richtig funktionierendem Schließmuskel in die Speiseröhre gelangen und diese unangenehm reizen. Ein brennendes Gefühl in Brust und Rachen ist die Folge.

a □ Beschreibe anhand der Grafik, wie Sodbrennen entsteht.

b ◪ Erkläre, warum man auf bestimmte Lebensmittel wie fettes Essen, Kaffee oder Cola verzichten sollte, um Sodbrennen zu vermeiden.

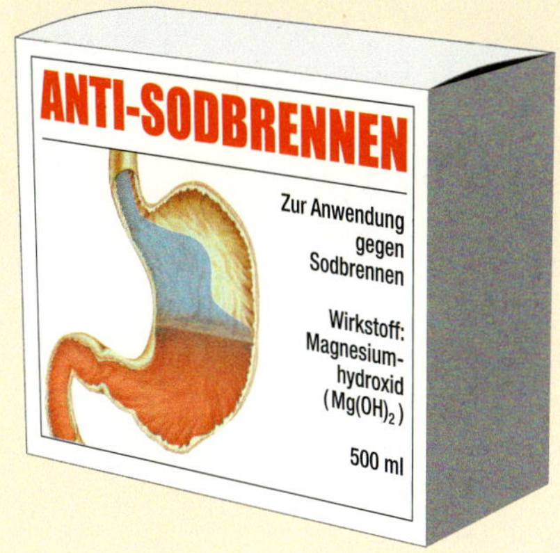

In der Apotheke gibt es ein Medikament zum Einnehmen gegen Sodbrennen.

c ■ Erkläre die Wirkung des Medikaments gegen Sodbrennen. Stelle hierzu die Reaktionsgleichung auf.

d ◪ Deute die Farben, mit denen der Magen auf der Verpackung gestaltet wurde.

e ■ Ein altbewährtes Haushaltsmittel, das man gegen Sodbrennen einnehmen kann, ist Natron (Natriumhydrogencarbonat). Die Einnahme verursacht jedoch oft eine verstärkte Gasansammlung im Magen-Darm-Trakt. Begründe diese Nebenwirkung durch Aufstellen einer Reaktionsgleichung.

2 Rohrfrei Kraftgranulat

a □ Welcher der Inhaltsstoffe ist für die schmutzauflösende Wirkung im Rohrreiniger verantwortlich? Begründe.

b ◪ Auf der Flasche sind Sicherheitshinweise für den Umgang mit dem Reiniger angegeben. Begründe ihre Notwendigkeit.

1-2-3, Rohre frei
wirkt sekundenschnell,
löst selbst Haare und Essenreste auf!

Inhaltsstoffe: Natriumhydroxid, organische Stoffe, Hilfsstoffe

Sicherheitshinweise:
1. Behälter trocken und dicht aufbewahren.
2. Bei Berührung mit der Haut sofort mit viel Wasser abwaschen.

…

Extra Massenanteil und Stoffmengenkonzentrationen

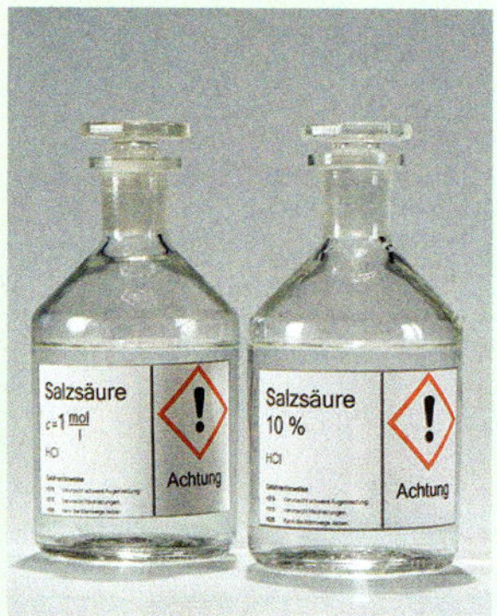

1 *Zwei Möglichkeiten, das Mischungsverhältnis von Chlorwasserstoff und Wasser anzugeben: als Massenanteil (10 %) oder als Stoffmengenkonzentration ($c = 1\ \frac{mol}{l}$)*

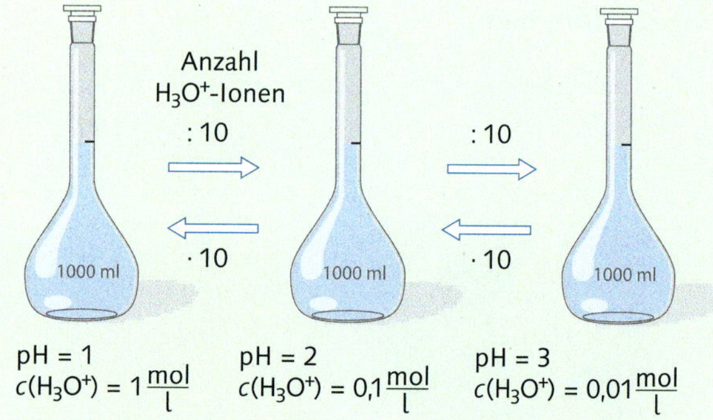

2 *pH-Wert der Lösung und Konzentration an H_3O^+-Ionen*

Massenanteil Auf Chemikalienflaschen wird das Mischungsverhältnis oft in Prozent angegeben. Dies ist der Massenanteil eines Stoffes bezogen auf die Masse der gesamten Mischung.
Beispiele:
In 100 g einer 10%igen Salzsäure sind 10 g Chlorwasserstoff in 90 g Wasser gelöst.
In 100 g einer 5%igen Natronlauge sind 5 g Natriumhydroxid und 95 g Wasser enthalten.

$$\text{Massenanteil} = \frac{\text{Masse (gelöster Stoff)}}{\text{Masse (Stoffgemisch)}} \cdot 100\,[\%]$$

Stoffmengenkonzentration Mithilfe der Stoffmengenkonzentration kannst du die Stärke einer sauren Lösung beurteilen, denn sie ist abhängig von der Anzahl der H_3O^+-Ionen in einem bestimmten Volumen. Bei alkalischen Lösungen ist die Stärke der Lösung abhängig von der Anzahl der OH^--Ionen in einem bestimmten Volumen. Das Zählmaß des Chemikers ist die Stoffmenge, das Mol. Sie gibt die Anzahl der Teilchen in einer Stoffportion an. Die Konzentration einer Lösung wird durch die Stoffmenge des gelösten Stoffes in einem gegebenen Volumen bestimmt. Sie heißt Stoffmengenkonzentration c und wird in mol pro Liter ($\frac{mol}{l}$) angegeben. In 1 Liter einer Salzsäure-Lösung mit der Stoffmengenkonzentration $c = 1\ \frac{mol}{l}$ sind also 1 mol an H_3O^+-Ionen enthalten.

Für den pH-Wert von Lösungen heißt das: Eine saure Lösung mit pH = 1 enthält 10-mal so viele H_3O^+-Ionen wie die gleiche Menge einer Lösung mit pH = 2, 100-mal so viele wie bei pH = 3, 1000-mal so viele wie bei pH = 4 usw.

Herstellen einer Maßlösung Um Natronlauge mit einer Stoffmengenkonzentration von $c = 1\ \frac{mol}{l}$ herzustellen, gehst du folgendermaßen vor:
1. Du benötigst 1 mol der Verbindung Natriumhydroxid, das sind 40 g.
   Hinweis: 1 mol NaOH hat die Masse:
   23 g (Na) + 16 g (O) + 1 g (H) = 40 g (NaOH).
2. Wiege 40 g Natriumhydroxid-Plätzchen ab.
3. Gib das Natriumhydroxid in einen Messkolben und fülle diesen mit destilliertem Wasser auf genau 1 Liter auf.

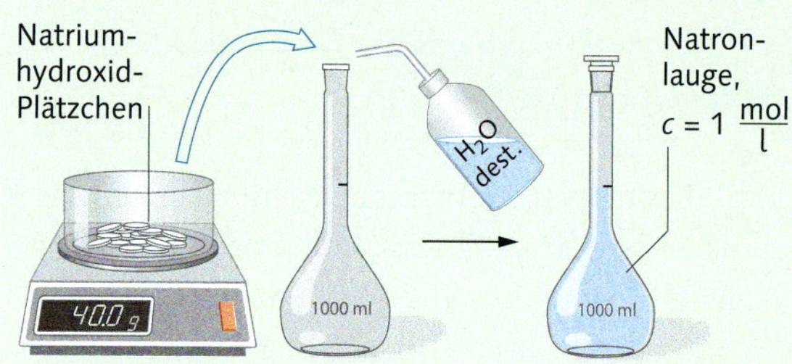

3 *Herstellen einer Natronlauge mit $c = 1\ \frac{mol}{l}$*

Aufgaben

1 Es sollen zwei Lösungen hergestellt werden. Stelle dar, wie du vorgehst:
a □ 10%ige Citronensäure-Lösung aus fester Citronensäure
b ◪ Kalilauge mit $c = 0{,}5\ \frac{mol}{l}$ aus Kaliumhydroxid

2 Beschreibe, wie du beim Herstellen folgender Maßlösungen vorgehst:
a ■ 500 ml einer Natronlauge mit $c = 0{,}3\ \frac{mol}{l}$
b ■ 200 ml einer 10%igen Natronlauge

3 ◪ Gib an, wie du 10 ml Salzsäure mit pH = 1 so verdünnst, dass pH = 6 erreicht wird.

Methode Titration

Unbekannte Konzentrationen ermitteln Im Labor ist es immer wieder notwendig, die Konzentration von Säuren oder Laugen zu ermitteln. Dies gelingt mithilfe der Titration, bei der die Konzentration einer unbekannten Lösung (z. B. einer Säure) mittels einer Maßlösung mit bekannter Konzentration (z. B. einer Lauge) bestimmt wird. Diese Methode wird deshalb auch Maßanalyse genannt.
Sie beruht auf der Neutralisation. Dabei wird die Tatsache genutzt, dass H_3O^+-Ionen der sauren Lösung und OH^--Ionen der alkalischen Lösung sich neutralisieren, wenn sie in gleicher Konzentration vorliegen. Ein zugesetzter Indikator in der Probelösung zeigt an, wenn die Lösung neutral geworden und das Ende der Titration erreicht ist. Dann wird das Volumen der verbrauchten Maßlösung notiert und die Konzentration der Probelösung kann berechnet werden.

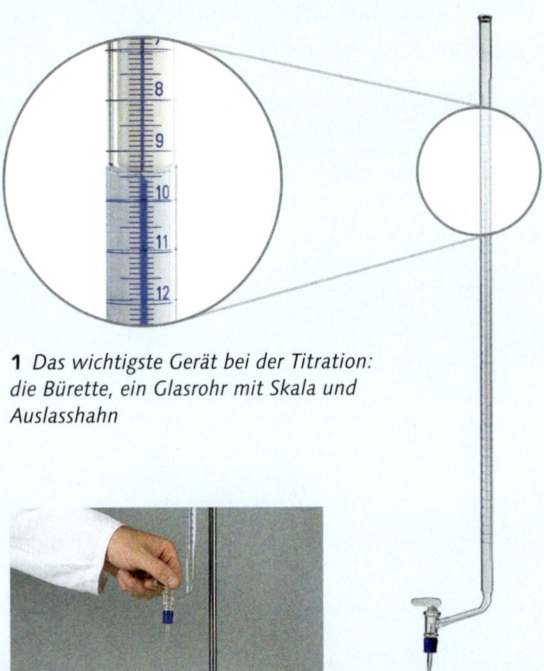

1 *Das wichtigste Gerät bei der Titration: die Bürette, ein Glasrohr mit Skala und Auslasshahn*

2 *Farbumschlag des Indikators bei der Neutralisation*

Vorgehen beim Titrieren:

1. Fülle die Bürette mit einer Lösung bekannter Konzentration (Maßlösung).
2. Lass die Maßlösung so weit in ein leeres Becherglas ab, bis die Eichmarke auf der Bürette erreicht ist. Notiere den Anfangsstand.
3. Miss ein bestimmtes Volumen der Probelösung ab. Fülle sie in einen Erlenmeyerkolben und versetze sie mit Universalindikator.
4. Gib die Maßlösung tropfenweise in die Probelösung mit unbekannter Konzentration. Bewege die Probelösung dabei ständig.
5. Schlägt die Farbe des Universalindikators nach Grün um, ist die Neutralisation erreicht.
6. Lies den Endstand an der Bürette ab und notiere, wie viel Maßlösung verbraucht wurde.
7. Errechne mithilfe der Gleichung die Stoffmengenkonzentration der Probelösung.

Gleichung:

$$c\,(\text{Säure}) = \frac{c\,(\text{Lauge}) \cdot V\,(\text{Lauge})}{V\,(\text{Säure})}$$

Beispiel:
Stoffmengenkonzentration der Natronlauge (Maßlösung):
$c\,(\text{NaOH}) = 0{,}1\ \frac{\text{mol}}{\text{l}}$
Volumen der verbrauchten Natronlauge:
$V\,(\text{NaOH}) = 30\ \text{ml}$
Volumen der Salzsäure (Probelösung):
$V\,(\text{HCl}) = 15\ \text{ml}$
Stoffmengenkonzentration der Salzsäure:
$c\,(\text{HCl}) = ?\ \frac{\text{mol}}{\text{l}}$

$$c\,(\text{HCl}) = \frac{0{,}1\ \frac{\text{mol}}{\text{l}} \cdot 30\ \text{ml}}{15\ \text{ml}}$$

$$c\,(\text{HCl}) = 0{,}2\ \frac{\text{mol}}{\text{l}}$$

Die Probelösung (Salzsäure) besitzt eine Stoffmengenkonzentration von $c = 0{,}2\ \frac{\text{mol}}{\text{l}}$.

Teste dich!

1 Säuren und saure Lösungen haben in der Chemie und im Alltag große Bedeutung.
a □ Nenne drei Eigenschaften einer sauren Lösung.
b ◪ Gib vier Beispiele für eine Säure an.
c ■ Gib die typischen Teilchen einer sauren Lösung an und erläutere, wie sie entstehen.

2 ◪ Erläutere an einem selbst gewählten Beispiel, wie du saure und alkalische Lösungen nachweisen kannst.

3 ◪ Erläutere den Unterschied zwischen Chlorwasserstoff und Salzsäure.

4 ◪ Erkläre, warum Salzsäure elektrisch leitfähig ist.

5 ■ Säuren bilden Salze. Nenne die verschiedenen Möglichkeiten der Salzbildung und stelle dazu jeweils eine Reaktionsgleichung auf.

6 ◪ Beschreibe die einzelnen Schritte der Herstellung von Schwefelsäure und erstelle die Reaktionsgleichungen hierzu.

7 Laugen haben in der Chemie und im Alltag große Bedeutung.
a □ Nenne 2 Beispiele für Laugen. Welche Eigenschaften haben sie?
b ◪ Gib 3 Möglichkeiten an, eine Lauge zu bilden.
c ■ Gib die typischen Teilchen einer Lauge an und erläutere, wie sie entstehen.

8 ◪ Erläutere, welche Informationen über Lösungen dem pH-Wert zu entnehmen sind.

9 ◪ Beschreibe die Reaktion von Natrium und Wasser und stelle die Reaktionsgleichung auf.

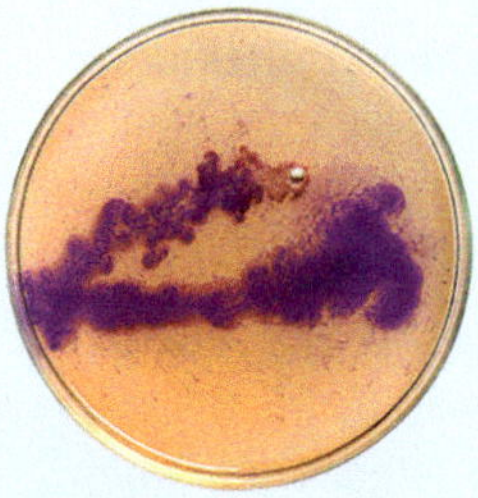

1 *Zu Aufgabe 9*

10 ◪ Begründe, warum ein angefeuchtetes Universalindikatorpapier, das in Ammoniakgas gehalten wird, eine blaue Färbung annimmt.

11 Natronlauge und Salzsäure reagieren, wenn sie gemischt werden.
a ◪ Stelle die Reaktionsgleichung auf.
b ◪ Gib den Reaktionstyp an, der dieser Reaktion zugrunde liegt, und formuliere eine allgemeingültige Definition.

12 ◪ Nenne zwei Neutralisationsreaktionen aus unserem Alltag und erkläre sie.

Aufgabe	Hilfe findest du auf Seite …
1	216, 218, 222–228
2	218
3	222/223
4	222/223
5	228
6	226
7	217, 218, 234/235
8	236
9	234
10	232
11	236/237
12	236, 239
… und die Lösungen findest du im Anhang.	

Im Überblick

Zitronen schmecken bekanntlich sauer. Laugenbrezeln bekommen durch Natronlauge eine appetitliche braune Oberfläche. Aber auch in Getränken, Lebensmitteln, Waschmitteln, in Pflanzen oder in technischen Geräten und Industrieprodukten begegnen uns Säuren und Laugen. Selbst in unserem Körper spielen sie eine wichtige Rolle, beispielsweise in der Magensäure oder auf der Haut. Säuren und Laugen besitzen jeweils einen typischen pH-Wert und können durch Indikatoren nachgewiesen werden.

Säuren
- *Beispiel*: Chlorwasserstoff, Formel: HCl
- bilden mit Wasser saure Lösungen

Saure Lösungen
- *Beispiel*: Chlorwasserstoff in Wasser gelöst = „Salzsäure", verkürzte Formel: HCl
- wässrige Lösungen, die Oxonium-Ionen (H_3O^+-Ionen) und Säurerest-Ionen enthalten
  Beispiel: $HCl + H_2O \rightarrow H_3O^+ + Cl^-$
- Eigenschaften: saurer Geschmack (*Achtung*: Gefahr!); verändern Farbe von Indikatoren; leiten den elektrischen Strom; reagieren mit unedlen Metallen, Metalloxiden und Kalk

Alkalische Lösungen
- *Beispiel*: Natriumhydroxid in Wasser gelöst = Natronlauge, verkürzte Formel: NaOH
- wässrige Lösungen, die Hydroxid-Ionen (OH^--Ionen) und Metall-Ionen enthalten
  Beispiel: $NaOH \rightarrow Na^+ + OH^-$
- Eigenschaften: fühlen sich seifig an (*Achtung*: Gefahr!); verändern Farbe von Indikatoren; leiten den elektrischen Strom

pH-Wert
- zeigt an, wie stark sauer oder alkalisch eine Lösung ist – oder ob sie neutral ist

Säuren bilden Salze
- Säuren reagieren mit unedlen Metallen zu Salz und Wasserstoff. Mit Metalloxiden reagieren sie zu Salz und Wasser.

Indikatoren
- Indikatoren zeigen durch ihre Farbe an, ob eine Lösung sauer, alkalisch oder neutral ist.
  Beispiele: Phenolphthalein, Lackmus, Universalindikator, Rotkohlsaft

Neutralisation
- chemische Reaktion einer sauren mit einer alkalischen Lösung
- Säure + Lauge → Salz + Wasser
- Die H_3O^+-Ionen der sauren Lösung und die OH^--Ionen der alkalischen Lösung reagieren zu Wasser-Molekülen. Die Neutralisationsreaktion verläuft exotherm.
  $H_3O^+ + OH^- \rightarrow 2\ H_2O$ | exotherm

10

pH-Wert-Skala

Lösung	sauer	neutral	alkalisch
charakteristische Teilchen	Oxonium-Ionen H_3O^+	Wasser-Moleküle H_2O	Hydroxid-Ionen OH-
pH-Wert	< 7	7	> 7
Universalindikator			

11 Chemische Energiespeicher

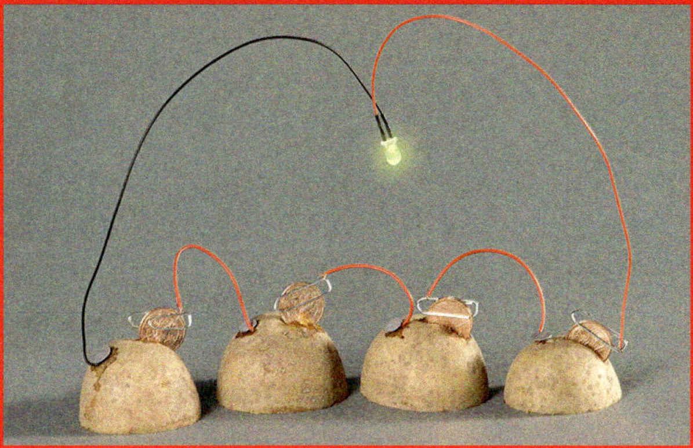

In Kartoffeln und Batterien ist chemische Energie gespeichert. Zum Betreiben des Weckers und zum Antrieb des Segways wird die chemische Energie in elektrische Energie umgewandelt. Umgekehrt wird beim Laden eines Akkus elektrische Energie in chemische Energie überführt. Welche Reaktionen ermöglichen diese Umwandlungen?

Aus chemischer Energie entsteht elektrische Energie

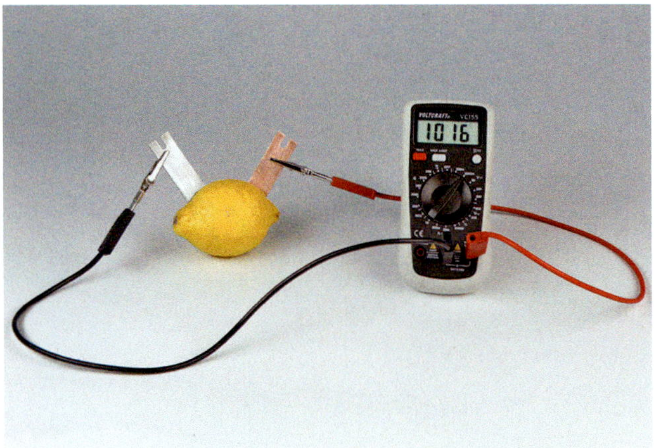

1 *Zitronenbatterie aus einem Zinkblech, einem Kupferblech und einer Zitrone*

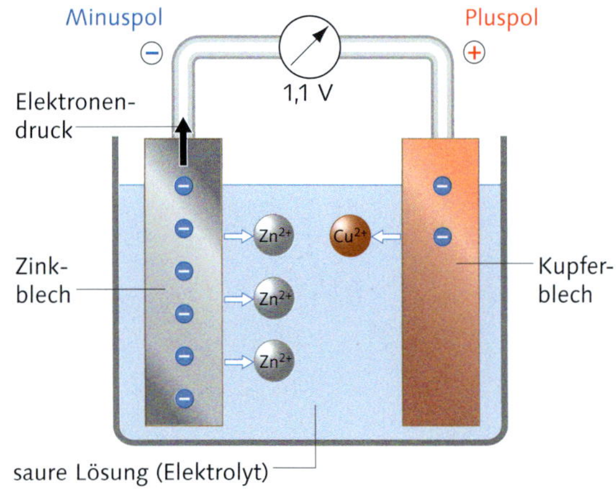

3 *Elektrische Spannung entsteht zwischen dem unedlen Zink und dem edleren Kupfer.*

Zitronenbatterie – eine galvanische Zelle
Zwischen einem Zinkblech und einem Kupferblech, die in einer Zitrone stecken und über einen Metalldraht elektrisch leitend verbunden sind, kann eine Spannung von ungefähr 1 V gemessen werden. Eine solche Spannungsquelle bezeichnet man als galvanische Zelle. Sie besteht aus einer Elektrolytlösung, in die zwei Elektroden eintauchen. Bei der Zitronenbatterie ist dies der Zitronensaft. Das Zinkblech und das Kupferblech bilden die Elektroden.

Eine galvanische Zelle ist eine Spannungsquelle. Sie besteht aus zwei Elektroden, die in einen Elektrolyten tauchen.

Reaktionsfähigkeit von Metallen Metalle lösen sich in sauren Lösungen auf. Beim Lösen geben die Metallatome Elektronen ab und werden zu positiv geladenen Metall-Ionen.

$Zn \rightarrow Zn^{2+} + 2\,e^-$

2 *Das Bestreben, Elektronen abzugeben, nimmt zu.*

Je unedler ein Metall ist, umso größer ist das Bestreben seiner Atome, Elektronen abzugeben und als Ionen in Lösung zu gehen.

Elektrische Spannung Zinkatome haben ein stärkeres Bestreben, Elektronen abzugeben, als Kupferatome. Deshalb werden an der Zinkelektrode mehr Elektronen gebildet als an der Kupferelektrode. Durch die unterschiedliche Elektronenverteilung entsteht zwischen den beiden Elektroden eine elektrische Spannung.

Fließende Elektronen „liefern" elektrische Energie An der Zinkelektrode herrscht ein höherer „Elektronendruck" als an der Kupferelektrode. Wenn man die beiden Elektroden über einen Verbraucher, z. B. eine Glühlampe, miteinander verbindet, findet ein „Druckausgleich" statt: Die Elektronen fließen von der Zinkelektrode (Minuspol) zur Kupferelektrode (Pluspol). Über die Elektrolytlösung, in der Ionen frei beweglich sind, wird der Stromkreis geschlossen. Die vom Minus- zum Pluspol fließenden Elektronen sind Energieträger. Sie liefern die elektrische Energie, die eine Glühlampe zum Leuchten oder einen Elektromotor zum Laufen bringt (Bild 4).

In einer galvanischen Zelle wird durch chemische Reaktionen elektrische Energie gewonnen.

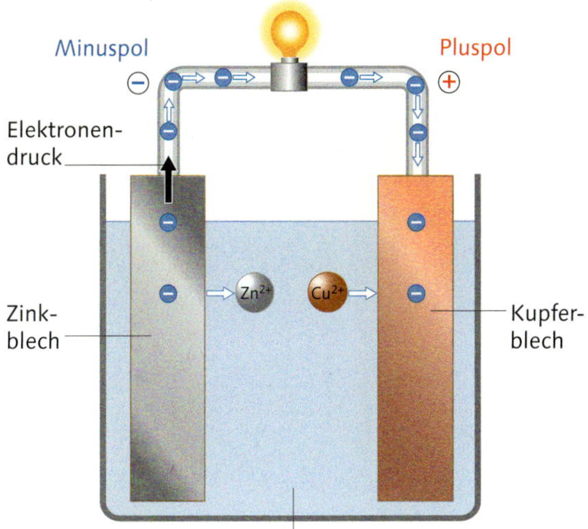

4 *Galvanische Zelle: Fließende Elektronen liefern die Energie für eine Glühlampe.*

Vorgänge in der galvanischen Zelle

Minuspol: Die unedlen Zn-Atome geben zwei Elektronen ab und gehen als Zn^{2+}-Ionen in Lösung.
Zn-Atome wirken als Elektronendonatoren.
$Zn \rightarrow Zn^{2+} + 2\,e^-$ (Oxidation)

Die Elektronen fließen über das Stromkabel von der Zinkelektrode zur Kupferelektrode.

Pluspol: Cu^{2+}-Ionen nehmen die von den Zinkatomen abgegebenen Elektronen auf.
Cu^{2+}-Ionen wirken als Elektronenakzeptoren.
$Cu^{2+} + 2\,e^- \rightarrow Cu$ (Reduktion)
Weitere Reduktion:
$2\,H_3O^+ + 2e^- \rightarrow H_2 + 2\,H_2O$

In einer galvanischen Zelle geben die Atome unedlerer Metalle Elektronen an die Ionen edlerer Metalle ab.

Galvanische Zelle, Kombination von Elektroden		Spannung
edel	**unedel**	
Kupfer	Zink	1,1 Volt
Kupfer	Blei	0,48 Volt
Silber	Eisen	1,21 Volt
Silber	Zink	1,56 Volt

Tab. 1 *Galvanische Zellen: Spannungsmesswerte*

Extra Löslichkeit von Metallen

5 *Ein Eisennagel wird verkupfert.*

Ein Eisennagel, der in eine Kupfersalz-Lösung (Kupfersulfat-Lösung) taucht, wird von einer rötlichen Kupferschicht überzogen. Das unedle Eisen hat ein größeres Lösungsbestreben als das edlere Kupfer.
$Fe \rightarrow Fe^{2+} + 2\,e^-$

Die von den Eisenatomen abgegebenen Elektronen werden von den Kupfer-Ionen (Cu^{2+}-Ionen) aufgenommen.
$Cu^{2+} + 2\,e^- \rightarrow Cu$

Die Kupferatome setzen sich auf dem Eisennagel ab.

Aufgaben

1 □ Nenne Bestandteile einer galvanischen Zelle.

2 Ein Eisennagel und ein Silberlöffel bilden die Elektroden einer galvanischen Zelle. Als Elektrolyt wird Zitronensaft verwendet.
- **a** □ Zeichne die galvanische Zelle.
- **b** □ Welche Spannung wird erreicht?
- **c** ◪ Stelle für die chemischen Vorgänge an den Elektroden Reaktionsgleichungen auf.
- **d** ■ Woran könnte es liegen, wenn kein Strom mehr fließt?

3 ■ Ein Kupferdraht wird in eine Silberchlorid-Lösung getaucht. Beschreibe die Beobachtung und begründe sie.

11

Energiespeicherung in Batterien

1 *Unterschiedliche Batterietypen für jeden Zweck*

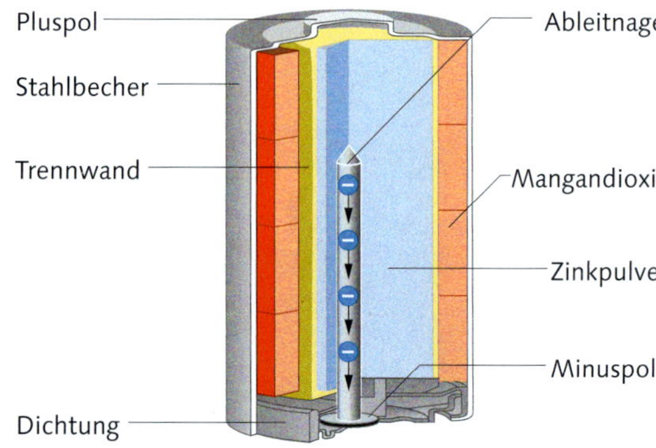

2 *Aufbau einer Alkali-Mangan-Batterie*

Batterien – chemische Energiespeicher Zum Betrieb von elektrischen Geräten wird die chemische Energie einer Batterie in elektrische Energie umgewandelt. Dabei wird die Batterie entladen. Bei den sogenannten Primärbatterien handelt es sich um „Einwegbatterien", die nicht wieder aufgeladen werden können.

Batterien sind chemische Energiespeicher. Beim Entladen wird chemische Energie in elektrische Energie umgewandelt.

Alkalinebatterie „Alkaline" ist der Handelsname einer Alkali-Mangan-Batterie oder genauer einer Zink-Manganoxid-Batterie. Bei dieser galvanischen Zelle bildet Zink den Minuspol und Mangandioxid den Pluspol. Kalilauge dient als Elektrolyt. Beim Entladen der Batterie laufen folgende Reaktionen ab:

Oxidation (Minuspol): $Zn \rightarrow Zn^{2+} + 2\,e^-$
Reduktion (Pluspol): $2\,Mn^{4+} + 2\,e^- \rightarrow 2\,Mn^{3+}$

Die Spannung zwischen einer Zink- und einer Mangandioxidelektrode beträgt 1,5 Volt. Diese kleinste Einheit einer Batterie bezeichnet man auch als Zelle. Bei einem 9-Volt-Block sind sechs solcher Zellen hintereinandergeschaltet.

Extra Wasserspeichermodell
Eine Batterie kann mit zwei Wasserbehältern verglichen werden, die sich auf verschiedenen Höhen befinden und mit einer Wasserleitung verbunden sind. Der obere Behälter entspricht dem Minus- und der untere dem Pluspol der Batterie. So wie das Wasser im oberen Behälter einen höheren Wasserdruck ausübt, geht vom Minuspol ein höherer *Elektronendruck* aus. Zwischen Minus- und Pluspol entsteht eine *Spannung*. Beim Öffnen des Schiebers fließt das Wasser vom oberen in den unteren Behälter und treibt ein Wasserrad an. Verbindet man die beiden Pole einer Batterie mit einem elektrischen Leiter, fließen Elektronen vom Minus- zum Pluspol. Beim Laden eines Akkus werden die Elektronen wieder zum Pluspol „gepumpt" – wie beim Hochpumpen des Wassers in den oberen Behälter.

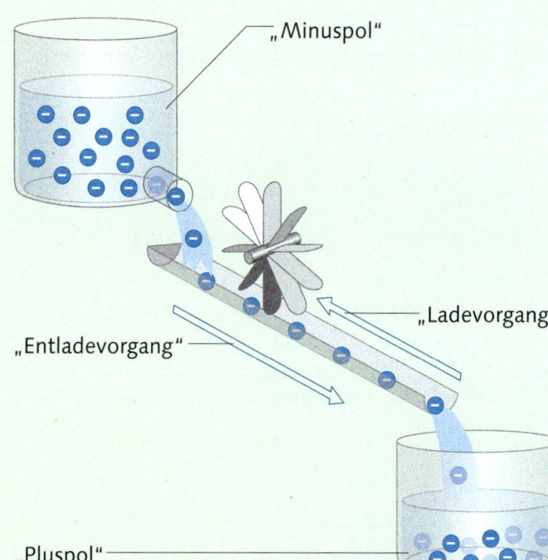

3 *Modellvorstellung zum Laden und Entladen eines Akkus*

Extra Lithium-Ionen-Akku

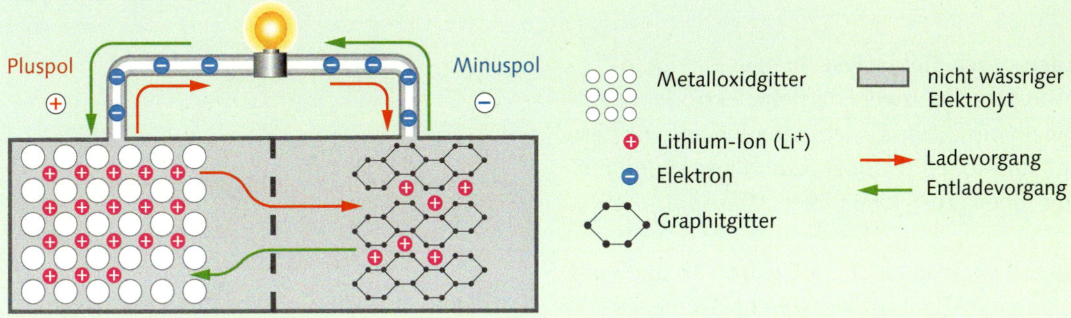

1 *Lithium-Ionen-Akku*

Der Lithium-Ionen-Akku ist der zurzeit leistungsfähigste Akkutyp. Aufgrund der hohen Spannung von 3,6 Volt pro Zelle genügen für viele Anwendungen einzellige Batterien. Mit einer solchen Einzelzelle arbeiten beispielsweise die meisten Mobiltelefone. Ein Notebook bezieht seine Energie aus mehreren hintereinandergeschalteten Lithium-Ionen-Zellen. In der Antriebsbatterie eines Elektroautos sind bis zu 6000 solcher Zellen geschaltet. Neben der hohen Spannung zeichnen sich Lithium-Ionen-Akkus auch durch eine hohe Energiedichte aus. Das bedeutet, dass Geräte mit ihnen länger betrieben werden können als mit anderen handelsüblichen Akkus wie dem Nickel-Cadmium-Akku.

Beim Lithium-Ionen-Akku wandern Lithium-Ionen (Li^+) zwischen den Elektroden hin und her: Beim Laden des Akkus werden über den äußeren Leiter Elektronen zum Minuspol gepumpt. Im Elektrolyten wandern Li^+-Ionen zum Minuspol. Beim Entladen fließen Li^+-Ionen und Elektronen wieder zum Pluspol zurück.

Besonders leistungsfähige Lithium-Ionen-Akkus können bis zu 5000-mal entladen und wieder geladen werden. Bei anderen Akkus sind nur 500–1000 solcher Zyklen möglich.

11

Batterietyp	Spannung	Merkmale	Einsatz
Zink-Kohle-Batterie	1,5 Volt	Spannung sinkt bei Entladung deutlich ab	Taschenlampen
Alkali-Mangan-Batterie	1,5 Volt	hohe Leistung, auslaufsicher, langlebig	Radios, Kameras, Spielzeug
Lithium-Batterie	3 Volt	Spannung bleibt lange konstant	Fernbedienungen, Rechner
Lithium-Cadmium-Akku	1,2 Volt	wiederaufladbar, preiswert	Videokamera, Akkuschrauber
Lithium-Ionen-Akku	3,6 Volt	wiederaufladbar, hohe Energiedichte, giftig	Handys, Notebooks, Digitalkameras

Tab. 1 *Batterietypen im Vergleich*

Akkumulatoren – wiederaufladbare Batterien
Batterien, die man nach dem Entladen durch Zufuhr von elektrischer Energie wieder aufladen kann, werden als Sekundärbatterien oder Akkumulatoren (kurz: Akkus) bezeichnet. Im Unterschied zu den Primärbatterien laufen in Akkus umkehrbare Reaktionen ab.

Akkumulatoren (Akkus) sind wiederaufladbare Batterien.

Aufgaben

1 □ Beschreibe die Funktion einer Batterie.

2 Es gibt Primär- und Sekundärbatterien.
 a □ Wodurch unterscheiden sie sich?
 b □ Nenne jeweils zwei Beispiele.

3 □ Nenne einen geeigneten Akku für ein Handy. Begründe.

4 ◪ Aus welchen und aus wie vielen Zellen kann eine Flachbatterie (4,5 Volt) bestehen?

Laden und Entladen einer galvanischen Zelle

Laden durch Elektrolyse In eine Zinkiodid-Lösung tauchen zwei Edelstahlelektroden. Legt man an diese eine Gleichspannung an, wandern die Iodid-Ionen (I^--Ionen) zum Pluspol und die Zink-Ionen (Zn^{2+}-Ionen) zum Minuspol.

Pluspol: Ein I^--Ion gibt ein Elektron ab und wird zu einem I-Atom oxidiert. Zwei I-Atome verbinden sich zu einem I_2-Molekül. Es entsteht gelbbraunes Iod. Die abgegebenen Elektronen fließen zum Minuspol.

$2\ I^- \longrightarrow I_2 + 2\ e^-$

Minuspol: Am Minuspol nimmt ein Zn^{2+}-Ion zwei Elektronen auf und wird zu einem Zn-Atom reduziert. Metallisches Zink wird abgeschieden.

$Zn^{2+} + 2\ e^- \longrightarrow Zn$

Beim Laden eines Akkus wird elektrische Energie in chemische Energie umgewandelt.

Entladen einer galvanischen Zelle Durch die Elektrolyse der Zinkiodid-Lösung ist eine galvanische Zelle mit einer Zinkelektrode und einer Iodelektrode entstanden. Verbindet man diese beiden Elektroden mit einem metallischen Leiter über einen Elektromotor, kann der Motor in Bewegung gesetzt werden. Die Umkehrreaktion zur Elektrolyse läuft freiwillig ab und liefert die Energie zum Antrieb des Motors.

Minuspol: Zn-Atome geben zwei Elektronen ab und gehen als Zn^{2+}-Ionen in Lösung. Die Elektronen fließen zum Pluspol und transportieren dabei Energie zum Motor.

$Zn \longrightarrow Zn^{2+} + 2\ e^-$

Pluspol: I-Atome nehmen Elektronen auf und gehen als I^--Ionen in Lösung.

$I_2 + 2\ e^- \longrightarrow 2\ I^-$

Beim Entladen eines Akkus wird chemische Energie in elektrische Energie umgewandelt. Laden und Entladen eines Akkus sind Umkehrreaktionen.

1 *Elektrolyse einer Zinkiodid-Lösung („Laden")*

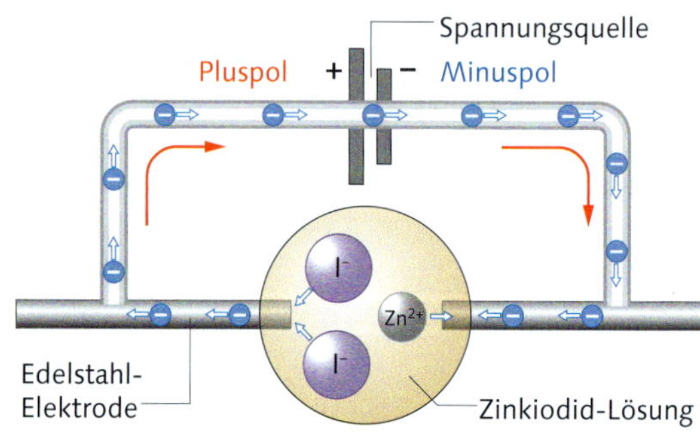

2 *Vorgänge beim Laden*

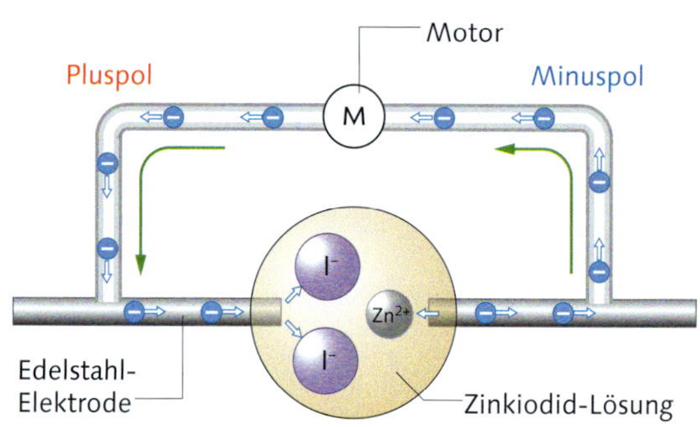

3 *Vorgänge beim Entladen*

Aufgaben

1 □ Beschreibe die Energieumwandlungen beim Laden und Entladen eines Akkus.

2 ◪ Beschreibe, was man unter einer Elektrolyse versteht.

3 Aus einer Kupfer(II)chlorid-Lösung soll ein chemischer Energiespeicher hergestellt werden.

a ◪ Zeichne einen Versuchsaufbau.

b ■ Beschreibe, wie der Energiespeicher geladen werden kann. Stelle die Reaktionsgleichungen auf.

c ■ Stelle die Reaktionsgleichungen für das Entladen des Energiespeichers auf.

Extra Die Autobatterie – ein Bleiakku

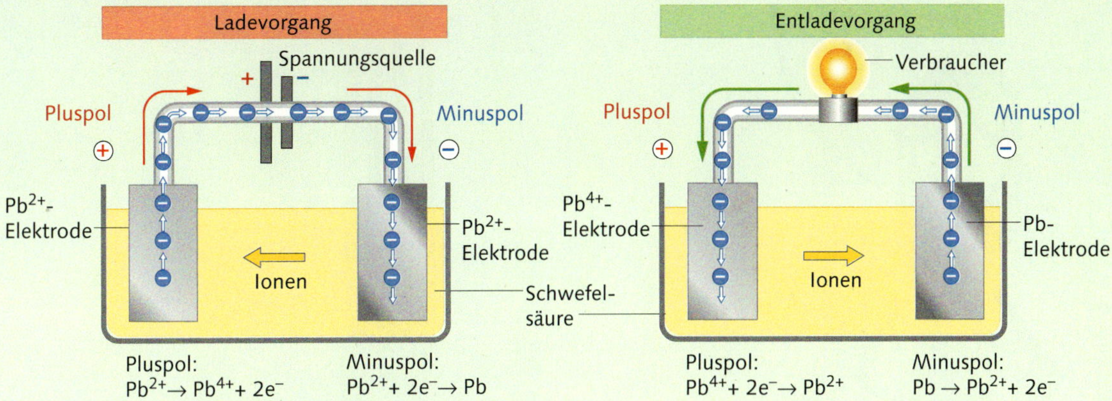

1 *Elektrochemische Vorgänge im Bleiakku*

Aufbau Eine Zelle der Autobatterie enthält zwei Bleielektroden, die in einen Elektrolyten aus Schwefelsäure tauchen. Blei kann verschiedene Ionen bilden: Pb^{2+}-Ionen und Pb^{4+}-Ionen.

Laden des Bleiakkus Wenn der Motor läuft, wird der Bleiakku geladen. Dabei wird elektrische Energie in chemische Energie umgewandelt. Elektronen werden vom Pluspol zum Minuspol „gepumpt“: Die Pb^{2+}-Ionen am Pluspol werden durch Elektronenabgabe zu Pb^{4+}-Ionen oxidiert. Die Pb^{2+}-Ionen am Minuspol werden durch Elektronenaufnahme zu Bleiatomen (Pb-Atomen) reduziert. Die pro Zelle erzeugte Spannung beträgt 2 Volt. Eine höhere Spannung, beispielsweise 12 Volt einer normalen Autobatterie, erhält man durch Hintereinanderschaltung von mehreren Zellen.

Entladen des Bleiakkus Beim Entladen des Bleiakkus werden die Vorgänge umgekehrt: Chemische Energie wird in elektrische Energie umgewandelt. Da am Minuspol (Pb-Atome) ein höherer „Elektronendruck“ herrscht als am Pluspol (Pb^{4+}-Ionen), fließen die Elektronen vom Minus- zum Pluspol. Dabei gehen am Minuspol Pb-Atome in Pb^{2+}-Ionen über (Elektronenabgabe). Am Pluspol werden aus Pb^{4+}-Ionen durch Elektronenaufnahme ebenfalls Pb^{2+}-Ionen. Durch die Energie der fließenden Elektronen wird der Motor des Autoanlassers betrieben.

Laden und Entladen – ein Kreisprozess Beim Laden wird der Bleiakku durch Zufuhr von Energie auf ein höheres Energieniveau gebracht. Beim Entladen fällt er unter Energieabgabe wieder auf das niedrigere Energieniveau zurück. Dieser Kreisprozess könnte aus chemischer Sicht beliebig lange ablaufen. Da die Bleiplatten sich abnutzen, hat ein Bleiakku aber nur eine begrenzte Lebensdauer.

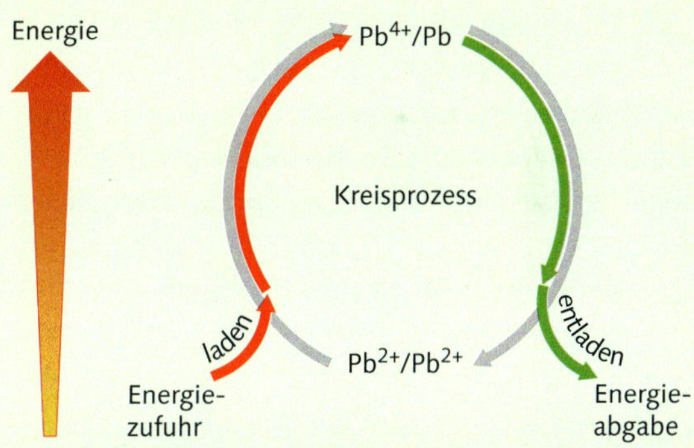

2 *Laden und Entladen des Bleiakkus*

Aufgaben

1 □ Stelle die Reaktionsgleichungen des Ladevorgangs in Teilschritten auf.

2 ◪ Aus wie vielen Zellen besteht eine Autobatterie?

3 ◪ Recherchiere den Aufbau eines handelsüblichen Bleiakkus. Fertige eine Skizze an.

4 Der Motor springt nicht an – Batterie leer!

a ◪ Was könnte die Ursache sein?

b ■ Nenne Wege, die Batterie zu laden.

Extra Entdeckungen von Galvani und Volta

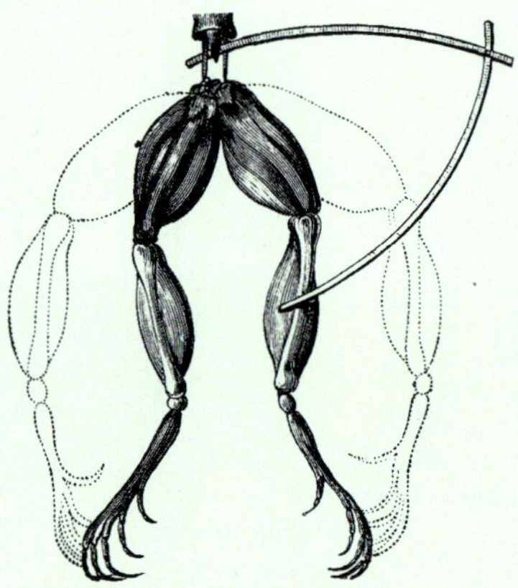

1 GALVANIS berühmtes Experiment

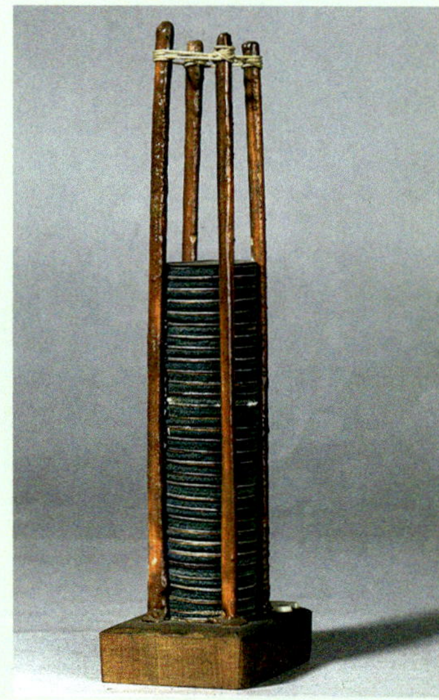

2 *Die Voltasäule zur Erzeugung elektrischer Energie*

Galvanis „tierische Elektrizität" Der italienische Arzt und Naturforscher LUIGI GALVANI (1737–1798) forschte an der Universität von Bologna an der Anatomie von Lebewesen. Bei der Zerlegung von Fröschen machte er eine merkwürdige Beobachtung: Die gehäuteten Froschschenkel begannen zu zucken, wenn sie mit zwei verschiedenen Metallen, die miteinander Kontakt hatten, berührt wurden. GALVANI hatte unwissentlich aus den beiden Metallen und der Flüssigkeit im Froschschenkel einen Stromkreis hergestellt. Die zuckenden Froschschenkel waren quasi die „Stromanzeiger". Das wusste GALVANI damals aber noch nicht. Er folgerte aus seiner Beobachtung, dass der elektrische Strom aus den Muskeln und Nerven des Tieres kommt. Deshalb sprach er auch von „tierischer Elektrizität".

„Volta-Effekt" – Strom aus Metallen ALESSANDRO VOLTA (1745–1827), Professor für Physik in Pavia (Italien), war von den Froschschenkelstudien GALVANIS fasziniert. Aber an die Hypothese von der „tierischen Elektrizität" glaubte er nicht. Nach seiner Theorie waren die Metalle für die Elektrizität verantwortlich. Um das zu beweisen, scheute er auch vor Versuchen an seinem eigenen Körper nicht zurück: Wenn er gleichzeitig zwei unterschiedliche Metalle wie Silber und Zink an seine Zunge hielt, spürte er ein eigenartiges Kribbeln. Er fand heraus, dass zwischen verschiedenen Metallen, die in eine leitende Flüssigkeit tauchen, eine elektrische Spannung entsteht. Dieser nach ihm benannte „Volta-Effekt" bildete die Basis für den Bau von Batterien.

Mit Volta beginnt das elektrische Zeitalter
Im Jahre 1800 gelang es VOLTA, durch Hintereinanderschalten von galvanischen Zellen leistungsfähige Stromquellen mit höheren Spannungen zu bauen. Damit war er ein wichtiger Wegbereiter für das elektrische Zeitalter. So folgten der „Batterie" von VOLTA die Erfindung der Glühlampe und die Entwicklung von Elektromotoren. Als Anerkennung für seine herausragende Leistung wurde lange nach seinem Tod im Jahre 1881 die Einheit für die elektrische Spannung – das Volt – nach ihm benannt.

Aufgaben

1 Erstelle einen Steckbrief mit den wichtigsten Lebensdaten von:
   a □ LUIGI GALVANI
   b □ ALESSANDRO VOLTA

2 ◪ Beschreibe, wie es beim Froschschenkelexperiment zum Zucken der Froschschenkel kommt (Bild 1).

3 ◪ Erläutere, warum es auf der Zunge von VOLTA kribbelte, als er eine Silber- und eine Zinkmünze an sie hielt.

Einsatz und Entsorgung von Batterien und Akkus

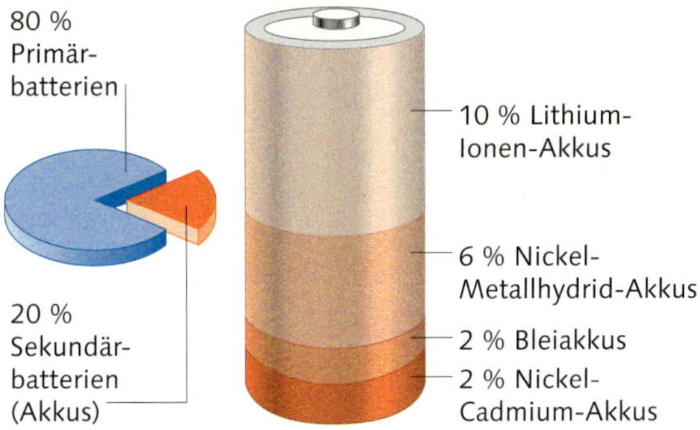

1 *Anteil der verkauften Batterietypen*

Batterie oder Akku? Wiederaufladbare Akkus (Sekundärbatterien) sind für Geräte empfehlenswert, die in kurzer Zeit viel Energie benötigen und häufig in Gebrauch sind, beispielsweise Mobiltelefone, Notebooks, Videokameras und Kinderspielzeug.
Aufgrund der Selbstentladung sind sie für Geräte, die nicht oft benutzt werden, weniger geeignet. Daher ist für die einsatzbereite Taschenlampe oder Fernbedienung die Verwendung einer nicht wiederaufladbaren Primärbatterie vorzuziehen. Auch für Uhren, die über einen längeren Zeitraum eine konstante Spannung benötigen, eignen sich Primärbatterien besser.

Akkus – dem Geldbeutel und der Umwelt zuliebe Akkus sind teurer als Primärbatterien und man benötigt außerdem ein Ladegerät. Der höhere Anschaffungspreis rechnet sich aber, wenn man bedenkt, dass ein Akku etwa 500- bis 1000-mal wieder aufgeladen werden kann. Durch die längere Nutzungsdauer von Akkus können wertvolle Rohstoffe gespart und Entsorgungsprobleme vermindert werden.

2 *Batterien gehören nicht in den Hausmüll.*

Sammlung von Altbatterien Im Jahr 2012 wurden in Deutschland etwa 1,5 Milliarden Batterien (einschließlich Akkus) in den Handel gebracht. Die ausgedienten Altbatterien dürfen nicht über den Hausmüll entsorgt werden. In Batterien sind nicht nur umweltgefährliche Stoffe wie Cadmium und Blei, sondern auch gefährliche Säuren und Laugen enthalten. Nach der Batterieverordnung sind die Hersteller von Batterien gesetzlich dazu verpflichtet, die Produkte zurückzunehmen. Um ihrer Rücknahmepflicht nachzukommen, statten sie Händler und öffentliche Einrichtungen wie Schulen mit Sammelbehältern aus. Über das Rückgabeverfahren wird knapp die Hälfte der verkauften Batterien gesammelt, das entspricht einer jährlichen Menge von etwa 15000 Tonnen.

Altbatterien gehören nicht in den Hausmüll, sondern in die Sammelbox für Batterien.

Sortieren und recyceln Nahezu alle gesammelten Batterien und Akkus werden verwertet. Zunächst sortiert man sie nach Batterieart und Gehäuseform. Anschließend kann man durch unterschiedliche Trennverfahren Rohstoffe zurückgewinnen. Spezielle Trennverfahren sind notwendig, um das in Knopfzellen enthaltene giftige Quecksilber aufzuarbeiten. Aufwendig ist auch das Recyceln von Batterien, die das reaktionsfähige Lithium enthalten. Eisen, Nickel, Mangan und Kohlenstoff werden bei der Stahlherstellung verwertet. Blei und Cadmium finden wieder in der Batterieproduktion Verwendung. Zurückgewonnenes Zink nutzt man zum Verzinken von Eisenteilen.

Aufgaben

1 □ Du hast zwei Geräte: eine Armbanduhr und einen Laptop. Welche mobile Stromversorgung wählst du jeweils? Begründe deine Antwort.

2 ◪ Nenne die Rohstoffe, die aus alten Batterien gewonnen werden können.

3 ◪ Erläutere, warum Quecksilber, Blei und Cadmium nicht in den Hausmüll gelangen dürfen.

11

Praxis Chemische Energiespeicher

1 Zitronenbatterie

Geräte: Spannungsmessgerät, 2 Krokodilklemmen, 2 Stromkabel
Chemikalien: Zitrone, Zinkblech, Kupferblech
Durchführung:

a Stecke ein Zink- und ein Kupferblech in eine Zitrone. Verbinde beide mithilfe der Krokodilklemmen und Stromkabel mit dem Spannungsmessgerät. Die Bleche dürfen sich dabei nicht berühren. Miss mit dem Spannungsmessgerät die Spannung zwischen der Kupfer- und der Zinkelektrode.

b Schließt euch mit drei anderen Arbeitsgruppen zusammen und bringt durch Hintereinanderschaltung von 4 Zitronenbatterien eine Leuchtdiode zum Leuchten.

Auswertung: Gib den Elektrolyten in der Zitronenbatterie an.

2 Laden und Entladen eines Akkus

Geräte: Petrischale aus Kunststoff (Polystyrol) mit seitlich eingestochenen Kanülenelektroden, 2 Krokodilklemmen, 2 Stromkabel, Gleichspannungsquelle, Elektromotor mit Propeller
Chemikalien: 5%ige Zinkiodid-Lösung
Durchführung:

a Gieße die Zinkiodid-Lösung in die Petrischale. Verbinde die Elektroden über Krokodilklemmen und Kabel mit einer Gleichspannungsquelle. Lege eine Spannung von 4 V an.

b Entferne die Spannungsquelle und miss die Spannung zwischen den Elektroden.

c Ersetze das Messgerät durch einen Elektromotor.

Auswertung: Was kannst du an den Elektroden, am Messgerät und am Motor beobachten? Deute deine Beobachtungen.

3 Ein Bleistiftspitzer als Energiequelle

Geräte: Spannungsmessgerät, 2 Kabel, 2 Krokodilklemmen, Elektromotor, Filterpapier
Chemikalien: Bleistiftspitzer aus Magnesium, Kohleelektrode mit Spitze, 15%ige Kochsalz-Lösung
Durchführung: Hülle die Spitze der Kohleelektrode in ein Stück Filterpapier und tropfe Salzwasser auf das Filterpapier. Führe die Spitze der Elektrode mit dem Filterpapier in den Spitzer ein. Klemme die Kabel mit den Krokodilklemmen an den Spitzer und die Kohleelektrode und miss die Spannung. Ersetze das Spannungsmessgerät durch einen Elektromotor.
Auswertung: Deute deine Beobachtung.

4 Erzeugen elektrischer Spannung

Geräte: zweigeteilte Petrischale, Spannungsmessgerät, Becherglas, Schere, Pinzette, 2 Krokodilklemmen, 2 Stromkabel
Chemikalien: Zinkblech, 5%ige Zinkiodid-Lösung, Kupferblech, 10%ige Kupfernitrat-Lösung, 10%ige Kaliumnitrat-Lösung, Pappe
Durchführung: Schneide aus Pappe einen „Reiter" mit v-förmigem Einschnitt. Tränke diesen mit Kaliumnitrat-Lösung. Fülle in eine Petrischalenhälfte Kupfernitrat-Lösung und in die andere Zinkiodid-Lösung. Stecke den „Reiter" auf den Teilungssteg. Tauche ein Kupferblech in die Kupfernitrat-Lösung und ein Zinkblech in die Zinkiodid-Lösung. Miss die Spannung zwischen den beiden Halbzellen.
Auswertung: Beschreibe die Vorgänge an den Elektroden. Vergleiche die gemessene Spannung mit dem Wert aus der Literatur.

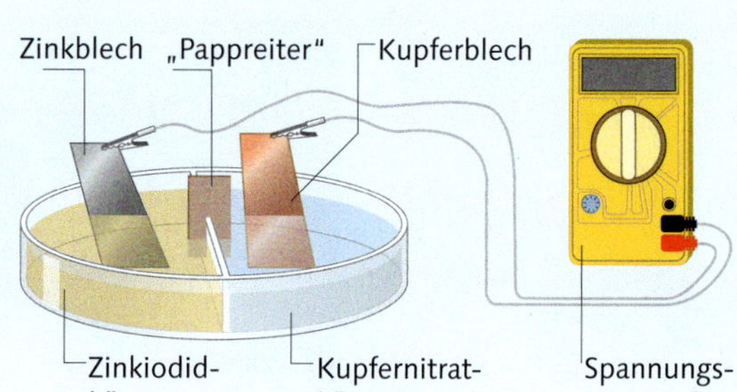

5 Voltasäule – Erfindung von Volta
Geräte: Spannungsmessgerät, Stromkabel mit blanken Enden, Schere, Becherglas (100 ml), Tropfpipette
Chemikalien: Kupfermünzen (5-Cent-Münzen), Alufolie, Filterpapier, Kochsalz, Wasser
Durchführung: Schneide aus der Alufolie Kreise aus, die etwa den gleichen Durchmesser haben wie die Münzen. Schneide dann aus dem Filterpapier Kreise mit einem etwas größeren Durchmesser. Fertige aus einer Münze, dem Filterpapier und der Alufolie eine galvanische Zelle. Auf das Filterpapier wird ein Tropfen gesättigte Kochsalz-Lösung gegeben. Miss die Spannung dieser Kupfer-Aluminium-Zelle. Staple anschließend 2, 3, 4, 5, 6 solcher Zellen übereinander und miss jeweils die Spannung.
Auswertung: Welche Gesetzmäßigkeit kannst du erkennen?

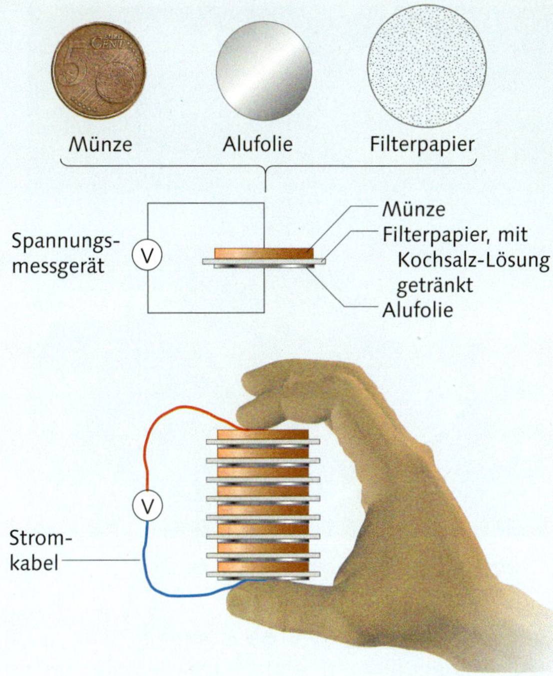

6 Aluminium-Iod-Element
Geräte: Becherglas (100 ml), 2 Krokodilklemmen, 2 Stromkabel, Spannungsmessgerät, Elektromotor
Chemikalien: Alufolie, Graphitplatte, Iodtinktur (z. B. Betaisodona©-Lösung), 15%ige Kochsalz-Lösung
Durchführung: Stelle eine Iodelektrode her, indem du eine Graphitplatte mit Schmirgelpapier aufraust, sie anschließend mit Iodtinktur bestreichst und trocknen lässt. Trockne mithilfe eines Föhns. Wiederhole den Beschichtungsvorgang.
Kleide die Innenwand eines Becherglases mit Alufolie aus. Die überstehende Folie wird über den Rand des Becherglases gebogen und mit einer Krokodilklemme befestigt. Anschließend wird in das Becherglas Kochsalz-Lösung gefüllt und die Iodelektrode eingetaucht. Miss die Spannung zwischen der Aluminium- und der Iodelektrode.
Auswertung: Welche Vorgänge laufen an den Elektroden ab? Formuliere die Reaktionsgleichungen für beide Teilreaktionen.

7 Erfinderisch wie Robinson Crusoe
Stelle dir vor, es hat dich auf eine einsame Insel im Meer verschlagen. Baue mit folgenden Materialien aus deinem Rucksack eine Batterie:

Auswertung: Beschreibe, wie du vorgegangen bist. Was muss beim Experiment beachtet werden? Welche Spannung liefert deine Batterie?

Wasserstoff – Energiespeicher der Zukunft?

1 *Energiegewinnung aus regenerativen Quellen*

Sonne als Energiequelle Als Alternative zu fossilen Energieträgern bieten sich die regenerativen Energiequellen Wasserkraft, Wind und vor allem die Sonne an. Sie liefert uns ungefähr 5000-mal so viel Energie, wie wir auf der Erde brauchen – kostenfrei und umweltfreundlich. Die Schwierigkeit liegt im „Auffangen" dieser Energie, aber auch im Speichern.
In den Fotovoltaikzellen von Solarkollektoren wird Sonnenenergie aufgefangen und in elektrische Energie umgewandelt. Im Windkraftwerk gewinnt man die elektrische Energie aus der Energie des Windes.

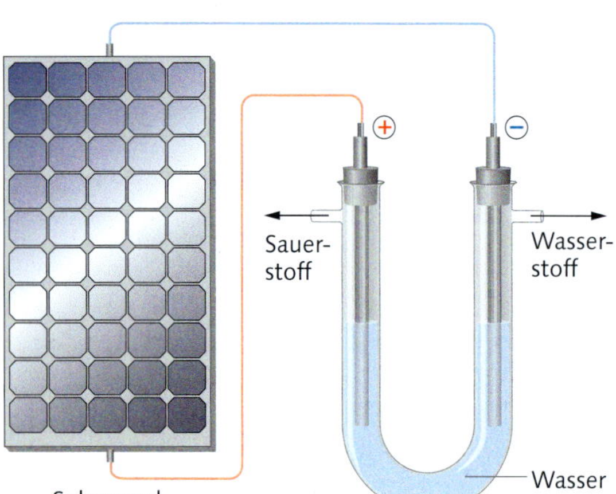

2 *Elektrolyse von Wasser mithilfe von Solarstrom*

Von der elektrischen Energie zur chemischen Energie Mit der aus der Sonnenenergie gewonnenen elektrischen Energie kann durch eine Elektrolyse Wasser in die Elemente Wasserstoff und Sauerstoff zerlegt werden. Am Pluspol entsteht dabei Sauerstoff, am Minuspol Wasserstoff. Die Elektrolyse von Wasser verläuft endotherm.

$2\,H_2O \rightarrow 2\,H_2 + O_2$ | endotherm

Bei dieser chemischen Reaktion wird elektrische Energie in chemische Energie umgewandelt.

Bei der Elektrolyse von Wasser entstehen Sauerstoff und Wasserstoff. Elektrische Energie wird in chemische Energie umgewandelt.

Wasserstoff, ein umweltfreundlicher Energieträger Der gewonnene Wasserstoff wird verbrannt. Dabei wird die bei der Elektrolyse aufgewendete elektrische Energie in Form von Licht- und Wärmeenergie frei. Da bei dieser Reaktion nur Wasser entsteht, ist Wasserstoff ein umweltfreundlicher Energieträger.

$2\,H_2 + O_2 \rightarrow 2\,H_2O$ | exotherm

Wasserstoff ist ein umweltfreundlicher Energieträger, da bei seiner Verbrennung nur Wasser entsteht.

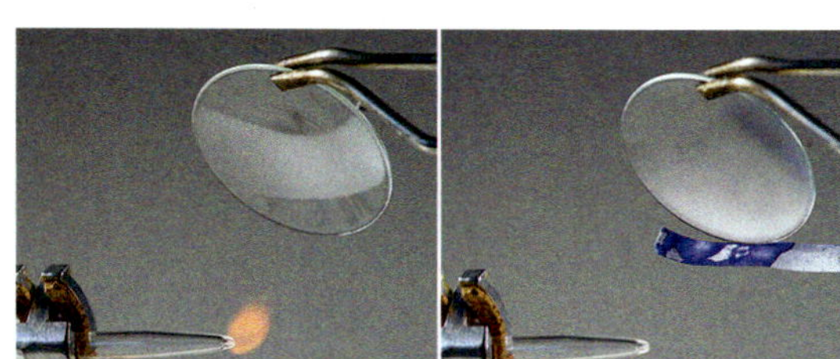

3 *Beim Verbrennen von Wasserstoff wird Wasser gebildet.*

Wasserstoff-Brennstoffzelle Auch in der Brennstoffzelle reagiert Wasserstoff mit Sauerstoff zu Wasser. Allerdings läuft diese „Verbrennung" ohne Flammenerscheinung ab und neben wenig Wärmeenergie entsteht vor allem elektrische Energie.

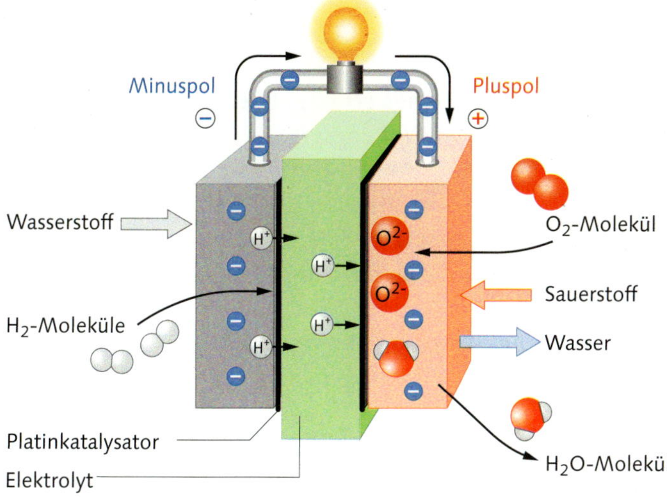

4 *Elektrochemische Vorgänge in der Brennstoffzelle*

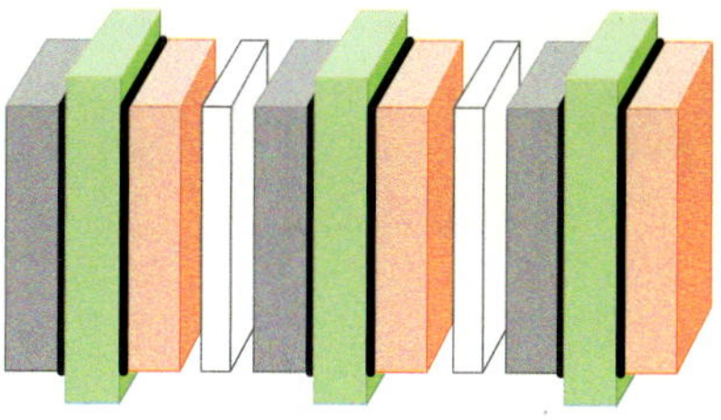

Wie funktioniert eine Brennstoffzelle? Eine Brennstoffzelle besteht aus einer mit Wasserstoff und einer mit Sauerstoff umströmten Elektrode, die mit einem Elektrolyten Kontakt haben. An der Wasserstoffelektrode werden Wasserstoff-Moleküle in Wasserstoff-Ionen (H^+-Ionen) und Elektronen gespalten. Aufgrund des Elektronenüberschusses wird die Wasserstoffelektrode zum Minuspol.
Minuspol (Oxidation):
$2\ H_2 \rightarrow 4\ H^+ + 4\ e^-$

Da der Elektrolyt nur für Ionen durchlässig ist, fließen die Elektronen über den elektrischen Leiter zur Sauerstoffelektrode, dem Pluspol. Dabei entsteht ein elektrischer Strom, der den Verbraucher mit elektrischer Energie versorgt. An der Sauerstoffelektrode reagieren Sauerstoff-Moleküle mit den zugeführten Elektronen zu O^{2-}-Ionen.
Pluspol (Reduktion):
$O_2 + 4\ e^- \rightarrow 2\ O^{2-}$

Die H^+-Ionen wandern durch den Elektrolyten und verbinden sich an der Sauerstoffelektrode mit O^{2-}-Ionen zu Wasser-Molekülen.
Gesamtreaktion:
$4\ H^+ + 2\ O^{2-} \rightarrow 2\ H_2O$

Die Spaltung der Wasserstoff- und der Sauerstoff-Moleküle in Ionen wird durch den Platinkatalysator bewirkt.

Eine Brennstoffzelle liefert eine Spannung von 0,5 bis 1 Volt. Um höhere Spannungen zu erreichen, werden mehrere Brennstoffzellen zu einem Stack (engl. *stack:* stapeln) hintereinandergeschaltet. Ein Stack enthält etwa 150 dicht aneinanderliegende Brennstoffzellen.

In einer Brennstoffzelle reagiert Wasserstoff mit Sauerstoff zu Wasser. Dabei wird chemische Energie in elektrische Energie umgewandelt.

Aufgaben

1 □ Erläutere, warum Wasserstoff als umweltfreundlicher Energieträger bezeichnet werden kann.

2 Wasserstoff kann an der Luft oder in einer Brennstoffzelle „verbrannt" werden.
a ◪ Was haben diese beiden „Verbrennungen" gemeinsam?
b ◪ Worin unterscheiden sie sich?

3 □ Wie hoch ist die Spannung, die eine Wasserstoff-Brennstoffzelle liefert?

4 ◪ Erläutere, warum ein Brennstoffzellenauto nur Wasserstoff, aber keinen Sauerstoff tanken muss.

5 Die Synthese von Wasser in einer Brennstoffzelle ist eine Redoxreaktion.
a ◪ Stelle die Reaktionsgleichung auf.
b ■ Erläutere die Vorgänge auf Teilchenebene. Nutze die Begriffe Elektronendonator, Elektronenakzeptor, Oxidation, Reduktion.

11

Extra Mobilität der Zukunft

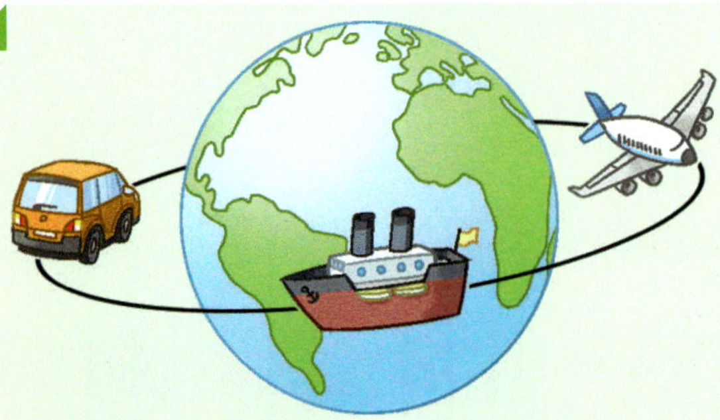

1 *Einmal um die Erde – diese Strecke legt ein Mensch in Deutschland durchschnittlich in nur vier Jahren zurück.*

In vier Jahren um die Welt Der Mensch ist mobil, viel mehr als noch vor wenigen Jahrzehnten. Wir empfinden es als selbstverständlich, dass wir mit dem Bus in die Schule fahren, die Eltern uns im Auto zu Freunden bringen oder wir in den Ferien ins Ausland reisen. Jeder Deutsche legt pro Jahr durchschnittlich mehr als 10000 Kilometer zurück.

Nachteile der Mobilität Die Umwelt leidet unter den Auswirkungen des Verkehrs:
- Die Erdölvorräte schrumpfen.
- Die Konzentration von Kohlenstoffdioxid in der Erdatmosphäre steigt.
- Emissionen wie Schwefeldioxid und Stickoxide in der Luft schaden der Gesundheit von Mensch, Tier und Pflanze.

Elektroauto Anstatt mit Benzin- oder Dieselmotoren können Fahrzeuge auch elektrisch angetrieben werden. Die dafür notwendige Energie kann aus dem Stromnetz entnommen und in Akkus im Fahrzeug gespeichert werden. Derzeit werden in Elektroautos fast ausschließlich Lithium-Ionen-Akkus eingesetzt. Hybridfahrzeuge werden elektrisch angetrieben, können aber auf einen Benzinmotor umschalten.

Stärken eines stromgetriebenen Autos Benzin hat einen Wirkungsgrad von etwa 35 %. Das bedeutet: Nur ein Drittel der Energie, die im Benzin enthalten ist, kann für den Antrieb des Autos genutzt werden. Die meiste Energie wird als Wärme an die Umwelt abgegeben. Dagegen kann mit Elektromotoren ein Wirkungsgrad von über 90 % erreicht werden. Elektroautos sind leise und erzeugen keine Abgase.

„Sauberer" Strom aus der Steckdose? Es ist richtig, dass der Elektromotor keine Emissionen verursacht. Von „sauberem" Strom oder „Ökostrom" kann man nur dann sprechen, wenn zu seiner Gewinnung erneuerbare Energien wie Sonne oder Wind genutzt werden.

Energie aus Brennstoffzellen Wasserstoff ist der Kraftstoff des Brennstoffzellenautos. Bei der „Verbrennung" von Wasserstoff in der Brennstoffzelle wird die im Wasserstoff gespeicherte chemische Energie in elektrische Energie umgewandelt. Mit dieser wird ein Elektromotor angetrieben. Da bei dieser Verbrennung nur Wasser entsteht, handelt es sich um eine umweltschonende Energiegewinnung.

Aufgaben

1 □ Vergleiche ein Benzinauto mit einem Elektroauto. Trage die Vor- und Nachteile in eine Tabelle ein.

2 Man unterscheidet zwischen Elektroauto und Brennstoffzellenauto.

a ◪ Beschreibe die Unterschiede der Autotypen.

b ■ Erläutere, unter welchen Bedingungen diese Autos als umweltschonend bezeichnet werden können.

2 *Unterschiedliche Antriebsarten – unterschiedliche Emissionen*

Weitergedacht Mobil durch elektrische Energie

1 Elektroauto – das Fahrzeug der Zukunft?

1 *Elektroauto beim Laden*

Die meisten Elektroautos werden mit Lithium-Ionen-Akkus betrieben. Ihre Reichweite ist davon abhängig, wie viel Energie der Akku speichern kann. Die Energiedichte gibt an, wie viel Energie in einem Energieträger pro kg gespeichert werden kann.

Energieträger	Energiedichte (pro kg des Energieträgers)
Benzin	12 kWh
Erdgas	13 kWh
Steinkohle	8,5 kWh
Lithium-Ionen-Akku	0,15 kWh

Tab. 1 *Energiedichte von verschiedenen Energieträgern*

Der Akku eines Elektroautos kann 24 kWh speichern. Pro km benötigt das Auto 0,2 kWh.

a □ Berechne die Strecke, die das Auto mit einer Akkuladung zurücklegen kann.

b ◪ Berechne das Gewicht des Akkus.
Wie weit könnte ein Benzinauto mit der gleichen Menge Benzin fahren, wenn es 8 l Benzin auf 100 km braucht (Dichte von Benzin: 0,75 kg/l)?

c ■ Ein alltagstauglicher Akku sollte eine Reichweite von 400 km haben.
Wie hoch muss seine Energiedichte sein, wenn er höchstens 320 kg wiegen soll?

d ◪ Vergleiche ein Benzinauto mit einem Elektroauto. Stelle die Vor- und Nachteile in einer Tabelle dar.

2 Ein Auto, das mit Salzwasser fährt!

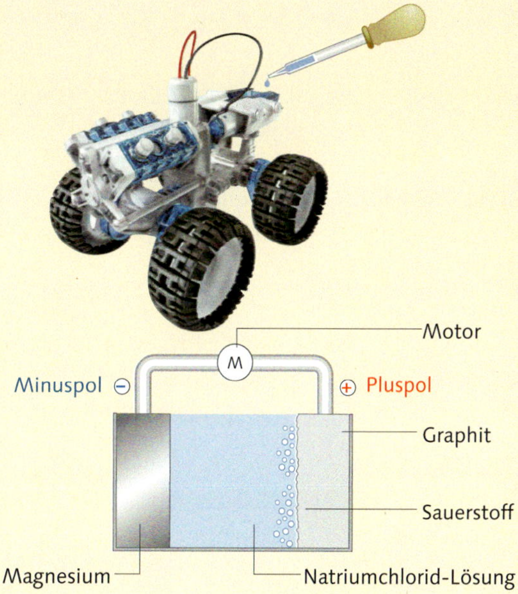

2 *Modellauto mit Magnesium-Sauerstoff-Zelle*

Das Modellauto wird von einem Elektromotor angetrieben, der seine Energie aus einer Magnesium-Sauerstoff-Zelle (Magnesium-Brennstoffzelle) bezieht. Durch Zugabe von Salzwasser, das als Elektrolyt dient, werden die elektrochemischen Reaktionen in Gang gesetzt.

a □ Übertrage die Darstellung der Magnesium-Sauerstoff-Zelle in dein Heft. Zeichne die Elektronen ein und kennzeichne, in welcher Richtung sie fließen.

b ■ Formuliere die Reaktionsgleichungen für die an den Elektroden ablaufenden Teilreaktionen. Zeichne die entstehenden Ionen in deine Zeichnung ein.

c ◪ Fasse die chemischen Vorgänge zusammen. Verwende die folgenden Begriffe: Oxidation/oxidieren, Reduktion/reduzieren, Elektronendonator, Elektronenakzeptor.

d ■ Das Magnesiumblech wird nach einiger Zeit grau-schwarz. Finde eine Erklärung dafür und stelle eine Reaktionsgleichung auf.

Teste dich!

1 Benenne den Vorgang, bei dem aus
a □ Zink-Ionen Zinkatome entstehen
b □ Eisenatomen Eisen-Ionen entstehen

2 Im Bild ist eine galvanische Zelle dargestellt.
a □ Übertrage die Skizze in dein Heft.
b ◪ Aus welchen Elektroden könnte das galvanische Element bestehen?
c ◪ Trage in die Skizze die Elektronen und deren Bewegungsrichtung ein.

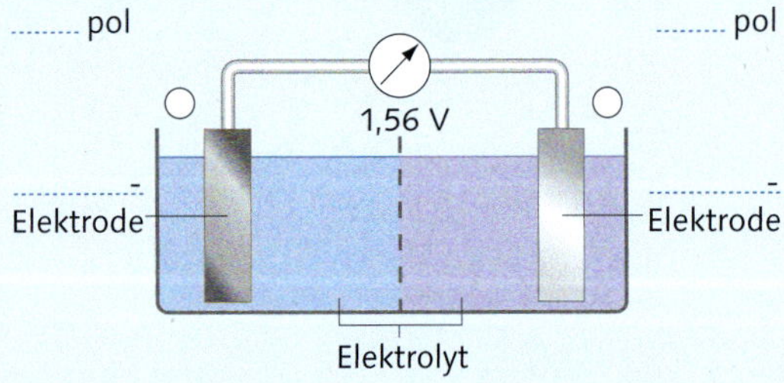

3 ◪ Beschreibe den Aufbau einer galvanischen Zelle. Erläutere, welche elektrochemischen Vorgänge ablaufen. Verwende dabei die folgenden Begriffe: Elektrode, Elektrolyt, Elektron, Ion, Atom.

4 Das Bild zeigt eine Silber-Eisen-Zelle.
a □ Gib die gemessene Spannung an.
b ◪ Beschreibe die Vorgänge, die an den Elektroden ablaufen. Verwende dabei die folgenden Begriffe: Oxidation/oxidieren, Reduktion/reduzieren, Elektronendonator, Elektronenakzeptor.
c ■ Formuliere die Reaktionsgleichungen für die chemischen Vorgänge an den Elektroden.
d ◪ Erläutere, wie man eine Spannung von 2,4 V erhalten kann.

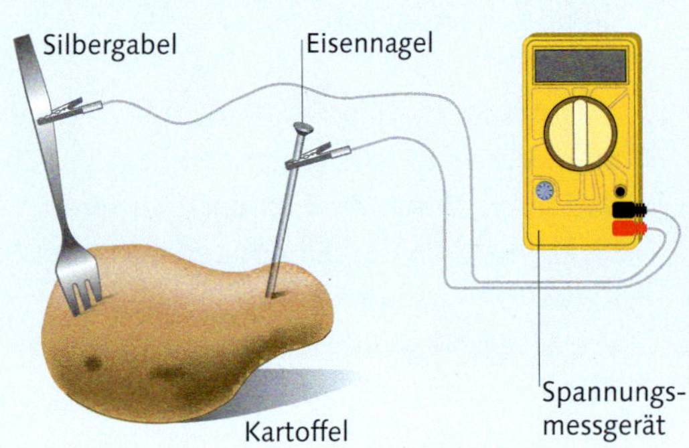

5 Beschreibe die Energieumwandlungen in einem Akku:
a ◪ beim Laden
b ◪ beim Entladen

6 ◪ Batterie oder Akku? Erläutere, für welche Verwendungszwecke der Einsatz von Primärbatterien oder Akkus sinnvoll ist.

7 ◪ Erstelle eine Tabelle mit mindestens sechs batteriebetriebenen Geräten aus deinem Alltag und ordne die dafür gängigen Batterietypen (Primärbatterie oder Akku) zu.

8 Alkalinebatterien müssen recycelt werden.
a ◪ Welche Wertstoffe werden dabei gewonnen?
b ◪ Wozu kann man sie verwenden?

9 „Wasserstoff ist ein umweltfreundlicher Energieträger."
a □ Begründe diese Aussage.
b ◪ Belege die Aussage durch eine Reaktionsgleichung.
c ◪ Beschreibe die Energieumwandlungen bei der Gewinnung und Verbrennung von Wasserstoff.
d ■ Beschreibe das Funktionsprinzip einer Brennstoffzelle.

Aufgabe	Hilfe findest du auf Seite ...
1	247
2	246/247
3	246/247
4	246/247
5	250
6	253
7	253
8	253
9	256/257
... und die Lösungen findest du im Anhang.	

Im Überblick

Batterien sind galvanische Zellen. Eine galvanische Zelle ist ein Energiespeicher, der aus zwei Elektroden besteht, die in einen Elektrolyten tauchen. Wenn ein elektrischer Verbraucher, z. B. eine Lampe, Energie benötigt, wird in der galvanischen Zelle chemische Energie in elektrische Energie umgewandelt. Wasserstoff ist ein umweltfreundlicher Energieträger, da bei seiner Reaktion mit Sauerstoff, beispielsweise in einer Brennstoffzelle, nur Wasser als Reaktionsprodukt entsteht.

Galvanische Zelle

- ein chemischer Energiespeicher aus zwei Elektroden und einem Elektrolyten
- Reaktionen in der galvanischen Zelle
  Oxidation am Minuspol:
  $Zn \rightarrow Zn^{2+} + 2\,e^-$
  Zn-Atom ist Elektronendonator (Elektronenabgabe).
  Die abgegebenen Elektronen fließen zum Pluspol und transportieren dabei Energie zum Verbraucher, z. B. einem Elektromotor.
  Reduktion am Pluspol:
  $Cu^{2+} + 2\,e^- \rightarrow Cu$
  Cu^{2+}-Ion ist Elektronenakzeptor (Elektronenaufnahme).
  Das unedlere Zink gibt an das edlere Kupfer Elektronen ab.
- Redoxreaktion:

Oxidation

$$Zn + Cu^{2+} \rightarrow Zn^{2+} + Cu$$

Reduktion

- Je unedler ein Metall ist, umso stärker ist sein Bestreben, Elektronen abzugeben.

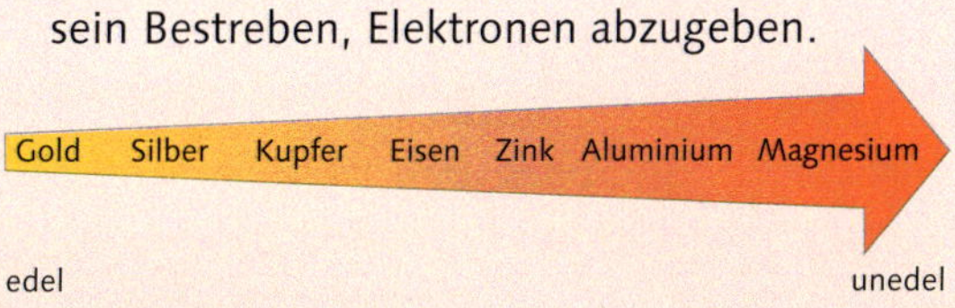

Elektrolyse

- Zerlegung einer chemischen Verbindung mithilfe des elektrischen Stroms

Batterien und Akkus als Energiespeicher

- Batterien sind galvanische Zellen, in denen durch chemische Reaktionen elektrische Energie erzeugt wird.
- Im Gegensatz zu Primärbatterien sind Sekundärbatterien (Akkus) wiederaufladbar.
- Laden eines Akkus: Umwandlung von elektrischer in chemische Energie
- Entladen eines Akkus: Umwandlung von chemischer in elektrische Energie

Primärbatterien	**Sekundärbatterien**
Alkalinebatterie	Lithium-Ionen-Akku
Lithium-Mangan-Batterie	Lithium-Cadmium-Akku
Zink-Kohle-Batterie	Bleiakku (Autobatterie)

Entsorgung von Batterien und Akkus

- enthalten umweltgefährdende Stoffe und gefährliche Säuren und Laugen
- dürfen nicht über den Hausmüll entsorgt werden
- werden in grünen Boxen gesammelt, sortiert und recycelt

Wasserstoff, ein umweltfreundlicher Energieträger

- Gewinnung durch Elektrolyse von Wasser
  $2\,H_2O \rightarrow 2\,H_2 + O_2$ | endotherm
- umweltfreundliche Reaktion in der Brennstoffzelle
  $2\,H_2 + O_2 \rightarrow 2\,H_2O$ | exotherm

12 Kohlenwasserstoffe – Energieträger und Rohstoffe

Kohlenwasserstoffe sind vielfältig nutzbare Stoffe: Butangas verbrennt im Campingkocher und wärmt unser Essen. Aus Erdöl können ganz unterschiedliche Produkte wie Kunststoffe, Klebstoffe, Medikamente und Kosmetika hergestellt werden. Wir können Erdöl zur Energiegewinnung verbrennen – dann aber fehlt uns bald der wichtige Rohstoff. Deshalb sind regenerative Energien wie Windkraft für unsere Zukunft so wichtig.

Entstehung von Erdöl, Erdgas und Kohle

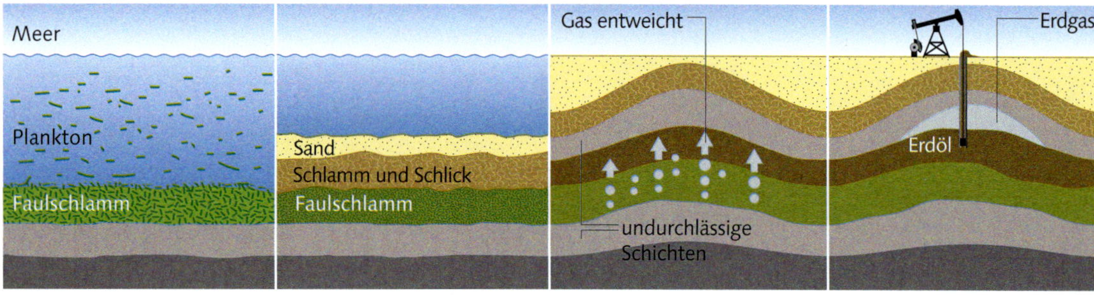

1 *Entstehung von Erdöl und Erdgas*

Entstehung von Erdöl und Erdgas Vor mehr als 250 Millionen Jahren waren weite Teile der Erdoberfläche von Meeren bedeckt. Darin lebten Kleinstlebewesen wie pflanzliches und tierisches Plankton. Nach ihrem Absterben sanken sie auf den Meeresboden. Dort konnten sie im sauerstoffarmen Wasser nicht verwesen. Es bildete sich Faulschlamm, der von Ablagerungen aus Flüssen bedeckt wurde. Im Laufe von vielen Millionen Jahren gelangte der Faulschlamm in immer größere Tiefen, wo hoher Druck und hohe Temperaturen herrschen. Im Laufe der Zeit wandelten sich dadurch die von der Luft abgeschlossenen Stoffe in Erdöl um.
Erdgas und Erdöl sind in die Gesteinsschichten eingelagert wie in die Poren eines Schwamms. Undurchlässige Gesteinsschichten darüber verhindern den Aufstieg des Erdgases an die Oberfläche.

Erdöl ist durch die Zersetzung von Kleinstlebewesen am Meeresgrund unter Luftabschluss und der Einwirkung von hohem Druck und Wärme entstanden.

Entstehung von Kohle In Sumpfwäldern begann im feuchtwarmen Klima vor mehr als 300 Millionen Jahren die Kohleentstehung.
In den Urwäldern starben Bäume und Pflanzen ab. Sie fielen auf den sumpfigen Boden. Darüber wuchsen wieder neue Pflanzen. Durch den Sumpf waren die Überreste der abgestorbenen Pflanzen luftdicht abgeschlossen und sie verfaulten nicht. Es bildete sich eine torfartige Schicht. In Moorgebieten sind diese Prozesse auch heute noch zu beobachten.
Im Laufe von Jahrtausenden wurden die Torfschichten von Geröll, Sand und Ton überlagert. Darauf wuchsen wieder neue Sumpfwälder, aus denen sich erneut Torfschichten bildeten. Unter Wärme und durch den Druck der überlagernden Erdschichten wurden die unteren Torfschichten zusammengepresst und es bildete sich Braunkohle. Durch das Anwachsen der Schichten nahmen Druck und Hitze weiter zu. Dadurch konnte aus Braunkohle Steinkohle entstehen.

Kohle ist unter Luftabschluss, Druck und Wärme aus abgestorbenen Pflanzen entstanden.

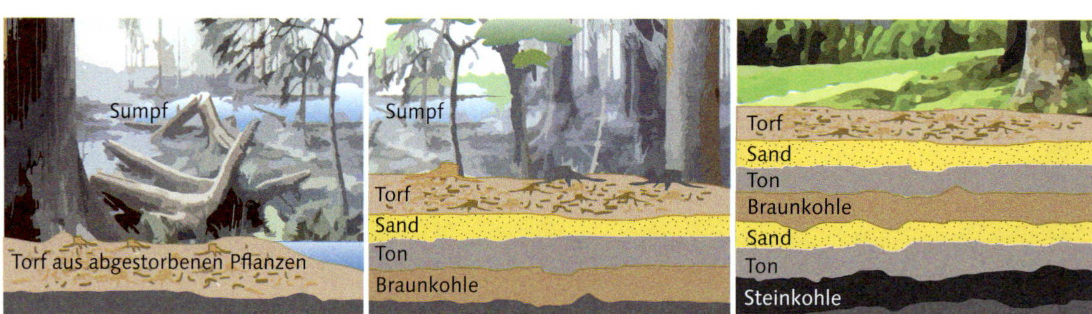

2 *Entstehung von Kohle*

Fossile Energieträger Erdöl, Erdgas und Kohle werden zur Energiegewinnung eingesetzt und daher als Energieträger bezeichnet. Die meisten Kraftfahrzeuge fahren mit Benzin, das aus Erdöl gewonnen wird. Viele Heizungen werden mit Erdöl oder Erdgas betrieben und Strom wird oft durch Verbrennung von Kohle in Kraftwerken erzeugt.
Da diese Energieträger in einem weit zurückliegenden Erdzeitalter aus tierischem und pflanzlichem Material entstanden sind, werden sie als fossile Energieträger bezeichnet.

Erdöl, Erdgas und Kohle sind Brennstoffe, die in den letzten 250 bis 300 Millionen Jahren entstanden sind. Sie werden als fossile Energieträger bezeichnet.

Erdöl – zum Verbrennen zu schade Erdöl ist ein kostbarer Rohstoff. Dennoch denken wir bei Erdöl zunächst meist an den Energieträger, aus dem Heizöl, Benzin oder Diesel hergestellt wird. Aus Erdöl können aber weitere wertvolle Stoffe erzeugt werden. Viele Produkte des täglichen Lebens wie Textilien für Bekleidung, Kunststoffe, Medikamente, Farben und Lösungsmittel werden aus Erdöl hergestellt.

3 *Vielfältige Verwendungsmöglichkeiten für Erdöl*

Begrenzte Erdölvorräte Im Jahr 2014 umfassten die bekannten förderbaren Reserven weltweit etwa 171 Milliarden Tonnen Rohöl. Der Jahresverbrauch an Erdöl betrug 2014 weltweit rund 4,3 Milliarden Tonnen. Bei gleichbleibendem Verbrauch würden die Erdölvorräte also noch etwa bis zum Jahr 2050 reichen.
In den vergangenen Jahrzehnten ist der Verbrauch an Erdöl aber ständig gestiegen. Und es ist mit einer weiter steigenden Erdölnachfrage zu rechnen, weil unser Konsum und unser Energieverbrauch weltweit weiter zunehmen. In Zukunft müssen wir also mit einer größer werdenden Lücke zwischen Angebot und Nachfrage rechnen. Steigende Ölpreise wären die Folge.

Aus Erdöl werden viele Produkte des täglichen Lebens hergestellt. Die Vorräte an Erdöl auf unserer Erde sind jedoch begrenzt.

4 *Ein Leben ohne Erdöl – was wäre wohl anders?*

Aufgaben

1 ◪ Erkläre, was man unter fossilen Energieträgern versteht.

2 Beschreibe die Entstehung des Energieträgers und fertige jeweils eine beschriftete Skizze an:
  a ◪ Erdöl
  b ◪ Erdgas
  c ◪ Kohle

3 ◪ Vergleiche die Entstehung von Erdöl und Kohle.

4 □ Nenne 6 Verwendungsmöglichkeiten für Erdöl.

5 ◪ Erkläre, warum wir in Zukunft mit steigenden Ölpreisen rechnen müssen.

Extra Förderung von Erdöl und Erdgas

1 *Offshoreförderung*

Förderung im Meer Häufig befinden sich Erdöllagerstätten unter dem Meer. Zur Förderung werden künstliche Bohrinseln auf hoher See errichtet. Sie können fest mit dem Meeresboden verankert oder als schwimmende Bohrinseln zu ergiebigen Lagerstätten bewegt werden. Die Förderung im Meer erfolgt im gleichen Verfahren wie an Land über Bohrungen. Neue Technologien ermöglichen die Förderung bis in Tiefen von 4000 bis 6000 m unterhalb des Meeresspiegels.
Die Förderung von Erdöl und Erdgas im Meer wird als Offshoreförderung (engl. *offshore:* vor der Küste, auf hoher See) bezeichnet.

Risiken der Offshoregewinnung Im April 2010 ereignete sich auf der Bohrinsel „Deepwater Horizon" im Golf von Mexiko eine schwere Explosion, in deren Folge die Bohrinsel sank. Elf Menschen starben. Monatelang flossen große Mengen Rohöl ins Meer. Erdöl, das „schwarze Gold", wurde für die an der Südküste der USA lebenden Menschen und Meereslebewesen mit einem Mal zur „schwarzen Pest".

Weitere Vorkommen und deren Nutzbarkeit
Als Ölschiefer oder Ölsande werden Gesteine bezeichnet, in denen das Rohöl mit Gestein oder Sand sehr stark vermengt ist. Hierdurch ist die Gewinnung erschwert. So gibt es in Baden-Württemberg Ölschiefervorkommen, die Ende des Zweiten Weltkriegs zur Gewinnung von Rohöl genutzt wurden und heute zur kostengünstigen Zementproduktion verwendet werden.

Bei einigen Vorkommen von Erdgas ist die Durchlässigkeit der Gesteinsschichten zu gering. Bohrungen würden nur eine geringe Gasausbeute ergeben. Durch das Frackingverfahren ist eine Erdgasförderung möglich, die ansonsten unwirtschaftlich wäre.

Fracking Ein Gemisch aus Wasser, Quarzsand und Chemikalien wird durch Rohre in das Bohrloch eingebracht. Unter hohem Druck wird dieses als Fracfluid bezeichnete Gemisch durch die an mehreren Stellen mit Löchern versehenen Rohre in das Gestein gepresst. Dadurch werden Risse erzeugt, die den Gasfluss ermöglichen. Der Quarzsand dient zur Stabilisierung der Risse. Vor der Förderung des Erdgases wird die Flüssigkeit wieder nach oben gepumpt. Danach strömt das Gas dem Bohrloch zu und kann gefördert werden. Durch die umweltgefährdenden und giftigen Stoffe im zurückgepumpten Fracfluid besteht die Gefahr einer Grundwasserverseuchung.

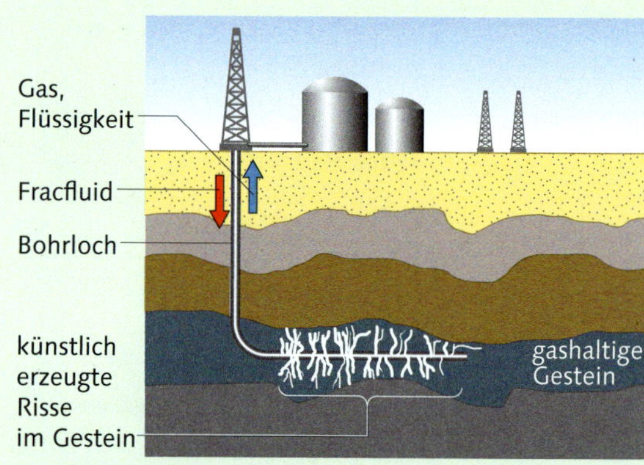

2 *Frackingverfahren zur Gewinnung von Erdgas*

Aufgaben

1 ◪ Erkläre, warum Erdöl sowohl als „schwarze Pest" als auch als „schwarzes Gold" bezeichnet wird.

2 ◪ Beschreibe das Frackingverfahren.

3 ◪ Erläutere, warum Erdgas bei vielen Lagerstätten nicht extra aus der Tiefe hochgepumpt werden muss.

4 ■ Recherchiere in weiteren Quellen Argumente für und gegen das Fracking. Diskutiere die Standpunkte mit deinen Mitschülern.

Praxis Einstieg in die organische Chemie

1 Enthalten diese Stoffe Kohlenstoff?

Geräte: 6 Reagenzgläser, Reagenzglashalter, Gasbrenner, Steinwolle
Chemikalien: Brot, Holz, Zucker, Gummibärchen, Kochsalz, Sand
Durchführung: Gib ein etwa 1 cm großes Stück Brot in ein Reagenzglas und verschließe es mit etwas Steinwolle. Erhitze es über dem Gasbrenner für etwa 30 s. Wiederhole das Vorgehen für die anderen Chemikalien.
Auswertung: Stelle zuvor eine Vermutung über das Versuchsergebnis auf. Erstelle eine Tabelle und trage deine Beobachtungen ein. Formuliere das Ergebnis.

2 Wassernachweis mithilfe von Watesmopapier

Geräte: Becherglas (gut gekühlt)
Chemikalien: Kerze, Watesmopapier
Durchführung: Halte das vorher gut gekühlte Becherglas für einige Sekunden über die Flamme der Kerze. Reibe danach Watesmopapier über die Innenseite des Becherglases.
Auswertung: Beschreibe deine Beobachtungen und erkläre sie.

3 Dichtebestimmung

Geräte: Einwegspritze mit Verschlusskappe (10 ml), Waage
Chemikalien: Erdöl (Ersatz)
Durchführung: Wiege die leere Einwegspritze mit Verschlusskappe. Fülle nun 10 ml Erdöl in die Spritze ein. Wiege erneut die befüllte Einwegspritze mit Verschlusskappe. Ermittle die Masse von 10 ml Erdöl. Berechne die Dichte.
Auswertung:
- **a** Vergleiche die Dichte von Erdöl und Wasser.
- **b** Bringe das Ergebnis in Zusammenhang mit Öltankerunfällen.

Entsorgung: Spüle die Geräte nicht aus. Lege die gebrauchte Einwegspritze auf einem saugfähigen Papier ab.

4 Löslichkeit von Erdöl

Geräte: Reagenzglasständer, 8 Reagenzgläser mit Stopfen, Schutzplatte aus Kunststoff, Trichter, Einwegspritze (10 ml)
Chemikalien: Erdöl (Ersatz), Paraffinöl, Petroleumbenzin, Wasser, Olivenöl, Ethanol, Citronensäure-Lösung, Calciumhydroxid-Lösung, Aceton
Durchführung: Fülle in jedes Reagenzglas 1 cm Erdöl. Gib jeweils einen der anderen Stoffe je 3 cm hoch dazu, verschließe mit dem Stopfen und schüttle.
Auswertung: Erstelle eine Tabelle und trage deine Beobachtungen ein.
Welcher Stoff würde sich bei der Förderung als Erdölzusatz am besten eignen, um Erdöl mit Druck nach oben zu pressen? Begründe.
Entsorgung: Gib die Flüssigkeiten in den Behälter für organische Abfälle. Spüle die Geräte nicht aus. Lege die gebrauchte Einwegspritze auf einem saugfähigen Papier ab.

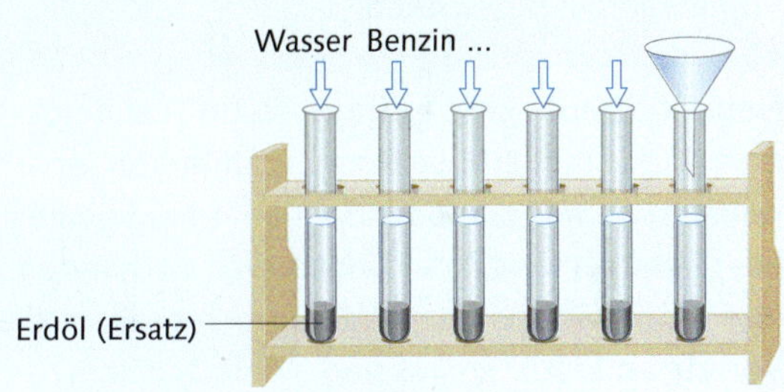

5 Viskosität von Erdölbestandteilen

Geräte: 3 Reagenzgläser, 3 Büroklammern, Pinzette, Reagenzglasständer, Stoppuhr
Chemikalien: Waschbenzin, Petroleum, Schmieröl
Durchführung: Fülle in je ein Reagenzglas Benzin, Petroleum und Schmieröl. Achte darauf, dass alle Reagenzgläser gleich hoch befüllt sind. Setze die Büroklammer mit einer Pinzette auf der Oberfläche der Flüssigkeit ab. Miss die Zeit, in der die Büroklammer zu Boden sinkt. Verfahre ebenso mit den anderen Proben.
Auswertung: Vergleiche und ordne die Flüssigkeiten nach zunehmender Viskosität.

Erneuerbare Energie

1 *Energiegewinnung aus Wasser, Wind und Sonne*

Energiearten Erdöl, Erdgas und Kohle sind natürlich vorkommende fossile Energieträger. Sie enthalten energiereiche Kohlenstoffverbindungen, die vor Jahrmillionen durch Fotosynthese von Pflanzen unter Ausnutzung der Energie des Sonnenlichts gebildet wurden. Die in ihnen gespeicherte Energie wird als Primärenergie bezeichnet.

Neue Konzepte sind gefragt Neue Technologien und veränderte Lebensgewohnheiten erhöhen weltweit den Bedarf an Energie. Fossile Energieträger sind nicht unbegrenzt vorhanden. Nur wenn wir den Energieverbrauch senken, die Vorräte an Erdöl, Erdgas und Kohle achtsam nutzen und nach alternativen Energiequellen suchen, werden wir unseren Lebensstandard und die Umwelt erhalten können.

Erneuerbare Energiequellen In der Natur finden wir viele Energiequellen, die sich der Mensch nutzbar machen kann: Sonnenenergie, Wind- und Wasserkraft, Erdwärme, Gezeitenenergie und Biomasse sind Primärenergiequellen, die sich ständig erneuern. Durch Umwandlung in andere Energieformen wie elektrische Energie sichern sie unsere Energieversorgung.

Windkraft und Sonnenenergie Große Windräder erzeugen elektrische Energie aus Windkraft. Sie stellt schon jetzt in Deutschland den größten Anteil unter den erneuerbaren Energien und soll weiter ausgebaut werden. Allerdings werden Windräder manchmal als störend empfunden.
Sonnenenergie wird in Fotovoltaikanlagen in elektrische Energie umgewandelt. Auch diese erneuerbare Energiequelle wird bei uns stark genutzt. Die Anlagen sind in Herstellung und Anschaffung recht teuer, benötigen zur optimalen Nutzung große Flächen und eine geeignete Ausrichtung zu den einfallenden Strahlen.

Herausforderung Speicherung Windkraft und Sonnenenergie sind von Wetter und Tageszeit abhängig. Windkraftanlagen erzeugen in Abhängigkeit von der aktuellen Windstärke viel Strom – oder gar keinen Strom. Fotovoltaikanlagen produzieren nur im Tageslicht Strom. Deshalb werden Möglichkeiten zur Energiespeicherung erforscht, damit eine fortlaufende Energieversorgung gesichert ist. Außerdem muss das Stromleitungsnetz weiter ausgebaut werden, damit der Strom vom Produktionsort bis zum Verbraucher gelangen kann.

Wasserkraft Unter Ausnutzung der Wasserkraft wird weltweit in vielen Stauseen, Talsperren und Wasserfällen elektrische Energie erzeugt. Die Nutzung der Wasserkraft ist eines der ältesten Verfahren zur Energieerzeugung.

Energie aus Biomasse Pflanzen erneuern sich im Kreislauf der Natur ständig und haben deshalb als nachwachsende Rohstoffe große Bedeutung erlangt. Holz wird als Brennstoff in Heizungsanlagen direkt zur Erzeugung von Wärmeenergie genutzt. Grünschnitt kann für die Produktion von Biogas verwendet werden. Aus Rapsöl hergestellter Biodiesel treibt die Motoren von Kraftfahrzeugen an. Aus einem Rapsfeld mit der Größe von 1 Hektar können etwa 1500 Liter Biodiesel hergestellt werden.

Erneuerbare Energien wie Wind- und Wasserkraft, Sonnenenergie und Biomasse stehen uns nahezu unbegrenzt zur Verfügung.

Nutzung erneuerbarer Energien Der Anteil an erneuerbaren Energien zur Deckung des Gesamtenergieverbrauchs konnte in den letzten Jahren stetig gesteigert werden und betrug in Deutschland im Jahr 2015 etwa 13 %.
Bis zum Jahr 2020 soll in Europa der Anteil erneuerbarer Energien auf 20 % gesteigert und gleichzeitig der Energieverbrauch um 20 % gesenkt werden.

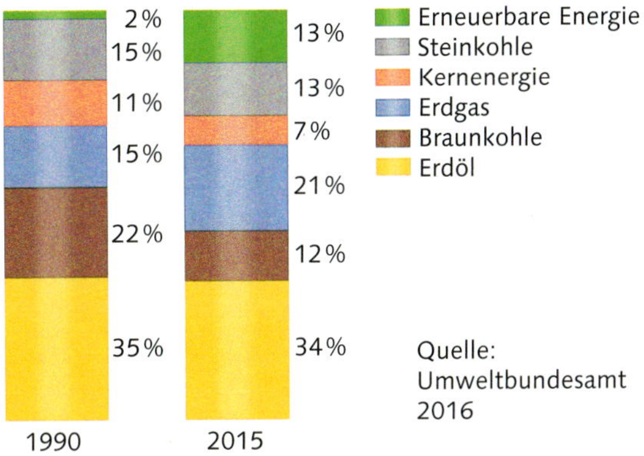

2 *Entwicklung des Primärenergiebedarfs in Deutschland*

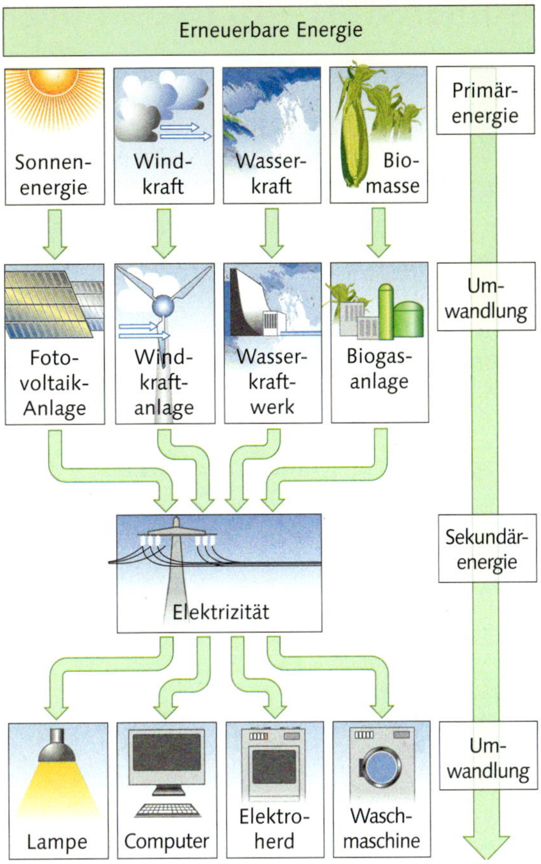

3 *Erneuerbare Energien – Umwandlung von Primärenergie in Sekundärenergie und Nutzenergie*

Extra Nachhaltige Energieversorgung

Der Begriff der Nachhaltigkeit begegnet uns häufig im Zusammenhang mit dem Thema Energieversorgung. Aber was bedeutet *nachhaltig* eigentlich?
Die seit Jahrmillionen auf der Erde vorhandenen fossilen Energieträger wie Erdöl, Erdgas und Kohle werden erst seit wenigen Generationen von uns in hohem Maße zur Energiegewinnung genutzt. Ihre Vorräte schrumpfen rasant und könnten bald aufgebraucht sein. Gleichzeitig entstehen durch das Verbrennen der fossilen Energieträger große Mengen an klimaschädlichem Kohlenstoffdioxid.
Es ist daher eine wichtige gesellschaftliche Aufgabe, mit den Vorräten an Erdöl, Erdgas und Kohle sparsam umzugehen und neue Energiequellen zu erschließen. *Nachhaltige* Energieversorgung sichert den Energiebedarf von heute *und* den Energiebedarf der zukünftigen Generationen. Der Schutz der Umwelt steht dabei im Vordergrund. Soziale, ökologische und wirtschaftliche Bedürfnisse werden bei nachhaltigen Konzepten gleichermaßen berücksichtigt.

Aufgaben

1 ☐ Nenne Beispiele für erneuerbare Energiequellen.

2 ☐ Gib Pflanzenarten an, die als nachwachsende Rohstoffe zur Energiegewinnung genutzt werden.

3 ◪ Nenne Beispiele für Möglichkeiten zur Energieeinsparung in deinem Alltag. Schätze ein, wie sparsam du bei der Nutzung von Energie bist.

4 ◪ Betrachte die Diagramme zur Entwicklung des Primärenergieverbrauchs (Bild 3). Welche Entwicklungen lassen sich ablesen?

5 ◪ Vergleiche den fossilen Brennstoff Erdöl mit der erneuerbaren Energiequelle Biomasse im Hinblick auf nachhaltige Energieversorgung.

6 ◪ Ein Auto fährt im Jahr 10 000 km und verbraucht 6 Liter Biodiesel pro 100 km. Berechne, welche Fläche ein Rapsfeld haben muss, um die benötigte Menge Kraftstoff zu produzieren.

Kohlenstoff – Baustein organischer Stoffe

Geschichte der organischen Chemie Früher vermutete man, dass alle Lebewesen egal ob Tiere, Pflanzen und Menschen eine geheimnisvolle Lebenskraft „vis vitalis" besitzen. Stoffe, die von Lebewesen unter dem Einfluss dieser Kraft produziert wurden, hat man als organische Stoffe bezeichnet. Man ging fälschlicherweise davon aus, dass organischen Stoffe nicht künstlich hergestellt werden können.

Extra Harnstoffsynthese nach Wöhler

Dem Chemiker FRIEDRICH WÖHLER gelang es, 1828 in einem Experiment die organische Verbindung Harnstoff aus Stoffen der unbelebten Natur herzustellen. Über seine Entdeckung schrieb er: „Ich kann, so zu sagen, mein chemisches Wasser nicht halten und muss ihnen sagen, dass ich Harnstoff machen kann, ohne dazu Nieren oder überhaupt ein Thier, sey es Mensch oder Hund nöthig zu haben..." WÖHLER widerlegte dadurch die Theorie der geheimnisvollen Lebenskraft „vis vitalis". Seine Entdeckung gilt als Beginn einer wissenschaftlichen, organischen Chemie.

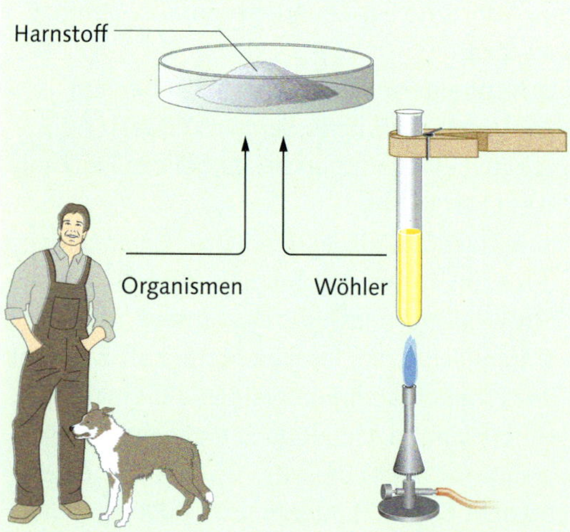

1 *Harnstoff kann nicht nur von Lebewesen, sondern auch künstlich im Labor hergestellt werden.*

Organische Stoffe und ihre Bestandteile Erhitzt man Stoffe, die durch tierische und pflanzliche Organismen gebildet werden, z. B. Zucker, Stärke und Eiweiße, bleibt im Reagenzglas Kohlenstoff als schwarzer Rückstand übrig.

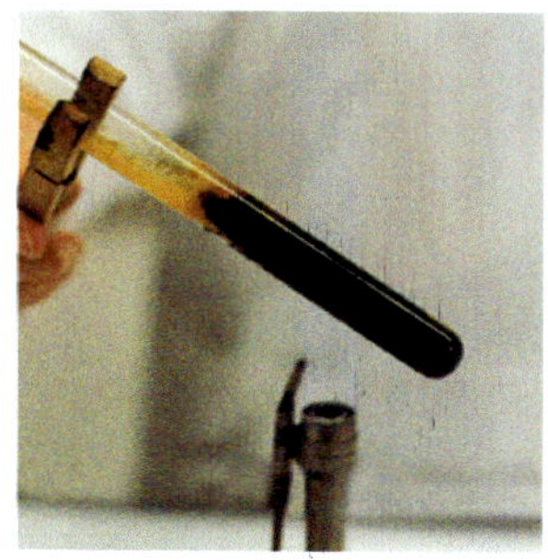

2 *Wenn Stärke erhitzt wird, bleibt ein schwarzer Rückstand übrig.*

Verbrennt man Holz und leitet das gasförmige Verbrennungsprodukt in eine Calciumhydroxid-Lösung, erkennt man eine Trübung als Nachweis des entstehenden Kohlenstoffdioxids. Untersucht man weitere Stoffe organischen Ursprungs, so stellt man fest: Alle organischen Stoffe enthalten Kohlenstoff.

Darüber hinaus ist am Rand des Reagenzglases ein Niederschlag zu erkennen. Entnimmt man diese Flüssigkeit mit einer Pipette und tropft sie auf wasserfreies Kupfersulfat, verfärbt sich dieses von Weiß zu Blau. Bei der Verbrennung ist also auch Wasser entstanden und in organischen Verbindungen muss somit auch Wasserstoff enthalten sein.

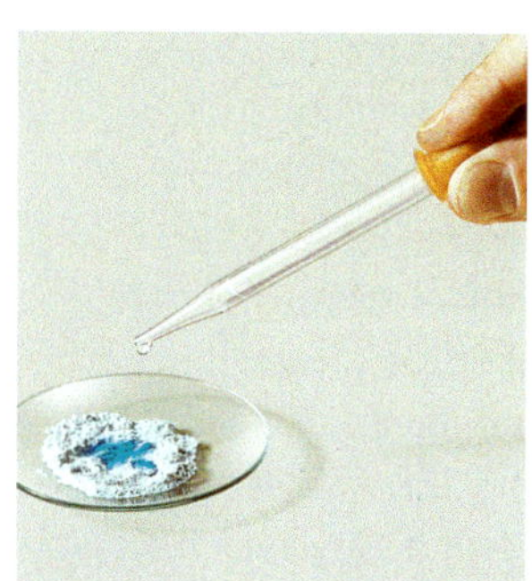

3 *Nachweis des entstehenden Wassers durch wasserfreies Kupfersulfat*

Organische Stoffe bestehen aus Verbindungen der Elemente Kohlenstoff und Wasserstoff.

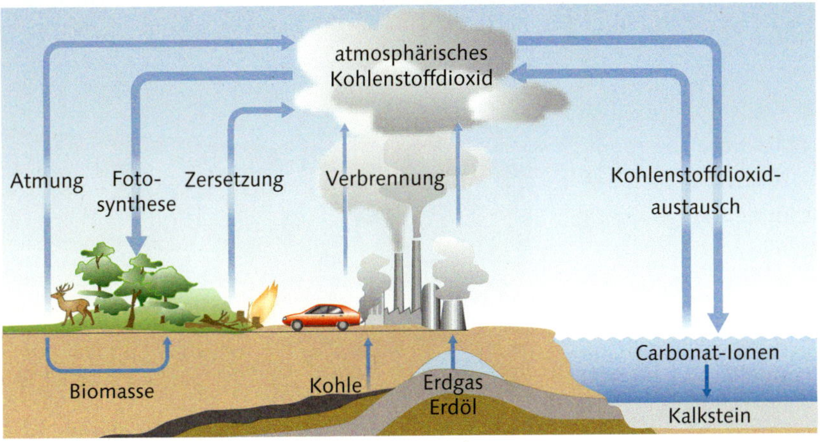

4 *Natürlicher Kohlenstoffkreislauf*

Natürlicher Kohlenstoffkreislauf Kohlenstoffdioxid ist der wichtigste Stoff im Kohlenstoffkreislauf der Erde. Es entsteht unter anderem bei der Atmung der Tiere oder durch das Verbrennen von organischen Stoffen. Im Körper von Menschen und Tieren werden Nahrungsmittel in ihre Grundbausteine zerlegt, um die darin enthaltene Energie nutzbar zu machen. Als Reaktionsprodukt entsteht unter anderem Kohlenstoffdioxid, das ausgeatmet wird.

Das Wachstum der Pflanzen beruht auf der Verarbeitung von Kohlenstoffdioxid bei der Fotosynthese. Pflanzen nehmen Kohlenstoffdioxid aus der Atmosphäre auf und bauen daraus mithilfe der Energie des Sonnenlichts und Wasser energiereiche Verbindungen wie zum Beispiel Traubenzucker auf. Auch in Meeren, Seen und Flüssen sind große Mengen Kohlenstoffdioxid gelöst. Die größte Menge an gebundenem Kohlenstoff befindet sich jedoch in den Gesteinsschichten unserer Erde.

Kohlenstoffdioxid im Überschuss Im Laufe der Erdgeschichte entstanden in vielen Millionen Jahren die fossilen Energieträger, wobei Kohlenstoffdioxid gebunden und damit der Erdatmosphäre entzogen wurde. Durch die Verbrennung von Erdöl, Erdgas und Kohle wird in sehr kurzer Zeit eine große Menge Kohlenstoffdioxid wieder freigesetzt. Eine steigende Kohlenstoffdioxidkonzentration in der Atmosphäre und damit eine Verstärkung des Treibhauseffekts sind die Folgen.

Ölhaltige Pflanzen wie Sonnenblumen und Raps, aber auch Holz sind nachwachsende Rohstoffe, die eine ausgeglichene Kohlenstoffdioxidbilanz aufweisen. Das bedeutet, dass bei der Verbrennung nur so viel Kohlenstoffdioxid freigesetzt wird, wie zuvor während des Wachstums aufgenommen wurde. Dennoch wird auch bei der Energiegewinnung aus erneuerbaren Energiequellen zusätzliches Kohlenstoffdioxid durch Herstellungsprozesse, Transport und Entsorgung freigesetzt.

Klimaveränderung durch den Treibhauseffekt Ohne die Atmosphäre wäre menschliches Leben auf der Erde nicht möglich, da die Temperaturen zu niedrig wären. Der natürliche Treibhauseffekt wird jedoch durch die steigende Kohlenstoffdioxidkonzentration in der Atmosphäre verstärkt. Diese Verstärkung, für die der Mensch verantwortlich ist, bezeichnet man als anthropogenen Treibhauseffekt. Langfristige Folgen könnten Veränderungen des Klimas, Gletscherschmelze, Anstieg des Meeresspiegels und Ausdehnung von Wüstengebieten sein.

Aufgaben

1 □ Gib an, was man unter organischen Stoffen versteht.

2 ◪ Benenne die Auswirkungen einer erhöhten Kohlenstoffdioxidkonzentration in der Erdatmosphäre.

3 ■ Vergleiche und bewerte die Kohlenstoffdioxidbilanz bei der Verbrennung von Brennholz mit der Verbrennung fossiler Brennstoffe.

Methan

Methan mischt immer mit Faulgas, Grubengas, Sumpfgas, Biogas, Erdgas – alle diese Gasgemische enthalten Methan. Die Namen weisen auf die Entstehung und die Zusammenhänge hin, in denen das Gas eine Rolle spielt.

Biogas als Energieträger Aus Biomasse, z. B. Grasschnitt, sowie aus organischen Abfällen und Gülle wird in Biogasanlagen Gas erzeugt. Wegen seiner biologischen Ausgangsstoffe wird es als Biogas bezeichnet. Es entsteht auch auf Mülldeponien oder in Kläranlagen durch Verfaulen von Biomasse unter Luftabschluss.

Biogasanlage In einer Biogasanlage werden die organischen Stoffe in einen beheizten Faulbehälter geleitet. Bakterien zersetzen diese Stoffe unter Luftabschluss und bei einer Temperatur von 40 °C. Es bildet sich Faulgas – ein Gasgemisch, das überwiegend aus Methan und Kohlenstoffdioxid besteht. Das Gasgemisch wird gereinigt, wodurch der Methananteil steigt. Somit erhält das Biogas eine ähnliche Zusammensetzung und einen vergleichbaren Energiegehalt wie Erdgas. In einem der Biogasanlage angeschlossenen Blockheizkraftwerk kann das Biogas direkt zur Wärme- und Stromproduktion verwendet werden. Biogas lässt sich verflüssigen und kann als Heizgas oder als Kraftstoff für Autos eingesetzt werden.

Methan entsteht bei der bakteriellen Zersetzung organischer Stoffe unter Luftabschluss und Wärme.

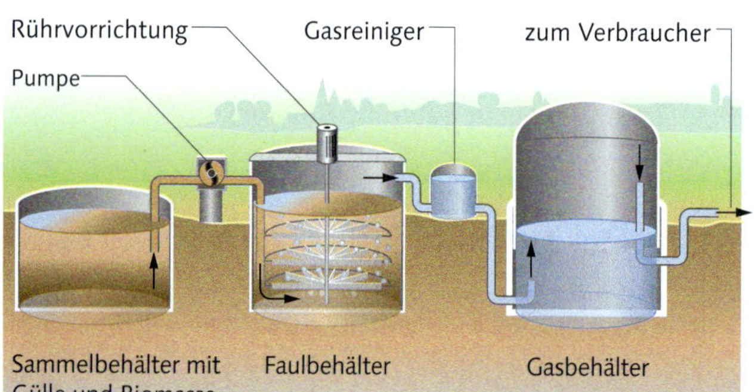

1 *Aufbau einer Biogasanlage*

2 *Ein Rind erzeugt bei der Verdauung pro Tag etwa 300 Liter des Treibhausgases Methan.*

Methan ist ein Treibhausgas In der Atmosphäre hat Methan eine etwa 25-mal stärkere Wirkung auf den Treibhauseffekt als Kohlenstoffdioxid. In Deutschland ist die Landwirtschaft mit über 50 % die größte Emissionsquelle für Methan. Die Herstellung von 1 kg Rindfleisch hat daher eine ähnlich schädliche Wirkung auf das Klima wie eine Fahrt von 200 km mit dem Auto.

Methan wirkt als starkes Treibhausgas.

Eigenschaften von Methan Methan ist ein farb- und geruchloses, brennbares Gas. Es hat eine geringere Dichte als Luft. Als Bestandteil von Grubengas kann es mit dem Sauerstoff der Luft explosive Gemische bilden, die in Bergwerken zu gefährlichen Explosionen, sogenannten „schlagenden Wettern", führen können.

Methan als Brennstoff Methan hat einen hohen Energiegehalt und eignet sich sehr gut zur Strom- und Wärmeerzeugung. Reines Methan verbrennt zu Kohlenstoffdioxid und Wasser. Bei der Verbrennung von Biogas wird nur so viel Kohlenstoffdioxid freigesetzt, wie vorher der Atmosphäre entzogen wurde. Darüber hinaus können Abfälle zur Biogasgewinnung eingesetzt werden. Bei der Abfallzersetzung entsteht Methan, das sonst ungenutzt in die Atmosphäre abgeben werden würde.

Methan ist ein brennbares Gas, das vollständig verbrennt und als Energielieferant dient.

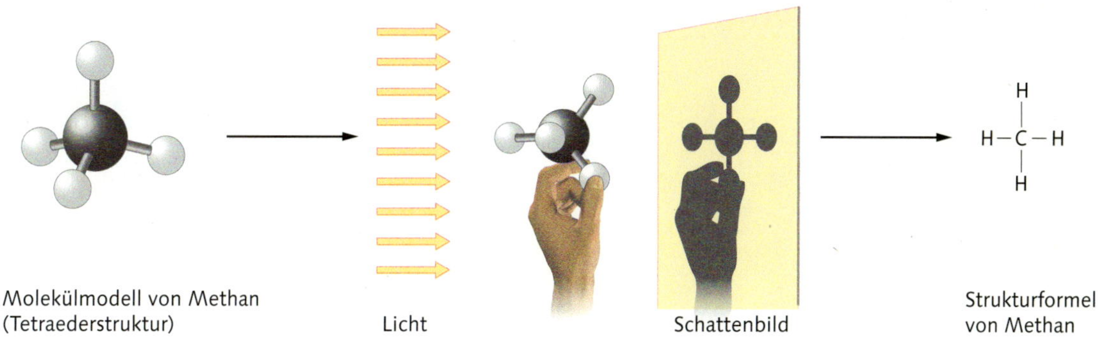

3 *Molekülmodell, Schattenbild und Strukturformel von Methan*

Methan, eine Kohlenwasserstoffverbindung Beim Verbrennen von Methan lässt sich im Versuch aufgrund der Trübung von Calciumhydroxid-Lösung die Bildung von Kohlenstoffdioxid nachweisen. An den Glaswänden der Apparatur kondensieren Wassertröpfchen als weiteres Reaktionsprodukt. Daraus kann man ableiten, dass Methan die chemischen Elemente Kohlenstoff und Wasserstoff enthält. Die chemische Verbindung Methan ist somit eine Kohlenwasserstoffverbindung.

Methan + Sauerstoff
$\longrightarrow$ Kohlenstoffdioxid + Wasser

Summenformel von Methan Ein Methan-Molekül besteht aus einem Kohlenstoffatom, das mit vier Wasserstoffatomen verbunden ist. Seine Summenformel lautet: CH_4.

Die Moleküle der Kohlenstoffverbindung Methan bestehen aus einem Kohlenstoffatom und vier Wasserstoffatomen.

Vom Molekülmodell zur Strukturformel Die räumliche Anordnung der Atome im Methan-Molekül wird mithilfe eines Modells veranschaulicht. Das Kohlenstoffatom nimmt eine zentrale Stellung ein. Die vier Wasserstoffatome sind jeweils in gleichem Abstand um das Kohlenstoffatom angeordnet. Dadurch ergibt sich die dreidimensionale Form eines Tetraeders. Um die Struktur des Methan-Moleküls zeichnen zu können, verwendet man das Schattenbild. Dazu hält man das Molekülmodell von Methan vor eine Lichtquelle. Dieses Schattenbild stellt eine Vereinfachung des Methan-Moleküls dar.

Extra Bau des Methan-Moleküls – Elektronenpaarabstoßungsmodell
Das Kohlenstoffatom geht vier Elektronenpaarbindungen zu vier Wasserstoffatomen ein. Alle Elektronenpaare besitzen eine negative Ladung. Deshalb stoßen sich die Elektronenpaare gegenseitig ab und nehmen im Molekül den größtmöglichen räumlichen Abstand voneinander ein. Dabei zeigen die Elektronenpaare in die Ecken eines Tetraeders.

Aufgaben

1 □ Nenne die Eigenschaften und Verwendungsmöglichkeiten von Methan.

2 ◪ Methan ist eine Kohlenwasserstoffverbindung. Erkläre, was das bedeutet.

3 ■ Stelle die Reaktionsgleichung für die Verbrennung von Methan auf.

4 ◪ Beschreibe den Prozess zur Herstellung von Biogas.

5 ◪ Aus der Ernte von 1 ha Mais kann man ungefähr 22 000 kWh elektrische Leistung im Jahr gewinnen. Ermittle, wie viele Hektar notwendig sind, um den Strombedarf eurer Familie für ein Jahr zu decken.

6 In Biogasanlagen wird Biogas erzeugt.
a □ Nenne Verwendungsmöglichkeiten für das in einer Biogasanlage gewonnene Biogas.
b ◪ Recherchiere, wo es in der Nähe deines Wohnorts Biogasanlagen gibt.

7 □ Nenne Maßnahmen zur Reduzierung von Methanemissionen.

8 ■ Im Methan-Molekül zeigen die vier Wasserstoffatome in die Ecken eines gedachten Tetraeders. Erkläre diesen Molekülaufbau.

12

Die homologe Reihe der Alkane

1 *Brennstoff für die Campingküche: Butan und Propan*

2 *In Feuerzeugen befindet sich das Flüssiggas Butan.*

Propan und Butan sind Brennstoffe In den blauen Kartuschen, die häufig beim Camping zum Kochen verwendet werden, befindet sich ein Gemisch der Gase Butan und Propan. In Feuerzeugen wird reines Butan als Brennstoff verwendet.
Propan und Butan sind bei Raumtemperatur gasförmig, können jedoch durch Druck verflüssigt werden. Solche Gase werden umgangssprachlich daher als „Flüssiggase" bezeichnet. Propan und Butan bestehen wie Methan nur aus den Elementen Kohlenstoff und Wasserstoff. Sie werden deshalb als Kohlenwasserstoffe bezeichnet.

Homologe Reihe der Alkane Die Gase Methan, Propan und Butan gehören zur Gruppe der Alkane. Betrachtet man die Anzahl der Kohlenstoffatome, fällt auf, dass Methan ein Kohlenstoffatom, Ethan zwei, Propan drei und Butan vier Kohlenstoffatome besitzt. Zwei in Reihe aufeinanderfolgende Alkan-Moleküle unterscheiden sich um ein C-Atom und zwei H-Atome, also um ein CH_2-Kettenglied. Die Reihe lässt sich weiter fortsetzen. Eine solche Reihe von Kohlenwasserstoffen wird als homologe Reihe bezeichnet.

Alkane sind Kohlenwasserstoffe. Sie bilden eine homologe Reihe. Ihre Moleküle unterscheiden sich jeweils um ein CH_2-Kettenglied. Die allgemeine Summenformel der Alkane lautet C_nH_{2n+2}.

Alkane	Summen-formel	Aggregatzustand bei Raumtemperatur	Siede-temperatur	Viskosität	Verwendung
Methan	CH_4	gasförmig	−161,4 °C		Heizgas, Brennstoff für Motoren
Ethan	C_2H_6	gasförmig	−88,6 °C		Heizgas
Propan	C_3H_8	gasförmig	−42,1 °C		Heizgas (Campinggas), Treibgas in Spraydosen
Butan	C_4H_{10}	gasförmig	−0,5 °C		
Pentan	C_5H_{12}	flüssig	36,1 °C		Bestandteil des Benzins, Lösungsmittel für Lacke und Klebstoffe, Extraktionsmittel
Hexan	C_6H_{14}	flüssig	68,7 °C		
Heptan	C_7H_{16}	flüssig	98,4 °C		
Octan	C_8H_{18}	flüssig	125,6 °C		Bestandteil des Benzins
Nonan	C_9H_{20}	flüssig	150,6 °C		Diesel, Kerosin
Decan	$C_{10}H_{22}$	flüssig	174,0 °C		
…	…	…	…		
Hexadecan	$C_{16}H_{34}$	flüssig	287,0 °C		Diesel, Kerosin, Schmieröl
Heptadecan	$C_{17}H_{36}$	fest	303,0 °C		Paraffin, Kerzen, Wachse

Tab. 1 *Homologe Reihe der Alkane*

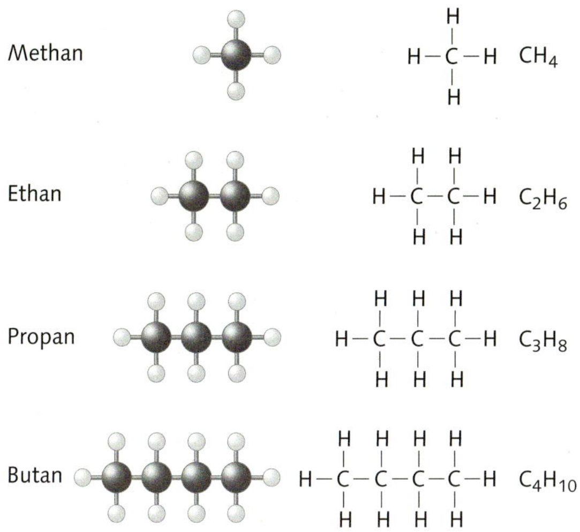

3 *Die ersten vier Alkane der homologen Reihe*

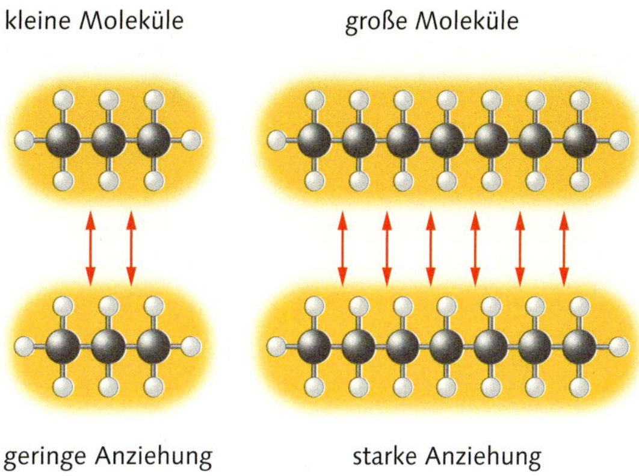

4 *Die Anziehungskräfte zwischen Molekülen mit langen Kohlenstoffketten sind höher als die Anziehungskräfte zwischen Molekülen mit kurzen Kohlenstoffketten.*

Nomenklatur Alle Namen der Alkane besitzen die Endsilbe *-an*. Der Wortstamm von Verbindungen mit fünf oder mehr Kohlenstoffatomen im Molekül geht auf griechische und lateinische Zahlwörter zurück, z. B. Pent-an, Hex-an und Hept-an.

Siedetemperaturen der Alkane Innerhalb der homologen Reihe zeigen die Alkane eine gleichmäßige Abstufung ihrer Eigenschaften (Tab. 1): Die Alkane Methan, Ethan, Propan und Butan mit kurzkettigen Molekülen (1 bis 4 Kohlenstoffatome) sind gasförmig. Die Alkane ab Pentan mit 5 bis 16 Kohlenstoffatomen sind flüssig und Alkane ab 17 Kohlenstoffatomen im Molekül sind fest. Mit zunehmender Kettenlänge der Moleküle steigen die Siedetemperaturen der Alkane an. Das ist darauf zurückzuführen, dass schwache Anziehungskräfte zwischen den Molekülen wirken. Diese Anziehungskräfte müssen beim Sieden durch Energiezufuhr überwunden werden.

Viskosität Vergleicht man verschiedene flüssige Alkane, so fällt auf, dass solche mit kurzkettigen Molekülen (5 bis 10 Kohlenstoffatome im Molekül) dünnflüssig sind, Schmieröle (11 bis 16 Kohlenstoffatome) sind dagegen zähflüssig. Die Zähflüssigkeit, auch Viskosität genannt, nimmt mit wachsender Kettenlänge der Moleküle zu. Die Viskosität beruht auf den Anziehungskräften zwischen den Molekülen.

Van-der-Waals-Kräfte Die zwischen den Molekülen bestehenden Anziehungskräfte werden Van-der-Waals-Kräfte genannt. Diese Kräfte sind deutlich schwächer als die Anziehungskräfte zwischen Ionen und schwächer als die Kräfte, die bei Elektronenpaarbindungen wirken.
Je länger die Molekülketten sind, desto größer sind auch die Van-der-Waals-Kräfte. Je größer die Van-der-Waals-Kräfte, desto höher ist die Siedetemperatur der Verbindung und desto viskoser ist sie.

Van-der-Waals-Kräfte sind Anziehungskräfte zwischen Molekülen, die charakteristische Stoffeigenschaften wie Siedetemperatur oder Viskosität beeinflussen.

5 *Zähflüssigkeit verschiedener Kohlenwasserstoffe*

6 *Hexan und Wasser kurz nach dem Mischen (links) und einige Zeit später (rechts)*

7 *Rußverhalten verschieden langkettiger Alkane*

Lösungsmittel Die Kohlenwasserstoffketten der Alkane sind unpolar. Aus diesem Grund sind sie gute Lösungsmittel für andere unpolare Stoffe wie Wachse, Öle und Fette. Man sagt, sie sind lipophil (= fettliebend). Polare Lösungsmittel wie Wasser lösen Fette nicht, sie sind lipophob (= fettabstoßend). Alkane sind nicht wasserlöslich und schwimmen aufgrund ihrer geringeren Dichte auf der Wasseroberfläche.

Verbrennen der Alkane Alle Alkane sind brennbar, meist leicht entzündlich und feuergefährlich. Bei der Verbrennung entstehen Kohlenstoffdioxid und Wasser. Dabei wird Wärme abgegeben.

$CH_4 + 2\,O_2 \rightarrow CO_2 + 2\,H_2O$ | exotherm

Ist nicht genügend Sauerstoff vorhanden, kommt es zu einer unvollständigen Verbrennung, wobei auch Ruß (Kohlenstoff) entsteht. Bei der Verbrennung der Alkane wird die Rußbildung der Flammen stärker, je länger die Molekülketten sind (Bild 7).

Benzin Benzin ist ein Gemisch aus kurzkettigen Kohlenwasserstoffen, das bereits bei Raumtemperatur Dämpfe bildet. Diese Benzindämpfe bilden schon bei niedrigen Temperaturen ein brennbares Gasgemisch mit dem Sauerstoff der Luft, sodass an Tankstellen ein Funke ausreichen kann, um einen Brand zu verursachen. Deshalb ist dort das Rauchen und das Telefonieren mit Handys verboten.

Diesel- und Motorenöl bestehen im Gegensatz zu Benzin aus längerkettigen Kohlenwasserstoff-Molekülen. Aufgrund ihrer höheren Siedetemperaturen verdampfen sie bei Raumtemperatur nicht und entwickeln erst beim Erhitzen entzündbare Dämpfe.

Alkane sind brennbar. Bei der Verbrennung enstehen Kohlenstoffdioxid und Wasser. In Wasser sind sie nicht löslich. Sie sind aber gute Lösungsmittel für Wachse, Öle und Fette.

Extra Cycloalkane

Alkane bilden auch Moleküle mit ringförmiger Struktur. Durch Verbindung der beiden endständigen Kohlenstoffatome entsteht ein Ring. Daher weist die Summenformel der Cycloalkane zwei Wasserstoffatome weniger auf als die des kettenförmigen Moleküls.

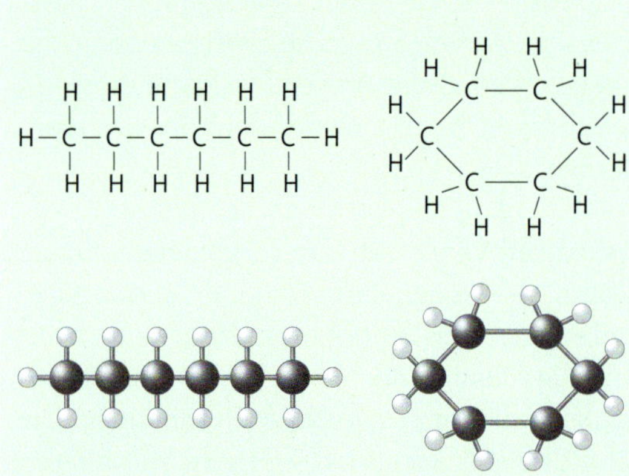

Hexan Cyclohexan

8 *Strukturformeln von Hexan und Cyclohexan*

Zwei Molekülstrukturen von Butan Beim Zeichnen oder Bauen eines Modells für das Butan-Molekül stellt man fest, dass sich für die Summenformel C_4H_{10} zwei Molekülstrukturen ergeben. Die Kohlenstoffkette eines Moleküls aus vier Kohlenstoffatomen und zehn Wasserstoffatomen kann entweder unverzweigt (linear) oder mit einer Verzweigung angeordnet werden. Das Butan-Molekül mit geradliniger Kohlenstoffkette wird als Normal-Butan (kurz: n-Butan) bezeichnet. Das Butan-Molekül mit verzweigter Kette heißt Isobutan (kurz: i-Butan). Isomere sind Verbindungen, die die gleiche Summenformel haben, sich aber in ihrer Molekülstruktur und damit in den Strukturformeln unterscheiden.

Isomere sind chemische Verbindungen mit gleicher Summenformel, aber unterschiedlichen Molekülstrukturen.

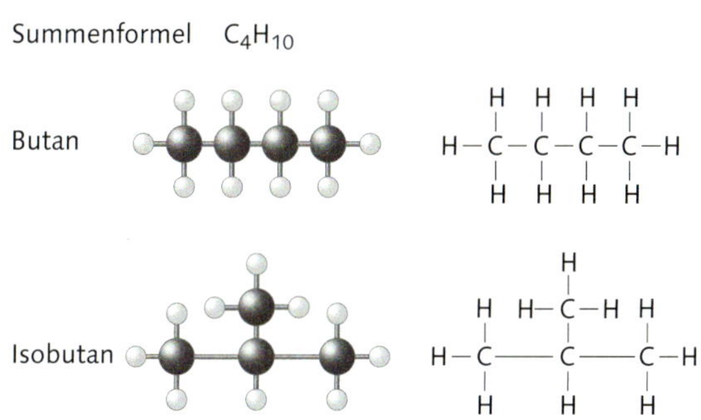

9 *Butan – unterschiedliche Moleküle, eine Summenformel*

Isomere – verschiedene Eigenschaften Auch von Pentan und den weiteren Alkanen gibt es Isomere. Sie unterscheiden sich in ihren Eigenschaften. Moleküle mit unverzweigten Kohlenstoffketten können sich räumlich besser annähern als Moleküle mit stark verzweigten Kohlenstoffketten. Die Van-der-Waals-Kräfte sind deshalb stärker ausgeprägt und die Siedetemperatur liegt bei diesen Stoffen höher. Alkane mit verzweigten Kohlenstoffketten haben niedrigere Siedetemperaturen als Alkane mit unverzweigten Kohlenstoffketten (Tab. 2). Die Van-der-Waals-Kräfte, die für charakteristische Stoffeigenschaften wie Siedetemperaturen und Viskosität verantwortlich sind, üben nur schwache Anziehungskräfte aus. Außerdem sind verzweigte Moleküle weniger viskos als ihre unverzweigten Isomere.

Strukturformel	Name	Siedetemp.	Verwendung
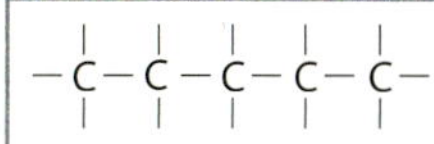	n-Pentan	36,2 °C	Kühlmittel in Kühlschränken
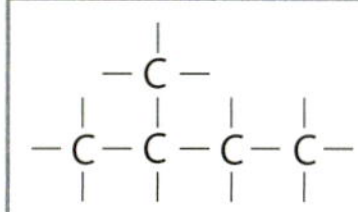	2-Methylbutan oder Isopentan	28 °C	Benzin
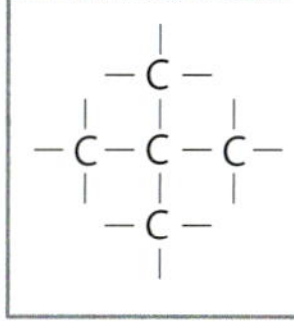	2,2-Dimethylpropan oder Neopentan	9,5 °C	Treibgas in Spraydosen

Tab. 2 *Stoffeigenschaften der Isomere des Pentans (C_5H_{12})*

Aufgaben

1 □ Beschreibe, was man in der Chemie unter einer homologen Reihe versteht.

2 Es gibt bei Raumtemperatur feste, flüssige und gasförmige Alkane.

a □ Nenne je ein Beispiel und Verwendungsmöglichkeiten für ein gasförmiges, ein flüssiges und ein festes Alkan und zeichne jeweils die Strukturformel.

b ◪ Erkläre, warum es innerhalb der homologen Reihe der Alkane bei Raumtemperatur Vertreter für alle drei Aggregatzustände gibt.

3 a ◪ Erläutere, was unter Van-der-Waals-Kräften verstanden wird.

b ◪ Vergleiche die Van-der-Waals-Kräfte bei Propan und Decan.

4 ■ Begründe, ob sich das Hexan in Bild 6 ober- oder unterhalb der Wasserphase befindet.

5 ■ Stelle die Reaktionsgleichung für die Verbrennung von Hexan auf.

6 □ Erkläre, warum an Tankstellen das Rauchen und das Telefonieren mit dem Handy verboten ist.

7 ■ Gib jeweils die Summenformel und die Strukturformel für Pentan und Cyclopentan an.

8 Alkane können in verschiedenen Isomeren vorkommen.

a □ Gib an, was man unter Isomeren versteht.

b ■ Zeichne die Strukturformel aller Isomere des Hexans.

c ◪ Erkläre die unterschiedlichen Siedetemperaturen der Isomere des Pentans (Tab. 2).

Methode Regeln zur Benennung organischer Stoffe

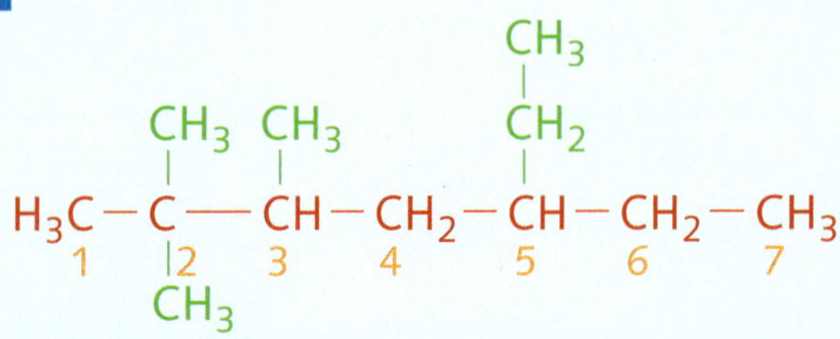

1 *Strukturformel einer organischen Verbindung mit der Summenformel $C_{10}H_{26}$*

Verzweigungen machen Namen kompliziert
Zur Summenformel $C_{10}H_{22}$ lassen sich 75 Isomere bauen, für $C_{20}H_{42}$ sogar 366 319. Um alle Stoffe eindeutig benennen zu können, hat man sich auf international gültige Regeln zur Nomenklatur geeinigt. Diese Regeln der *International Union of Pure and Applied Chemistry*, kurz IUPAC-Regeln genannt, ermöglichen eine wissenschaftliche und weltweit eindeutige Benennung.

1 Benenne die Hauptkette.
Finde die längste zusammenhängende Kohlenstoffkette und zähle deren Kohlenstoffatome. Aus der Anzahl ergibt sich der Name der Hauptkette.
Beispiel: Die längste Kette besteht aus sieben Kohlenstoffatomen, woraus sich der Name Heptan ableiten lässt.

2 Benenne die Seitenketten.
Die Namen der Seitenketten leiten sich von den entsprechenden Alkanen ab. Wird von einem Alkan-Molekül ein Wasserstoffatom entfernt, wird im Namen des Alkans die Endung *-an* durch *-yl* ersetzt.
Sie werden in alphabetischer Reihenfolge angegeben. Entscheidend ist dafür der Anfangsbuchstabe des Namens.
Beispiel: Die Strukturformel besitzt eine Ethyl-Seitenkette und drei Methyl-Seitenketten. Aufgrund der alphabetischen Reihenfolge wird die Ethyl-Seitenkette vor die Methyl-Seitenketten gesetzt.

Anzahl	Vorsilbe
2	di
3	tri
4	tetra
5	penta
6	hexa

Tab. 1 *Griechische Zahlwörter*

3 Bestimme die Anzahl der gleichen Seitenketten.
Gib mit griechischen Zahlwörtern (Tab. 1) die Anzahl der gleichen Seitenketten an. Stelle dafür dasjenige Zahlwort der Seitenkette voran, das angibt, wie viele gleiche Seitenketten es gibt. Wenn die Seitenkette nur einmal im Molekül vorhanden ist, wird das Zahlwort weggelassen.
Beispiel: Es gibt eine Ethyl-Seitenkette und drei Methyl-Seitenketten, deshalb wird das Zahlwort *tri-* vorangestellt: Ethyl-trimethyl.

4 Gib die Nummern der Kohlenstoffatome an, an denen die Seitenketten gebunden sind.
Nummeriere die Kohlenstoffatome der längsten Kette so, dass die Verzweigungsstellen kleinstmögliche Zahlen erhalten. Hierbei bekommt nach alphabetischer Reihenfolge die erste Seitenkette die niedrigere Nummer.
Beispiel:
Der Name der Verbindung lautet:

5-Ethyl-2,2,3-Trimethylheptan

- ☐ 1 Benenne die Hauptkette.
- ☐ 2 Benenne die Seitenketten.
- ☐ 3 Bestimme die Anzahl der gleichen Seitenketten.
- ☐ 4 Gib die Nummern der Kohlenstoffatome an, an denen die Seitenketten gebunden sind.

2 *Checkliste zur Benennung organischer Stoffe*

Praxis Eigenschaften und Verwendung von Alkanen

1 Untersuchen der Verbrennungsgase einer Kerze
Geräte: Stativmaterial, Glastrichter, Stück Schlauch, Einwegspritze, Becherglas
Chemikalien: Kerze, Calciumhydroxid-Lösung (Kalkwasser)
Durchführung: Befestige den Trichter so am Stativ, dass die Verbrennungsgase der Kerze aufgefangen werden. Verbinde mit dem Schlauchstück den Trichter mit der Spritze und sauge mit der Spritze die Verbrennungsgase auf. Leite die aufgefangenen Verbrennungsgase der Kerze in die Calciumhydroxid-Lösung im Becherglas ein.
Auswertung: Protokolliere deine Beobachtungen und erkläre.

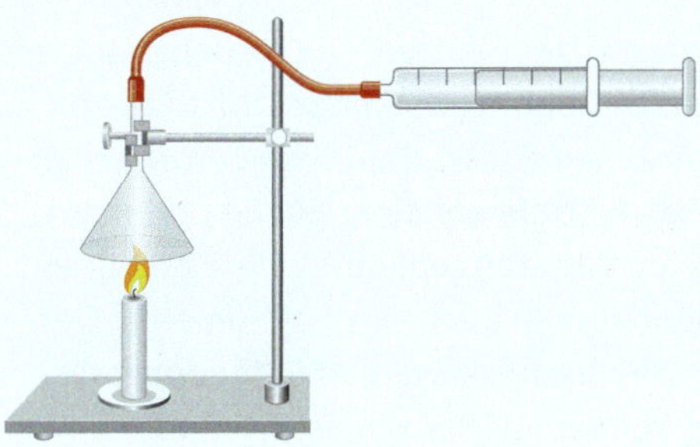

2 Untersuchen von Feuerzeuggas
Geräte: Einwegspritze, pneumatische Wanne, Waage …
Chemikalien: Feuerzeuggas, Wasser …
Durchführung: Entwickle gemeinsam mit einer Mitschülerin oder einem Mitschüler einen Versuch, der Aufschluss darüber geben kann, um welches Gas es sich in Feuerzeugen handelt. Die Tabelle zur Dichte von Gasen kann dir dabei helfen. Zeige deine Versuchsanleitung deiner Lehrerin oder deinem Lehrer.

Gas	Dichte in $\frac{g}{l}$
Methan	0,72
Ethan	1,36
Propan	2,01
Butan	2,70
Sauerstoff	1,43

3 Lösen von Fetten, Ölen und Wachsen
Geräte: 6 Reagenzgläser, Reagenzglasständer, 4 Pipetten, Spatel
Chemikalien: Wasser, Waschbenzin, Petroleum, Dieselkraftstoff, Paraffin (Kerzenwachs)
Durchführung: Fülle je drei Reagenzgläser mit Wasser und Benzin. Gib jeweils Petroleum, Dieselkraftstoff und Paraffin hinzu.
Auswertung: Protokolliere deine Beobachtungen und erkläre sie unter Verwendung der Begriffe hydrophil und lipophil.

4 Fettfleck – mit Heptan schnell weg
Geräte: Uhrglas, Glasstab, Pipette, Spatel, ein Stück Stoff oder Papier, Schuh- oder Kleiderbürste
Chemikalien: Magnesiumoxid, Heptan, Fett (z. B. Butter)
Durchführung: Gib einen Spatel Magnesiumoxid auf das Uhrglas und füge tropfenweise Heptan hinzu, bis sich beim Verrühren eine Paste bildet.
Bringe einen Fettfleck auf das Stück Stoff oder auf das Papier. Verteile die Paste gut auf dem Fettfleck.
Lass alles trocknen und bürste die Stelle dann aus.
Auswertung: Erläutere, wie die Fettfleckpaste funktioniert. Berücksichtige dabei, dass Magnesiumoxid lediglich die Flüssigkeit aufsaugt. Notiere, welches Vorgehen du zur Entfernung eines Fettflecks im Alltag empfiehlst.

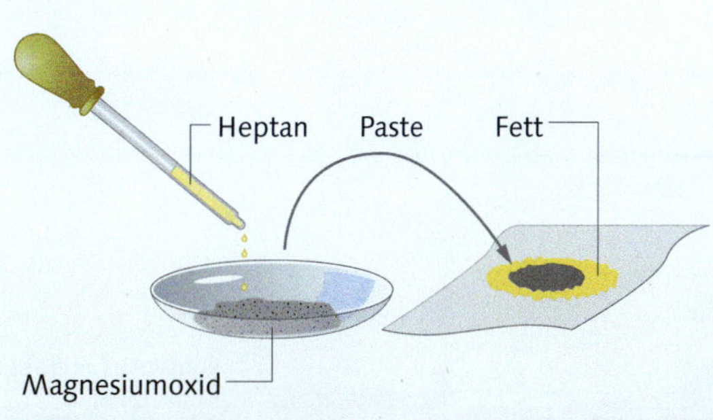

12

Erdölverarbeitung in der Raffinerie

Raffinieren von Rohöl Um wertvolle Produkte aus Erdöl zu gewinnen, wird das geförderte Rohöl in Raffinerien aufgearbeitet. Dazu wird es zunächst von Stoffen wie Schwefel gereinigt und anschließend destilliert.

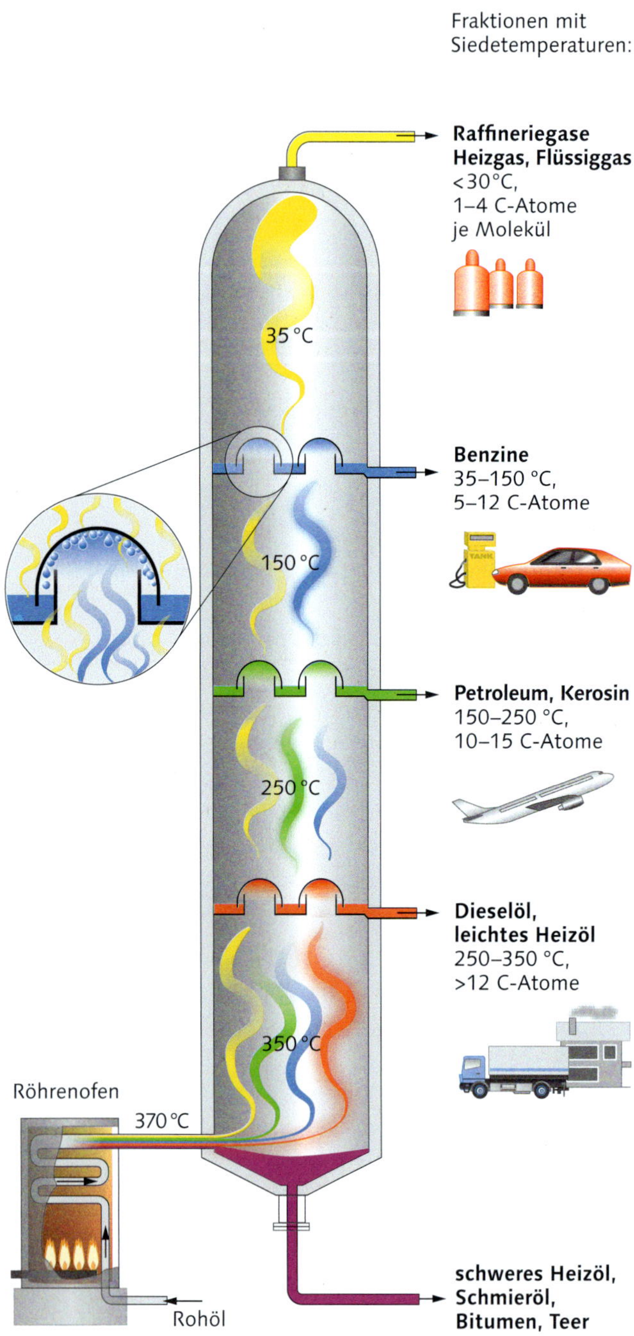

1 *Raffinerieturm*

Trennung im Destillationsturm In einem Röhrenofen wird das Rohöl zunächst auf mehr als 350 °C erhitzt. So entsteht ein Gemisch aus Öldämpfen und flüssigem Öl. Dieses wird in einen bis zu 50 m hohen Destillationsturm geleitet.
Bei Rohöl handelt es sich um ein Gemisch sehr vieler verschiedener Kohlenwasserstoffe. Die Bestandteile des Rohöls können aufgrund der unterschiedlichen Siedetemperaturen voneinander getrennt werden.
Durch Zwischenböden ist der Destillationsturm in mehrere Stockwerke unterteilt. Die Temperatur nimmt im Turm von unten nach oben ab. Die Bestandteile des Rohöls kondensieren auf den einzelnen Böden und werden schließlich abgezogen und in Tanks gesammelt.

Fraktionierte Destillation Die Siedetemperaturen vieler im Rohöl enthaltener Stoffe liegen sehr dicht beieinander. Daher kondensieren immer mehrere Stoffe auf einer Ebene und man gewinnt jeweils Stoffgemische oder Fraktionen. Daher spricht man auch von fraktionierter Destillation. Als Produkte werden Raffineriegase, Benzine, Petroleum, Kerosin, leichtes und schweres Heizöl gewonnen.

Gewinnung der Fraktionen Die Dämpfe steigen im Destillationsturm durch Öffnungen in den einzelnen Böden nach oben. Diese Öffnungen sind durch glockenförmige Deckel abgedeckt. Daher spricht man von Glockenböden. Die Dämpfe steigen durch die Öffnungen nach oben und werden durch die Glockendeckel so umgelenkt, dass sie durch die auf dem Boden kondensierte Flüssigkeit strömen. Dabei verflüssigen sich die Gase, welche die gleichen Siedetemperaturen wie die Flüssigkeit im Glockenboden haben. Die anderen Gase steigen weiter nach oben. Gase mit Siedetemperaturen unter 30 °C steigen im Destillationsturm bis nach ganz oben auf.

In einer Raffinerie werden aus Rohöl Stoffgemische mit ähnlichen Siedetemperaturen gewonnen.

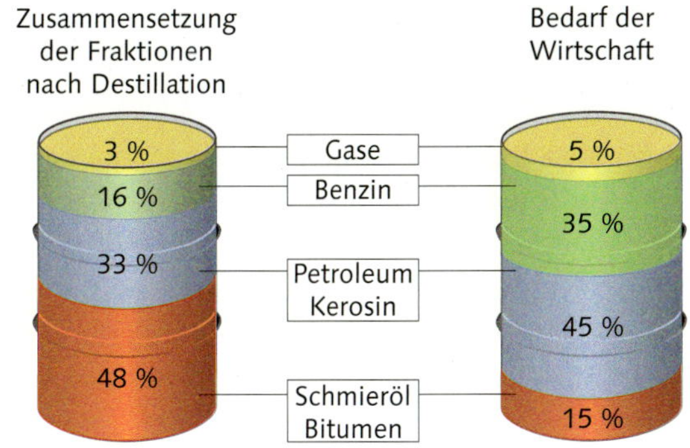

2 *Der Bedarf an Erdölprodukten kann nicht durch die fraktionierte Destillation gedeckt werden.*

Benzinbedarf Durch fraktionierte Destillation des Rohöls in den Raffinerien kann nur etwa die Hälfte des benötigten Benzins hergestellt werden. Um den Bedarf an Benzin und anderen Stoffen decken zu können, werden die festen und zähflüssigen Erdölprodukte umgewandelt.

Umwandlung von Erdölbestandteilen Die zähflüssigen und festen Produkte wie Schmieröle oder Paraffin bestehen aus Kohlenwasserstoffen mit langen Kohlenstoffketten in ihren Molekülen. Durch eine chemische Reaktion werden sie in Stoffe mit kurzkettigen Molekülen gespalten. Dieses technische Verfahren wird als Cracken (engl. *to crack:* zerbrechen) bezeichnet. Zum Aufbrechen der Kohlenwasserstoffketten wird ein Katalysator zugesetzt, damit die Reaktionen auch bei niedrigeren Temperaturen ablaufen können.

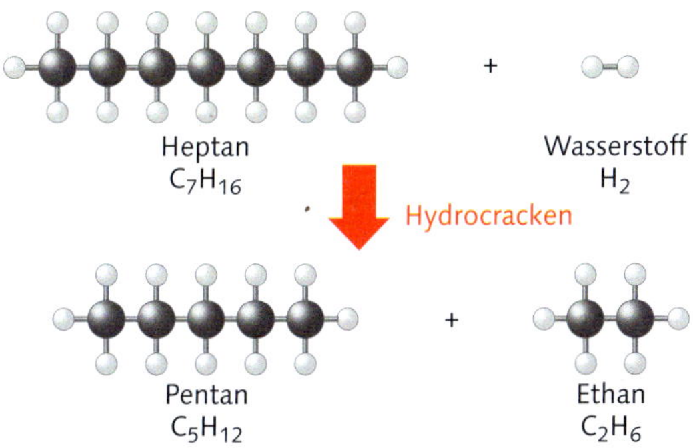

3 *Hydrocracken von Heptan*

Hydrocracken Das Hydrocracken ist ein katalytisches Verfahren bei dem langkettige Kohlenwasserstoffe in Gegenwart von Wasserstoff in kurzkettige sowie ringförmige Alkane gespalten werden. Dabei werden Wasserstoffatome an die Bruchstellen angelagert. Bei diesem Verfahren sind ein Katalysator, Drücke bis zu 200 bar und Temperaturen bis zu 500 °C nötig.

Cracken in der Industrie Das in der Industrie am weitesten verbreitete katalytische Crackverfahren ist das Fluid-Catalytic-Cracking. Im Gegensatz zum Hydrocracken ist es kostengünstiger, da kein Wasserstoff und deutlich niedrigere Drücke gebraucht werden. Der staubförmige Katalysator muss jedoch ständig gereinigt werden, da sich während des Crackprozesses Kohlenstoff auf dessen Oberfläche absetzt und ihn dadurch unbrauchbar macht.

Durch Cracken werden langkettige Kohlenwasserstoff-Moleküle in Moleküle mit kürzeren Ketten umgewandelt.

Aufgaben

1 □ Gib an, was man unter einer Fraktion versteht.

2 ◪ Erläutere, wie aus Erdöl verschiedene Fraktionen gewonnen werden.

3 ◪ Beschreibe, welcher Zusammenhang zwischen der Größe der Moleküle der einzelnen Fraktionen und ihren Eigenschaften besteht.

4 □ Erstelle eine Tabelle für die einzelnen Erdölfraktionen, ihre Siedebereiche und ihre Verwendungsmöglichkeiten.

5 ◪ Vergleiche die Mengen an benötigten Rohstoffen mit denen, die in der Raffinerie gewonnen werden (Bild 1).

6 ◪ Beschreibe das technische Verfahren, mit dem man die Benzinausbeute aus Rohöl steigern kann.

7 ■ Begründe, ob Destillation und Cracken physikalische Vorgänge oder chemische Reaktionen sind.

8 ◪ Beschreibe die Wirkung eines Katalysators bei einer chemischen Reaktion.

12

Alkene – ungesättigte Kohlenwasserstoffe

1 *Unreif geerntete Früchte werden in Ethengas gelagert und reifen dadurch nach.*

Ethen – das einfachste Alken Beim Cracken von Erdöl entsteht neben Benzin und anderen Stoffen auch das Gas Ethen. In der Industrie dient es als Ausgangsstoff für die Herstellung von Kunststoffen, Lösungsmitteln, Klebstoffen und Farbstoffen.
In der Natur wird Ethen beim Reifen von Früchten wie Äpfeln abgegeben. Es beschleunigt die weitere Fruchtreifung.
Ethen ist bei Raumtemperatur gasförmig. Es brennt mit leuchtender, rußender Flamme, bildet mit Luft explosive Gemische und wirkt beim Einatmen narkotisierend – in höheren Dosen sogar erstickend.

Doppelbindung im Ethen-Molekül Ethen ist wie Ethan ein Kohlenwasserstoff mit zwei Kohlenstoffatomen im Molekül. Im Unterschied zum Ethan-Molekül hat das Ethen-Molekül zwei Wasserstoffatome weniger im Molekül. Die Summenformel von Ethen lautet C_2H_4. Die beiden Kohlenstoffatome gehen eine Bindung mit jeweils zwei bindenden Elektronenpaaren ein. Die dadurch gebildete Bindung heißt Doppelbindung. In der Strukturformel wird die C=C-Doppelbindung durch einen Doppelstrich dargestellt. Ethen gehört zu den ungesättigten Kohlenwasserstoffen, weil seine Moleküle weniger Wasserstoffatome enthalten, als sie aufgrund der möglichen Anzahl an Atombindungen binden können.

C_2H_4

2 *Molekülmodell und Strukturformel von Ethen*

Homologe Reihe der Alkene Ethen ist der erste Vertreter in der homologen Reihe der Alkene. Alkene haben die allgemeine Summenformel C_nH_{2n}. Die Namen der Alkene werden gebildet, indem die Endung *-an* der Alkane durch die Endung *-en* ersetzt wird: Propen, Buten usw.

Alkene	Summenformel	Strukturformel
Ethen	C_2H_4	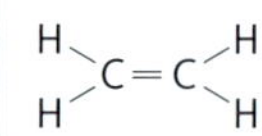
Propen	C_3H_6	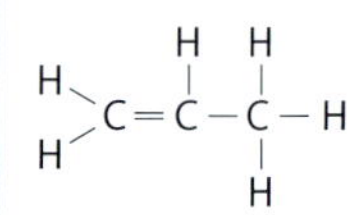
Buten	C_4H_8	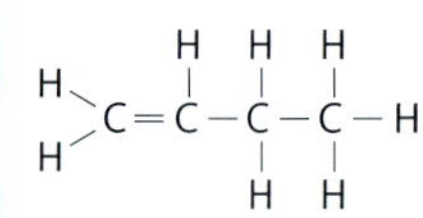
…	…	…

Tab. 1 *Homologe Reihe der Alkene*

Die Alkene sind ungesättigte Kohlenwasserstoffe, deren Moleküle eine C=C-Doppelbindung enthalten. Sie bilden eine homologe Reihe. Die allgemeine Summenformel lautet C_nH_{2n}.

Nomenklatur Beim Buten-Molekül kann die C=C-Doppelbindung zwischen dem ersten und zweiten Kohlenstoffatom oder in der Mitte der Kette zwischen dem zweiten und dritten Kohlenstoffatom angeordnet sein. Man gibt daher vor der Endung *-en* die Nummer des Kohlenstoffatoms an, auf das die Doppelbindung folgt. Die Zahlenangabe in der Hauptkette erfolgt so, dass das Kohlenstoffatom mit der anliegenden Doppelbindung eine möglichst niedrige Zahl erhält. But-1-en und But-2-en sind Isomere.

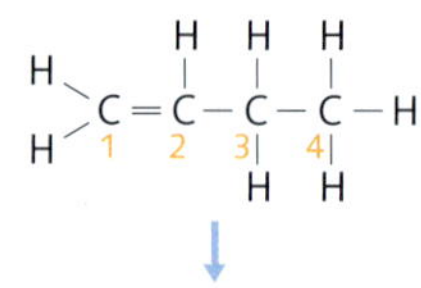

But-1-en

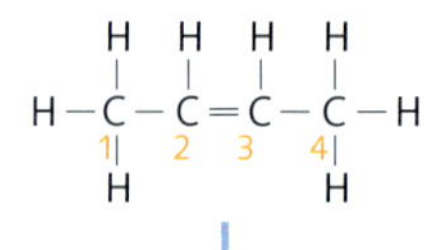

But-2-en

Eigenschaften der Alkene Die Aggregatzustände der Alkene werden durch die Länge der Kohlenstoffketten ihrer Moleküle bestimmt. Alkene mit zwei bis vier Kohlenstoffatomen im Molekül sind gasförmig, Alkene mit mittellangen Ketten (C_5H_{10} bis $C_{15}H_{30}$) sind flüssig und höhere Alkene sind fest.
Sie haben niedrigere Schmelz- und Siedetemperaturen als die vergleichbaren Alkane. Die Entzündungstemperaturen liegen dagegen etwas höher als bei den Alkanen, da zum Aufspalten der Doppelbindung mehr Energie nötig ist.

Reaktionsfähigkeit der Alkene Im Vergleich zu den Alkanen sind Alkene aufgrund der C=C-Doppelbindung reaktionsfreudiger.

Additionsreaktion Mischt man Ethen mit Brom, so verschwindet die Braunfärbung sofort: Ethen reagiert mit Brom zu dem farblosen Reaktionsprodukt 1,2-Dibromethan, einem Halogenalkan. Bei dieser Reaktion werden zwei Bromatome an das Ethen-Molekül addiert. Weil dann das Ethen-Molekül zwei Atome zusätzlich gebunden hat, spricht man von einer Additionsreaktion. Dabei entsteht aus der C=C-Doppelbindung eine C–C-Einfachbindung.
Alle ungesättigten Verbindungen können weitere Bindungspartner addieren. So kann an Ethen Wasserstoff addiert und dadurch Ethan gebildet werden. Alkane dagegen sind gesättigte Verbindungen – an sie können keine weiteren Bindungspartner angelagert werden.
Die Reaktion mit Brom kann als Nachweis von Doppelbindungen im Molekül genutzt werden.

3 *Reaktion von Brom und Ethen*

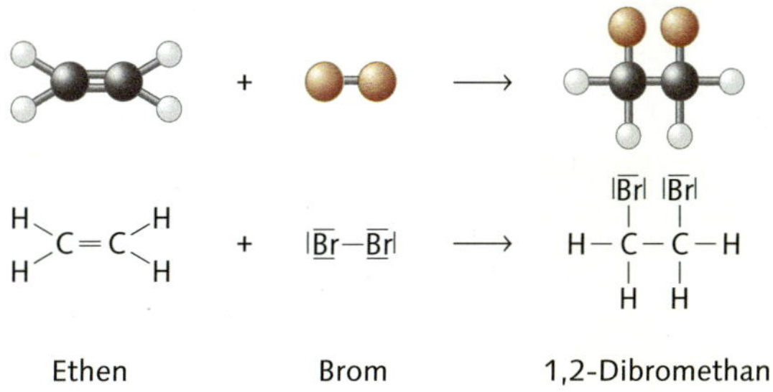

4 *Additionsreaktion von Ethen mit Brom*

Bei der Additionsreaktion von Alkenen mit Halogenen entstehen gesättigte Verbindungen (Halogenalkane). Die Addition von Brom ist eine Nachweisreaktion für ungesättigte Kohlenwasserstoffe.

Extra Halogenalkane und die Ozonschicht
Die Ozonschicht in der Atmosphäre schützt vor schädlicher UV-Strahlung. Gelangt die UV-Strahlung ungehindert bis auf die Erde, sind Sonnenbrände, schwere Haut- und Augenschäden sowie Schädigungen der Pflanzen die Folge. Fluorchlorkohlenwasserstoffe (kurz FCKWs) sind eine Gruppe von Halogenalkanen, die bis in die 1990er Jahre als Kühlmittel und Treibgas verwendet wurden. Gelangen sie in die Atmosphäre, so reagieren sie mit Ozon. Ein Chloratom kann dann bis zu 100 000 Ozon-Moleküle abbauen. Dadurch wird die Ozonschicht teilweise abgebaut. Man sagt, die schützende Ozonschicht bekommt ein „Loch". Deshalb gilt jetzt für die meisten FCKWs ein Einsatzverbot. Der massenhafte Einsatz der FCKWs in den 1970er bis 1990er Jahren ist bis heute noch für den Abbau der Ozonschicht mitverantwortlich.

Aufgaben

1 ■ Begründe, warum es in der homologen Reihe der Alkene „Methen" nicht geben kann.

2 ◪ Erkläre, wie man im Experiment das Vorliegen einer C=C-Doppelbindung nachweisen kann.

3 ■ Stelle die Additionsreaktion von Buten mit Chlor dar. Zeichne dazu die Molekülmodelle der Reaktionspartner.

Extra Alkine

1 *Wenn Ethin verbrannt wird, kann es zum Schneidbrennen von Stahl verwendet werden.*

Ethin, ein vielseitiges Gas Zum Schneiden und Schweißen von Eisen und Stahl wird das Gas Ethin verwendet, weil beim Verbrennen von Ethin sehr hohe Temperaturen von mehr als 3000 °C erreicht werden.
Ethin, das auch Acetylen genannt wird, verbrennt mit heller Flamme. Deshalb wurde es früher in Carbidlampen zur Beleuchtung eingesetzt – beispielsweise in Bergwerken und als Fahrzeugleuchten an Autos und Fahrrädern. In diesen Lampen reagiert Calciumcarbid mit Wasser zu Ethin, das beim Verbrennen helles Licht erzeugt. Heute ist Ethin in der chemischen Industrie ein wichtiger Grundstoff zur Herstellung von Kunststoffen, Kunstfasern und vielen weiteren Produkten.

Dreifachbindung im Ethin-Molekül Ethin ist wie Ethan und Ethen ein Kohlenwasserstoff mit zwei Kohlenstoffatomen im Molekül. Die Summenformel von Ethin ist C_2H_2. Im Ethin-Molekül sind die beiden Kohlenstoffatome durch eine Dreifachbindung verbunden. Sie besitzen also drei gemeinsame Elektronenpaare. Jedes Kohlenstoffatom ist mit nur einem Wasserstoffatom verbunden. Ethin gehört deshalb zu den ungesättigten Kohlenwasserstoffen.

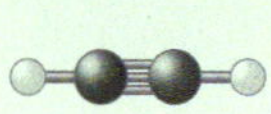

$H-C\equiv C-H$ C_2H_2

2 *Molekülmodell und Strukturformel eines Ethin-Moleküls*

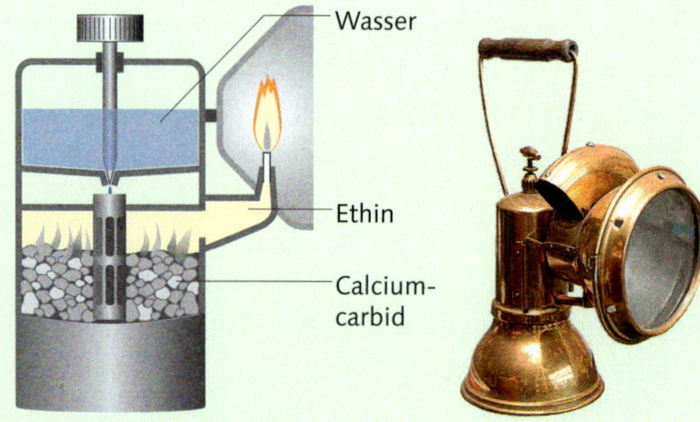

3 *Aufbau einer Carbidlampe*

Die homologe Reihe der Alkine Ethin ist das einfachste Alkin. Es ist damit der erste Vertreter in der homologen Reihe der Alkine. Sie werden wie die Alkane und Alkene benannt, mit dem Unterschied, dass ihre Namen auf die Silbe *-in* enden. Die allgemeine Summenformel der Alkine lautet C_nH_{2n-2}.
Ethin und Propin sind gasförmig, die folgenden Alkine sind flüssig und höhere Alkine sind fest.

Alkine sind Kohlenwasserstoffe, deren Moleküle eine Kohlenstoff-Dreifachbindung enthalten. Sie bilden eine homologe Reihe mit der allgemeinen Summenformel C_nH_{2n-2}.

Reaktionsverhalten von Ethin Aufgrund der Dreifachbindung in den Molekülen der Alkine sind Additionsreaktionen möglich. So kann Brom ähnlich wie bei Ethen auch an Ethin addiert werden. Ethin wird in kastanienbraune Stahlflaschen abgefüllt. Es neigt bei höherem Druck und höherer Temperatur zu explosionsartigem Zerfall. Um dies zu verhindern, wird Ethin in einer Füllung gelöst, die das Gas wie ein Schwamm aufsaugt.

Aufgaben

1 ◪ Gib an, welches Merkmal für Alkin-Moleküle typisch ist.

2 ☐ Zeichne die Strukturformeln von Propin und Pentin. Gibt es Isomere?

3 ☐ Nenne Verwendungsmöglichkeiten für Ethin.

4 ◪ Beschreibe die Funktionsweise einer Carbidlampe anhand von Bild 3.

Weitergedacht Kohlenstoffdioxid schafft Probleme

1 Veränderung in unserer Atmosphäre

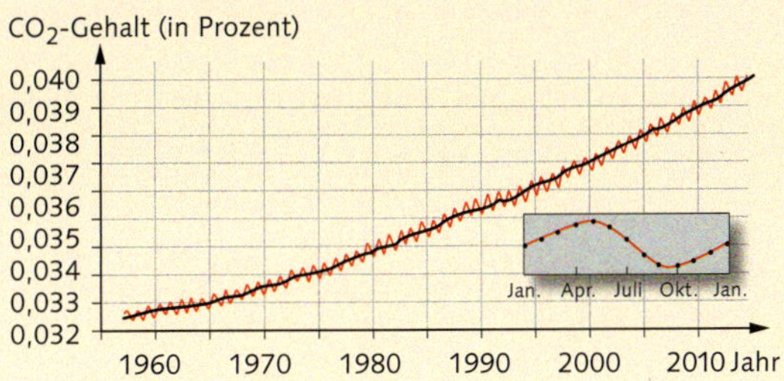

1 *Kohlenstoffdioxidgehalt in der Atmosphäre*

Der Kohlenstoffdioxidgehalt der Erdatmosphäre wird seit Jahren überprüft. Eine Messstation gibt es auf dem Vulkan Mauna Loa in Hawaii.

a □ Beschreibe den Verlauf des CO_2-Gehalts.

b ■ Erkläre, wie dieser zustande kommt.

2 Veränderung des Meeresspiegels

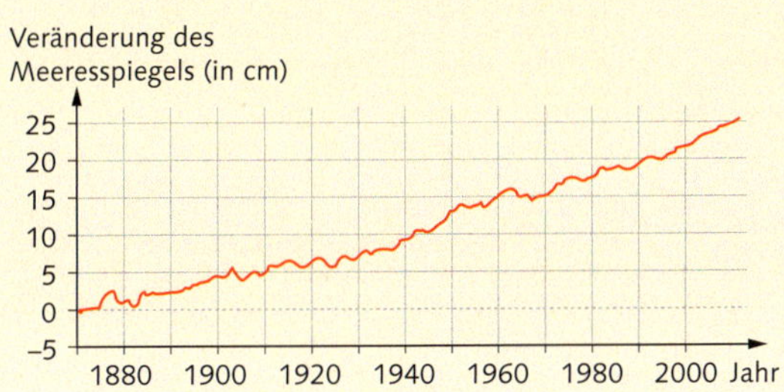

2 *Veränderung des Meeresspiegels*

Veränderungen des Meeresspiegels werden heutzutage mithilfe von Satelliten gemessen.

a ■ Erkläre, wie der Verlauf in Bild 2 zustande kommt. Betrachte dazu folgende Tabelle:

Wassertemperatur	Volumen von 1 kg Wasser
5 °C	1,00003 Liter
15 °C	1,00090 Liter
25 °C	1,00296 Liter

b ■ Beschreibe, welche Folgen ein Anstieg des Meeresspiegels hat.

3 Verkehrsmittel im Vergleich

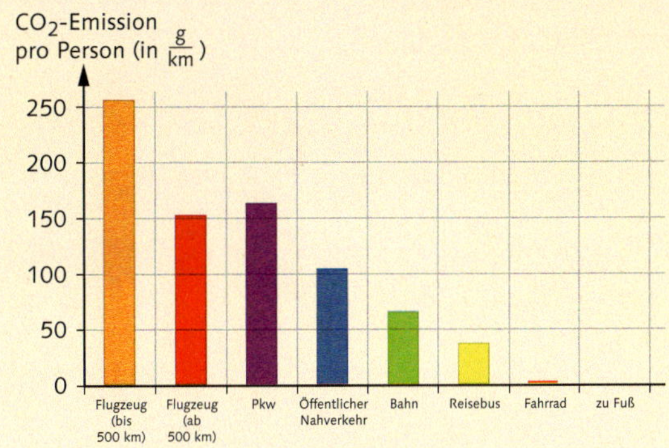

3 *Durchschnittliche Kohlenstoffdioxidemissionen verschiedener Fortbewegungsmittel*

Die Kohlenstoffdioxidemission eines Verkehrsmittels ergibt sich aus dem Kohlenstoffdioxidausstoß, der bei der Herstellung des Fahrzeugs, dem Treibstoffverbrauch beim Fahren und der Entsorgung des Fahrzeugs anfällt. Um verschiedene Verkehrsmittel vergleichen zu können, wird die durchschnittliche Kohlenstoffdioxidemission in Gramm pro Kilometer in Bezug auf den Transport einer Person angegeben.

a □ Ein Fahrrad stößt beim Fahren kein Kohlenstoffdioxid aus. Erkläre, warum im Diagramm die Kohlenstoffdioxidemission für ein Fahrrad trotzdem nicht null beträgt.

b ◪ Im obigen Diagramm sind Durchschnittswerte angegeben. Erkläre anhand eines Verkehrsmittels deiner Wahl, warum die Kohlenstoffdioxidemission pro Person nicht immer gleich ist.

c ■ Wähle ein Fortbewegungsmittel aus und begründe deine Wahl. Berücksichtige dabei Komfort, Zeit und Kohlenstoffdioxidausstoß.
- Treffen mit Freunden (Entfernung 2 km)
- Urlaub mit der Familie in Italien
- Schüleraustausch in den USA

d ■ Nenne mindestens vier Möglichkeiten, wie jeder einzelne von uns dafür sorgen kann, den Kohlenstoffdioxidausstoß zu verringern.

Teste dich!

1 ◪ Das Bild zeigt eine Lagerstätte von Erdöl und Erdgas, wie sie heute vorkommt. Beschreibe, wie sie sich während der Erdgeschichte gebildet hat.

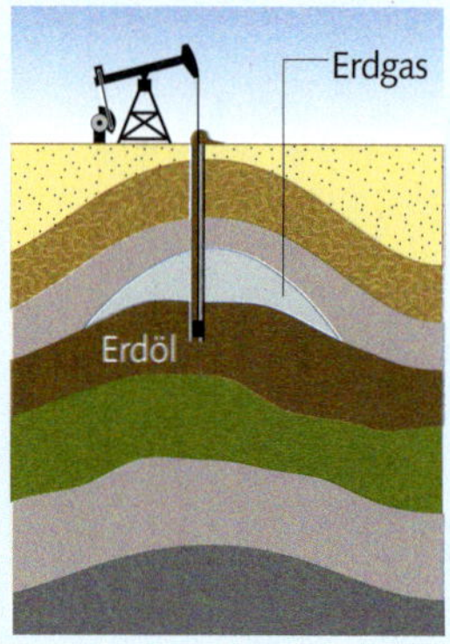

2 □ Benenne die Unterschiede in der Entstehung von Erdöl und Kohle.

3 □ Nenne mindestens fünf verschiedene Verwendungsmöglichkeiten für Erdöl.

4 ◪ Erkläre, warum man nach Alternativen für Erdöl sucht.

5 ◪ Erkläre, was man unter den Begriffen „fossile Energieträger" und „erneuerbare Energiequellen" versteht.

6 □ Zeichne einen Destillationsturm zur Verarbeitung von Rohöl und beschrifte ihn. Gib für die einzelnen Fraktionen Verwendungsmöglichkeiten an.

7 ◪ Erkläre, warum in der Erdölverarbeitung das Cracken durchgeführt wird, und beschreibe ein Crackverfahren.

8 □ Nenne das Element, das in allen Verbindungen der organischen Stoffe gebunden ist.

9 □ Erstelle eine Mindmap für das Gas Methan.

10 ◪ Erläutere an einem Beispiel, was man unter einer homologen Reihe versteht.

11 ◪ Zeichne die Strukturformeln von Propin, 1,1-Dibrom-3-methylbutan, 3-Methylpent-1-en.

12 ◪ Gib die Namen der folgenden Verbindungen an und nenne jeweils die Stoffklasse:

a)
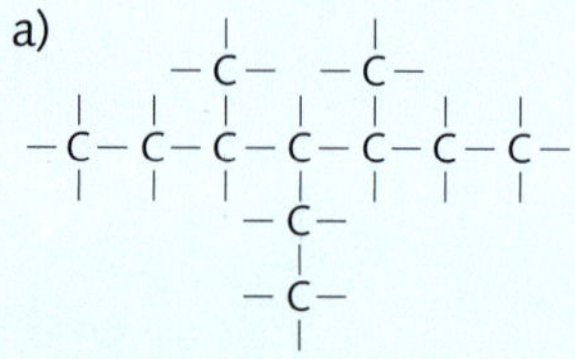

b)
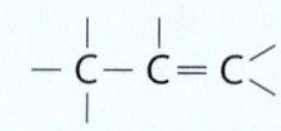

c)
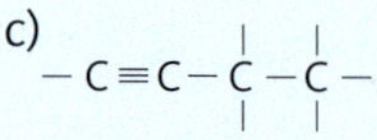

13 ◪ Definiere den Begriff Isomer. Erkläre ihn am Beispiel des Stoffes mit der Summenformel C_4H_{10}.

14 ■ Hexen reagiert mit Chlor. Stelle die Reaktionsgleichung auf.

15 ◪ Erläutere, was man unter einer ungesättigten Verbindung versteht.

Aufgabe	Hilfe findest du auf Seite …
1	264
2	264
3	265
4	265
5	265, 268
6	280
7	281
8	270
9	272
10	274
11	278
12	278
13	277
14	283
15	282
… und die Lösungen findest du im Anhang.	

Im Überblick

Erdöl, Erdgas und Kohle sind im Laufe der letzten 300 Millionen Jahre aus dem Material von abgestorbenen Tieren und Pflanzen entstanden. Die Vorräte sind begrenzt, sodass alternative Energieträger gesucht werden. Aus Erdöl lassen sich durch fraktionierte Destillation Treibstoffe und Ausgangsstoffe für die chemische Industrie gewinnen. Das Stoffgemisch Erdöl enthält verschiedene Kohlenwasserstoffe – organische Verbindungen, die nur die Elemente Kohlenstoff und Wasserstoff enthalten.

Fossile Energieträger
- Erdöl, Erdgas und Kohle
- Nutzung als Brennstoffe
- stehen nur begrenzt zur Verfügung
- Beim Verbrennen wird Kohlenstoffdioxid freigesetzt, das als Treibhausgas wirkt.

Erdöl und Erdgas
- Stoffgemische aus verschiedenen Kohlenwasserstoffen
- bedeutende Energieträger und Rohstoffe für die Industrie

Erneuerbare Energiequellen
- Wind- und Wasserkraft, Sonnenenergie, Biomasse
- erneuern sich laufend
- stehen nahezu unbegrenzt zur Verfügung

Kohlenstoffkreislauf
- Lebewesen produzieren durch ihren Stoffwechsel Kohlenstoffdioxid.
- Kohlenstoffdioxid wird von Pflanzen durch die Fotosynthese in energiereiche Verbindungen umgewandelt.

Kohlenstoffdioxid als Treibhausgas
- Gehalt in der Erdatmosphäre steigt durch den Menschen. Emissionsquellen: Industrie, Stromerzeugung, Verkehr u.a.
- Die Temperatur auf der Erde steigt.

Kohlenwasserstoffe
- organische Verbindungen aus den Elementen Kohlenstoff und Wasserstoff
- Die Einteilung der Kohlenwasserstoffe erfolgt nach der Struktur ihrer Moleküle, z.B. in gesättigte und ungesättigte.

Van-der-Waals-Kräfte
- Anziehungskräfte zwischen den Molekülen
- erklären die Eigenschaften von Kohlenwasserstoffen: Schmelz- und Siedetemperatur, Viskosität

Alkane
- gesättigte Kohlenwasserstoffe
- Ihre Moleküle enthalten Kohlenstoffatome und Wasserstoffatome, die nur durch Einfachbindung verbunden sind.
- allgemeine Summenformel C_nH_{2n+2}
- *Beispiel:*

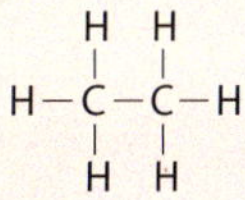

Alkene
- ungesättigte Kohlenwasserstoffe
- Ihre Moleküle enthalten Kohlenstoffatome und Wasserstoffatome.
- Im Molekül ist mindestens eine Kohlenstoff-Doppelbindung vorhanden.
- allgemeine Summenformel: C_nH_{2n}
- *Beispiel:*

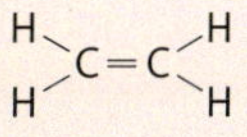

13
Von den Alkoholen zu den Carbonsäuren

Seit Jahrtausenden wird aus Traubensaft durch Gärung Alkohol gewonnen. Neben Trinkalkohol finden auch andere Alkohole in verschiedenen Alltagsprodukten, beispielsweise in Cremes, Verwendung. Aus Wein kann Essig werden, wenn er eine Zeit lang offen steht. Dabei bildet sich aus dem Trinkalkohol ein neuer Stoff, die Essigsäure.

Von der Traube zu Wein und Branntwein

Mosten der Trauben Nach der Weinlese werden die Trauben in der Weinkelterei abgeliefert. Zunächst wird aus den Weintrauben die Maische hergestellt – die Trauben werden von den Stielen getrennt, zerkleinert und zerdrückt. Die Maische wird dann ausgepresst und so die Flüssigkeit, der Most, von den festen Rückständen, dem Trester, getrennt. Dieser Vorgang wird als Mosten oder Keltern bezeichnet.

1 *Beim Maischen werden die Trauben zerdrückt.*

2 *Eine historische Weinpresse*

Aus Traubenmost wird Wein Der Most wird nun in Fässer oder Tanks umgepumpt. Jetzt lässt der Kellermeister die Natur für sich arbeiten. Die Umwandlung von Traubensaft in Wein geschieht durch alkoholische Gärung. Dies ist ein biochemischer Vorgang, der durch Lebewesen bewirkt wird und in den der Kellermeister lediglich steuernd eingreift.

3 *Weinkeller mit traditionellen Holzfässern*

Alkoholische Gärung Wenn es im Gärkeller blubbert, ist die alkoholische Gärung in vollem Gange. Bei der Gärung, die unter Sauerstoffausschluss erfolgt, wandeln Hefepilze den Traubenzucker des Mostes in Alkohol um. Bei dem entstandenen Alkohol handelt es sich um Ethanol. Die Hefepilze befanden sich bereits auf den Schalen der Trauben. Durch Zugabe von Reinzuchthefe kann der Kellermeister den Gärprozess beschleunigen und Geschmack und Aroma des Weines beeinflussen. Das Blubbern beruht auf der Bildung des Gases Kohlenstoffdioxid. Der Gärprozess dauert je nach Temperatur und Art der Hefe zwischen einer und drei Wochen.

$$\text{Traubenzucker} \xrightarrow{\text{Hefe}} \text{Ethanol} + \text{Kohlenstoffdioxid}$$

Bei der alkoholischen Gärung wandeln Hefepilze Traubenzucker in den Trinkalkohol Ethanol und Kohlenstoffdioxid um.

Klären und Lagern des jungen Weines Nach dem Gärprozess werden Schwebstoffe, die den Wein trüben, entfernt. Dies geschieht durch Sedimentieren und Filtrieren. Um ihn haltbar zu machen, kann er mit Schwefeldioxid versetzt werden, das weitere Gärung verhindert. Bevor der geklärte Wein in Flaschen abgefüllt wird, muss er in Holzfässern oder Stahltanks noch einige Zeit ruhen, damit er durch Reifung weitere Aromen entwickeln kann.

Extra Rot- oder Weißwein?
Woher kommt die Farbe des Weines? Es gibt weiße und blaue Weintrauben. Jedoch ist auch der Saft von blauen Trauben weiß. Der rote Farbstoff befindet sich in der Schale der Weintrauben. Zur Rotweinherstellung wird eine sogenannte Maischegärung durchgeführt, bei der der Saft mit den Schalen vergärt. Dabei werden der rote Farbstoff und die Aroma- und Geschmacksstoffe aus den Schalen extrahiert. Beim Weißwein wird der Traubensaft ohne die Schalen vergoren.

Extra Zuckergehalt in Grad Oechsle
Der Zuckergehalt des Traubensafts ist ein entscheidendes Kriterium für die Qualität und den Alkoholgehalt des Weines. Er wird nach CHRISTIAN OECHSLE, dem Erfinder des Messverfahrens, in Grad Oechsle gemessen. Die Oechsle-Grade geben an, um wie viel Gramm ein Liter Most schwerer als ein Liter Wasser ist. Früher hat man dazu die Dichte des Mostes bestimmt. Heute ermittelt man die Oechsle-Grade der Trauben mithilfe eines optischen Messgeräts, dem Refraktometer.

Kategorie	Zuckergehalt	Alkoholgehalt
Tafelwein	60° Oechsle	8 Vol.-%
Qualitätswein	80° Oechsle	11 Vol.-%
Spätlese	100° Oechsle	14 Vol.-%

Tab. 1 *Zuckergehalt und Alkoholgehalt von Wein*

Branntwein Durch alkoholische Gärung erhält man einen Alkoholgehalt von maximal 18 Vol.-% (100 ml enthalten 18 ml Alkohol). Bei einem höheren Alkoholgehalt sterben die Hefepilze an „Alkoholvergiftung" und der Gärprozess wird gestoppt. Hochprozentige Branntweine wie Weinbrand, Birnenbrand, Kirschwasser, Wodka oder Whisky werden durch Destillation hergestellt.

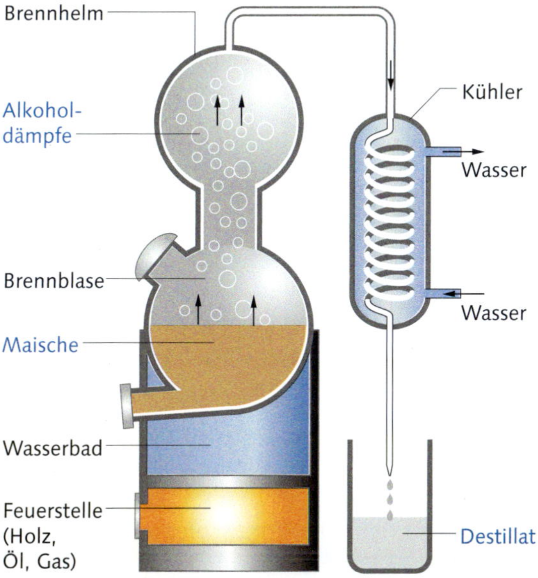

4 *Schematischer Aufbau einer Destillationsanlage*

Destillation einer Birnenmaische Reife Birnen werden zerdrückt und in einem Gefäß eingemaischt. Nach der alkoholischen Gärung enthält die Birnenmaische einen Alkoholgehalt von ungefähr 5 Vol.-% Ethanol. Der Alkohol wird von den Fruchtrückständen und vom Wasser durch Destillation abgetrennt. Ethanol (Siedetemperatur: 78 °C) und Wasser (Siedetemperatur: 100 °C) können aufgrund ihrer unterschiedlichen Siedetemperaturen getrennt werden. Dazu wird das Gemisch auf etwa 85 °C erhitzt. Bei dieser Temperatur verdampft aber nicht nur Ethanol, sondern auch ein Teil des Wassers. Daher erhält man keinen reinen, sondern ungefähr 75%igen Alkohol. Durch Verdünnen mit Wasser wird dieser auf die gewünschte Trinkstärke, beispielsweise 40 Vol.-%, herabgesetzt.

5 *Destillationsanlage zur Herstellung von Branntwein*

13

Aufgaben

1 □ Nenne die Reaktionsprodukte der alkoholischen Gärung.

2 Ein Stoffgemisch aus Ethanol und Wasser soll getrennt werden.
   a □ Nenne das Trennverfahren, mit dem die Stofftrennung durchgeführt werden kann.
   b ◪ Aufgrund welcher Stoffeigenschaften wird getrennt? Erläutere.

3 ◪ Wie viel ml Ethanol enthält eine 0,5-Liter-Flasche Branntwein mit einem Alkoholgehalt von 38 Vol.-%?

4 ◪ Informiere dich über die Herstellung von Roséwein und beschreibe den Prozess.

5 ■ Stelle eine Vermutung an, warum ein Kellermeister zur Sicherheit mit einer brennenden Kerze in den Gärkeller geht, obwohl der Keller ausreichend beleuchtet ist.

Extra Bierherstellung

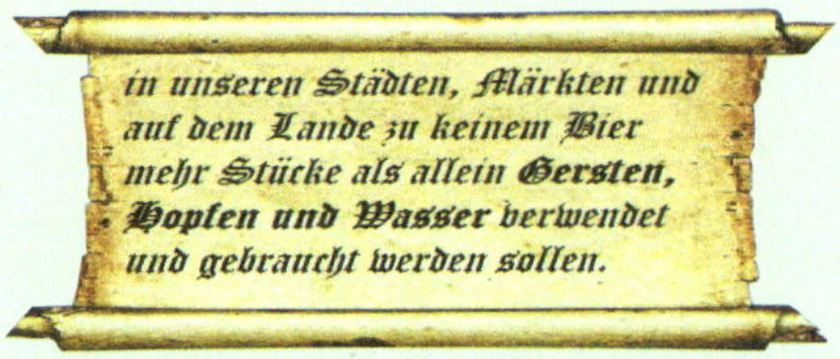
in unseren Städten, Märkten und auf dem Lande zu keinem Bier mehr Stücke als allein Gersten, Hopfen und Wasser verwendet und gebraucht werden sollen.

1 *Auszug aus dem Reinheitsgebot von 1516*

Reinheitsgebot Das Reinheitsgebot für die Bierherstellung ist das älteste Lebensmittelgesetz in Deutschland. Seit etwa 500 Jahren gilt, dass Bier nur aus Gerste, Hopfen, Wasser und Hefe hergestellt werden darf. Im Reinheitsgebot von 1516 wurde die Hefe zwar nicht erwähnt, weil ihre Bedeutung noch nicht bekannt war – verwendet wurde sie aber auch bereits damals.

Mälzen Der erste Schritt bei der Bierherstellung ist das Mälzen. Gerste und andere Getreidesorten wie Weizen, Roggen oder Dinkel werden durch Wasserzugabe zum Keimen gebracht. Der Keimprozess wird nach einer bestimmten Zeit durch Trocknen, auch Darren genannt, unterbrochen – es ist Malz entstanden.

Maischen Wenn man geschrotetes Malz mit Wasser auf etwa 75 °C erhitzt, erhält man die Maische. Beim Maischen wandeln Enzyme die Getreidestärke in Malzzucker um.

Läutern Im Läuterbottich werden die festen Bestandteile der Maische von der Lösung, der Würze, getrennt. Die Würze kommt anschließend in die Würzepfanne. Die abgetrennten Feststoffe, der sogenannte Treber, werden als Viehfutter weiterverwertet.

Sieden und Kühlen In der Würzepfanne wird die Würze unter Zugabe des Hopfens rund eine Stunde gekocht. Dabei werden dem Hopfen Aromastoffe entzogen, die dem Bier seinen charakteristisch herben Geschmack verleihen. Durch das Kochen und die aus dem Hopfen extrahierten Gerbstoffe wird das Bier haltbar gemacht. Anschließend wird die Würze auf etwa 10 °C abgekühlt.

Gären Im Gärbottich wird der Würze die Hefe beigegeben. Die Hefepilze wandeln den Zucker in den Trinkalkohol Ethanol und in Kohlenstoffdioxid um. Ein Teil des gasförmigen Kohlenstoffdioxids verbindet sich mit Wasser zur Kohlensäure, die das Bier „spritzig" macht und zur Schaumbildung beiträgt. Die Gärzeit beträgt ungefähr eine Woche.

Lagern und Abfüllen Nach Entfernung der Hefe wird das Jungbier in Tanks gefüllt, um dort bei Temperaturen von 0 bis 1 °C etwa drei Wochen zu lagern. Nach Abschluss des Reifungsprozesses wird es in Fässer oder Flaschen abgefüllt.

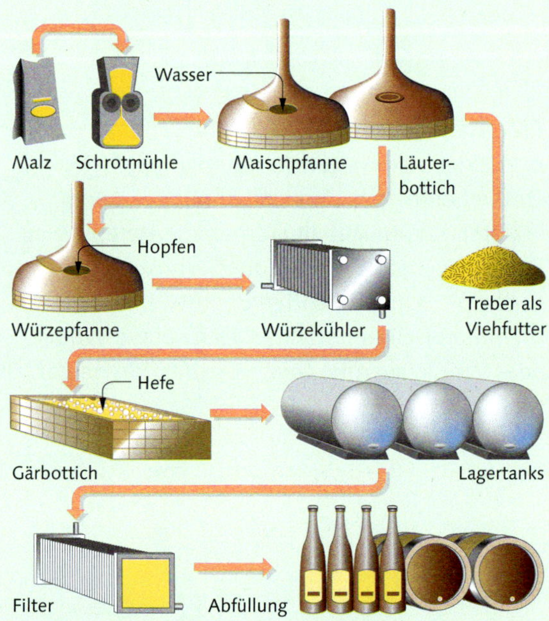

2 *Prozess des Bierbrauens*

Aufgaben

1 ◻ Welche Stoffe dürfen nach dem Reinheitsgebot zur Bierherstellung verwendet werden?

2 ◪ Nenne die biologischen und chemischen Vorgänge, die beim Mälzen und Maischen ablaufen.

3 Informiere dich über unter- und obergärige Biere.

a ◪ Beschreibe die Unterschiede.

b ◪ Nenne Beispiele für unter- und obergärige Biere.

Alkoholkonsum: Mit starkem Willen – ohne Promille

Tödlicher Unfall unter Alkoholeinfluss

Auf der A8 sterben vier Menschen durch einen betrunkenen Falschfahrer

(*Ulm*) Gestern Nacht sind bei einem Unfall auf der A8 bei Ulm ein 19-jähriger Falschfahrer und die drei Insassen des von ihm frontal gerammten Fahrzeugs getötet worden. Nach Aussagen von Zeugen war der Unfallverursacher vor dem Unglück durch mehrere Kneipen gezogen. Wie die Obduktion ergab, hatte er zum Unfallzeitpunkt 1,8 Promille Alkohol im Blut.

1 *Ein Alkoholrausch mit tödlichen Folgen*

Blutalkoholkonzentration in Promille:

$$\frac{\text{Ethanolmenge (in g)}}{\text{Körpergewicht (in kg)} \cdot F} = \text{Blutalkoholkonzentration (in ‰)}$$

Faktor für Männer $F = 0{,}7$

Faktor für Frauen und Jugendliche $F = 0{,}6$

Beispiel: Ein 78 kg schwerer Mann hat zwei Flaschen Bier (40 g Ethanol) getrunken:

$$\frac{40\ \text{g}}{78\ \text{kg} \cdot 0{,}7} = 0{,}73\ \frac{\text{g}}{\text{kg}} \mathrel{\hat{=}} 0{,}73\ ‰$$

Genuss mit Folgen Dass junge Erwachsene alkoholische Getränke kennenlernen möchten, ist verständlich. Allerdings ist nur ein gelegentlicher Genuss geringer Mengen an Alkohol gesundheitlich unbedenklich. Häufiger oder gar täglicher Konsum und Betrunkenheit können zur Abhängigkeit und zu erheblichen gesundheitlichen Schäden führen. In Deutschland sind etwa 1,3 Millionen Menschen alkoholabhängig.

Was wird geschädigt?	Folgen der Schädigung
Gehirn	Zerstörung von Millionen von Nervenzellen bei jedem Rausch; Beeinträchtigung von Gedächtnis und Intelligenz bis zu völligem geistigem Abbau
Leber	Leberschwellung, Leberverfettung bis zur Leberzirrhose
Verdauungsorgane	Entzündungen von Bauchspeicheldrüse, Magen und Darm; Krebserkrankungen
Psyche	Aggressivität, Depressionen

Tab. 1 *Gesundheitliche Schäden durch Alkoholkonsum*

Blutalkoholkonzentration Mithilfe einer Faustformel kann die Alkoholkonzentration des Blutes näherungsweise berechnet werden. Durch Müdigkeit oder wenn man wenig gegessen hat, kann sich die Wirkung des Alkohols verstärken. Dann ist die Reaktionsfähigkeit auch bei geringen Promillewerten stark eingeschränkt.

Abbau des Alkohols Der Alkohol wird von der Leber abgebaut. Die Alkoholkonzentration des Blutes sinkt dabei bei Männern um durchschnittlich 0,15 Promille pro Stunde. Bei Frauen beträgt dieser Wert 0,13 Promille. Bis eine Blutalkoholkonzentration von 1 Promille abgebaut ist, dauert es etwa sieben bis acht Stunden.

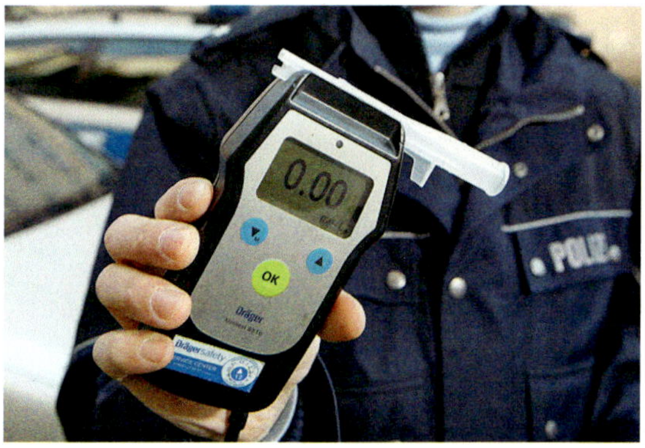

2 *Am besten 0,0! Ab 0,5 Promille ist der Führerschein weg.*

13

Aufgaben

1 □ Nenne mindestens drei Organe, die durch Alkoholkonsum geschädigt werden können.

2 Ein Wein hat eine Alkoholkonzentration von 13,0 Vol.-%.

a ◪ Wie viel Gramm Alkohol sind in einer 1-Liter-Flasche dieses Weines enthalten, wenn Alkohol (Ethanol) eine Dichte von $0{,}79\ \frac{\text{g}}{\text{cm}^3}$ hat?

b ■ Eine 60 kg schwere Frau trinkt ein Glas Wein (0,2 l). Mit welchen Konsequenzen muss sie rechnen, wenn sie als Verkehrsteilnehmerin in eine Alkoholkontrolle kommt?

Praxis Gewinnung und Eigenschaften von Ethanol

1 Gärung von Zuckerwasser

Geräte: Erlenmeyerkolben (500 ml), Becherglas (100 ml), durchbohrter Stopfen, gewinkeltes Glasrohr
Chemikalien: Leitungswasser, Traubenzucker, Backhefe, Calciumhydroxid-Lösung
Durchführung: Fülle in einen Erlenmeyerkolben 200 ml lauwarmes Wasser und löse darin 20 g Traubenzucker. Rühre in die Zuckerlösung 3 g Backhefe ein. Verschließe den Kolben mit einem durchbohrten Stopfen. Ein U-förmig gewinkeltes Glasrohr führt vom Kolben zum Becherglas mit Calciumhydroxid-Lösung. Lass den Gäransatz einige Tage an einem warmen Ort stehen.
Auswertung: Welche Veränderung des Gäransatzes erkennst du? Woran erkennst du, ob die Gärung abgeschlossen ist? Notiere Beginn und Ende der Gärung.

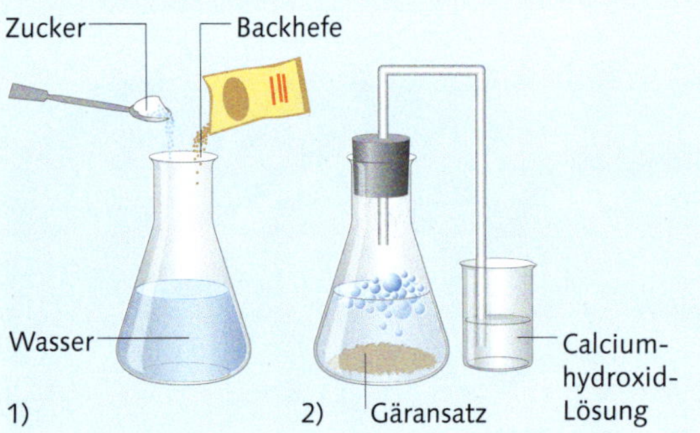

2 Gärung von Fruchtsaft

Geräte: Rundkolben (500 ml), Becherglas (500 ml), durchbohrter Stopfen, Gärröhrchen
Chemikalien: Fruchtsaft, Backhefe, Calciumhydroxid-Lösung
Durchführung: Rühre in ein Becherglas 3 g Backhefe in 200 ml Fruchtsaft ein. Fülle das Gemisch in einen Rundkolben. Verschließe den Rundkolben mit einem Stopfen mit aufgesetztem Gärröhrchen. Fülle Calciumhydroxid-Lösung in das Gärröhrchen. Lass den Gäransatz ein paar Tage an einem warmen Ort stehen.
Auswertung: Welche Veränderung des Gäransatzes erkennst du? Notiere Beginn und Ende der Gärung. Die Gärflüssigkeit kann für Versuch 5 weiterverwendet werden.

3 Nachweis von Ethanol

Geräte: Gasbrenner, Erlenmeyerkolben (500 ml), durchbohrter Stopfen, Glasrohr (d = 8 mm, l = 40 cm), Dreifuß, Drahtnetz
Chemikalien: Gärflüssigkeit von Versuch 1, Siedesteinchen, Holzspan
Durchführung: Gib in die Gärflüssigkeit von Versuch 1 ein paar Siedesteinchen. Setze auf den Erlenmeyerkolben einen Stopfen mit einem Glasrohr. Erhitze die Gärflüssigkeit langsam und halte sie einige Minuten am Sieden. Versuche die am Glasrohr entweichenden Dämpfe mit einem brennenden Holzspan zu entzünden.
Auswertung: Welche Eigenschaften des Ethanols werden bei diesem Versuch genutzt?

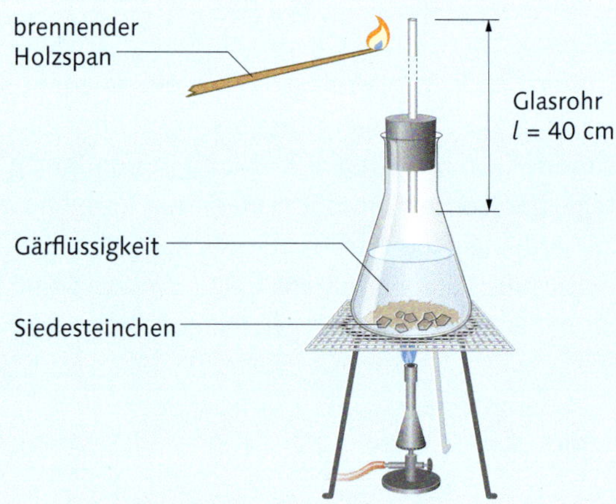

4 Hefepilze unter dem Mikroskop

Geräte: Mikroskop, Objektträger, Deckglas, Becherglas (100 ml), Spatel
Chemikalien: Traubenzucker, Backhefe, Wasser
Durchführung: Verrühre eine Spatelspitze Hefe in 30–40 ml lauwarmer Traubenzuckerlösung. Gib einen Tropfen der Lösung auf einen Objektträger und lege ein Deckglas darüber. Betrachte unter dem Mikroskop. Beginne bei 100-facher Vergrößerung und gehe dann zu stärkeren Vergrößerungen über. Halte das Präparat bei 35 °C (z. B. im Trockenschrank) und mikroskopiere nach einer Stunde erneut.
Auswertung: Zeichne die Hefezellen. Welche Veränderung stellst du nach einer Stunde fest?

5 Obstbrannt aus Apfelmost

Geräte: Gasbrenner, Dreifuß, Drahtnetz, Erlenmeyerkolben (500 ml), doppelt durchbohrter Stopfen, Thermometer, gewinkeltes Glasrohr, Reagenzglas, Becherglas (250 ml), Stativmaterial

Chemikalien: Apfelmost oder Gärflüssigkeit von Versuch 2, Eiswasser, Siedesteinchen

Durchführung: Fülle 200 ml Apfelmost oder Gärflüssigkeit in den Erlenmeyerkolben und gib ein paar Siedesteinchen dazu. Führe das Thermometer und das gewinkelte Glasrohr in die Bohrungen des Stopfens ein und setze den Stopfen auf den Erlenmeyerkolben. Erhitze den Apfelmost und halte ihn bei etwa 80–90 °C am Sieden. Fange das Destillat im Reagenzglas auf.

Auswertung: Prüfe das Destillat auf Geruch und Brennbarkeit.

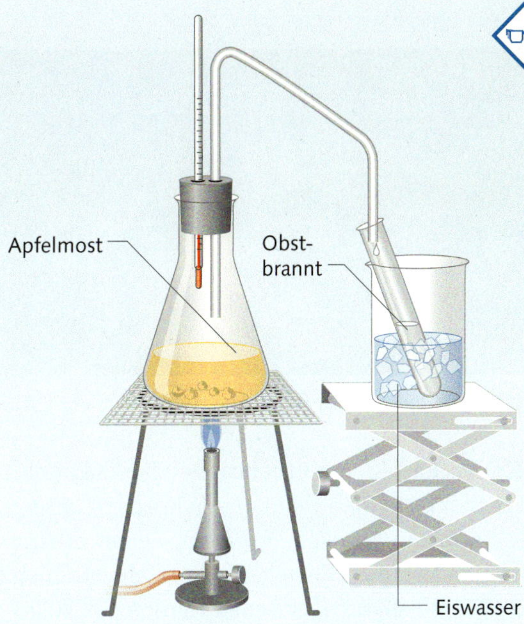

6 Siedetemperatur von Ethanol

Geräte: Gasbrenner, Becherglas (250 ml), Reagenzglas, Thermometer, Dreifuß, Drahtnetz, Stativmaterial

Chemikalien: Ethanol (Spiritus), Wasser

Durchführung: Erhitze das Wasser im Becherglas, bis es zu sieden beginnt. Fülle das Reagenzglas zu etwa einem Drittel mit Ethanol und stelle ein Thermometer hinein. Befestige das Reagenzglas am Stativ und hänge es in das heiße, aber nicht mehr siedende Wasser, sodass sich das Ethanol vollständig im Wasserbad befindet. Notiere die Temperatur, wenn diese nicht mehr steigt.

Auswertung: Vergleiche die gemessene Siedetemperatur mit der in Tabellenwerken.

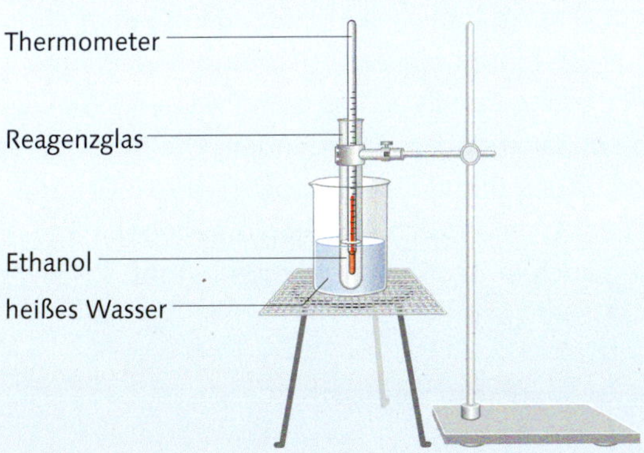

7 Ein einfaches Aräometer

Geräte: Trinkhalm, Knetmasse, Standzylinder, Lackstift

Chemikalien: Wasser, Ethanol, alkoholische Getränke, z. B. Branntwein

Durchführung: Verschließe ein Ende eines Trinkhalms mit einem kugelförmigen Stück Knetmasse. Tauche den Trinkhalm in einen mit Ethanol gefüllten Standzylinder ein. Bringe an der Eintauchstelle eine Markierung am Trinkhalm an. Wiederhole den Vorgang mit Wasser und erhalte so eine zweite Markierung. Die Markierungen auf dem Trinkhalm entsprechen einem Alkoholgehalt von 0 Vol.-% bzw. 100 Vol.-% (bei Ethanol). Trage zwischen beiden Markierungen eine Skala ein. Prüfe nun die anderen alkoholischen Getränke auf ihren Alkoholgehalt.

Auswertung: Auf welcher Eigenschaft beruht die Messung mit dem Aräometer?

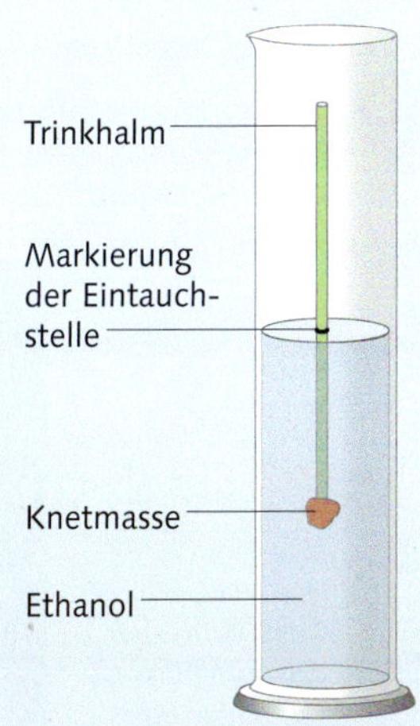

Ethanol

1 *Obst wird mit Ethanol flambiert.*

Eigenschaften von Ethanol Der Trinkalkohol Ethanol ist in Bier, Wein und Schnaps in unterschiedlichen Anteilen enthalten. Reines Ethanol ist eine farblose Flüssigkeit, die rasch verdunstet und einen charakteristischen Geruch hat. Beim Flambieren von Speisen zeigt sich, dass Ethanol mit bläulicher Flamme verbrennt.
Ethanol zerstört Eiweiße. Deshalb hat es eine gesundheitsschädliche Wirkung auf Nervenzellen und auf innere Organe wie die Leber.

2 *Ethanol verbrennt. Dabei entstehen Wasserdampf, der an der Glaswand kondensiert und Watesmopapier blau färbt, sowie Kohlenstoffdioxid, das Calciumhydroxid-Lösung trübt.*

3 *Ethanol reagiert mit Magnesium auch unter Luftabschluss zu Magnesiumoxid.*

Eine organische Verbindung mit Sauerstoff
Aus welchen Elementen ist Ethanol aufgebaut? Beim Verbrennen von Ethanol entstehen zwei Reaktionsprodukte: Wasser und Kohlenstoffdioxid (Bild 2). Aber auch Sauerstoff kann nachgewiesen werden: Wenn man Ethanoldämpfe über heißes Magnesium leitet, entsteht weißes Magnesiumoxid (Bild 3). Diese Reaktion findet unter Luftabschluss statt. Daher muss der Sauerstoff, der das Magnesium oxidiert, ein Element der Verbindung Ethanol sein.

Ethanol ist eine Verbindung aus den Elementen Kohlenstoff, Wasserstoff und Sauerstoff.

Zwei mögliche Strukturformeln Ein Ethanol-Molekül besteht aus zwei Kohlenstoff-, sechs Wasserstoff- und einem Sauerstoffatom. Folglich lautet die Summenformel von Ethanol C_2H_6O. Zu dieser Summenformel gibt es aber zwei isomere Strukturen. Durch unterschiedliche Verknüpfung der Atome entsteht entweder ein Ethanol-Molekül oder ein Ether-Molekül.

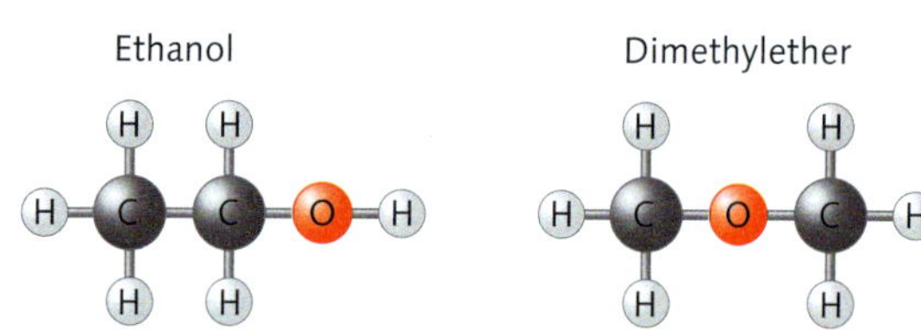

4 *Isomere zur Summenformel C_2H_6O*

Aufbau des Ethanol-Moleküls

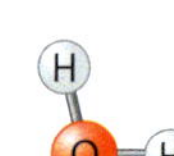

Ethanol ist im Gegensatz zu Ether wasserlöslich. Daraus kann man schließen, dass Ethanol auch im Molekülbau dem Wasser ähnlich sein muss. Beim Ethanol-Molekül nimmt ein Wasserstoffatom eine Sonderstellung ein: Es ist wie beim Wasser-Molekül an ein Sauerstoffatom gebunden. Die besondere Bedeutung dieser OH-Gruppe, Hydroxy-Gruppe genannt, wird durch eine hervorgehobene Stellung auch in der Summenformel betont.

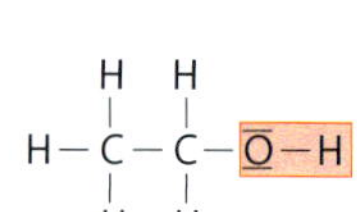

C_2H_5OH

Polare OH-Gruppe Bei der Bindung zwischen dem Wasserstoffatom und dem Sauerstoffatom der OH-Gruppe handelt es sich um eine polare Elektronenpaarbindung. Aufgrund der größeren Elektronegativität des Sauerstoffatoms entsteht am Sauerstoffatom eine negative und am Wasserstoffatom eine positive Teilladung. Die OH-Gruppe (Hydroxy-Gruppe) ist polar.

5 *Die Hydroxy-Gruppe ist polar.*

Wasserstoffbrückenbindungen Für die gute Wasserlöslichkeit des Ethanols ist die OH-Gruppe verantwortlich. Die polare OH-Gruppe des Ethanol-Moleküls und das polare Wasser-Molekül ziehen einander an. Solche zwischenmolekulare Anziehungskräfte bezeichnet man als Wasserstoffbrückenbindungen oder einfach als Wasserstoffbrücken.

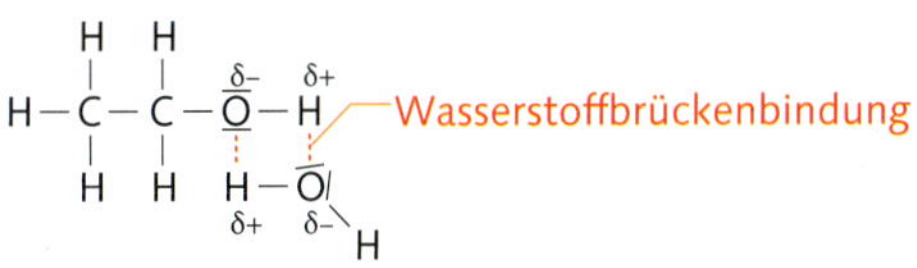

6 *Wasserstoffbrücken zwischen Wasser- und Ethanol-Molekülen*

Siedetemperatur von Ethanol Im Vergleich zum Ethan mit einer Siedetemperatur von –89 °C hat Ethanol mit 78 °C eine relativ hohe Siedetemperatur. Sie ist auf die zwischenmolekularen Anziehungskräfte zwischen den Ethanol-Molekülen zurückzuführen, denn auch zwischen Ethanol-Molekülen bilden sich Wasserstoffbrücken aus. Beim Übergang vom flüssigen in den gasförmigen Zustand müssen diese zwischenmolekularen Anziehungskräfte überwunden werden. Dazu wird viel Energie benötigt.

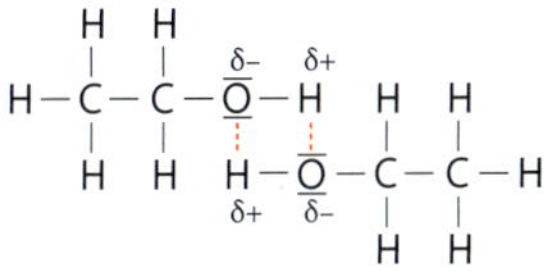

7 *Wasserstoffbrücken zwischen Ethanol-Molekülen*

Die polare OH-Gruppe (Hydroxy-Gruppe) bewirkt die relativ hohe Siedetemperatur und die gute Wasserlöslichkeit des Ethanols.

Extra Ether – eine eigene Stofffamilie
Das Wort Ether kommt von dem griechischen *aither*, was „Feuerluft" bedeutet. Ether sind brennbare organische Verbindungen, bei denen ein Sauerstoffatom mit zwei Kohlenstoffatomen verbunden ist. Beim Dimethylether – dem Isomer des Ethanols – ist das Sauerstoffatom mit zwei Methyl-Gruppen verbunden.

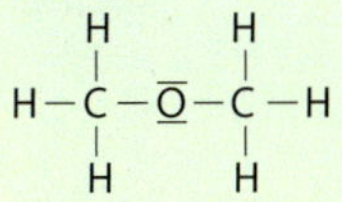

CH_3OCH_3

Dimethylether bildet mit Luft explosive Gemische. Im Vergleich zum Ethanol hat es nur eine geringe Wasserlöslichkeit und eine deutlich niedrigere Siedetemperatur (–25 °C). Es wird als Treibmittel für Haarsprays oder Lacksprays verwendet. Dimethylether ist ein gutes Lösungsmittel für organische Stoffe. Es wirkt betäubend und wurde daher früher als Narkosemittel eingesetzt. Heute verwendet man andere, weniger gesundheitsschädliche Narkosemittel.
In der Automobilindustrie wird daran geforscht, Dimethylether als Alternative zu Dieselkraftstoff einzusetzen.

13

Aufgaben

1 □ Aus welchen Elementen ist die chemische Verbindung Ethanol aufgebaut?
2 □ Stelle die Summenformel und die Strukturformel von Ethanol auf.
3 ◪ Erkläre, warum Ethanol gut wasserlöslich ist.
4 ◪ Vergleiche die Siedetemperaturen von Ethan und Ethanol und begründe die Unterschiede.
5 ■ Erkläre, warum der Ethanolstrahl durch einen geladenen Kunststoffstab abgelenkt wird (Bild 8).

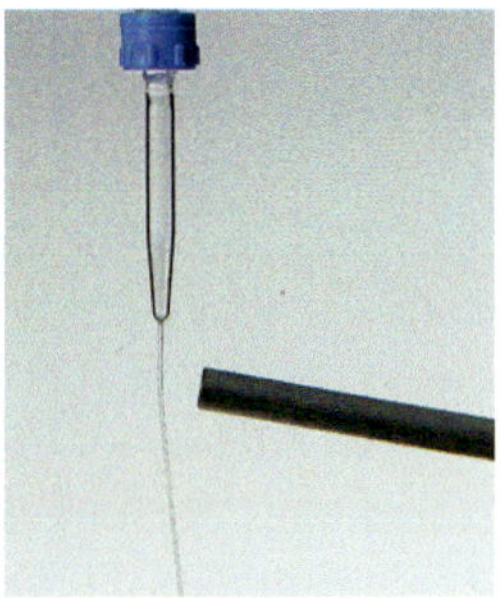

8 *Der Ethanolstrahl wird durch einen elektrisch geladenen Stab abgelenkt.*

Extra Bioethanol – Kraftstoff mit Zukunft?

1 *Ernte von Zuckerrohr*

2 *Der Kraftstoff E10 enthält 10 % Ethanol.*

Kraftstoff aus Zuckerrohr In Brasilien tanken die meisten Autos Ethanol oder ein Gemisch aus Ethanol und Benzin. Das ist möglich, weil fast alle neu verkauften Autos sogenannte FlexFuel-Motoren haben, die sowohl mit Ethanol als auch mit Benzin oder einem Gemisch aus beiden betrieben werden können. Warum spielt Ethanol als Autokraftstoff gerade in Brasilien eine so große Rolle?
In Brasilien wird auf riesigen Flächen Zuckerrohr angebaut, das aufgrund des warmen Klimas dort sehr gut wächst. Aus dem im Zuckerrohr enthaltenen Rohrzucker wird Ethanol gewonnen. Aus Pflanzen hergestelltes Ethanol, das zur Energiegewinnung eingesetzt wird, bezeichnet man auch als Bioethanol.

Bioethanol – ein umweltschonender Energieträger Bei der Verbrennung von Ethanol werden nur Wasser und Kohlenstoffdioxid frei. Es entsteht die gleiche Menge an Kohlenstoffdioxid, wie die Pflanze, aus der das Ethanol gewonnen wird, bei der Fotosynthese aufnimmt.

$$C_2H_5OH + 3\ O_2 \rightarrow 2\ CO_2 + 3\ H_2O \quad | \text{ exotherm}$$

Allerdings muss berücksichtigt werden, dass bei der Bestellung der Felder, bei der Ernte und bei der Verarbeitung von Zucker zu Ethanol Energie aufgewendet werden muss. Auch diese Energie stammt aus Verbrennungen, sodass zusätzliches Kohlenstoffdioxid in die Umwelt gelangt.

Autofahren mit Ethanol In Deutschland enthält das Autobenzin E10 bis zu 10 % Ethanol. Durch Beimischung von Ethanol soll der Kohlenstoffdioxidausstoß reduziert werden. Außerdem soll der Abhängigkeit vom immer knapper werdenden Erdöl entgegengewirkt werden. Das bei uns genutzte Bioethanol wird etwa zur Hälfte im Inland gewonnen, der Rest wird importiert.

Ein Tropfen auf den heißen Stein? Bioethanol wird in Deutschland aus Getreide und Zuckerrüben gewonnen. Solche Pflanzen, die zur Energiegewinnung angebaut werden, bezeichnet man als Energiepflanzen. Mit etwa 2 % nehmen sie derzeit nur einen kleinen Teil der landwirtschaftlichen Fläche in Anspruch. Wollte man aber Benzin komplett durch Bioethanol ersetzen, sähe die Situation anders aus: Selbst wenn die gesamte Fläche Deutschlands mit Getreide bepflanzt wäre, würde das daraus herstellbare Bioethanol nicht für alle Autos reichen.

Konflikt zwischen Tank und Teller Neben der Bewertung wirtschaftlicher Aspekte muss man sich eine weitere Frage stellen: Ist es ethisch vertretbar, Nahrungsmittel zur Energiegewinnung zu verbrennen, während in anderen Ländern Menschen Hunger leiden? Grundnahrungsmittel werden knapper und damit auch teurer, wenn auf landwirtschaftlichen Flächen verstärkt Energiepflanzen angebaut werden.

Aufgabe

1 „Bioethanol ist ein umweltfreundlicher Energieträger."
- a □ Woraus wird Bioethanol gewonnen?
- b □ Wofür wird Bioethanol eingesetzt?
- c ◪ Nimm zu obiger Aussage Stellung.

Einige Alkohole im Vergleich

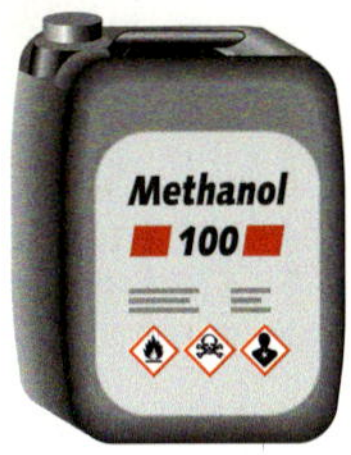

1 *Methanol als Treibstoff für Modellflugzeuge*

Nicht alle Alkohole sind genießbar Bei der alkoholischen Gärung entstehen neben dem Trinkalkohol Ethanol weitere Alkohole, die jedoch ungenießbar oder giftig sind.

Methanol, ein giftiger Alkohol Methanol (Methylalkohol) ist der einfachste Alkohol.

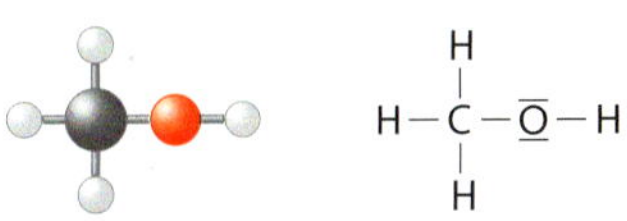

Methanol
CH_3OH

Methanol ist eine farblose, leicht entzündliche, giftige Flüssigkeit mit einer Siedetemperatur von 65 °C. Unglücklicherweise ist Methanol in Geruch und Geschmack dem Ethanol ähnlich. Wiederholt kommt es vor, dass alkoholische Getränke aus dubiosen Quellen mit dem billigen, aber giftigen Methanol gepanscht sind. 10 ml Methanol führen zum Erblinden, eine Schnapsglasfüllung mit 20 ml kann bereits tödlich sein.

Schüler stirbt an Methanolvergiftung

(*Stuttgart*) Der Schock sitzt tief: Ein 18-jähriger Schüler starb nach einem Trinkgelage während einer Klassenfahrt. Nach der Obduktion des Leichnams am Universitätsklinikum Tübingen steht nun eindeutig fest: Eine Methanolvergiftung hat seinen Tod verursacht. Im Blut des verstorbenen Schülers wurden 1,2 Promille hochgefährliches Methanol nachgewiesen.

2 *Zeitungsmeldung über eine Methanolvergiftung*

Methanol wird meist aus Erdgas, aber auch aus Kohle oder Erdöl gewonnen. Es ist ein wichtiger Grundstoff für die chemische Industrie. Man benötigt es als Lösungsmittel und zur Kunststoffherstellung. Daneben wird es auch als Treibstoff oder Treibstoffzusatz im Benzin verwendet.

Ethanol – nicht nur zum Trinken Da Ethanol (Ethylalkohol) in alkoholischen Getränken vorkommt, wird es auch als Weingeist bezeichnet.

Ethanol
C_2H_5OH

Hochprozentige alkoholische Getränke, die durch Destillation hergestellt werden, sind teuer, da sie mit der Branntweinsteuer belegt sind. Bei Spiritus, mit einem Ethanolgehalt von 96 %, entfällt diese Steuer, weil er durch den Zusatzstoff Pyridin vergällt, also ungenießbar gemacht wird. Spiritus findet Verwendung als Reinigungsmittel oder Brennstoff. Bei der Arzneimittel- und Kosmetikherstellung ist Ethanol ein unverzichtbares Lösungsmittel.

3 *Pflanzliche Wirkstoffe werden in Ethanol gelöst.*

13

Propanol, Butanol, Pentanol – Fuselalkohole Minderwertige alkoholische Getränke werden umgangssprachlich als Fusel bezeichnet.

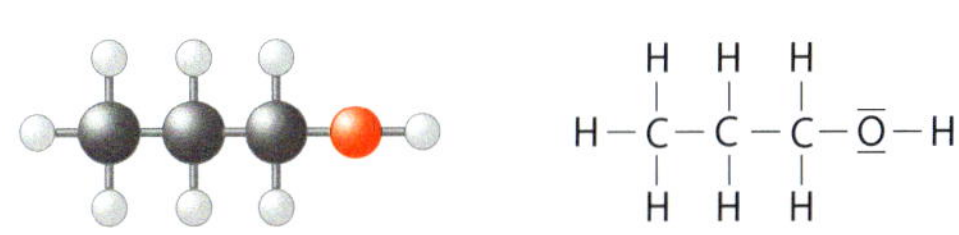

Propanol
C_3H_7OH

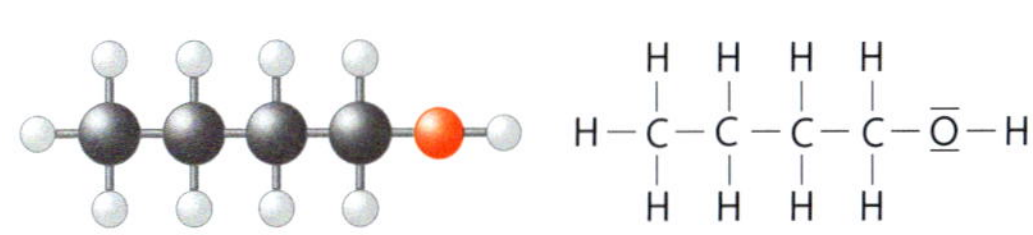

Butanol
C_4H_9OH

Sie enthalten Propanol, Butanol und Pentanol. Diese gesundheitsschädlichen Fuselalkohole haben einen unangenehmen Geruch und können beim Genuss Kopfschmerzen und Übelkeit verursachen. In der Technik werden sie als Lösungsmittel für Farbstoffe, Fette und kosmetische Produkte verwendet.

Stofffamilie der Alkohole

Funktionelle Gruppe der Alkohole Allen Alkoholen ist gemeinsam, dass ihre Moleküle eine OH-Gruppe (Hydroxy-Gruppe) besitzen. Da diese für die Eigenschaften und Reaktionen der Alkohole entscheidend ist, bezeichnet man sie als die funktionelle Gruppe der Alkohole.

Die OH-Gruppe (Hydroxy-Gruppe) ist die funktionelle Gruppe der Alkohole.

Homologe Reihe der Alkanole Wie die Alkane bilden auch die Alkohole eine homologe Reihe mit ähnlichen Molekülstrukturen: die homologe Reihe der Alkanole.
Ein Alkanol-Molekül wird gebildet, indem man bei dem entsprechenden Alkan-Molekül ein H-Atom durch eine OH-Gruppe ersetzt. Die Alkanole haben die allgemeine Summenformel $C_nH_{2n+1}OH$ (n = 1, 2, 3, …).

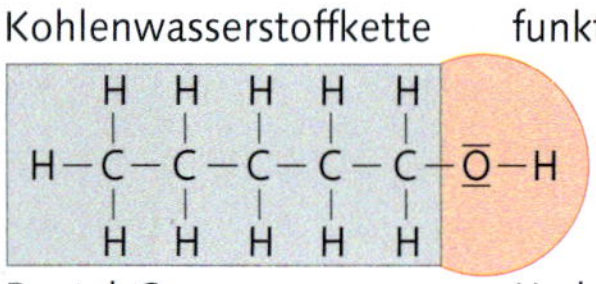

1 *Bau eines Alkanol-Moleküls, z. B. das Pentanol-Molekül*

Bei der Benennung wird an den Namen des Alkans die Endung *-ol* angehängt. Da die Alkanol-Moleküle aus einer Kohlenwasserstoffkette, auch Alkylrest genannt, und einer OH-Gruppe bestehen, sind auch die Namen Methyl-, Ethyl-, Propyl-, Butylalkohol … gebräuchlich.

Isomere Auch bei den Alkanolen gibt es Isomere. So kann sich beispielsweise beim Propanol die OH-Gruppe am ersten oder am zweiten Kohlenstoffatom befinden. Bei der Benennung wird angegeben, an welches Kohlenstoffatom die OH-Gruppe gebunden ist. Die Nummer dieses Kohlenstoffatoms wird im Namen als Ziffer angegeben, also Propan-1-ol oder Propan-2-ol.

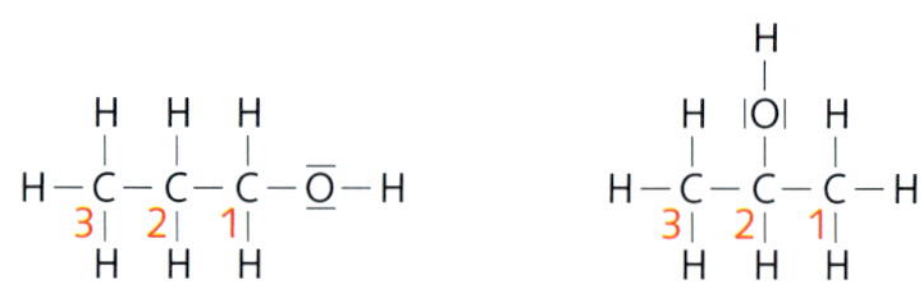

Propan-1-ol   Propan-2-ol

2 *Isomere des Propanols*

Löslichkeit der Alkanole in Wasser Die ersten drei Vertreter der homologen Reihe der Alkanole sind gut wasserlöslich. Bei den folgenden Alkanolen nimmt die Wasserlöslichkeit mit der länger werdenden Kohlenwasserstoffkette ab. Bei der polaren OH-Gruppe handelt es sich um eine hydrophile (wasserliebende) Gruppe. Die unpolare Kohlenwasserstoffkette ist hydrophob (wasserabstoßend) und dafür lipophil (fettliebend). Bei den kurzkettigen Alkanolen ist die hydrophile OH-Gruppe für die Wasserlöslichkeit bestimmend. Mit zunehmender Länge der Kohlenwasserstoffkette nimmt der Einfluss der OH-Gruppe gegenüber der lipophilen Kohlenwasserstoffkette ab. Deshalb sind Alkanole ab dem Butanol nur noch teilweise bzw. nicht mehr in Wasser löslich.

Name	Trivialname (Alltagsname)	Summenformel	Schmelztemperatur (in °C)	Siedetemperatur (in °C)	Löslichkeit	Viskosität
Methanol	Methylalkohol	CH_3OH	–98	65	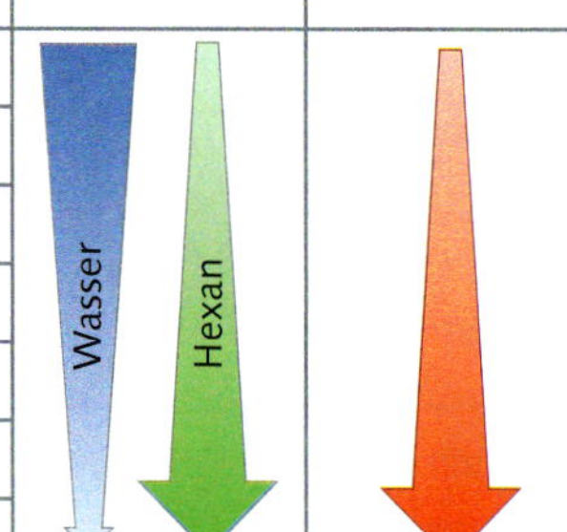	
Ethanol	Ethylalkohol	C_2H_5OH	–114	78		
Propanol	Propylalkohol	C_3H_7OH	–126	97		
Butanol	Butylalkohol	C_4H_9OH	–89	118		
Pentanol	Pentylalkohol	$C_5H_{11}OH$	–78	138		
…						
Dodecanol	Laurylalkohol	$C_{12}H_{25}OH$	24	258		

Tab. 1 *Homologe Reihe der Alkanole*

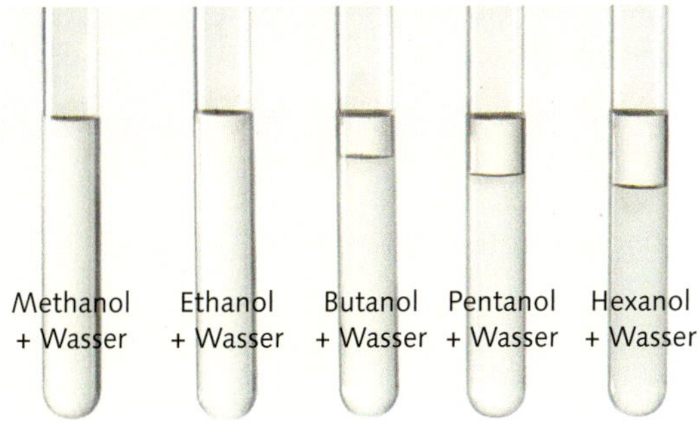

3 *Wasserlöslichkeit verschiedener Alkanole im Vergleich*

Alkanole bilden eine homologe Reihe. Die polare Hydroxy-Gruppe und die unpolare Kohlenwasserstoffkette der Moleküle bestimmen die Eigenschaften der Alkanole.

Löslichkeit der Alkanole in Hexan Außer Methanol sind alle anderen Alkanole mit Hexan mischbar. Die Löslichkeit in Hexan nimmt mit länger werdender Kohlenwasserstoffkette zu. Nach dem Grundsatz „Gleich und Gleich gesellt sich gern" passt die unpolare Kohlenwasserstoffkette des Hexanol-Moleküls zu unpolaren Lösungsmitteln wie Hexan.

Polare Stoffe sind in polaren Lösungsmitteln wie Wasser löslich. Unpolare Stoffe lösen sich in unpolaren Lösungsmitteln wie Hexan.

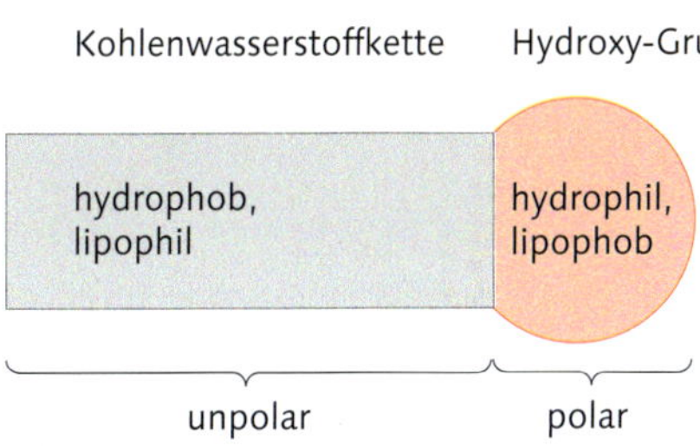

4 *Modelldarstellung eines Alkanol-Moleküls*

Die Begriffe hydrophil und hydrophob kommen aus dem Griechischen – griech. *hydro:* Wasser; *phil:* anziehend, liebend; *phob:* fürchtend, abstoßend.

Merke dir die Bedeutung der Begriffe über die Betonung der hervorgehobenen Silben:

hydrophi*l* = wasserl*ie*bend
hydroph*o*b = wasserabst*o*ßend

5 *„Gleich und Gleich gesellt sich gern."*

Schmelz- und Siedetemperaturen Im Vergleich zu den Alkanen haben die Alkanole deutlich höhere Schmelz- und Siedetemperaturen, da sich zwischen den polaren OH-Gruppen der Alkanol-Moleküle Wasserstoffbrückenbindungen bilden können.

Viskosität Die Größe der Alkanol-Moleküle nimmt in der homologen Reihe von oben nach unten zu. Mit zunehmender Länge der Kohlenwasserstoffkette nimmt die Zähflüssigkeit, die Viskosität, der Alkanole zu. Der Grund hierfür sind die stärkeren Anziehungskräfte, die Van-der-Waals-Kräfte, die zwischen den langen Kohlenwasserstoffketten herrschen.

Aufgaben

1 □ Erstelle eine Mindmap zu wichtigen Alkanolen und zeige ihre Verwendungen auf.
2 □ Nenne die funktionelle Gruppe der Alkohole. Welche Eigenschaften bewirkt sie?
3 □ Gib die allgemeine Summenformel der Alkanole an.
4 ◪ Erläutere die Begriffe hydrophil und lipophil anhand eines Beispiels.
5 ◪ Als Hausmittel zum Fensterputzen wird Spiritus empfohlen. Führe diese Verwendung auf Eigenschaften des Spiritus zurück.
6 ◪ Wie verändert sich die Löslichkeit der Alkanole innerhalb der homologen Reihe? Begründe.
7 ■ Begründe, warum der Scheibenwischanlage des Autos im Winter häufig Ethanol oder Propanol zugesetzt wird.
8 ■ Zeichne die Strukturformeln von allen Isomeren des Butanols und benenne sie.
9 ■ Wie kommt die größere Viskosität von Decanol im Vergleich zu Ethanol zustande?

Mehrwertige Alkohole

Alkohole mit mehreren OH-Gruppen Alkohole, deren Moleküle mehr als eine OH-Gruppe (Hydroxyl-Gruppe) besitzen, bezeichnet man als mehrwertige Alkohole. Die OH-Gruppen sind dabei jeweils an verschiedene Kohlenstoffatome gebunden. Je mehr OH-Gruppen vorhanden sind, umso mehr Wasserstoffbrückenbindungen können sich ausbilden. Das hat zur Folge, dass mit zunehmender Zahl an OH-Gruppen die Wasserlöslichkeit zunimmt, die Alkohole zähflüssiger (viskoser) werden und ihre Siede- und Schmelztemperaturen steigen.
Bei der Benennung wird die Zahl der OH-Gruppen mithilfe von griechischen Zahlwörtern (di-, tri-) vor der Endung *-ol* angegeben.

Alkohole mit mehreren OH-Gruppen im Molekül werden mehrwertige Alkohole genannt.

Glykol – ein zweiwertiger Alkohol *Glykos* kommt aus dem Griechischen und bedeutet süß. Glykol ist ein anderer Name für Ethan-1,2-diol. Dieser Alkohol ist dickflüssig, hat eine Siedetemperatur von 197 °C und besitzt einen süßlichen Geruch und Geschmack. Verbotenerweise wurde das giftige Glykol vor Jahren von kriminellen Winzern als Süßungsmittel für Wein missbraucht. Den beschlagnahmten Wein hat man im darauffolgenden Winter auf Straßen versprüht. Ein Glykol-Wasser-Gemisch im Verhältnis 1 : 1 gefriert erst bei –40 °C. Daher eignet sich Glykol als Frostschutzmittel in Scheibenwaschanlagen und zur Enteisung von Flugzeugen.

1 *Glykol wird zur Enteisung von Flugzeugen eingesetzt.*

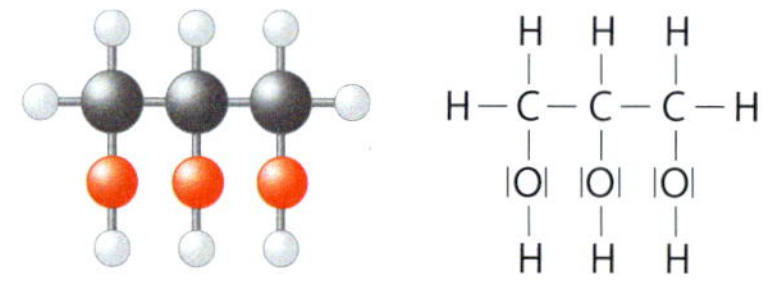

2 *Molekülmodell und Formel von Glycerin (Propan-1,2,3-triol)*

Glycerin – ein dreiwertiger Alkohol Glycerin, das Propan-1,2,3-triol, hat eine Siedetemperatur von 290 °C, ist dickflüssig und stark wasseranziehend (hygroskopisch). Es eignet sich als „Feuchthaltemittel“ für Salben, Zahnpasta und Hautcremes. Wird eine Feuchtigkeitscreme auf der Haut aufgetragen, verhindert das Glycerin durch seine hygroskopische Wirkung ein Austrocknen der Haut. Es wird wie das Glykol als Frostschutzmittel verwendet. In Autos dient es auch als Bremsflüssigkeit. Seine hohe Siedetemperatur gewährleistet, dass die Bremsflüssigkeit in den Bremsschläuchen von Autos beim Heißwerden nicht verdampft. In der Sprengstoffindustrie wird es zur Herstellung von Nitroglycerin verwendet.

3 *Einige Insekten und Pflanzen tragen Glycerin als „Frostschutzmittel“ in sich, damit sie im Winter nicht erfrieren.*

Sorbit – ein „Zuckeralkohol“ In vielen Süßigkeiten wie in Kaugummi oder Lutschbonbons kommt der süße Geschmack von Sorbit, einem Alkohol mit sechs OH-Gruppen im Molekül (Hexanhexol). In Senf, Ketchup und Mayonnaise hält Sorbit auch gleichzeitig feucht, weil es stark wasseranziehend ist.

Aufgaben

1 □ Was sind mehrwertige Alkohole?

2 □ Stelle die Eigenschaften und das Vorkommen von Glycerin mithilfe einer Mindmap dar.

3 ◪ Gib die Funktionen von Glycerin in Pflanzen und in einer Hautcreme an.

4 ■ Zeichne die Strukturformel von Sorbit.

Extra Alkanale und Alkanone

1 *Biologische Präparate in Formalin*

Kopfweh nach Alkoholkonsum Kopfschmerzen nach einem Alkoholrausch sind unter anderem auf Ethanal zurückzuführen. Es entsteht beim Abbau von Ethanol in der Leber. Regelmäßiger Alkoholkonsum kann zu Leberschädigungen bis hin zur Leberzirrhose führen.
Weil Ethanal auch im Zigarettenrauch enthalten ist, besteht für Raucher ein erhöhtes Risiko, an Krebs zu erkranken.

Eigenschaften von Ethanal Die farblose, gesundheitsschädliche Flüssigkeit Ethanal, auch Acetaldehyd genannt, hat einen stechenden Geruch. Es ist ein wichtiger Grundstoff für die Herstellung von Farbstoffen, Kunststoffen, Konservierungsstoffen und Arzneimitteln.

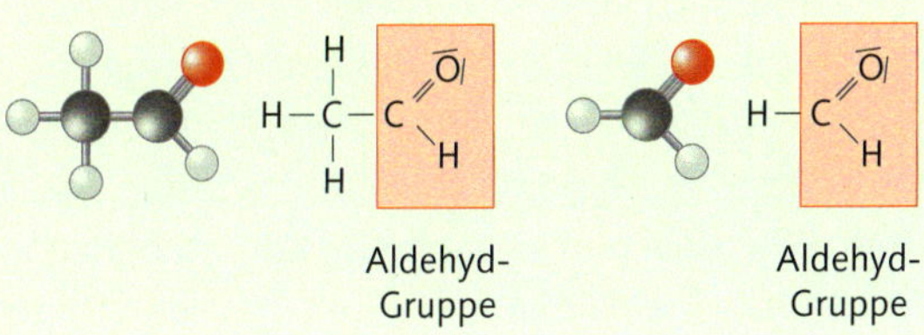

2 *Modelle und Strukturformeln von Ethanal und Methanal*

Methanal Das farblose, stechend riechende, giftige Gas Methanal wird auch Formaldehyd genannt. Methanaldämpfe reizen Augen und Schleimhäute der Atemwege und können Krebs erzeugen. Methanal ist Bestandteil von Kunstharzen und Leimen, die man zur Herstellung von Spanplatten für Möbel verwendet. Bei Möbelstücken besteht die Gefahr, dass aus diesen Methanal entweicht und die Raumluft belastet. Obwohl es umstritten ist, kommt Methanal nach wie vor in kosmetischen Produkten wie Shampoos, Hautcremes oder Nagellack als Konservierungsstoff vor.

Formalin Methanal ist gut wasserlöslich, seine wässrige Lösung bezeichnet man als Formalin. Da Formalin die Zersetzung von organischem Gewebe verhindert, wird es zur Konservierung von Leichen und biologischen Präparaten verwendet.

Homologe Reihe der Alkanale Methanal, Ethanal und Propanal gehören zur homologen Reihe der Alkanale. Ihre funktionelle Gruppe ist die polare Aldehyd-Gruppe. Bei der Benennung wird an den Namen des entsprechenden Alkans die Endung *-al* angehängt.

Aceton löst Nagellack Propanon, auch Dimethylketon oder Aceton genannt, ist das einfachste Alkanon oder Keton.
Da es gut wasserlöslich ist und sich gleichzeitig gut mit organischen Stoffen mischt, findet es einen vielseitigen Einsatz als Lösungsmittel, z. B. für Farben oder Klebstoffe. Die funktionelle Gruppe ist die Keto-Gruppe. Bei der Benennung wird an den Namen des Alkans die Endung *-on* angehängt oder es wird angegeben, welche Alkyl-Gruppen an die Keto-Gruppe gebunden sind.

3 *Mit acetonhaltigem Nagellackentferner lässt sich der Lack entfernen.*

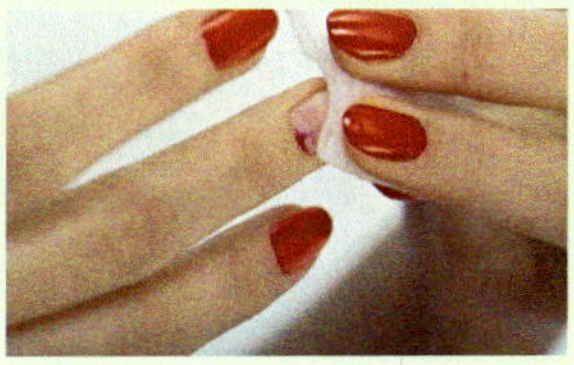

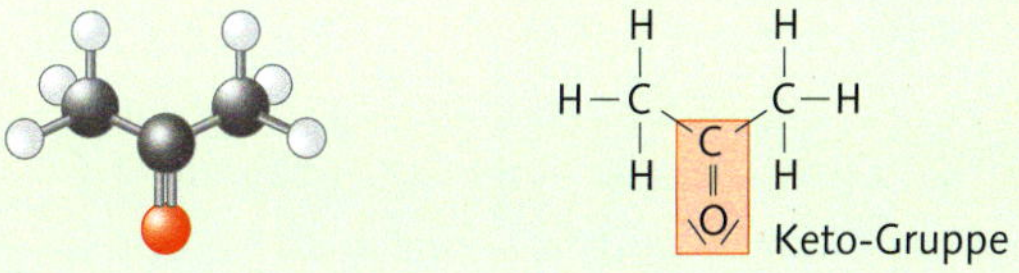

4 *Modell und Strukturformel von Propanon*

Aufgaben

1 □ Nenne drei Verwendungsmöglichkeiten von Methanal. Wie heißt seine funktionelle Gruppe?

2 ◪ Erläutere, welche gesundheitlichen Gefahren von Ethanal ausgehen.

3 ■ Zeichne die Strukturformeln von Propanal und Butanon.

Extra Geschichte des Essigs

Essig – durch Zufall entdeckt Bereits vor etwa 8000 Jahren war bei den Babyloniern, Assyrern und alten Ägyptern Essig bekannt. Da Essig durch biologische Vorgänge ohne Zutun des Menschen entsteht, kann man davon ausgehen, dass ihn die Menschen zufällig entdeckt haben – beispielsweise dadurch, dass Wein oder Bier sauer geworden ist. Wenn ein alkoholisches Getränk längere Zeit offen steht und Luft dazukommt, wird der Alkohol zu Essig.

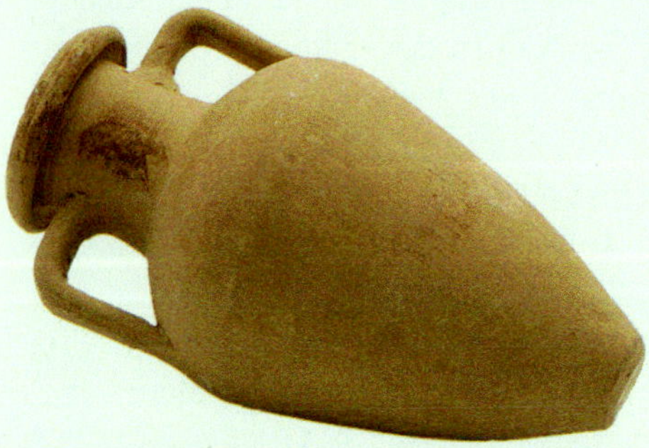

1 *Essigkrug eines römischen Legionärs*

Erfrischungsgetränk des Altertums In früheren Zeiten spielte Essig in Getränken eine große Rolle. Römische Soldaten schätzten den Essig so sehr, dass sie ein Fässchen mit einem Essig-Wasser-Gemisch bei sich trugen. Das Essigwasser war für die Soldaten ein erfrischender Durstlöscher und der Essig diente gleichzeitig der Konservierung des Wasservorrats.

Essig als Konservierungsmittel Essig war ein wichtiges Konservierungsmittel. Die Babylonier legten ihre Jagdbeute in Essig, damit sie länger haltbar blieb. In Essig eingelegtes Gemüse ist nicht nur länger haltbar, sondern erhält durch den Essig außerdem eine geschätzte Würze.

Essig im Medizinschrank der Antike Die Babylonier und alten Ägypter schätzten auch die heilende Wirkung des Essigs. Man verwendete ihn zum Desinfizieren von Wunden, als Umschlag bei Prellungen und Blutergüssen und gegen Insektenstiche oder Schlangenbisse. Essigwasser trank man gegen Fieber, zur Wundheilung und zur Verdauungsförderung.

2 *Im Mittelalter versuchte der Pestarzt vergeblich, sich durch eine vogelartige Maske zu schützen. Der Schnabel enthielt einen mit Essig getränkten Schwamm.*

Essigherstellung durch offene Gärung Zur Herstellung von Essig ließ man ein alkoholisches Getränk, meist Wein, in einem offenen Gefäß an der Luft zu Essig vergären. Die Frage, wie aus Wein Essig wird, konnte erst Mitte des 19. Jahrhunderts von dem französischen Chemiker LOUIS PASTEUR beantwortet werden. Er fand heraus, dass Bakterien für die Umwandlung von Ethanol in Essig verantwortlich sind. Diese Bakterien werden über die Luft verbreitet und gelangen so in den offen gelagerten Wein.

Essigmutter Mit dem Wissen um die Funktion der Bakterien kann das Verfahren zur Essigherstellung gezielt gesteuert und beschleunigt werden. Dazu impft man den Wein mit Essigbakterien. Die Bakterien vermehren sich und bilden eine zusammenhängende, glibberig gallertartige Masse, die sogenannte Essigmutter. Sie kann nach der Essigsäuregärung abgeschöpft und für eine spätere Wiederverwendung über Jahre aufbewahrt werden. In früheren Zeiten hatten viele Haushalte eine solche Essigmutter.

Aufgaben

1 □ Beschreibe, wie die Menschen den Essig entdeckt haben.

2 □ Nenne mindestens vier Anwendungsbereiche für Essig im Altertum.

3 ◪ Viele Anwendungsmöglichkeiten von Essig spielen auch heute noch eine Rolle. Wo war der Einsatz von Essig nicht sinnvoll?

4 ◪ Nenne die Entdeckung von LOUIS PASTEUR.

Extra Vom Alkohol zum Essig

1 *Kräuteressig erhält man, wenn Kräuter über mehrere Wochen in Essig einlegt werden.*

2 *Obstessig hat einen fruchtigen Geschmack und wird hauptsächlich aus Äpfeln hergestellt.*

3 *Balsamicoessig ist ein edler italienischer Weinessig, der sich durch seine dunkle Farbe und einen süß-sauren Geschmack auszeichnet.*

Wein wird zu Essig Wenn man Wein längere Zeit offen stehen lässt, wird der Wein sauer. Bei diesem biologischen Vorgang wandeln Essigsäurebakterien in Gegenwart von Sauerstoff Ethanol in Ethansäure, Essigsäure genannt, um. Diese Stoffumwandlung mithilfe von Bakterien bezeichnet man als Fermentation oder Essigsäuregärung.

Herstellung von Essig Da man sich bei der Essigherstellung biologische Vorgänge zunutze macht, spricht man von einem biotechnologischen Prozess. Allen Herstellungsverfahren liegt dasselbe Prinzip zugrunde: Ausgangsstoff ist eine alkoholische Flüssigkeit, die Maische, die mit Essigsäurebakterien in Kontakt kommt. Da Essigsäurebakterien aerob arbeiten, das heißt Sauerstoff benötigen, muss für eine gute Belüftung gesorgt werden.

Spanbildnerverfahren Bei diesem älteren Verfahren lässt man die Maische über Buchenholzspäne rieseln, auf denen Bakterien angesiedelt sind. Durch Gebläse wird ständig Luft zugeführt. Die großflächige Verteilung der Bakterien auf den Spänen ermöglicht eine ideale Aufnahme des Sauerstoffs aus der Luft. Ein Nachteil ist, dass dieses Verfahren fast eine Woche dauert.

Submersverfahren Bei dieser neueren und schnelleren Methode befinden sich die Bakterien in der Maische. Sie sind sozusagen abgetaucht, daher auch der Name Submersverfahren. Durch Belüfter werden die Bakterien ständig mit Sauerstoff versorgt. Da dieses Verfahren nur noch 24 Stunden dauert, wird es heute vorwiegend eingesetzt.

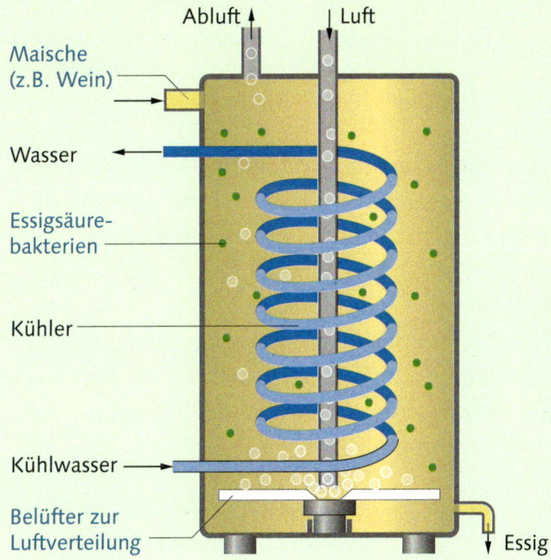

4 *Submersverfahren zur Herstellung von Essig*

Essig und Essigessenz Es ist gesetzlich festgelegt, dass Speiseessig zwischen 5 und 15,5 % Essigsäure enthalten muss. Normaler Haushaltsessig enthält zwischen 5 und 6 % Essigsäure. Hochkonzentrierter Essig wird künstlich hergestellt. Durch Verdünnen des so gewonnenen Essigs mit Wasser erhält man Essigessenz mit einem Essigsäuregehalt von 15,5 bis 25 %.

Aufgaben

1 □ Nenne die Stoffe, die zur Essigherstellung notwendig sind.

2 □ Wodurch unterscheiden sich Speiseessig und Essigessenz?

3 ◪ Wie kann man verhindern, dass Wein sauer wird?

4 ■ Nenne die wesentlichen Unterschiede zwischen dem Spanbildner- und dem Submersverfahren.

13

Essigsäure, die wichtigste organische Säure

Aus Ethanol entsteht Essigsäure Alkoholische Flüssigkeiten wandeln sich an der Luft mithilfe von Essigsäurebakterien in Essig um. Bei dieser Reaktion wird Ethanol durch den Luftsauerstoff zu Essigsäure oxidiert.

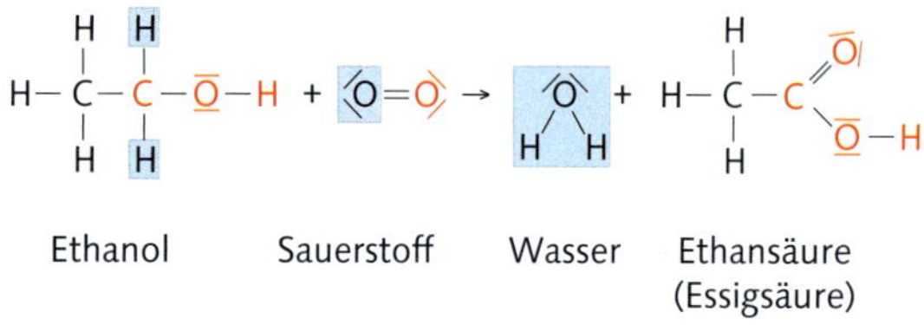

1 *Vom Ethanol zur Ethansäure*

Bau des Essigsäure-Moleküls Das Essigsäure-Molekül enthält zwei Kohlenstoffatome. An einem Kohlenstoffatom ist ein Sauerstoffatom und eine OH-Gruppe gebunden, die zusammen die funktionelle COOH-Gruppe bilden. Sie wird als Carboxy-Gruppe bezeichnet. Weil Essigsäure zwei Kohlenstoffatome im Molekül besitzt, lautet ihr wissenschaftlicher Name Ethansäure. Sie gehört zu den Alkansäuren.

Eigenschaften der Essigsäure Reine Essigsäure ist eine farblose Flüssigkeit, die bei einer Temperatur von unter 17 °C eisartige Kristalle bildet und deshalb auch als Eisessig bezeichnet wird. Eisessig ist stark ätzend und seine Dämpfe sind brennbar. Wässrige Essigsäure-Lösung hat den vom Speiseessig her bekannten stechend scharfen Essiggeruch. Da es sich bei der Carboxy-Gruppe um eine polare Gruppe handelt, ist sie gut wasserlöslich. Die Wasserstoffbrückenbindungen zwischen den Carboxy-Gruppen sind dafür verantwortlich, dass die Essigsäure mit 118 °C eine relativ hohe Siedetemperatur hat.

Saure Reaktion Essigsäure-Lösung besitzt typische Eigenschaften von Säuren, die sich beispielsweise in der Rotfärbung von Universalindikator zeigen. Wegen ihrer ätzenden Wirkung zersetzt sie Stoffe wie unedle Metalle. Für die saure Reaktion ist die Carboxy-Gruppe verantwortlich. In einer wässrigen Lösung entsteht aus einem Ethansäure-Molekül ein H_3O^+-Ion und als Säurerest-Ion das Acetat-Ion CH_3COO^-.

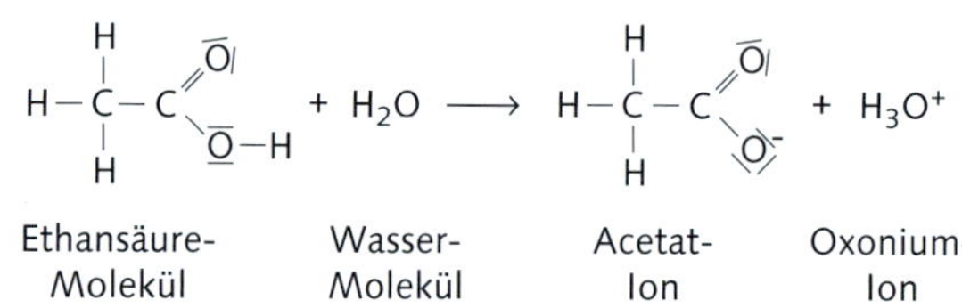

2 *Zerfall des Ethansäure-Moleküls in Ionen*

Verwendung Essigsäure ist Bestandteil von Speiseessig. In der chemischen Industrie ist die Essigsäure ein wichtiger Grundstoff zur Herstellung von Kunststoffen, Farben, Dichtungsmitteln wie Fugendichter, kosmetischen Produkten und Medikamenten wie Aspirin.
Celluloseacetat, eine chemische Verbindung, die aus Cellulose und Essigsäure hergestellt wird, dient der Herstellung von Kunstseide (Acetatseide) und Zigarettenfiltern.

Essigsäure (Ethansäure) ist eine organische Säure, die durch Oxidation von Ethanol entsteht.

Extra Vom Ethanol über Ethanal zur Ethansäure
Taucht man ein oxidiertes Kupferblech in Ethanol, so bildet sich metallisches Kupfer – Kupferoxid wurde zu Kupfer reduziert. Außerdem ist ein stechender Geruch wahrnehmbar – Ethanol wurde zu Ethanal oxidiert. Taucht man ein oxidiertes Kupferblech in eine wässrige Ethanal-Lösung, so entsteht Ethansäure.

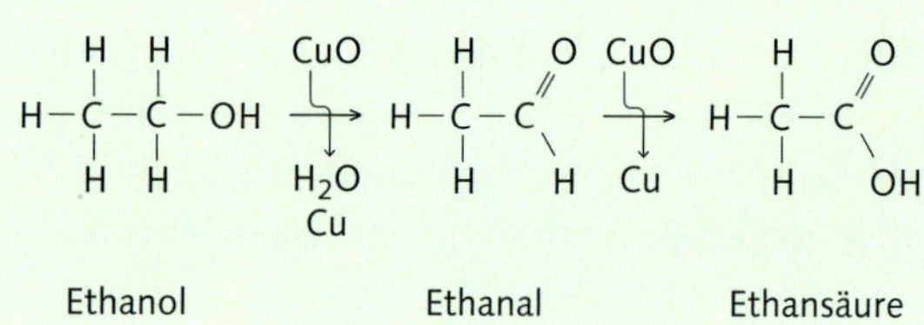

3 *Ethanol kann bis zur Ethansäure oxidiert werden.*

Extra Essig – ein Problem für die Römer?

Es gibt Historiker, die dem Essig eine Mitschuld am Niedergang des Römischen Reiches zuschieben. In Untersuchungen von Zähnen und Skeletten von alten Römern wurden sehr hohe Bleiwerte nachgewiesen. Wie kam das Blei in die Körper der Menschen? Das Problem war, dass sie ihren Essig in Gefäßen aus Blei aufbewahrten. Die Essigsäure reagiert mit dem Blei zu wasserlöslichem Bleiacetat. Dieser „Bleizucker“ war aufgrund seines süßen Geschmacks sogar willkommen. Leider ist er aber sehr giftig und so sind viele Römer an Bleivergiftung gestorben.

Da die gesundheitsschädliche Wirkung des Bleizuckers unbekannt und er einfach und günstig herzustellen war, wurde Bleiacetat noch bis zum 19. Jahrhundert als Süßungsmittel verwendet. Er wurde vor allem genutzt, um den Geschmack von minderwertigen Weinen angenehmer zu machen.

Als der große karthagische Feldherr HANNIBAL 218 v. Chr. mit seinen Kriegselefanten die Alpen überquerte, versperrten riesige Felsbrocken seinen Weg. HANNIBAL ließ um die Felsen herum Holzfeuer entzünden. Als die Steine sehr heiß waren, übergoss man sie mit Essig. Durch den Essig wurden die Steine so „mürbe“, dass sie auseinanderbrachen und aus dem Weg geräumt werden konnten.

4 *HANNIBAL bei der Alpenüberquerung – damit überraschte er die Römer.*

Acetate – Salze der Essigsäure Kalkablagerungen auf Fliesen, in Töpfen, der Kaffeemaschine oder auf den Perlatorsieben von Wasserhähnen können mit Essigsäure entfernt werden. Dabei verbinden sich Acetat-Ionen der Essigsäure mit Calcium-Ionen des Kalks zu Calciumacetat, einem wasserlöslichen Salz der Essigsäure.

5 *Verkalktes Perlatorsieb*

Essig – nicht ins Kupfergefäß Warum dürfen Speisen, die Essig enthalten, nicht in einer Schüssel aus Kupfer zubereitet oder aufbewahrt werden? Die Essigsäure reagiert mit Kupfer zu dem grünen Salz Kupferacetat, das umgangssprachlich auch als Grünspan bezeichnet wird. Weil Kupferacetat gesundheitsschädlich ist, darf es nicht in die Speisen kommen. Man verwendet es als grünes Farbpigment und als Fungizid, ein pilztötendes Mittel.

6 *Kupferacetatkristalle*

Aufgaben

1 Essigsäure ist eine organische Säure.
- **a** □ Wie lautet ihr wissenschaftlicher Name?
- **b** □ Zeichne die Strukturformel.
- **c** □ Nenne fünf Verwendungsmöglichkeiten.

2 ◪ Erstelle einen Steckbrief zur Essigsäure.

3 □ Was versteht man unter Eisessig?

4 Magnesium wird in Essigsäure gegeben.
- **a** ◪ Was kann man beobachten?
- **b** ◪ Nenne das entstandene Salz.
- **c** ■ Stelle ein Reaktionsschema auf.

Stofffamilie der Carbonsäuren

1 *Säure spritzende Waldameisen*

Ameisensäure, die einfachste Alkansäure Die einfachste Alkansäure ist die Methansäure, da sie nur ein Kohlenstoffatom im Molekül aufweist. Sie wird in der Alltagssprache als Ameisensäure bezeichnet, weil sie im Gift von Ameisen vorkommt. Ihre ätzende Wirkung kennen wir auch von den Brennhaaren der Brennnessel. Ameisensäure ist eine farblose, wasserlösliche Flüssigkeit mit einem stechenden Geruch. Sie reizt Augen und Atemwege und verursacht Verätzungen auf der Haut. In der Medizin dient Ameisensäure als Mittel gegen Rheuma. Sie wird auch als Konservierungsstoff für Lebensmittel genutzt.

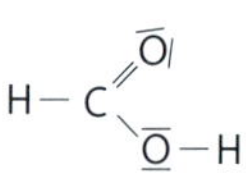

Methansäure
HCOOH

Homologe Reihe der Alkansäuren Die Moleküle von Alkansäuren wie der Essigsäure bestehen aus der funktionellen Carboxy-Gruppe (–COOH) und einem Alkylrest. Die allgemeine Summenformel der Alkansäuren lautet: $C_nH_{2n+1}COOH$ (n = 0, 1, 2, 3, ...).

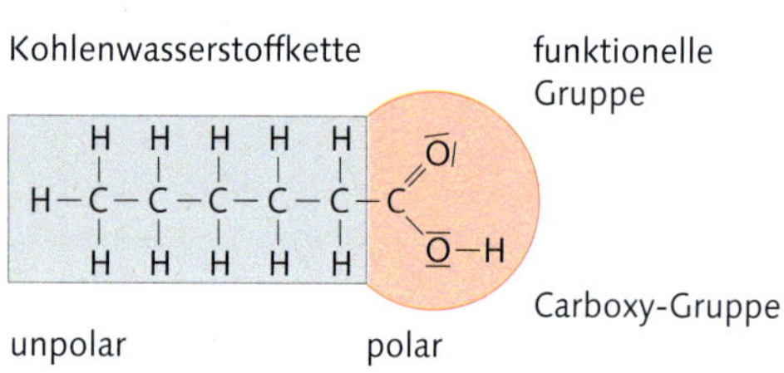

2 *Hexansäure-Molekül – eine Alkansäure*

Wie Alkane und Alkanole bilden auch Alkansäuren eine homologe Reihe. Zur Benennung einer Alkansäure hängt man an den Namen des entsprechenden Alkans die Endung *-säure* an. Neben den so gebildeten systematischen Namen sind auch alltagssprachliche Namen verbreitet.

Alkansäuren bilden eine homologe Reihe. Die Carboxy-Gruppe (–COOH) ist die funktionelle Gruppe der Alkansäure-Moleküle.

Propionsäure Propansäure, auch Propionsäure genannt, wird eingesetzt, um das Wachstum von Bakterien, Schimmel- und Hefepilzen einzudämmen. Propionsäure ist als Konservierungsstoff E 280 zugelassen und wird beispielsweise in industriell produzierten Backwaren wie Aufbackbrot verwendet.

Buttersäure – nein danke! Butansäure, umgangssprachlich als Buttersäure bezeichnet, hat einen unangenehmen ranzigen Geruch. Buttersäure entsteht, wenn Schweiß oder Fette durch Bakterien zersetzt werden. Erstaunlicherweise kann man aus Buttersäure aber wohlriechende Duft- und Aromastoffe, z. B. Ananasaroma, herstellen.

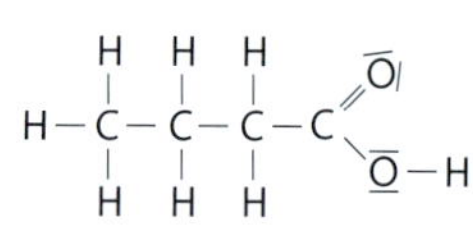

Butansäure
C_3H_7COOH

3 *Ranzige Butter riecht sehr unangenehm.*

Langkettige Alkansäuren – Fettsäuren Palmitinsäure und Stearinsäure sind bei Raumtemperatur fest. Da sie wie viele längerkettige Alkansäuren am Aufbau von Fetten beteiligt sind, werden sie als Fettsäuren bezeichnet.

Säurestärke und Wasserlöslichkeit Die Carboxy-Gruppe ist für die saure Reaktion der Alkansäuren verantwortlich. Die Ameisensäure ist die stärkste Alkansäure. Mit zunehmender Ketten-

Systemat. Name	Alltagsname	Summenformel	Siedetemperatur (in °C)	Wasserlöslichkeit	Säurestärke
Methansäure	Ameisensäure	$HCOOH$	101		
Ethansäure	Essigsäure	CH_3COOH	118		
Propansäure	Propionsäure	C_2H_5COOH	141		
Butansäure	Buttersäure	C_3H_7COOH	163		
Pentansäure	Valeriansäure	C_4H_9COOH	185		
Hexansäure	Capronsäure	$C_5H_{11}COOH$	206		
...					
Hexadecansäure	Palmitinsäure	$C_{15}H_{31}COOH$	351		
Octadecansäure	Stearinsäure	$C_{17}H_{35}COOH$	370		

Tab. 1 *Homologe Reihe der Alkansäuren*

länge nimmt der Einfluss der Carboxy-Gruppe und damit die Säurestärke ab. Daher reagiert die langkettige Palmitinsäure nur schwach sauer. Weil die polare Carboxy-Gruppe auch Ursache für die Wasserlöslichkeit ist, nimmt diese mit zunehmender Kettenlänge ebenfalls ab.

Die polare Carboxy-Gruppe und die unpolare Kohlenwasserstoffkette der Moleküle bestimmen die Eigenschaften der Alkansäuren.

Mehrwertige Carbonsäuren Hat ein Carbonsäure-Molekül mehrere Carboxy-Gruppen, spricht man von einer mehrwertigen Carbonsäure. Je mehr Carboxy-Gruppen ein Molekül besitzt, umso stärker sauer reagiert die Säure und umso besser ist sie in Wasser löslich.

Oxalsäure, eine Dicarbonsäure Das Oxalsäure-Molekül enthält zwei Carboxy-Gruppen. Es handelt sich daher um eine Dicarbonsäure mit dem systematischen Namen Ethandisäure. Ihre farblosen Salze, die Oxalate, kommen in Zwiebeln, Sauerklee, Sauerampfer, Spinat und Rhabarber vor. Im menschlichen Körper können sie sich mit Calcium zu Calciumoxalat verbinden. Bei übermäßiger Aufnahme kann es zur Bildung von Nierensteinen beitragen.

4 *Rhabarber enthält Oxalsäure.*

Citronensäure, eine Tricarbonsäure Die Citronensäure ist eine feste, weiße, wasserlösliche Carbonsäure. Als Fruchtsäure kommt sie in Äpfeln, Beeren und Zitrusfrüchten wie Orangen oder Zitronen vor. Sie wird als Säuerungsstoff für Lebensmittel, beispielsweise in Limonaden, Eistee oder Brausepulver, aber auch zur Entkalkung von Wasserkochern, Duschköpfen und Waschmaschinen verwendet.

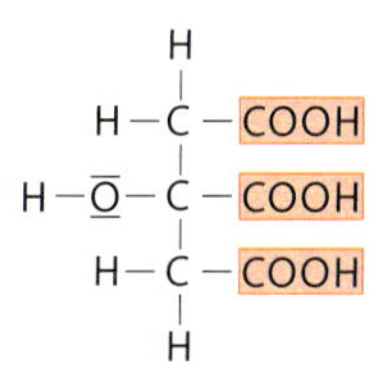

5 *Formel von Citronensäure*

Aufgaben

1 □ Nenne die ersten sechs Vertreter der homologen Reihe der Alkansäuren.

2 □ Beschreibe, wo die Ameisensäure in der Natur vorkommt, und erläutere die Verwendung.

3 Es gibt Lebensmittel, die den Zusatzstoff E 280 enthalten.

a □ Welcher Stoff verbirgt sich hinter dieser Nummer?

b □ Beschreibe die Funktion dieses Stoffes.

c □ Nenne Lebensmittel, die E 280 enthalten.

4 ◪ Zeichne die Strukturformel der Pentansäure.

5 ◪ Vergleiche die Säurestärke von Essigsäure, Buttersäure und Palmitinsäure. Begründe.

Weitergedacht Alkohole und Carbonsäuren

1 Alkohol im Hustensaft

Ethanol findet nicht nur als Trinkalkohol Verwendung. Viele Medikamente, vor allem pflanzliche Präparate, enthalten Alkohol.

a □ Erläutere mithilfe der Web-Einträge die Funktionen von Ethanol im Hustensaft.

> ? Ethanol im Hustensaft
>
> **Ätherische und pflanzliche Öle** sind gut löslich in lipophilen Lösungsmitteln wie Aceton, Benzin oder Ethanol. In Wasser ist die Löslichkeit sehr gering.
>
> **Bakterien und Pilze** können sich an verschiedene Lebensbedingungen anpassen. In hochprozentigen Ethanol-Lösungen sind sie nicht überlebensfähig.

b ■ Erkläre anhand von Modelldarstellungen, warum sich die auf dem Etikett aufgeführten Bestandteile mischen.

c ◪ Informiere dich, in welchen weiteren Produkten Ethanol Verwendung findet und welche Eigenschaft des Ethanols genutzt werden.

d ■ Berechne deinen Blutalkoholgehalt, wenn du einen Löffel (5 ml) Hustensaft trinkst. (Die Dichte von Ethanol beträgt 0,79 $\frac{ml}{cm^3}$.)

2 Konservierung von Lebensmitteln

Für die Verwesung von Lebensmitteln sind Mikroorganismen wie Bakterien, Schimmelpilze oder Hefen verantwortlich. Durch organische Säuren kann die Aktivität der Mikroorganismen eingeschränkt werden: Die Lebensmittel werden konserviert. Die für Lebensmittel zugelassenen Zusatzstoffe werden mit E-Nummern gekennzeichnet.

E-Nr.	Name
E 200	Sorbinsäure
E 210	Benzoesäure
E 236	Ameisensäure
E 260	Essigsäure
E 270	Milchsäure
E 280	Propionsäure
E 330	Citronensäure

Weißkohl kann durch Milchsäuregärung in Sauerkraut umgewandelt werden. Dabei wandeln Milchsäurebakterien Kohlenhydrate in Milchsäure (2-Hydroxypropansäure) um.

a □ Erkläre, worauf die konservierende Wirkung von organischen Säuren beruht.

b ◪ Auf einer Lebensmittelverpackung steht die Bezeichnung E 260. Gib zwei Bezeichnungen für diesen Konservierungsstoff an und nenne Lebensmittel, die damit haltbar gemacht werden können.

c ■ Untersuche frisch geschnittene Apfelstückchen. Gib zu einigen Apfelstücken sofort etwas Zitronensaft, zu anderen nicht. Beobachte und vergleiche nach 30 min. Erkläre.

d ◪ Nenne zwei Funktionen der Milchsäure im Sauerkraut.

e ■ Zeichne die Strukturformel der Milchsäure.

Praxis Eigenschaften der Carbonsäuren

1 Omas Rezept zur Essigherstellung

Ansatz für 1 Liter Essig:
600 ml Wein (möglichst schwefelarm)
300 ml Wasser
100 ml Essigsäurebakterien (Essigmutter)

1. *Fülle ein Gemisch aus Wein und Wasser in ein großes Einmachglas. Gib danach die Essigsäurebakterien hinzu.*
2. *Spanne über die Öffnung des Glases ein Leinentuch und befestige es mit einem Gummiring.*
3. *Bewahre den Ansatz bei etwa 25 °C auf. Nach ungefähr 2 Wochen bildet sich an der Oberfläche eine dünne Haut. Durch eine weitere Zugabe von verdünntem Wein kann der Essig gestreckt werden.*
4. *Der junge Rohessig wird filtriert und zur Reifung etwa 2 bis 3 Monate an einem kühlen, dunklen Ort gelagert.*
5. *Der klare Essig wird abgegossen und in Flaschen aufbewahrt. Die Essigmutter kann zur weiteren Essigherstellung verwendet werden.*

Auswertung: Prüfe den Ansatz regelmäßig auf Geschmack.

2 Magnesium reagiert mit Essigsäure

Geräte: Reagenzglas, Reagenzglashalter
Chemikalien: Essigessenz (25%ige Essigsäure), Magnesiumband
Durchführung: Gib ein 2 cm langes Stück Magnesiumband in Essigessenz.
Auswertung: Erkläre deine Beobachtungen. Wie kannst du eines der Reaktionsprodukte nachweisen?

3 Entkalken mit Essigsäure

Geräte: Becherglas (100 ml)
Chemikalien: Essigessenz (25%ige Essigsäure), verkalkter Gegenstand
Durchführung: Gib einen verkalkten Gegenstand in Essigessenz.
Auswertung: Erkläre deine Beobachtungen.

4 Wasserlöslichkeit von Fettsäuren

Geräte: 2 Reagenzgläser, Reagenzglashalter
Chemikalien: Wasser, Heptan, Palmitinsäure, Stearinsäure
Durchführung: Prüfe Palmitin- und Stearinsäure auf ihre Löslichkeit in Wasser und Heptan.
Auswertung: Was kannst du über die Löslichkeit der Fettsäuren aussagen?

5 Joghurt selbst gemacht

Zutaten:
1 Liter Milch
1 Esslöffel Joghurt mit lebenden Kulturen

Zubereitung:
Bringe 1 l Milch zum Kochen, bis sich auf der Haut Bläschen bilden. Nimm die Milch vom Herd und lass sie abkühlen, bis sie handwarm ist. Rühre mit dem Schneebesen 1 Esslöffel Joghurt ein. Stelle die Mischung in verschließbaren Glasgefäßen etwa 6 Stunden bei etwa 30 °C warm, z. B. neben die Heizung, in eine Wolldecke gewickelt. Gib den Joghurt anschließend 3 Stunden in den Kühlschrank. Mische ihn vor dem Verzehr z. B. mit frischem Obst, Marmelade oder Zucker.

6 Bildung von Grünspan

Geräte: Pipette
Chemikalien: Kupfermünze, Essigessenz (25%ige Essigsäure)
Durchführung: Tropfe auf eine Kupfermünze Essigessenz.
Auswertung: Wie heißt der systematische Name für Grünspan?

13

Teste dich!

1 Wein enthält Trinkalkohol.
a □ Um welchen Alkohol handelt es sich?
b □ Durch welchen Vorgang entsteht er? Gib das Reaktionsschema in Worten an.
c ◪ Wie wird das Nebenprodukt nachgewiesen?

2 □ Nenne die ersten sechs Vertreter der homologen Reihe der Alkanole.

3 ◪ Begründe, warum Ethanol als Lösungsmittel vielseitig einsetzbar ist.

4 Methanol wird jeweils in Wasser und Hexan gegeben.
a ◪ Beschreibe, welche Beobachtungen in Bezug auf die Löslichkeit gemacht werden können.
b ◪ Begründe die Unterschiede.

5 Methan siedet bei –161 °C.
a □ Vergleiche die Siedetemperaturen von Methan und Methanol. Welchen Unterschied stellst du fest?
b ◪ Erkläre, wie dieser zustande kommt.

6 ■ Zeichne die Strukturformeln von drei Isomeren des Pentanols und benenne sie.

7 □ Gib an, was unter mehrwertigen Alkoholen verstanden wird, und nenne Beispiele.

8 ■ Eine Porzellanschale mit Glycerin wird auf die Waage gestellt. Erkläre die Gewichtszunahme nach einem Tag.

9 ◪ Welche organischen Stoffe sind in den abgebildeten Lebensmitteln enthalten? Nenne für jedes Lebensmittel einen Bestandteil.

10 □ Welche zwei Funktionen hat der Essig im Gurkenglas?

11 ◪ Vergleiche die Säurestärke von Essigsäure und Buttersäure. Begründe.

12 ◪ Was versteht man unter mehrwertigen Carbonsäuren? Nenne ein Beispiel und zeichne die dazugehörige Strukturformel.

13 Die Abbildung zeigt die Strukturformeln von zwei verschiedenen Molekülen.
a ◪ Benenne die Moleküle.
b ◪ Zu welchen Stofffamilien gehören sie?
c ◪ Wie heißen die funktionellen Gruppen dieser Moleküle?

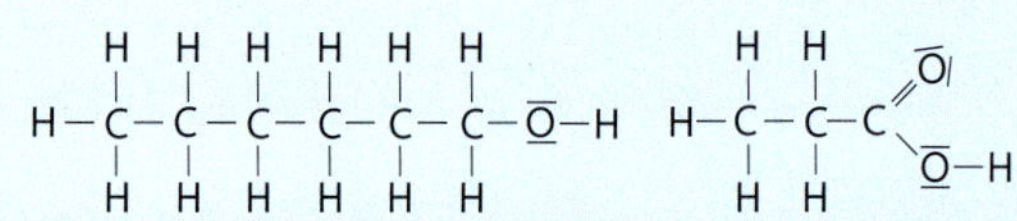

14 ◪ Zeichne die Strukturformeln der folgenden Verbindungen: Propan-1,3-diol, Butanol, Methansäure, Hexansäure.

Aufgabe	Hilfe findest du auf Seite …
1	290, 270
2	300
3	296/297, 300/301
4	300/301
5	301
6	300
7	302
8	302
9	296, 306, 309
10	304
11	308/309
12	309
13	300, 306
14	300, 302, 308
… und die Lösungen findest du im Anhang.	

Im Überblick

Alkohole und Carbonsäuren sind wichtige Bestandteile von Nahrungsmitteln. Sie machen Getränke und Essen schmackhaft und sorgen als Konservierungsstoffe dafür, dass Lebensmittel länger haltbar sind. Einige von ihnen, wie Ethanol oder Essigsäure, sind als natürliche Stoffe schon seit Jahrtausenden bekannt. Heute werden Alkohole und Carbonsäuren auch im Labor hergestellt. Sie finden vielseitige Verwendungen, sei es als Grundstoffe für die chemische Industrie, als Lösungsmittel oder als Treibstoff.

Alkohole

- Ihre Moleküle bestehen aus einer Kohlenwasserstoffkette (Alkylrest) und einer oder mehreren OH-Gruppen (Hydroxy-Gruppen).

Ethanol

- trinkbarer Alkohol; entsteht z. B. durch alkoholische Gärung

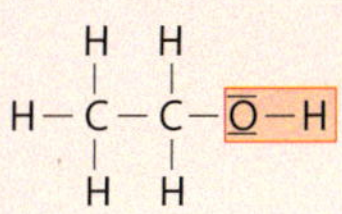

C_2H_5OH

Homologe Reihe der Alkanole

- Die Moleküle der Alkanole weisen eine OH-Gruppe an der Kohlenwasserstoffkette auf.
- Methanol, Ethanol, Propanol, Butanol ... bilden eine homologe Reihe.
  - Name: Name des Alkans + Endung *-ol*
  - allgemeine Summenformel: $C_nH_{2n+1}OH$
  - Löslichkeit und Viskosität hängen von der Länge der Kohlenwasserstoffkette ab.

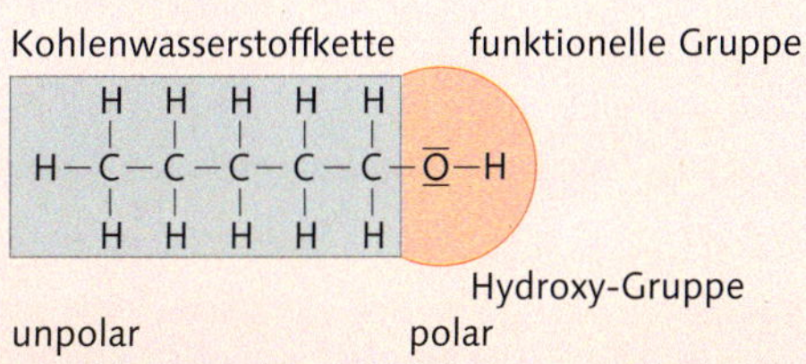

Mehrwertige Alkohole

- Alkohole mit mehreren OH-Gruppen im Molekül, z. B. Glycerin, Glykol oder Sorbit

Carbonsäuren

- Carbonsäure-Moleküle bestehen aus einer Kohlenwasserstoffkette und einer oder mehreren COOH-Gruppen (Carboxy-Gruppen).
  Beispiel: Butansäure

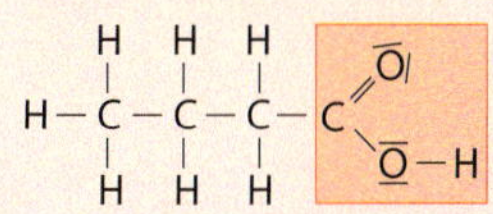

C_3H_7COOH

Homologe Reihe der Alkansäuren

- Die Moleküle der Alkansäuren weisen eine COOH-Gruppe am Alkylrest auf.
- Methansäure, Ethansäure, Propansäure ... bilden die homologe Reihe der Alkansäuren.
  - Name: Name des Alkans + Endung *-säure*
  - allgemeine Summenformel: $C_nH_{2n+1}COOH$
  - Mit zunehmender Kettenlänge nehmen Säurestärke und Wasserlöslichkeit ab.

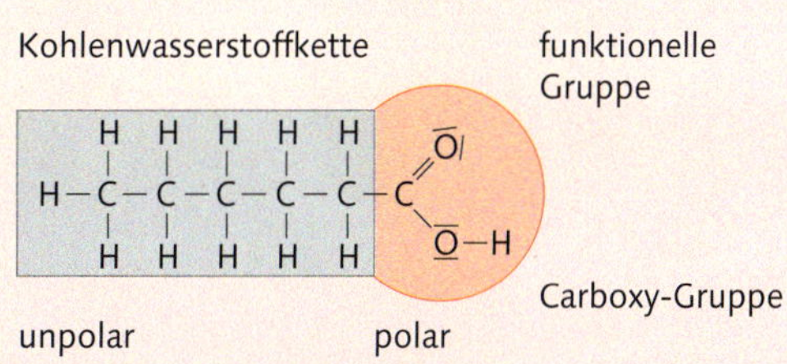

Funktionelle Gruppe

- Atomgruppe in Molekülen, die weitgehend die chemischen Eigenschaften von organischen Stoffen bestimmt
  Beispiele für funktionelle Gruppen:
  Hydroxy-Gruppe (–OH): Alkohole
  Carboxy-Gruppe (–COOH): Carbonsäuren

13

14

Vielfalt der Chemie

Was ist drin in unseren Lebensmitteln? Ist in Obst, Gemüse oder Käse wirklich „keine Chemie"? Dass Kunststoffe Produkte eines chemischen Verfahrens sind, daran besteht kein Zweifel. Wie aber werden sie hergestellt? Und was können wir von der Natur lernen, wenn es um neue Produkte wie in der Nanotechnologie geht?

Ester – Multitalente im vielseitigen Einsatz

1 *Natürliche Aromastoffe sind beispielsweise in Früchten und Blüten, synthetische Aromastoffe in manchen industriell hergestellten Lebensmitteln enthalten.*

Ester, eine duftende Stofffamilie Für das angenehme Aroma von Früchten und den Duft von Blüten sind neben vielen anderen Stoffen vor allem Ester verantwortlich. Solche Ester sind natürliche Aromastoffe. Einige der in den Pflanzen enthaltenen Aromastoffe können auch im Labor hergestellt werden. Es handelt sich um synthetische Aromastoffe. Es werden aber auch künstliche Aromastoffe erzeugt, die es in der Natur nicht gibt.

Veresterung Ester entstehen bei der Reaktion von Säuren mit Alkoholen. Bei der Veresterung verbindet sich eine Säure mit einem Alkohol unter Abspaltung von Wasser. Die Verbindung von Molekülen unter Wasserabspaltung bezeichnet man als Kondensationsreaktion.

Kondensationsreaktion:
Säure + Alkohol $\longrightarrow$ Ester + Wasser

Die Veresterung ist eine Kondensationsreaktion. Dabei reagiert Säure mit Alkohol zu Ester und Wasser.

Esterspaltung Die bei der Veresterung entstehenden Reaktionsprodukte Ester und Wasser reagieren in einer Rückreaktion, der Esterspaltung, wieder zu Säure und Alkohol.

Den Vorgang der Esterspaltung bezeichnet man auch als Hydrolyse, weil er unter Wasseraufnahme erfolgt.

Hydrolyse:
Ester + Wasser $\longrightarrow$ Säure + Alkohol

Die Esterspaltung ist eine Hydrolyse. Dabei reagiert Ester mit Wasser zu Säure und Alkohol.

Umkehrbare chemische Reaktionen Bei der Veresterung reagiert jeweils ein Säure-Molekül mit einem Alkohol-Molekül. Dabei entstehen ein Ester-Molekül und ein Wasser-Molekül. Umgekehrt kann das Ester-Molekül durch das Wasser-Molekül gespalten werden. Veresterung und Esterspaltung sind also umkehrbare chemische Reaktionen. Das drücken wir durch einen Doppelpfeil in der Reaktionsgleichung aus.

$$\text{Säure + Alkohol} \underset{\text{Esterspaltung}}{\overset{\text{Veresterung}}{\rightleftarrows}} \text{Ester + Wasser}$$

Bei der Veresterung und bei der Esterspaltung befinden sich zu jedem Zeitpunkt alle an der Reaktion beteiligten Stoffe im Reaktionsgefäß. Hin- und Rückreaktion laufen gleichzeitig ab. Da die Rückreaktion aber sehr viel schneller abläuft als die Hinreaktion, wird so gut wie kein Ester gebildet.

Veresterung und Esterspaltung sind umkehrbare chemische Reaktionen.

2 *Hin- und Rückreaktion laufen unterschiedlich schnell ab. Erst mithilfe eines Katalysators wird die Hinreaktion beschleunigt.*

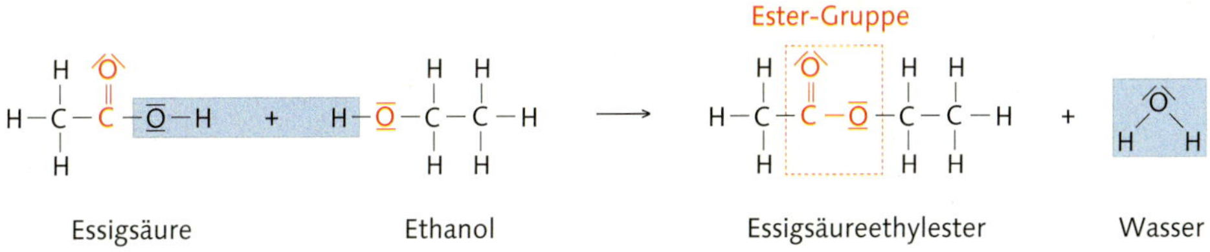

3 *Bildung von Essigsäureethylester*

Schwefelsäure als Katalysator Soll möglichst viel von dem gewünschten Ester erzeugt werden, muss die Hinreaktion beschleunigt werden. Dies gelingt durch Zugabe von Schwefelsäure, die als Katalysator wirkt.

$$\text{Säure} + \text{Alkohol} \xrightleftharpoons{\text{Schwefelsäure}} \textbf{Ester} + \textbf{Wasser}$$

Essigsäureethylester Durch eine Kondensationsreaktion von Essigsäure mit Ethanol (Ethylalkohol) wird Essigsäureethylester gebildet. Bei der Benennung eines Esters wird zuerst die Säure genannt, dann der Name des Alkylrests des Alkohols und abschließend die Bezeichnung *-ester* angefügt.

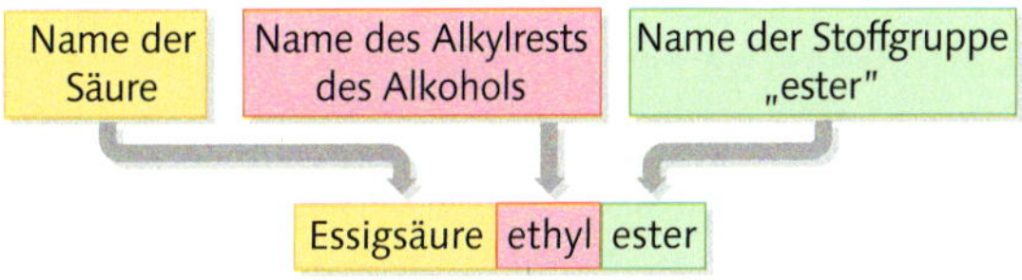

4 *Benennung eines Esters*

Bei der Veresterung entsteht aus der hydrophilen Hydroxy-Gruppe des Ethanols und der hydrophilen Carboxy-Gruppe der Essigsäure eine hydrophobe Ester-Gruppe. Daher ist Essigsäureethylester nicht wasserlöslich. Er ist aber ein gutes Lösungsmittel für Farb- und Klebstoffe. Da man ihn zum Auswaschen von Farbpinseln und zum Verdünnen von Lacken verwendet, bezeichnet man ihn auch als „Verdünner".

Ester – vielseitig einsetzbar Durch die vielfältigen Kombinationsmöglichkeiten von Säuren mit Alkoholen gibt es ein breites Spektrum an Estern. Als Aromastoffe werden sie bei der Herstellung von Bonbons und anderen Süßigkeiten verwendet. Wachse, die Blätter, Nadeln und Blüten vor dem Austrocknen schützen, sind ebenfalls Ester. Auch als Konservierungsstoffe werden sie eingesetzt.

Ester	Aroma
Ameisensäureethylester	Rum
Essigsäurepentylester	Birne
Buttersäuremethylester	Apfel
Buttersäureethylester	Ananas
Buttersäurepropylester	Erdbeere

Tab. 1 *Einige Ester und ihr typisches Aroma*

Ananasaroma aus Buttersäure? Es ist tatsächlich möglich, aus der übel riechenden Buttersäure einen Ester mit Ananasaroma herzustellen. Auch aus anderen kurzkettigen Carbonsäuren kann man Ester mit fruchtartigem Duft und Aroma gewinnen.

Ester werden als Lösungsmittel, Konservierungsstoffe, Duft- und Aromastoffe verwendet.

5 *Essigsäureethylester wird als Lösungsmittel verwendet.*

Aufgaben

1 □ Nenne Beispiele für die Verwendung von Estern.

2 □ Beschreibe, was man unter dem Begriff Kondensationsreaktion versteht.

3 ◪ Erkläre die Funktion der Schwefelsäure bei der Esterbildung.

4 ■ Stelle die Reaktionsgleichung mit Strukturformeln für die Bildung eines Esters aus Tab. 1 auf.

14

Fette – verführerische, aber auch lebensnotwendige Ester

1 *Beispiele für fetthaltige Lebensmittel*

Lebensmittel	Fettgehalt (in g pro 100 g)
Erdnüsse	50
Haselnussschokolade	38
Waffeln	36
Camembert, 60 %	33
Chips	30
Wiener Würstchen	24
gekochter Schinken	13
Joghurt, 3,5 %	3,5
Hähnchenbrust	1,5
Roggenbrot	1
Joghurt mager	0,1

Tab. 1 *Fettgehalt in 100 g Lebensmitteln*

Ohne Fette geht nichts Fette sind für den Körper lebensnotwendig. Sie sind die energiereichsten Nährstoffe. Aus 1 g Fett werden durch Stoffumwandlung in den Zellen 39 kJ Energie gewonnen. Dagegen liefert 1 g Kohlenhydrate nur halb so viel Energie.
Einen Überschuss an zugeführten Nährstoffen speichert der Körper als Fett für Mangelphasen. Die Ablagerung von Fetten unter der Haut dient zudem als Wärmeschutz. Fettgewebe schützt außerdem die Organe vor Erschütterungen.
Fett ist ein Geschmacksträger. Lebensmittel mit hohem Fettanteil schmecken uns meist besonders gut, weil sich Geschmacks- und Aromastoffe gut in Fett lösen. Fette sorgen auch dafür, dass die lebenswichtigen fettlöslichen Vitamine A, D, E und K vom Körper aufgenommen und verarbeitet werden können. Eine völlig fettfreie Ernährung führt zu Stoffwechselerkrankungen.

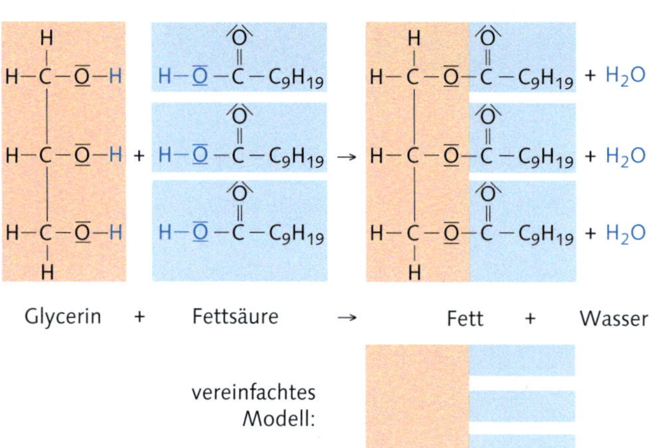

2 *Bildung eines Fett-Moleküls, eine Veresterung*

Verführerische Fette Schokolade, Kuchen, Wurst, Chips und Nüsse führen uns täglich in Versuchung. Gerade diese Lebensmittel enthalten viel Fett. Eine Packung mit 200 g Chips enthält beispielsweise 60 g Fett. Dagegen sollten wir insgesamt nur 60 bis 80 g Fett täglich zu uns nehmen. Weil Fette so energiereich sind, nimmt man durch Genuss von fettreichen Snacks schnell an Körpergewicht zu, wenn nicht gleichzeitig auch mehr Energie verbraucht wird.

Bau eines Fett-Moleküls Fette sind Ester, die durch die Reaktion des dreiwertigen Alkohols Glycerin (systematischer Name: Propan-1,2,3-triol) mit Fettsäuren entstehen.
Bei der Bildung eines Fett-Moleküls verbindet sich ein Glycerin-Molekül mit drei Fettsäure-Molekülen unter Abspaltung von drei Wasser-Molekülen (Veresterung, Bild 2). Der Fachbegriff für das gebildete Fett heißt Triglycerid. In einem Triglycerid-Molekül können entweder drei gleiche Fettsäuren oder unterschiedliche Fettsäuren gebunden sein.

Fette sind Ester aus Glycerin und Fettsäuren.

			Anteil in ... (restliche Anteile: andere Fettsäuren)					
Fettsäure	**Summen-formel**	**Schmelz-temperatur**	**Butter**	**Schweine-schmalz**	**Rindertalg**	**Olivenöl**	**Sonnen-blumenöl**	**Leinöl**
Buttersäure	C_3H_7COOH	–5 °C	3 %	–	–	–	–	–
Palmitinsäure	$C_{15}H_{31}COOH$	63 °C	27 %	27 %	30 %	15 %	5 %	7 %
Stearinsäure	$C_{17}H_{35}COOH$	72 °C	10 %	14 %	20 %	2 %	2 %	3 %
Ölsäure	$C_{17}H_{33}COOH$	16 °C	30 %	45 %	39 %	71 %	27 %	18 %
Linolsäure	$C_{17}H_{31}COOH$	–5 °C	4 %	8 %	3 %	8 %	65 %	14 %

Tab. 2 *Wichtige Fettsäuren (gelb: gesättigte Fettsäuren, grün: ungesättigte Fettsäuren)*

Eigenschaften von Fetten Fette hinterlassen auf Papier einen durchscheinenden Fettfleck. Sie sind hydrophob, d. h. nicht wasserlöslich. In unpolaren Lösungsmitteln wie Heptan oder Benzin lösen sie sich jedoch gut. Werden Wasser und Speiseöl zusammengegossen und geschüttelt, erkennt man schwebende Öltröpfchen. Nach einiger Zeit schwimmt das Speiseöl auf der Wasseroberfläche, weil Fett eine geringere Dichte hat als Wasser.

3 *Suppe mit schwimmenden Öltröpfchen*

Gesättigte und ungesättigte Fettsäuren Einfach ungesättigte Fettsäuren wie die Ölsäure besitzen eine C=C-Doppelbindung in ihren Molekülen. Die Moleküle von mehrfach ungesättigten Fettsäuren wie der Linolsäure enthalten mehrere Doppelbindungen. Flüssige Fette wie Sonnenblumenöl haben einen hohen Anteil an ungesättigten Fettsäuren. Je höher der Anteil an gesättigten Fettsäuren, desto fester ist ein Fett.

Essenzielle Fettsäuren Einige Fettsäuren sind für den Organismus essenziell (lat. *essentialis:* lebensnotwendig). Sie sind beispielsweise am Aufbau von Zellmembranen beteiligt. Essenzielle Fettsäuren müssen mit der Nahrung aufgenommen werden, weil der Körper sie nicht selbst herstellen kann. Sie sind vor allem in pflanzlichen Speiseölen enthalten.

Extra Fetthärtung

Zur Herstellung von festen Brotaufstrichen, werden Pflanzenöle gehärtet. Dazu hat der deutsche Chemiker WILHELM NORMANN im Jahr 1902 ein Verfahren entwickelt: Mithilfe eines Nickelkatalysators werden Wasserstoffatome an die Doppelbindungen der ungesättigten Fettsäure-Moleküle angelagert. Dadurch entstehen gesättigte Fettsäuren und aus den flüssigen Ölen werden feste Fette.

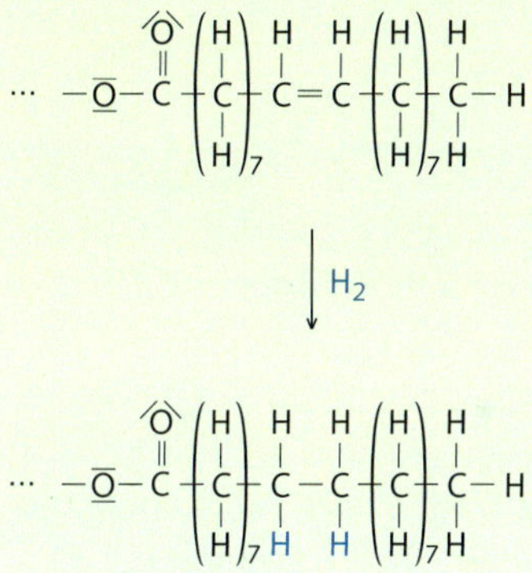

Zur Herstellung von Margarine werden gehärtetes pflanzliches Fett, pflanzliches Öl, Magermilch, Wasser und Salz gemischt. Anschließend werden Vitamine und Aromen zugegeben.

Aufgaben

1 □ Erkläre, warum Fette für uns so wichtig sind.

2 ◪ Beschreibe den Aufbau eines Fett-Moleküls.

3 ■ Erläutere, in welchem der folgenden Lösungsmittel sich Fett am besten löst: Wasser, Ethanol oder Heptan. Zeichne dazu die Strukturformeln der genannten Stoffe.

Extra Ester als Kraft- und Sprengstoffe

Biodiesel Die Silbe bio- weist darauf hin, dass dieser Kraftstoff im Gegensatz zum mineralischen Diesel pflanzlichen Ursprungs ist. Deshalb zählt Biodiesel zu den erneuerbaren Energieträgern. In Deutschland verwendet man zur Herstellung von Biodiesel hauptsächlich Rapsöl. Dieses wird umgeestert: Die Fett-Moleküle werden mithilfe eines Katalysators in Glycerin- und drei Fettsäure-Moleküle gespalten. Anschließend werden die Fettsäure-Moleküle mit Methanol-Molekülen verestert. Die so entstandenen Rapsölmethylester (kurz: RME) sind dünnflüssiger als die Pflanzenöle und ähneln in ihrer Viskosität dem mineralischen Dieselkraftstoff.

Biodiesel kann in geeigneten Motoren in reiner Form oder im Gemisch mit Mineralöldiesel eingesetzt werden. Das bei der Umesterung entstandene Glycerin kann industriell z. B. zur Kosmetikherstellung verwendet werden.

1 *Aus Raps wird Biodiesel gewonnen.*

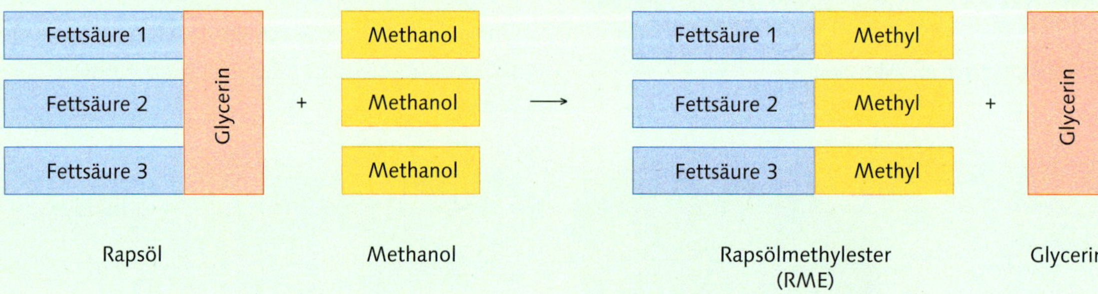

2 *Schema zur Bildung von RME aus Rapsöl und Methanol*

Hochexplosives Nitroglycerin Auch anorganische Säuren wie Salpetersäure können Ester bilden. Durch Veresterung des dreiwertigen Alkohols Glycerin mit Salpetersäure entsteht Trisalpetersäureglycerinester, der auch als Glycerintrinitrat und in der Umgangssprache als Nitroglycerin bekannt ist.

Nitroglycerin ist ein farbloser oder leicht gelblicher, dünnflüssiger Sprengstoff. Da er bereits bei kleinsten Erschütterungen explodiert, ist der Umgang mit diesem Sprengstoff sehr gefährlich. Im Jahr 1867 entwickelte ALFRED NOBEL ein Verfahren, bei dem das brisante Nitrolgycerin durch Kieselgur, ein saugfähiges Steinmehl, gebunden wird. Damit war das Dynamit erfunden. Da Dynamit gegen Schläge und Stöße unempfindlich ist, kann man es viel besser handhaben als Nitroglycerin.

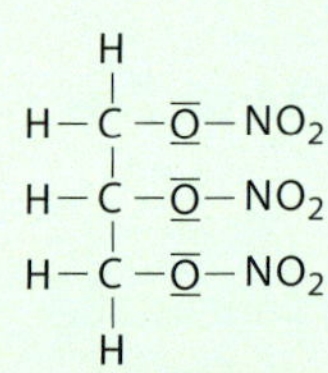

Nitroglycerin

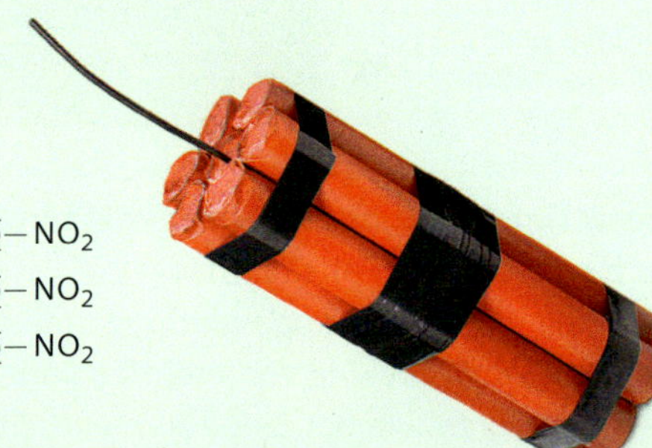

3 *Trotz Nitroglycerin ist Dynamit stoßunempfindlich.*

Aufgaben

1 □ Beschreibe, wie aus Rapsöl Biodiesel gewonnen wird.

2 ◪ Erkläre, warum die Umesterung für die resultierenden Eigenschaften des Biodiesels wichtig ist.

3 a ◪ Recherchiere, wo das von ALFRED NOBEL erfundene Dynamit Anwendung fand.

b ■ Bewerte die Erfindung im Hinblick auf die resultierenden Vor- und Nachteile.

Praxis Ester

1 Estersynthese

Geräte: Gasbrenner, 2 Reagenzgläser, Becherglas (250 ml), Stativmaterial
Chemikalien: a) Essigessenz (25%ige Essigsäure), Ethanol, Natriumhydrogensulfat, Wasser; b) Essigessenz (25%ige Essigsäure), Pentanol, Natriumhydrogensulfat, Wasser
Durchführung: Gib in ein Reagenzglas:
a 4 ml Essigessenz, 2 ml Ethanol und 1 Spatel Natriumhydrogensulfat
b 4 ml Essigessenz, 2 ml Pentanol und 1 Spatel Natriumhydrogensulfat
Erhitze im Wasserbad etwa 5 min.
Auswertung: Führe bei beiden Reaktionsprodukten eine Geruchsprobe durch.

2 Entflammbarkeit

Geräte: Porzellanschale, Pipette, Feuerzeug
Chemikalien: Essigsäureethylester, Holzspan
Durchführung: Gib 10 Tropfen Essigsäureethylester in eine Porzellanschale. Führe den brennenden Holzspan langsam und vorsichtig an die Flüssigkeit heran.
Auswertung: Welche Aussage kannst du über die Entflammbarkeit von Essigsäureethylester machen?

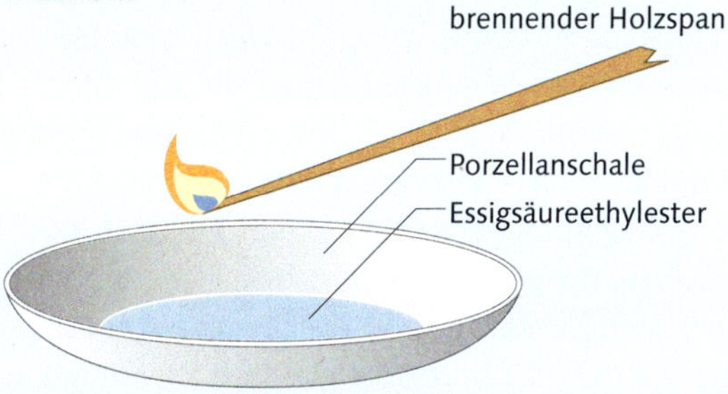

3 Kleben von Styropor®

Chemikalien: Styroporstücke, Styroporkleber, Alleskleber
Durchführung: Gib auf ein Stück Styropor® jeweils einen Tropfen der beiden Klebstoffe.
Auswertung: Vergleiche die Inhaltsstoffe der Klebstoffe. Erkläre deine Beobachtungen.

4 Fettfleckprobe

Geräte: Butterbrotpapier oder Filterpapier, 4 Reagenzgläser mit Reagenzglasstopfen, Pipetten
Chemikalien: Kartoffel, Avocado, Banane, Erdnüsse, Heptan
Durchführung:
a Zerdrücke kleine Proben der zu untersuchenden Nahrungsmittel auf einem Butterbrot- oder Filterpapier. Halte das Papier gegen das Licht.
b Gib in die Reagenzgläser jeweils 2 ml Heptan. Gib nun in das Lösungsmittel jeweils etwas von der zerdrückten Probe der zu untersuchenden Nahrungsmittel. Verschließe mit einem Stopfen. Schüttle kräftig und lass dann die Reagenzgläser kurz stehen. Gib jeweils einen Tropfen des Lösungsmittelgemischs auf Butterbrot- oder Filterpapier.
Auswertung: Notiere deine Beobachtungen. Welche Nahrungsmittel enthalten Fett?

5 Löslichkeit von Butter und Pflanzenöl

Geräte: 6 Reagenzgläser, 6 Reagenzglasstopfen, Reagenzglasständer, Pipetten, Spatel
Chemikalien: Pflanzenöl, Butter, Wasser, Waschbenzin, Ethanol
Durchführung: Bereite immer 2 Reagenzgläser mit je 3 ml der folgenden Flüssigkeiten vor: Wasser, Benzin und Spiritus. In die Lösungsmittel gibst du jeweils 1 ml Pflanzenöl bzw. ein erbsengroßes Stück Butter. Verschließe mit einem Stopfen. Schüttle kräftig und lass die Reagenzgläser kurz stehen.
Auswertung: Erstelle eine Tabelle über deine Beobachtungen. Erkläre das Löslichkeitsverhalten von Pflanzenöl und Butter.

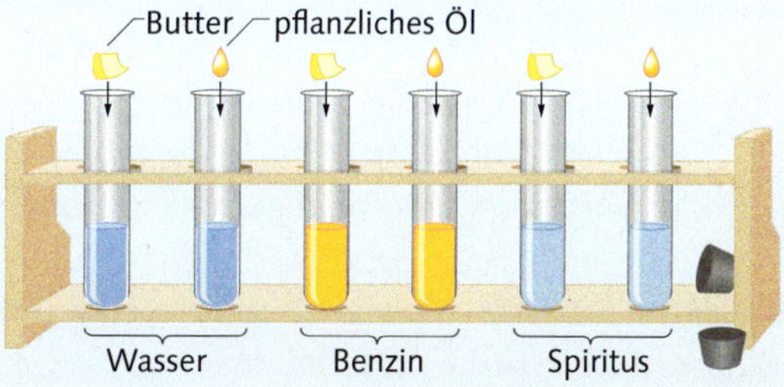

14

Kohlenhydrate

Kohlenhydrate in unserer Nahrung Brot, Kartoffeln, Nudeln und Obst enthalten viele Kohlenhydrate. Sie machen den größten Bestandteil in der Nahrung aus. Weil aus Kohlenhydraten im Stoffwechsel leicht Energie gewonnen wird, sind sie der „Treibstoff" für Muskeln und Gehirn. 1 g Kohlenhydrate liefert 17 kJ Energie.

1 *Lebensmittel, die viele Kohlenhydrate enthalten*

Welche Kohlenhydrate gibt es? Zu den Kohlenhydraten gehören unterschiedliche Stoffe:

Traubenzucker (Glucose) und *Fruchtzucker (Fructose)* sind für den süßen Geschmack vieler Früchte verantwortlich. Unser Körper kann diese Zucker besonders leicht verwerten.

Rohr- oder Rübenzucker (Saccharose) kommt beispielsweise in Zuckerrohr und Zuckerrüben vor. Er findet als Haushaltszucker Verwendung.

Stärke ist der Vorratsstoff der Pflanzen und kommt unter anderem in Kartoffeln, Hülsenfrüchten, Getreide und deshalb auch in Brot und Teigwaren vor.

Cellulose ist der Baustoff, aus dem alle Pflanzen bestehen. Sie ist für den Menschen nicht verwertbar, jedoch bei der Verdauung ein wichtiger Ballaststoff.

Zu den Kohlenhydraten gehören verschiedene Zuckerarten, Stärke und Cellulose.

2 *Zuckergehalt in 100 g Lebensmitteln*

Zu viel Süßes Pro Jahr verbraucht jeder Deutsche mehr als 34 kg Zucker. Viele Lebensmittel enthalten sehr viel Zucker, ohne dass wir dies bewusst wahrnehmen. Versteckter Zucker befindet sich beispielsweise in Limonaden, Fruchtsäften, Ketchup und Soßen.
Ein zu hoher Zuckerkonsum kann zu erheblichen gesundheitlichen Schäden führen. An erster Stelle steht Karies, die durch stark zuckerhaltige Nahrung und schlechte Zahnpflege verursacht wird. Die Bakterien in unserem Mund wandeln Zucker in Säuren um, die den Zahnschmelz angreifen und den Zahn zerstören können.
Da im Körper der nicht benötigte Zucker in Fett umgewandelt und gespeichert wird, kann hoher Zuckerkonsum auch zu Übergewicht führen.

Einfachzucker – Monosaccharide Glucose, in der Alltagssprache Traubenzucker genannt, und Fructose, die auch als Fruchtzucker bezeichnet wird, sind Zucker mit der gleichen Summenformel $C_6H_{12}O_6$. Sie unterscheiden sich aber in ihrem Molekülaufbau: Das Glucose-Molekül ist ein 6-Ring aus fünf Kohlenstoffatomen und einem Sauerstoffatom. Der 5-Ring des Fructose-Moleküls besteht aus vier Kohlenstoff- und einem Sauerstoffatom. Die beiden Zucker-Moleküle sind Isomere mit gleicher Summen-, aber unterschiedlicher Strukturformel. Da beide aus nur einem Ring bestehen, zählen Glucose und Fructose zu den Einfachzuckern, den Monosacchariden.

Glucose

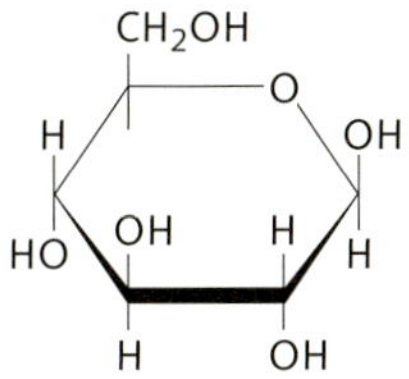

Summenformel:
$C_6H_{12}O_6$

Fructose

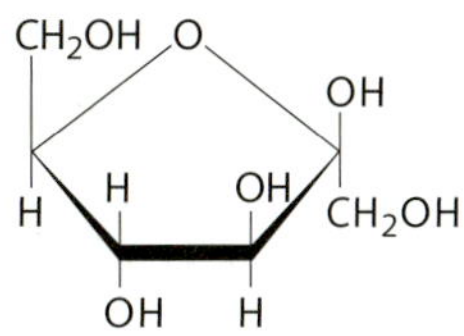

Summenformel:
$C_6H_{12}O_6$

3 *Glucose und Fructose: gleiche Summenformel – unterschiedliche Strukturformeln*

Saccharose

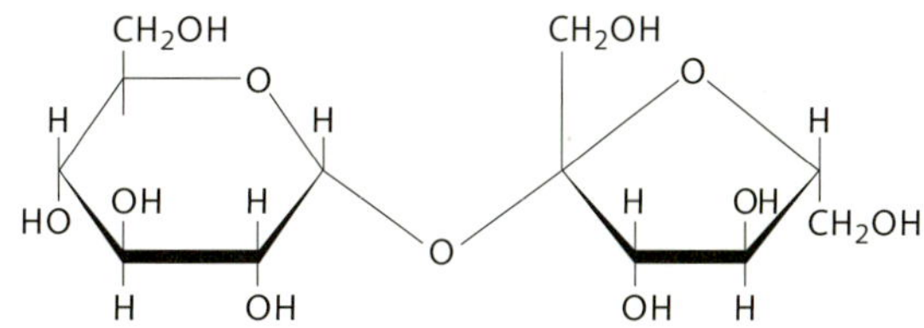

Summenformel:
$C_{12}H_{22}O_{11}$

4 *Strukturformel des Saccharose-Moleküls, ein Zweifachzucker*

Zweifachzucker – Disaccharide Verbindet sich ein Glucose-Molekül mit einem Fructose-Molekül, so entsteht Saccharose, ein Zweifachzucker oder Disaccharid. Bei dieser Reaktion wird ein Wasser-Molekül abgespalten.

$$C_6H_{12}O_6 + C_6H_{12}O_6 \longrightarrow C_{12}H_{22}O_{11} + H_2O$$
Glucose + Fructose ⟶ Saccharose + Wasser

Saccharose ist der uns bekannte Haushaltszucker. Sie spielt aber nicht nur als Süßungsmittel in Süßigkeiten eine Rolle. Sie wir auch als Konservierungsmittel beispielsweise in Marmelade und bei der Herstellung von Wein und Bier eingesetzt.

Vielfachzucker – Polysaccharide Wenn sich Tausende Glucose-Moleküle unter Abspaltung von Wasser-Molekülen zu Makromolekülen („Riesenmolekülen") verbinden, entstehen Vielfachzucker, die Polysaccharide. Stärke und Cellulose sind Vielfachzucker. Obwohl beide aus Glucose-Molekülen aufgebaut sind, haben sie unterschiedliche Eigenschaften. Dies lässt sich mit der unterschiedlichen Verknüpfung und Anordnung der Glucose-Moleküle in der Stärke und in der Cellulose erklären. Viele Stärke-Moleküle sind spiralförmig gewunden. Dagegen bilden Cellulose-Moleküle lang gestreckte Ketten. Stärke ist der Hauptbestandteil von Getreide und Kartoffeln und dient dem Menschen als Nahrungsmittel. Aus cellulosehaltigen Pflanzenteilen wie Holz und Stroh kann reine Cellulose gewonnen werden, der Zellstoff. Daraus können Cellulosefasern für Textilien und Papier hergestellt werden.

Stärkenachweis Mit Iod-Kaliumiodid-Lösung lässt sich Stärke beispielsweise in Kartoffeln nachweisen. Die Iodid-Ionen können sich in die spiralförmig gewundenen Makromoleküle der Stärke einlagern. Dabei tritt eine typische Blaufärbung bei der zu untersuchenden Probe auf.

Verdauung im Körper Da in den Blutkreislauf nur Einfachzucker aufgenommen werden können, müssen die Stärke-Moleküle in Glucose-Moleküle abgebaut werden. Die Spaltung der Stärke-Moleküle erfolgt hauptsächlich im Dünndarm, beginnt jedoch bereits im Mund durch das Speichelenzym Amylase.

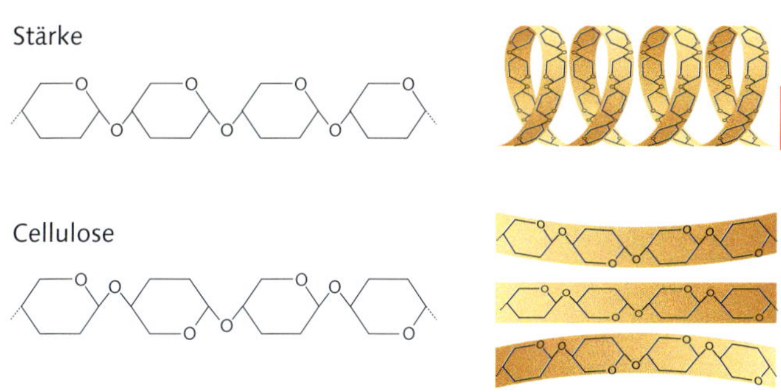

5 *Stärke und Cellulose: gleiche Bausteine – unterschiedlicher Aufbau*

Aufgaben

1 □ Nenne medizinische Risiken, die durch zu hohen Zuckerkonsum entstehen können.

2 ◪ Haushaltszucker, Stärke und Cellulose sind miteinander verwandt. Erkläre, weshalb diese Aussage zutrifft.

3 Einige Nahrungsmittel enthalten viel Stärke.
   a □ Nenne vier dieser Nahrungsmittel.
   b ◪ Beschreibe, wie du die Stärke darin nachweisen kannst.

14

Eiweiße

1 *Lebensmittel, die eiweißhaltig sind*

Eiweiße in unserer Nahrung Lebensmittel wie Eier, Käse, Erbsen, Fisch und Fleisch enthalten Eiweiße. Eiweiße, auch Proteine genannt, haben den gleichen Energiegehalt wie Kohlenhydrate. Allerdings haben Eiweiße in unserem Körper eine andere Funktion als Kohlenhydrate.

Eiweiße – lebensnotwendig Ohne Eiweiße ist kein Leben möglich. Unser Körper benötigt Eiweiße für den Zellaufbau. Dadurch bleiben Haut und Muskeln elastisch, und Haare und Nägel können wachsen. Als Baustoff von Hormonen beeinflussen Eiweiße unseren gesamten Stoffwechsel. Auch die Übertragung von Nervenimpulsen und der Transport von Sauerstoff ist ohne Eiweiße nicht möglich.

Eiweiße sind für alle Vorgänge in unserem Körper lebensnotwendig.

Pflanzliche und tierische Eiweiße Bei der Nahrung unterscheiden wir zwischen tierischen und pflanzlichen Eiweißen. Zu den pflanzlichen Eiweißquellen zählen Hülsenfrüchte wie Erbsen, Linsen und Bohnen. Auch in Sojaprodukten und Nüssen ist pflanzliches Eiweiß enthalten. Tierische Eiweißquellen sind beispielsweise alle Milchprodukte, Eier, Wurst, Fleisch, Geflügel und Fisch. Wenn wir zu viel Eiweiß zu uns nehmen, stellt dies eine Belastung für unseren Körper dar. Das überflüssige Eiweiß muss nämlich unter hohem Energieaufwand in unserem Körper in Glucose umgewandelt werden. Die Deutsche Gesellschaft für Ernährung empfiehlt eine tägliche Eiweißaufnahme von etwa 0,8 g Eiweiß pro kg Körpergewicht.

Lebensmittel	Eiweißgehalt (in g pro 100 g)
Schweineschnitzel, natur	30,8
Bergkäse, 45 % Fett	29
Linsen, rot, getrocknet	27
Hühnerfleisch	26,6
Erbsen, grün, getrocknet	22,9
Camembert, 45 % Fett	21
Cashewnüsse, gesalzen, geröstet	20,5
Lachsfilet, roh	20

Tab. 1 *Eiweißgehalt in 100 g Lebensmitteln*

Eiweiß im Wandel Wenn du ein Frühstücksei kochst, wird das flüssige Eiklar innerhalb einiger Minuten fest und weiß. Dabei verändern die Eiweiße ihre Struktur. Diese Strukturänderung nennt man auch Denaturierung. Denaturierte Eiweiße kann unser Körper leichter verdauen. Auch durch die Zugabe von Säuren, Alkohol oder Schwermetallen wird die Struktur der Eiweiße verändert. In der Regel sind Denaturierungen nicht umkehrbar, die ursprüngliche Eiweißstruktur kann nicht wieder erzeugt werden.

2 *Flüssiges Eiklar, denaturiertes Eiweiß*

Bausteine der Eiweiße Das Eiweiß, das wir mit der Nahrung zu uns nehmen, besteht aus sehr langen Molekülketten. Diese werden bei der Verdauung in Aminosäuren zerlegt. Unser Körper kann sich dann aus diesen Aminosäuren körpereigenes Eiweiß aufbauen. 20 verschiedene Aminosäuren sind am Aufbau und an den Lebensvorgängen unseres Körpers beteiligt. Einige essenzielle, das heißt lebensnotwendige Aminosäuren müssen mit der Nahrung aufgenommen werden. Diese sind vor allem in tierischen Eiweißen und in Hülsenfrüchten enthalten.

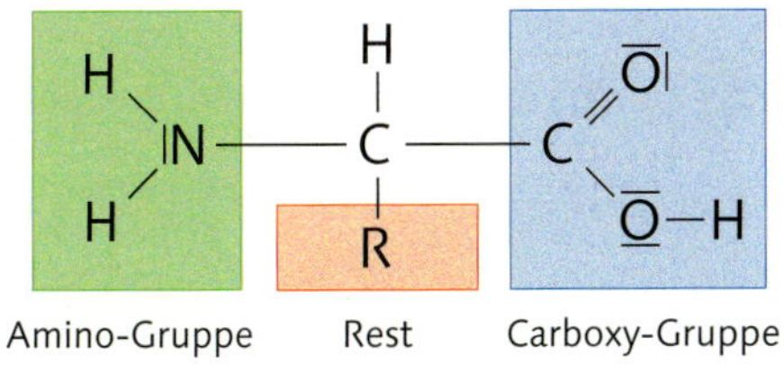

3 *Allgemeiner Aufbau eines Aminosäure-Moleküls*

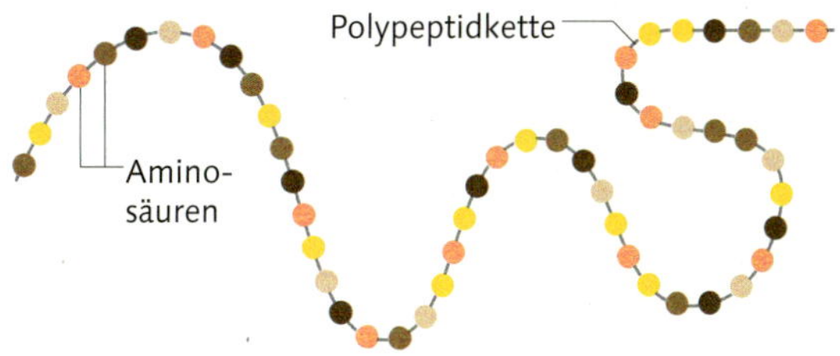

5 *Kettenförmiges Polypeptid*

Gruppe der Aminosäuren Aminosäuren sind organische Verbindungen, die alle nach dem gleichen allgemeinen Bauplan zusammengesetzt sind. Ihre Moleküle enthalten eine Carboxy-Gruppe (–COOH) und eine Amino-Gruppe (–NH_2). Sie unterscheiden sich voneinander durch eine Seitenkette, die auch als Rest (Abkürzung: R) bezeichnet wird.

Eiweiße sind aus Aminosäuren aufgebaut. Funktionelle Gruppen sind die Carboxy- (–COOH) und die Amino-Gruppe (–NH_2).

Peptidbindung Wenn zwei Aminosäure-Moleküle reagieren, verbindet sich die COOH-Gruppe des einen Moleküls mit der NH_2-Gruppe des anderen Moleküls. Da bei diesem Vorgang Wasser abgespalten wird, handelt es sich um eine Kondensationsreaktion. Aus zwei Aminosäuren wird ein Dipeptid gebildet. Die Bindung zwischen den Aminosäure-Molekülen heißt Peptidbindung. Sie ist ein wichtiges Strukturmerkmal.

Polypeptide – Makromoleküle Aminosäure-Moleküle können sich zu langen Ketten, den Polypeptiden, verbinden. Weil die Aminosäuren beliebig miteinander verknüpft werden können, ergeben sich fast unbegrenzt viele Kombinationsmöglichkeiten. Polypeptide sind aus mindestens 10 Aminosäuren aufgebaut. Proteine sind Polypeptide mit über 100 Aminosäuren. Es handelt sich um Makromoleküle.

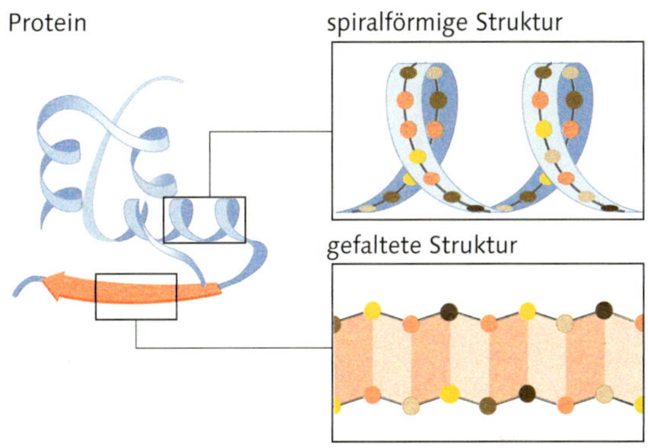

6 *Räumliche Struktur eines Proteins*

Eiweißstruktur Polypeptidketten liegen nicht als gerade Stränge vor, sondern sind meistens spiralförmig angeordnet oder bilden gefaltete Strukturen. Wasserstoffbrückenbindungen zwischen den COOH- und NH_2-Gruppen sind unter anderem für die räumliche Struktur der Proteine verantwortlich.

14

Aufgaben

1 □ Nenne Nahrungsmittel pflanzlicher und tierischer Herkunft, die Eißweiße enthalten.

2 □ Nenne wichtige Funktionen der Eiweiße.

3 ◪ Eine Portion Putenfleisch (150 g) liefert dem Körper 36 g Eiweiß. Berechne, wie viel Gramm Putenfleisch ausreichen, um deinen Tagesbedarf an Eiweiß zu decken.

4 ■ Stelle die Reaktionsgleichung für die Bildung eines Dipeptids aus zwei Molekülen der Aminosäure Glycin auf.

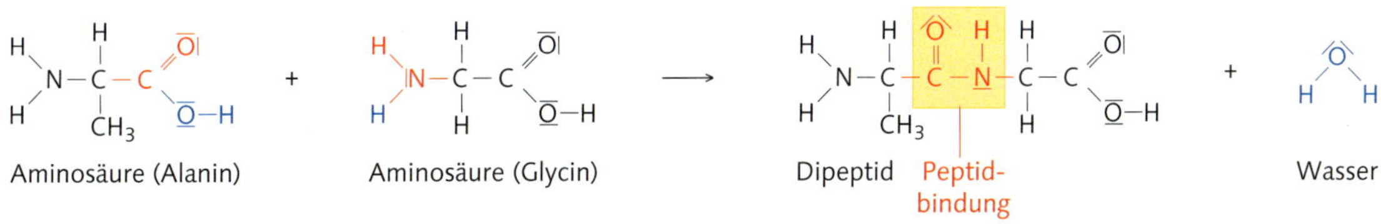

4 *Bildung eines Dipeptids – eine Kondensationsreaktion*

Weitergedacht Bedeutung von Nährstoffen

1 Kein Leben ohne Fotosynthese

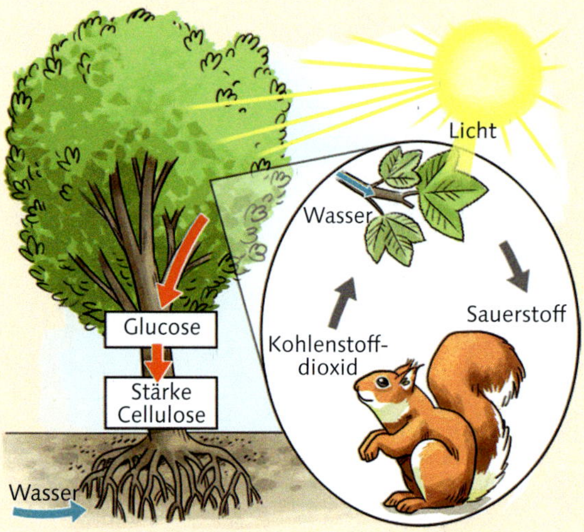

Nur Pflanzen sind in der Lage, Glucose aufzubauen. Dazu benötigen sie Sonnenlicht (griech. *Photo:* Licht) und den grünen Blattfarbstoff Chlorophyll. Ein Großteil der bei dieser Fotosynthese gebildeten Glucose wird in den Pflanzen als Vorratsstoff Stärke oder als Gerüststoff Cellulose gespeichert.

a □ Beschreibe mithilfe der Abbildung den Vorgang der Fotosynthese mit den beteiligten Stoffen.

b ◪ Parkanlagen mit vielen Bäumen werden auch als „grüne Lungen" bezeichnet. Erkläre, wie man zu dieser Bezeichnung kommt.

c ■ Stelle eine Reaktionsgleichung für die Bildung von Glucose auf.

d ■ Bewerte die folgende Aussage: Menschen und Pflanzen leben in Symbiose.

Definition für *Symbiose:*
Das Zusammenleben von Organismen verschiedener Arten zum gegenseitigen Nutzen wird als Symbiose bezeichnet.

2 „Überraschungsei" auf dem Mount Everest

Nährstoff	Ei	Müsliriegel	50 g Wurst	Brennwert pro g
Fett	6,6 g	11 g	15 g	39 kJ
Kohlenhydrate	0,7 g	22 g	0,2 g	17 kJ
Eiweiß	7,8 g	3 g	9 g	17 kJ

Ein Bergsteiger verbraucht bei der letzten Etappe zum Gipfel des Mount Everest ca. 8000 kJ. Zum Ausgleich der verbrauchten Energie müssen Nährstoffe aufgenommen werden. Fette liefern zwar viel Energie, benötigen aber auch mehr Sauerstoff zur Verbrennung. Daher sollte die Nahrung des Bergsteigers möglichst kohlenhydratreich sein.

a □ Begründe, welches der Lebensmittel aus der Tabelle für den Bergsteiger am besten geeignet ist.

b ◪ Erkläre, warum sich der menschliche Körper auf dem Mount Everest mit dem Fettabbau besonders schwertut.

c ◪ Berechne, wie viele Eier bzw. wie viele Müsliriegel der Bergsteiger essen müsste, um die verbrauchte Energie wieder aufzunehmen.

d ■ Wenn der Bergsteiger ein Ei auf dem Gipfel des Mount Everest eine Stunde im Wasser kocht, ist der Dotter fest und das Eiklar immer noch flüssig.
Erkläre diese Beobachtung. Verwende dabei den Begriff „Denaturierung".

Praxis Kohlenhydrate und Eiweiße

1 Nachweis von Monosacchariden in Lebensmitteln

Geräte: Reagenzgläser, Reagenzglasständer, Spatel, großes Becherglas, Mörser, Pistill, Messer, Trichter, Filterpapier, Heizplatte
Chemikalien: Benedict-Reagenz, dest. Wasser, Traubenzucker, Fruchtzucker, Rohrzucker, Stärke, Honig, Milch und einige feste Lebensmittel (süße Früchte, rohe Möhre)
Durchführung: Gib jeweils eine Spatelspitze Traubenzucker, Fruchtzucker, Rohrzucker, Stärke und Honig in je ein Reagenzglas. Zerkleinere die festen Lebensmittel, gib sie dann ebenfalls in ein Reagenzglas. Fülle die Reagenzgläser mit den Stoffproben auf 3 ml mit dest. Wasser auf. In ein weiteres Reagenzglas gibst du 3 ml Milch. Nummeriere die Reagenzgläser und gib dann jeweils 3 ml Benedict-Reagenz hinzu. Stelle die Reagenzgläser in ein siedendes Wasserbad.
Auswertung: Dokumentiere die Farbveränderungen mit einer Smartphone-Kamera und notiere deine Beobachtungen in Form einer Tabelle. Welche Lebensmittel enthalten Monosaccharide?

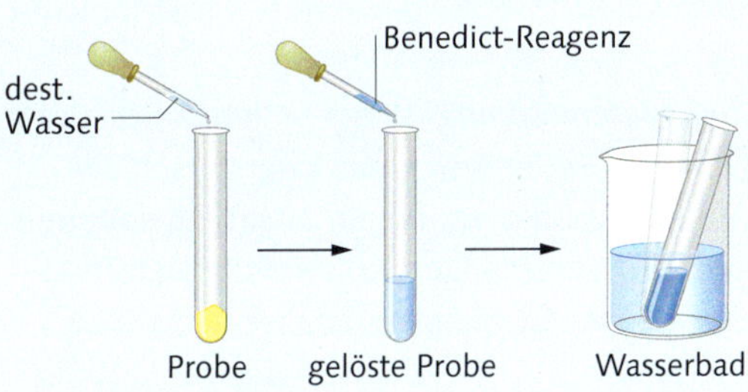

2 Stärkenachweis

Geräte: Pipette, Messer, mehrere Uhrgläser
Chemikalien: Iod-Kaliumiodid-Lösung, etwas Toastbrot, eine rohe Kartoffel, Haushaltszucker, Traubenzucker, Stärke
Durchführung: Gib mit einer Pipette einige Tropfen Iod-Kaliumiodid-Lösung auf etwas Stärke. Untersuche weitere Lebensmittel auf Stärke.
Auswertung: Notiere deine Beobachtungen in Form einer Tabelle.

3 Herstellung einer Eiweiß-Lösung

Geräte: Becherglas (250 ml), Spatel
Chemikalien: Ei, Natriumchlorid, Wasser
Durchführung: Vermische in einem Becherglas das Eiklar eines Hühnereies mit 2 Spatelspitzen Natriumchlorid und 100 ml Wasser. Rühre gut um. Die Eiweiß-Lösung kann für weitere Experimente verwendet werden.
Auswertung: Notiere deine Beobachtungen.

4 Denaturieren von Eiweiß

Geräte: 4 Reagenzgläser, Reagenzglasständer, 2 Tropfpipetten, 2 Messpipetten (10 ml), Heizplatte, Wasserbad
Chemikalien: Salzsäure (10%ig), Kupfersulfat-Lösung, Spiritus, Eiweiß-Lösung
Durchführung: Gib in 4 Reagenzgläser jeweils 5 ml Eiweiß-Lösung. Erhitze das erste Reagenzglas im Wasserbad.
Gib in das zweite Reagenzglas 2 ml Spiritus. Füge in das dritte Reagenzglas etwa 10 Tropfen 10%ige Salzsäure hinzu. In das vierte Reagenzglas gibst du etwa 10 Tropfen Kupfersulfat-Lösung.
Auswertung: Notiere deine Beobachtungen. Was kannst du über das Verhalten von Eiweiß gegenüber Hitze, Alkohol (Spiritus), Salzsäure und Kupfersulfat-Lösung aussagen?

5 Biuretreaktion – Nachweis für Eiweiß

Geräte: Reagenzglas, Reagenzglasstopfen, Becherglas (400 ml), 2 Messpipetten (10 ml), Tropfpipette, Heizplatte
Chemikalien: Eiweiß-Lösung, verdünnte Natronlauge (3%ig), Kupfersulfat-Lösung (5%ig)
Durchführung: Gib 5 ml Eiweiß-Lösung in ein Reagenzglas und füge 5 ml verdünnte Natronlauge und etwa 10 Tropfen Kupfersulfat-Lösung hinzu. Schüttle das Reagenzglas. Stelle das Reagenzglas in ein Becherglas mit heißem Wasser.
Auswertung: Notiere deine Beobachtungen.

Herstellung und Waschwirkung der Seife

1 *Verschiedene Seifen*

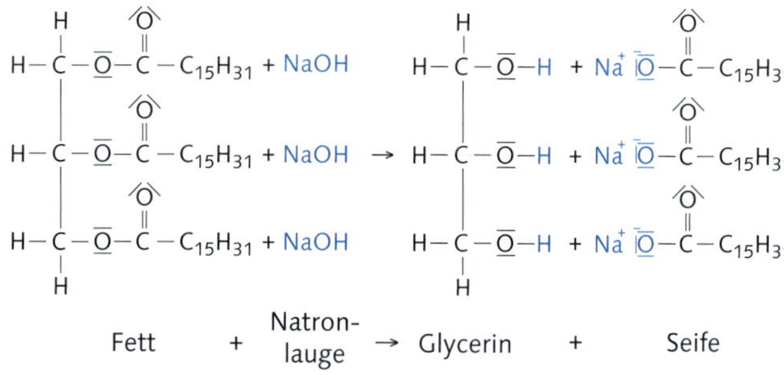

2 *Reaktionsgleichung und Reaktionsschema der Verseifung*

Seifensieden Zur Seifenherstellung können pflanzliche und tierische Fette verwendet werden. Die meisten Seifen werden heute aus Palmöl, Palmkernöl oder Kokosöl hergestellt. Um Seife herzustellen, wird das Fett mit einer Lauge gekocht. Dabei wandelt sich das Gemisch aus Fett und Lauge in Glycerin und Seife um. Verwendet man Natronlauge, so entsteht feste Kernseife. Zur Herstellung von Schmierseife setzt man Kalilauge ein. Um Seife und Glycerin voneinander zu trennen, wird Kochsalz hinzugegeben. Da sich die Seife in der Kochsalzlösung schlecht löst, scheidet sie sich an der Oberfläche ab.

Fett + Lauge ⟶ Seife + Glycerin

Verseifung Fette sind Ester, die aus dem dreiwertigen Alkohol Glycerin und verschiedenen Fettsäuren (längerkettigen Alkansäuren) bestehen. Beim Kochen in alkalischen Lösungen wie Natronlauge oder Kalilauge werden die Fette gespalten. Dabei entstehen Glycerin und die Alkalimetallsalze der Fettsäuren. Solche Salze von Fettsäuren heißen Seifen. Diese chemische Reaktion bezeichnet man als Verseifung (Bild 2).

Fein- und Spezialseifen Die Rohseife kann mit verschiedenen Zusatzstoffen angereichert werden. Durch Auswahl und Zusammenstellung der verwendeten Fette und Zusatzstoffe wie Parfüm, Farbstoffe und Konservierungsstoffe lässt sich die Vielfalt der im Handel erhältlichen Fein- und Spezialseifen herstellen.

Seifen sind Natrium- oder Kaliumsalze der Fettsäuren. Sie entstehen durch Verseifung eines Fettes mit einer alkalischen Lösung.

Bau der Seifenteilchen Der Bau der Seifenteilchen ist entscheidend für die Eigenschaften der Seife. In Wasser zerfallen die Seifenteilchen in positiv geladene Natrium- oder Kalium-Ionen und negativ geladene Fettsäure-Ionen, die Seifen-Anionen.

$$C_{15}H_{31}{-}COONa \xrightarrow{\text{Wasser}} C_{15}H_{31}{-}COO^{-} + Na^{+}$$

Seifenteilchen ⟶ Seifen-Ion + Natrium-Ion

Für die Waschwirkung ist das Seifen-Anion verantwortlich. Es setzt sich aus zwei verschiedenen Teilen zusammen: einem negativ geladenen „Kopf" und einer langen Kohlenwasserstoffkette. Der „Kopf" ist polar und daher hydrophil (wasserliebend). Die Kohlenwasserstoffkette ist unpolar und hydrophob (wasserabstoßend) – und zugleich lipophil (fettliebend).

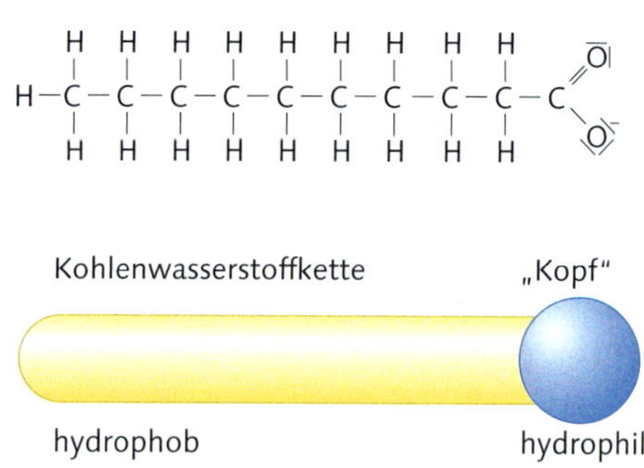

3 *Strukturformel und Modell eines Seifen-Anions*

4 *Das rot gefärbte Öl kann nur entweichen, wenn es von Seifenlösung umgeben ist.*

Herabsetzung der Oberflächenspannung An der Grenzfläche zwischen Wasser und Luft „steckt“ der hydrophile „Kopf“ des Seifen-Anions im Wasser. Die hydrophoben Kohlenwasserstoffketten ragen aus dem Wasser heraus. Durch die Anwesenheit der Seifen-Anionen werden die Anziehungskräfte zwischen den Wasser-Molekülen und damit ihr Zusammenhalt an der Oberfläche verringert. Die Oberflächenspannung des Wassers wird herabgesetzt, d.h., „die Haut des Wassers wird zerstört“. Dadurch kann das Öl aus der Flasche entweichen (Bild 4).

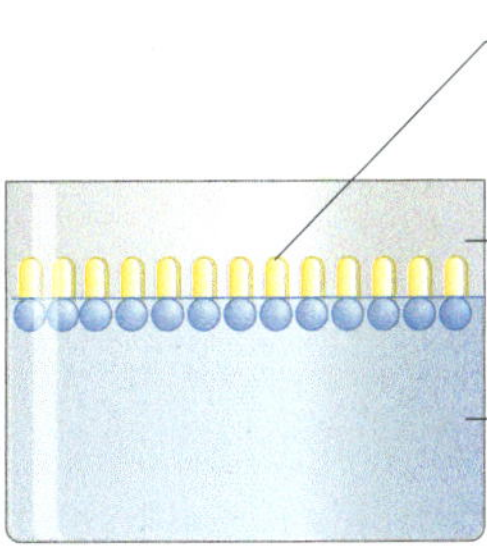

5 *Seifen-Anionen an der Grenzfläche von Wasser und Luft*

Seife ist gut in Wasser löslich und setzt die Oberflächenspannung des Wassers herab.

Phasen des Waschvorgangs Beim Wäschewaschen müssen die Gewebefasern vom Waschwasser benetzt und der zumeist fettartige Schmutz abgelöst werden. Dieser Waschvorgang läuft in drei Phasen ab:

1 *Benetzen:* Durch die Herabsetzung der Oberflächenspannung benetzt das Wasser die Gewebefasern. Die Seifen-Anionen lagern sich mit ihrer lipophilen Kohlenwasserstoffkette an den Schmutz an. Ihr hydrophiler „Kopf“ ragt ins Wasser.

2 *Ablösen:* Da durch die negativen Seifen-Anionen der Schmutz und die Fasern negativ aufgeladen werden, wird der Schmutz von den Fasern abgestoßen.

3 *Verteilen:* Da sich die Seifen-Anionen gegenseitig abstoßen, kommt es zu einer immer feineren Zerteilung der Schmutzteilchen. Durch die Verteilung wird gewährleistet, dass sich der Schmutz nicht wieder auf dem Gewebe absetzt.

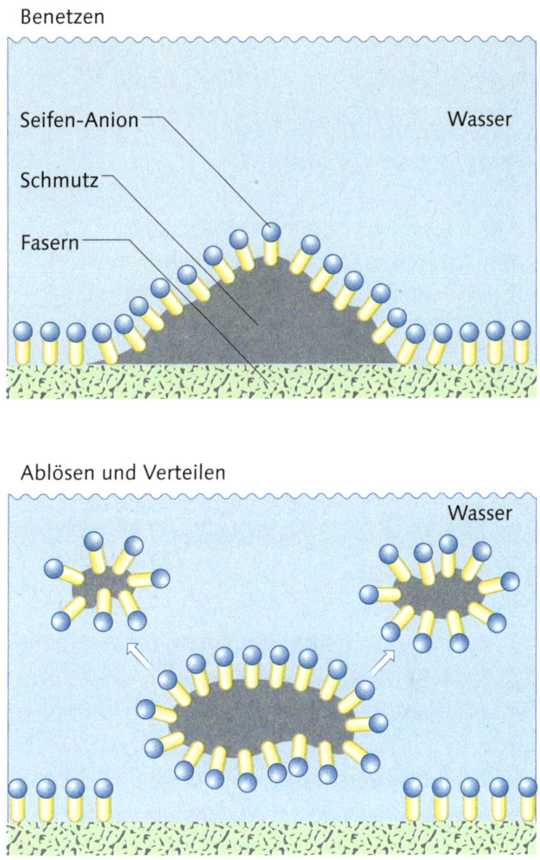

6 *Phasen des Waschvorgangs*

Aufgaben

1 □ Nenne die Ausgangstoffe und die Reaktionsprodukte der Seifenherstellung.

2 ◪ Erkläre, warum am Ende der Herstellung von Seife etwas Kochsalz zugegeben werden muss.

3 ◪ Beschreibe den Bau und die Eigenschaften eines Seifen-Anions.

4 ■ Erkläre, wie Seife die Oberflächenspannung des Wassers herabsetzt und warum dies für den Waschvorgang wichtig ist.

Extra Waschmittel

1 *Moderne Waschmittel enthalten Tenside, Enthärter und Zusatzstoffe.*

Tenside Sie sind durch ihre waschaktive, schmutzlösende Wirkung die wichtigsten Bestandteile von Waschmitteln. Der Aufbau der Tenside ist mit dem der Seife vergleichbar. Wie die Seifen-Anionen bestehen auch die Waschmittelteilchen aus einem hydrophoben und einem hydrophilen Teil.

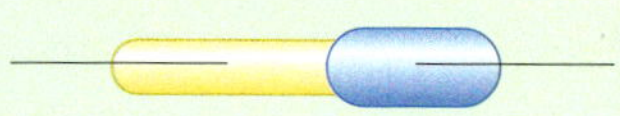

2 *Modell eines Tensids*

Enthärter Waschmittel enthalten anorganische Salze, die Calcium- und Magnesium-Ionen, die Härtebildner des Wassers, aufnehmen können. Dadurch wird das Waschwasser „weicher". Dies hat zur Folge, dass Kalkablagerungen an den Fasern der Wäsche und an den Waschmaschinenbauteilen verhindert werden.

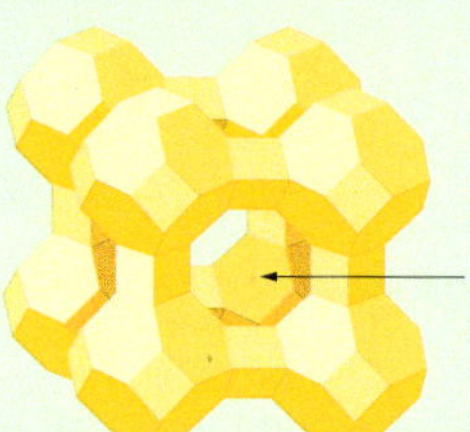

3 *Zeolith – ein Enthärter*

Zusatzstoffe Neben waschaktiven Substanzen und Enthärtern enthalten Waschmittel auch Zusatzstoffe, die weitere Funktionen übernehmen. Wichtige Zusatzstoffe sind Bleichmittel, Enzyme und optische Aufheller.

Bleichmittel Verschmutzungen wie Obst-, Gemüse- oder Weinflecke werden durch Bleichmittel entfernt. Bleichmittel, z. B. Natriumperborat, sind Sauerstoffverbindungen, die in wässriger Lösung atomaren Sauerstoff freisetzen. Durch den Sauerstoff wird der Schmutz oxidativ abgebaut. Zusätzlich besitzen die Bleichmittel eine antibakterielle Wirkung.

Enzyme Enzyme sind Eiweiße, die als Katalysatoren wirken. Sie fördern den Abbau von kohlenhydrathaltigen Speiseresten, Fetten und Kosmetika. Die in modernen Waschmitteln enthaltenen Enzyme spalten schon bei niedrigen Temperaturen Stärke- und Fett-Moleküle. Die Spaltprodukte werden anschließend durch Tenside gelöst.

Optische Aufheller Organische Fluoreszenzfarbstoffe wandeln die nicht sichtbaren UV-Sonnenstrahlen in sichtbares blaues Licht um. Das quasi künstlich erzeugte blaue Licht ergibt mit dem Gelbton der vergilbten Fasern für das menschliche Auge ein „strahlendes Weiß".

Vollwaschmittel, Tabs und Co. Man unterscheidet zwischen Vollwaschmitteln und Feinwaschmitteln: Vollwaschmittel sind für fast alle Textilien, Waschtemperaturen von 30 bis 95 °C und Schmutzarten geeignet. Feinwaschmittel verwendet man für empfindliche und bunte Wäsche, die nur bei Temperaturen bis 60 °C gewaschen werden darf. Sie enthalten keine Bleichmittel und optischen Aufheller, damit Farbe und feines Gewebe geschont werden.

Aufgaben

1 □ Wie sind moderne Waschmittel zusammengesetzt? Nenne die Hauptbestandteile.

2 ◪ Erkläre, was man unter Tensiden versteht.

3 ◪ Beschreibe die Funktion von Enthärtern in Waschmitteln.

4 ■ Tim hat beim Frühstück auf sein weißes T-Shirt Kakao verschüttet. Erläutere, welche Bestandteile das Waschmittel enthalten muss, damit dieser Fleck entfernt werden kann.

Praxis Seifen und Waschmittel

1 Herstellen von Seife

Geräte: Gasbrenner, Becherglas (600 ml, hoch), Dreifuß, Drahtnetz, langer Glasstab, Waage, Messpipette, Spatel
Chemikalien: Kokosfett, Natronlauge (10%ig), Natriumchlorid, dest. Wasser
Durchführung: Gib 15 g Kokosfett und 15 ml Natronlauge in ein Becherglas. Erhitze das Gemisch vorsichtig unter ständigem Umrühren für etwa 15 min.
Ersetze das verdampfende Wasser durch vorsichtiges Zugeben von dest. Wasser. Gib nach 15 min zwei Spatelspitzen Natriumchlorid hinzu. Erhitze noch weitere 5 min, aber gib kein dest. Wasser mehr hinzu. Fülle das Reaktionsprodukt in ein kleines Becherglas ab.
Auswertung: Wie kannst du die entstandene Seife nachweisen?

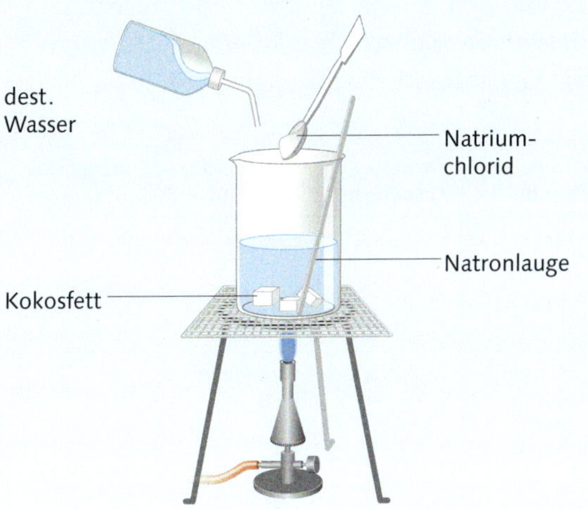

2 „Wasserberg"

Geräte: Tropfpipette, Glasstab, Münzen
Chemikalien: Wasser, Seifenlösung
Durchführung: Tropfe mit der Pipette Wasser auf die Münze, bis ein „Wasserberg" entstanden ist. Berühre nun mit einem Glasstab vorsichtig die Wasseroberfläche.
Auswertung: Beschreibe, was mit der Wasseroberfläche geschieht. Erkläre deine Beobachtungen. Verändert sich etwas, wenn der Glasstab vor der Berührung kurz in Seifenlösung getaucht wird? Erkläre.

3 Benetzbarkeit und Emulgierwirkung

Geräte: Tropfpipette, Textilien oder Stoffreste, 2 Reagenzgläser, Pipetten
Chemikalien: Seifenlösung, Wasser, Speiseöl (z. B. Sonnenblumenöl, Sesamöl)
Durchführung:

a *Versuch zur Benetzbarkeit*
Tropfe mit der Pipette einen Tropfen Leitungswasser auf ein Textilstück. Gib zum Vergleich einen Tropfen Seifenlösung auf ein zweites Textilstück.
Auswertung: Notiere deine Beobachtungen.

b *Emulsion aus Wasser und Öl*
Fülle in die Reagenzgläser jeweils 1 cm hoch Speiseöl. Gib in das erste Reagenzglas Wasser, in das zweite Seifenlösung und schüttle beide Reagenzgläser kräftig. Beobachte und gieße nach etwa 1 min die Flüssigkeiten in ein Spülbecken aus.
Auswertung: Beschreibe deine Beobachtungen. Erläutere, was in den zwei Reagenzgläsern entsteht. Was kannst du nach dem Ausgießen beobachten?

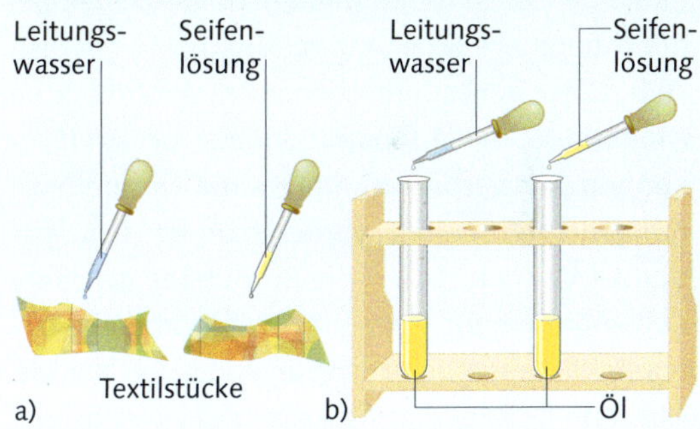

4 Vergleich der Löslichkeit von Seife und Waschmittel

Geräte: 2 Reagenzgläser mit Reagenzglasstopfen
Chemikalien: Seifenflocken, Vollwaschmittel (Pulver), Leitungswasser
Durchführung: Plane einen Versuch, mit dem du die Löslichkeit von Seife und Waschmittel vergleichen kannst. Zeige deine Anleitung deiner Lehrkraft, bevor du beginnst.
Auswertung: Vergleiche. Was stellst du fest?

Herstellung von Kunststoffen

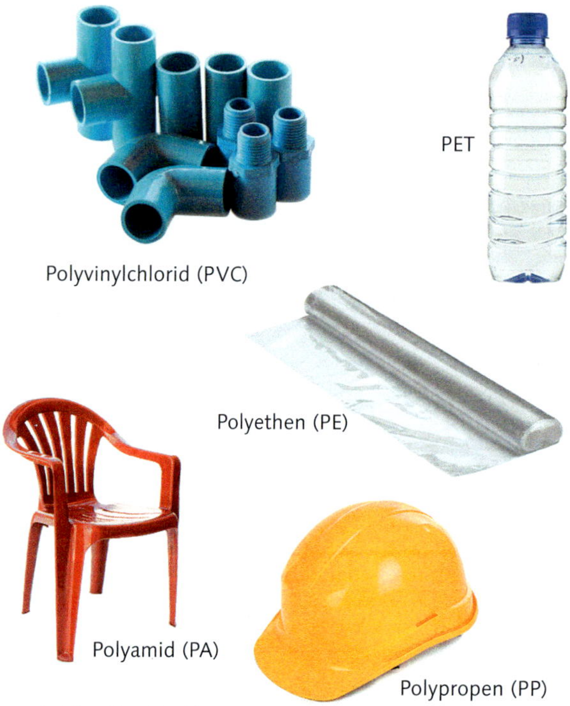

1 *Alles Kunststoff*

Bei einer Polymerisation verbinden sich Monomere unter Aufspaltung der Doppelbindungen zu einem Makromolekül.

Polymerisation Als Bausteine für die Herstellung von Kunststoffen dienen kleine Moleküle, die Monomere (griech. *monos:* einzeln, *meros:* Teil). Diese verknüpfen sich zu Makromolekülen. Monomere, die Doppelbindungen besitzen, können sich verbinden, indem die Doppelbindungen aufgespalten werden. Die frei werdenden Elektronen stellen die Bindungen zwischen den Monomeren her, sodass Makromoleküle entstehen. Eine derartige Reaktion, bei der viele Monomere zu einem Makromolekül verknüft werden, nennt man Polymerisation (griech. *poly:* viel). Die Makromoleküle heißen Polymere und bilden die Kunststoffe.

Polyethen Durch Polymerisation entsteht aus Ethen der Kunststoff Polyethen (Bild 2). Die C=C-Doppelbindungen im Ethen werden unter dem Einfluss eines Katalysators aufgespalten. Bei der Verknüpfung entstehen kettenförmige Makromoleküle des Polyethens.

Kunststoffe nach Maß Sind in Monomeren Wasserstoffatome durch andere Atome ersetzt, z. B. durch Chloratome, so wirkt sich das auf die Eigenschaften der Kunststoffe aus. Es entstehen Kunststoffe für verschiedene Anwendungsbereiche. So ist Polyvinylchlorid beständig gegen Säuren und Laugen und schwer entflammbar. Polypropen, ein harter, fester und mechanisch belastbarer Kunststoff, wird eingesetzt, wenn ein Gegenstand strapazierfähig sein muss.

Kunststoff	Formelausschnitt	Name des Monomers	Formel des Monomers
Polyethen (PE)	H H ···C–C··· H H	Ethen	H H C=C H H
Polyvinylchlorid (PVC)	H Cl ···C–C··· H H	Vinylchlorid	H Cl C=C H H
Polypropen (PP)	H CH_3 ···C–C··· H H	Propen	H CH_3 C=C H H

Tab. 1 *Einige wichtige Kunststoffe und ihre Monomere*

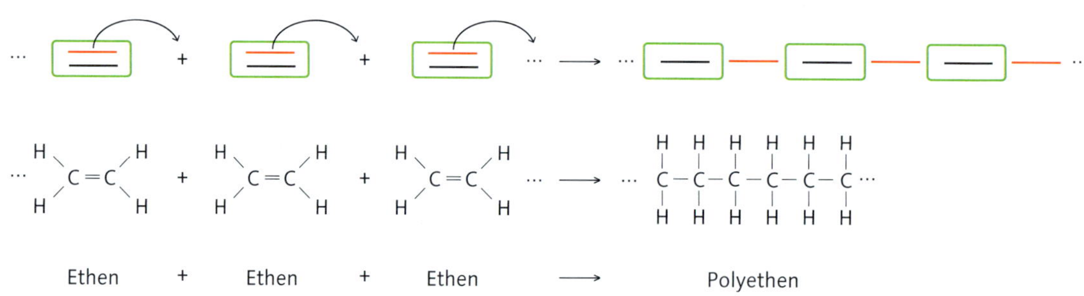

2 *Bildung von Polyethen durch eine Polymerisation*

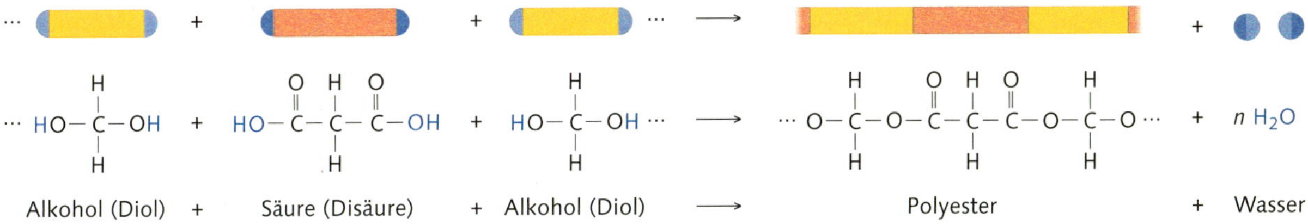

3 *Bildung eines Polyesters durch eine Polykondensation*

Polykondensation Verknüpfen sich viele Moleküle in einer Kondensationsreaktion unter Abspaltung eines Nebenprodukts wie Wasser, spricht man von einer Polykondensation.

Eine typische Polykondensationsreaktion ist die Veresterung. Enthalten das Alkohol-Molekül und das Säure-Molekül jeweils mindestens zwei funktionelle Gruppen, so kann eine Vielfachverknüpfung zu einem Polyester stattfinden (Bild 3). Zu den Polyestern gehört beispielsweise der wichtige Gebrauchskunststoff PET (Polyethylenterephthalat), aus dem Getränkeflaschen und Textilfasern („Polyester") hergestellt werden. Kondensationsreaktionen können auch zwischen anderen funktionellen Gruppen auftreten. Ein Beispiel ist die Herstellung von Nylon®, bei der die Verknüpfung zwischen Amino-Gruppen ($-NH_2$) und Carboxy-Gruppen ($-COOH$) stattfindet. Der gebildete Kunststoff ist ein Polyamid.

Bei einer Polykondensation werden Monomere unter Abspaltung kleiner Moleküle, zum Beispiel Wasser-Moleküle, zu Makromolekülen verknüpft.

4 *Strumpfhosen aus Polyamid*

Aufgaben

1 □ Beschreibe am Beispiel von Polyethen, wie aus einem ungesättigten Monomer ein Polymerisationskunststoff entstehen kann.

2 ◪ Erläutere die wesentlichen Merkmale der Polykondensationsreaktion.

3 Bild 1 auf der gegenüberliegenden Seite zeigt einen Helm aus Polypropen.

a □ Aus welchen Monomeren ist er entstanden?

b ◪ Stelle die Reaktionsgleichung für die Herstellung des Kunststoffs Polypropen aus den Monomeren auf.

14

Extra Polyaddition

Bei einem weiteren Verfahren zur Kunststoffherstellung, der Polyaddition, werden die Monomere wie bei der Polykondensation ebenfalls über die funktionellen Gruppen verknüpft. Allerdings wird dabei kein Nebenprodukt abgespalten. Die Verknüpfung findet über die Öffnung von Doppelbindungen in den funktionellen Gruppen und Umlagerung von Atomen statt. Die gebildeten Kunststoffe nennt man Polyadditionsprodukte. Zu ihnen gehören die Polyurethane, die je nach Herstellungsart hart und spröde, aber auch weich und dehnbar sein können. Polyurethane sind beispielsweise als härtender Montageschaum in der Bauindustrie von großer Bedeutung.

5 *Herstellen von Polyurethanschaum*

Auf die Vernetzung kommt es an

1 *Thermoplaste lassen sich beim Erwärmen verformen.*

Thermoplaste Viele Kunststoffgegenstände werden beim Erhitzen weich und formbar. Man nennt derartige Kunststoffe Thermoplaste (griech. *thermos:* warm, *plassein:* bilden). Sie lassen sich unter dem Einfluss von Wärme in die gewünschte Form bringen. Beim Abkühlen werden sie wieder fest.
Thermoplaste sind im Alltag weit verbreitet. Dazu gehören beispielsweise Verpackungsmaterial und Einweggeschirr aus Polyethen und Textilfasern aus Polyamid.

Thermoplaste sind Kunststoffe, die durch Erwärmen weich und formbar werden.

Struktur der Thermoplaste Thermoplaste bestehen aus langkettigen Makromolekülen, die überwiegend nebeneinanderliegen. Zwischen den Molekülketten wirken schwache Anziehungskräfte, die Van-der-Waals-Kräfte. Beim Erwärmen bewegen sich die Molekülketten stärker und können nicht mehr ausreichend zusammengehalten werden. Der Kunststoff wird weich und verformbar.
Beim Abkühlen nimmt die Bewegung der Molekülketten wieder ab und der Kunststoff erhärtet in einer neuen Form.
Übt man auf einen Thermoplast Zug aus, beispielsweise auf eine Einkaufstüte, so gleiten die Molekülketten aneinander vorbei. Die Tüte dehnt sich, bis sie schließlich reißt.

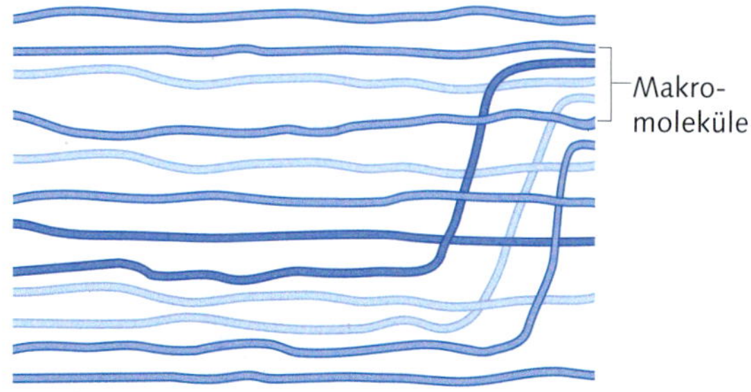

2 *Thermoplaste bestehen aus linear angeordneten Makromolekülen.*

Thermoplaste bestehen aus nebeneinanderliegenden Makromolekülen, die durch zwischenmolekulare Kräfte miteinander verbunden sind.

Duroplaste Einige Gegenstände aus Kunststoff wie Steckdosen sind hart, spröde und verformen sich beim Erwärmen nicht. Derartige Kunststoffe heißen Duroplaste (lat. *durus:* hart). Bei starkem Erhitzen zersetzen sie sich.
Duroplaste werden oft in elektrischen Geräten eingesetzt, weil sie den Strom nicht leiten und bei Wärme formstabil bleiben.
Einmal hergestellt sind Duroplaste hart und nicht mehr verformbar. Sie können nur mechanisch durch Sägen oder Feilen bearbeitet werden. Deshalb wird ein duroplastischer Gegenstand gleich in der gewünschten Form herstellt.

Duroplaste sind harte Kunststoffe, die beim Erwärmen nicht weich werden, sondern ihre Form behalten.

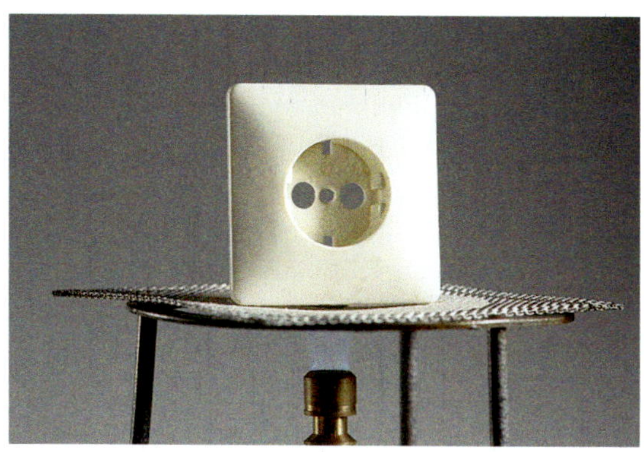

3 *Duroplaste lassen sich beim Erwärmen nicht verformen.*

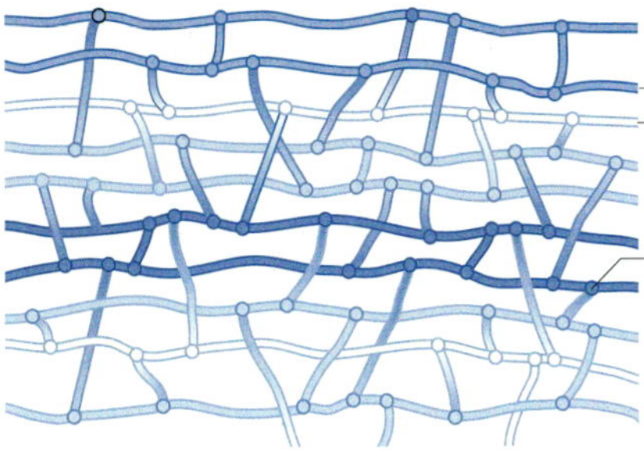

4 *In Duroplasten sind die Makromoleküle stark vernetzt.*

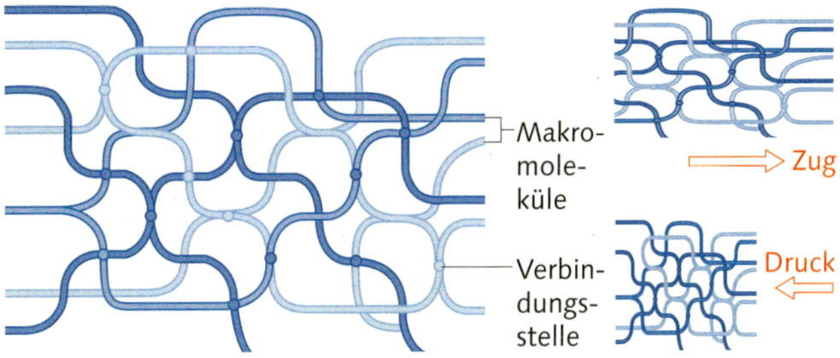

6 *Elastomere haben locker vernetzte Makromoleküle.*

Struktur der Duroplaste In Duroplasten sind die Makromoleküle durch zwischenmolekulare Bindungen miteinander verknüpft. Wegen der starken Vernetzung der Makromoleküle können sich diese nicht mehr bewegen, sie bilden eine Art Riesenmolekül. Duroplaste sind deshalb nicht elastisch.

In Duroplasten sind die Makromoleküle so stark vernetzt, dass die Molekülketten nicht beweglich sind.

Elastomere Lassen sich Kunststoffe elastisch verformen, so nennt man sie Elastomere. Übt man auf Gegenstände aus diesem Material Zug oder Druck aus, so verändern sie ihre Form, kehren aber wieder in den Ausgangszustand zurück. Elastomere werden beispielsweise bei der Herstellung von Matratzen, Reifen, Gummibändern oder Dichtungsringen verwendet.

Elastomere sind elastisch verformbare Kunststoffe.

Struktur der Elastomere Die Makromoleküle der Elastomere sind untereinander locker und weitmaschig durch zwischenmolekulare Bindungen verbunden. Die Vernetzung ist jedoch weniger stark ausgeprägt als bei den Duroplasten. Die schwache Vernetzung wirkt sich auf die Eigenschaften aus. Bei Zug werden die Makromoleküle der Elastomere auseinandergezogen. Lässt der Zug z. B. auf ein Gummiband nach, so kehrt es wieder in den Ausgangszustand zurück, da die Makromoleküle wieder ihre ursprüngliche Position einnehmen.

5 *Elastomere lassen sich verformen und kehren wieder in die ursprüngliche Form zurück.*

In Elastomeren sind die Makromoleküle locker miteinander verbunden.

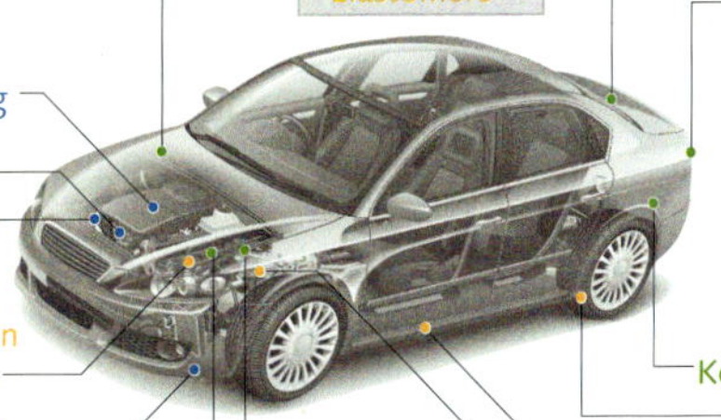

7 *Im Auto befinden sich unterschiedliche Kunststoffarten.*

Aufgaben

1 Betrachte die Abbildung des Autos.

a □ Nenne die drei verschiedenen Kunststoffarten, die in Fahrzeugteilen verarbeitet werden.

b ◪ Erkläre, worauf die besonderen Eigenschaften der 3 verarbeiteten Kunststoffarten zurückzuführen sind.

c ■ Begründe jeweils an einem Beispiel, warum der Kunststoff verwendet wird.

2 Frischhaltefolie besteht oft aus Polyethen.

a □ Beschreibe, wie sich die Folie verändert, wenn sie über eine Schüssel gespannt wird.

b ■ Erkläre diese Veränderungen, indem du auf die Makromoleküle eingehst.

Extra Kunststoffmüll

1 *Kunststoffe – praktisch, aber auch gefährlich*

Tödlicher Kunststoffmüll im Meer Jedes Jahr landen Millionen Tonnen Kunststoffe in unseren Meeren. Wissenschaftler schätzen, dass durch diesen Kunststoffmüll jährlich etwa eine Million Seevögel, viele Tausend Robben sowie unzählige Fische sterben. Die Tiere können die Kunststoffteile nicht von Nahrung unterscheiden, fressen sie und ersticken daran oder verhungern qualvoll mit vollem Magen.
In den Meeren treibender Kunststoffmüll wird durch die Wellenbewegung und UV-Licht allmählich zerkleinert. Die Mikropartikel kommen in die Körper von Fischen, Garnelen und Krebsen und lagern sich in ihrem Fettgewebe ab. Durch den Verzehr dieser Meerestiere gelangen sie auch in den menschlichen Organismus. Die gesundheitsschädlichen Zusätze von Kunststoffen wie Weichmacher oder Flammschutzmittel aus Elektronikteilen sind mittlerweile im Gewebe von vielen Menschen nachweisbar.

2 *Wohin mit den Kunststoffabfällen?*

Müllverbrennung Die Beseitigung der Kunststoffabfälle stellt unsere Gesellschaft vor große Probleme. Bei der Müllverbrennung wird der Kunststoffabfall verbrannt und die entstehende Wärme oft zur Stromerzeugung genutzt. Die Müllverbrennung ist aber problematisch, da dabei hochgiftige Chlorverbindungen entstehen, die aufwendig entsorgt werden müssen.

Recycling Rund 41 % der Kunststoffabfälle wurden im Jahr 2013 in Deutschland wiederverwertet. Beim *werkstofflichen* Recycling werden sie sortenrein getrennt und anschließend so aufbereitet, dass sie sich für die Herstellung von neuen Produkten eignen. Allerdings ist die Qualität der durch Recyclingverfahren erzeugten Kunststoffe meist geringer als die der Ausgangsstoffe. Beim *rohstofflichen* Recycling werden die in den Kunststoffen enthaltenen Makromoleküle durch chemische Reaktionen in Monomere zerlegt, die zur Erzeugung neuer Produkte verwendet werden können.

Biokunststoffe Nachwachsende Rohstoffe wie Stärke oder Milchsäure können zur Herstellung von Biokunststoffen genutzt werden. Sie haben den Vorteil, dass sie meist biologisch abbaubar sind. Eine Verbesserung der Abbaubarkeit geht aber derzeit noch mit einer Verschlechterung der Werkstoffeigenschaften einher.

Müllvermeidung Kunststoff ist ein Werkstoff, der in der Natur fast nicht abgebaut wird. Um große Müllberge zu reduzieren und um immer knapper werdende Rohstoffquellen zu schonen, gilt es, Kunststoffmüll zu vermeiden. Dazu kann jeder beitragen, wenn z. B. beim Einkaufen Stoffbeutel statt Plastiktüten verwendet werden.

Aufgaben

1 □ Nenne Probleme, die im Zusammenhang mit der Verbrennung von Kunststoffabfällen entstehen.

2 ◪ Beschreibe zwei grundsätzliche Recyclingverfahren von Kunststoffmüll.

3 ■ „Plastik tötet!" Bewerte diese Aussage.

1 Herstellen eines Kunststoffs (Polyester)

Geräte: Reagenzglas, Reagenzglashalter, Brenner, Petrischale aus Kunststoff, Holzstäbchen, Waage
Chemikalien: Glycerin, Citronensäure
Durchführung: Gib in das Reagenzglas 4 g Citronensäure. Tropfe anschließend 1 ml Glycerin dazu.
Erhitze das Gemisch etwa 1–2 min mit dem Brenner. Wenn die Schmelze zähflüssig wird, schütte sie vorsichtig in die Petrischale. Lass die Schmelze etwa 1 min abkühlen.
Berühre die Schmelze vorsichtig mit dem Holzstäbchen. Versuche, einen Kunststofffaden zu ziehen.
Auswertung: Notiere deine Beobachtungen. Um welche Kunststoffart handelt es sich?

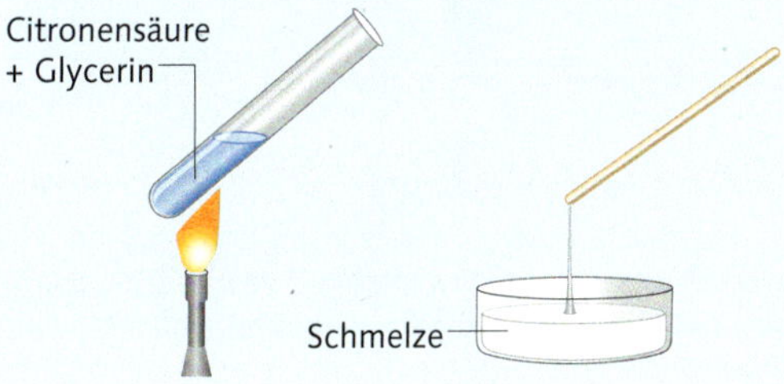

2 Herstellen einer Stärkefolie

Geräte: Becherglas (250 ml), Messzylinder, Messpipette, Unterlage (Silicon oder Polyethen), Waage, heizbarer Magnetrührer
Chemikalien: Stärke (Mais- oder Kartoffelstärke), Glycerin, Lebensmittelfarbe, dest. Wasser
Durchführung: Gib in das Becherglas 4 g Stärke und mische sie mit 22 ml dest. Wasser. Füge dann 2 ml Glycerin und 1 ml Lebensmittelfarbe dazu. Stelle das Becherglas auf den Magnetrührer, erwärme bis zum Sieden und rühre dabei für etwa 15 min. Wenn die Mischung klar wird, gieße die Masse auf die Unterlage und verteile sie großflächig. Lass sie über Nacht trocknen. Ziehe die Folie dann vorsichtig ab.
Auswertung: Beschreibe die Eigenschaften der Folie. Welche Vermutung hast du zur biologischen Abbaubarkeit dieser Folie?

3 Kunststoff aus Milch

Geräte: 2 Bechergläser (400 ml), Heizplatte, Sieb, Glasstab, Papiertücher, Esslöffel
Chemikalien: frische Milch (keine H-Milch, keine extra lange haltbare Milch), Speiseessig
Durchführung: Gib 250 ml Milch und etwa 2 Esslöffel Essig in das Becherglas und erwärme vorsichtig. Rühre dabei ständig mit dem Glasstab um. Die Milch sollte nur handwarm werden.
Trenne durch Sieben die entstehenden festen Eiweißklumpen von der Flüssigkeit.
Lass den Feststoff abkühlen und drücke ihn mithilfe der Papiertücher aus.
Knete aus der Masse Figuren und lass sie im Trockenschrank bei 80 °C trocknen.
Auswertung: Finde eine Erklärung für die Veränderung der Milch durch Zugabe von Essig. Beschreibe das Aussehen des Gemischs vor dem Filtrieren. Gib an, welche Stoffeigenschaft beim Filtrieren genutzt wird.

4 Unterscheiden von Kunststoffarten

Geräte: Dreifuß, Gasbrenner, Metallplatte
Chemikalien: Kunststoffproben (Plastikbeutel, Joghurtbecher, Beschichtung von Blumendraht, Dübel, Kunststofflineal, Kochlöffel, Angelschnur ...)
Durchführung: Lege Teile der Proben auf die Metallplatte über dem Dreifuß und erhitze leicht. Weil giftige Dämpfe entstehen können, führe diesen Versuch im Abzug durch!
Auswertung: Notiere das unterschiedliche Verhalten der Kunststoffproben beim Erhitzen. Erstelle eine Tabelle, in der du eine Einteilung der Kunststoffproben anhand der Eigenschaften vornimmst.

Nanotechnologie

1 *Wieso perlt das Wasser von einem Lotusblatt ab?*

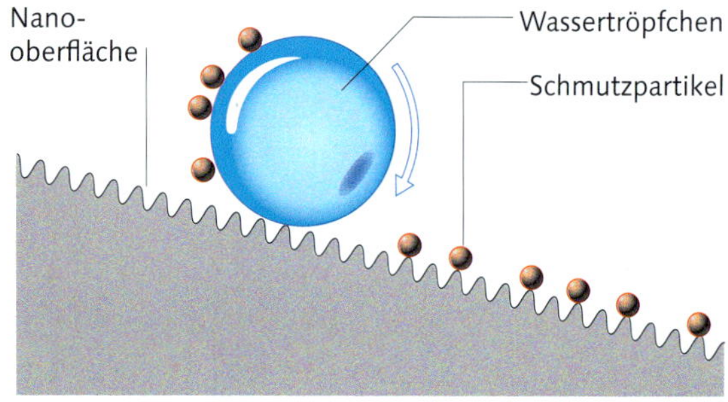

2 *Prinzip des Lotuseffekts*

Lotuseffekt Schon faszinierend: Nach jedem heftigen Regen sind die Blätter der Lotusblume sauber und trocken. Auch einheimische Pflanzen, wie die Blätter der Kapuzinerkresse oder des Kohlrabi, zeigen diesen Effekt. Solche Pflanzen haben auf ihrer Blattoberfläche eine raue, genoppte Struktur. Wassertropfen und Schmutzpartikel haben dadurch nur sehr wenig Kontakt mit dem Blatt. Wassertropfen perlen ab und nehmen dabei die Schmutzpartikel mit.

Selbstreinigende Oberflächen Das Phänomen der Selbstreinigung wird seit vielen Jahren untersucht und ist Grundlage für die Veredlung von Oberflächen. Mittlerweile gibt es eine Reihe von Produkten, die sich nach dem Prinzip des Lotuseffekts selbst reinigen. So wurden beispielsweise für Outdoorbekleidung Beschichtungen entwickelt, die Regen abperlen lassen.

Der Lotuseffekt beruht darauf, dass Oberflächen winzige Strukturen enthalten, auf denen Flüssigkeiten abperlen können.

Nanopartikel Die Wissenschaft, die sich mit kleinsten Partikeln und Strukturen beschäftigt, heißt Nanotechnologie. Das Wort *nano* kommt aus dem Griechischen und bedeutet „Zwerg". Ein Nanometer (nm) ist ein Milliardstel eines Meters. Von Nanopartikeln spricht man bei Teilchen bis zu einer Größe von 100 nm. Wenn man 10 000 Silbernanopartikel mit einem Durchmesser von 100 nm aneinanderreiht, ergibt sich eine Strecke von 1 mm. Dennoch ist ein Silbernanopartikel immer noch etwa 300-mal größer als ein Silberatom.

Die Nanotechnologie beschäftigt sich mit Stoffpartikeln (Nanopartikeln) bis zu einer Größe von 100 Nanometern.

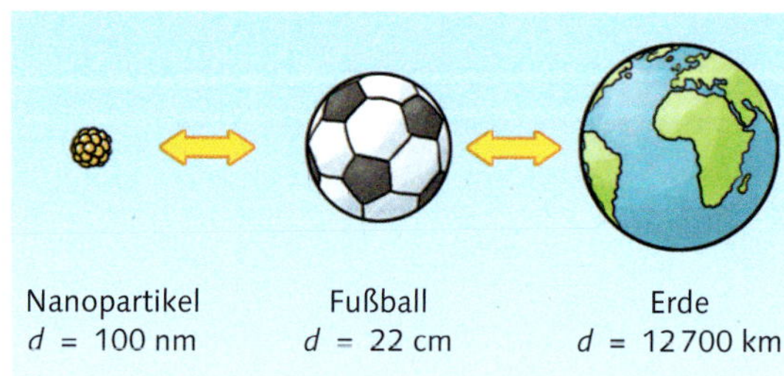

3 *Der Durchmesser eines Nanopartikels verhält sich etwa zu einem Fußball wie der Durchmesser eines Fußballs zum Durchmesser der Erde.*

Winzige Welten mit großem Nutzen Die unsichtbaren Strukturen der „Nanowelt" wirken sich auf die Eigenschaften und damit auf die Einsatzmöglichkeiten von Materialien aus:
Der Autolack kann, je nach Blickwinkel, in unterschiedlichen Farben erscheinen und er wird durch die in ihm enthaltenen Nanopartikel wasser- und schmutzabweisend.
In Sonnencremes reflektieren Nanopartikel UV-Strahlen und bieten somit einen wirksamen Schutz vor schädigender Strahlung.
Nanosilber in Strümpfen hat eine bakterientötende Wirkung und kann somit die unangenehme Geruchsbildung verhindern.
In der Medizin kann mit Nanopartikeln Krebs bekämpft werden. Magnetische Nanopartikel werden in die Krebszelle geschleust und durch ein Magnetfeld in Schwingungen versetzt. Dadurch wird die Krebszelle auf 43 °C erhitzt und stirbt ab.

4 *Durch spezielle Produkte mit Nanopartikeln reinigt sich der Lack bei Schmutz selbsttätig.*

Schlüsseltechnologie des 21. Jahrhunderts?
Jede neuartige Technologie wirft auch neue Fragen auf: Wie wirken sich Nanopartikel auf die Gesundheit aus? Welche Umweltprobleme sind damit verbunden? Nanopartikel können aufgrund ihrer geringen Größe über die Atmung, den Verdauungsweg und die Haut in den menschlichen Körper gelangen. Dort lagern sie sich an Zelloberflächen an und können in Zellen, Gewebe und Organe eindringen. Zum gegenwärtigen Zeitpunkt liegen noch keine ausreichend gesicherten Erkenntnisse über mögliche resultierende gesundheitliche Schäden vor. Auch über Schäden, die in die Umwelt gelangte Nanopartikel verursachen, herrscht noch ein großer Forschungsbedarf. Derzeit gibt es noch keine gesetzlichen Regelungen zum Umgang mit Nanopartikeln.

Die Erforschung der Risiken und Nebenwirkungen der Nanotechnologie ist eine wichtige gesellschaftliche Aufgabe.

Nanomaterial	Eigenschaften des Nanomaterials
Silber	antimikrobiell: hemmt das Wachstum von Bakterien und Pilzen
Gold	färbt z. B. Glas rot (Goldrubinglas)
Zinkoxid	UV-Schutz, Schutz vor Ausbleichen
Antimonoxid	erhöht Feuerfestigkeit
Titandioxid	UV-Schutz, Schutz vor Ausbleichen; Wasser bildet auf beschichteten Oberflächen einen Film, dadurch Lotuseffekt

Tab. 1 *Einige Nanopartikel und ihre Eigenschaften*

Extra Tyndall-Effekt

5 *Brechung von Lichtstrahlen im Nebel*

An nebligen Sonnentagen kann man sehen, wie die Sonnenstrahlen zwischen den Bäumen einfallen. Wenn der Weg von Lichtstrahlen sichtbar wird, spricht man vom Tyndall-Effekt. Dieses Phänomen wurde nach seinem Entdecker, dem britischen Physiker JOHN TYNDALL (1820–1893), benannt.
Was hat das mit Nanopartikeln zu tun?
Der von TYNDALL erstmals 1868 untersuchte Effekt tritt auch auf, wenn in einer Lösung Partikel mit einem Durchmesser von 1 bis 1000 nm vorliegen. Diese Partikel reflektieren das Licht zu unserem Auge, sodass wir es sehen können.
Eine Lösung mit Partikeln in dieser Größenordnung bezeichnet man als kolloidale Lösung.
Nanopartikel sind unter einem Lichtmikroskop nicht sichtbar. Durch den Tyndall-Effekt verfügt man aber über eine Möglichkeit, die Existenz von Nanopartikeln mit einem gebündelten Lichtstrahl nachzuweisen. Der Tyndall-Effekt ermöglicht die Unterscheidung zwischen echten Lösungen, wie Zucker- oder Kochsalzlösung, und kolloidalen Lösungen, z. B. Emulsionen oder Suspensionen.

Aufgaben

1 □ Beschreibe, was man unter dem Begriff Nanotechnologie versteht.

2 □ Erkläre den Lotuseffekt.

3 ◪ Nenne Situationen aus deinem Alltag, in denen du in Kontakt mit Nanopartikeln kommst.

4 ■ Recherchiere, welche Argumente zur Nanotechnologie Wissenschaft, Wirtschaft sowie Umwelt- und Verbraucherschutz haben. Bewerte deine Ergebnisse.

Praxis Nanotechnologie

1 Lotuseffekt

Geräte: Pipette, Wattestäbchen, Becherglas
Chemikalien: frische Blätter von Pflanzen mit Lotuseffekt (Lotus, Kohl, Kapuzinerkresse, Tulpen) und ohne Lotuseffekt (Löwenzahn, Salatblatt), wasserlöslicher Klebstoff, Honig, Mehl, Wasser
Durchführung:

a Tropfe mit der Pipette Wasser auf die verschiedenen Blätter. Beschreibe, was passiert. Teile die Blätter nach Gemeinsamkeiten ein.
b Beschmutze die Blätter mit Mehl und tropfe erneut Wasser über die Blätter. Was kannst du beobachten?
c Tropfe Honig und wasserlöslichen Kleber auf die Blätter. Was beobachtest du?
d Reibe mit einem Wattestäbchen über die Blattoberfläche und tropfe erneut Wasser darüber. Vergleiche mit Versuch a.

Auswertung: Erkläre deine Beobachtungen.

2 Herstellen einer Nanobeschichtung

Geräte: Kerze, 2 Objektträger/Glasplatten, Streichhölzer, Pipette
Chemikalien: Wasser
Durchführung:

a Halte den Objektträger so lange über die Kerzenflamme, bis dieser rußgeschwärzt ist. Lass anschließend einen Wassertropfen über den Objektträger rollen.
b Wiederhole den Versuch, indem du den Objektträger mit einem Feuerzeug verrußt.

Auswertung: Vergleiche deine Beobachtungen und suche eine Erklärung.
Tipp: Berücksichtige dabei die unterschiedliche Dicke der Rußschichten.

3 Sichtbare Lichtstrahlen

Geräte: 3 Bechergläser (250 ml), Pipette, Glasstab, Laserpointer oder Taschenlampe
Chemikalien: Wasser, Milch, Kochsalz
Durchführung: Die drei Bechergläser werden jeweils zu zwei Dritteln mit Wasser gefüllt.
In das erste Becherglas werden 5 Tropfen Milch, in das zweite ein Spatellöffel Kochsalz und in das dritte 2 Tropfen Spülmittel gegeben und jeweils mit einem Glasstab umgerührt. Anschließend wird der Raum abgedunkelt und die Lichtquelle seitlich an die Bechergläser gehalten.
Auswertung: Erkläre deine Beobachtungen.

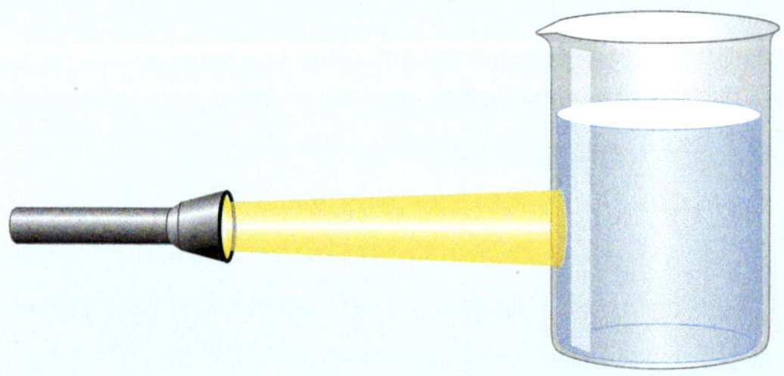

4 Fleckenschutz durch Nanospray

Materialien: saubere Textilstücke, Nanospray (zur Textilversiegelung), Rotwein, Kirschsaft
Durchführung: Schüttle das Nanospray vor Gebrauch und trage es fein verteilt aus etwa 15 cm Entfernung so auf die Textilien auf, dass sich auf einer Hälfte ein leicht feuchter Film bildet. Lass die Textilien trocknen. Gib anschließend vorsichtig einige Tropfen der Flüssigkeiten auf beide Textilhälften und beobachte.
Auswertung: Erkläre deine Beobachtungen.

5 Schutz vor Graffiti

Materialien: 2 Blumentöpfe aus Ton, Nanospray „Anti-Graffiti“, Farbspray
Durchführung: Schüttle das Nanospray vor Gebrauch und trage es fein verteilt aus etwa 15 cm Entfernung auf einen Tontopf auf. Lass den Topf trocknen. Trage auf beide Töpfe mit dem Farbspray ein Graffiti auf und vergleiche.
Auswertung: Erkläre deine Beobachtungen.

Teste dich!

1 Ester bilden eine Stofffamilie.
a □ Formuliere das allgemeine Reaktionsschema für die Bildung von Estern.
b □ Erkläre, warum diese Reaktion als Kondensationsreaktion bezeichnet wird.

2 Ester sind Aromastoffe.
a ◪ Beschreibe, wie sich aus der unangenehm riechenden Buttersäure ein Stoff mit Erdbeeraroma herstellen lässt.
b ■ Stelle die Reaktionsgleichung für die Reaktion aus Teil a auf.

3 ◪ Benenne den in der Strukturformel dargestellten Ester.

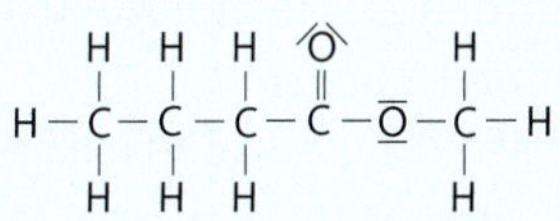

4 ◪ Essigsäure und Essigsäureethylester werden je in ein Reagenzglas mit Wasser gegeben. Beschreibe und erkläre deine Beobachtungen.

5 Stelle den Aufbau eines Fett-Moleküls dar.
a □ Zeichne eine schematische Modelldarstellung.
b ◪ Zeichne die Strukturformel eines Fett-Moleküls.

6 Kohlenhydrate werden in verschiedene Gruppen eingeteilt.
a □ Nenne die verschiedenen Gruppen und gib für jede Gruppe ein Stoffbeispiel an.
b □ Nenne die Elemente, aus denen Kohlenhydrate aufgebaut sind.

7 ◪ Zeichne die Strukturformel eines Aminosäure-Moleküls. Benenne die charakteristischen funktionellen Gruppen.

8 ◪ Es gibt unvorstellbar viele Eiweiße. Erkläre, warum das so ist.

9 ◪ Formuliere das allgemeine Reaktionsschema für die Bildung einer Seife. Zu welcher Stoffgruppe gehören die Seifen?

10 ◪ Zeichne ein Modell eines Seifen-Anions. Beschrifte es mit den Begriffen: hydrophil, hydrophob, lipophil, lipophob, polar, unpolar.

11 ◪ Es gibt verschiedene Arten von Kunststoffen.
Erläutere anhand von Beispielen, wodurch sich Thermoplaste, Duroplaste und Elastomere unterscheiden.

12 Fußbodenbeläge bestehen häufig aus PVC.
a □ Nenne den vollständigen Namen dieses Kunststoffs.
b ◪ Erkläre, wie dieser Kunststoff hergestellt wird.

13 ◪ Erläutere, was man unter Nanopartikeln versteht.

14 ◪ Erstelle eine Skizze, die den Lotuseffekt veranschaulicht.

Aufgabe	Hilfe findest du auf Seite …
1	316
2	317
3	317
4	317
5	318
6	322/323
7	325
8	324/325
9	328
10	328
11	334/335
12	332
13	338
14	338
… und die Lösungen findest du im Anhang.	

Im Überblick

Über 60 Millionen organische Stoffe …
- *Fette, Kohlenhydrate und Eiweiße*, ohne die wir nicht leben können.
- *Seifen und Waschmitteln*, mit denen wir diese von unserer Haut oder Kleidung entfernen
- *Kunststoffe*, die Werkstoffe des 20. Jahrhunderts, mit ihren langen Molekülketten, die aus vielen einzelnen Kettengliedern bestehen
- Nanoprodukte mit ihren „Zwergenpartikeln" Werden sie die Werkstoffe des 21. Jahrhunderts?

Ester
- Stoffgruppe, die durch Reaktion von Alkoholen mit Säuren gebildet wird
- Die Esterbildung erfolgt unter Wasserabspaltung (Kondensation), die Esterspaltung unter Wasseraufnahme (Hydrolyse).
  Es sind umkehrbare Reaktionen:

  $$\text{Säure} + \text{Alkohol} \underset{\text{Esterspaltung}}{\overset{\text{Veresterung}}{\rightleftharpoons}} \text{Ester} + \text{Wasser}$$

- Werden Carbonsäuren eingesetzt, entstehen Aromastoffe; *Beispiel:* Essigsäurepropylester.

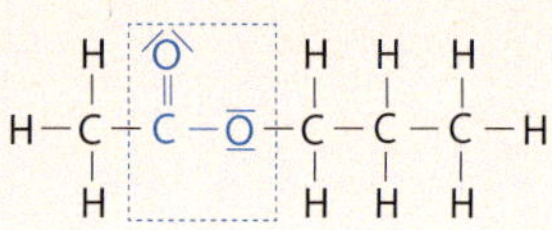

Fette
- Fette sind Ester, die aus dem dreiwertigen Alkohol Glycerin mit Fettsäuren gebildet werden.

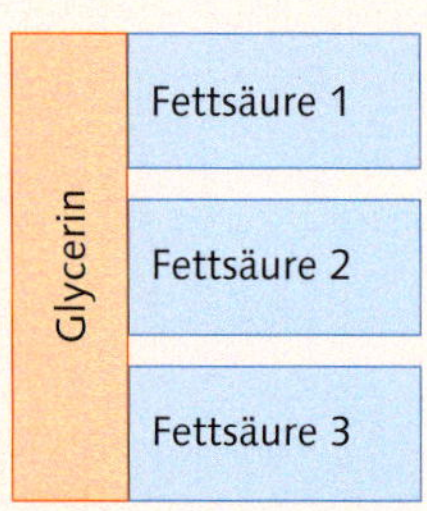

- In Fetten können unterschiedliche Fettsäurereste gebunden sein: gesättigte Fettsäurereste und ungesättigte Fettsäurereste.

Kohlenhydrate
- Verbindungen aus den Elementen Kohlenstoff, Wasserstoff und Sauerstoff
- Grundbausteine: Moleküle der Einfachzucker Glucose und Fructose

Einfachzucker (Monosaccharide)
- Glucose und Fructose

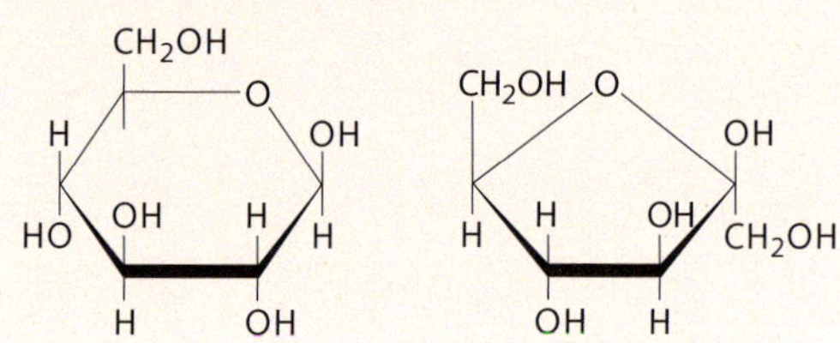

Zweifachzucker (Disaccharide)
- Bildung durch Verknüpfung zweier Einfachzucker unter Abspaltung von Wasser
- Saccharose (Rüben- oder Rohrzucker)

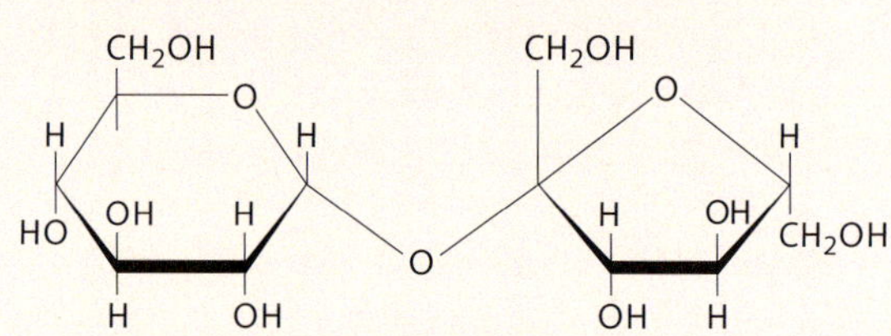

Vielfachzucker (Polysaccharide)
- Bildung durch Verknüpfung vieler Tausend Einfachzucker unter Abspaltung von Wasser
- Stärke: Speicherstoff der Pflanzen; wichtiges Nahrungsmittel für Menschen
- Cellulose: Gerüststoff der Pflanzen

Aminosäuren

- Grundbausteine der Eiweiße
- Alle Aminosäure-Moleküle besitzen eine Carboxy-Gruppe und eine Amino-Gruppe; sie unterscheiden sich in der Seitenkette (R).

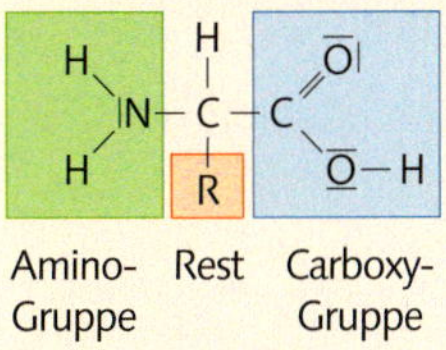

Eiweiße (Proteine)

- aus Makromolekülen aufgebaute Naturstoffe
- Eiweiß-Moleküle enthalten sehr viele Aminosäurereste, die über Peptidbindung verbunden sind.

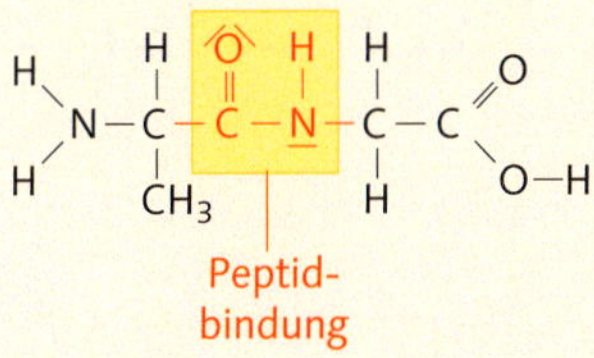

Seifen

- Natrium- oder Kaliumsalze der Fettsäuren
- entstehen durch Reaktion eines Fettes mit Laugen; Reaktionsprodukte: Seife, Glycerin
- Seifen-Anionen bestehen aus einem hydrophilen „Kopf" und einer hydrophoben Kohlenwasserstoffkette.

Tenside

- ordnen sich an der Grenzfläche zwischen hydrophilen und hydrophoben Stoffen an
- setzen die Oberflächenspannung des Wassers herab
- waschaktive Substanzen in Waschmitteln
- Phasen des Waschvorgangs: Benetzen der Faser – Ablösen des Schmutzes – Verteilen des Schmutzes im Wasser

Kunststoffe

- wichtige Werkstoffe in allen Lebensbereichen
- werden aus Erdöl oder durch Weiterverarbeitung von Naturprodukten hergestellt
- bestehen aus kettenartig aufgebauten Makromolekülen, den Polymeren
- Je nach Vernetzung der Makromoleküle haben Kunststoffe unterschiedliche Eigenschaften.

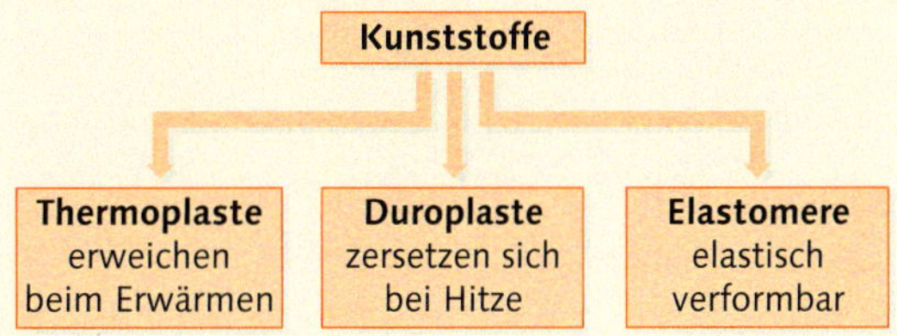

Polymerisation

- Viele kleine, gleichartige Moleküle (Monomere) reagieren unter Aufspaltung der Doppelbindung zu einem Makromolekül (Polymer).

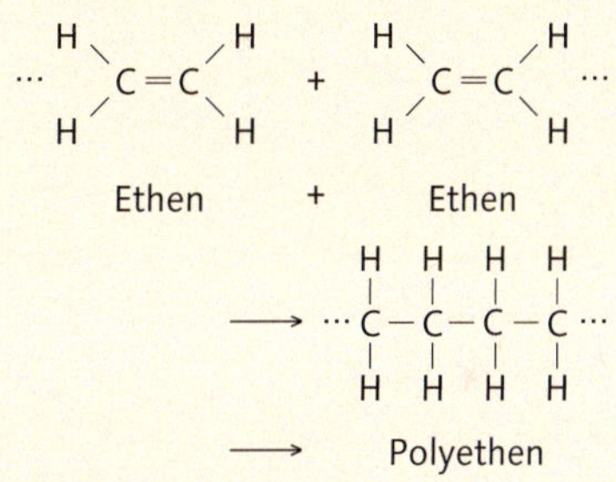

Polykondensation

- Viele Moleküle mit mindestens zwei funktionellen Gruppen reagieren unter Abspaltung von Wasser-Molekülen zu einem Makromolekül.

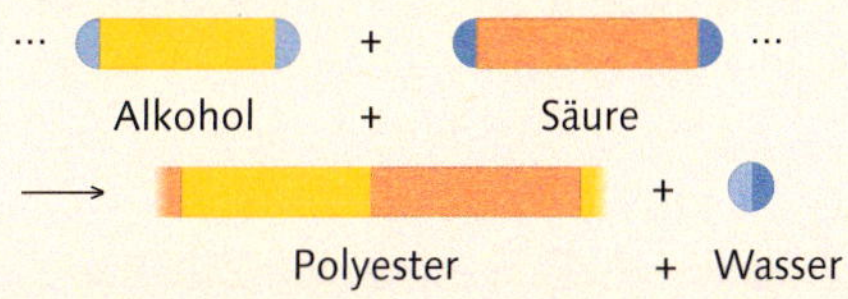

Nanotechnologie

- untersucht und erzeugt Stoffpartikel, die höchstens 100 Nanometer groß sind
- Nanopartikel werden z. B. in schmutz- und wasserabweisenden Beschichtungen, in Sonnencremes und in der Medizin eingesetzt.

Glossar wichtiger Fachbegriffe

A

Addition: Eine chemische Reaktion, bei der jeweils zwei Moleküle der Ausgangsstoffe unter Aufspaltung einer Doppelbindung zu einem Molekül des Reaktionsprodukts vereinigt werden, heißt Addition. *Beispiel:* Reaktion von Ethen mit Brom

Adsorbieren: Das Adsorbieren ist ein Trennverfahren, bei dem Stoffe eines Stoffgemischs auf der Oberfläche von z. B. Aktivkohle haften bleiben.

Aggregatzustand: Ein Stoff kann fest, flüssig oder gasförmig sein. Man nennt diese Zustandsform eines Stoffes Aggregatzustand. Dieser ist von der Temperatur abhängig. Eine Änderung des Aggregatzustands erfolgt für jeden Stoff bei einer für ihn charakteristischen Temperatur. Aggregatzustandsänderungen sind das Schmelzen, Erstarren, Verdampfen, Kondensieren, Sublimieren und Resublimieren.

Akkumulator (Akku): Eine wiederaufladbare Batterie heißt Akkumulator. Beim Entladen wird chemische Energie in elektrische Energie umgewandelt.

Aktivierungsenergie: Die Aktivierungsenergie ist die zum Auslösen einer chemischen Reaktion notwendige Energie.

alkalische Lösung: Eine wässrige Lösung, die Hydroxid-Ionen (OH^--Ionen) enthält, heißt alkalische Lösung. Ihr pH-Wert ist größer als 7. *Beispiel:* Natriumhydroxid in Wasser gelöst

Alkane: Alkane sind gesättigte Kohlenwasserstoffe mit der allgemeinen Summenformel C_nH_{2n+2}.

Alkene: Alkene sind ungesättigte Kohlenwasserstoffe mit der allgemeinen Summenformel C_nH_{2n}. Die Moleküle der Alkene besitzen mindestens eine C=C-Doppelbindung.

Alkine: Alkine sind ungesättigte Kohlenwasserstoffe mit der allgemeinen Summenformel C_nH_{2n-2}. Die Moleküle der Alkine besitzen mindestens eine C≡C-Dreifachbindung.

Alkohole: Alkohole sind organische Verbindungen mit mindestens einer Hydroxyl-Gruppe (OH-Gruppe) im Molekül. Werden sie von den Alkanen abgeleitet und enthalten sie nur eine OH-Gruppe im Molekül, bezeichnet man sie als Alkanole.

Analyse: Die Zerlegung einer chemischen Verbindung wird als Analyse bezeichnet.

Anion: Ein elektrisch negativ geladenes Ion heißt Anion.

Atome: Atome sind Teilchen, aus denen die Stoffe aufgebaut sind. Sie bestehen aus Protonen und Neutronen im Atomkern und Elektronen in der Atomhülle. Sie sind elektrisch neutral. Alle Atome eines Elements besitzen die gleiche Anzahl an Protonen im Atomkern.

Atommasse: Die Masse eines Atoms ist unvorstellbar klein. Deshalb wird sie in der Atommasseneinheit u angegeben. 1 u entspricht ungefähr der Masse eines Wasserstoffatoms.

B

Batterie: Batterien sind galvanische Zellen. Sie speichern chemische Energie, die beim Entladen in elektrische Energie umgewandelt wird. Primärbatterien können im Gegensatz zu Sekundärbatterien (Akkus) nicht wieder aufgeladen werden.

Brennstoffzelle: In einer Brennstoffzelle reagieren Wasserstoff und Sauerstoff zu Wasser, dabei wird die chemische Energie in elektrische Energie umgewandelt. Eine Brennstoffzelle ist eine galvanische Zelle.

Bronze: Bronze ist eine Legierung aus Kupfer und Zinn.

C

Carbonsäuren: Carbonsäuren sind organische Verbindungen mit mindestens einer Carboxyl-Gruppe (COOH-Gruppe) im Molekül. Werden sie von den Alkanen abgeleitet und enthalten sie nur eine COOH-Gruppe im Molekül, bezeichnet man sie als Alkansäuren.

chemisches Element: Chemische Elemente sind Reinstoffe, die sich nicht in andere Stoffe zerlegen lassen.

chemische Formel: Chemische Formeln sind Kurzschreibweisen für chemische Verbindungen, wobei die Elementsymbole verwendet werden. Es gibt u. a. Verhältnisformeln und Molekülformeln.

chemische Reaktion: Bei einer chemischen Reaktion findet eine Stoffumwandlung statt, die von Energieumwandlungen begleitet wird. Dabei bilden sich aus den Ausgangsstoffen (Edukte) neue Stoffe: die Reaktionsprodukte. Diese haben andere Eigenschaften als die Ausgangsstoffe.
Bei einer chemischen Reaktion ordnen sich die in den Ausgangsstoffen vorhandenen Atome um. Sie haben in den Reaktionsprodukten eine neue Anordnung.
Chemische Reaktionen, bei denen Energie abgegeben wird, werden exotherme Reaktionen genannt.
Chemische Reaktionen, bei denen Energie aufgenommen wird, werden endotherme Reaktionen genannt.

chemische Verbindung: Chemische Verbindungen sind aus mindestens 2 chemischen Elementen aufgebaut.

Cracken: Cracken ist ein technisches Verfahren zur Aufbereitung von Erdöl. Beim Cracken werden langkettige Kohlenwasserstoffe in Moleküle mit kürzeren Ketten umgewandelt.

D

Dekantieren: Das Dekantieren ist ein Trennverfahren, bei dem die über dem Bodensatz stehende Lösung abgegossen wird.

Destillieren/Destillation: Das Destillieren ist ein Trennverfahren, bei dem ein Stoff einer Lösung durch Erhitzen verdampft und wieder kondensiert wird. Beim Destillieren werden die unterschiedlichen Siedetemperaturen der Stoffe des Stoffgemischs genutzt.

Dichte: Jeder Stoff hat eine bestimmte Dichte ϱ, die sich berechnen lässt, indem man die Masse m des Stoffes durch sein Volumen V teilt.
$\varrho = \frac{m}{V}$
Eine häufig verwendete Einheit der Dichte ist $\frac{g}{cm^3}$. Die Dichte eines Stoffes ist von der Form und der Größe des Körpers unabhängig.

Dichteanomalie des Wassers: Die meisten Stoffe dehnen sich beim Erwärmen aus und ziehen sich beim Abkühlen zusammen. Dadurch wird die Dichte also größer, je kälter ein Stoff wird.
Bei Wasser stimmt dies jedoch nicht. Beim Abkühlen unter 4 °C dehnt sich Wasser wieder aus und hat somit bei 4 °C seine größte Dichte.

Diffusion: Das eigenständige Durchmischen zweier Stoffe aufgrund der ständigen Bewegung der Teilchen wird Diffusion genannt.

Dipolmolekül: Ein Molekül, das getrennte Ladungsschwerpunkte für die positive und negative Teilladung aufweist, heißt Dipolmolekül. Dipolmoleküle besitzen polare Elektronenpaarbindungen. *Beispiel:* Wasser-Molekül

Duroplaste: Duroplaste sind harte Kunststoffe, die nach Erwärmen nicht weich werden, sondern ihre Form behalten.

E

Edelgasregel (Oktettregel): Eine mit Elektronen voll besetzte Außenschale wie bei den Atomen der Edelgase stellt eine besonders stabile Elektronenanordnung dar (8 Außenelektronen bzw. 2 Außenelektronen bei Heliumatomen). Die Atome der anderen Elemente sind bestrebt, durch Elektronenaufnahme oder -abgabe die Elektronenanordnung der Edelgasatome zu erreichen.

Edukt: Ausgangsstoff einer chemischen Reaktion

Eindampfen: Das Eindampfen ist ein Trennverfahren, bei dem das Lösungsmittel einer Lösung durch Erhitzen verdampft wird. Der gelöste Feststoff bleibt zurück.

Elastomere: Elastomere sind elastisch verformbare Kunststoffe. Nach Druck oder Zug kehren sie wieder in ihre ursprüngliche Form zurück.

Elektrolyse: Die Analyse (Zerlegung) einer chemischen Verbindung mithilfe von elektrischem Strom heißt Elektrolyse.

Elektron: Elektronen sind elektrisch negativ geladene Elementarteilchen. Sie befinden sich in der Atomhülle, die den elektrisch positiv geladenen Atomkern umgibt.

Elektronegativität: Die Elektronegativität ist ein Maß für die Stärke, mit der ein Atom das bindende Elektronenpaar in einer Elektronenpaarbindung anzieht.

Elektronenakzeptor: Ein Teilchen, das Elektronen aufnimmt, heißt Elektronenakzeptor.

Elektronendonator: Ein Teilchen, das Elektronen abgibt, heißt Elektronendonator.

Elektronenpaarbindung (Atombindung): Die Elektronenpaarbindung ist eine Art der chemischen Bindung, die durch gemeinsame Elektronenpaare zwischen den Bindungspartnern zustande kommt. Die Atome von Molekülen sind durch Elektronenpaarbindung verbunden.

Element: Ein Reinstoff, der nur aus gleichartigen Atomen aufgebaut ist, heißt Element. Alle Atome eines Elements haben die gleiche Protonenzahl (Odnungszahl).

Elementarteilchen: Als Elementarteilchen werden die Bausteine der Atome bezeichnet: das Proton, das Neutron und das Elektron.

Elementsymbol: Elementsymbole sind Kurzschreibweisen für chemische Elemente. Ein Symbol kann das betreffende Element kennzeichnen, es kann aber auch für ein einzelnes Atom des Elements stehen.

endotherme Reaktion: Chemische Reaktionen, bei denen ständig Energie zugeführt werden muss, werden endotherme Reaktionen genannt.

Energieträger: Holz, Kohle, Erdöl und Erdgas sind Beispiele für Energieträger. Die in ihnen gespeicherte chemische Energie wird meist durch Verbrennen in Nutzenergie, beispielsweise in elektrische Energie, umgewandelt.

Entzündungstemperatur: Die Entzündungstemperatur ist die Temperatur, bei der sich ein Stoff an der Luft selbst entzündet.

Erstarren: Das Erstarren ist der Vorgang, bei dem ein Stoff vom flüssigen in den festen Aggregatzustand übergeht.

Ester: Organische Verbindungen, die bei der Reaktion eines Alkohols mit einer Säure unter Abspaltung von Wasser entstehen, werden als Ester bezeichnet. Viele Aromastoffe sind Ester. Auch Fette zählen zu den Estern.

exotherme Reaktion: Chemische Reaktionen, bei denen Energie abgegeben wird, werden exotherme Reaktionen genannt.

Extrahieren: Das Extrahieren ist ein Trennverfahren, bei dem Stoffe eines Stoffgemischs in einem Lösungsmittel gelöst werden und andere unlösliche Stoffe des Stoffgemischs zurückbleiben.

F

Fette: Fette sind Ester aus verschiedenen Fettsäuren und Glycerin. Natürlich vorkommende Fette bestehen aus Gemischen von verschiedenen Fettsäureestern.

Fettsäure: Carbonsäuren, deren Moleküle eine lange Kohlenwasserstoffkette besitzen, heißen Fettsäuren.

Filtrieren: Das Filtrieren ist ein Trennverfahren, bei dem Teilchen aufgrund ihrer Größe aussortiert werden.

Flammtemperatur: Die Flammtemperatur ist die Temperatur, bei der der Dampf über einem brennbaren Stoff durch eine Zündquelle entflammt werden kann.

Flammentypen: Beim Betrieb eines Gasbrenners bilden sich in Abhängigkeit von der Öffnung des Luftreglers unterschiedliche Flammen: die leuchtende, die nicht leuchtende und die rauschende Flamme.
Die leuchtende Flamme bildet sich bei geschlossenem Luftregler. Sie hat eine Temperatur von etwa 900 °C an ihrer heißesten Stelle und rußt stark.
Die nicht leuchtende Flamme bildet sich bei halb geöffnetem Luftregler. Sie ist heißer als die leuchtende Flamme und ist fast durchsichtig.
Die rauschende Flamme bildet sich bei voll geöffnetem Luftregler. Diese Flamme hat einen gut sichtbaren Innen- und Außenkegel. Die heißeste Stelle dieser Flamme befindet sich an der Spitze des Innenkegels. Die Temperatur kann dort 1500 °C erreichen.

fossile Brennstoffe: Stoffe, die vor 250 bis 300 Mio. Jahren aus dem organischen Material abgestorbener Tiere und Pflanzen unter Ausschluss von Sauerstoff entstanden sind, heißen fossile Brennstoffe. *Beispiele*: Kohle, Erdöl, Erdgas

funktionelle Gruppe: Eine Atomgruppe, die die Eigenschaften eines Stoffes wesentlich mitbestimmt, heißt funktionelle Gruppe. *Beispiel:* Die Hydroxy-Gruppe (OH-Gruppe) ist die funktionelle Gruppe der Alkohole.

G

galvanische Zelle: Eine galvanische Zelle ist eine Spannungsquelle. Sie besteht aus zwei Elektroden, die in einen Elektrolyten tauchen. In einer galvanischen Zelle wird chemische Energie in elektrische Energie umgewandelt. *Beispiele:* Batterie, Akku, Brennstoffzelle

Galvanisieren: Als Galvanisieren bezeichnet man das Überziehen eines Gegenstands mit einer dünnen Schicht eines Metalls mithilfe der Elektrolyse.

Gesetz von der Erhaltung der Masse: Bei jeder chemischen Reaktion haben die Ausgangsstoffe die gleiche Masse wie die Reaktionsprodukte.

Gitterenergie: Energie, die aufgewendet werden muss, um das Ionengitter eines Salzes aufzulösen

Glimmspanprobe: Die Glimmspanprobe dient dem Nachweis von Sauerstoff: Ein glimmender Holzspan wird in das zu prüfende Gas eingeführt. In reinem Sauerstoff beginnt der Span zu brennen.

H

Hämatit: Hämatit – auch Blutstein oder Roteisenstein genannt – ist ein häufig vorkommendes Mineral mit der Verhältnisformel Fe_2O_3. Es ist undurchsichtig. Hämatit ist eines der bedeutenden Erze zur Eisengewinnung. Es ist nicht magnetisch.

heterogenes Stoffgemisch: Bei einem heterogenen Stoffgemisch sind die einzelnen Bestandteile erkennbar, z. B. beim Müsli.

homogenes Stoffgemisch: Bei einem homogenen Stoffgemisch sind die einzelnen Bestandteile nicht erkennbar, z. B. Zuckerwasser.

Hydratation: Vorgang beim Lösen eines Salzes in Wasser. Bei der Hydratation werden Ionen durch Wassermoleküle aus einem Ionengitter herausgelöst und von Wassermolekülen umlagert.

I

Indikator: Indikatoren zeigen durch ihre Farbänderung an, ob es sich um eine saure, alkalische oder neutrale Lösung handelt. *Beispiele:* Phenolphthalein, Lackmus, Rotkohlsaft

Ion: positiv oder negativ geladenes Teilchen. Durch Aufnahme oder Abgabe von Elektronen werden aus Atomen Ionen gebildet.

Ionenbindung: Art der chemischen Bindung, die durch Anziehung zwischen entgegengesetzt geladenen Ionen zustande kommt. Sie ist die typische Bindungsart bei Salzen wie Natriumchlorid.

Ionengruppe: Die Ionengruppe entspricht der Verhältnisformel eines Salzes.

Isomere: Verbindungen, deren Moleküle bei gleicher Summenformel unterschiedliche Strukturformeln besitzen, heißen Isomere.

Isotope: Atome eines Elements mit gleicher Anzahl an Protonen, aber unterschiedlicher Anzahl an Neutronen werden Isotope genannt. Sie besitzen eine unterschiedliche Atommasse, aber fast gleiche chemische Eigenschaften.

K

Katalysator: Ein Katalysator ist ein an einer chemischen Reaktion beteiligter Stoff, der die Reaktion beschleunigt, indem er die Aktivierungsenergie senkt. Er wird bei der Reaktion nicht verbraucht.

Kation: Ein elektrisch positiv geladenes Ion heißt Kation.

Kern-Hülle-Modell: Modellvorstellung vom Atom. Nach diesem Modell bestehen Atome aus einem Atomkern und einer Atomhülle. Im Atomkern befinden sich positiv geladene Protonen. In der Atomhülle befinden sich negativ geladene Elektronen.

Kohlenhydrate: Naturstoffe, zu denen verschiedene Zuckerarten, Cellulose und Stärke gehören. Man unterscheidet nach der Größe ihrer Moleküle Einfachzucker (Monosaccharide, *Beispiel:* Glucose), Zweifachzucker (Disaccharide, *Beispiel:* Saccharose) und Vielfachzucker (Polysaccharide, *Beispiel:* Stärke).

Kohlenwasserstoffe: Als Kohlenwasserstoffe werden Verbindungen bezeichnet, die nur die Elemente Kohlenstoff und Wasserstoff enthalten. *Beispiele:* Alkane, Alkene, Alkine

Koks: Koks ist ein Brennstoff, der aus Steinkohle hergestellt wird und fast vollständig aus Kohlenstoff besteht.

Kondensieren: Das Kondensieren ist der Vorgang, bei dem ein Stoff vom gasförmigen in den flüssigen Aggregatzustand übergeht.

Korrosion: Als Korrosion bezeichnet man die Veränderung von Werkstoffen durch Umwelteinflüsse. Rosten ist die Korrosion von Werkstoffen aus Eisen und Stahl.

Kunststoffe: synthetisch hergestellte Stoffe, die aus Makromolekülen aufgebaut sind

L

Lauge: Eine wässrige Lösung von Metallhydroxiden heißt Lauge. Sie enthält Hydroxid-Ionen (OH^--Ionen). *Beispiel:* Natronlauge

Legierung: Homogene Gemische von Metallen werden als Legierungen bezeichnet.

Leichtmetall: Metalle werden nach ihrer Dichte in Leicht- und Schwermetalle eingeteilt. Leichtmetalle haben eine Dichte, die kleiner als $5 \frac{g}{cm^3}$ ist.

Leitfähigkeit, elektrische: Die elektrische Leitfähigkeit ist eine Stoffeigenschaft, die die Fähigkeit eines Stoffes kennzeichnet, den elektrischen Strom zu leiten. Metalle besitzen eine hohe elektrische Leitfähigkeit.

Löslichkeit: Die Löslichkeit gibt an, wie viel Gramm eines Stoffes sich in 100 g eines Lösungsmittels bei einer bestimmten Temperatur gerade noch lösen, ohne dass ein Bodensatz entsteht.

M

Magnetit: Magnetit – auch Magneteisenstein genannt – ist ein in großen Lagerstätten vorkommendes Mineral mit der Verhältnisformel Fe_3O_4. Vor allem für die Elektroindustrie ist Magnetit eines der wichtigsten Eisenerze. Es ist stark magnetisch.

Malachit: Malachit ist ein häufig vorkommendes kupferhaltiges Mineral. Charakteristisch für Malachit ist seine ausschließlich grüne Farbe, die in Lagen zwischen Hellgrün bis Schwarzgrün auftritt.

Metallbindung: Die Metallbindung wird durch die Anziehung zwischen positiv geladenen Atomrümpfen und negativ geladenen Elektronen bewirkt.

Molekül: Ein Molekül ist ein Teilchen, das aus zwei oder mehr fest miteinander verbundenen Atomen besteht.

Molekülformel: Die Molekülformel gibt an, aus welchen und aus wie vielen Atomen ein Molekül einer chemischen Verbindung besteht.

Monomere: Viele gleichartige kleine Moleküle, die durch chemische Reaktion zu Makromolekülen verbunden werden können, heißen Monomere.

N

neutrale Lösung: Eine wässrige Lösung, die genauso viele Oxonium-Ionen (H_3O^+-Ionen) wie Hydroxid-Ionen (OH^--Ionen) enthält, heißt neutrale Lösung. Ihr pH-Wert beträgt 7.

Neutralisation: Eine chemische Reaktion, bei der die Oxonium-Ionen (H_3O^+-Ionen) einer sauren Lösung mit den Hydroxid-Ionen (OH^--Ionen) einer alkalischen Lösung zu Wasser-Molekülen reagieren, heißt Neutralisation. Dabei wird Wärme frei.

Neutron: Neutronen sind elektrisch neutrale Elementarteilchen im Atomkern von Atomen.

O

Oberflächenspannung (des Wassers): Die Eigenschaft des Wassers (aber auch anderer Flüssigkeiten), eine feste, aber gleichzeitig elastische Oberfläche zu bilden, wird Oberflächenspannung genannt. Bei den Flüssigkeiten ist dieser Effekt unterschiedlich stark.

Ordnungszahl: siehe Protonenzahl.

Oxid: Ein Oxid ist eine chemische Verbindung, die aus dem chemischen Element Sauerstoff und einem weiteren Element aufgebaut ist.

Oxidation: Die chemische Reaktion eines Stoffes mit Sauerstoff heißt Oxidation. Als Reaktionsprodukt entsteht ein Oxid.
Im erweiterten Sinn ist die Oxidation eine Teilreaktion der Redoxreaktion, bei der Atome Elektronen abgeben. Sie ist die Umkehrung der Reduktion.

Oxidationsmittel: Als Oxidationsmittel bezeichnet man einen Stoff, der bei einer Redoxreaktion Sauerstoff an einen anderen Stoff abgibt.
Im erweiterten Sinn sind Oxidationsmittel Stoffe, die als Elektronenakzeptoren wirken.

Oxonium-Ion: Ein Oxonium-Ion (H_3O^+-Ion) entsteht bei der Reaktion eines Wasserstoff-Ions mit einem Wassermolekül. Saure Lösungen enthalten Oxonium-Ionen. Sie bestimmen die Eigenschaften einer sauren Lösung.

P

Periodensystem der Elemente (PSE): Übersicht, in der die Elemente auf der Grundlage ihres Atombaus nach steigender Protonenzahl angeordnet sind. Die Elemente sind in waagerechten Zeilen, den Perioden, und senkrechten Spalten, den Gruppen, angeordnet.

pH-Wert: Der pH-Wert gibt an, wie stark sauer oder alkalisch eine Lösung ist. Bei pH = 7 liegt eine neutrale Lösung vor, bei pH-Werten kleiner als 7 ist die Lösung sauer, bei pH-Werten größer als 7 ist die Lösung alkalisch.

polare Elektronenpaarbindung: Art der chemischen Bindung in Molekülen. Bei einer polaren Elektronenpaarbindung ist das bindende Elektronenpaar in Richtung des Atoms mit der stärkeren Anziehungskraft auf das Elektronenpaar verschoben. Solche Moleküle sind häufig Dipolmoleküle.

Polykondensation: Eine Polykondensation ist eine chemische Reaktion, bei der sich viele Moleküle (Monomere) mit mindestens zwei funktionellen Gruppen unter Abspaltung von kleinen Molekülen, z. B. Wasser-Molekülen, zu einem Makromolekül verbinden.

Polymere: Die Makromoleküle, aus denen die Kunststoffe aufgebaut sind, heißen Polymere.

Polymerisation: Eine Polymerisation ist eine chemische Reaktion, bei der sich viele gleichartige kleine Moleküle (Monomere) unter Aufspaltung der Doppelbindung zu einem Makromolekül verbinden.

Proton: Protonen sind elektrisch positiv geladene Elementarteilchen im Atomkern von Atomen.

Protonenzahl (Ordnungszahl): Die Protonenzahl gibt die Anzahl der Protonen im Atomkern und zugleich die Anzahl der Elektronen in der Atomhülle an. Sie legt fest, zu welchem Element ein Atom gehört und in welcher Reihenfolge die Elemente im PSE stehen.

R

Reaktionsschema: Das Reaktionsschema stellt eine vereinfachte Beschreibung einer chemischen Reaktion dar. Links vom Reaktionspfeil stehen die Ausgangsstoffe und rechts die Reaktionsprodukte.

Reaktionsgleichung: Eine Reaktionsgleichung ist ein stöchiometrisch ausgeglichenes Reaktionsschema in Symbolschreibweise.

Redoxreaktion: Als Redoxreaktion bezeichnet man eine chemische Reaktion, bei der eine Oxidation und eine Reduktion gleichzeitig ablaufen. Es findet eine Sauerstoffübertragung statt.
Im erweiterten Sinn ist die Redoxreaktion eine Donator-Akzeptor-Reaktion, bei der Elektronenübertragungen stattfinden.

Reduktion: Eine chemische Reaktion, bei der Sauerstoff abgegeben wird, ist eine Reduktion. Im erweiterten Sinn ist die Reduktion eine Teilreaktion der Redoxreaktion, bei der Atome Elektronen aufnehmen. Sie ist die Umkehrung der Oxidation.

Reduktionsmittel: Als Reduktionsmittel bezeichnet man einen Stoff, der bei einer Redoxreaktion einem anderen Stoff den Sauerstoff entzieht.
Im erweiterten Sinn sind Reduktionsmittel Stoffe, die als Elektronendonatoren wirken.

Reinstoff: Reinstoffe sind Stoffe, die aus einer einzigen Stoffart bestehen.

Resublimieren: Das Resublimieren ist der Vorgang, bei dem ein Stoff vom gasförmigen in den festen Aggregatzustand übergeht.

Roheisen: Roheisen ist ein Produkt des Hochofenprozesses. Es ist kein reines Eisen. Es enthält etwa 4 % Kohlenstoff und geringe Anteile an Silicium, Mangan, Phosphor und Schwefel. Durch den Kohlenstoff ist das Roheisen hart und spröde. Es ist damit nicht verformbar und lässt sich mechanisch nur schwer bearbeiten.

S

Säure: Säuren sind Stoffe, die mit Wasser zu sauren Lösungen reagieren.

saure Lösung: Eine wässrige Lösung, die Oxonium-Ionen (H_3O^+-Ionen) enthält, heißt saure Lösung. Ihr pH-Wert ist kleiner als 7. *Beispiel:* Chlorwasserstoff (HCl) in Wasser gelöst

Schalenmodell des Atoms: Modellvorstellung vom Atom. Nach diesem Modell bestehen Atome aus einem Atomkern und einer Atomhülle. Die Atomhülle ist in Elektronenschalen gegliedert. Innerhalb einer Elektronenschale halten sich die Elektronen in etwa gleichem Abstand zum Atomkern auf.

Schmelzen: Das Schmelzen ist der Vorgang, bei dem ein Stoff vom festen in den flüssigen Aggregatzustand übergeht.

Schmelztemperatur: Ein Stoff geht bei seiner Schmelztemperatur vom festen in den flüssigen Aggregatzustand über. Die Schmelztemperatur ist eine für jeden Stoff charakteristische Eigenschaft.

Schwermetall: Metalle werden nach ihrer Dichte in Schwer- und Leichtmetalle eingeteilt. Schwermetalle haben eine Dichte, die größer als $5\,\frac{g}{cm^3}$ ist.

Sedimentieren: Das Sedimentieren ist ein Trennverfahren, bei dem die unterschiedliche Dichte der Stoffe einer Aufschlämmung oder Suspension genutzt wird. Die Stoffe mit der größeren Dichte sinken und setzen sich als Bodensatz ab.

Seifen: Seifen sind Alkalimetallsalze von Fettsäuren (langkettigen Carbonsäuren).

Sieben: Das Sieben ist ein Trennverfahren, bei dem Stoffe aufgrund ihrer Größe getrennt werden.

Siedetemperatur: Ein Stoff geht bei seiner Siedetemperatur vom flüssigen in den gasförmigen Aggregatzustand über. Die Siedetemperatur ist eine für jeden Stoff charakteristische Eigenschaft.

Stahl: Stahl wird aus Roheisen erzeugt, indem man den Kohlenstoffanteil unter 2 % reduziert. Er kann als Legierung auch noch weitere Zusätze wie Chrom, Vanadium, Nickel, Silicium o. A. enthalten. Im Gegensatz zu Roh- und Gusseisen lässt sich Stahl gut schmieden und ist verformbar.

Stoff: Unter einem Stoff versteht man das Material, aus dem ein Körper besteht. Stoffe besitzen kennzeichnende Eigenschaften. Aufgrund dieser Eigenschaften lassen sich Stoffe voneinander unterscheiden.

Stoffgemisch: Stoffgemische setzen sich aus mehreren Reinstoffen zusammen.

Stoffteilchen: Die kleinen Teilchen eines Reinstoffs, also Atome, Moleküle und Ionen, sind die Stoffteilchen. Bei Salzen bildet eine Ionengruppe ein Stoffteilchen.

Strukturformel: Die Strukturformel zeigt neben Art und Anzahl der gebundenen Atome vor allem den räumliche Bau des Moleküls und die Art der chemischen Bindung zwischen den Atomen.

Sublimieren: Das Sublimieren ist der Vorgang, bei dem ein Stoff vom festen in den gasförmigen Aggregatzustand übergeht.

Summenformel: Die Summenformel gibt an, aus welchen und aus wie vielen Atomen eine chemische Verbindung besteht.

Synthese: Eine chemische Reaktion, bei der aus verschiedenen Stoffen eine neue Verbindung hergestellt wird, nennt man Synthese.

T

Thermoplaste: Thermoplaste sind Kunststoffe, die durch Erwärmen weich und formbar werden.

Treibhauseffekt: Die Erdatmosphäre wirkt wie das Dach eines gläsernen Treibhauses: Die Sonnenstrahlen werden durchgelassen und erwärmen die Erdoberfläche. Von der Erdoberfläche wird nun Wärme in den Weltraum abgestrahlt. Die Gase in der Atmosphäre nehmen diese Wärmestrahlung auf und halten so einen Teil der Wärme auf der Erde. Dies wird als natürlicher Treibhauseffekt bezeichnet. Ohne diesen Effekt läge die Durchschnittstemperatur auf der Erde bei −18 °C. Durch die von Menschen verursachte Anreicherung von Treibhausgasen, u.a. Kohlenstoffdioxid, Methan und Lachgas, wird der Treibhauseffekt der Atmosphäre verstärkt.

V

Van-der-Waals-Kräfte: Schwache Anziehungskräfte, die zwischen unpolaren Molekülen wirken, heißen Van-der-Waals-Kräfte. Sie sind beispielsweise für die Viskosität von Kohlenwasserstoffen verantwortlich.

Verbindung: Verbindungen sind Reinstoffe, die durch chemische Reaktion in verschiedene Elemente zerlegt werden können.

Verdampfen: Das Verdampfen ist der Vorgang, bei dem ein Stoff beim Sieden vom flüssigen in den gasförmigen Aggregatzustand übergeht.

Verdunsten: Das Verdunsten ist ein Trennverfahren, bei dem man das Lösungsmittel einer Lösung ohne Erhitzen verdunsten lässt. Der gelöste Feststoff bleibt zurück.

Veresterung: Eine chemische Reaktion, bei der ein Alkohol mit einer Säure unter Abspaltung von Wasser reagiert, heißt Veresterung.

Verhältnisformel: Die Verhältnisformel einer chemischen Verbindung gibt an, aus welchen Atomen die Verbindung besteht und in welchem Zahlenverhältnis die Atome in der Verbindung gebunden sind.

Volumen: Das Volumen V ist der Rauminhalt eines Körpers bzw. Objekts.

W

Wärmeleitfähigkeit: Die Wärmeleitfähigkeit ist eine Stoffeigenschaft, die die Fähigkeit eines Stoffes kennzeichnet, thermische Energie, d.h. Wärme, durch Wärmeleitung zu transportieren.
Metalle sind gute Wärmeleiter.

Wasserstoffbrückenbindung: Anziehungskräfte zwischen Wasser-Molekülen oder anderen Dipolmolekülen, bei denen ein Wasserstoffatom an ein elektronegatives Element gebunden ist, heißen Wasserstoffbrückenbindung. Sie werden zwischen benachbarten Molekülen ausgebildet und führen zu großen Molekülverbänden.

Wertigkeit: Die Wertigkeit eines Elements gibt an, wie viele Wasserstoffatome ein Atom dieses Elements binden kann.
Bei Ionen entspricht sie der Ladungszahl, das heißt der Anzahl der Elektronen, die aufgenommen oder abgegeben werden können.
Die Wertigkeit kann aus der Hauptgruppennummer des Periodensystems abgeleitet werden. *Beispiel:* Atome der ersten und siebten Hauptgruppe sind einwertig, Atome der zweiten und sechsten zweiwertig.

Z

Zentrifugieren: Das Zentrifugieren ist ein Trennverfahren, bei dem die unterschiedliche Dichte der Stoffe einer Aufschlämmung oder Suspension ausgenutzt wird. Die Stoffe mit der größeren Dichte sinken und setzen sich als Bodensatz ab. Durch schnelle Rotation in der Zentrifuge wird die Zentrifugalkraft genutzt, um den Prozess zu beschleunigen.

Wichtige Größen in der Chemie

Größen in der Chemie					
Größe	Formelzeichen	Einheit	Größe	Formelzeichen	Einheit
Masse	m	kg, g	Dichte	ϱ	kg/m³, g/cm³, g/l
Volumen	V	m³, l	Massenanteil	w	1, %
Stoffmenge	n	mol	Volumenanteil	φ	1, %
molare Masse	M	g/mol	Massenkonzentration	β	g/l
molares Volumen	V_m	l/mol	Stoffmengenkonzentration	c	mol/l
Teilchenanzahl	N	1	Temperatur	T, ϑ	K, °C

Konstanten in der Chemie	
Normdruck P_n	$P_n = 1013$ hPa
Normtemperatur T_n	$T_n = 273{,}15$ K
molares Volumen eines idealen Gases im Normzustand $V_{m,n}$	$V_{m,n} = 22{,}4$ l/mol
Avogadro-Konstante N_A	$N_A = 6{,}022\,1367 \cdot 10^{23}$ mol⁻¹

Größengleichungen in der Chemie			
Dichte		molare Masse	molares Volumen
$\varrho = \frac{m}{V}$	$\varrho = \frac{M}{V_m}$	$M = \frac{m}{n}$	$V_m = \frac{V}{n}$
Massenanteil		Volumenanteil	
$w(\text{Stoff}) = \frac{m(\text{Stoff})}{m(\text{Stoffgemisch})}$		$\varphi(\text{Stoff}) = \frac{m(\text{Stoff})}{m(\text{Stoffgemisch})}$	
Massenkonzentration		Stoffmengenkonzentration	
$\beta(\text{Stoff}) = \frac{m(\text{Stoff})}{V(\text{Stoffgemisch})}$		$c(\text{Stoff}) = \frac{n(\text{Stoff})}{V(\text{Stoffgemisch})}$	

Vorsätze von Einheiten (Auswahl)			
Vorsatz	Kurzzeichen	Faktor, mit dem die Einheit multipliziert wird	
Giga	G	1 000 000 000	(10^9)
Mega	M	1 000 000	(10^6)
Kilo	k	1 000	(10^3)
Hekto	h	100	(10^2)
Dezi	d	0,1	(10^{-1})
Zenti	c	0,01	(10^{-2})
Milli	m	0,001	(10^{-3})
Mikro	µ	0,000 001	(10^{-6})
Nano	n	0,000 000 001	(10^{-9})

Laborgeräte

Musterlösungen der Teste-dich-Aufgaben

Mein neues Fach – Chemie! (S. 26)

1 1. Betritt den Chemieraum nur gemeinsam mit einer Chemielehrerin oder einem Chemielehrer.
2. Essen und Trinken ist im Chemieraum verboten.
3. Ohne Aufforderung der Chemielehrerin oder des Chemielehrers dürfen Geräte, Schalter und Chemikalien nicht berührt werden.
4. Gehe mit den Geräten und Chemikalien verantwortungsvoll um.

2 Nico hat nicht richtig gehandelt, denn er sollte sich die Schutzbrille aufsetzen, bevor er die Geräte und Chemikalien vom Pult holt. Es können auch Unfälle beim Vorbereiten der Experimente passieren (er könnte z. B. stolpern) oder eine Mitschülerin oder ein Mitschüler führt das Experiment bereits durch, während Nico die letzten Chemikalien vom Pult holt.

3 1. Die Chemikalienbehälter dürfen nur zur Entnahme von Material geöffnet und müssen direkt danach wieder verschlossen werden.
2. Kaputte Geräte dürfen nicht verwendet werden. Die Lehrerin oder der Lehrer müssen über das schadhafte Gerät informiert werden.

4a

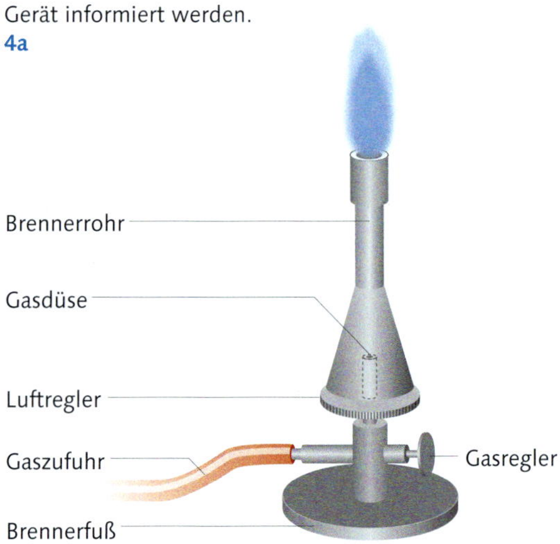

b Zündquelle bereithalten, Gashahn am Tisch öffnen, Gasregler am Brenner öffnen und austretendes Gas sofort entzünden, je nach gewünschtem Flammentyp Luftzufuhr regulieren

5a *links:* leuchtende Flamme, *rechts:* nicht leuchtende Flamme

b Die Temperatur in der Flamme eines Gasbrenners hängt von der Luftzufuhr ab: Je weiter der Luftregler aufgedreht ist, desto höher ist die Flammtemperatur.

c Mit der leuchtenden Flamme wird im Chemieunterricht selten gearbeitet, weil die Temperatur der Flamme für viele Experimente zu niedrig ist. Außerdem rußt diese Flamme stark.

6 Das Bild zeigt einen Reagenzglashalter, ein Reagenzglas, einen Erlenmeyerkolben und einen Mörser mit Pistill.

7a Fülle nur kleine Mengen in das Reagenzglas.
Halte das Reagenzglas mit einem Reagenzglashalter fest.
Bewege das Reagenzglas beim Erhitzen gleichmäßig in der Flamme hin und her. Achte immer darauf, dass die Öffnung des Reagenzglases nicht auf Personen gerichtet ist.

b Eine individuelle Zeichnung zeigt die genannten Regeln.

8 *linkes Gefahrenpiktogramm:* Substanz ist leicht entzündlich (GHS02); *rechtes Gefahrenpiktogramm:* Substanz ist ätzend (GHS05)

9 Alte Medikamente dürfen auf keinen Fall in den Abfalleimer oder Ausguss gegeben werden. Sie müssen sachgerecht entsorgt werden. Dafür gibt es häufig ein Schadstoffmobil oder eine Sammelstelle. Manche Apotheken nehmen die abgelaufenen Medikamente auch zurück.

10 Ein Protokoll sollte immer eine Problemfrage, eine Vermutung, die Geräte- und Chemikalienliste, eine Beschreibung der Durchführung, der Beobachtung sowie eine Auswertung enthalten.

Stoffe erkennen und Stoffgemische trennen (S. 64/65)

1a *Stoffe:* Holz, Gold, Glas, Baumwolle, Aluminiumfolie, Wasser, Grillkohle, Styropor, Zucker, Mehl, Essig

b *feste Stoffe:* Holz, Gold, Glas, Baumwolle, Aluminiumfolie, Grillkohle, Styropor, Zucker, Mehl; weitere Beispiele: Salz, Silber; *flüssige Stoffe:* Wasser, Essig; weitere Beispiele: Klebstoff, Limonade
oder
Metalle: Gold, Aluminiumfolie; weitere Beispiele: Silber, Kupfer; *Nichtmetalle:* Holz, Glas, Baumwolle, Wasser, Grillkohle, Styropor, Zucker, Mehl, Essig; weitere Beispiele: Klebstoff, Limonade

2 Bei den meisten Rezepten werden die Mengen für Mehl und Zucker in g angegeben. Da Zucker und Mehl eine unterschiedliche Dichte haben, müssen für diese Stoffe extra Skalen angegeben werden. So kann man auch ohne Waage die richtige Masse der Stoffe abmessen.

3 Ein Messzylinder wird zu zwei Dritteln mit Wasser gefüllt und das genaue Volumen notiert. Das 5-Cent-Stück wird vorab gewogen. Nun gibt man die Münze vorsichtig in den Messzylinder und das Wasservolumen wird bestimmt. Die Differenz wird berechnet. Der erhaltene Wert für die Masse wird durch das ermittelte Volumen dividiert und die errechnete Dichte mit dem Dichtewert von Kupfer ($8{,}92\ \frac{g}{cm^3}$) verglichen.

4 Dichteberechnung: $\frac{936{,}6\ g}{105\ cm^3} = 8{,}92\ \frac{g}{cm^3}$
Eisen hat eine Dichte von $7{,}87\ \frac{g}{cm^3}$, sodass die Metallkugel nicht aus Eisen bestehen kann und Hannah unrecht hat. Die Kugel besteht aus Kupfer, denn Kupfer hat eine Dichte von $8{,}92\ \frac{g}{cm^3}$.

5 Form ist keine Stoffeigenschaft.

6a Aluminium und Magnesium sind Leichtmetalle. Aufgrund ihrer geringen Masse sind sie daher für den Flugzeugbau geeignet, weil z. B. Flugzeuge aus Schwermetallen wesentlich mehr Kerosintreibstoff verbrauchen würden.

b Für den Autobau haben diese Metalle den Nachteil, dass sie sich leicht verformen lassen. So entstehen bei der Verwendung für Autokarosserien leicht Beulen.

7 Da die Getränkedose aus einem Metall besteht, das die Wärme gut leitet, lässt sich die Cola in der Dose schneller abkühlen. PET (Kunststoff) leitet die Wärme schlecht.

8 Beim Lösen in Wasser schieben sich die Wasserteilchen zwischen die Salzteilchen. Dadurch werden die Salzteilchen voneinander getrennt und verteilen sich gleichmäßig zwischen den Wasserteilchen. Die verteilten Teilchen sind so klein, dass sie mit bloßem Auge nicht mehr sichtbar sind.

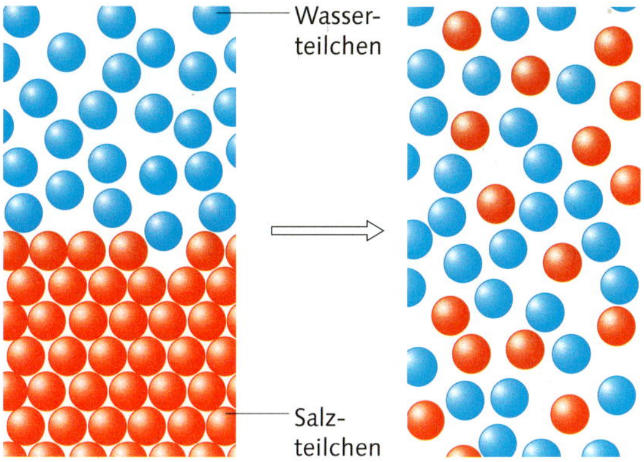

9 Schwermetalle besitzen eine Dichte, die größer als $5\,\frac{g}{cm^3}$ ist. Beispiel: Blei

10

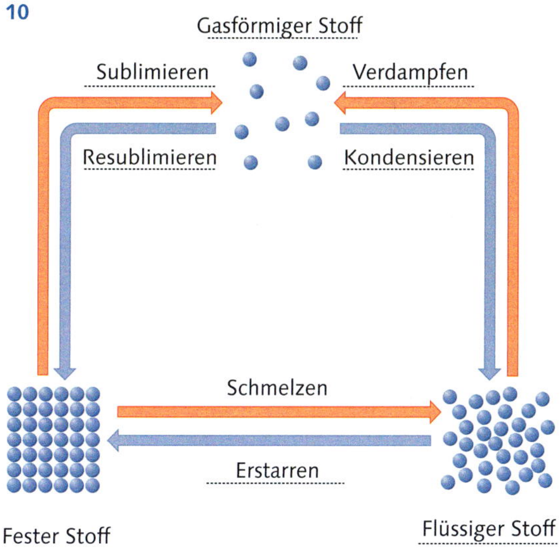

11

Bezeichnung	Zustandsformen der Bestandteile	Beispiele
Gemenge	fest-fest	Waschpulver
Emulsion	flüssig-flüssig	Handcreme
Lösung	fest-flüssig	Meerwasser
Lösung	flüssig-flüssig	Weinbrand
Suspension	fest-flüssig	Orangensaft
Legierung	Kupfer/Zinn	Bronze
Rauch	fest-gasförmig	Zigarettenqualm

12 Nein, Christoph hat nicht recht. Leitungswasser enthält gelöste Stoffe, die man nicht sehen kann.
13 Eine Suspension ist ein heterogenes Stoffgemisch aus einer Flüssigkeit und einem darin fein verteilten Feststoff. Eine Emulsion ist ebenfalls ein heterogenes Stoffgemisch. Es besteht aus zwei eigentlich nicht mischbaren Flüssigkeiten, Fett und Wasser. Mithilfe eines Emulgators können die Fetttröpfchen aber im Wasser verteilt werden.
14 Der Kaffee hat eine geringere Dichte als Milch und schwimmt deshalb auf der Milch.
15 Diese Angabe bezieht sich auf den Massenanteil des Silbers im Schmuckstück. 925 bedeutet hier konkret, dass von 1000 Gewichtsteilen 925 Teile Silber sind. Der Rest setzt sich aus anderen Metallen zusammen.
16a

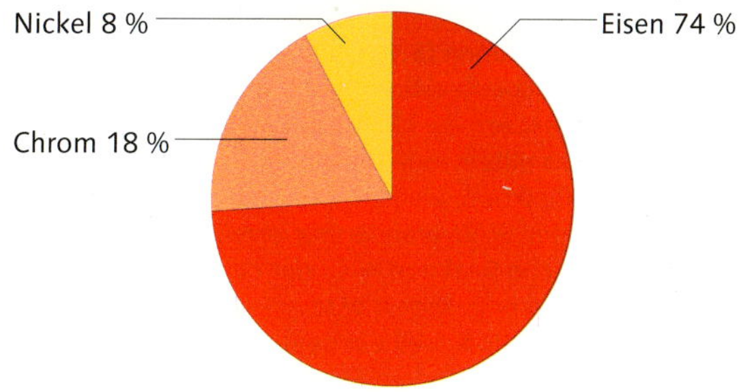

b Der Topf wiegt 500 g.
c Der Topf enthält 370 g Eisen.
17 In einem heterogenen Stoffgemisch bilden die Teilchen mindestens zweier verschiedener Stoffe einen Teilchenverband. Die einzelnen Bestandteile sind mit bloßem Auge oder unter dem Mikroskop zu erkennen. Bei einem homogenen Stoffgemisch sind die einzelnen Bestandteile so fein verteilt, dass sie nicht mehr zu unterscheiden sind.
18 Das Glas beschlägt beim Herausnehmen aus dem Tiefkühlschrank.
Erklärung: Das Glas wurde im Tiefkühlschrank stark abgekühlt. Kommt die im Vergleich wärmere Raumluft nun mit der kalten Glasfläche in Berührung, so kondensiert das Wasser aus der Luft an dem Glas und es beschlägt.
19a Die Eisenspäne können zunächst mit einem Magneten aus dem Gemisch entfernt werden. Anschließend wird das Restgemisch in Wasser gegeben: Der Zucker löst sich, der Holzstaub schwimmt auf dem Wasser und der Sand setzt sich am Boden ab. Nun kann der Holzstaub abgeschöpft und der Sand abfiltriert bzw. dekantiert werden. Zum Schluss kann der Zucker durch Eindampfen wieder vom Wasser getrennt werden.
b

Trennverfahren	Eigenschaft des Stoffes
Trennen mit Magnet	ist magnetisch
Lösen in Wasser	Löslichkeit
Abschöpfen	Dichte
Dekantieren/Filtrieren	Dichte
Eindampfen	Siedetemperatur

20 Die Gewinnung von Duftstoffen kann mittels Wasserdampfdestillation erfolgen. Dazu wird heißer Wasserdampf über das pflanzliche Material geleitet, wobei die wasserlöslichen Pflanzenbestandteile gelöst werden.
Das Wasser mit den gelösten Duftstoffen kondensiert anschließend.

21 In Dunstabzugshauben und Atemschutzmasken befinden sich Filter aus Aktivkohle. Aktivkohle ist ein poröser Feststoff, in dessen Hohlräumen im Fall der Dunstabzugshaube Fett-Moleküle und im Fall der Atemschutzmaske Schadstoffteilchen festgehalten werden. Das Trennverfahren, das auf der Anlagerung von Molekülen an eine feste Oberfläche beruht, nennt man Adsorbieren.
22 Milch ist ein Stoffgemisch, weil sie unter anderem aus Wasser, Kohlenhydraten, Fett, Eiweiß und Vitaminen besteht.

Chemische Reaktionen (S. 82)

1a keine chemische Reaktion, weil die kleinsten Zuckerteilchen nur zwischen die kleinsten Wasserteilchen wandern, aber nicht miteinander reagieren
b chemische Reaktion, weil Lichterscheinung und Reaktionsprodukt eine Stoffveränderung anzeigen
c keine chemische Reaktion, weil nur der Aggregatzustand von Wasser geändert wird
d chemische Reaktion, weil ein neuer Stoff, nämlich Joghurt, entsteht, der andere Eigenschaften als Milch hat
e keine chemische Reaktion, weil es sich nur um eine Änderung des Aggregatzustands handelt
f chemische Reaktion, weil Popcorn ganz andere Eigenschaften als ein Maiskorn hat
2 Beim Zünden des silberschwarzen Gemischs der Ausgangsstoffe Zink und Schwefel ist eine starke Lichterscheinung sowie eine Qualm- und Wärmeentwicklung zu beobachten. Das Reaktionsprodukt (Zinksulfid) hat eine gelbweiße Farbe. Außerdem lässt sich das Produkt nicht mit den bekannten Trennverfahren in Schwefel und Zink auftrennen.
3 Chemische Elemente sind Reinstoffe, die sich nicht in andere Stoffe zerlegen lassen und nur aus einer Sorte von Atomen bestehen. Chemische Verbindungen sind ebenfalls Reinstoffe, die aber aus mindestens zwei verschiedenen chemischen Elementen und damit auch aus mindestens zwei verschiedenen Atomsorten aufgebaut sind.
4 Die Aussage, dass Kupfersulfid kein Reinstoff ist, ist falsch. Kupfersulfid ist ein Reinstoff. Es besteht nur aus einer Stoffart. Es ist richtig, dass Kupfersulfid eine chemische Verbindung ist.
5 *Elemente:* Silber, Gold; *Verbindungen:* Speiseöl, Zinksulfid, Wasser
6a

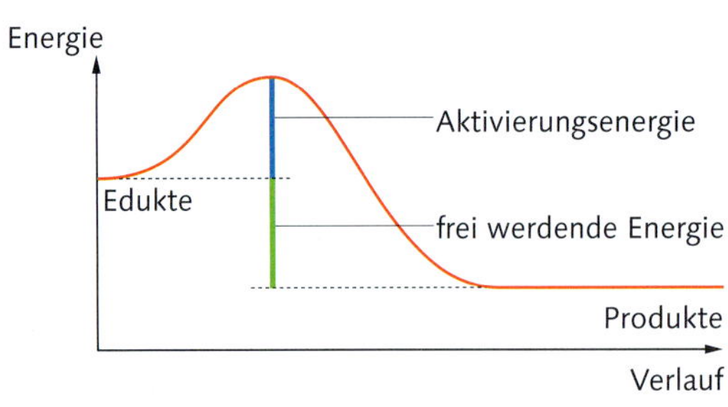

b Entzünden eines Kaminfeuers
7 Die Aktivierungsenergie ist die Energie, die zum Auslösen einer chemischen Reaktion benötigt wird. Das Reiben des Streichholzes an der Fläche liefert die Aktivierungsenergie, die für das Entzünden notwendig ist.
8a Silber + Schwefel → Silbersulfid
b Die Reaktion von Silber und Schwefel zu Silbersulfid ist eine exotherme Reaktion. Da die Zerlegung in die beiden Elemente eine endotherme Reaktion ist, muss die Bildung exotherm verlaufen. Da auch die Bildung von Zinksulfid eine exotherme Reaktion ist, kann man darauf schließen, dass auch die Bildung von Silbersulfid eine exotherme Reaktion ist.
9

Element	Wissenschaftlicher Name	Symbol
Eisen	Ferrum	Fe
Aluminium	Aluminium	Al
Schwefel	Sulfur	S
Kupfer	Cuprum	Cu
Wasserstoff	Hydrogenium	H
Sauerstoff	Oxygenium	O
Kalium	Kalium	K
Quecksilber	Hydrargyrum	Hg

10 Bei einer chemischen Reaktion werden die Atome der Ausgangsstoffe durch die zugeführte Energie angeregt, sich umzuordnen. Das Reaktionsprodukt besteht aus der gleichen Art und Anzahl an Atomen wie die Ausgangsstoffe. Die Atome der Ausgangsstoffe ordnen sich im Reaktionsprodukt neu an.

Luft und Oxidation (S. 104)

1 Luft besteht aus 78 % Stickstoff, 21 % Sauerstoff, <1 % Edelgase und 0,04 % Kohlenstoffdioxid.

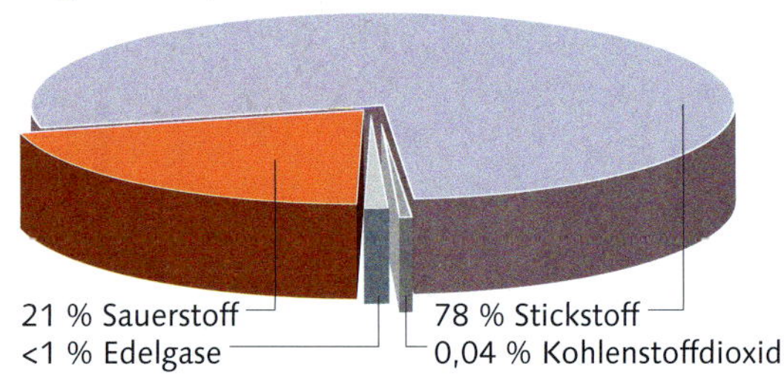

2a künstliche Beatmung, Treibstoff für Raketen
b Tiefkühlung von Lebensmitteln, Aufbewahrung von biologischem Material, Vereisen von Warzen, Herstellung von Düngemitteln und Sprengstoffen
3 Durch das Blasen steht der Glut mehr Luft zur Verfügung. Luft ist eine der drei Voraussetzungen für die Entstehung eines Feuers.

4

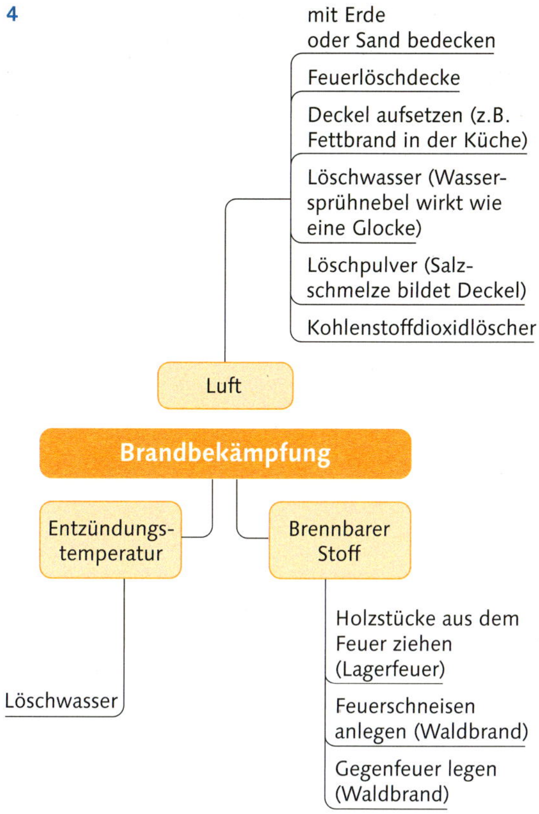

5 Edelmetalle haben ein geringeres Bestreben, mit Sauerstoff zu reagieren, als die unedlen Metalle.
6 Unterbodenschutz aus Kunststoff, Aufbringen einer Zinkschicht auf der Karosserie
7 Das Gesetz von der Erhaltung der Masse besagt, dass bei einer chemischen Reaktion die Summe der Masse der Ausgangsstoffe gleich der Summe der Masse der Reaktionsprodukte sein muss. Da bei der Verbrennung der Kerze an der Luft nicht nur die Masse der Kerze, sondern auch die Masse des Ausgangsstoffs Sauerstoff berücksichtigt werden muss, ist es kein Widerspruch, dass eine größere Menge Abgase entsteht.
8 Beim Zünden verbindet sich das Magnesium mit dem Sauerstoff. Dadurch entsteht in der Birne ein Unterdruck. Durch den äußeren Luftdruck und die Reaktionswärme kommt es zu einer Implosion.
9 Metalloxide, wie Eisenoxid, bestehen aus Atomverbänden. Nichtmetalloxide, wie Kohlenstoffdioxid, bestehen aus Molekülen.
10a Natrium + Sauerstoff → Natriumoxid
$4\ Na + O_2 \rightarrow 2\ Na_2O$
b Aluminium + Sauerstoff → Aluminiumoxid
$4\ Al + 3\ O_2 \rightarrow 2\ Al_2O_3$
11 Als Emission bezeichnet man Schadstoffe, die von einem Verursacher ausgestoßen werden, z. B. Stickstoffoxide von einem Auto. Unter Immission versteht man die Einwirkung von Schadstoffen, die bei Emissionen frei werden, auf die Umwelt.
12a Das Sonnenlicht kann durch die Glasscheibe ins Innere des Gewächshauses gelangen und erwärmt Boden und Pflanzen. Allerdings gelangt die von Boden und Pflanzen abgegebene Wärmestrahlung nicht wieder nach außen, da sie – anders als das Sonnenlicht – das Glas nicht durchdringen kann. Dies führt zu einer Erwärmung im Inneren des Gewächshauses.
b Für die Erde wirkt die gasförmige Lufthülle wie die Glasscheibe eines Gewächshauses und verhindert, dass die Erde stark abkühlt. Daher werden diese Gase auch Treibhausgase genannt. Es sind vor allem Wasserdampf, Kohlenstoffdioxid, Methan und Ozon.

Metalle und Metallgewinnung (S. 122)

1 Im Gegensatz zu Kupfer und Eisen kommen die Edelmetalle Gold und Silber in der Natur elementar (ungebunden) vor. Kupfer und Eisen liegen gebunden in Erzen vor und müssen erst durch chemische Reaktionen unter Einsatz von Energie gewonnen werden.
2 Weil Nickeloxid mit Eisen reduziert werden kann, ist Nickel edler als Eisen. Da eine Reduktion von Nickeloxid mit Kupfer nicht stattfindet, ist Nickel unedler als Kupfer.
3a Zur Reduktion von Zinkoxid muss ein unedleres Metall als Zink verwendet werden, z. B. Aluminium.
b $3\ ZnO + 2\ Al \rightarrow 3\ Zn + Al_2O_3$
c Es handelt sich um eine Redoxreaktion, weil gleichzeitig Zink reduziert und Aluminium oxidiert wird.
d Zinkoxid ist das Oxidationsmittel, weil es Aluminium oxidiert. Dementsprechend ist Aluminium das Reduktionsmittel, weil es Zinkoxid reduziert.
4

Reduktion

$Ag_2O + Cu \rightarrow 2\ Ag + CuO$

Oxidation

5 Man kann Magnesiumoxid nicht mit Holzkohle reduzieren, weil Magnesium ein stärkeres Bindungsbestreben zu Sauerstoff hat als Kohlenstoff.
6a Roteisenstein und Magneteisenstein
b Neben Kohlenstoff sind im Roheisen auch geringe Mengen Phosphor, Mangan, Silicium und Schwefel enthalten.
c Roheisen ist hart und spröde und deshalb auch nicht formbar.
d Roheisen wird als Gusseisen z. B. für Pfannen und zur Stahlherstellung verwendet.
e $Fe_3O_4 + 4\ C \rightarrow 3\ Fe + 4\ CO$ *oder*
$Fe_3O_4 + 2\ C \rightarrow 3\ Fe + 2\ CO_2$ *oder*
$Fe_3O_4 + 4\ CO \rightarrow 3\ Fe + 4\ CO_2$
7a Im Roheisen sind ca. 4 % Kohlenstoff enthalten.
b Stahl hat einen Kohlenstoffgehalt unter 2 %.
8a Der Schrott dient als zusätzliches Oxidationsmittel für die Verunreinigungen und bewirkt zudem eine Abkühlung der Schmelze, sodass diese nicht überhitzt.
b Durch die Wiederverwendung von Schrott (Recycling) wird für diesen Schrott kein Deponieraum benötigt. Zudem werden Rohstoffvorkommen der Erde geschont. Weil für die Erzeugung von Metallen aus Erzen sehr viel Energie benötigt wird, ist der Einsatz von Schrott auch aus ökonomischer Sicht sinnvoll.
9a Das Sauerstoffaufblasverfahren ist eine Methode zur Stahlherstellung. Sauerstoff wird auf die Roheisenschmelze geblasen, wodurch der im Roheisen enthaltene Kohlenstoff und andere Verunreinigungen oxidiert werden. Die gasförmigen Oxide entweichen und die festen Oxide werden durch die Zuschläge gebunden. Neben dem Sauerstoff dient auch Eisenschrott als Oxidationsmittel.

b Der gebrannte Kalk dient als Bindemittel für die festen Oxide in der Roheisenschmelze. Er verbindet sich mit Phosphoroxid und den anderen festen Oxiden zur Kalkschlacke.
10a *Eigenschaften:* korrosionsbeständig (rostfrei), beständig gegenüber Säuren und Laugen; *Verwendung:* Töpfe im Haushalt, Werkzeuge
b *Eigenschaften:* extrem hart, hitzebeständig; *Verwendung:* Schneidewerkzeuge, Bohrer
11a Der Anteil an Nickel beträgt 36 %. Bei diesem Spezialstahl handelt es sich um Invarstahl. Er ist sehr hitzebeständig und würde sich auch bei hohen Temperaturen nicht ausdehnen.
b Man könnte diesen Stahl z. B. in Präzisionsmessinstrumenten verwenden.

Wasser und Wasserstoff (S. 136)

1 96,5 % des Wassers auf der Erde sind Salzwasser. Nur 3,5 % des Wassers sind Süßwasser.
2 Der größte Teil, etwa 99 % des auf der Erde vorkommenden Süßwassers, befindet sich als Eis an Nord- und Südpol.
3 Im Haushalt wird Trinkwasser fürs Duschen oder Baden, für die Toilettenspülung, für das Geschirrspülen und Wäschewaschen sowie für die Garten- und Autopflege verwendet.
4a Das Zerlegen einer chemischen Verbindung wie Wasser nennt man Analyse.
b Bei der Zerlegung von Wasser entstehen Wasserstoff und Sauerstoff. Beide Gase können mit einem Reagenzglas aufgefangen werden. Das mit Wasserstoff gefüllte Reagenzglas wird mit der Öffnung an eine Flamme gehalten, dort verpufft der Wasserstoff mit einem pfeifenden Geräusch oder einem „Plopp“ (Knallgasprobe). In das Reagenzglas mit Sauerstoff hält man einen glimmenden Span, der aufflammt (Glimmspanprobe).
5a Bei der Verbrennung verbindet sich der Wasserstoff mit dem Sauerstoff der Luft zu Wasser, das sich auf dem Becherglas niederschlägt.
b Wasserstoff + Sauerstoff → Wasser
$2\,H_2 + O_2 \rightarrow 2\,H_2O$
c Eine solche chemische Reaktion nennt man Synthese.
6a Das Magnesium entzieht dem Wasser den Sauerstoff und wird dabei zu Magnesiumoxid oxidiert. Die Verbrennung wird durch die Zugabe von Wasser also unterstützt.
b Magnesium + Wasser → Magnesiumoxid + Wasserstoff
c Bei der Reaktion von Magnesium und Wasser entsteht als Nebenprodukt Wasserstoff und dieser kann ein explosives Gemisch mit Sauerstoff bilden.
7 Von der Sonne gelieferte Energie (elektromagnetische Strahlung)

Sonnenkollektor

Wärmeenergie

Solarzelle

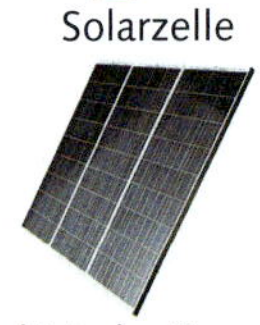

elektrische Energie

8a Wasserstoff eignet sich als Traggas, weil er eine geringere Dichte als Luft hat.
b Wasserstoff bildet ein explosives Gemisch mit Sauerstoff, das schon durch einen kleinen Funken zur Explosion gebracht werden kann, Helium ist reaktionsträge und dadurch sicher in der Verwendung.
9 Die Aussage ist aus chemischer Sicht falsch: Wasser ist eine chemische Verbindung, die aus den Elementen Wasserstoff und Sauerstoff besteht. Luft ist ein Stoffgemisch aus Stickstoff, Sauerstoff, Edelgasen und Kohlenstoffdioxid. Erde ist ebenfalls ein Stoffgemisch.
Feuer ist eine Erscheinung, die auf das Freiwerden von Energie hinweist.

Elementfamilien und Periodensystem (S. 158)

1 Alkalimetalle sind sehr reaktionsfreudig. Sie reagieren mit dem Sauerstoff der Luft und mit Wasser. Deshalb müssen sie in Behältern mit Paraffinöl gelagert oder sogar in Glasampullen eingeschweißt werden.
2 Alkalimetalle werden beispielsweise zur Herstellung von Batterien, Akkus und Feuerwerk verwendet.
3a Beryllium, Magnesium, Calcium, Strontium, Barium, außerdem das radioaktive Radium
b Erdalkalimetalle sind weich und dadurch verformbar. Strom und Wärme leiten sie gut. Sie sind reaktionsfreudig und reagieren mit dem Sauerstoff der Luft. Der typische metallische Glanz wird bei Magnesium und Calcium sichtbar, wenn man ihre Oberfläche anschmirgelt.
c Die Reaktivität nimmt innerhalb der Gruppe zu: Beryllium reagiert gar nicht mit Wasser, Magnesium reagiert nur in warmem Wasser, Barium reagiert heftig mit Wasser.
4 Die sehr reaktionsträgen Edelgase werden immer dann verwendet, wenn chemische Reaktionen nicht eintreten dürfen. *Beispiele:* Traggas für Luftschiffe und Luftballons, Schutzgas für Glühlampen und beim Schweißen
5 Unterscheidung der beiden Stoffe durch Untersuchen der Stoffproben in der nicht leuchtenden Brennerflamme (siehe Versuchsdurchführung im Praktikum). Alkalimetallverbindungen zeigen in der Brennerflamme jeweils eine typische Flammenfarbe (Lithiumverbindungen: karminrot; Kaliumverbindungen: hellrot). Hält man nacheinander eine Probe des Lithiumchlorids bzw. eine Probe des Kaliumchlorids in die Flamme, kann man die Stoffproben unterscheiden.
6 In der Elementfamilie der Halogene verändern sich die Eigenschaften in der Reihenfolge von Fluor nach Iod: Schmelz- und Siedetemperaturen nehmen zu. Die Giftwirkung und die Intensität des Geruchs nehmen dagegen ab. Auch die Reaktion mit Wasser verliert an Heftigkeit.
7a Das Periodensystem der Elemente besteht aus senkrecht stehenden Spalten, den *Gruppen*, und waagerecht laufenden Zeilen, den *Perioden*, in denen die Elemente angeordnet sind.
b Die Elemente wurden aufsteigend nach ihrer Atommasse in den Perioden angeordnet. Danach wurden die Elemente so angeordnet, dass diejenigen Elemente übereinanderlagen, die chemisch ähnliche Eigenschaften hatten. Auf diese Weise wurden die acht Gruppen erhalten, die von den Alkalimetallen bis zu den Edelgasen reichen.

8a
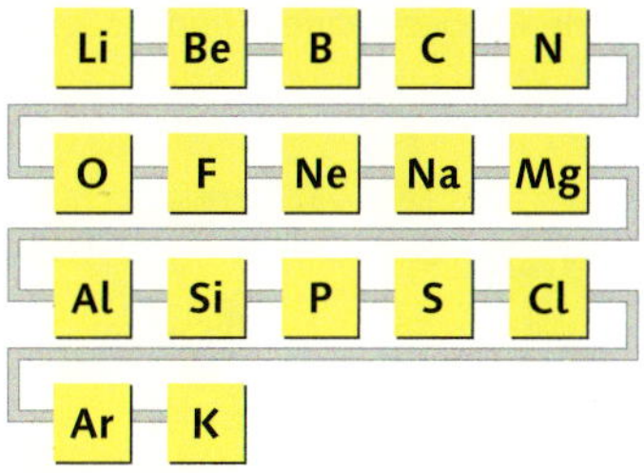

b
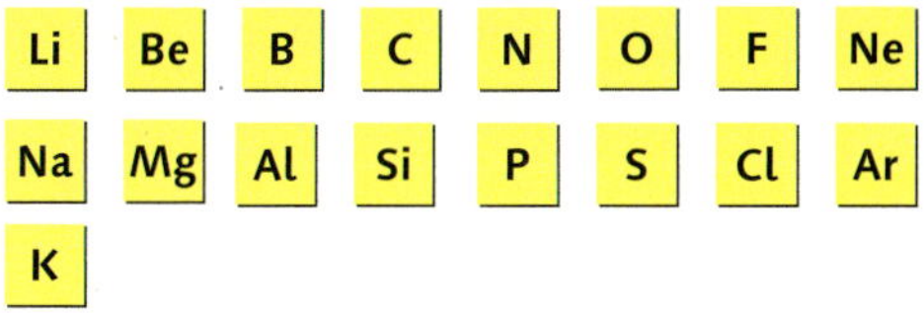

c Alkalimetalle, Erdalkalimetalle, Halogene, Edelgase

9 Die Elemente Kohlenstoff, Germanium, Zinn und Blei sind mit Silicium verwandt, weil sie alle in der vierten Hauptgruppe stehen. Kohlenstoff, Silicium, Germanium, Zinn und Blei haben ähnliche Eigenschaften und bilden eine Elementfamilie.

Bau der Atome (S. 178)

1 Wenn ein Atomkern so groß wäre wie ein Stecknadelkopf, dann würde der Durchmesser der Atomhülle der Höhe eines Fernsehturms gleichkommen. Das entspricht einem Größenverhältnis von etwa 1 : 10 000.

2 Bild a entspricht einem Ergebnis, das RUTHERFORD nach seinem Streuversuch erhalten haben könnte. Bei seinem Experiment stellte er fest, dass die meisten α-Teilchen die Goldfolie ungehindert durchdringen konnten und nur sehr wenige abprallten oder abgelenkt wurden. Da der Schirm während des Experiments kreisförmig um die Strahlungsquelle angeordnet war, schlugen die meisten Teilchen in der Mitte des entrollten Schirms ein.

3 Im Kern-Hülle-Modell bestehen Atome aus einem positiv geladenen, massiven Atomkern, der von einer Atomhülle umgeben ist. In der Atomhülle befinden sich die negativ geladenen, fast masselosen Elektronen. Diese Modellvorstellung wird durch folgende Versuchsergebnisse von RUTHERFORDS Streuversuch begründet:
- Weil die meisten α-Teilchen die Goldfolie durchdringen, müssen Atome zum größten Teil aus leerem Raum bestehen.
- Weil einige wenige α-Teilchen abprallen oder abgelenkt werden, müssen Atome einen positiv geladenen, massiven Atomkern besitzen.

4 *Kern-Hülle-Modell:* Elektronen befinden sich an beliebigen Orten in der Atomhülle.
Schalenmodell: Im Schalenmodell bewegen sich die Elektronen mit großer Geschwindigkeit in unterschiedlicher Entfernung zum Atomkern. Sie befinden sich in bestimmten Aufenthaltsräumen, die wie Schalen um den Atomkern angeordnet sind.
Mit dem Kern-Hülle-Modell konnten die chemischen Eigenschaften der Elemente nicht erklärt werden. Dies gelang durch das Schalenmodell, das die chemischen Eigenschaften der Elemente sowie die gemeinsamen Eigenschaften von Elementfamilien mit der Anordnung der Elektronen in der Atomhülle erklären konnte.

5 Das Heliumatom besitzt zwei positiv geladene Protonen im Atomkern und zwei negativ geladene Elektronen in der Atomhülle. Da sich die positiven und negativen Ladungen ausgleichen, ist das Heliumatom nach außen elektrisch neutral.

6 *Elektronen:* einfach negativ geladene Elementarteilchen mit einer (im Vergleich zu Protonen und Neutronen vernachlässigbar) kleinen Masse; befinden sich in der Atomhülle.
Protonen: einfach positiv geladene Elementarteilchen, die eine Masse von etwa 1 u haben; befinden sich im Atomkern.
Neutronen: elektrisch neutrale Elementarteilchen, die eine Masse von etwa 1 u haben; bilden zusammen mit den Protonen den Atomkern.

7 Informationen zur Atommasse findet man im Periodensystem der Elemente am entsprechenden Elementsymbol. Entscheidend für die Masse eines Atom, ist der Atomkern. Dieser besteht aus positiv geladenen Protonen und neutralen Neutronen.

8
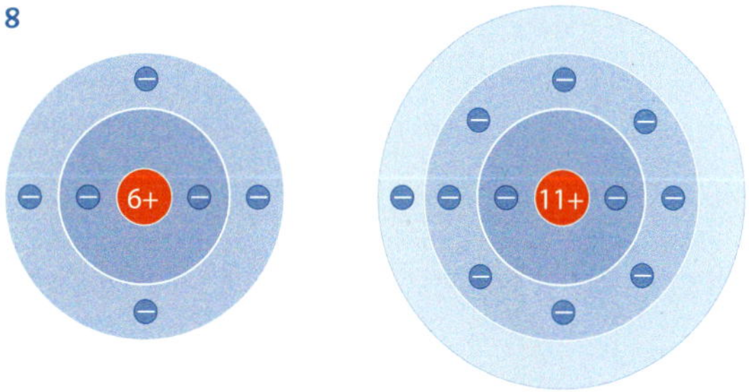

Kohlenstoffatom Natriumatom

9

Element	Elektronenverteilung in den Schalen	Anzahl Protonen	Anzahl Neutronen
Natrium	1.: 2 2.: 8 3.: 1	11	12
Magnesium	1.: 2 2.: 8 3.: 2	12	12
Sauerstoff	1.: 2 2.: 6	8	8

10 Die Elektronen, die sich in der äußersten Schale eines Atoms befinden, werden als Außenelektronen bezeichnet.

11a Das Periodensystem besteht aus acht Hauptgruppen und zehn Nebengruppen. Die Nebengruppen stehen zwischen der zweiten und dritten Hauptgruppe. Die Elemente sind in sieben Perioden angeordnet.

b Die Hauptgruppennummer gibt die Anzahl der Außenelektronen an: Die Atome der ersten Hauptgruppe haben je ein Außenelektron, die der siebten Hauptgruppe je sieben Außenelektronen. Die Nummer der Periode gibt die Anzahl der Elektronenschalen an. *Beispiel:* Magnesium steht in der zweiten Hauptgruppe und in der dritten Periode. Seine Atome haben zwei Außenelektronen und drei Elektronenschalen.

c 20 Elektronen haben die Atome des Elements Calcium. Calcium steht in der zweiten Hauptgruppe und vierten Periode.
14 Elektronen haben die Atome des Elements Silicium. Silicium steht in der vierten Hauptgruppe und dritten Periode.

Chemische Bindungen (S. 210/211)

1 Salz reguliert den Wasserhaushalt der Zellen und den Blutdruck. Es ermöglicht die Reizleitung in den Nervenzellen und wird für die Produktion der Magensäure benötigt.

2 In einer Saline wird das salzhaltige Meerwasser vom Meer abgetrennt. Dazu wird es entweder in flache Becken geleitet oder von Wällen, Balken oder Brettern umgeben. Durch die Wärme verdunstet das Wasser allmählich. Es bildet sich zunächst ein Salzschaum, der langsam zu einer weißen Kruste kristallisiert. Das Salz wird zwischen den Becken gesammelt, um es zu trocknen. Als Produkt erhält man Rohsalz.

3 Beim Nassabbau werden Salzlagerstätten über Bohrlöcher mit Wasser gefüllt. Es entsteht eine Kochsalzlösung. Diese wird abgepumpt und eingedampft, sodass das Salz zurückbleibt.
Beim Trockenabbau wird salzhaltiges Gestein durch Bohren und Sprengen abgebaut. Das Salz wird mithilfe von Wasser aus zerkleinerten Brocken herausgelöst. Die Kochsalzlösung wird eingedampft, sodass das Salz zurückbleibt.

4 Wegen seiner konservierenden Wirkung auf Lebensmittel sowie wegen seines Geschmacks hat Salz seit den Anfängen der Menschheitsgeschichte große Bedeutung. Weil der Abbau und die Gewinnung von Salz bis vor wenigen Hundert Jahren sehr mühsam und aufwendig war, hatte es einen hohen Wert, der sogar mit Gold aufgewogen wurde.

5a Ionen

b Positiv geladene Ionen werden als Kationen bezeichnet, negativ geladene Ionen als Anionen.

6 Wird ein Salzkristall in Wasser gegeben, so lagern sich die polaren Wasser-Moleküle mit ihren positiven Ladungsschwerpunkten an die Chlorid-Ionen und mit ihren negativen Ladungsschwerpunkten an die Natrium-Ionen an. Die Wasser-Moleküle schieben sich zwischen die Ionen, bis diese aus dem Kristall gelöst und komplett von einer Hydrathülle aus Wasser umschlossen sind.

7a Im festen Zustand des Salzes sind die Ionen unbeweglich und fest im Salzkristall gebunden.

b In Wasser gelöst sind die Ionen frei beweglich und können zu den Polen wandern.

c Beim Anlegen einer Gleichspannung wandern die Kationen zum Minuspol und die Anionen zum Pluspol.

8 Salzlösungen und Salzschmelzen, die frei bewegliche Ionen enthalten, werden als Elektrolyte bezeichnet.

9a Die Halogene stehen in der siebten Hauptgruppe, ihre Atome haben 7 Außenelektronen. Solche Atome sind bestrebt, durch Aufnahme eines weiteren Elektrons eine voll besetzte Außenschale und damit den Edelgaszustand zu erreichen.

b Die Alkalimetalle stehen in der ersten Hauptgruppe. Um eine volle Außenschale zu erreichen, müssen Alkalimetallatome ein Elektron abgeben. Da Halogenatome ein Elektron benötigen, reagieren die Halogene bevorzugt mit den Alkalimetallen. Dabei wird ein Elektron ausgetauscht.

10a In einem Ionengitter sind die Ionen regelmäßig angeordnet.

b Durch die starke Anziehung zwischen den negativ und den positiv geladenen Ionen sind Salze sehr hart.

c Wirkt eine große Kraft auf einen Salzkristall, verschieben sich die Schichten des Kristalls. Dadurch liegen gleich geladene Ionen nebeneinander und stoßen sich ab.

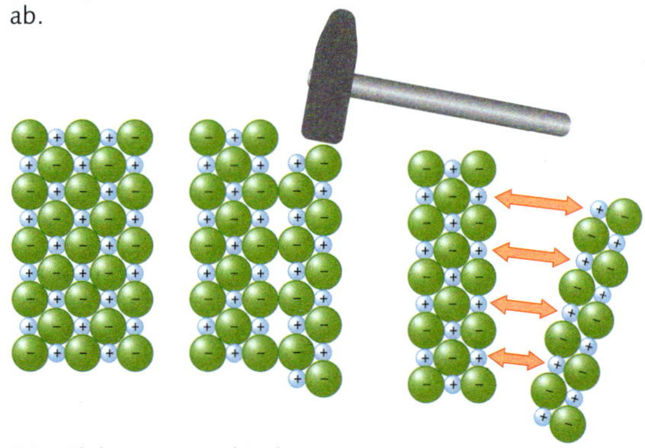

11a Elektronenpaarbindung

b

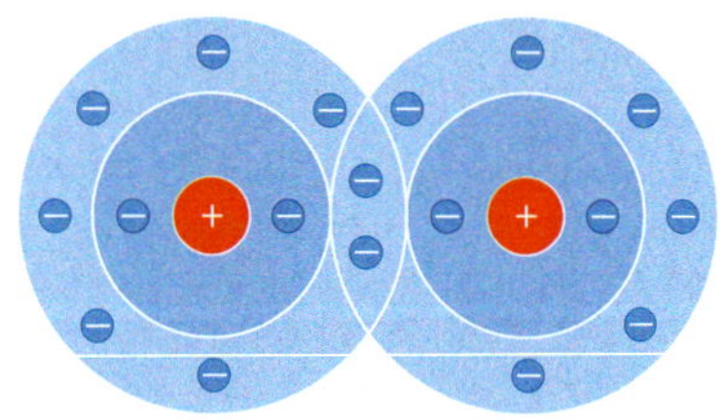

Fluor-Molekül

12

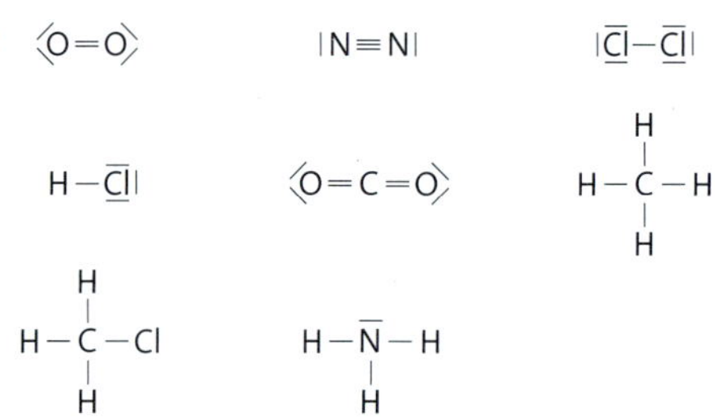

13a *Moleküle:* Sauerstoff, Wasser
Atom: Neon
Ionen: Kupferchlorid, Calciumfluorid

b *Moleküle:* Kohlenstoffdioxid, Methan
Atom: Helium, Argon
Ionen: Natriumchlorid, Bariumsulfat

14a Durch Elektronenverschiebung hat das Wasser-Molekül am Sauerstoffatom negative und an den Wasserstoffatomen positive Teilladungen. Außerdem haben Wasser-Moleküle einen gewinkelten Bau. Sie besitzen deshalb einen positiven und einen negativen Ladungsschwerpunkt. Es sind Dipole.

b Der elektrisch geladene Kunststoffstab zieht den Wasserstrahl an, weil sich die Wasser-Moleküle im Wasserstrahl mit ihren positiven Ladungsschwerpunkten zu den negativen Ladungen des Stabs orientieren.

15a

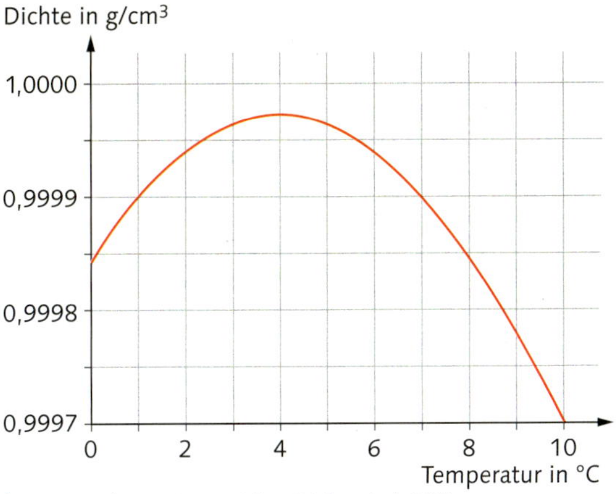

b Wasser hat seine größte Dichte bei 4 °C.

16a Dichteanomalie

b Im flüssigen Wasser liegen die Wasser-Moleküle dicht gepackt nebeneinander. Wenn Wasser gefriert, lagern sich die Wasser-Moleküle dagegen zu einem weiträumigen regelmäßigen Molekülgitter zusammen. Wegen der Wasserstoffbrückenbindungen bildet sich eine Eisgitterstruktur mit großen Hohlräumen. Deshalb ist die Dichte von Eis geringer als die von flüssigem Wasser.

17a Metalle sind aus positiv geladenen Atomrümpfen aufgebaut, zwischen denen sich frei bewegliche Elektronen befinden (Elektronengas).

b *Elektrische Leitfähigkeit:* Die frei beweglichen Elektronen wirken als Ladungsträger und wandern im elektrischen Feld vom Minus- zum Pluspol.

Verformbarkeit: Da das Elektronengas die Atomrümpfe umgibt, lassen sich diese problemlos gegeneinander verschieben.

Wärmeleitfähigkeit: Beim Erwärmen schwingen die Atomrümpfe stärker auf ihren Plätzen. Durch Zusammenstöße mit benachbarten Atomrümpfen wird die Wärmeenergie auf weitere Metallatome übertragen.

18a HCl: EN(H) = 2,1; EN(Cl) = 3,0

Die Differenz der EN-Werte beträgt 0,9. Damit handelt es sich bei Chlorwasserstoff um eine polare Elektronenpaarbindung.

HI: EN(H) = 2,1; EN(I) = 2,5

Die Differenz der EN-Werte beträgt 0,4. Damit handelt es sich bei Iodwasserstoff um eine Elektronenpaarbindung.

b Innerhalb einer Periode nimmt die positive Kernladung zu und damit wird auch die Anziehungskraft des Kerns auf die Außenelektronen größer. Deshalb steigt die Elektronegativität innerhalb einer Periode an.

c Fluor besitzt innerhalb der zweiten Periode die meisten Protonen. Deren Kernanziehung wird nur durch die erste Schale abgeschwächt. Deshalb hat Fluor von allen Elementen den größten Elektronegativitätswert.

19 Werden zwei Elektroden in eine Lithiumchloridschmelze getaucht und wird eine Gleichspannung angelegt, so erfolgt eine erzwungene Redoxreaktion, bei der die Elemente Lithium und Chlor gebildet werden. Am Pluspol werden die Chlorid-Ionen zu Chloratomen oxidiert und am Minuspol die Lithium-Ionen zu Lithiumatomen reduziert.

Oxidation (Pluspol):	$2\ Cl^-$	$\rightarrow Cl_2 + 2\ e^-$
Reduktion (Minuspol):	$2\ Li^+ + 2\ e^-$	$\rightarrow 2\ Li$
Redoxreaktion:	$2\ Li^+ + 2\ Cl^-$	$\rightarrow 2\ Li + Cl_2$

Säuren und Laugen (S. 242)

1a Eigenschaften von Säuren (sauren Lösungen): saurer Geschmack (Achtung: Gefahr!); verändern die Farbe von Indikatoren; leiten den elektrischen Strom; reagieren mit unedlen Metallen, Metalloxiden und Kalk.

b Salzsäure, Schwefelsäure, Kohlensäure, Flusssäure

c Saure Lösungen enthalten immer Oxonium-Ionen und Säurerest-Ionen. Diese Ionen entstehen beim Lösen der Säure in Wasser.

$HCl + H_2O \rightarrow Cl^- + H_3O^+$

2 Die zu untersuchende Lösung wird mit einem Indikator versetzt, z. B. Universalindikator. Die Farbänderung des Indikators zeigt an, ob die Lösung sauer, neutral oder alkalisch ist. *Beispiel:* Universalindikator: rot – saure Lösung, grün – neutrale Lösung, blau-violett – alkalische Lösung

3 Im Chlorwasserstoffgas liegen HCl-Moleküle vor. In Wasser gelöst bildet Chlorwasserstoffgas Salzsäure, eine saure Lösung. In der sauren Lösung liegen H_3O^+-Ionen und Cl^--Ionen vor. Deshalb zeigt Salzsäure im Unterschied zu Chlorwasserstoff die typischen Eigenschaften einer sauren Lösung.

4 Beim Einleiten von Chlorwasserstoff in Wasser zerfallen die Chlorwasserstoff-Moleküle in positiv geladene Oxonium-Ionen und negativ geladene Chlorid-Ionen. Es entstehen freie Ladungsträger für den Stromtransport.

5 Säuren reagieren mit …
- Metallen zu Salz und Wasserstoff:
  $Mg + 2\ HCl \rightarrow MgCl_2 + H_2$
- Metalloxiden zu Salz und Wasser:
  $CuO + 2\ HCl \rightarrow CuCl_2 + H_2O$
- Kalk zu Salz, Kohlenstoffdioxid und Wasser:
  $CaCO_3 + 2\ HCl \rightarrow CaCl_2 + CO_2 + H_2O$

6

1. Schritt: Schwefel wird zu Schwefeldioxid oxidiert.

$S + O_2 \rightarrow SO_2$

2. Schritt: Schwefeldioxid wird katalytisch zu Schwefeltrioxid oxidiert.

$SO_2 + O_2 \rightarrow SO_3$

3. Schritt: Schwefeltrioxid reagiert mit Wasser zu Schwefelsäure.

$SO_3 + H_2O \rightarrow H_2SO_4$

7a Natriumhydroxid – Natronlauge, Kaliumhydroxid – Kalilauge. Alkalische Lösungen wirken ätzend und zersetzen organische Stoffe. Sie verändern die Farbe von Indikatoren und leiten den elektrischen Strom.

b Laugen entstehen bei der Reaktion von Alkali- und Erdalkalimetallen mit Wasser, beim Lösen von Metallhydroxiden in Wasser und bei der Reaktion von Metalloxiden mit Wasser.

c Alkalische Lösungen enthalten immer Hydroxid-Ionen (OH^--Ionen). Sie entstehen durch die Reaktion des Metalls, Metallhydroxids oder Metalloxids mit Wasser.

8 Der pH-Wert gibt an, ob eine Lösung sauer, neutral oder alkalisch ist. Bei einem pH-Wert zwischen 0 und 6 überwiegen die H_3O^+-Ionen und die Lösung ist sauer. Bei einem pH-Wert zwischen 8 und 14 überwiegen die OH^--Ionen und die Lösung ist alkalisch. Bei pH = 7 ist die Lösung neutral.

9 Natrium reagiert in einer stark exothermen Reaktion heftig mit Wasser zu Natronlauge. Außerdem wird Wasserstoff gebildet, der sich entzünden kann.

$2\ Na + 2\ H_2O \rightarrow H_2 + 2\ Na^+ + 2\ OH^-$

10 Ammoniak-Moleküle (NH_3) reagieren mit Wasser-Molekülen des angefeuchteten Universalindikatorpapiers zu Ammonium-Ionen und Hydroxid-Ionen. Die Farbänderung des Universalindikators nach Blau zeigt an, dass eine alkalische Lösung entstanden ist.

11a $Na^+ + OH^- + H^+ + Cl^- \rightarrow Na^+ + Cl^- + H_2O$

b Neutralisation. Bei einer Neutralisationsreaktion reagieren eine saure und eine alkalische Lösung zu einem Salz und Wasser.

12 In der Spülmaschine neutralisiert die im Klarspüler enthaltene Säure die Lauge des Geschirrspülreinigers. Bei Sodbrennen kann ein Teil der überschüssigen Magensäure (Salzsäure) durch die Einnahme von Magnesiumhydroxid neutralisiert werden.

Chemische Energiespeicher (S. 260)

1a Reduktion

b Oxidation

2a Minuspol: Zinkelektrode, Pluspol: Kupferelektrode

b, c

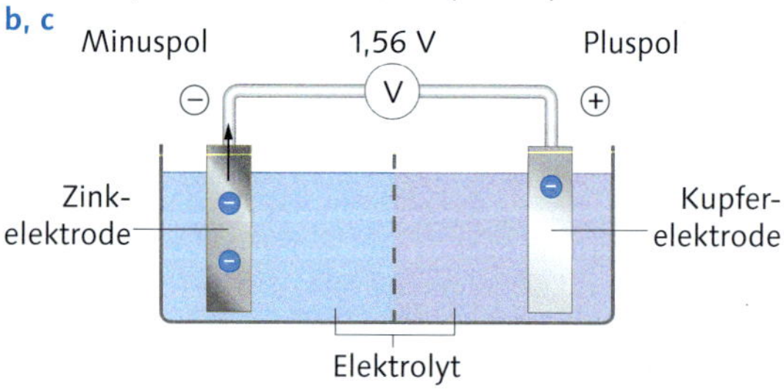

3 Eine galvanische Zelle besteht aus zwei Elektroden, die über einen metallischen Leiter (z. B. Stromkabel) miteinander verbunden sind und in einen Elektrolyten eintauchen. Der Elektrolyt enthält bewegliche Ionen und dient dazu, den Stromkreis zu schließen. Von der Elektrode mit dem höheren „Elektronendruck" fließen Elektronen über den elektrischen Leiter zu der Elektrode mit dem niedrigeren „Elektronendruck", wodurch es zu einem „Druckausgleich" kommt.

4a 1,21 Volt

b *Minuspol:* Das unedlere Metall Eisen dient als Elektronendonator und wird oxidiert. Die Eisen-Ionen geben Elektronen ab und gehen in Lösung.
Pluspol: Das edlere Metall Silber hat ein schwächeres Bestreben, Elektronen abzugeben. Die Elektronen wandern deshalb von der Eisenelektrode mit Elektronenüberschuss zur Silberelektrode. Als Elektronenakzeptor dienen die Oxonium-Ionen der in der Kartoffel enthaltenen Säure. Bei der Reaktion an der Silberelektrode werden folglich Oxonium-Ionen zu Wasserstoff reduziert.

c $Fe \rightarrow Fe^{2+} + 2e^-$ (Oxidation)
$2\,H_3O^+ + 2\,e^- \rightarrow H_2 + 2\,H_2O$ (Reduktion)

d Um eine Spannung von 2,4 Volt zu erhalten, müssen zwei Kartoffeln mit den jeweiligen Elektroden hintereinandergeschaltet werden.

5a Beim Laden eines Akkus werden Elektronen über den äußeren Leiter zum Minuspol gepumpt: Vorhandene elektrische Energie wird in chemische Energie umgewandelt.

b Beim Entladen eines Akkus fließen die Elektronen zum Pluspol zurück: Die gespeicherte chemische Energie wird in elektrische Energie umgewandelt.

6 Batterien (Primärbatterien) sind wegen ihrer geringen Selbstentladung und der niedrigeren Anschaffungskosten für Geräte geeignet, die über einen langen Zeitraum eine konstante Spannung benötigen, z. B. eine Uhr oder eine Taschenlampe. Für Geräte, die in kurzer Zeit viel Energie benötigen und oft in Gebrauch sind, z. B. Notebooks oder Mobiltelefone, sind Akkus (Sekundärbatterien) sinnvoll. Aufgrund ihrer Fähigkeit zur Wiederaufladung sind sie nach mehreren Ladezyklen günstiger als normale Batterien, zusätzlich wird Batteriemüll vermieden.

7

Gerät	Batterietyp
Fernbedienung	Primärbatterie
Mobiltelefon	Akku
MP3-Player	Akku
Armbanduhr	Primärbatterie
Taschenlampe	Primärbatterie
Notebook	Akku

8a Eisen (aus dem Stahlbecher), Zink und Mangan

b Eisen und Mangan werden in der Stahlherstellung verwertet. Zink nutzt man zum Verzinken von Eisengegenständen.

9a Wasserstoff ist ein umweltfreundlicher Energieträger, da bei seiner Verbrennung nur Wasser entsteht.

b $2\,H_2 + O_2 \rightarrow 2\,H_2O$

c Bei der Gewinnung von Wasserstoff aus Wasser handelt es sich um eine endotherme Reaktion, bei der die zugeführte elektrische Energie in chemische Energie umgewandelt wird. Bei der Verbrennung von Wasserstoff wird die chemische Energie wieder in elektrische Energie umgewandelt.

d In einer Brennstoffzelle reagiert Wasserstoff mit Sauerstoff zu Wasser. Dabei wird chemische Energie in elektrische Energie umgewandelt.

Kohlenwasserstoffe – Energieträger und Rohstoffe (S. 286)

1 Vor über 250 Millionen Jahren sanken in den damaligen Weltmeeren tote pflanzliche und tierische Kleinstlebewesen auf den Meeresboden. Dort zersetzten sie sich unter Luftabschluss zu Faulschlamm, der im Laufe der Zeit von immer dickeren Schichten überlagert wurde. Durch den damit verbundenen Anstieg von Druck und Temperatur entstanden Erdöl und Erdgas.

2 Während Erdöl unter Luftabschluss, Wärme und Druck aus abgestorbenen Kleinstlebewesen am Meeresgrund entstanden ist, hat sich Kohle aus abgestorbenen Bäumen und Pflanzen gebildet.

3 Erdöl wird als Treibstoff für Kraftfahrzeuge, Schiffe und Flugzeuge sowie als Energieträger in Heizungen verwendet. Darüber hinaus werden Grundstoffe der chemischen Industrie aus Erdöl gewonnen, die dann zu Arzneimitteln, Farben, Kunststoffen usw. verarbeitet werden.

4 Die weltweiten Erdölvorräte sind endlich und nicht regenerativ (nicht erneuerbar). Nachdem alles Erdöl gefördert wurde, werden die Menschen ohne Erdöl auskommen müssen. Außerdem verursacht Erdöl schwere Umweltschäden, wenn es ins Erdreich oder Meer gelangt. Aus diesen Gründen ist es wichtig, neue Energiequellen zu erschließen.

5 Zu den fossilen Energieträgern zählen Kohle, Erdöl und Erdgas, die in weit zurückliegenden Erdzeitaltern aus tierischem und pflanzlichem Material entstanden sind. Erneuerbare Energiequellen sind Windkraft, Wasserkraft, Sonnenenergie und Biomasse.

6

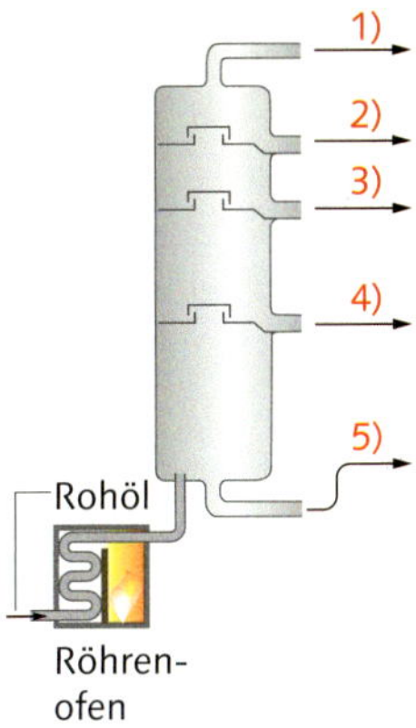

Fraktionen	Siedetemperatur
1) Raffineriegas	<30 °C
2) Benzine	35–150 °C
3) Petroleum, Kerosin	150–250 °C
4) Dieselöl, leichtes Heizöl	250–350 °C
5) schweres Heizöl, Schmieröl, Bitumen, Teer	>350 °C

Verwendung

1) Heizgas, Flüssiggas
2) Treibstoff für Kraftfahrzeuge
3) Lampenbrennstoff, Flugzeugbenzin
4) Dieselkraftstoff, Heizöl
5) Heizöl, Schmieröle, Bitumen, Teer

7 Das bei der fraktionierten Destillation von Erdöl gewonnene Benzin reicht nicht aus, um unseren Bedarf zu decken. Um die Ausbeute an Benzin und anderen kurzkettigen Kohlenwasserstoffprodukten zu erhöhen, werden die langkettigen Kohlenwasserstoffe durch Cracken gespalten. Beim Hydrocracken reagieren diese mit Wasserstoff zu kurzkettigen Alkanen.

8 Kohlenstoff ist in allen Verbindungen organischer Stoffe gebunden.

9

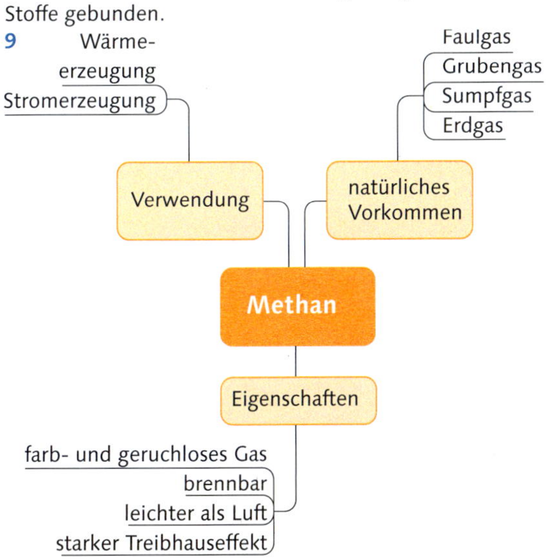

10 Unter einer homologen Reihe versteht man eine Gruppe von Molekülen, die einen regelmäßigen, sich ähnelnden Aufbau zeigen und deshalb ähnliche Eigenschaften besitzen. Die Moleküle haben eine allgemeine Summenformel. Jedes Molekül lässt sich aus dem vorherigen durch Hinzufügen eines einzigen Kettenglieds darstellen.
Ein Beispiel ist die homologe Reihe der Alkane: Jedes Molekül der Alkane unterscheidet sich von seinem Vorgänger und Nachfolger um je ein CH_2-Glied. Die allgemeine Summenformel der Alkane lautet: C_nH_{2n+2}.

11 Propin:

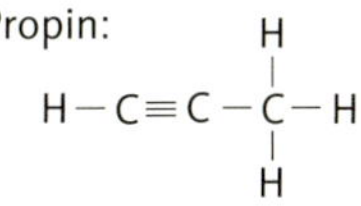

1,1-Dibrom-3-methylbutan:

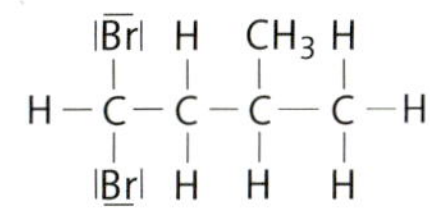

3-Methyl-pent-1-en:

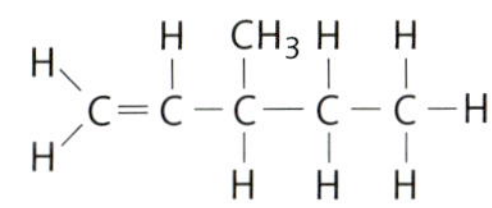

12a 4-Ethyl-3,5-dimethylheptan (Alkan)
b Propen (Alken)
c But-1-in (Alkin)

13 Isomere sind Moleküle mit gleicher Summenformel, aber unterschiedlicher Strukturformel. Die Strukturformel C_4H_{10} kann sowohl für die chemische Verbindung Butan als auch für 2-Methylpropan (Isobutan) stehen.

14 $C_6H_{12} + Cl_2 \longrightarrow C_6H_{12}Cl_2$

15 Ungesättigte Verbindungen sind Kohlenwasserstoffe, die in ihren Molekülen mindestens eine Mehrfachbindung zwischen zwei Kohlenstoffatomen enthalten.

Von den Alkoholen zu den Carbonsäuren (S. 312)

1a Wein enthält Ethanol.
b Ethanol entsteht durch alkoholische Gärung:
Traubenzucker $\longrightarrow$ Ethanol + Kohlenstoffdioxid.
c Als Nebenprodukt entsteht Kohlenstoffdioxid. Kohlenstoffdioxid wird durch Einleiten in Calciumhydroxid-Lösung nachgewiesen (Trübung der Lösung).

2 Methanol, Ethanol, Propanol, Butanol, Pentanol, Hexanol

3 Ethanol-Moleküle enthalten eine Hydroxy-Gruppe als polare funktionelle Gruppe. Ethanol mischt sich deshalb sehr gut mit Wasser. Zusätzlich enthält das Ethanol-Molekül eine unpolare Kohlenwasserstoffkette. Deshalb lösen sich auch unpolare Stoffe wie Hexan in Ethanol. Aus diesen Gründen ist Ethanol ein vielseitig einsetzbares Lösungsmittel.

4a Methanol löst sich sehr gut in Wasser. In Hexan löst es sich hingegen kaum. Deshalb erkennt man bei der Mischung von Methanol und Hexan zwei Lösungen, die voneinander getrennt sind (zwei unterschiedliche Phasen).
b Das Methanol-Molekül ist ein sehr kleines Molekül, das aus der polaren OH-Gruppe (Hydroxy-Gruppe) und einer kurzen Kohlenwasserstoffkette ($-CH_3$) besteht. Die unpolare Kohlenwasserstoffkette ist vernachlässigbar kurz. Deshalb bestimmt die polare OH-Gruppe maßgeblich die Eigenschaften von Methanol. Somit löst sich Methanol sehr gut in dem polaren Lösungsmittel Wasser, jedoch kaum in dem unpolaren Lösungsmittel Hexan.

5a Methanol hat mit 65 °C eine viel höhere Siedetemperatur als Methan, das bereits bei –161 °C siedet.
b Zwischen Methanol-Molekülen bilden sich Wasserstoffbrückenbindungen aus. Damit wirken stärkere Anziehungskräfte zwischen Methanol-Molekülen als zwischen Methan-Molekülen, die diese Wasserstoffbrückenbindungen nicht ausbilden können. Diese stärkeren Anziehungskräfte erklären die höhere Siedetemperatur des Methanols im Vergleich zum Methan.

6 Pentan-1-ol:

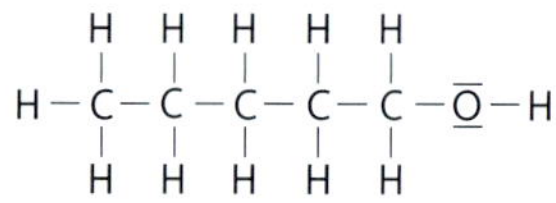

Pentan-2-ol:

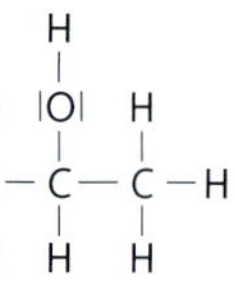

Pentan-3-ol:

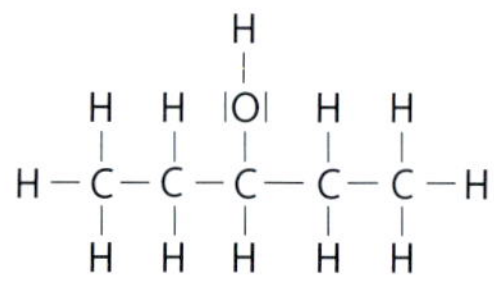

7 Mehrwertige Alkohole enthalten in ihren Molekülen mehr als eine OH-Gruppe (Hydroxy-Gruppe). *Beispiele:* Glykol (zweiwertiger Alkohol), Glycerin (dreiwertiger Alkohol), Sorbit (sechswertiger Alkohol)
8 Glycerin ist ein stark wasseranziehender (hygroskopischer) Stoff. Deshalb zieht es aus der Umgebungsluft Feuchtigkeit, Wasser, an. In der Folge wird die Schale mit dem Glycerin immer schwerer, weil mit der Zeit immer mehr Wasser in ihr enthalten ist.
9 *Wein:* Ethanol; *Zwiebel:* Oxalsäure; *Mandarine:* Citronensäure; *Essig:* Ethansäure (Essigsäure)
10 Durch den Essig bleiben die Gurken länger haltbar und erhalten auch eine besondere Würze. Essig dient hier also als Konservierungs- und Würzmittel.
11 Essigsäure (Ethansäure, CH_3–COOH) hat eine höhere Säurestärke als Buttersäure (Butansäure, CH_3–CH_2–CH_2–COOH), weil der Einfluss der sauren COOH-Gruppe (Carboxy-Gruppe) mit zunehmender Länge der Kohlenstoffkette abnimmt.
12 Eine mehrwertige Carbonsäure enthält in ihren Molekülen mehrere COOH-Gruppen (Carboxy-Gruppen). *Beispiel:* Oxalsäure, eine Dicarbonsäure

Oxalsäure:

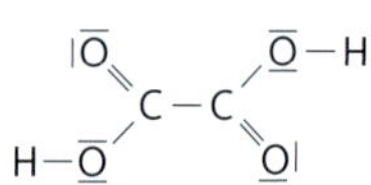

13a Hexanol, Propansäure
b Hexanol gehört zu den Alkoholen (Alkanolen), Butansäure zu den Carbonsäuren.
c Funktionelle Gruppe der Alkohole: OH-Gruppe (Hydroxy-Gruppe); funktionelle Gruppe der Carbonsäuren: COOH-Gruppe (Carboxy-Gruppe)

14 Propan-1,3-diol:

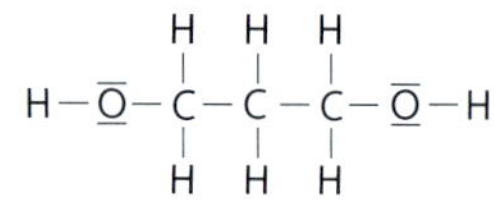

Butanol:

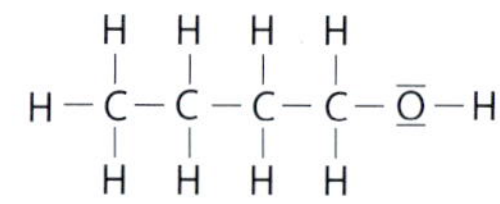

Methansäure:

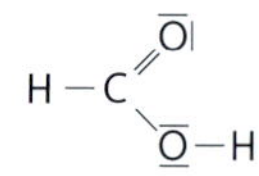

Hexansäure:

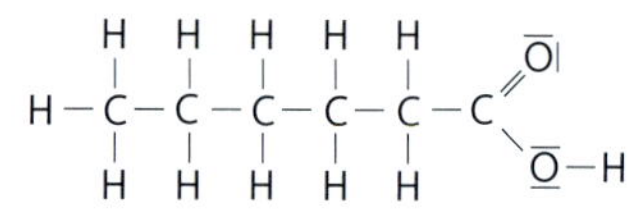

Vielfalt der Chemie (S. 341)

1a Säure + Alkohol $\rightleftharpoons$ Ester + Wasser
b Chemische Reaktionen, bei denen Wasser entsteht, werden als Kondensationsreaktionen bezeichnet.
c Veresterung und Esterspaltung sind umkehrbare chemische Reaktionen. Die Hin- und die Rückreaktion laufen gleichzeitig ab. Die Veresterung ist eine Kondensationsreaktion, die Esterspaltung bezeichnet man auch als Hydrolyse.
2a Lässt man Propanol mit Buttersäure reagieren, so bilden sich Buttersäurepropylester und Wasser. Dieser Ester hat Erdbeeraroma.
b

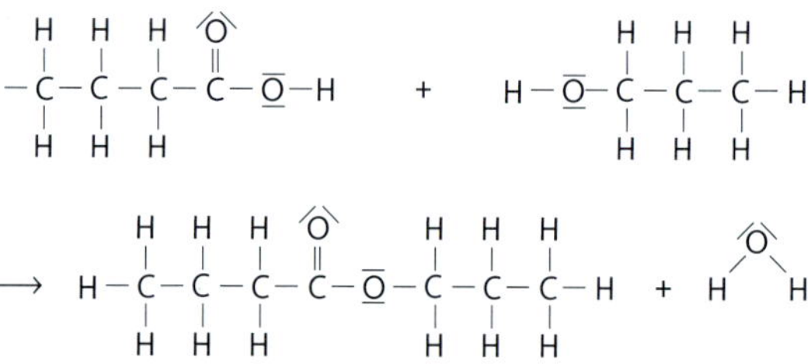

3 Die Strukturformel zeigt Buttersäuremethylester. Der Name eines Esters setzt sich aus drei Bestandteilen zusammen: 1. dem Namen der Säure; 2. dem Namen des Alkylrests des Alkohols; 3. der Bezeichnung *-ester*.
4 Essigsäure mischt sich mit dem Wasser, da im Essigsäure-Molekül der Einfluss der polaren Hydroxy-Gruppe gegenüber der kurzen unpolaren Kohlenwasserstoffkette überwiegt. Im Essigsäureethylester-Molekül bewirkt der Einfluss der beiden Kohlenwasserstoffketten, dass der Ester sich nicht mit dem Wasser mischt.

5a

b

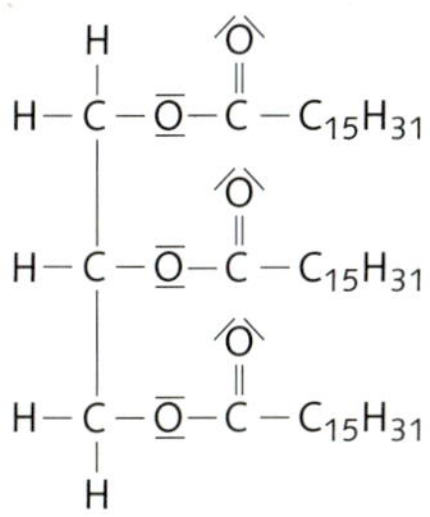

6a Einfachzucker (Monosaccharide), *Beispiel:* Traubenzucker (Glucose); Zweifachzucker (Disaccharide), *Beispiel:* Rohrzucker (Saccharose); Vielfachzucker (Polysaccharide), *Beispiel:* Cellulose

b Alle Kohlenhydrate bestehen aus den Elementen Kohlenstoff, Wasserstoff und Sauerstoff.

7

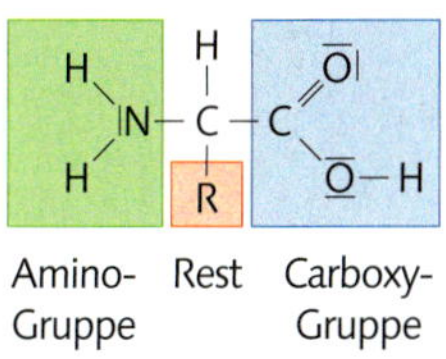

8 Körpereigenes Eiweiß wird aus 20 Aminosäuren aufgebaut. Alle Aminosäure-Moleküle besitzen zwei funktionelle Gruppen, über die sie sich fast beliebig miteinander verbinden und lange Polypeptidketten bilden können. Deshalb gibt es fast unendlich viele Eiweiße.

9 Fett + Lauge → Glycerin + Seife
Seifen sind Natrium- oder Kaliumsalze der Fettsäuren.

10

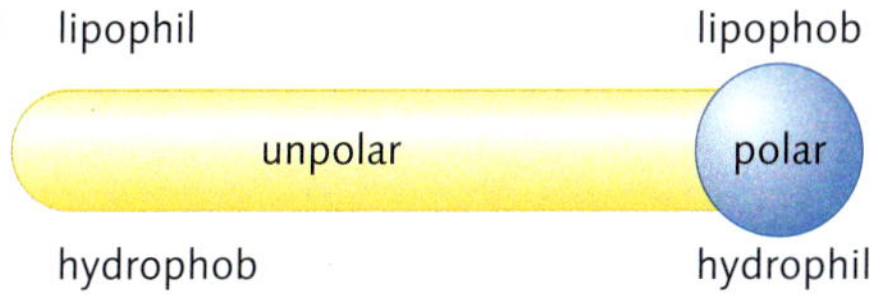

11 Thermoplaste sind Kunststoffe, z. B. Einweggeschirr oder Plastiktüten, die in der Wärme formbar sind. Sie enthalten nebeneinanderliegende Makromoleküle, die durch schwache zwischenmolekulare Wechselwirkungen miteinander verbunden sind.
Duroplaste hingegen sind harte und spröde Kunststoffe, z. B. Steckdosen, die durch Erwärmen nicht formbar werden. Die Makromoleküle in den Duroplasten sind über chemische Bindungen so stark vernetzt, dass sie sich nicht mehr bewegen.
Beispiele für Elastomere sind Gummibänder. Es sind elastische und verformbare Kunststoffe. Bei Elastomeren sind die Makromoleküle locker und weitmaschig durch chemische Bindungen verknüpft, wodurch die Verformbarkeit erreicht wird.

12a Polyvinylchlorid

b Polyvinylchlorid wird durch die Polymerisation von Vinylchlorid-Monomeren erhalten.

13 Unter Nanopartikeln versteht man Stoffpartikel, die kleiner als 100 nm (Nanometer) sind.

14

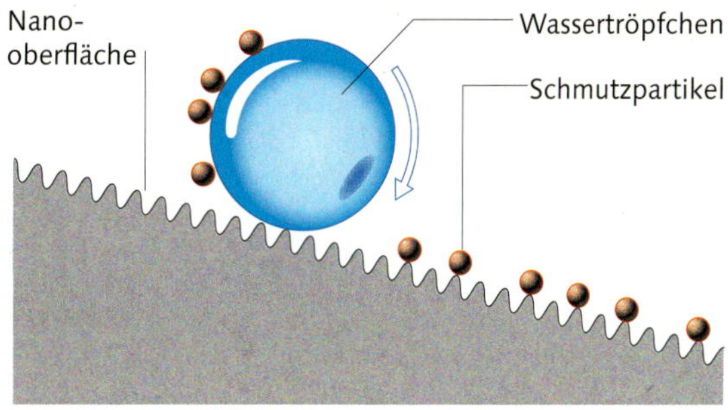

Gefahrstoffe und Entsorgung im Chemieunterricht

Einstufung von Gefahrstoffen nach der GHS-Verordnung

Mit dem neuen GHS *(Globally Harmonised System of Classification and Labelling of Chemicals)* werden die Kriterien für die Einstufung der Gefahrstoffe neu festgelegt und mit international einheitlichen Piktogrammen versehen. Neu ist auch die Verwendung der Signalworte **Gefahr** und **Achtung** für das Ausmaß der Gefahr: „Gefahr" bei hoher Gefährdung oder „Achtung" bei geringerer Gefährdung.

Gefahrenpiktogramm und -code		**Mit dem Gefahrenpiktogramm gekennzeichnete Stoffe und Gemische (Verkürzte Darstellung, weitere Hinweise bitte jeweils den Etiketten und Sicherheitsdatenblättern entnehmen.)**
	GHS01 Explodierende Bombe	explosive und sehr gefährliche selbstzersetzliche Stoffe und Gemische sowie sehr gefährliche organische Peroxide
	GHS02 Flamme	entzündbare, selbsterhitzungsfähige und gefährliche selbstzersetzliche Stoffe und Gemische, pyrophore Stoffe sowie Stoffe und Gemische, die bei Berührung mit Wasser entzündbare Gase entwickeln
	GH03 Flamme über einem Kreis	Stoffe und Gemische mit oxidierender Wirkung
	GHS04* Gasflasche	Gase unter Druck
	GHS05 Ätzwirkung	Stoffe und Gemische, die schwere Verätzungen der Haut und/oder schwere Augenschäden verursachen.
	GHS06 Totenkopf mit gekreuzten Knochen	lebensgefährliche und giftige Stoffe und Gemische
	GHS07 Ausrufezeichen	gesundheitsschädliche Stoffe und Gemische
	GHS08 Gesundheitsgefahr	Stoffe und Gemische, die bei Verschlucken und Eindringen in die Atemwege tödlich sein können und/oder eine Gefahr für die Gesundheit darstellen. Diese Stoffe und Gemische schädigen bestimmte Organe und/oder können Krebs erzeugen, die Fruchtbarkeit beeinträchtigen, das Kind im Mutterleib schädigen und/oder genetische Defekte und/oder beim Einatmen Allergien, asthmaartige Symptome oder Atembeschwerden verursachen.
	GS09 Umwelt	Stoffe und Gemische, die sehr giftig oder giftig für Wasserorganismen sind

* Die in den Experimenten verwendeten Gase stehen meist nicht unter Druck, daher wird dort in der Regel auf diese Kennzeichnung verzichtet.

Gefahrenhinweise, ergänzende Gefahrenmerkmale und ergänzende Kennzeichnungselemente

1 Gefahrenhinweise (H-Sätze)

Gefahrenhinweise für physikalische Gefahren

H200 Instabil, explosiv

H201 Explosiv, Gefahr der Massenexplosion.

H202 Explosiv; große Gefahr durch Splitter, Spreng- und Wurfstücke.

H203 Explosiv; Gefahr durch Feuer, Luftdruck oder Splitter, Spreng- und Wurfstücke.

H204 Gefahr durch Feuer oder Splitter, Spreng- und Wurfstücke.

H205 Gefahr der Massenexplosion bei Feuer.

H220 Extrem entzündbares Gas.

H221 Entzündbares Gas.

H222 Extrem entzündbares Aerosol.

H223 Entzündbares Aerosol.

H224 Flüssigkeit und Dampf extrem entzündbar.

H225 Flüssigkeit und Dampf leicht entzündbar.

H226 Flüssigkeit und Dampf entzündbar.

H228 Entzündbarer Feststoff.

H240 Erwärmung kann Explosion verursachen.

H241 Erwärmung kann Brand oder Explosion verursachen.

H242 Erwärmung kann Brand verursachen.

H250 Entzündet sich in Berührung mit Luft von selbst.

H251 Selbsterhitzungsfähig; kann in Brand geraten.

H252 In großen Mengen selbsterhitzungsfähig; kann in Brand geraten.

H260 In Berührung mit Wasser entstehen entzündbare Gase, die sich spontan entzünden können.

H261 In Berührung mit Wasser entstehen entzündbare Gase.

H270 Kann Brand verursachen oder verstärken; Oxidationsmittel.

H271 Kann Brand oder Explosion verursachen; starkes Oxidationsmittel.

H272 Kann Brand verstärken; Oxidationsmittel.

H280 Enthält Gas unter Druck; kann bei Erwärmung explodieren.

H281 Enthält tiefkaltes Gas; kann Kälteverbrennungen oder -verletzungen verursachen.

H290 Kann gegenüber Metallen korrosiv sein.

Gefahrenhinweise für Gesundheitsgefahren

H300 Lebensgefahr bei Verschlucken.

H301 Giftig bei Verschlucken.

H302 Gesundheitsschädlich bei Verschlucken.

H304 Kann bei Verschlucken und Eindringen in die Atemwege tödlich sein.

H310 Lebensgefahr bei Hautkontakt.

H311 Giftig bei Hautkontakt.

H312 Gesundheitsschädlich bei Hautkontakt.

H314 Verursacht schwere Verätzungen der Haut und schwere Augenschäden.

H315 Verursacht Hautreizungen.

H317 Kann allergische Hautreaktionen verursachen.

H318 Verursacht schwere Augenschäden.

H319 Verursacht schwere Augenreizung.

H330 Lebensgefahr bei Einatmen.

H331 Giftig bei Einatmen.

H332 Gesundheitsschädlich bei Einatmen.

H334 Kann bei Einatmen Allergie, asthmaartige Symptome oder Atembeschwerden verursachen.

H335 Kann die Atemwege reizen.

H336 Kann Schläfrigkeit und Benommenheit verursachen.

H340 Kann genetische Defekte verursachen <Expositionsweg angeben, sofern schlüssig belegt ist, dass diese Gefahr bei keinem anderen Expositionsweg besteht>.

H341 Kann vermutlich genetische Defekte verursachen <Expositionsweg angeben, sofern schlüssig belegt ist, dass diese Gefahr bei keinem anderen Expositionsweg besteht>.

H350 Kann Krebs erzeugen <Expositionsweg angeben, sofern schlüssig belegt ist, dass diese Gefahr bei keinem anderen Expositionsweg besteht>.

H350i Kann beim Einatmen Krebs erzeugen.

H351 Kann vermutlich Krebs erzeugen <Expositionsweg angeben, sofern schlüssig belegt ist, dass diese Gefahr bei keinem anderen Expositionsweg besteht>.

H360 Kann die Fruchtbarkeit beeinträchtigen oder das Kind im Mutterleib schädigen <konkrete Wirkung angeben, sofern bekannt> <Expositionsweg angeben, sofern schlüssig belegt ist, dass die Gefahr bei keinem anderen Expositionsweg besteht>.

H360F Kann die Fruchtbarkeit beeinträchtigen.

H360D Kann das Kind im Mutterleib schädigen.

H360FD Kann die Fruchtbarkeit beeinträchtigen. Kann das Kind im Mutterleib schädigen.

H360Fd Kann die Fruchtbarkeit beeinträchtigen. Kann vermutlich das Kind im Mutterleib schädigen.

H360Df Kann das Kind im Mutterleib schädigen. Kann vermutlich die Fruchtbarkeit beeinträchtigen.

H361 Kann vermutlich die Fruchtbarkeit beeinträchtigen oder das Kind im Mutterleib schädigen <konkrete Wirkung angeben, sofern bekannt> <Expositionsweg angeben, sofern schlüssig belegt ist, dass die Gefahr bei keinem anderen Expositionsweg besteht>.

H361f Kann vermutlich die Fruchtbarkeit beeinträchtigen.

H361d Kann vermutlich das Kind im Mutterleib schädigen.

H361fd Kann vermutlich die Fruchtbarkeit beeinträchtigen. Kann vermutlich das Kind im Mutterleib schädigen.

H362 Kann Säuglinge über die Muttermilch schädigen.

H370 Schädigt die Organe <oder alle betroffenen Organe nennen, sofern bekannt> <Expositionsweg angeben, sofern schlüssig belegt ist, dass diese Gefahr bei keinem anderen Expositionsweg besteht>.

H371 Kann die Organe schädigen <oder alle betroffenen Organe nennen, sofern bekannt> <Expositionsweg angeben, sofern schlüssig belegt ist, dass diese Gefahr bei keinem anderen Expositionsweg besteht>.

H372 Schädigt die Organe <alle betroffenen Organe nennen> bei längerer oder wiederholter Exposition <Expositionsweg angeben, wenn schlüssig belegt ist, dass diese Gefahr bei keinem anderen Expositionsweg besteht>.

H373 Kann die Organe schädigen <alle betroffenen Organe nennen, sofern bekannt> bei längerer oder wiederholter Exposition <Expositionsweg angeben, wenn schlüssig belegt ist, dass diese Gefahr bei keinem anderen Expositionsweg besteht>.

Gefahrenhinweise für Umweltgefahren

H400 Sehr giftig für Wasserorganismen.

H410 Sehr giftig für Wasserorganismen mit langfristiger Wirkung.

H411 Giftig für Wasserorganismen, mit langfristiger Wirkung.

H412 Schädlich für Wasserorganismen, mit langfristiger Wirkung.

H413 Kann für Wasserorganismen schädlich sein, mit langfristiger Wirkung.

2 Ergänzende Gefahrenmerkmale

Physikalische Eigenschaften

EUH001 In trockenem Zustand explosionsgefährlich.

EUH006 Mit und ohne Luft explosionsfähig.

EUH014 Reagiert heftig mit Wasser.

EUH018 Kann bei Verwendung explosionsfähige/entzündbare Dampf/Luft-Gemische bilden.

EUH019 Kann explosionsfähige Peroxide bilden.

EUH044 Explosionsgefahr bei Erhitzen unter Einschluss.

Gesundheitsgefährliche Eigenschaften

EUH029 Entwickelt bei Berührung mit Wasser giftige Gase.

EUH031 Entwickelt bei Berührung mit Säure giftige Gase.

EUH032 Entwickelt bei Berührung mit Säure sehr giftige Gase.

EUH066 Wiederholter Kontakt kann zu spröder oder rissiger Haut führen.

EUH070 Giftig bei Berührung mit den Augen.

EUH071 Wirkt ätzend auf die Atemwege.

Umweltgefährliche Eigenschaften

EUH059 Die Ozonschicht schädigend.

3 Ergänzende Kennzeichnungselemente / Informationen über bestimmte Stoffe und Gemische

EUH201 Enthält Blei. Nicht für den Anstrich von Gegenständen verwenden, die von Kindern gekaut oder gelutscht werden könnten.

EUH201A Achtung! Enthält Blei.

EUH202 Cyanacrylat. Gefahr. Klebt innerhalb von Sekunden Haut und Augenlider zusammen. Darf nicht in die Hände von Kindern gelangen.

EUH203 Enthält Chrom (VI). Kann allergische Reaktionen hervorrufen.

EUH204 Enthält Isocyanate. Kann allergische Reaktionen hervorrufen.

EUH205 Enthält epoxidhaltige Verbindungen. Kann allergische Reaktionen hervorrufen.

EUH206 Achtung! Nicht zusammen mit anderen Produkten verwenden, da gefährliche Gase (Chlor) freigesetzt werden können.

EUH207 Achtung! Enthält Cadmium. Bei der Verwendung entstehen gefährliche Dämpfe. Hinweise des Herstellers beachten. Sicherheitsanweisungen einhalten.

EUH208 Enthält <Name des sensibilisierenden Stoffes>. Kann allergische Reaktionen hervorrufen.

EUH209 Kann bei Verwendung leicht entzündbar werden.

EUH209A Kann bei Verwendung entzündbar werden.

EUH210 Sicherheitsdatenblatt auf Anfrage erhältlich.

EUH401 Zur Vermeidung von Risiken für Mensch und Umwelt die Gebrauchsanleitung einhalten.

Sicherheitshinweise (P-Sätze)

Sicherheitshinweise – Allgemeines

P101 Ist ärztlicher Rat erforderlich, Verpackung oder Kennzeichnungsetikett bereithalten.

P102 Darf nicht in die Hände von Kindern gelangen.

P103 Vor Gebrauch Kennzeichnungsetikett lesen.

Sicherheitshinweise – Prävention

P201 Vor Gebrauch besondere Anweisungen einholen.

P202 Vor Gebrauch alle Sicherheitshinweise lesen und verstehen.

P210 Von Hitze/Funken/offener Flamme/heißen Oberflächen fernhalten. Nicht rauchen.

P211 Nicht gegen offene Flamme oder andere Zündquelle sprühen.

P220 Von Kleidung/.../brennbaren Materialien fernhalten/entfernt aufbewahren.

P221 Mischen mit brennbaren Stoffen/... unbedingt verhindern.

P222 Kontakt mit Luft nicht zulassen.

P223 Kontakt mit Wasser wegen heftiger Reaktion und möglichem Aufflammen unbedingt verhindern.

P230 Feucht halten mit ...

P231 Unter inertem Gas handhaben.

P232 Vor Feuchtigkeit schützen.

P233 Behälter dicht verschlossen halten.

P234 Nur im Originalbehälter aufbewahren.

P235 Kühl halten.

P240 Behälter und zu befüllende Anlage erden.

P241 Explosionsgeschützte elektrische Betriebsmittel/Lüftungsanlagen/Beleuchtung/... verwenden.

P242 Nur funkenfreies Werkzeug verwenden.

P243 Maßnahmen gegen elektrostatische Aufladungen treffen.

P244 Druckminderer frei von Fett und Öl halten.

P250 Nicht schleifen/stoßen/.../reiben.

P251 Behälter steht unter Druck: Nicht durchstechen oder verbrennen, auch nicht nach der Verwendung.

P260 Staub/Rauch/Gas/Nebel/Dampf/Aerosol nicht einatmen.

P261 Einatmen von Staub/Rauch/Gas/Nebel/Dampf/Aerosol vermeiden.

P262 Nicht in die Augen, auf die Haut oder auf die Kleidung gelangen lassen.

P263 Kontakt während der Schwangerschaft und der Stillzeit vermeiden.

P264 Nach Gebrauch ... gründlich waschen.

P270 Bei Gebrauch nicht essen, trinken oder rauchen.

P271 Nur im Freien oder in gut belüfteten Räumen verwenden.

P272 Kontaminierte Arbeitskleidung nicht außerhalb des Arbeitsplatzes tragen.

P273 Freisetzung in die Umwelt vermeiden.

P280 Schutzhandschuhe/Schutzkleidung/Augenschutz/Gesichtsschutz tragen.

P281 Vorgeschriebene persönliche Schutzausrüstung verwenden.

P282 Schutzhandschuhe/Gesichtsschild/Augenschutz mit Kälteisolierung tragen.

P283 Schwer entflammbare/flammhemmende Kleidung tragen.

P284 Atemschutz tragen.

P285 Bei unzureichender Belüftung Atemschutz tragen.

P231 + P232 Unter inertem Gas handhaben. Vor Feuchtigkeit schützen.

P235 + P410 Kühl halten. Vor Sonnenbestrahlung schützen.

Sicherheitshinweise – Reaktion

P301 BEI VERSCHLUCKEN:

P302 BEI BERÜHRUNG MIT DER HAUT:

P303 BEI BERÜHRUNG MIT DER HAUT (oder dem Haar):

P304 BEI EINATMEN:

P305 BEI KONTAKT MIT DEN AUGEN:

P306 BEI KONTAMINIERTER KLEIDUNG:

P307 BEI Exposition:

P308 BEI Exposition oder falls betroffen:

P309 BEI Exposition oder Unwohlsein:

P310 Sofort GIFTINFORMATIONSZENTRUM oder Arzt anrufen.

P311 GIFTINFORMATIONSZENTRUM oder Arzt anrufen.

P312 Bei Unwohlsein GIFTINFORMATIONSZENTRUM oder Arzt anrufen.

P313 Ärztlichen Rat einholen/ärztliche Hilfe hinzuziehen.

P314 Bei Unwohlsein ärztlichen Rat einholen/ärztliche Hilfe hinzuziehen.

P315 Sofort ärztlichen Rat einholen/ärztliche Hilfe hinzuziehen.

P320 Besondere Behandlung dringend erforderlich (siehe ... auf diesem Kennzeichnungsetikett).

P321 Besondere Behandlung (siehe ... auf diesem Kennzeichnungsetikett).

P322 Gezielte Maßnahmen (siehe ... auf diesem Kennzeichnungsetikett).

P330 Mund ausspülen.

P331 KEIN Erbrechen herbeiführen.

P332 Bei Hautreizung:

P333 Bei Hautreizung oder -ausschlag:

P334 In kaltes Wasser tauchen/nassen Verband anlegen.

P335 Lose Partikel von der Haut abbürsten.

P336 Vereiste Bereiche mit lauwarmem Wasser auftauen. Betroffenen Bereich nicht reiben.

P337 Bei anhaltender Augenreizung:

P338 Eventuell Vorhandene Kontaktlinsen nach Möglichkeit entfernen. Weiter ausspülen.

P340 Die betroffene Person an die frische Luft bringen und in einer Position ruhig stellen, die das Atmen erleichtert.

P341 Bei Atembeschwerden an die frische Luft bringen und in einer Position ruhig stellen, die das Atmen erleichtert.

P342 Bei Symptomen der Atemwege:

P350 Behutsam mit viel Wasser und Seife waschen.

P351 Einige Minuten lang behutsam mit Wasser ausspülen.

P352 Mit viel Wasser und Seife waschen.

P353 Haut mit Wasser abwaschen/duschen.

P360 Kontaminierte Kleidung und Haut sofort mit viel Wasser abwaschen und danach Kleidung ausziehen.

P361 Alle kontaminierten Kleidungsstücke sofort ausziehen.

P362 Kontaminierte Kleidung ausziehen und vor erneutem Tragen waschen.

P363 Kontaminierte Kleidung vor erneutem Tragen waschen.

P370 Bei Brand:

P371 Bei Großbrand und großen Mengen:

P372 Explosionsgefahr bei Brand.

P373 KEINE Brandbekämpfung, wenn das Feuer explosive Stoffe/Gemische/Erzeugnisse erreicht.

P374 Brandbekämpfung mit üblichen Vorsichtsmaßnahmen aus angemessener Entfernung.
P375 Wegen Explosionsgefahr Brand aus der Entfernung bekämpfen.
P376 Undichtigkeit beseitigen, wenn gefahrlos möglich.
P377 Brand von ausströmendem Gas: Nicht löschen, bis Undichtigkeit gefahrlos beseitigt werden kann.
P378 ... zum Löschen verwenden.
P380 Umgebung räumen.
P381 Alle Zündquellen entfernen, wenn gefahrlos möglich.
P390 Verschüttete Mengen aufnehmen, um Materialschäden zu vermeiden.
P391 Verschüttete Mengen aufnehmen.
P301 + P310 BEI VERSCHLUCKEN: Sofort GIFTINFORMATIONSZENTRUM oder Arzt anrufen.
P301 + P312 BEI VERSCHLUCKEN: Bei Unwohlsein GIFTINFORMATIONSZENTRUM oder Arzt anrufen.
P301 + P330 + P331 BEI VERSCHLUCKEN: Mund ausspülen. KEIN Erbrechen herbeiführen.
P302 + P334 BEI KONTAKT MIT DER HAUT: In kaltes Wasser tauchen/nassen Verband anlegen.
P302 + P350 BEI KONTAKT MIT DER HAUT: Behutsam mit viel Wasser und Seife waschen.
P302 + P352 BEI KONTAKT MIT DER HAUT: Mit viel Wasser und Seife waschen.
P303 + P361 + P353 BEI KONTAKT MIT DER HAUT (oder dem Haar): Alle kontaminierten Kleidungsstücke sofort ausziehen. Haut mit Wasser abwaschen/duschen.
P304 + P340 BEI EINATMEN: An die frische Luft bringen und in einer Position ruhig stellen, die das Atmen erleichtert.
P304 + P341 BEI EINATMEN: Bei Atembeschwerden an die frische Luft bringen und in einer Position ruhig stellen, die das Atmen erleichtert.
P305 + P351 + P338 BEI KONTAKT MIT DEN AUGEN: Einige Minuten lang behutsam mit Wasser spülen. Vorhandene Kontaktlinsen nach Möglichkeit entfernen. Weiter spülen.
P306 + P360 BEI KONTAKT MIT DER KLEIDUNG: Kontaminierte Kleidung und Haut sofort mit viel Wasser abwaschen und danach Kleidung ausziehen.
P307 + P311 BEI Exposition: GIFTINFORMATIONSZENTRUM oder Arzt anrufen.
P308 + P313 BEI Exposition oder falls betroffen: Ärztlichen Rat einholen/ärztliche Hilfe hinzuziehen.
P309 + P311 BEI Exposition oder Unwohlsein: GIFTINFORMATIONSZENTRUM oder Arzt anrufen.
P332 + P313 Bei Hautreizung: Ärztlichen Rat einholen/ärztliche Hilfe hinzuziehen.
P333 + P313 Bei Hautreizung oder -ausschlag: Ärztlichen Rat einholen/ärztliche Hilfe hinzuziehen.
P335 + P334 Lose Partikel von der Haut abbürsten. In kaltes Wasser tauchen/nassen Verband anlegen.
P337 + P313 Bei anhaltender Augenreizung: Ärztlichen Rat einholen/ärztliche Hilfe hinzuziehen.
P342 + P311 Bei Symptomen der Atemwege: GIFTINFORMATIONSZENTRUM oder Arzt anrufen.
P370 + P376 Bei Brand: Undichtigkeit beseitigen, wenn gefahrlos möglich.
P370 + P378 Bei Brand: ... zum Löschen verwenden.
P370 + P380 Bei Brand: Umgebung räumen.
P370 + P380 + P375 Bei Brand: Umgebung räumen. Wegen Explosionsgefahr Brand aus der Entfernung bekämpfen.
P371 + P380 + P375 Bei Großbrand und großen Mengen: Umgebung räumen. Wegen Explosionsgefahr Brand aus der Entfernung bekämpfen.

Sicherheitshinweise – Aufbewahrung

P401 ... aufbewahren.
P402 An einem trockenen Ort aufbewahren.
P403 An einem gut belüfteten Ort aufbewahren.
P404 In einem geschlossenen Behälter aufbewahren.
P405 Unter Verschluss aufbewahren.
P406 In korrosionsbeständigem/... Behälter mit korrosionsbeständiger Auskleidung aufbewahren.
P407 Luftspalt zwischen Stapeln/Paletten lassen.
P410 Vor Sonnenbestrahlung schützen.
P411 Bei Temperaturen von nicht mehr als ... °C aufbewahren.
P412 Nicht Temperaturen von mehr als 50 °C aussetzen.
P413 Schüttgut in Mengen von mehr als ... kg bei Temperaturen von nicht mehr als ... °C aufbewahren.
P420 Von anderen Materialien entfernt aufbewahren.
P422 Inhalt in/unter ... aufbewahren.
P402 + P404 In einem geschlossenen Behälter an einem trockenen Ort aufbewahren.
P403 + P233 Behälter dicht verschlossen an einem gut belüfteten Ort aufbewahren.
P403 + P235 Kühl an einem gut belüfteten Ort aufbewahren.
P410 + P403 Vor Sonnenbestrahlung geschützt an einem gut belüfteten Ort aufbewahren.
P410 + P412 Vor Sonnenbestrahlung schützen und nicht Temperaturen von mehr als 50 °C aussetzen.
P411 + P235 Kühl und bei Temperaturen von nicht mehr als ... °C aufbewahren.

Sicherheitshinweise – Entsorgung

P501 Inhalt/Behälter ... zuführen.

Entsorgungsratschläge (E-Sätze)

E1 Verdünnen, in den Ausguss geben (WGK 0 bzw. 1)
E2 Neutralisieren, in den Ausguss geben
E3 In den Hausmüll geben, gegebenenfalls im Polyethylenbeutel (Stäube)
E4 Als Sulfid fällen
E5 Mit Calcium-Ionen fällen, dann E1 oder E3
E6 Nicht in den Hausmüll geben
E7 Im Abzug entsorgen
E8 Der Sondermüllbeseitigung zuführen (Adresse zu erfragen bei der Kreis- oder Stadtverwaltung), Abfallschlüssel beachten
E9 Unter größter Vorsicht in kleinsten Portionen reagieren lassen (z. B. offen im Freien verbrennen)
E10 In gekennzeichneten Behältern sammeln:
1. „Organische Abfälle – halogenhaltig"
2. „Organische Abfälle – halogenfrei"
dann E 8
E11 Als Hydroxid fällen (pH = 8), den Niederschlag zu E8
E12 Nicht in die Kanalisation gelangen lassen
E13 Aus der Lösung mit unedlem Metall (z. B. Eisen) als Metall abscheiden (E14, E3)
E14 Recycling-geeignet (Redestillation oder einem Recyclingunternehmen zuführen)
E15 Mit Wasser vorsichtig umsetzen, frei werdende Gase absorbieren oder ins Freie ableiten
E16 Entsprechend den speziellen Ratschlägen für die Beseitigungsgruppen beseitigen

Entsorgung von Abfällen im Chemieunterricht

Nach dem Experimentieren werden die Reste und Abfälle in die dafür vorgesehenen Sammelbehälter gegeben.

Glasbruch	nicht gefährliche feste Chemikalien	nicht gefährliche und wasserlösliche Chemikalien	Säuren und Laugen	gefährliche anorganische Abfälle	halogenfreie organische Chemikalien	halogenhaltige organische Chemikalien
	z. B. Eisen, Indikatorpapier	z. B. Natriumchlorid, Zuckerlösung	z. B. Salzsäure, Natronlauge	z. B. Kupfersulfat, Kupfersulfatlösung	z. B. Petroleumbenzin, Methanol	z. B. Trichlormethan

Die weitere Behandlung und Entsorgung bzw. Übergabe der Abfälle zur Sondermüllentsorgung erfolgt durch die Lehrerin bzw. den Lehrer.

- Glasbruch, nicht gefährliche feste Chemikalien → Hausmüll
- nicht gefährliche und wasserlösliche Chemikalien → Abwasser
- Säuren und Laugen → Neutralisieren der Abfälle → Abwasser
- gefährliche anorganische Abfälle, halogenfreie organische Chemikalien, halogenhaltige organische Chemikalien → Übergabe der Abfälle zur Sondermüllentsorgung an ein Entsorgungsunternehmen

Liste von Gefahrstoffen

Gefahrstoff	Signalwort	Piktogrammcode	H-Sätze und EUH-Sätze	E-Sätze
Aceton (Propanon)	Gefahr	GHS02 GHS07	H225 H319 H336 EUH066	1-10-14
Aluminium, Grieß o. Pulver (stabilisiert)	Gefahr	GHS02	H261 H228	6-9
Aluminiumbromid, wasserfrei	Gefahr	GHS05 GHS07	H290 H302 H314	2
Aluminiumchlorid, wasserfrei	Gefahr	GHS05	H314	2
Aluminiumiodid	Gefahr	GHS05	H314	2
Ameisensäure (Methansäure)				
$w \geq 90\,\%$	Gefahr	GHS02 GHS05	H226 H314	1-10
$10\,\% \leq w < 90\,\%$	Gefahr	GHS05	H314	1-10
$2\,\% \leq w < 10\,\%$	Achtung	GHS07	H315 H319	1-10
Ammoniak, wasserfrei	Gefahr	GHS05 GHS06 GHS09	H221 H314 H331 H400 EUH071	2-7
Ammoniaklösung				
$10\,\% \leq w < 25\,\%$	Gefahr	GHS05	H314 H335	2
$5\,\% \leq w < 10\,\%$	Achtung	GHS07	H315 H319 H335	2
Ammoniumcarbonat	Achtung	GHS07	H302	1
Ammoniumchlorid	Achtung	GHS07	H302 H319	2
Bariumchlorid, wasserfrei	Gefahr	GHS06	H301 H332	1-3
Bariumchloridlösung $3\,\% \leq w < 25\,\%$	Achtung	GHS07	H302	1
Bariumhydroxid, wasserfrei o. Octahydrat	Gefahr	GHS05 GHS07	H302 H314 H332	1-3
Bariumoxid	Gefahr	GHS05 GHS06	H301 H314 H332	1-3
Benzoesäure	Achtung	GHS07	H302 H319	10-12
Blei (bioverfügbar)	Gefahr	GHS07 GHS08 GHS09	H302 H332 H360Df H373 H410	8
Brom	Gefahr	GHS05 GHS06 GHS09	H330 H314 H400	16
Bromethan (Ethylbromid)	Gefahr	GHS02 GHS07 GHS08	H225 H302 H332 H351	10
Bromthymolblaulösung ($w = 0{,}1\,\%$ in Ethanol)	Gefahr	GHS02	H225	10
Bromwasser $1\,\% \leq w < 5\,\%$	Gefahr	GHS06	H311 H330	16
Bromwasserstoff	Gefahr	GHS05 GHS06	H314 H335	2
n-Butan	Gefahr	GHS02	H220	7
Butan-1-ol	Gefahr	GHS02 GHS05 GHS07	H226 H302 H315 H318 H335 H336	10
Butansäure (Buttersäure)	Gefahr	GHS05	H314	10
Calcium	Gefahr	GHS02	H261 EUH014	15
Calciumcarbid	Gefahr	GHS02	H260	15-16
Calciumchlorid	Achtung	GHS07	H319	1
Calciumhydroxid	Gefahr	GHS05 GHS07	H315 H318 H335	2
Calciumoxid	Gefahr	GHS05 GHS07	H315 H318 H335	2
Chlor	Gefahr	GHS03 GHS06 GHS09	H270 H315 H319 H330 H335 H400 EUH071	16
Chlorethan (Ethylchlorid)	Gefahr	GHS02 GHS04 GHS08	H220 H351 H412	16
Chlormethan (Methylchlorid)	Gefahr	GHS02 GHS04 GHS08	H220 H351 H373	7-12
Chlorwasser, gesättigt $w \approx 0{,}7\,\%$	Achtung	GHS07	H332	16
Chlorwasserstoff	Gefahr	GHS05 GHS06	H314 H331 EUH071	2
Citronensäure	Gefahr	GHS05	H318	3
Dibenzoylperoxid (DBPO)	Gefahr	GHS02 GHS07	H242 H319 H317	10-12
Diethylether (Ether)	Gefahr	GHS02 GHS07	H224 H302 H336 EUH019 EUH066	9-10-12
Eisen, Pulver	Gefahr	GHS02	H228	3
Eisen(III)-chlorid	Gefahr	GHS05 GHS07	H302 H315 H317 H318	2

Gefahrstoff	Signalwort	Piktogrammcode	H-Sätze und EUH-Sätze	E-Sätze
Eisen(II)-sulfat, wasserfrei o. Lösung $w \geq 25\,\%$	Achtung	GHS07	H302 H315 H319	2
Eisen(II)-sulfid	Achtung	GHS09	H400 EUH031	8
Essigsäure (Ethansäure) $w \geq 90\,\%$	Gefahr	GHS02 GHS05	H226 H314	2-10
$25\,\% \leq w < 90\,\%$	Gefahr	GHS05	H314	2-10
$10\,\% \leq w < 25\,\%$	Achtung	GHS07	H315 H319	2-10
Essigsäureanhydrid	Gefahr	GHS02 GHS05 GHS07	H226 H302 H314 H332 H335	2-10
Essigsäureethylester (Ethylacetat)	Gefahr	GHS02 GHS07	H225 H319 H336 EUH066	10-12
Ethan	Gefahr	GHS02	H220	7
Ethanal (Acetaldehyd)	Gefahr	GHS02 GHS07 GHS08	H224 H319 H335 H351	9-10-12-16
Ethanallösung (Acetaldehydlösung) $w \geq 10\,\%$	Achtung	GHS07 GHS08	H319 H335 H351	9-10-12-16
Ethandiol	Achtung	GHS07	H302	1-10
Ethanol (Brennspiritus)	Gefahr	GHS02	H225	1-10
Ethen (Ethylen)	Gefahr	GHS02 GHS07	H220 H336	7
Ethin (Acetylen)	Gefahr	GHS02	H220 EUH006	7
Fehling'sche Lösung I	Achtung	GHS07 GHS09	H302 H315 H319 H410	8
Fehling'sche Lösung II	Gefahr	GHS05	H314	2
n-Heptan	Gefahr	GHS02 GHS07 GHS08 GHS09	H225 H304 H315 H336 H410	10-12
Hexan-1-ol	Achtung	GHS07	H302	10
Hex-1-en	Gefahr	GHS02 GHS08	H225 H304	10-12
Hex-1-in	Gefahr	GHS02 GHS07 GHS08	H225 H304 H315 H319 H335	10-12
Iod	Achtung	GHS07 GHS09	H312 H332 H400	1-16
Iod-Kaliumiodid-Lösung (Lugolsche Lösung)	Achtung	GHS07	H315 H319	1
Iodwasserstoff	Gefahr	GHS05	H314	1

Gefahrstoff	Signalwort	Piktogrammcode	H-Sätze und EUH-Sätze	E-Sätze
Isobutanol (2-Methylpropan-1-ol)	Gefahr	GHS02 GHS05 GHS07	H226 H315 H318 H335 H336	10
Kalium	Gefahr	GHS02 GHS05	H260 H314 EUH014	6-12-16
Kaliumcarbonat	Achtung	GHS07	H315 H319 H335	1
Kaliumhydroxid (Ätzkali)	Gefahr	GHS05 GHS07	H290 H302 H314	2
Kaliumhydroxidlösung (Kalilauge) $w \geq 5\,\%$	Gefahr	GHS05 GHS07	H302 H314	2
$2\,\% \leq w < 5\,\%$	Gefahr	GHS05	H314	2
$0{,}5\,\% \leq w < 2\,\%$	Achtung	GHS07	H315 H319	2
Kaliumnitrat	Gefahr	GHS03	H272	1
Kaliumnitrit	Gefahr	GHS03 GHS06 GHS09	H272 H301 H400	1-16
Kaliumpermanganat	Gefahr	GHS03 GHS07 GHS09	H272 H302 H410	1-6
Kaliumpermanganatlösung $w \geq 25\,\%$	Gefahr	GHS07 GHS09	H302 H410	1-6
Kohlenstoffmonooxid	Gefahr	GHS02 GHS06 GHS08	H220 H331 H360D H372	7
Kupfer, Pulver	Gefahr	GHS02 GHS09	H228 H410	3
Kupfer(II)-acetat	Achtung	GHS07 GHS09	H302 H315 H319 H335 H410	11
Kupfer(II)-chlorid	Achtung	GHS07 GHS09	H302 H315 H319 H335 H400	11
Kupfer(II)-chloridlösung $3\,\% \leq w < 25\,\%$	Achtung	GHS07	H302	11
Kupfer(II)-hydroxid-carbonat (Malachit)	Achtung	GHS07	H302	8-12
Kupfernitrat	Gefahr	GHS02 GHS07 GHS09	H272 H302 H315 H319 H410	6-8-12
Kupfer(I)-oxid	Achtung	GHS07 GHS09	H302 H410	8-16
Kupfer(II)-oxid	Achtung	GHS07 GHS09	H302 H410	8-16

Gefahrstoff	Signalwort	Piktogrammcode	H-Sätze und EUH-Sätze	E-Sätze
Kupfer(II)-sulfat, wasserfrei, Pentahydrat o. Lösung $w \geq 25\,\%$	Achtung	GHS07 GHS09	H302 H315 H319 H410	11
Lithium	Gefahr	GHS02 GHS05	H260 H314 EUH014	15-1
Lithiumchlorid	Achtung	GHS07	H302 H315 H319	1
Magnesium, Späne oder Pulver (phlegmatisiert)	Gefahr	GHS02	H228 H252 H261	3
Mangan(IV)-oxid (Braunstein)	Gefahr	GHS03 GHS07	H272 H302 H332	3
Methan	Gefahr	GHS02	H220	7
Methanal (Formaldehyd), wasserfrei	Gefahr	GHS05 GHS06 GHS08	H301 H311 H314 H317 H330 H351	10-12-16
Methanallösung (Formaldehydlösung) $w \geq 25\,\%$	Gefahr	GHS05 GHS06 GHS08	H301 H311 H314 H317 H330 H335 H351 H370	10-12-16
$5\,\% \leq w < 25\,\%$	Gefahr	GHS06 GHS08	H301 H311 H315 H317 H319 H331 H335 H351	1-10
$0{,}2\,\% \leq w < 5\,\%$	Gefahr	GHS07 GHS08	H302 H317 H351	1-10
Methanol	Gefahr	GHS02 GHS06 GHS08	H225 H301 H311 H331 H370	1-10
Natrium	Gefahr	GHS02 GHS05	H260 H314 EUH014	6-12-16
Natriumcarbonat	Achtung	GHS07	H319	1
Natriumfluorid	Gefahr	GHS06	H301 H315 H319 EUH032	5
Natriumhydrogensulfat	Gefahr	GHS05	H318	6-8
Natriumhydroxid (Ätznatron)	Gefahr	GHS05	H290 H314	2
Natriumhydroxidlösung (Natronlauge) $w \geq 2\,\%$	Gefahr	GHS05	H290 H314	2
$0{,}5\,\% \leq w < 2\,\%$	Achtung	GHS07	H315 H319	1
Natriumiodid	Achtung	GHS09	H400	6-12-16
Natriumnitrat	Gefahr	GHS03 GHS07	H272 H302	1
Natriumnitrit	Gefahr	GHS03 GHS06 GHS09	H272 H301 H400	1-16
Natriumoxalat	Achtung	GHS07	H302	5
Natriumsulfid	Gefahr	GHS07 GHS08 GHS09	H302 H332 H360Df H373 H410	1
n-**O**ctan	Gefahr	GHS02 GHS07 GHS08 GHS09	H225 H304 H315 H336 H410	10-12
Octan-1-ol	Achtung	GHS07	H319	10
Oxalsäure, rein o. Lösung $w \geq 5\,\%$	Achtung	GHS07	H302 H312	5
n-**P**entan	Gefahr	GHS02 GHS08 GHS07 GHS09	H225 H304 H336 H411 EUH066	10-12
Pentan-1-ol	Achtung	GHS02 GHS07	H226 H315 H332 H335	10-14
Petrolether (Leichtbenzin)	Gefahr	GHS02 GHS07 GHS08 GHS09	H225 H304 H315 H336 H411	10-12
Petroleum	Gefahr	GHS08	H304	10-12
Petroleumbenzin	Gefahr	GHS02 GHS07 GHS08 GHS09	H225 H304 H315 H336 H361f H373 H411	10-12
Phenolphthaleinlösung ($w < 1\,\%$ in Ethanol)	Gefahr	GHS02	H225	1-10
Phosphor, rot	Gefahr	GHS02	H228 H412	6-9
Phosphor(V)-oxid	Gefahr	GHS05	H314	2
Phosphorsäure $w \geq 25\,\%$	Gefahr	GHS05	H290 H314	2
$10\,\% \leq w < 25\,\%$	Achtung	GHS07	H315 H319	1

Gefahrstoff	Signalwort	Piktogrammcode	H-Sätze und EUH-Sätze	E-Sätze
Propan	Gefahr	GHS02	H220	7
Propanal	Gefahr	GHS02 GHS07	H225 H315 H319 H335	9-10-12-16
Propan-1-ol	Gefahr	GHS02 GHS05 GHS07	H225 H318 H336	10
Propan-2-ol	Gefahr	GHS02 GHS07	H225 H319 H336	10
Propansäure (Propionsäure) 10 % ≤ *w* < 25 %	Achtung	GHS02 GHS05	H314 H326	2
Resorcin (1,3-Dihydroxybenzol)	Achtung	GHS07 GHS09	H302 H319 H315 H400	10
Rohöl (synthetisch)	Gefahr	GHS02 GHS07 GHS09	H224 H315 H336 H411	10-12
Salpetersäure *w* ≥ 65 %	Gefahr	GHS03 GHS05	H272 H290 H314	2
5 % ≤ *w* < 65 %	Gefahr	GHS05	H314	2
Salzsäure *w* ≥ 25 %	Gefahr	GHS05 GHS07	H314 H335	2
10 % ≤ *w* < 25 %	Achtung	GHS05 GHS07	H315 H319 H335	2
Sauerstoff	Gefahr	GHS03	H270	7
Schiffs Reagenz	Achtung	GHS07	H319 H335	2
Schmieröl	Gefahr	GHS08	H350	10-12
Schwefel	Achtung	GHS07	H315	3
Schwefeldioxid	Gefahr	GHS05 GHS06	H314 H331 EUH071	7
Schwefelsäure *w* ≥ 15 %	Gefahr	GHS05	H290 H314	2
5 % ≤ *w* < 15 %	Gefahr	GHS05	H290 H315 H319	2
Schwefelwasserstoff	Gefahr	GHS02 GHS06 GHS09	H220 H330 H400	2-7
Schwefelwasserstofflösung 0,1 % ≤ *w* ≤ 1 %	Achtung	GHS07	H332	2
Schweflige Säure *w* ≥ 5 %	Gefahr	GHS05 GHS07	H314 H332	2
0,5 % ≤ *w* < 5 %	Gefahr	GHS07	H314 H332	2
Silbernitrat	Gefahr	GHS03 GHS05 GHS09	H272 H314 H410	12-13-14
Silbernitratlösung 5 % ≤ *w* ≤ 10 %	Achtung	GHS07	H315 H319	12-13-14
Silberoxid	Gefahr	GHS03 GHS05	H272 H314 EUH044	12-13-14
Strontiumchlorid	Achtung	GHS07	H315 H319 H335	1-11
Styrol	Achtung	GHS02 GHS07 GH08	H226 H304 H315 H319 H332 H335 H372	10-12
Waschbenzin (Testbenzin, aromatenarm)	Gefahr	GHS02 GHS07 GHS08 GHS09	H224 H304 H315 H336 H340 H350 H361 H441	10-12
Wasserstoff	Gefahr	GHS02	H220	7
Wasserstoffperoxidlösung 30 % ≤ *w* < 50 %	Gefahr	GHS03 GHS05 GHS07	H271 H302 H314 H332 H335	1
8 % ≤ *w* < 30 %	Gefahr	GHS05 GHS07	H302 H318	1
5 % ≤ *w* < 8 %	Achtung	GHS07	H302 H319 H332	1
Weinsäure	Gefahr	GHS05	H318	1-10
Zink, Pulver o. Staub (stabilisiert)	Achtung	GHS09	H410	3
Zinkbromid	Gefahr	GHS05 GHS09	H314 H410	1-11
Zinkchlorid	Gefahr	GHS05 GHS07 GHS09	H302 H314 H335 H410	1-11
Zinkchloridlösung 5 % ≤ *w* < 10 %	Achtung	GHS07	H315 H319	1-11
Zinkiodid	Gefahr	GHS05 GHS09	H315 H319	12-16
Zinkoxid	Achtung	GHS09	H410	3
Zinksulfat, wasserfrei	Gefahr	GHS05 GHS07 GHS09	H302 H318 H410	1-11
Zinn(II)-chlorid	Achtung	GHS07	H302 H315 H317 H319 H335	1-11

Register

A

Abgase 98f., 133
Abgaskatalysator 75
Abwässer 237
Acetate 306f.
Aceton s. Propanon 303
Addition 283, 344
Adsorbieren 57, 67, 344
Aggregatzustand 37, 49, 66, 70, 344
Akkumulator (Akku) 248f., 253, 261, 344
Aktivierungsenergie 72, 75, 83, 344
Aktivkohle 57
Alkali-Mangan-Batterie 248f.
Alkalimetalle 140f., 159
Alkalimetallsalze 328
Alkalinebatterie 248
alkalische Lösung 217f., 234ff., 243, 344
Alkanale 303
Alkane 274ff., 287, 344
Alkanole 300f., 313
Alkanol-Molekül 301
Alkansäuren 308f., 313
Alkene 282f., 287, 344
Alkine 284, 344
Alkohole
–, Alkoholabbau 293
–, Alkoholgehalt 291
–, Alkoholkonsum 293, 303
–, ein-/drei-/mehrwertige 302, 313
–, funktionelle Gruppe 300
– s. a. Ethanol
alkoholische Gärung 290f.
Altersbestimmung 177
Ameisensäure (Methansäure) 216, 308f.
Amino-Gruppe 325
Aminosäuren 324f., 343
Ammoniak 232f.
Ammoniak-Synthese 233
Analyse 128, 137, 344
Anion 187, 189, 344
Anthocyane 219
Argon 152, 157
Aromastoffe 308, 316f.
Ascorbinsäure (Vitamin C) 216
Astat 150
ätherische Öle 57
Atom 79, 153, 162ff., 344
–, Atomverband 94
–, Wertigkeit 100
Atombau 169, 179, 188
Atombindung s. Elektronenpaarbindung
Atomhülle 167ff.
Atomkern 167ff.
Atommasse 163f., 344
Atommasseneinheit 163, 179
Atommodelle 172, 179
–, Kern-Hülle-Modell 167
– von BOHR 172
– von DALTON 79, 83, 172
– von DEMOKRIT 172
– von RUTHERFORD 166f., 172
– von THOMSON 172
Aufgabenstellungen (Fachsprache) 22f., 146f.
Aufschlämmen 58
Augendusche 18
Ausgangsstoffe (Edukte) 70, 75, 101, 164, 345
Auslesen 56, 67
Außenelektronen 174f., 179, 188
Außenschalen 188f.
Autobatterie 216, 251

B

Balkendiagramm 130f.
Barium 142f.
Basen 232
Batterie 248f., 253, 261
–, Entsorgung 261
–, wiederaufladbare 249, 344
Batteriesäure 226
Benzin 276, 280f., 298
–, Entzündungstemperatur 88
–, Wirkungsgrad 133, 258f.
BERZELIUS, J. J. 80f.
Bierbrauen 292
Big Bang 153
Biodiesel 268, 320
Bioethanol 298
Biogas 268f., 272
Biokatalysator 75
Biokunststoffe 336
Biolumineszenz 78
Biomasse 268f.
Blauer Eisenhut 45
Bleiakku 251
Bleichmittel 330
Bleivergiftung 307
Blutalkoholkonzentration 293
Bodensatz 36
BOHR, N. 172
Brand s. Feuer
Branntwein 291
Brennbarkeit 32f.
Brennstoffe 265, 274, 299
–, alternative 133
–, Entzündungstemperatur 88
Brennstoffzelle 256ff., 344
Brennstoffzellenantrieb 133
Brom 151
Bromide 228
BRÖNSTED, J. N. 223, 232
Bronze 53, 108, 344
BROWN'sche Bewegung 47
Butan 274f., 277, 279
Butan-Molekül 277
Butanol (Butylalkohol) 299ff.
Butansäure (Buttersäure) 308f.
Buten 282

C

C-14-Methode 177
Caesium 140f.
Calcium 142f.
Calciumcarbonat 187, 229
Calciumfluorid (Flussspat) 150, 191
Calciumhydroxid 235
Calciumhydroxid-Lösung (Kalkwasser) 87, 217, 224
Calciumoxid 204f.
Calciumsulfat (Gips) 147, 229
Carbidlampe 284
Carbonat-Ionen 229
Carbonsäuren 313, 344
–, mehrwertige 309
Carboxy-Gruppe 306, 309, 325
CAVENDISH, H. 132, 157
Cellulose 322f.
Chemieraum
–, Sicherheitseinrichtungen 17ff., 27
–, Verhaltensregeln 18f.
Chemikalienentsorgung 16f., 27, 370

chemische Bindung 212
–, Elektronegativität 201, 212
–, Elektronenpaarbindung 212 f., 346
–, Ionenbindung 190, 212 f., 347
–, Metallbindung 209, 212
chemische Elemente 71, 80, 83, 344
–, Reaktionsfähigkeit 188
–, systematische Ordnung 154
chemische Energie 250, 256
chemische Formel 80, 83, 100, 345
chemische Reaktion 70, 83, 345
–, Addition 283, 344
–, Aktivierungsenergie 72, 75, 83, 344
–, Elektrolyse 137, 261, 345
–, endotherme/exotherme 83, 346
–, Esterspaltung 316
–, Masse 97
–, Neutralisation 243, 348
–, Oxidation 105, 348
–, Polykondensation 343, 349
–, Polymerisation 349
–, Reaktionsschema 83
–, Reduktion 123, 349
– mit Sauerstoff 105
–, Stoffteilchen 350
–, Synthese 137, 350
–, umkehrbare 316
–, Veresterung 351
–, Verseifung 328
chemische Verbindung 80, 83, 128, 345
–, Analyse 137, 344
chemische Zeichensprache 80 f.
Chemisch-technische Berufe 14
Chemolumineszenz 78
Chlor 15, 150 f., 182
Chloride 228
Chlorwasserstoff 222, 229
Chromatografieren 61, 67
Citronensäure 216, 309
Computerchip 50, 109
Cracken 281, 345
Cyanidin 219
Cycloalkane 276

D

DALTON, J. 79 f., 163, 172
Damaszener Stahl 118
Darren 292
Dekantieren 56, 67, 345
DEMOKRIT 172
Denaturierung 324
Destillieren/Destillation 57, 59, 67, 280, 291, 345
destilliertes Wasser 57
Deuterium 169
Diagrammerstellung/-auswertung 130 f.
Dicarbonsäure 309
Dichte 34 f., 345, 352
Dichteanomalie des Wassers 202, 345
Diffusion 47, 345
Dipeptid 325
Dipol 201 f.
Dipolmolekül 208, 212, 345
–, Ladungsschwerpunkte 200 f.
Disaccharide (Zweifachzucker) 323, 342
Distickstoffmonooxid (Lachgas) 99
Donator-Akzeptor-Prinzip 194
Doppelbindung 197, 282 f., 319, 332
Dreifachbindung 197, 284
Duftstoffe 57, 308
Düngemittel 216, 233
Dünnschichtchromatografie 61
Duroplaste 331 f., 343, 345
Dynamit 320

E

Edelgase 86 f., 96, 152, 159
Edelgasregel (Oktettregel) 188, 345
Edelstahl 118
Edukte s. Ausgangsstoffe
Einatem-/Ausatemluft 96
Eindampfen 56, 58, 67, 184, 345
Einfachbindung 197, 283
Einfachzucker (Monosaccharide) 322, 342
Einheitenvorzeichen, -faktoren 352
Eis 37, 49, 126
Eisen 32, 108, 163
–, Mythos 119
–, Recycling 117
–, Steckbrief 42
Eisenerze 114 f.
Eisenoxid 113, 117
Eisessig 306
Eiweiße (Proteine) 324 f., 343
Elastomere 335, 343, 345
elektrisch neutral 167 f.
elektrische Energie 246, 250, 256, 268
elektrische Leiter 222
elektrische Leitfähigkeit 34, 36, 209, 348
Elektroden 246, 250
Elektrolyse 137, 187, 195, 250, 261, 345
–, Solarstrom 256
–, Wasser 129
–, Wasserstoff 133
Elektrolyt 187, 195, 246, 257
Elektromotor 133, 258
Elektronegativität 201, 212, 346
Elektronen 167 ff., 174, 345
Elektronenakzeptor/-donator 194, 346
Elektronenaufnahme/-abgabe 189
Elektronengasmodell 209
Elektronenoktett 188
Elektronenpaar 196 f.
Elektronenpaarabstoßungsmodell 273
Elektronenpaarbindung 100, 196 f., 212 f., 346
–, polare 200, 212, 297
Elektronenschalen
–, Besetzung/Bezeichnung 170 f.
–, Periodennummer 175
Elektronenübergang 188 f., 194
Elementarteilchen 153, 168 f., 179, 346
Elemente 71, 108, 154 f., 346
–, systematische Ordnung 154
–, Zuordnung 145
Elementfamilien 155, 159, 175
–, Alkalimetalle 140 f., 159
–, Edelgase 87, 152, 159
–, Erdalkalimetalle 141 ff., 159
–, Halogene 150 f., 158 f.
–, systematische Ordnung 145
Elementsymbol 80, 83, 346
Emission 98, 273, 285
Emulsion 51, 55, 67
endotherme Reaktion 72 f., 83, 346
Energie 73, 268 f.

Energiepflanzen 298
Energiequellen 256, 268 f., 287
Energiespeicher 248, 256, 261, 268
Energieträger 346
–, Bioethanol 298
–, Biomasse 272
–, Energiedichte 259
–, Erdgas/Erdöl 265
–, erneuerbare 268 f., 287, 320
–, fossile 265, 287
–, Kohle 265
–, Methan 272
–, Wasserstoff 132 f., 261
Energieumwandlung 73, 250, 256 f.
Energieverbrauch 269
Energieversorgung 268 f.
Enthärter 330
Entsorgung
–, Batterie/Akku 253, 261
–, Chemikalien 16 f., 27
–, Sammelbehälter 370
–, Schadstoffe 17
Entsorgungsratschläge (E-Sätze) 369
Entzündungstemperatur 88, 346
E-Nummern 310
Enzyme 75, 330
Erdalkalimetalle 141 ff., 159
Erdatmosphäre 86, 99, 283, 285
Erddurchschnittstemperatur 99
Erdgas 259, 264 ff., 287
Erdöl 264 ff., 280 f., 287
Erdwärme 268
erneuerbare Energiequellen 268 f., 287
Erstarren 49, 346
E-Sätze (Entsorgungsratschläge) 369
Essig 304 f., 307
Essigessenz 305
Essigmutter 304
Essigsäure (Ethansäure) 216, 305 f., 309
Essigsäureethylester 317
Essigsäuregärung 304 f.
Essigsäure-Molekül 306
Ester 316 f., 342, 346
Esterspaltung 316
Ethan 274 f., 279, 281
Ethanal (Acetaldehyd) 303
Ethanol 290 f., 293, 296 ff., 313
Ethanol-Molekül 296
Ethansäure s. Essigsäure
Ethen 282 f.
Ethen-Molekül 282
Ether 297
Ethin (Acetylen) 284
exotherme Reaktion 72, 83, 346
Experimentieren 18 f., 24
–, chemische Fachsprache 40 f.
–, Selbsteinschätzung 193
–, Sicherheitseinrichtungen 18 f.
Extrahieren/Extraktion 56, 67, 290, 346

F

Fachsprache (Operatoren) 146 f.
Faulgas 272
Feinstaub 98
Fettbrand 89
Fette 318 f., 342, 346
Fetthärtung 319
Fett-Molekül 318
Fettsäure 308, 318 f., 328, 346
–, essenzielle 319
–, gesättigte/ungesättigte 319
Feuer, Entstehung/Löschen 88 f., 105
Feuerlöscher 18, 89
Feuerschneise 89
Feuerwerk 148 f.
Filtrieren/Filtration 56, 58 f., 62, 67, 290, 346
Fische 218
Flammenfärbung 143
Flammentypen 24, 346
Flammtemperatur (Flammpunkt) 24, 88, 346
Flavonoide 219
FlexFluel-Motor 298
Flotation 62
Fluid-Catalytic-Cracking 281
Fluor 150 f.
Fluorchlorkohlenwasserstoff (FCKW) 283
Fluoride 228
Fluorwasserstoff 229
Flüssiggase 274, 280
Flüssigkeit 24, 32, 52, 329
Flusssäure 228
Flussspat (Calciumfluorid) 150, 191
Formaldehyd (Methanal) 303
Formalin 303
fossile Brennstoffe 346
fossile Energieträger 265, 287
Fotosynthese 271
Fotovoltaikanlage 133, 268 f.
Fracking, Fracfluid 266
fraktionierte Destillation 280 f.
Frostschutzmittel 302
Fruchtsäure 216
Fruchtzucker (Fructose) 322 f.
funktionelle Gruppe 313, 347
Fuselalkohole 299

G

GALVANI, L. 252
galvanische Zelle 246 ff., 261, 347
Galvanisieren 195, 347
Gärung
–, alkoholische 290 ff.
–, Essigsäuregärung (Fermentation) 304 f.
–, Maischegärung 290, 292
Gasbrenner 24, 27
Gase 30, 52, 96, 150, 279
–, brennbare 272
–, Luftverdrängung 90
–, pneumatisches Auffangen 90
–, Raffineriegase 280 ff.
–, Treibhausgas 272
–, Wasserverdrängung 90
Gasgemisch 55, 67, 272
–, Benzin 276
–, Luft 52
Gebläseluft 114 f.
Gefahrenhinweise (H-Sätze) 16, 367
Gefahrenmerkmale 367
Gefahrenpiktogramme 16, 366
Gefahrstoffe 15 ff., 371 ff.
Gefahrstoffverordnung (GHS) 16, 366
Gemenge 51, 55, 67
Geruchsprobe 31
Geschmacksprobe 31, 42
Gesetz der Oktaven 154
Gesetz von der Erhaltung der Masse 97, 347
Gezeitenenergie 268
Gichtgas 114 f.
Gitterenergie 199, 205, 347
Glas 32, 44
Glimmspanprobe 86, 347
Glockenboden 280

Glucose (Traubenzucker) 322 f.
Glühen/Brennen 92
Glycerin 302, 318, 328
Glykol 302
Gold 50, 53 f., 80, 108, 162 f.
Grad Oechsle 291
Granit 50 f.
Größengleichungen 352
Grubengas 272
Grundwasser 126
Gruppen (Spalten)/Hauptgruppen 155, 159

H
Haber-Bosch-Verfahren 233
Halbmetalle 109, 155, 159
Halogenalkane 283
Halogene 150 f., 158 f.
Halogenlampen 151, 157
Hämatit (Roteisenstein) 114, 347
Handy (Metallteile) 109
Harnstoffsynthese 270
Hartschaum 51, 67
Hauptgruppen im PSE 174 f.
Heizgas/Heizöl 280
Helium 133, 152 f.
Heptan 274, 281
heterogene Stoffgemische 51, 54 f., 67, 347
Hexadecansäure (Palmitinsäure) 309
Hexan 274, 276
Hexanol (Hexylalkohol) 301
Hexansäure (Capronsäure) 309
Hochofenprozess 114 f., 123
Holzbrand 89
Holzkohle 110
homogene Stoffgemische 52, 54 f., 67, 347
homologe Reihe 274, 313
H-Sätze (Gefahrenhinweise) 16, 367
Hybridfahrzeug 258
Hydratation 203, 347
Hydratationsenergie 205
Hydrocracken 281
Hydrolyse 316
hydrophil (wasserliebend) 300 f.
hydrophob (wasserabstoßend) 300 f.
Hydroxid-Ionen 235
Hydroxy-Gruppe (OH-Gruppe) 296 f., 300 ff.

I
Immission 98
Indikatoren 218 f., 243, 347
Internetrecherche 120
Invarstahl 118
Iod 151
Ionen 187 ff., 212, 347
–, Benennung 189
–, Bildung 223
Ionenbindung 190, 212 f., 347
Ionengitter 190
Ionengruppe 347
Ionenkristalle 191
Ionenladung 189
Ionenverbindung 213
–, Gittermodell 199
–, Verhältnisformel 190
Isobutan 277
Isolator 35
Isomere 277, 347
Isotope 169, 347
IUPAC-Regeln 278

K
Kalilauge (Kaliumhydroxid-Lösung) 217
Kalium 140 f.
Kaliumhydroxid 235
Kalk (Calciumoxid) 116
Kalkwasser (Calciumhydroxid-Lösung) 87, 217, 224
Kalottenmodell 199
Kältemischung 204
Katalysator 75, 226, 317, 347
Kation 187, 189, 347
Kennzeichnungselemente 16, 368
Kern-Hülle-Modell 166 f., 172, 179, 347
Kernladung 168
Kernspaltung 177
Klimaveränderung 271
Knallgasprobe 132, 134
Knicklichter 78
Kochsalz (Natriumchlorid) 182 ff., 187 f.
–, Aussolung 63
–, Geschichte 185
–, Steckbrief 42
Kohle 264 f.
Kohlenhydrate 322, 342, 347
Kohlensäure 216, 229
–, Nachweis 224
Kohlenstoff 96, 110 f., 116, 163, 270, 273
–, Oxidation 110
Kohlenstoffdioxid 86 f., 96, 110 f., 271 f., 287
–, Nachweis 87
Kohlenstoffdioxidemissionen 285
Kohlenstoff-Doppelbindung 282 f.
Kohlenstoff-Dreifachbindung 284
Kohlenstoff-Einfachbindung 283
Kohlenstoffkette, verzweigte/unverzweigte (lineare) 277
Kohlenstoffkreislauf 287
–, natürlicher 271
Kohlenwasserstoffe 274 ff., 282 ff., 287, 347
–, Nachweis 283
–, ungesättigte 282 ff.
Kohlenwasserstoffkette 301, 309
Koks 114 f., 348
Kondensationsreaktion 316 f., 325, 333
Kondensieren 49, 348
Konservierungsmittel 183, 303 f., 308, 310, 317, 323
Konstanten 352
Kontaktallergie 53
Kontaktverfahren 226
Konverter 116
Körper 30, 66
Körperenergie 75
Korrosion 93, 348
Kraftstoffe 298, 320
Kreisdiagramm 130 f.
Kristalle 46, 150, 191 f., 306
Kristallgitter 190
Krypton 152
Kugelstabmodell 199
Kugelteilchenmodell 47, 49, 66, 172
Kunststoffe 299, 332 ff., 343, 348
Kunststoffmüll 336
Kupfer 36, 45, 108, 110
Kupferacetat (Grünspan) 307
Kupferoxid 110 f.
Kurvendiagramm 130

L

Laborgeräte 353
Lachgas (Distickstoffmonooxid) 99
Lackmus 218f.
Lade-/Entladevorgang 250f.
Laufmittel 61
Laugen (Metallhydroxid-Lösung) 217, 234f., 348
Laugenbrezel 217
LAVOISIER, A. L. DE 92, 132, 135
Lebensmittel
–, Eiweißgehalt 324
–, Fettgehalt 318
–, Säuren 216
–, Zuckergehalt 322
–, Zusatzstoffe 310
Legierung 52f., 55, 67, 348
Legierungsmetalle 118, 142
Leichtmetalle 35, 140, 142, 348
Leuchtröhre 152
Leuchtstoffe 78
Lewis-Formel 198
Lichtenergie 72f.
lipophil (fettliebend) 276, 300f.
lipophob (fettabstoßend) 276, 301
Lithium 140f.
Lithium-Batterie 249
Lithium-Ionen-Akku 249, 258f.
Lösevorgang 46, 58, 203
–, Gitterenergie 205
–, Salze 212
–, Temperaturänderung 204f.
Löslichkeit 34, 36, 247, 348
Lösung 55, 67
–, alkalische s. alkalische Lösung
–, gesättigte 36
–, kolloidale 339
–, neutrale s. neutrale Lösung
–, pH-Wert 236
–, saure s. saure Lösung
Lösungsmittel 36, 276, 299, 301, 317
Lotuseffekt 338
Luft 52, 86f., 99, 105
Luftschadstoffe 227
Luftverdrängung 90
Luftverschmutzung 98

M

Magnesium 128, 142, 194
Magnesiumhydroxid 235
Magnesiumoxid 194
Magnetisierbarkeit 32
Magnetit (Magneteisenstein) 114, 348
Maische 290ff., 305
Maischegärung 290
Makromoleküle 325, 332f.
Makromolekülvernetzung 334f.
Malachit 110, 348
Marmor 142
Maßanalyse 241
Masse 34, 352
Massenanteil 240, 352
Massenkonzentration 352
Massenzahl 169
Maßlösung 240
Meeresleuchten 78
Meeresspiegel 285
Meerwasserentsalzung 59, 182
Mehlstaubexplosion 88
Mehrfachbindung 197
MENDELEJEW, D. 154, 174
Messing 53
Metallbindung 209, 212f., 348
Metalle 35ff., 108ff., 159, 213
–, Geschichte 108
–, Gewinnung/Verwendung 123
–, Legierung 118
–, Leitfähigkeit 36, 209
–, Löslichkeit 247
–, Magnetisierbarkeit 32
–, Metallbrand 89
–, Oberflächenglanz 140, 142
–, Reaktionsfähigkeit 246
–, Reduktionsfähigkeit 111
– mit Sauerstoff 92f., 105
–, seltene 109
–, Stoffgruppen/-untergruppen 43
–, unedle 93, 228
–, Verformbarkeit 209
–, Wärmeleitfähigkeit 35, 209
Metallgemisch 52
Metalloxide 92, 228
Metallverbindung 94
Metallveredlung 195
Meteoreisen 119
Methan 99, 272ff., 279
Methanal (Formaldehyd) 303
Methan-Molekül 273
Methanol (Methylalkohol) 299ff.
Methansäure (Ameisensäure) 216, 308f.
Methylalkohol (Methanol) 299ff.
Methyl-Gruppe 297
MEYER, LOTHAR 154, 174
Mikrowelle 208
Milch 51
Milchsäure 216
Mindmaps 32f., 123
Modelle 199
Mol 164
molare Masse 352
Molekül 97, 196ff., 212, 348
–, Kohlenstoffkettenlänge 275
–, kurz-/langkettiges 275
–, Lewis-Formel 198
–, Teilladungen 200
–, Van-der-Waals-Kräfte 275
Molekülformel 96, 348
Molekülmodelle 199
Molekülverband 202
Molekülverbindung 197, 213, 222, 240
Monomere 332f., 348
Monosaccharide (Einfachzucker) 322, 342
Mosten/Keltern 290f.
Müllvermeidung/-verbrennung 336
Münzmetalle 32, 53

N

Nachhaltigkeit 269
Nährstoffe 182, 318f., 322ff.
Nanotechnologie 338f., 343
Natrium 140f.
Natriumchlorid s. Kochsalz
Natriumhydroxid 235
Natron (Natriumhydrogencarbonat) 217, 229, 239
Natronlauge (Natriumhydroxid-Lösung) 182, 217, 229, 234f., 240
Naturwissenschaft Chemie 12ff.
Nebel 51, 67
Nebengruppen im PSE 175
Neon 152
neutrale Lösung 218, 236, 348
Neutralisation 237, 243, 348
Neutronen 168f., 348
NEWLANDS, J. A. 154

Nichtmetalle 96, 105, 152, 155, 159
Nichtmetalloxide 97
Nickel 32, 53, 118
Nitroglycerin 302, 320
NOBEL, A. 320
Normal-Butan 277
Normdruck/-temperatur 352
Nutzenergie 269

O
Oberflächenspannung (des Wassers) 202, 329, 348
Octadecansäure (Stearinsäure) 308f.
Offshoreförderung 266
Oktettregel (Edelgasregel) 118, 188, 345
Ölbrand 89
Ölschiefer, Ölsande 266
Operatoren 22f.
optische Aufheller 330
Ordnungszahl (Protonenzahl) 168, 174, 348
Oxidation 92f., 105, 110, 116, 194f., 257, 348
Oxidationsmittel 110f., 123, 349
Oxide, flüchtige 96, 348
Oxonium-Ionen 223, 349
Ozon, Ozonschicht 99, 283

P
Palmitinsäure 308
Papierchromatografie 61
Papierrecycling 62
PARACELSUS 45
PAULING, L. 201
Pentan 274f., 277, 281
Pentanol (Pentylalkohol) 299ff.
Peptidbindung 325
Perioden (Zeilen) im PSE 155, 159, 174f.
Periodensystem der Elemente (PSE) 154f., 159, 174f., 179, 349
PET (Polyethylenterephthalat) 332f.
Pflanzenfarbstoffe 219
Phenolphthalein 218
Phlogiston (Feuerstoff) 92, 103
Phosphorsäure 216
pH-Wert 218, 236, 243, 349
Piktogrammcode 366
Platin 75
pneumatisches Auffangen (Gase) 90
polare Elektronenpaarbindung 200, 212, 349
Polyaddition 333
Polyamid (PA) 332
Polyethen (PE) 332
Polykondensation 333, 343, 349
Polymere, Polymerisation 332, 349
Polypeptid 325
Polypropen (PP) 332
Polysaccharide (Vielfachzucker) 323, 342
Polyurethan (PU) 333
Polyvinylchlorid (PVC) 332
Präsentation 173
Primärbatterie 248, 252
Primärenergie 268f.
Propan 274f., 279
Propanol (Propylalkohol) 299f.
Propansäure (Propionsäure) 308f.
Proteine (Eiweiße) 324f., 343
Protokoll 21
Protonen 168f., 174, 349
Protonenzahl (Ordnungszahl) 168, 174, 349
P-Sätze (Sicherheitshinweise) 16, 368f.
Pyrit (Katzengold) 191

Q
Quarz 50f., 191
Quarzsand 50, 109

R
Radioaktivität 177
Radiokarbonmethode 177
Radium 142
Radon 152
Raffination 183
Raffinerie 280
Raketenexplosion 135
Rapsölmethylester (RME) 320
Rastertunnelmikroskop 162, 165
Rauch 51, 55, 67
Reaktion, endotherme/exotherme 72f., 83
Reaktionsgleichung 101, 349
Reaktionsprodukte 70, 75, 96, 101
Reaktionsschema 94, 349
– in Symbolschreibweise 80, 101
– in Worten 71, 83, 101
Recherche 120
Recycling 336
–, Batterie/Akku 253
–, Eisen 117
–, Papier 62
Redoxreaktion 110, 113, 123, 194f., 349
Reduktion 110f., 123, 194f., 257, 349
Reduktionsmittel 110f., 113f., 123, 349
Referat 173
Refraktometer 291
Reinheitsgebot 292
Reinigungsmittel 15, 216f., 222, 232, 299
Reinstoffe 50, 54, 67, 349
Resublimieren 49, 349
Roheisen 114ff., 123, 349
Rohöl 280
Rohr-/Rübenzucker (Saccharose) 322
Rohstoffe 109
–, nachwachsende 268, 271
Rosinenkuchenmodell 172
Rosten, Rostschutz 93, 105
Roteisenstein (Hämatit) 114
Rotwein 290
Rubidium 140f.
Rundfilter 58
Rußverhalten 276
RUTHERFORD, E. 166, 172

S
Saccharose (Rohr-/Rübenzucker) 322
Salpetersäure 216
Salzabbaumethoden 184
Salzbildungsreaktionen 228f.
Salze 182ff., 212
–, elektrische Leitfähigkeit 187
–, Ionengitter 190
–, Körperfunktionen 182
–, Kristallformen 191
–, Kristallisation 183, 187
–, Lösevorgang 203ff., 212
–, Nass-/Trockenabbau 184
–, Salzgewinnung 183f.
–, schwer lösliche 205
Salzgarten (Saline) 183, 185

Salzlagerstätten 184
Salzlösung 187
Salzsäure 216, 222 f., 228
Salzschmelze 191
Salzwasser 126
Sauerstoff 37, 86 f., 96, 105, 110 f., 128 f., 142, 163, 257, 279
Sauerstoffaufblasverfahren 116
Sauerstoffaufnahme/-entzug 110
Sauerstoffübertragung 110
Säulendiagramm 131
saure Lösung 216, 222, 243, 350
–, Indikatoren 218
–, pH-Wert 218, 236
Säuren 216, 243, 350
–, Metalloxide 228
–, Protonendonator 223
–, Salzbildungsreaktionen 228
–, unedle Metalle 228
–, zweiprotonige 224
saurer Regen 227
Säurerest-Ionen 223
Schadstoffentsorgung 17
Schalenmodell der Atomhülle 170 ff., 179, 197
Schalenmodell des Atoms 350
Schaum 51, 67
Schlacke 114 ff., 121
Schmelzen 49, 350
Schmelztemperatur 34, 37, 350
Schmieröle 275, 280
Schnellarbeitsstahl 118
Schrott 116 f.
Schutzgas 87, 152
Schwarzpulver 148 f.
Schwefel 70, 163 f.
Schwefeldioxid 98, 290
Schwefelsäure 216, 226, 229
–, Katalysator 317
–, Kontaktverfahren 226
–, Salzbildungsreaktionen 229
Schweißgas 284
Schwermetalle 35, 350
Sedimentieren 56, 67, 290, 350
Seifen 328, 343, 350
Seifen-Anion 328 f.
Seitenkette 278
Sekundärbatterie 249, 253
Sekundärenergie 269
seltene Erden 109
Sicherheitseinrichtungen 18 f.
Sicherheitshinweise (P-Sätze) 16, 368 f.
Sieben 56, 67, 350
Siedetemperatur 34, 37, 291, 350
Silicium 50, 109
Soda (Natriumcarbonat) 182, 229
Sodbrennen 239
Solaranlage 133
Sole 184
Sonnenenergie 256, 268 f.
Sorbit 302
Spanbildnerverfahren 305
Spannungsquelle 246
Spezialstähle 118
Spiritus 299
Sprengstoffe 148, 320
Spurenelemente 45
Stack 257
Stahl 115 ff., 123, 350
Stahllegierung 118
Stärke 322 f.
–, Nachweis 323
Stearinsäure (Octadecansäure) 308 f.
Steckbriefe 42, 132
Steinsalz 58, 182, 184
Sterlingsilber 53
Sterne 153
Stickstoff (Stickgas) 86 f.
Stickstoffoxide 98
Stoffe 30, 42 f., 66, 83, 213, 350
–, Einteilung 83
–, erhitzen 32 f.
–, explosionsgefährliche 33
–, ferromagnetische 32
–, feste/flüssige/gasförmige 30
–, feuergefährliche 33
–, flüchtige 43
–, Masse 34
–, Merkmale 42
–, organische 270, 278
–, polare 301
–, Reaktivität 36
–, Stoffgruppen 43
–, Stoffteilchen 46, 48
–, synthetische 332
–, unpolare 301
– im Vergleich 213
–, Volumen 34
–, Zerteilungsgrad 88
Stoffeigenschaften 31 ff., 66
–, Aggregatzustand 37
–, Brennbarkeit 32 f.
–, Dichte 34
–, elektrische Leitfähigkeit 34, 36
–, Giftigkeit 45
–, Löslichkeit 34, 36
–, Magnetisierbarkeit 32
–, messbare 34 ff., 42
–, physikalische 34 ff.
–, physiologische 31, 33
–, Schmelz-/Siedetemperatur 34, 37
–, Van-der-Waals-Kräfte 277
–, Wärmeleitfähigkeit 34 f., 44
Stofffamilien 300, 308, 316
Stoffgemische 50 ff., 67, 350
–, heterogene/homogene 51, 54 f., 67, 347
–, Legierung 52
–, Lösung 52
–, Luft 86
– in der Natur 50
–, Siedetemperaturen 280
–, Teilchenmodell 55
–, Trennverfahren 56 f.
Stoffgruppen 43, 66
Stoffmenge 164
Stoffmengenkonzentration 240 f., 352
Stoffportion 164
Stoffteilchen 46 f., 49, 79, 350
Stoffumwandlung 70 ff.
Stoffwechsel 324
Streuversuch von Rutherford 166
Strontium 142 f.
Strukturformel 197, 199, 350
Sublimieren 49, 350
Submersverfahren 305
Suchmaschine 120
Sulfat 226, 229
Summenformel 350
Supernova 153
Suspension 51, 54 ff., 67
Süßwasser 126
Symbiose 326
Symbolschreibweise 80, 101
Synthese 128 f., 137, 350

T

Teclubrenner 27
Teilchenmodelle 48
–, Aggregatzustände 49
–, Chromatogramm 61

–, heterogene/homogene Stoffgemische 54f.
–, Reinstoffe 54
Tenside 330, 343
Thermitverfahren 113
Thermoplaste 334, 343, 350
THOMSON, J. J. 172
Titration 241
Traggas (Luftfahrt) 87, 132
Traubenzucker (Glucose) 322f.
Treibhauseffekt 99, 105, 271f., 351
–, anthropogener 271
–, natürlicher/künstlicher 99
Treibhausgase 99, 105, 272, 287
Trennverfahren 67
–, Adsorbieren 57, 67, 344
–, Filtration/Flotation 62
–, Stoffgemische 56ff.
– in Technik und Medizin 62
Trester 290
Triade 154
Tricarbonsäure 309
Trinkalkohol s. Ethanol
Trinkwasser 59, 126f.
Tritium 169
Tropfsteine 231
Tyndall-Effekt 339

U
Umesterung 320
Umkehrreaktion 250
Universalindikator 218
Universum, Urknall 153
UV-Strahlung 283

V
V2A-Stahl 118
Van-der-Waals-Kräfte 275, 287, 351
Verbindung 71, 142, 296, 351
Verbrennung
–, Bedingungen 88
–, Energie 92
–, fossiler Energieträger 98
–, kalte/sanfte 133
–, Massenänderung 97
– im Menschen 96
–, Nachweis 86
–, Sauerstoff 86
–, unvollständige 276
–, Wasserstoff 129
Verbrennungsmotor 258
Verbundstahl 118
Verdampfen 49, 351
Verdunsten/Verdunstung 56, 59, 183f., 351
Veresterung 316ff., 351
Verformbarkeit (Duktilität) 209
Verhältnisformel 94, 190, 351
Versauerung (Boden/Gewässer) 227
Verseifung 328
Versuchsdarstellung/-skizze 20
Versuchsprotokoll 21
Vielfachzucker (Polysaccharide) 323, 342
Viskosität (Zähflüssigkeit) 275
Vitamin C (Ascorbinsäure) 216
Volta-Effekt 252
Volumen 34, 351
Volumenanteil 352

W
Wafer 109
Waldbrand 89
Wärmeenergie 73
Wärmeisolator 35
Wärmekompresse 204
Wärmeleitfähigkeit 34f., 209, 351
Wärmepflaster 103
Wärmestrahlung 99
Waschmittel 217, 330
Waschvorgang 329
Wasser 128, 137
–, Aggregatzustände 49
–, Analyse 128, 137
–, Bedeutung 126
–, Dichteanomalie 202
–, Dipol 201f.
–, Eigenschaften 37, 202
–, Elektrolyse 129
–, Lebewesen 126
–, Molekülformel 129
–, Oberflächenspannung 202
–, polares Lösungsmittel 203
–, Synthese 128f., 137
–, Temperatur 37
–, Temperaturschichtung 207
–, Verbrauch 127
–, Vorkommen 126
Wasserdampfdestillation 57
Wasser-Fußabdruck 127
Wasserkraft 268f.
Wassermangel 126f.
Wasser-Molekül 201ff., 232
Wasserplanet Erde 126
Wasserrucksack 59
Wasserspeichermodell 248
Wasserstoff 111, 128f., 132f., 137, 256f., 261, 270
Wasserstoff-Brennstoffzelle 256, 258
Wasserstoffbrückenbindung 202f., 212, 297, 351
Wasserstrahl, abgelenkter 200
Wasserverdrängung (Gase) 90
Wasserzersetzungsapparat 128f.
Wein 290f., 305
Weißwein 290
Werkstoffe aus Metall 108, 110, 116f.
Wertigkeit 100, 351
Winderhitzer 115
Windkraft 268f.

X
Xenon 152

Z
Zähflüssigkeit (Viskosität) 275
Zeichensprache, chemische 80, 278
Zentrifugieren 57, 67, 351
Zerreiben 58
Zerteilungsgrad 88
Zink 70
Zink-Kohle-Batterie 249
Zinksulfid 70
Zitronenbatterie 246
Zucker 36, 42, 46f.
Zuckeralkohol 302
Zuckerkonsum 322
Zuschlagstoffe (Möller) 114f.
Zweifachzucker (Disaccharide) 323, 342
zwischenmolekulare Kräfte 275, 297, 334

Bildquellen

Titel: Shutterstock/Alexander Sviridov | 2001 The Yorck Project S.61/1 | 123RF/Anton Starikov S.332/1c, Luisa Vallon Fumi S.252/1, Marcel De Grijs S.253/2a, S.256/1 | A1pix/YourPhotoToday/PM S.209/1 | action press/Everett Collection S.135/r., Rainer Klotz S.202/1c, REX FEATURES LTD. S.103/u. | adidas AG S.12/Abb. 2/3, 2/4 | Agentur Bridgeman S.108/2 | Agentur Focus/SPL S.140/1c, S.142/1b, S.165/4, PASCAL GOETGHELUCK S.191/4a, POWER AND SYRED S.191/4b | AKG Images S.79/1, S.119/3, S.148/3, S.148/1, S.148/2, S.172/1, S.172/4, S.270/2, IAM S.153/2, Roger Lichtenberg S.13/1, Science Photo Library S.139/o., S.223/5 | alimdi.net/thomas kroeger S.182/3 | Anja Hartmann, Braunschweig S.162/1 | BackArts GmbH S.282/1 | Bahro, K., Berlin: S.318/1d, S.324/1b | BASF Polyurethanes GmbH, Lemfoerde S.333/5 | BECO-Beermann GmbH und Co. KG S.34/2a | Bildagentur Waldhaeusl S.29/u. | bpk/ Margarete Büsing S.108/1 | BRAUNS-HEITMANN GmbH und Co. KG S.16/1 l., S.50/3a | C. Nuridsany,M.Perennou/Science Photo Library S.43/u. | Caro/Oberhaeuser S.317/5 | Christian Brünig S.116/2 | Clip Dealer/Alexander Raths S.324/1c | Colourbox S.74/l., S.136/M., S.157/3a, S.299/3, S.336/1a, S.358/ | Corbis S.14/2, S.132/5, S.172/3, S.181/u., S.263/u., S.274/1, Robert Harding S.119/1b, Vienna Report Agency/Sygma S.177/o., Aflo/Naho Yoshizawa S.136/r., S.358, Bettmann S.79/2, S.80/2, Dave Bartruff S.50/1, Kelly-Mooney Photography S.302/1, Lew Robertson S.320/3, Ned Frisk Photography S.70/1a, Paul Souders S.5, S.124, S.137/o., PhotoAlt/ Frederic Cirouo S.3, S.27/o., Westend61/zerocreatives S.14/1 | Cornelsen Experimenta S.19/5 | Cornelsen Verlag GmbH S.3, S.19/4, S.20/1, S.21/u., S.28, S.33/5, S.36/9, S.46/2a, S.46/2b, S.46/2c, S.48/M., S.66/o., S.81, S.88/1, S.101/o., S.129, S.132, S.135, S.136, S.154, S.176, S.177, S.207, S.215/u., S.222/3, S.239, S.278, S.293, S.299, S.301, S.310, S.311, S.326, S.336/1b | Cornelsen Verlag GmbH/Gattermann, T. S.199/1, Heinz Mahler S.247/5, S.334/1, S.334/3, Mahler S.329/4, Markus Gaa S.224/1, Stefan Ruhmke S.16/1 r, Stephan Röhl S. 35/5, S.61/2, S.98/2, S.107/u., S.110/1a, S.217/3, Zeynep Arghan S.253/2b | Cornelsen Verlag/Volker Döring S.18/1, S.18/3, S.21/o., S.24/1a, S.24/1b, S.24/1c, S.24/3, S.25/u., S.26/1a, S.26/1b, S.36, S.75/1a, S.75/1b, S.75/1c, S.85/u., S.87/4a, S.87/4b, S.92/1a, S.92/1b, S.93/4, S.111/4, S.111/5a, S.111/5b, S.129/4, S.136/l., S.140/2, S.143/4c, S.143/4a, S.143/4b, S.150/1, S.151/5a, S.181/o.S.194/1, S.199/2, S.200/1, S.216/1f, S.222/1a, S.224/2a, S.224/2b, S.226/1, S.228/1a, S.228/1b, S.234/3, S.270/4, S.276/6a, S.276/6b, S.276/7, S.297/8 | Cornelsen Verlag/Volker Minkus S.33/4a, S.33/4b, S.33/6a, S.33/6b, S.38/r., S.71/3d, S.71/3c, S.71/3b, S.71/3e, S.71/3a, S.74/3a, S.74/3c, S.74/3b, S.86/1a, S.86/1b, S.86/3a, S.86/3b, S.88/3, S.96/1, S.141/4e, S.141/4c, S.141/4a, S.141/4b, S.141/4d, S.164/1, S.187/2c, S.187/2a, S.187/2b, S.187/1a, S.195/1, S.196, S.234/2, S.235/4, S.240/1, S.241/1b, S.241/1a, S.241/2, S.242/1, S.245/o., S.246/1, S.250/1, S.256/3a, S.256/3b, S.283/3a, S.283/3b, S.296/2a, S.296/2b, S.296/2c, S.322/2, S.330/1 | ddp images S.290/2, Picture Press S.217/5a | Dreamstime/Fabrizio Troiani S.304/1 | F33ESG Edelmetall-Service GmbH S.53/8, S.53/9a | EHEIM GmbH & Co. KG S.218/2 | F1 online S.4, S.72/1, S.84, S.105/o., S.128/1, S.139/u., S.274/2 | Feuerwehr Velbert S.143/5 | Fotofinder/WaterFrame/Reinhard Dirscherl S.78/2 | Fotolia S.81/amawasri S.229/4, a40757se S.81, Adwo S.231/u., Africa Studio S.11/o., S.216/1e, S.316/1d, Alekss S.302/3, amenic181 S.52/6a, Andreas Schulze S.233/5, andreiuc88 S.51/4d, andrewhagen S.8, S.288, S.313/o., Andris T S.30/1, Angela Shirinov S.307/5, Atoss S.316/1b, Barbara Pheby S.216/1a, beerfan S.30/2, Ben S.69/u., bennyartist S.268/1b, BG S.234/1c, Brent Hofacker S.51/4, by-studio S.52/6b, S.55/Tab. 1g, S.191/5, Caplio RR30 User S.202/1a, Carmen Steiner S.236/1, chemtoddler S.11/u., Christian Pedant S.49/2, Christophe Fouquin S.7, S.244, S.261/o., David Lade 2007 S.34/2b, denio109 S.305/2, Dionisvera S.322/1a, Dmytro Titov S.47/3, emer S.45/1, Erwin Wodicka S.46/1, farbled_01 S.42/1, fotogal S.309/4, Frank S.141/5, Frofoto S.81/u., Günter Menzl S.335/5, heitipaves S.52/7, Henry Schmitt S.118/1b, Himmelssturm S.54/3, hsagencia S.305/3, hwtravel S.227/1b, Ilia Shcherbakov S.116/1, Inga Nielsen S.316/1c, Ingo Bartussek S.265/4, Isselée Hubert S.122/o., isuaneye S. 4/r., S.106, S.123/o., Ivan Kmit S.57/M. u., Jana Behr S.151/7b, Jelle van der Wolf S.51/4, S.55/Tab. 1d, Joachim Opelka S.312/1b, Jörg Lantelme S.296/1, karepa S.272/2, kmit S.332/1e, Kristina Afanasyeva S.183/4, ksena32 S.217/4b, Laurentiu Lordache S.107/o., lilu13 S.263/o., Loop S.36/7, Maceo S.322/1b, Marco Bonan S.117/5, Marius Graf S.51/5a, Matthias Egger S.191/7, meerisusi S.53/10, Melinda Nagy S.151/7, Michel Angelo S.78/3, mirpic S.316/1e, Natallia Vintsik S.150/2, Natika S.322/1c, NilsZ S.118/1a, nito S.57/l. u., Olga Drabovich S.43/1, Petro Feketa S.69/o., pholidito S.51/4b, photocrew S.182/1, S.215/o., photology1971 S.232/3, picsfive S.318/1a, Piotr Pawinski S.44/u., pitsanu999 S.113/1, psdesign1 S.55/Tab. 1c, S.222/1b, Radostin Antonov Photography S.207/u., rdnzl S.30/1, S.216/1b, S.309/5, S.322/1d, rrrob S.37/o., Ruediger Rau S.182/2d, runzelkorn S.56/2, rweisswald S.43/2, seen S.65/l., Sergey Sanin S.55/Tab. 1f, Smileus S.316/1a, Stefan Balk , www.stefanbalk.de S.57/u., S.217/5b, stockphoto-graf S.312/1d, styleuneed S.30/1, Swapan S.216/1c, T. Michel S.81, Tanja S.30/1, th-photo S.336/2, topae S.216/2a, Tristan Schlafhai S.268/1a, Unclesam S.118/1c, Vasily Smirnov S.109/2a, Vladislav Gajic S.234/1a, Volker Reichert S.5, S.138, S.159/o., Voyagerix S.222/1c, VRD S.21/M., S.26/o., weber11 S.110/1b, Westend61 S.72/u. | Glow Images/All Canada Photos S.290/1, Matthew Benoit S.232/1, ScienceFaction S.234/1b | Goldankauf-Weber, Münster S.53/9b | Granger, NYC S.185/2 | Henkel AG S.182/2a | HOLSTE-Gruppe S.50/3c | Imago/Schöning S.15/1, Steinach S.121/2a | Inpro Solar/www.inprosolar.com S.259/ | Interfoto/National Trust Photo Library/ Andreas von Einsiedel S.204/1, THE TRAVEL LIBRARY/Frank Fell S.6, S.160, S.179/o., Interfoto/TV-Yesterday S.104/1 | iStockphoto/ Aleksandr Stennikov S.4, Floortje S.31/3b, John Solie S.142/3 | Jantzen, Friedrich, Bad Arolsen S.92/2 | Kolloid Chemie Haacken GmbH und Co. KG S.204/2 | Kothe Destillationstechnik S.291/5 | laif/NASA/GAMMA S.125/o. | LOOK-foto/Günther Bayerl S.229/3 | Landes-amt für Denkmalpflege und Archäologie/Juraj Lipták S.108/5 | Mauritius Images S.333/4, imageBROKER/Matthias Baumgartner S.315/u., imageBROKER/Ulrich Niehoff S.245/u., Science Source/DOE S.161/o., Alamy S.289/o., Alamy Stock Photo/Bobbo's Pix S.203/3, Andre Fichte S.303/3, imagebroker/Dr. Wilfried Bahnmüller S.7, S.214, S.243/o., imagebroker/Jochen Tack S.293/2, imagebro-ker/Guenter Fischer S.185/1, Minden Pictures S.308/1, Olaf Krüger S.183/6, Photo Alto S.289/u. | Messer-Griesheim S.284/1 | moment-photo.de/Bonss S.165/2 | Museum für Naturkunde, Berlin S.187/1b | Nettlich, J., Winningen S.118/r. | Okapia/Holger Stamme S.114/2b, NAS/Mark A. Schneider S.150/3 | PAETEC Archiv S.270/3 | PantherMedia/Carlos Santos S.35/4a, Sarah Marchant S.35/4d, Manfred Grafweg S.227/1c | Phywe Systeme GmbH & Co. KG, Göttingen S.125/u. | picture alliance/dpa/RBecker S.161/u., Arco Images GmbH S.78/1, Artcolor S.13/2, blickwinkel/B. Zoller S.142/2, blickwinkel S.6, S.180, S.210/o., S.212/o., Harald Tittel S.114/2a, Paul Zinken S.149/1, PIXSELL S.89/6, Robert Harding S.152/1, picture-alliance/dpa S.14/3, S.32/2, S.59/3, 63/r. o., S.73/4, S.75/3, S.128/2, S.89/5, S.165/1, S.166/2, S.172/5, S.184/2, S.227/3, S.252/2, S.298/2, S.320/1b. dpa/dpaweb S.298/1, WILDLIFE S.219/1d, picture alliance/ZB S.17/4, ZB/Patrick Pleul S.117/4, ZB S.17/4 | Prof. Dr. Lothar Meyer, Potsdam S.109/2b | Rolf Kohl S.307/6 | Schuchardt, W., Göttingen S.151/5b | rebelpeddler Chocolate Cards S.172/2 | Shutterstock/24Novembers S.157/3b, Alena Brozova S.37/10, Anupong Thiprot S.216/2b, benjamas11 S.332/1a, Daniel Prudek S.326/2, Gyvafoto S.55/Tab. 1e, Jiri Hera S.216/1d, Jose Antonio Perez S.132/4, Juancat S.202/1d, Kwanjitr S.93/5, Lasse Kristensen S.31/3a, Matej Kastelic S.259/1, Monebook S.31/5, monticello S.315/o.,

Natalia Mylova S.319/3, orinoco-art S.318/1c, pixbox77 S.339/5, Praisaeng S.44/o., Sergey Novikov S.262, S.287/o., STILLFX S.30/1, successo images S.55/Tab. 1b, Sunny Forest S.320/1a, Vitaly Korovin S.30/1, Yeko Photo Studio S.51/4, yui S.35/4b, Aaron Amat S.12/ Abb. 2/2, Africa Studio S.324/1d, Aleksandr Stennikov S.68, S.83/o., Aleksei Potov S.9, S.314, S.342/o., Alex459 S.219/1b, benedektibor S.290/3, D. Pimborough S.121/2b, Denis Dryashkin S.324/1a, Dionisvera S.324/2a, diplomedia S.29/o., elxeneize S.268/1c, Elzbieta Sekowska S.310/r., Fotokostic S.70/2, Francesco Rizzato S.152/2, Freedom Man S.303/1, frotos S.332/1b, gallofoto S.284/3, Givaga S.55/Tab. 1a, HLPhoto S.338/1, Hurst Photo S.219/1e, I. PaulPaladin/ S.133, Pilon S.119/1a, ID1974 S.324/2b, Jiri Hera S.71/4, Jirí Hodecek S.202/1b, jopelka S.305/1, kerostudio S.217/4a, Lepas S.328/1, Levent Konuk S.339/4a, Maks Narodenko S.312/1c, marcovarro S.85/o., mylisa S.312/1a, NagyDodo S.187/1c, Nicku S.81/u. r., Olga Popova S.154/2, Olga_Anourina S.54/1, oriori S.219/1c, Pep Fuster S.227/1a, qvist S.54/2, r.classen S.339/4b, rimira S.299/1, Rob Marmion S.12/1, Robyn Mackenzie S.322/1, Server180 S.332/1d, Styve Reineck S.119/2, T.W. van Urk S.183/5, Tamara Kulikova S.219/1a, Tamas Panczel - Eross S.150/4, think4photop S.266/1, vetroff S.12/Abb. 2/1, Yasonya S.195/M., Yuliia Davydenko S.318/1b, zhekoss S.70/1b | StockFood/Foodfolio S.35/4c | Südsalz GmbH, Heilbronn S.182/2b, S.182/2c | Südzucker AG S.50/3b | Thomas Seilnacht S.50/2, S.51/5b, S.140/1a, S.140/1b, S.142/1a, S.188/1d, S.188/1c, S.188/1b, S.188/1a, S.296/3, S.308/3 | Thyssen Krupp AG S.114/1 | Topic Media/imagebroker/Moritz Wolf S.232/2 | Universität Bayreuth S.50/3d | Universität Würzburg S.162/4 | VISUM/Juergen Loesel S.87/5 | Wiechoczek, D. S.219/2 | wikimedia S.307/4 | wikipedia S.304/2 | wikipedia/Peter Kollmann S.89/7 | xxpool.de/SCIENCE PHOTO LIBRARY S.142/1c | Yoav Levy/ Phototake/OKAPIA S.275/5 | Your_Photo_Today S.191/6

Periodensystem der Elemente

Farbe	Bedeutung
blau	Metall
grün	Halbmetall
gelb	Nichtmetall

schwarz = Feststoff
weiß = Flüssigkeit
rot = Gas
hellblau = künstliches Element
* = radioaktives Element

[1] = Gruppennummerierung IUPAC (1989): Gruppennummern 1 bis 18
[2] = vorläufiges IUPAC-Symbol

Periode	1[1] I. Hauptgruppe	2 II. Hauptgruppe	3 III. Nebengruppe	4 IV. Nebengruppe	5 V. Nebengruppe	6 VI. Nebengruppe	7 VII. Nebengruppe	8 VIII. Nebengruppe	9 VIII. Nebengruppe
1	1 1,008 2,1 H Wasserstoff								
2	3 6,94 1,0 Li Lithium	4 9,01 1,5 Be Beryllium							
3	11 22,99 0,9 Na Natrium	12 24,31 1,2 Mg Magnesium							
4	19 39,10 0,8 K Kalium	20 40,08 1,0 Ca Calcium	21 44,96 1,3 Sc Scandium	22 47,88 1,5 Ti Titan	23 50,94 1,6 V Vanadium	24 51,996 1,6 Cr Chrom	25 54,94 1,5 Mn Mangan	26 55,85 1,8 Fe Eisen	27 58,93 1,8 Co Cobalt
5	37 85,47 0,8 Rb Rubidium	38 87,62 1,0 Sr Strontium	39 88,91 1,3 Y Yttrium	40 91,22 1,4 Zr Zirconium	41 92,91 1,6 Nb Niob	42 95,94 1,8 Mo Molybdän	43 [98] 1,9 Tc* Technetium	44 101,07 2,2 Ru Ruthenium	45 102,91 2,2 Rh Rhodium
6	55 132,91 0,7 Cs Caesium	56 137,33 0,9 Ba Barium	57 138,91 1,1 La Lanthan ●	72 178,49 1,3 Hf Hafnium	73 180,95 1,5 Ta Tantal	74 183,84 1,7 W Wolfram	75 186,21 1,9 Re Rhenium	76 190,23 2,2 Os Osmium	77 192,22 2,2 Ir Iridium
7	87 [223] 0,7 Fr* Francium	88 226,03 0,9 Ra* Radium	89 227,03 1,1 Ac* ●● Actinium	104 [261] Rf* Rutherfordium	105 [262] Db* Dubnium	106 [266] Sg* Seaborgium	107 [264] Bh* Bohrium	108 [277] Hs* Hassium	109 [268] Mt* Meitnerium

Ordnungszahl	7
Atommasse in u	14,007
Elektronegativitätswert	3,0
Symbol	N
Name	Stickstoff

Die Atommassen in eckigen Klammern beziehen sich auf das längstlebige gegenwärtig bekannte Isotop des betreffenden Elements.

● Elemente der Lanthanreihe (Lanthanoide)

Periode					
6	58 140,12 1,1 Ce Cer	59 140,91 1,1 Pr Praseodym	60 144,24 1,2 Nd Neodym	61 [145] 1,2 Pm* Promethium	62 150,36 1,2 Sm Samarium

●● Elemente der Actiniumreihe (Actinoide)

Periode					
7	90 232,04 1,3 Th* Thorium	91 231,04 1,5 Pa* Protactinium	92 238,03 1,7 U* Uran	93 [237] 1,3 Np* Neptunium	94 [244] 1,3 Pu* Plutonium